カバーおよび扉の天気図：気象庁「日々の天気図 2014年10月」
(http://www.data.jma.go.jp/fcd/yoho/hibiten/index.html)を加工して作成

序

　私たちの日常生活は，気象の影響を大きく受けている．特に近年は地球温暖化の影響などにより平年の状態から大きく偏った天候や気象が目立っており，日常生活だけでなく，社会や経済にも大きな影響を及ぼしている．そのような極端現象に対する効果的な災害防止策や軽減策の立案，そしてそれらの実施にあたっては，災害を起こす現象の理解にとどまらず，災害に関係する事項や過去の災害事例などを，幅広く，正しく知ることが不可欠である．このため，今こそ気象災害に関する包括的な書籍が求められている．

　朝倉書店では，これまで『自然災害の事典』をはじめ，『地震防災の事典』『火山の事典』『津波の事典』『地震の事典』といった事典類を刊行してきたが，本書のように気象災害に特化した事典は未だ刊行されていない．

　本書は，気象災害に関する重要な用語を247項目集め，1項目あたり2ページ前後で読み切る形の事典とした．季節ごとに章分けをし，各章では雨や風などの現象で項目をまとめた．企画にあたっては手頃なボリュームと価格の事典を目指してスタートしたが，ほぼ目的に沿ったものができた．項目の選定と編集に際しては，気象や防災の専門家のみを対象とするのではなく，一般市民の方々を対象とすることを中心に据えて，最先端の知見を取り入れるとともに，生活と防災のかかわりというところに重点をおいた．執筆にあたっては，事典としての正確さや簡潔さはもちろんだが，気象災害についての解説書として読みやすく，特に防災に役立てることを意識してできるだけ平易に表現した．近年，身近に大小さまざまな自然災害が発生することが多くなり，社会全体での防災リテラシーの向上が求められていることと，この求めに対応するために各防災機関によって新しい情報提供などの試みが始められていることも考慮して編集にあたった．特に最近は"観測開始以来の災害…"あるいは"これまで経験したことのない大雨…"などと表現される災害が発生していることから，過去の同様な災害を参照できるように本書ではできる限り古い時代の災害も取り入れた．そして，関連項目を調べやすくするため，相互参照も設けた．また，本書で記載がある高層天気図について，より深く理解するため，コラムとして「高層天気図の見方」を解説した．さらに，本書の巻末では，過去160年以上の日本の気象災害と，過去110年以上の

世界の気象災害についても幅広く取り上げ，年表にまとめた．

　この機会に，すべての執筆者に厚く御礼申しあげます．このような大人数の執筆による出版物は，1人でも遅れがあるとなかなか予定どおりの完成は難しいのですが，すべての筆者のご協力により，編集作業を始めてから約2年で刊行できました．

　最後になりましたが，貴重な図版の提供や著作を参照させていただいた気象庁をはじめ関係機関や多くの関係者の方々に御礼申しあげるとともに，本書全体に目を通していただいた二宮洸三前気象庁長官に御礼申しあげます．また，企画の段階から終始ご協力ご支援いただいた朝倉書店の担当の皆様に心から感謝いたします．

2015年7月

監修者・編集者

監 修 者

新田　尚　前 気象庁長官

編 集 者

酒井重典　(一社) 日本気象予報士会
鈴木和史　(一財) 日本気象協会
饒村　曜　青山学院大学／静岡大学

執 筆 者

(五十音順)

五十嵐洋輔	気象庁	中田隆一	前 広島地方気象台
礒部英彦	稚内地方気象台	饒村　曜	青山学院大学／静岡大学
板井秀泰	気象庁	野崎　太	気象庁
海老原　智	鹿児島地方気象台	板東恭子	気象庁
尾関俊浩	北海道教育大学	藤川典久	気象庁
高野洋雄	気象庁	藤部文昭	首都大学東京
小柴　厚	前 熊谷地方気象台	筆保弘徳	横浜国立大学
後藤　進	気象庁	前田修平	気象研究所
酒井重典	(一社) 日本気象予報士会	牧原康隆	(一財) 気象業務支援センター
佐々木　徹	気象庁	道本光一郎	ウェザー・サービス株式会社
佐々木　洋	気象庁	宮城仁史	気象庁
下山紀夫	(一財) 日本気象協会	村松照男	前 名古屋地方気象台
鈴木和史	(一財) 日本気象協会	村山貢司	(一財) 気象業務支援センター
永澤義嗣	前 気象庁	吉田　薫	気象庁

目　次

第1章　春　の　現　象

【春の風】
1　暴風　　　　　　　　　〔下山紀夫〕　2
2　強風　　　　　　　　　〔下山紀夫〕　5
3　風圧　　　　　　　　　〔下山紀夫〕　8
4　春一番　　　　　　　　〔鈴木和史〕　11
5　メイストーム　　　　　〔鈴木和史〕　13
6　急速に発達する低気圧　〔鈴木和史〕　15
7　二つ玉低気圧　　　　　〔鈴木和史〕　18
8　日高しも風　　　　　　〔村松照男〕　20
9　ひかた風　　　　　　　〔村松照男〕　21
10　寿都だし　　　　　　 〔村松照男〕　23
11　羅臼風　　　　　　　 〔村松照男〕　24
12　こち　　　　　　　　 〔下山紀夫〕　26
【春の雨】
13　雨一番　　　　　　　 〔下山紀夫〕　28
14　卯の花腐し　　　　　 〔下山紀夫〕　30
15　菜種梅雨　　　　　　 〔下山紀夫〕　31
【春の気温】
16　寒の戻り　　　　　　 〔礒部英彦〕　33
17　寒春　　　　　　　　 〔礒部英彦〕　35
18　融雪　　　　　　　　 〔饒村　曜〕　36
19　富士山雪代洪水　　　 〔饒村　曜〕　37
【春の湿度】
20　乾燥・林野火災　　　 〔村松照男〕　40
【春の大火】
21　函館大火　　　　　　 〔村松照男〕　42
【春の視程】
22　移流霧（海霧）　　　 〔中田隆一〕　44
23　瀬戸内海の霧　　　　 〔中田隆一〕　47
24　紫雲丸事故　　　　　 〔中田隆一〕　50
25　黄砂　　　　　　　　 〔饒村　曜〕　53
26　褐色雲　　　　　　　 〔饒村　曜〕　55
27　煙霧　　　　　　　　 〔饒村　曜〕　57
28　風じん　　　　　　　 〔饒村　曜〕　58
29　砂じんあらし　　　　 〔饒村　曜〕　60
【放射】
30　遅霜　　　　　　　　 〔下山紀夫〕　62
【体調】
31　木の芽時　　　　　　 〔村山貢司〕　65
32　花粉症　　　　　　　 〔村山貢司〕　68

第2章　梅雨の現象

【梅雨の種類】
33　梅雨入り　　　　　　 〔鈴木和史〕　72
34　蝦夷梅雨　　　　　　 〔鈴木和史〕　74
35　梅雨明け　　　　　　 〔鈴木和史〕　76
36　梅雨末期豪雨　　　　 〔鈴木和史〕　78
37　陽性型梅雨・陰性型梅雨〔鈴木和史〕81
【梅雨の風】
38　梅雨のやませ　　　　 〔牧原康隆〕　82
39　ブロッキング高気圧　 〔牧原康隆〕　84
40　黒南風　　　　　　　 〔下山紀夫〕　86
41　荒南風　　　　　　　 〔下山紀夫〕　88
【梅雨災害】
42　弘化3年大洪水　　　 〔饒村　曜〕　89
43　慶応4戊辰年大洪水　 〔饒村　曜〕　91
44　淀川大洪水　　　　　 〔饒村　曜〕　92
45　明治25年水害　　　　〔饒村　曜〕　94
46　阪神大水害　　　　　 〔饒村　曜〕　97
47　西日本大水害　　　　 〔饒村　曜〕　99
48　南紀豪雨　　　　　　 〔饒村　曜〕　101
49　諫早豪雨　　　　　　 〔饒村　曜〕　103
50　昭和42年7月豪雨　　 〔饒村　曜〕　104
51　昭和47年7月豪雨　　 〔饒村　曜〕　105

52	長崎大水害	〔饒村 曜〕	106	60	浸水	〔鈴木和史〕	125
53	平成16年新潟・福島豪雨			61	空梅雨	〔鈴木和史〕	128
		〔饒村 曜〕	108	62	梅雨の雨	〔鈴木和史〕	129
54	福井豪雨	〔饒村 曜〕	110	【梅雨の気温】			
55	平成23年新潟・福島豪雨			63	梅雨寒	〔牧原康隆〕	131
		〔饒村 曜〕	112	【地面現象】			
【梅雨の雨量】				64	土砂災害	〔牧原康隆〕	132
56	大雨	〔鈴木和史〕	114	65	土石流	〔牧原康隆〕	134
57	集中豪雨	〔鈴木和史〕	117	66	地すべり	〔牧原康隆〕	136
58	局地的大雨	〔鈴木和史〕	120	67	深層崩壊	〔牧原康隆〕	138
59	洪水	〔鈴木和史〕	122				

第3章　夏　の　現　象

【似た天気継続】				87	宮古島台風	〔饒村 曜〕	182
68	寒冷低気圧	〔鈴木和史〕	142	88	飛騨川豪雨	〔饒村 曜〕	184
【夏の風】				89	平成23年台風12号	〔牧原康隆〕	186
69	大南風	〔下山紀夫〕	144	90	平成26年8月豪雨	〔饒村 曜〕	188
【海陸風】				【土砂災害】			
70	海陸風	〔永澤義嗣〕	145	91	平成26年広島土砂災害	〔中田隆一〕	191
71	海風前線	〔永澤義嗣〕	148	【夏の雷】			
72	なぎ	〔永澤義嗣〕	150	92	夏の雷	〔道本光一郎〕	194
【突風】				93	ひょう	〔道本光一郎〕	196
73	竜巻	〔鈴木和史〕	152	【夏の高温】			
74	ダウンバースト	〔鈴木和史〕	157	94	猛暑	〔前田修平〕	198
75	ガストフロント	〔鈴木和史〕	159	95	猛暑日	〔藤部文昭〕	200
【夏の大雨災害】				96	熱帯夜	〔藤部文昭〕	202
76	明治40年大水害	〔饒村 曜〕	161	97	残暑	〔前田修平〕	204
【夏の少雨】				98	フェーン	〔藤部文昭〕	207
77	干ばつ	〔前田修平〕	162	99	異常高温と熱中症被害	〔藤部文昭〕	209
【夏の台風】				【夏の低温】			
78	風台風	〔筆保弘徳〕	164	100	冷夏	〔前田修平〕	211
79	迷走台風	〔筆保弘徳〕	167	101	夏のやませ	〔前田修平〕	214
80	塩風	〔饒村 曜〕	169	【夏の視程】			
81	乾風	〔饒村 曜〕	171	102	夏の霧	〔永澤義嗣〕	216
【夏の台風災害】				【日射】			
82	明治22年大水害	〔牧原康隆〕	172	103	紫外線	〔村山貢司〕	218
83	別子銅山台風	〔饒村 曜〕	175	【飢饉】			
84	明治43年洪水	〔饒村 曜〕	177	104	天保の大飢饉	〔饒村 曜〕	221
85	周防灘台風	〔饒村 曜〕	179	【体調】			
86	キティ台風	〔饒村 曜〕	181	105	不快指数と熱中症	〔村山貢司〕	222

| 106 | 冷房病 | 〔村山貢司〕 | 225 | 110 | エーロゾル | 〔饒村　曜〕 | 232 |

【夏の大気汚染】

107	光化学スモッグ	〔饒村　曜〕	227
108	酸性雨	〔饒村　曜〕	229
109	環八雲・環七雲	〔饒村　曜〕	231

【都市化】

111	ヒートアイランド	〔鈴木和史〕	234
112	ビル風	〔鈴木和史〕	237
113	都市型水害	〔鈴木和史〕	238

第4章　秋雨の現象

【秋雨の頃の風】

| 114 | 広戸風 | 〔中田隆一〕 | 242 |

【秋雨】

115	長雨	〔礒部英彦〕	243
116	北東気流型の雨	〔酒井重典〕	244
117	異常多雨	〔酒井重典〕	245

【秋の台風】

| 118 | 雨台風 | 〔筆保弘徳〕 | 248 |

【秋の台風災害】

119	シーボルト台風	〔饒村　曜〕	251
120	明治29年9月洪水	〔饒村　曜〕	253
121	明治31年洪水	〔饒村　曜〕	254
122	大正6年東京湾台風災害	〔饒村　曜〕	256
123	室戸台風	〔饒村　曜〕	258
124	枕崎台風	〔饒村　曜〕	261
125	カスリーン台風	〔饒村　曜〕	264
126	アイオン台風	〔饒村　曜〕	267
127	ジェーン台風	〔饒村　曜〕	269
128	ルース台風	〔饒村　曜〕	271
129	昭和28年台風13号	〔饒村　曜〕	274
130	洞爺丸台風	〔饒村　曜〕	276
131	狩野川台風	〔饒村　曜〕	279
132	伊勢湾台風	〔饒村　曜〕	282
133	第二室戸台風	〔饒村　曜〕	285
134	昭和41年台風26号	〔饒村　曜〕	287
135	昭和49年多摩川水害	〔饒村　曜〕	289
136	昭和51年台風17号	〔饒村　曜〕	291
137	平成3年台風19号	〔饒村　曜〕	292
138	東海豪雨	〔饒村　曜〕	295
139	平成16年台風23号	〔饒村　曜〕	298
140	台風の温低化	〔饒村　曜〕	300
141	藤原の効果	〔饒村　曜〕	301

【波】

142	風波（風浪）	〔高野洋雄〕	303
143	うねり	〔高野洋雄〕	305
144	三角波	〔高野洋雄〕	308
145	土用波	〔高野洋雄〕	310
146	寒土用波	〔高野洋雄〕	312

【潮位】

147	あびき	〔野崎　太〕	314
148	高潮	〔野崎　太〕	317
149	塩水流入	〔饒村　曜〕	320

第5章　秋の現象

【秋の風】

150	清川だし	〔牧原康隆〕	322
151	おぼねだし	〔牧原康隆〕	323
152	安田だし	〔牧原康隆〕	324
153	荒川だし	〔牧原康隆〕	325
154	神通おろし	〔牧原康隆〕	326
155	やまじ風	〔中田隆一〕	327
156	まつぼり風	〔中田隆一〕	329
157	肱川あらし	〔中田隆一〕	330
158	宮島弥山おろし	〔中田隆一〕	333
159	局地風	〔下山紀夫〕	335

【秋雨】

| 160 | 山茶花梅雨 | 〔下山紀夫〕 | 337 |

【放射】

| 161 | 放射霧 | 〔永澤義嗣〕 | 338 |
| 162 | 放射冷却 | 〔永澤義嗣〕 | 341 |

163	初霜	〔永澤義嗣〕	343

【秋の少雨】

164	秋ひでり	〔永澤義嗣〕	345

【秋の大火】

165	酒田大火	〔永澤義嗣〕	346

第6章 冬の現象

【雪・着雪】

166	ホワイトアウト	〔尾関俊浩〕	350
167	みぞれ	〔尾関俊浩〕	351
168	あられ	〔尾関俊浩〕	352
169	積雪	〔尾関俊浩〕	353
170	雪圧	〔尾関俊浩〕	357
171	根雪	〔尾関俊浩〕	359
172	着氷	〔村松照男〕	360
173	船体着氷	〔村松照男〕	361

【冬の雷】

174	冬の雷	〔道本光一郎〕	363

【冬の気圧配置】

175	木枯らし	〔村松照男〕	365
176	冬の季節風	〔村松照男〕	368
177	西高東低の気圧配置（寒波）	〔村松照男〕	370
178	石狩湾小低気圧	〔村松照男〕	372
179	年末低気圧	〔下山紀夫〕	374
180	ポーラーロウ	〔下山紀夫〕	377

【冬の風】

181	暴風雪	〔村松照男〕	379
182	風雪	〔村松照男〕	382
183	着雪	〔村松照男〕	383
184	ふぶき	〔村松照男〕	385
185	地ふぶき	〔村松照男〕	386
186	ボラ	〔饒村 曜〕	387
187	比良八荒	〔饒村 曜〕	388
188	富士川おろし	〔饒村 曜〕	390
189	赤城おろし	〔饒村 曜〕	391
190	北山おろし	〔饒村 曜〕	392
191	那須おろし	〔饒村 曜〕	393
192	大西風	〔饒村 曜〕	394
193	おろし	〔饒村 曜〕	395

【大雪】

194	山雪型の大雪	〔村松照男〕	397
195	里雪型の大雪	〔村松照男〕	399
196	太平洋側の大雪	〔村松照男〕	401

【大雪災害】

197	大正7年豪雪	〔饒村 曜〕	403
198	昭和2年豪雪	〔饒村 曜〕	405
199	三八豪雪	〔饒村 曜〕	407
200	五六豪雪	〔饒村 曜〕	409
201	平成18年豪雪	〔饒村 曜〕	410

【なだれ】

202	なだれ	〔尾関俊浩〕	412
203	なだれ風	〔尾関俊浩〕	416
204	黒部峡谷ホウなだれ	〔尾関俊浩〕	417

【冬の気温】

205	異常低温	〔藤部文昭〕	419
206	暖冬	〔礒部英彦〕	422
207	寒冬	〔礒部英彦〕	424

【冬の視程】

208	蒸気霧	〔永澤義嗣〕	426

【流氷】

209	流氷（海氷）	〔村松照男〕	427

【冬の大気汚染】

210	スモッグ	〔饒村 曜〕	430

【コラム】

	高層天気図の見方	〔饒村 曜〕	432

第7章 防災・災害対応

【恒久対策と応急対策】
211 恒久対策 〔饒村 曜〕 *436*
212 応急対策 〔饒村 曜〕 *437*

【防災情報】
213 警報・注意報・気象情報
 〔板井秀泰・板東恭子〕 *438*
214 土砂災害警戒情報 〔吉田 薫〕 *446*
215 竜巻注意情報 〔佐々木洋〕 *449*
216 異常天候早期警戒情報 〔藤川典久〕 *452*
217 降水短時間予報 〔宮城仁史〕 *454*
218 ナウキャスト 〔海老原智〕 *456*
219 黄砂情報 〔佐々木徹〕 *459*
220 紫外線情報 〔佐々木徹〕 *461*

【災害に関する法律】
221 気象業務法 〔後藤 進〕 *464*
222 災害対策基本法 〔饒村 曜〕 *468*
223 防災に関する組織 〔饒村 曜〕 *471*
224 激甚災害法 〔饒村 曜〕 *474*
225 河川法 〔饒村 曜〕 *477*
226 消防法 〔饒村 曜〕 *479*
227 災害時の確定申告 〔饒村 曜〕 *480*

【これからの防災】
228 ハザードマップ 〔饒村 曜〕 *481*
229 特別警報 〔五十嵐洋輔〕 *482*

第8章 世界の気象災害

230 中国洪水 〔小柴 厚〕 *488*
231 ペルーの氷河なだれ 〔小柴 厚〕 *489*
232 インドの干ばつ 〔小柴 厚〕 *490*
233 東パキスタンのサイクロン 〔小柴 厚〕 *492*
234 エチオピアなどのアフリカの干ばつ 〔小柴 厚〕 *493*
235 バングラデシュのサイクロン 〔小柴 厚〕 *496*
236 英仏伊の熱波被害 〔小柴 厚〕 *498*
237 アメリカのハリケーン・カトリーナ 〔小柴 厚〕 *499*
238 朝鮮半島中部の洪水 〔小柴 厚〕 *501*
239 ミャンマー南部のサイクロン 〔小柴 厚〕 *503*
240 台湾高雄縣の台風8号による大雨 〔小柴 厚〕 *505*
241 中国チベットの前線による大雨 〔小柴 厚〕 *506*
242 タイ洪水 〔小柴 厚〕 *508*
243 フィリピン・ミンダナオ島の台風21号による大雨 〔小柴 厚〕 *509*
244 アメリカ東海岸のハリケーン・サンディ 〔小柴 厚〕 *510*
245 アメリカ・オクラホマ州の竜巻被害 〔小柴 厚〕 *512*
246 インドの土石流 〔小柴 厚〕 *514*
247 フィリピンの台風30号による大雨と高潮 〔小柴 厚〕 *515*

付表1 日本のおもな気象災害 〔饒村 曜〕 *517*
付表2 世界のおもな気象災害 〔饒村 曜〕 *537*

索 引 *551*

第 1 章

春の現象

001　春の風

暴　風

storm

　暴風とは，一般には被害をもたらすような激しい風をさす．平均風速15〜20 m/sの風が吹くと，歩行者が転倒したり，高速道路での車の運転に支障が出はじめ，さらに強くなると建物の損壊，農作物の被害，交通障害など社会に甚大な被害をもたらす．また，風で飛ばされてきたもので電線が切れて停電したり，最大風速が40 m/sを超えると電柱が倒れたりすることがある．

　気象庁風力階級表〈→003〉で暴風は，風力階級11に相当するが，風力10の全強風でも風速は24.5〜28.4 m/sの範囲で，陸上では樹木が倒れ，人家に大きな災害が起きる．海上では，波頭が長くのしかかるような非常に高い大波となり，大きな泡の固まりが白色の筋を引いて風下に吹き流れる．波の崩れは激しく衝撃的になり，視程は損なわれる．暴風をもたらすのは，おもに台風や発達した低気圧である．

　暴風の被害は毎年のように発生するが，2012（平成24）年4月2〜5日に，急発達しながら日本海を横断し，オホーツク海に達した低気圧は，九州，四国，本州，北海道に暴風による多くの災害を発生させた．低気圧が急発達した4月3,4日の地上天気図を図1に示す．4月2日夕方の段階で，気象庁は「台風並」の暴風や高波になるとして警戒を呼びかけ，物の固定などの飛散防止を行うことや強風が予想される時間帯には「できるだけ外出を控える」よう呼びかけた．しかし，倒れた小屋の下敷きになったり，風にあおられて転落するなどして，日本国内では計5名が死亡したほか，350名以上が負傷した．新潟県ではのべ19万世帯で停電，建物被害が約500件，ビニールハウスなど被害が約1000件，新潟市西区の国道沿いで電柱約20本が倒れるなどの被害が生じた．東北地方でも4日までに6県の最大30万世帯で停電，住宅の屋根が飛ばされたり，車が横転したりといった被害や，鉄道の運休が発生した〈→006〉．

　2007（平成19）年台風4号は，7月13日昼前から昼過ぎにかけて，非常に強い勢力で沖縄本島にかなり接近し，西海上を通

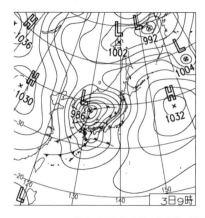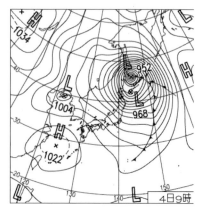

図1　2012年4月3日9時（左），4月4日9時（右）の天気図[1]

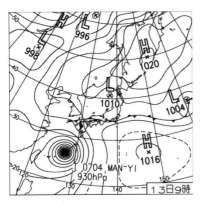

図2 2007年7月13日9時の天気図[1]

図3 台風4号による被害(那覇市役所提供,7月13日撮影)

過した(図2).この台風は,14日14時過ぎに大型で強い勢力を維持したまま鹿児島県大隅半島に上陸した.7月に日本に上陸した台風では過去最強クラスとなった.この台風で沖縄県や鹿児島県,宮崎県で最大瞬間風速が50 m/sを超え,那覇市では最大瞬間風速56.3 m/s(7月の観測史上最大)を記録し,宮崎県日南市油津で最大瞬間風速55.9 m/s(油津での観測史上最大)を記録した.各地で多数の家屋の損壊(図3)があり,突風で転倒するなどして72名が負傷した.

暴風特別警報

気象業務法で気象庁が行うことを義務づけられている特別警報の一種である.暴風警報の発表基準をはるかに超える暴風が予想され,重大な災害の危険性が著しく高まっている場合,暴風特別警報を発表し,最大限の警戒を呼びかける.暴風特別警報は,数十年に一度の強さの台風や同程度の温帯低気圧により暴風が吹くと予想される場合に発表する〈→229〉.

暴風警報

気象業務法で気象庁が行うことを義務づけられている気象警報の一種である.暴風によって重大な災害の発生するおそれがある場合にその旨を警告する予報であり,地方気象台などが行う.注意報・警報のための対象地域ごとに基準が設けられているが,暴風警報の基準は,陸上で平均風速が20 m/s,海上で25 m/s前後に設定されている(表1).

表1 暴風,暴風雪警報基準(陸上)

	札幌市	仙台市	東京都(千代田区)	大阪市	福岡市
暴風	18 m/s[*1]	18 m/s	25 m/s	陸上 20 m/s	20 m/s
暴風雪	16 m/s[*2] 雪による視程障害を伴う	18 m/s 雪を伴う	25 m/s 雪を伴う	20 m/s 雪を伴う	20 m/s 雪を伴う

*1:札幌管区気象台の観測値は20 m/sを目安とする.
*2:札幌管区気象台の観測値は18 m/sを目安とする.

暴風雪警報

気象業務法で気象庁が行うことを義務づけられている気象警報の一種である．暴風が雪を伴う場合は，一般に視程が著しく低下するため，交通機関などに障害を与える可能性がきわめて高いことからこの警報が設けられている．地方気象台などであらかじめ注意報・警報の対象地域ごとに基準を設けている．暴風雪警報基準は，暴風警報の基準に雪を伴うことを付加している．

暴風域

台風や発達した低気圧の周辺で，10分間平均風速でおおむね25 m/s以上の暴風が吹いている領域をいう．

暴風警戒域

台風の中心が予報対象時刻内に予報円内に進んだ場合に，暴風域に入るおそれのある領域を囲んだもの．台風情報では図4のように，予報円の外側に表示される．

暴風などの風が実際に吹く場合は，地形などの影響を受けて時間的な変動が激しく，しばしば突風を伴う．瞬間風速は平均風速の1.5倍程度であることが普通であり，ときとして2倍に達することもあるため，暴風が予想される地域では，突風にも十分な注意が必要である．

飛行場暴風警報

航空気象官署では，航空機の運航や空港の施設などに影響を及ぼす風や視程・天気などの要素について，飛行場予報・飛行場警報・飛行場気象情報を発表している．このうち飛行場警報は，離着陸または駐機中の航空機や空港の施設などに被害が及ぶ気象状況が予想される場合に発表する．おもに航空機の運航管理や空港施設の維持管理などに利用されている．

飛行場暴風警報は，平均風速48ノット（kt）以上の風速を予想される場合に発表される（ただし，台風により平均風速64ノット以上の風速が予想される場合を除く）．

海上暴風警報

船舶の運航には台風や発達中の低気圧などによる荒天時の安全性のほか，海上輸送における経済性や安全性などの確保が求められる．このため，気象庁では日本近海の船舶向けに低気圧などに関する情報とともに，暴風・濃霧・着氷などの海上警報を発表している．このうち海上暴風警報は平均風速48ノット（25 m/s）以上の風が発生しているか24時間以内に発生すると予想される場合に発表している．〔下山紀夫〕

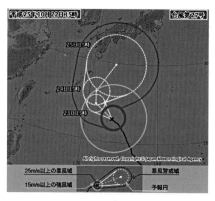

図4　暴風警戒域の例[1]

文　献
1) 気象庁ウェブサイト．

002　春の風

強風

strong wind, high wind

　風が強いことの総称であり強風域，強風軸，強風帯などとして用いられる．
　気象庁の「風の強さと吹き方」（表1）によれば，平均風速15 m/s以上20 m/s未満の強さの風となっている．この強さの風が吹くと風に向かって歩けなくなり，転倒する人も出る．高速道路を運転中の場合は，横風に流される感覚が大きくなる．雨戸やシャッターが揺れる．また，気象庁風力階級表では7（13.9〜17.1 m/s）に相当する．この階級の風では，海上では，波頭が砕けてできた白い泡が，筋を引いて風下に流れはじめる〈→003〉．なお，強風の名は，気象庁が行う気象注意報の一種である強風注意報の標題に使われている．
　強風に対しては，安全のために多くの規制基準値がある．
　鉄道沿線で強風が発生すると，運転の見合わせや徐行運転が行われる．強風で走行中の車両に強い風が吹きつけられることによる，列車の脱線や転覆を避けるためである．安全運転のため，風の強さ（瞬間風速）に応じて列車運転の基準を設けている．鉄道事業者では，沿線各所に独自の風速計を設置して，列車運転の可否を判断している．多くの鉄道では，風速20 m/sで速度規制，風速25〜30 m/s以上で運転中止となる．また，「瞬間風速」は「平均風速」の1.5〜2倍以上になるといわれている．そのため，平均風速10 m/s程度でも，列車の運転に影響することがある．
　高速道路においても，強風などの影響で安全な走行が確保できないと考えられるときには，通行止め，流入・流出制限，速度規制などを実施している．多くの高速道路は風速15 m/s以上で流入制限，速度制限を行い，20 m/s以上になると通行禁止になる．
　また，スキー場のゴンドラやリストもそれぞれのスキー場で基準値をもっており，多くは10〜20 m/sで減速運転，18〜25 m/sで「風監視」自動停止になる．
　日本一の高さを誇る東京スカイツリーでは，エレベータが450 mの高所まで上るため強風に対する安全基準がある．このためウェブサイトには，「強風のため，安全確認をしながらエレベータ運行をいたします」など運行情報が載っている．

強風域
　発達した低気圧や台風などの周辺で，10分間平均風速でおおむね15 m/s以上25 m/s未満の強い風が吹いている領域．台風の大きさは強風域の半径で3階級に区分される（強風域の半径が500 km未満の場合は大きさを表現しない）．

強風注意報
　強い風により災害が起こるおそれがある場合にその旨を注意して行う予報で，地方気象台などが行う気象注意報の一種である．風の吹き方は，低気圧などの経路や規模のほか，地形によっても異なるため，あらかじめ県内の注意報・警報の対象地域ごとの基準を決めている．強風注意報の基準は区域によって異なるが，陸上で10〜12 m/s，海上では15 m/s前後である．

飛行場強風警報
　航空気象官署では，航空機の運航や空港の施設などに影響を及ぼす風や視程・天気などの要素について，飛行場予報・飛行場警報・飛行場気象情報を発表している．このうち飛行場警報は，離着陸または駐機中の航空機や空港の施設などに被害が及ぶ気象状況が予想される場合に発表する．おもに航空機の運航管理や空港施設の維持管理などに利用されている．飛行場強風警報は，

表1 風の強さと吹き方（気象庁まとめ）

風の強さ (予報用語)	平均風速 (m/s)	おおよその時速	速さの目安	人への影響	屋外・樹木の様子	走行中の車	建造物	おおよその瞬間風速 (m/s)
やや強い風	10以上 15未満	～50 km	一般道路の自動車	風に向かって歩きにくくなる。傘がさせない。	樹木全体が揺れはじめる。電線が揺れはじめる。	道路の吹流しの角度が水平になり、高速運転中では横風に流される感覚を受ける。	樋（とい）が揺れはじめる。	20
強い風	15以上 20未満	～70 km		風に向かって歩けなくなり、転倒する人も出る。高所での作業はきわめて危険。	電線が鳴りはじめる。看板やトタン板が外れはじめる。	高速運転中では、横風に流される感覚が大きくなる。	屋根瓦・屋根葺材がはがれるものがある。雨戸やシャッターが揺れる。	30
非常に強い風	20以上 25未満	～90 km	高速道路の自動車	何かにつかまっていないと立っていられない。飛来物によって負傷するおそれがある。	細い木の幹が折れたり、根の張っていない木が倒れはじめる。看板が落ち・飛散する。道路標識が傾く。	通常の速度で運転するのが困難になる。	屋根瓦・屋根葺材が飛散するものがある。固定されていないプレハブ小屋が移動、転倒する。ビニールハウスのフィルム（被覆材）が広範囲に破れる。	40
	25以上 30未満	～110 km				走行中のトラックが横転する。	固定の不十分な金属屋根の葺材がめくれる。養生の不十分な仮設足場が崩落する。	
猛烈な風	30以上 35未満	～125 km	特急電車	屋外での行動はきわめて危険。			外装材が広範囲にわたって飛散し、下地材が露出するものがある。	50
	35以上 40未満	～140 km			多くの樹木が倒れる。電柱や街灯で倒れるものがある。ブロック壁で倒壊するものがある。		住家で倒壊するものがある。鉄骨構造物で変形するものがある。	60
	40以上	140 km～						

平均風速は10分間の平均。瞬間風速は3秒間の平均。風の吹き方は絶えず強弱の変動があり、瞬間風速は平均風速との比でみると大きく異なる値となることが多いが、大気の状態が不安定な場合などは3倍以上になることがある。瞬間風速は平均風速の1.5倍程度になることが多いが、大気の状態が不安定風速は地形やまわりの建物などに影響されるので、その場所での風速や風の吹き方によって被害が異なる場合がある。この表では、ある風速が観測された際に、通常発生する現象や被害を記述している。対象となる建物、構造物の状態や地形により、被害が発生したり、逆に小さな被害にとどまる場合もある。これよりも大きな被害が発生したり、逆に小さな被害にとどまる場合もある。今後、表現などは実状と合わなくなった場合には内容を変更することがある。人や物への影響は日本風工学会の「瞬間風速と人や街の様子との関係」を参考に作成している。

1. 春の現象

表2 飛行場警報の種類と基準値

種類	発表基準
飛行場強風警報	10分間平均34ノット以上48ノット未満の風速が予想される場合
飛行場暴風警報	10分間平均48ノット以上の風速が予想される場合．ただし，熱帯低気圧により10分間平均64ノット以上の風速が予想される場合を除く
飛行場台風警報	熱帯低気圧により10分間平均64ノット以上の風速が予想される場合
飛行場大雨警報	大雨によって重大な災害が起こると予想される場合
飛行場大雪警報	大雪によって重大な災害が起こると予想される場合
飛行場高潮警報	高潮によって重大な災害が起こると予想される場合

1ノット（kt）は約0.5 m/s．

表3 海上警報の種類と基準値

種類	発表基準
海上台風警報	台風による風が最大風速64ノット以上．気象庁風力階級表の風力12に相当．
海上暴風警報	最大風速48ノット以上．気象庁風力階級表の風力10以上に相当．
海上強風警報	最大風速34ノット以上48ノット未満．気象庁風力階級表の風力8または9に相当．
海上風警報	最大風速28ノット以上34ノット未満．気象庁風力階級表の風力7に相当．
海上濃霧警報	視程（水平方向に見通せる距離）0.3海里（約500 m）以下（瀬戸内海は0.5海里（約1 km）以下）．
その他の海上警報	風，霧以外の現象について「海上（現象名）警報」として警報を行うことがある（海上着水警報，海上うねり警報など）．

平均風速34ノット以上，48ノット未満の風速を予想したときに発表される．参考に飛行場警報の種類と基準値を表2に示す．

海上強風警報

船舶の運航には台風や発達中の低気圧などによる荒天時の安全性のほか，海上輸送における経済性や安全性などの確保が求められる．このため，気象庁では日本近海の船舶向けに低気圧などに関する情報とともに，暴風・濃霧・着氷などの海上警報を発表している．海上強風警報は，平均風速34ノット（17 m/s）以上，48ノット（25 m/s）未満の風が発生しているか24時間以内に発生すると予想される場合に発表する．参考に海上警報の種類と基準値（表3）を示す． 〔下山紀夫〕

003 春の風

風　圧

wind pressure

風が物体に及ぼす力を風圧という．強い風で建物が壊れたり，看板が飛んだりするのは風圧によるものである．風が物体に及ぼす力は2つの要素の和からなる．単位面積当たりに，風が与える力を風圧力と呼ぶ．Vを物体の矢面に垂直な風速とすると，1つは風上側の物体表面に働く動圧で，静止した物体は，$(1/2)\rho cV^2$の風圧を受ける．もう1つは風下側の減圧によるもので，$(1/2)\rho cV^2$に等しい．ここで，ρは空気の密度，cは物体の形に依存する定数であり，およそ円柱の-0.3から長板の1.0まで変化する[1]．実際の風圧は物体の形や風の性質によって大きく変わるが，風速に垂直な建物の風上側の面で約0.8であり，また，風下側の減圧による係数は約0.4であり，合計すると建物に加わる風圧力は，動圧の約1.2倍になる．

人が直立している場合，風を受ける面積はおよそ$0.7\,\mathrm{m}^2$（高さ1.6 m，幅0.45 m）として建物に対する風圧係数（1.2）を適用すると，風速5 m/sの場合約1.4 kg，15 m/sで約11 kg，25 m/sで約32 kgの力で押されることに相当する．台風情報で伝える強風域の風速15 m/sと暴風域の風速25 m/sでは，風圧が風速の2乗に比例するため，力にして約3倍の違いがある．

実際の風は，時間的に変動している（風の息）ため，風圧が変化する．突風など急激に風速が変化する場合，加わる力の変化も大きく，風の破壊力がいっそう増大する．

風圧の原理を利用した風速計として，昔の気象官署で瞬間風速測定用として使用されてきたダインス自記風圧型風速計（図1）は，矢羽根をつけたピトー管が常に風向に向かうようにし，動圧と静圧の差によって浮きを動かして，その動きから風速を測定するものであって，風圧型風速計の代表的なものであった．ピトー管の原理は，航空機の対気速度を測定するのに利用されている．なお，板や球などを風の中に置き，それが受ける圧力を測る風圧板型のものもある（図2）．

気象庁（ビューフォート）風力階級表

風が物体に与える力を，風速の違いにより，0～12で表したものである．イギリスの海軍提督フランシス・ビューフォートが1805年に提唱した．ビューフォート風力階級の原型は，帆船に及ぼす風の効果を考

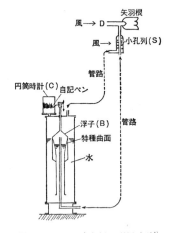

図1　ダインス自記風圧型風速計[1]

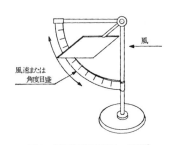

図2　風圧板型風速計の原理[1]

表1 気象庁（ビューフォート）風力階級表[2)]

風力階級	記号	和名，英名	開けた平らな地面から10mの高さにおける相等風力	陸上の様子	海上の様子
0	なし	平穏（へいおん）Calm	0〜0.2 m/s 0ノット	煙はまっすぐ昇る．	水面は鏡のようにおだやか．
1		至軽風（しけいふう）Light air	0.3〜1.5 m/s 1〜3ノット	風向は煙がたなびくのでわかるが，風見には感じない．	うろこのようなさざ波ができるが，波頭に泡がない．
2		軽風（けいふう）Light breeze	1.6〜3.3 m/s 4〜6ノット	顔に風を感じる．木の葉が動く．風見も動き出す．	小波の小さいもので，まだ短いがはっきりしてくる．波頭は滑らかに見え，砕けていない．
3		軟風（なんぷう）Gentle breeze	3.4〜5.4 m/s 7〜10ノット	木の葉や細い小枝がたえず動く．軽い旗が開く．	小波の大きいもの，波頭が砕けはじめる．所々に白波が現れることがある．
4		和風（わふう）Moderate breeze	5.5〜7.9 m/s 11〜16ノット	砂埃が立ち，紙片が舞い上がる．小枝が動く．	波の小さなもので長くなる．白波がかなり多くなる．
5		疾風（しっぷう）Fresh breeze	8.0〜10.7 m/s 17〜21ノット	葉のある灌木が揺れはじめる．池や沼の水面に波頭が立つ．	波の中ぐらいのもので，いっそうはっきりして長くなる．白波がたくさん現れる（しぶきを生ずることもある）．
6		雄風（ゆうふう）Strong breeze	10.8〜13.8 m/s 22〜27ノット	大枝が動く．電線が鳴る．傘はさしにくい．	波の大きいものができはじめる．いたるところで白く泡立った波頭の範囲がいっそう広くなる（しぶきを生ずることが多い）．
7		強風（きょうふう）High wind/Moderate gale/Near gale	13.9〜17.1 m/s 28〜33ノット	樹木全体が揺れる．風に向かっては歩きにくい．	波はますます大きくなり，波頭が砕けてできた白い泡は，筋を引いて風下に吹き流されはじめる．
8		疾強風（しっきょうふう）Gale/Fresh gale	17.2〜20.7 m/s 34〜40ノット	小枝が折れる．風に向かっては歩けない．	大波のやや小さいもので，長さが長くなる．波頭の端は砕けて水煙となりはじめる．泡は明瞭な筋を引いて風下に吹き流される．

春の風：風圧

9	⊢⫸⫸⫸	大強風 （だいきょうふう） Strong gale	20.8〜24.4 m/s 41〜47ノット	人家にわずかな損害が起こる.	大波. 泡は濃い筋を引いて風下に吹き流される. 波頭はのめり, 崩れ落ち, 逆巻きはじめる. しぶきのため視程が損なわれることもある.
10	⊢⫸⫸⫸⫸	全強風 （ぜんきょうふう） Storm/ Whole gale	24.5〜28.4 m/s 48〜55ノット	陸地の内部ではめずらしい. 樹木が根こそぎになる. 人家に大損害が起こる.	波頭が長くのしかかるような非常に高い大波. 大きな塊となったような泡は濃い白色の筋を引いて風下に吹き流される. 波の崩れ方は, 激しく衝撃的になる. 視程は損なわれる.
11	⊢⫸⫸⫸⫸⫸	暴風（ぼうふう） Violent storm	28.5〜32.6 m/s 56〜63ノット	めったに起こらない広い範囲の破壊を伴う.	山のように高い大波（中小船舶は, 一時波の陰に見えなくなることもある）. 海面は, 風下に吹き流された長い白い泡の塊で完全に覆われる. いたるところで波頭の端が吹き飛ばされて水煙となる. 視程は損なわれる.
12	⊢⫸⫸⫸⫸⫸⫸	颶風（ぐふう） Hurricane	32.7 m/s 以上 64ノット以上	—	大気は泡としぶきが充満する. 海面は, 吹き飛ぶしぶきのために完全に白くなる. 視程は著しく損なわれる.

えて 0〜13 の階級が作成されたが, その後, 改良を重ねて 0〜12 の階級になり, しかも陸上でも使用されるようになった. 表 1 に示す気象庁風力階級もこれによっている. もともとが海用だったため, 風速はノット (kt, 1 ノットとは 1 時間に 1 海里（1852 m）の速度) で表されており, これを秒速（m/s）に変換している.

表 1 の風の和名は, 過去には利用されていたが, 現在は用いていない. 風力階級の相当風速は, 開けた平らな地面から 10 m の高さにおける 10 分間平均風速である.

風力階級表は, 階級ごとの陸上と海上の状態が示されており, 風速計がなくても目視で観測した風力を風速に換算することで, 風速をある程度推定することが可能であり, 逆に台風の最大風速などが与えられたときに, 風によるおおよその影響がわかる.
〔下山紀夫〕

文 献

1) 和達清夫監修：新版気象の事典, 東京堂出版 (1974).
2) 気象庁ウェブサイト.

004　　　　　　　　　春の風

春　一　番

　低気圧の進路は，季節が進むにつれ次第に北へ移る．冬も終わりに近づき大陸の寒気が弱まると，日本付近を低気圧が進むようになる．低気圧が日本海を進むコースをとると，低気圧に向かって暖かい南風が吹き込む．冬から春へ移り変わる時期（立春から春分までの期間）に，初めて南よりの強い風を観測したとき，気象庁は「春一番」を発表する．

　春一番は，北日本と沖縄地方を除く全国各地方で発表されている．発表の基準は各地方で少しずつ異なるが，それらをまとめた目安を表1に示す．こうした目安に達せずに，春一番が吹かなかった年もある．該当期間中に再び発表の目安に達した場合でも，春二番，春三番が気象庁から発表されることはない．なお春一番は期間が限定されており，その遅早が季節の進行を的確に表現したものではないので，平均値は算出しない．

　春一番は，強い南よりの風ばかりでなく低気圧から伸びる寒冷前線が通過する際には，短時間の強い雨・雷・突風，ときには竜巻が発生することもある．その後，寒冷前線が通過すると強い北風に変わって気温も下がり，大荒れの天気となることがある．

　春一番という言葉には，春の訪れを告げる胸をときめかす響きがあるが，強い南風や気温上昇による融雪・なだれ，大雨に対する警戒を促す重要な防災情報でもある．

最早の事例

　関東地方で最も早かった春一番の事例は，立春翌日である．

　1988（昭和63）年2月5日，日本海で発達しながら東進する低気圧に向かって，暖かい空気が流れ込み，全国的に南風が強まり春一番となった（図1）．日本の南海上には，1020 hPaの優勢な高気圧があり，2月はじめとしてはめずらしい気圧配置となっている．

　東京では，最大風速は南西11.4 m/s，最大瞬間風速は南西23.0 m/sを記録した．最高気温は19.7℃で，前日の最高気温より11.0℃も高くなった．千葉市では，南西30.6 m/sの最大瞬間風速を記録し，これは2月として歴代3位にあたる．

竜巻が発生した事例

　1978（昭和53）年2月28日，日本海の低気圧は急速に発達し，低気圧から伸びる温暖前線や寒冷前線が，夜に関東地方を通過した（図2）．南西の強風のほか，10〜30 mmの雨が降り，雷雨やひょうを伴ったところがあった．

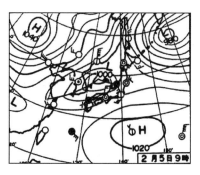

図1　最早の春一番（1988年2月5日9時）

表1　春一番の発表の目安

期間	風速	風向	気温	気圧配置
立春〜春分	7〜8 m/s以上	東南東〜西南西	前日より昇温	日本海に低気圧

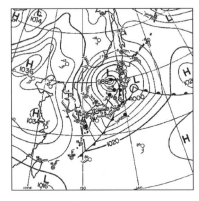

図2 竜巻の発生（1978年2月28日21時）

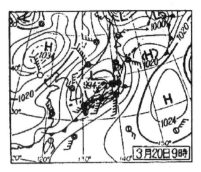

図3 富士山遭難（1972年3月20日9時）

東京では，最大風速は南9.9 m/s，最大瞬間風速は西南西17.1 m/sを記録した．最高気温は15.7℃で，前日の最高気温より2.0℃高くなった．静岡市では，南南西27.3 m/sの最大瞬間風速を記録し，これは2月として歴代1位にあたる．

寒冷前線通過に伴って南西の強風が吹き荒れている最中の21時34分頃，東京都江戸川区の荒川・中川鉄橋を走っていた地下鉄車両の後部2両が脱線・横転し，21名が負傷した．車両を横転させた原因は竜巻にあった．この竜巻は時速100 km以上の猛スピードで川崎市方面から移動してきたとみられ，強さは藤田スケールでF2～F3と推定されている．被害は，神奈川県川崎市から千葉県鎌ヶ谷市にいたる帯状のきわめて細長い領域で，幅は0.2～2 km，長さ約42 kmにわたり，300棟近い家屋の損壊や電柱の倒壊などがみられた．

富士山遭難の事例

1972年3月20日，低気圧が発達しながら日本海を進み，この低気圧に向かって強い南風が吹く典型的な春一番の嵐となった（図3）．関東地方では最も遅い春一番でもある．東京では，最大風速は南18.2 m/s，最大瞬間風速は27.0 m/sを記録した．最高気温は19.7℃で，前日の最高気温より1.8℃高くなった．

富士山では，雨やみぞれを伴った南西の強風が吹き荒れ，なだれが発生するなど悪条件が重なって，連休を利用して富士山に入山した11パーティのうち，24名が死亡する大量遭難となった．気温上昇で積雪が緩んでなだれの起きやすい状態となっていたことに加え，富士山では19日夜半から冷たい雨が降り出し，20日には風も強まって猛烈な風雨となり，50 m/sもの突風が吹いたという[1]．

春一番となった20日には，東京の最高気温は1か月ほど先の4月下旬並，富士山頂の最高気温は-1.7℃で，5月上旬並の暖かさだった．　　　　　　〔鈴木和史〕

文　献

1）宮沢清治：日本気象災害史，イカロス出版（1999）.

005　春の風

メイストーム

May storm

メイストームとは，4月後半から5月にかけて，日本海や北日本方面で発達する低気圧をさす．1954（昭和29）年5月に北海道方面で発達した低気圧に伴う猛烈な嵐による大海難事故をふまえ，当時の気象関係者が命名した和製英語である．

5月頃は，薫風などおだやかな天気のイメージがある．しかし，初夏の暖気と冬の寒気がぶつかり合うこの季節は，日本付近で低気圧が発達しやすい季節でもある．低気圧が日本付近で発達すると，強い風が吹き，海は大荒れとなる．メイストームは移動速度が速いため，おだやかな天気から急速に荒天となるなど，天気の急な変化に注意が必要である．ただし荒天が長期間にわたることは少ない．

メイストームの起源となった事例

1954年5月9日，低気圧が日本海で急速に発達しながら，同夜から翌朝にかけて北海道を横断してオホーツク海に進んだ（図1）．北海道とその近海は暴風となり，北海道の北部や東部ではふぶきとなった．このときに北海道内の気象官署で観測した日最低気圧値は，歴代1位（網走，雄武，小樽）や2位（札幌，帯広）の記録として残っている．

家屋の倒壊，農作物被害，水産物被害の総額は56億円にものぼった．特に，北海道周辺海域では，大量の漁船が沈没し，死者・行方不明者397名を出した．亡くなった人の多くは，根室の南東海上でサケ・マス漁や知床半島付近でソイ漁に従事していた人たちであった．これほどの被害になった要因として，「沖合遠くへ出漁していたので，急いで帰港しても20～30時間かかる」「小型船で無線設備のない船が多く，気象情報を入手できなかった」「この海域では5月にこれほどの荒天になった経験がないので油断していた」ことが挙げられる[1]．

メイストームは，この大量遭難を後日の教訓とするために生まれた言葉であるが，海上の船舶に限らず，屋外での活動にも広く通じる教訓である．

春の嵐

日本付近で発達する低気圧は，5月より

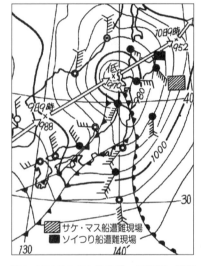

図1　1954年5月9日21時の天気図，低気圧の移動経路（矢印）および遭難現場[1]

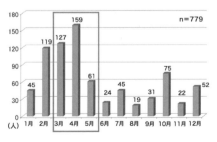

図2　東京都の強風・突風による負傷者数（2006年1月～2010年12月の5年間の合計）[3]

春の風：メイストーム　　13

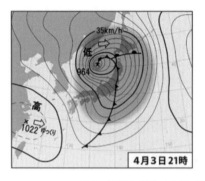 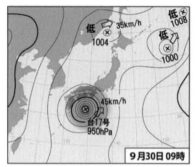

図3 低気圧（左）と台風（右）との強風の吹き方の比較[2]

むしろ3〜4月に多い．3〜4月は，春一番やメイストームと同様に，春の嵐として，低気圧の発達による強風災害への警戒が必要である．

図2は，東京都の強風・突風による負傷者数である．3月と4月は，1年の中で100名以上の負傷者が発生する最も被害の多い時期である．強風による負傷の原因は，歩行中に強風にあおられてバランスを崩すことによる受傷が最も多く，ほかに飛来物や落下物との接触，ドアに挟まれる，ベビーカーや自転車など乗り物が風にあおられて転倒するなどが挙げられる[3]．

低気圧と台風との風の吹き方の違いを比較する（図3）．台風の場合は，台風の中心が近づくと急激に風が強まる．また台風の大きさを表す指標となっている風速15 m/s以上の強風域の範囲はほぼ円形をしている．この事例では直径はおよそ900 kmであった．一方，低気圧の場合は，低気圧の中心から離れたところでも強い風が吹く．この事例では，低気圧中心の南側約1700 kmと北側約1100 kmが風速15 m/s以上の強風域であった．台風より広範囲に強風となっていて，被害の範囲が広がりやすい．また，強風域の形状は，台風のようにほぼ円形とはならず，中心から非対称の分布となることが多い．強風域の広がりや形状は，低気圧と周りの気圧場との関連で決まるので，事例ごとに異なる．最新の情報で暴風の強さや広がりを確認し，刻一刻と変化する風の盛衰に対応する必要がある．〔鈴木和史〕

文 献
1) 浅野　芳監修:北の天気，北海道新聞社(1976)．
2) 政府広報オンライン：暮らしのお役立ち情報，春の暴風への備え．
3) 東京消防庁ウェブサイト：強風・突風による事故から身をまもろう．

急速に発達する低気圧

温帯低気圧の中で，低気圧の中心気圧が24時間で $24\,hPa \times \sin\phi/\sin 60°$ （ϕ は緯度）以上の低下をする場合を，「急速に発達する低気圧」と呼んでいる．同じ気圧傾度でも地衡風は緯度により異なるので，24 hPa の気圧低下は北緯60度を基準としている．北緯40度であれば，24時間で約18 hPa 以上の気圧低下がそれにあたる．

急速に発達する低気圧によって，船舶の遭難や沿岸部での波浪害，山岳遭難が引き起こされる．さらに近年では，大規模な交通障害など，新たな都市災害も注目されている．また，秋から春にかけて発生することがほとんどであるため，季節外れの大雨や大雪，融雪による災害も引き起こす．

「爆弾低気圧」は，急速に発達する低気圧と同義だが，マスコミで多用されている．「爆弾」は，アメリカの気象学者が，低気圧の爆発的な発達（explosive cyclogenesis）を bomb という語で分類したことに由来する．「爆弾」は戦争やテロなど悲惨な事故・事件を連想させる．気象庁は「急速に発達する低気圧」「猛烈な風を伴う低気圧」などを用いる．防災の視点からは，低気圧の名称にこだわらず，低気圧に伴う雨や風，波などの状況を具体的に示して周知することが有効と考えられる．

1978年9月，ニューヨークに向けて航行中の豪華客船クィーンエリザベスⅡ号は，大西洋上で暴風雨に遭遇し，乗客20名が負傷し船体の一部も破損する被害を受けた．この暴風雨をもたらした低気圧は，中心気圧が24時間で60 hPa も深まる急速な発達を遂げた．当時の気象技術では，この低気圧の発達を予測することができず，急速に発達する低気圧に関する調査研究のきっかけとなった[1]．

1958年からの30年間における，アジア大陸東岸沖，すなわち日本周辺で急速に発達する低気圧の月別の平均発生数を示す（図1）．発生のピークは12～3月で，月に2回程度は日本周辺で低気圧が急速に発達する．

極東域で寒候期に急速に発達した低気圧のうち，最も発達の割合が大きかったときの低気圧の位置の分布を示す（図2）．図中の等値線は発現頻度で，破線矢印は黒潮の大まかな流路である．日本の南海上～三

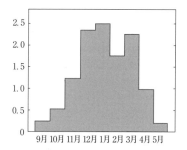

図1 極東域における急速に発達する低気圧の月別発生頻度[2]

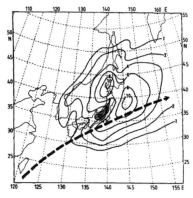

図2 低気圧が急速に発達した位置の頻度分布[2]

陸沖と北海道の西海上に，低気圧の発達しやすい場所があり，それぞれ南岸低気圧と日本海低気圧の発達パターンを示している．南岸低気圧の発達は黒潮の流路と重なっており，暖かい海面からの顕熱や潜熱の補給の効果が大きいことを示唆している．

低気圧が急速に発達する場所は，ほとんどが海上である．なかでも，アジア大陸東岸沖の北西太平洋と北米大陸東岸沖の西大西洋で最も多くみられる．この地域は次の特徴がある．①上層ではジェット気流が強く，下層では水平温度傾度が大きい地域である．②それぞれ黒潮とメキシコ湾流という世界有数の暖流が流れ，海面水温の水平温度傾度が大きい地域である．これらの特徴から，「上層の谷の深まり」「海面からの大きな加熱」「水蒸気の補給」を通して，日本付近は低気圧が発達するのに好都合な条件となっている．

昭和45年1月低気圧の事例

1970年1月30日台湾付近に発生した低気圧は，急速に発達しながら北東へ進み，静岡県御前崎付近から関東地方を通って，31日午後には三陸沖に達した（図3）．このため，東日本・北日本は猛烈な暴風雪や高波に見舞われた．札幌市では歴代1位となる63 cmの日降雪量を，日光市では1月として歴代1位となる125.5 mmの日降水量を記録した．

栃木県内の東北本線では，貨物列車が強風のために脱線転覆した．福島県いわき市小名浜港では，貨物船（11,463 t）が強風を受けて沈没し，乗員15名が死亡・行方不明となった．青森県では強風で小学校の屋根が吹き飛ぶなどの被害が相次いだ[3]．

気象庁は，この低気圧を「昭和45年1月低気圧」と命名した．大きな災害をもたらした台風，豪雨に命名する例は多いが，低気圧に命名したのはこの事例だけである．

日本海低気圧の発達

2012年4月2日，中国大陸で発生した低気圧は日本海へ進んでさらに発達を続け（図4），4日9時にはオホーツク海に達して952 hPaとなった（図5）．この低気圧は，2日21時からの24時間の気圧低下量は42 hPaであった．

西日本から北日本では記録的な暴風となり，統計期間が10年以上あるアメダス地点のうち1割弱の75地点で最大風速の歴代1位の記録を更新した．また，低気圧の通過に伴う吸い上げ効果や気圧の下降，高波の影響で，東北地方の日本海側では潮位が急速に上昇し，高潮警報基準を大幅に超えた．暴風により多くの人的被害が出たほか，各地で停電や住宅被害などがあった．また，航空，船舶，鉄道など，交通機関の運行に大きな影響があった．特に首都圏では鉄道などの運行停止に伴い帰宅者が集中する混乱が予想されたことから，東京都が事業者団体や学校に対して従業員の一斉帰宅の抑制や生徒の安全確保などを要請するなど，社会的な影響が大きかった[4]．

南岸低気圧の発達と大雪

2013年1月13日に東シナ海で発生した低気圧は，日本の南海上を進む途上で中心気圧が22 hPa深まり，14日9時（図6）

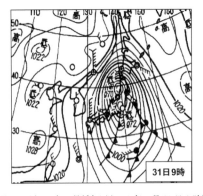

図3 昭和45年1月低気圧(1970年1月31日9時)

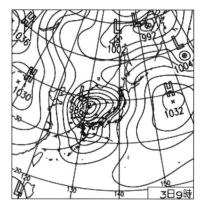

図4 日本海での低気圧の発達（2012年4月3日）

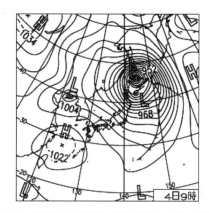

図5 日本海での低気圧の発達（2012年4月4日）

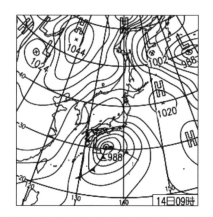

図6 南岸での低気圧の発達（2013年1月14日）

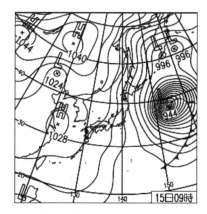

図7 南岸での低気圧の発達（2013年1月15日）

には988 hPaとなった．その後さらに発達を続けながら北東へ進み，15日9時には日本の東で944 hPaとなった（図7）．この低気圧は，14日9時からの24時間の気圧低下量が44 hPaもあった．

発達した南岸低気圧の影響で，関東地方では広範囲で雪が降り積雪となった．特に南部沿岸部を中心に降雪量が多くなり，14日の最深積雪は，東京8 cm，横浜市13 cmとなった．おりからの成人式もあって，首都圏の交通網は大混乱に陥った〈→181〉．

〔鈴木和史〕

文　献

1) 小倉義光：気象，34.5, pp. 4-6 (1990).
2) S. J. Chen et al.: *Mon. Wea. Rev.*, **120**, 3029-3035 (1992).
3) 宮沢清治：消防防災と情報，2010年冬号 (2010).
4) 気象庁：平成24年予報技術研修テキスト (2013).

007 春の風

二つ玉低気圧

日本付近を通過して発達する低気圧は，進む経路によって，おもに3つに分類される（図1）.

1つは，日本海を進むコースで「日本海低気圧」と呼ばれる.大陸や黄海・日本海で発生し，北東方向へ進み，北日本を通って，オホーツク海や千島列島付近に達する.もう1つは，日本列島の南岸や南海上を進むコースで「南岸低気圧」と呼ばれる.あるいは発生場所から「東シナ海低気圧」と呼ばれることもある.大陸や東シナ海で発生し，日本列島の南海上あるいは太平洋側沿岸を通って，オホーツク海や千島列島付近に達する.

2つの低気圧が，日本列島を挟んで日本海と日本の南岸・南海上を進む状況を「二つ玉低気圧」と呼ぶ.低気圧は，黄海や東シナ海で発生し，日本付近を2つの低気圧が並進する.天気図では，本州を挟んで南北に対の低気圧が現れることから，昔から気象庁の予報現場では二つ玉と呼んでい

た.

二つ玉低気圧の場合は，深い気圧の谷として日本列島を通過するため，大雨，大雪，強風，高波などの荒天を全国的にもたらす.日本付近を通過した後，日本の東海上で1つにまとまりさらに発達し，荒天が数日にわたる場合もある.なお，二つ玉低気圧は春先だけの現象ではなく1年を通して発生するが，寒暖の空気が入り混じりやすい晩秋～初冬および春に現れることが多い.

二つ玉低気圧が天気図上で現れる形態は，おおよそ3つに分けられる.

1つは，日本海と日本の南海上に現れる低気圧が，それぞれ前線をもつ場合である（図2）.それぞれの低気圧は，異なる上空のジェット気流に対応している.

もう1つは，日本海と日本の南海上に現れる低気圧のうち，一方のみが前線をもつ場合である（図3）.ほとんどの場合南海上の低気圧が前線をもち，日本海の低気圧は上空の寒気に対応している.

そして，元来は1つの低気圧が日本列島の地形の影響で南北に分裂する場合である（図4）.日本海に低気圧中心があり，本州南岸に閉塞点や閉塞点低気圧が形成され，上空の深い気圧の谷に対応する場合が多い.

いずれの場合でも，日本の東海上や千島列島付近で1つにまとまり，さらに発達することが多い.

二つ玉低気圧の事例

2007年1月6日，日本海西部と四国沖に前線を伴った低気圧があり，二つ玉低気圧となっていた（図5）.それぞれの低気圧は前線を伴って北東へ進み，7日には北海道付近で1つにまとまり，964 hPaに発達し，冬型の気圧配置が強まった（図6）.この低気圧は，中心気圧が1日に44 hPa下がる急発達をした.

急速に発達した低気圧が日本列島を通過したため，西日本から北日本にかけての広

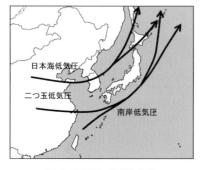

図1 低気圧の進路と名称

18　　　　　　　　1. 春の現象

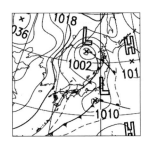
図2 それぞれ前線をもつ二つ玉低気圧

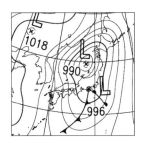
図3 一方が前線を伴う二つ玉低気圧

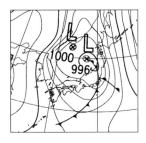
図4 閉塞した二つ玉低気圧

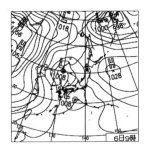
図5 二つ玉低気圧の例（2007年1月6日）

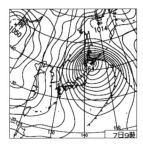
図6 二つ玉低気圧の例（2007年1月7日）

い範囲で最大風速20 m/sを超える非常に強い風が吹いた．北海道日高支庁浦河では，7日に最大瞬間風速48.0 m/sの北東の風を観測し，歴代2位の記録となった．西日本から北日本にかけての海上では，波の高さが6 mを超える大しけとなり，北海道の太平洋側東部では高潮が発生した．北海道のオホーツク海側や太平洋側東部では大雪となり，北海道網走支庁留辺蘂（るべしべ）で7日の日降雪量が76 cmとなり，観測開始以来最大となった．

発達した低気圧やその後の冬型の気圧配置の強まりによる暴風，高波，大雪などで，西日本から北日本にかけて航空機・フェリーの欠航，鉄道の運休などの交通障害や住家損壊，住家浸水などが発生した[1]．

〔鈴木和史〕

文 献

1) 気象庁ウェブサイト：災害をもたらした気象事例．

008　春の風

日高しも風

北海道の局地風

　北海道の脊梁山脈は大雪山系から十勝岳にかけて南北走向に伸び，さらに日高山脈となって北西から南東に向かって伸びて襟裳岬に至り太平洋に突き出している．日高しも風は低気圧や台風などの東よりの強風が山越え気流となって，山脈の西側の日高地方の山麓，海岸地方に暴風が吹き下って大きな風害が発生する現象であり，ひかた風，寿都だし，羅臼風とともに北海道の代表的な局地風で，おろし風に分類される（図1）．

日高しも風の災害例

　1958年9月27日，狩野川台風から変わった温帯低気圧の中心が襟裳岬付近を通過した際に，山脈の向きに直交する東北東の強風が山脈の東側から山を越えて吹き下りて暴風となり，最も大きな被害となった〈→131〉．図2で明らかなように，風下

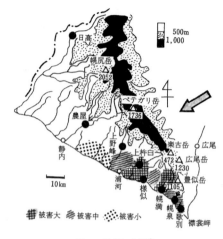

図2　日高しも風[1]

側の日高地方の浦河町から襟裳岬の間にかけて海岸沿いに長さ約60 km，幅10 kmにわたって谷からの出口に暴風害が広がっていた．特にえりも町幌満で最も大きな被害となった．比較的被害が少なかったものの浦河測候所（当時）において最大風速28.1 m/s，最大瞬間風速が歴代2位の46.4 m/sの暴風を記録していた．この暴風は，①低気圧（もしくは台風）の大きな気圧傾度により北東の強風が吹く．②日高山脈が襟裳岬に向かって高度が低くなっており，山脈の肩効果で左側が迂回することにより風速が増加する．③山越えの気流が狭隘な沢筋の出口付近でさらに風速を増加させる．この3点によって家屋被害を中心に非常に大きな風害をもたらした[1]．

日高しも風のメカニズム

　日高しも風が吹いているとき，山脈の風上側高さ2〜3 km付近に気温の逆転層があり，その下層で山に直向する風向の強風が吹いていることが特徴である．山頂付近のすぐ上にある逆転層が空気の蓋のように働き，あたかも川の流れの中に山脈という障害物を置いた二次元の山越え気流の流れ

図1　北海道の局地風

に類似され,流れの速さ（風速）,山の高さ,逆転層の高さ（川の深さ）の関係で決まる山越えの気流が山に沿って強風となり,吹き下りるハイドロリックジャンプ（跳水現象）を引き起こす．その結果,日高山脈の風下側山裾でより風速が強化され暴風被害をもたらした．山脈から山裾に向かった狭隘な谷の先に大きな被害が集中していることも,この流れが地形により強化された結果である．

翌1959年9月27日,伊勢湾台風が温帯低気圧に変わりながら三陸沖から襟裳岬の南海上を通過し,同じような気圧配置で東よりの強風が吹いたが,同様な風害は発生していなかった〈→132〉．逆方向の西風で山脈の東側に大きな被害が出ていないのは,逆転層の高さと,その下の風向・風速の鉛直構造が異なるためと考えられる．

〔村松照男〕

文　献
1) 荒川正一：局地風のいろいろ,成山堂書店 (2000).

009　春の風

ひかた風

　北海道北部のオホーツク海に面した沿岸地方に,おもに春の季節,日本海からオホーツク海に吹く西南西風が標高約1000mの北見山地を越え,乾燥した強風となって,しばしば雄武（おうむ）町をはじめとするオホーツク沿岸の街々に大火をもたらしている．この山越えで吹き下りる西南西の強風を,ひかた風（かぜ）と呼んでいる．ひかた風はこの地方特有な名称で,日の出の方向に向かって,オホーツク海に船出をするのに都合のよいだし風から日向と呼ばれ,また,アイヌ語のピカタ（南西風）からきているともいわれている．

　このひかた風による大火災は1972年5月25日に発生した雄武大火である．北見山地越えの西南西の最大風速18m/s,最大瞬間風速25.4m/sの強風が,平年より10℃以上高い最高気温27.8℃,最小湿度26％という高温で非常に乾燥した状態で吹きつづけている最中に出火した火災が一気に小さな町を焼き尽くした．当時の大火を伝えるニュースでは「魔のひかた風が炎と煙を巻き込んで一気に海岸際まで迫り夕暮れのオホーツク海の空に舞った」と報じられた．

　過去,オホーツク海沿岸では近くの中頓別（なかとんべつ）町でも1919年6月1日,町の災害史に特記されているひかた風による大火が発生,風速25m/sの暴風下で町の大半が焼き尽くされた．また雄武町はたびたび大火に見舞われ,1954年5月23日の大火では開村以来の大火となりほぼ町全地域の486棟が焼失,1970年5月25日の大火では市街地中心の56棟を焼失した．

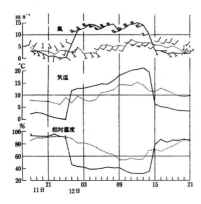

図1 北見山地を挟んで羽幌（風上側）と雄武（風下，オホーツク海側）の気象変化[1]

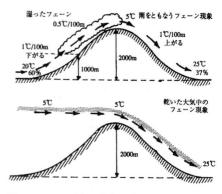

図2 フェーン現象の模式図（湿ったフェーンと乾いたフェーン）

ひかた風はフェーン

雄武大火をもたらしたひかた風は，北見山地を越える典型的な高温・乾燥の山越えのフェーンによる強風の流れである．1975年5月12日，オホーツク海沿岸の雄武から網走にかけて広い範囲で西南西流のフェーンにより，風下側の雄武では0℃（0時）から12℃（1時）に突然12℃も昇温し，湿度が91%から43%と乾燥した．13時には最高気温22℃，30%を記録し，高温，低湿度は28日0時から14時間続いた（図1）．

稚内の高層観測では900 hPa（山頂付近に相当）に安定層があり，標高約1000 mの山地を挟んで風上側の羽幌と風下側の雄武の間で，山に沿って上昇した気流が降水として水分を落とし，山頂付近から乾燥断熱昇温しながら地上まで下降した結果21℃，約30%になった[1]．図2の模式図で，風上側で雨が降る湿ったフェーンとして説明することができる．　　　〔村松照男〕

文　献

1) M. Ikawa and Y. Nagasawa：*J. Meteorol. Soc. Jpn.*, **67**, 449-458 (1989).

寿都だし

すっつだし

北海道の南部，太平洋側にあたる内浦湾（噴火湾）側の長万部（おしゃまんべ）から，日本海側の寿都湾に抜ける南南東から北北西に走る地溝帯があり，地溝帯に沿って海に向かってだし風の強風が吹く．寿都測候所（2008年から特別地域気象観測所）で観測した南南東風49.8 m/s（1952年4月15日）という最大風速の記録は，南西諸島の宮古島など台風によるものや，富士山など山岳気象官署の記録を除くと最も強い値である．寿都における最大風速10位までの記録も，1例の北風を除いてすべてが南南東風であった．長万部から地溝帯の走向に沿う南南東風が海に向かって吹き出す暴風・局地風は「寿都だし」「寿都のだし風」と呼ばれている．寿都は風力発電の展開で全国的に有名であるほどの強風地帯である．

寿都だしのメカニズム

図1で示すように，長万部から寿都に抜ける地溝帯（地狭部）は，標高200 mの等高線でみると南南東-北北西走向，長さ約30 km，幅が長万部で13 km，中間（黒松内）から寿都よりの最も狭いところで6 km，寿都湾口に出て寿都測候所と対岸の幅が8 kmとなる．太平洋側の噴火湾から流れ込む気流が，途中最も狭いところで半分の幅と狭められ，寿都湾に強風となって吹き抜けている．

図1の観測において噴火湾側では4～5 m/s前後の風速が，狭隘なところから加速しはじめて寿都湾口の海岸線で10～11 m/sと約2～2.5倍に増加している．これは山形県の局地風の清川だしと同じ風速

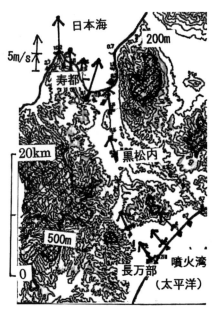

図1 寿都の地形図とだし風[1]

分布で，地形的な構造がよく類似している．長万部で4～5 m/sの風速が寿都で南南東15 m/sのだし風となり，寿都沖に展開した気象観測船高風丸の観測では，海岸線から20～30 km沖合まで南南東15 m/sとなり，地溝帯からの吹き出しの影響が海岸線から50 kmにも及んでいた[2]．

発達した低気圧が日本海を通過し気圧傾度が急となり，南南東の寿都のだし風の暴風が吹く場合は，上空に気温の逆転層が存在し，逆転層を境に上下2層の空気の流れが発生する．おもに下層の風速の強さと逆転層までの厚さの条件を満たすと，地狭帯の出口，寿都湾の海岸付近にハイドロリックジャンプ（跳水現象）が発生する．地形によって強化された風速が増大し，南南東風系の暴風が吹く典型的な寿都だし風となる．

1989年9月，測候所は南南東のだし風の強風の軸に対して西側1.2 km，海際か

ら離れた標高17.7 mの地点に移転した．移転前後10年間の年別最大風速の平均値を比較すると，24.3 m/s から 15.0 m/s へ約40%減少，最大風速の風系が南南東風系から北～北西風系が80%と激変した．このことは寿都のだし風の現象は，地形依存性がきわめて大きいということを明らかにしている．

寿都測候所の風速の観測の変遷

寿都測候所における1948年以降の年間最大風速値の年々変動に系統的な変遷があった．風速の観測では，1948～1961年にはダインス型の風圧計，その後は風杯型4杯(後に3杯)のロビンソン風速計になり，1975年にプロペラ型の風車型風向風速計に変わった．1951年以降，測候所における年間の最大風速の1～10位の記録すべてが1961年以前のダインス風圧計の時代の記録である．また1961年にロビンソン風速計に変わった前後の10年間の年別最大風速の平均値を比較すると33.0 m/s から25.3 m/s に減少した．ダインス風圧計期間と1989年の庁舎移転後の各10年間の比較では，年別の最大風速がほぼ1/2に激減した．風向も南南東から北風が多くなった．このように，長い期間の風速の推移を調べる場合，風速計の切り替えや，観測所の移転など観測環境の変遷を十分考慮しなければならない． 〔村松照男〕

文献

1) 豊田威信：細氷, **36**, 30-31 (1990).
2) 荒川正一：局地風のいろいろ, 成山堂書店 (2000).

011 春の風

羅 臼 風

らうすかぜ

北海道東部の知床半島は，オホーツク海に向かって北東方向に突き出し，先端から付け根まで約60 kmあり，ほぼ中間で半島幅約20 kmのところに，羅臼（らうす）岳（標高1661 m）を中心に山々が連なる脊梁山脈が走っている．半島東側の先端と付け根のほぼ中間付近に羅臼町と港があり，山脈に直交する北西風による山越え気流が，東側の根室海峡側の海岸沿いから沿岸にかけて局地的に暴風害をもたらす．この現象は「羅臼風」と呼ばれ，「羅臼だし」「羅臼突風」ともいわれている（図1）．

4.6（シロク）の羅臼の突風災害

1959年4月6日，低気圧が急速に発達

図1 知床半島の地形と羅臼突風の被害分布[1]

しながら日本海から北海道を縦断通過し，15時にはオホーツク海中部に進み960 hPaまで発達し，知床半島付近では広範囲に暴風となった．早朝からは風がな（凪）いだおだやかな状況で，東沿岸海上には羅臼漁港から約90隻の小型漁船が出港し操業していたところ，寒冷前線が通過して風向が北西に変わった12時25分頃を境に突風が吹き出した．風速40 m/sを超す北西風に巻き込まれ，15隻の漁船が転覆，90名の死者・行方不明者を出した．漁船の遭難地域から海岸から十数km付近が最も強かったと推定され，図1のように海岸沿いの陸上においても北浜，羅臼町市街領域や半島付け根の地域などそれぞれ山脈の低い地狭部から，特に硫黄山と羅臼岳の地狭部から谷の風下側の出口に大きな被害域が集中，全半壊130棟という最大級の被害となった[1]．

また1954年5月9～10日，全国で死者・行方不明者397名の大災害をもたらした，後に「メイストーム」と呼ばれた猛烈に発達した低気圧により同様な被害が出た〈→005〉．オホーツク海に抜け，網走地方気象台の観測史上最も低い957.9 hPaを記録し暴風となった．この低気圧に伴う寒冷前線の通過後，山脈の走向とほぼ直交した強い北西風による山越え気流による羅臼突風が吹いた．家屋の全半壊が110棟と村は壊滅的な被害を出し，「5.10突風」と呼ばれた．暴風が吹き荒れ，雪を伴い最大瞬間風速が40 m/s以上と推定され，羅臼だけで死者・行方不明者40名，村も壊滅的となった．また，1961年1月5日も，冬型気圧配置での猛烈な発達した低気圧で最大瞬間風速が50 m/sを超える羅臼の突風で165棟の家屋被害となった．

羅臼風のメカニズム

羅臼風とは，突風現象発生時は，前線面が山の高さよりすぐ上にあり，気流が山脈

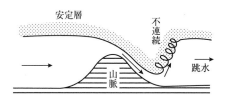

図2 山脈を越える気流のハイドロリックジャンプのモデル

という障害物を越え，山脈の風下側の斜面をより風速を増して流れ下る現象である（図2）．流れの速度（風上側の風速）と山の高さ，逆転層下面の高さの条件が重なって起こる山岳波で，ハイドロリックジャンプ（跳水現象）が発生し，風下側の山麓（さらに海上）まで一般風の風速より強化されるため暴風が発生する．羅臼風が吹く条件は，1～3 km付近までに逆転層下面があり，知床峠の観測点で北西の強風が吹いているという2条件を満たすときである[2]．1989年3月26日の羅臼風の解析を行い，地上で16 m/sが吹いたときの事例では，根室の高層観測によれば逆転層が1～2 km付近にあり，対応した1.5 km付近で北西35 m/sの風速が極大となり，風向が変わるとともに羅臼では風が収まった．知床半島の山地を越える気流にハイドロリックジャンプが発生し，だし風となって強風が地上へ吹き下りるが，地形と上空の気温および風向・風速の鉛直分布などが密接に関係する．精度の向上した気象防災情報の提供と情報の受け手側での情報の理解，船舶の速度などの改善が進み，海上での災害は激減している． 〔村松照男〕

文 献
1) 荒川正一：局地風のいろいろ，成山堂書店（2000）．
2) 佐川正人：地理学評論，**73A**，621-636（2000）．

012 春の風

こ ち

東風

　西高東低の冬型の気圧配置が崩れ，春になると，移動性高気圧と低気圧とが交互に通るようになる．移動性高気圧の中心が三陸沖に移動し，西のほうから低気圧が近づいてくるときに吹く東風をいう．春から夏にかけ，東高西低の気圧配置のときに吹く風である．東風は，早い年には2月下旬になると吹きはじめる．東風が吹くようになると，寒気がゆるみ，春らしくなる．このため，俳句では春の季語となっている．

　東風という言葉は菅原道真によって歌われた「東風吹かば匂ひおこせよ梅の花　あるじなしとて春を忘るな」（拾遺和歌集）で有名である．このため"こち"は，春を呼ぶ風として理解されていることが多い．

　一方，瀬戸内海地方では，3,4月頃に吹く東風をひばりごち，へばるごち，こち時化（しけ）などと呼び，岡山県では，梅や桜の咲く前に吹く東風を梅ごち，桜ごちと呼んでいる[1]．季節の特徴を表す言葉との合成語として用いられることが多い．このように，風の方向，強弱，寒暖などの性質を細かくいいわける必要をもっているということは，それが生活に密着し，生命にかかわることもある船乗りや漁師たちの言葉であるからである．東風は，海上では低気圧の前兆となり，荒天となるので海の男からは歓迎されなかった．単なる風雅な表現として出たものではない．

　樋口一葉の日記『若葉かげ』[2]にも東風のおそろしさが出ている海難の記事が載っている．1891（明治24）年6月4日，場所は銚子沖で，小舟町の石崎廻漕店所有の汽船石崎丸が沈没，乗組員五十余名が死亡するという事故があった．翌朝，銚子の浜辺に屍体や小荷物が漂着したので，はじめて遭難に気づいた．樋口一葉はこのあと次のように書いている．

　「…救命の汽笛の灯台局に達ざりしをみれば，海浜を去ること三里以上の沖合にて沈没はなしたるなるべしとなり．大方は犬吠岬の西南，長崎浦の前面あたりになるべしや．このあたり暗礁多きところなればなり．まことや当夜は東風つよく吹きあれ，波浪高く，ことに濃靄（こきもや）さへ海面に閉じたる夜なりとか．とにも角にも涙ぐまるる物がたりにこそ……」

　この一葉の日記でも"こち"とは春から夏にかけての悪天をもたらす風とわかる．

　図1に暖かな東風をもたらした移動性高気圧の後面の低気圧による暴風雨の事例を

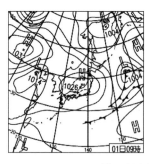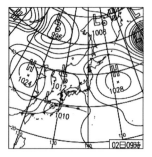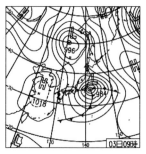

図1　2013年4月1（左），2（中），3日（右）9時の天気図[3]

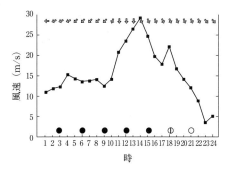

図2 銚子の風・天気時系列図（2013年4月3日）
（気象庁データから作成）
●：雨，◐：晴，○：快晴．矢印は風向．

示す．2013年4月1日は，日本付近は高気圧に覆われ，西日本から東日本はおだやかに晴れた．関東地方は東よりの風で，前橋市・水戸市でサクラが満開になり，春爛漫の陽気になった．2日は高気圧の中心が三陸沖に移動し，関東地方は東よりの風で日中はおおむね晴れたが次第に雲が広がり，高気圧の縁に沿って北上した湿った気流により雨も降り出した．3日は関東沖で低気圧が急発達し，関東から東北地方の沿岸や海上では風雨が激しくなった．千葉県銚子市の風と天気の時系列図を図2に示す．3日は未明から10～15 m/sで推移していたが，低気圧が接近した昼前から北風に変わり，14時には最大瞬間風速40 m/s，最大風速29.9 m/sを記録した．その後北西風に変わり，急速に風速が弱まり，天気も回復した．

移動性高気圧後面の低気圧は，暴風雨だけではなく，ときには関東地方に大雪をもたらす．図3に大雪の事例を示す．2008年2月2日は，本州付近は移動性高気圧に覆われたが，東シナ海南部に発生した前線や低気圧の影響で天気は次第に下り坂となり，関東地方は東よりの風で，薄曇りから曇りとなった．一方，九州，中国，四国地方では雨が降り出した．3日は関東地方の

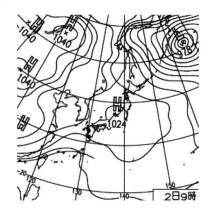

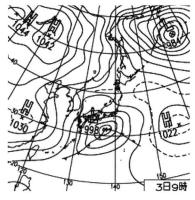

図3 2008年2月2日（上），3日（下）9時の天気図[3]

南岸を発達中の低気圧が通過した影響で関東地方は，北風に変わり気温が下がって広い範囲で雪になった．東京3 cm，横浜市7 cm，千葉市6 cmの積雪になり，都内では雪で転倒するなど74名がけがをした．また，空の便を中心に交通が大きく乱れ，羽田空港発着便を中心に日本航空で107便，全日空で39便が欠航し，計24,000名に影響が出た．

春から夏にかけての"こち（東風）"は，移動性高気圧に覆われた暖かでおだやかな天気をもたらす風ではあるが，低気圧が去った後は，暴風，大雨，大雪をもたらす

風でもある. 〔下山紀夫〕

文 献
1) 半藤一利, 荒川 博：風の名前 風の四季, 平凡社 (2001).
2) 樋口一葉：全集樋口一葉, 第3巻 日記編, pp. 18, 小学館 (1979).
3) 気象庁ウェブサイト.

013 春の雨

雨 一 番

　北海道で, 立春の後, 初めて雪を混じえずに雨だけが降る日を雨一番という. 雨一番は, 北海道の南部から始まって, 次第に他の地へ広がっていく. 札幌気象台の調べによると, 雨一番の平均日は, 図1のように沿岸を暖流の通る日本海側の江差（2月27日）から始まって, 函館3月2日, 札幌3月15日, 釧路3月18日, 帯広3月19日, そして最後はオホーツク海沿岸の網走で3月27日になる[1]. 彼岸の頃は北海道中部の旭川付近となり, 江差と網走では約1か月の差がある.

　雨が降り出しても, 途中で雪が混じってみぞれや雪となれば雨一番とはしないので, ずっと雨だけが降り通すのを見届けた後, 雨一番と認定される. このため, 初雪などの認定とは異なり, 雨が降り終わるまで雨一番は認定できない.

　図2は2013年3月18日9時の地上天気図であり, 図3は札幌市の気温と天気の時系列である. 札幌市ではこの日9時30分

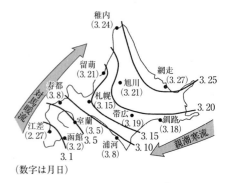

図1 「雨一番」の平均日[1]

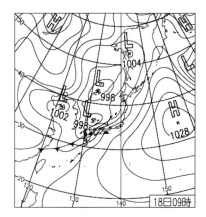

図2 2013年3月18日9時の天気図（札幌市で雨一番のあった日）[2]

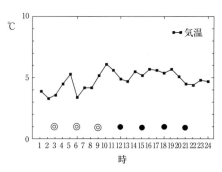

図3 札幌市の気温・天気時系列図（2013年3月18日）（気象庁データから作成）
◎：曇，●：雨．

から雨が降りはじめ22時0分に雨のまま止んだ．最高気温は6.4℃，最低気温は2.4℃で雨一番になった．低気圧や前線の影響で暖かな強い南風が日本列島全体に入り，札幌では南9.5 m/sの日最大風速になった．

また，近畿や東海地方で春一番となった．

なお，雨一番の後はもう雪が降らないというわけではない．春一番の後，北海道上空に-40℃前後の真冬並の寒気が流れ込んできて，季節外れの大雪，吹雪になったりする〈→181〉．

ところで北海道には，春の訪れを告げる「春一番」や冬の訪れを告げる「木枯らし1号」の発表はない．その代わり北海道にしかないのが「雨一番」である．

季節の変化は，行きつ戻りつするのが常である．北海道においては，雪からの解放，厳しい寒さの終わりの兆しを告げるのが雨一番である．

しかし，雨一番は春の到来を感じさせると同時に，雪解け洪水やなだれを起こす危険性もある．季節変わりの災害にも要注意である．

気象庁では6時間ごとの降水確率を発表している．降水確率は，予報区内で一定の時間内に降水量にして1 mm以上の雨または雪の降る確率（％）の平均値である．北海道では冬季は「雪の降る確率」であるし，夏季は「雨の降る確率」である．そして雨一番の頃は「雪または雨の降る確率」となる季節でもある．

雨一番は，1985（昭和60）年に気象庁の平塚和夫が造語したものである[1]．

〔下山紀夫〕

文　献
1) 平塚和夫編：日常の気象の事典，東京堂出版（2000）．
2) 気象庁ウェブサイト．

014　春の雨

卯の花腐し

うのはなくたし

　旧暦の四月は「卯月」、または「卯の花月」とも呼ばれる。この呼び名は、卯の花が咲く月だからついたという説もあるが、卯月に咲く花だから卯の花だという説もある。この卯の花の咲く季節に降る長雨を、「卯の花腐し」といい、「腐し」はくたし、くだしとも読む。卯の花を腐らせるような長雨ということで、春雨と梅雨の間、本格的な梅雨の前触れの走り梅雨ともいわれている。

　俳諧では初夏（陰暦四月）の季語とされている。初夏の太陽のもとで輝いている花でも、雨に濡れてうなだれる。卯の花も例外ではなく、そして、しばらく雨が続くとクタクタになってしまう。雨を嫌って「腐って」いるかのようでもあるので、この名がついたともいわれている。

　2006年5月6日から10日は西日本で大雨が続き、5日間の総雨量は高知県香美市繁藤で635 mmに達した。6～8日の地上天気図を図2に示す。6日は黄海から前線を伴う低気圧が東北東進し、九州から雨が降り出し、夜には近畿地方まで広がった。また、南西諸島には停滞前線がのびてきて沖縄は雨になった。7日は南西諸島や西・東日本には前線が停滞した。前線に近くの四国や近畿、東海で大雨となった。和歌山県古座川町で262 mm/日、高知県香美市繁藤で250 mm/日の大雨となった。8日は、三陸沖と四国の南を低気圧がゆっくり東進した。東海地方の一部では雨、関東、東北地方の太平洋側では北東気流が入り気温が低く所々で小雨となった。日本付近は、11日まで低気圧や前線が接近、通過して曇りや雨が続いた。12日になって西日本から北日本は移動性高気圧に覆われ、東京などでは6日以来の晴れ間となった。その後14日には、沖縄地方が梅雨入りとなった。

　5月の雨は、北日本から関東地方の太平洋岸で北東気流による冷たい小雨となることもあるが、太平洋高気圧の勢力が強まってくる季節でもあるので、高気圧の縁を回って暖かく湿った空気が日本列島に流れ込み、しばしば大雨をもたらす。また、沖縄や奄美地方には前線が停滞する季節でもある。本州の5月の長雨（卯の花腐し）のタイミングで沖縄や奄美地方に梅雨入りが気象庁によって発表されることも多い。ちなみに沖縄地方の梅雨入りの平年日は5月9日である。　　　　　　　　〔下山紀夫〕

文　献
1) 気象庁ウェブサイト。

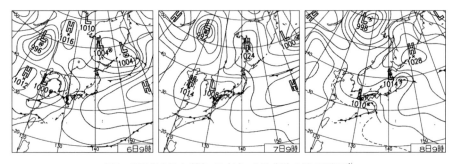

図2　2006年5月6（左），7（中），8（右）9時の天気図[1]

015　春の雨

菜種梅雨

なたねづゆ

　菜の花の咲く頃，梅雨を思わせるように降る雨を「菜種梅雨」という．菜の花をはじめさまざまな花を催す（咲かせる）という意味で，催花雨（さいかう）という別名もある．春から夏にかけては，植物にとって成長を促す大切な雨が降ることから，この時期の雨に植物の名前がついているものが多い．また，春りん（春霖）ともいわれており，さらに春雨（はるさめ）はこの頃の優しい雨のことをいう場合が多い．

　季節の変わり目は日本付近には前線が停滞しやすく梅雨のような天候が続くことが多い．冬と春を分ける前線が菜種梅雨，春と夏を分ける前線を梅雨，夏と秋を分ける前線を秋雨（秋雨前線），秋と冬を分ける前線を山茶花（さざんか）梅雨ということもある（図1）．

　3～4月には，冬の間，本州付近を支配していた大陸の高気圧の勢力がやや弱まり，北からゆるやかに日本付近に張り出したり，移動性高気圧の中心が北海道や東北地方を通る，いわゆる北に偏り通過する場合に西日本から東日本の太平洋沿岸部にかけて冷たく湿った北東風が吹く．このようなとき，本州南岸には前線が停滞しやすくなり，前線上にはスケールの小さい，いわゆるメソαスケールの低気圧が頻繁に発生しやすくなる．そのため，梅雨のように何日も降りつづいたり，集中豪雨となることは少ないが，冷たい曇りや雨や雪の日が多く，寒い，すっきりしない天気が続くことが多い．おもに菜種梅雨というのは西日本から東日本の太平洋沿岸部の地方でいう場合が多く，北日本にはこの現象はみられない．

　近年は，菜種梅雨の特徴をもつ気圧配置が2月頃から現れることもあり，このように季節的に早期に起きるときに一部の天気キャスターが"菜種梅雨の走り"と呼ぶこともある．冬季に繰り上がって発生することから，気候の変動が懸念される面もある．

　1985（昭和60）年の3月は月全体を通して関東以西の太平洋側地方では冷たい雨の連続で，東京ではこの年の3月の快晴日数は0（梅雨期である6,7月を除いては初のワースト記録），日本気象協会発行の天気図日記では「暗い3月」と評されるほどであった[1]．その他，1988（昭和63），1991（平成3），1992（平成4），1995（平

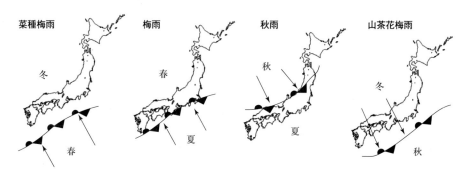

図1　季節を分ける停滞前線

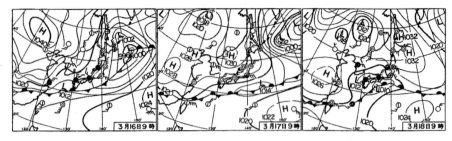

図2 1992年3月16（左），17（中），18日（右）の天気図[3]

成7），1999（平成11）年と3月に比較的長いこと曇雨天が持続した影響で，月間日照時間は北日本除いてかなり少なかったため，20世紀末にかけての3月は，「菜の花の上にお日様なし」「行楽受難・鬼門の月」「花見には傘など雨具が必需品」「卒業式，終業式はいつも雨」などと不名誉なレッテルが貼られた．その後も，2002（平成14），2006（平成18）年には2月終わりから3月はじめにかけて，南岸に前線が停滞したり，朝晩中心に雨の降りやすいすっきりしない空が続いた．

1992年3月は，月のはじめから前線が日本の南岸に停滞することが多く，菜種梅雨が顕著な3月となった年であった．図2に1992年3月16～18日の地上天気図を示す．16日は発達した北海道東方沖の低気圧の中心から前線が日本列島の南岸，東シナ海，中国大陸までのびていた．前線上の東シナ海には小低気圧が解析された．北日本は冬型で日本海側では所々で雪が降った．一方，関東から西の地方は前線の影響で曇りや雨となった．17日は，ひきつづき日本列島の南岸に停滞し，一方，中国大陸から高気圧が移動性となって日本海北部を東進した．北に偏った高気圧となったため関東地方は冷たい北東気流が入り雪や雨となった．図3にこの日の東京（大手町）の気温と天気の時系列を示す．東京では前日から雨が降っていたが，未明から気

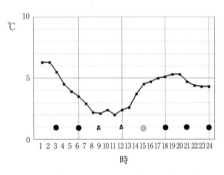

図3 東京（大手町）の気温・天気の時系列図（1992年3月17日）（気象庁データから作成）

温が下がりはじめ，7時には2.9℃まで下がり，みぞれとなった．11時にはこの日の最低気温2.0℃となり雪に変わった．その後はゆっくり気温が上がり再びみぞれとなり14時過ぎに止んだ．東京は積雪とはならなかったが，埼玉県熊谷市では1cm，秩父市では2cmの積雪となった．18日は南岸の前線上を低気圧が東進してきた．一方，北日本は北海道の東に中心をもつ高気圧に覆われた．このため，関東，甲信地方はひきつづき冷たい北よりの風で真冬並の寒さが続き，さらに低気圧の影響で大雪，そして大雨となった．山梨県の河口湖では29cm，栃木県日光市では24cm，群馬県前橋市では7cmの積雪となった．一方，神奈川県箱根町では71mmの降水量となった．

なお，平塚和夫によると「菜種梅雨」という言葉は，「1995年頃，中央気象台天気相談所が俳句歳時記に菜種梅雨という季語が載っていることを見つけ，実際の天気にあてはめて解説したところ，これが新聞，放送の記者団に受けて，世間に広く知られる言葉となった．菜の花は真冬のうちから咲いている．けれども，真冬にもし長雨が降ったとしても，それは菜種梅雨とは呼ばないのが，しきたりである」[2] としている．

〔下山紀夫〕

文 献
1) 日本気象協会監修：気象，天気図日記（1986）．
2) 平塚和夫：日常の気象の事典，東京堂出版（2000）．
3) 気象庁ウェブサイト．

016　　　　　　　　　　春の気温

寒 の 戻 り

かんのもどり

　春は気温の変動の大きな季節であり，急に気温が下がって，農作物に晩霜や凍結による被害がもたらされる．
　数日のスケールでの気温変化をみると，北日本ではあまり季節による差はないが，東日本では3～5月，西日本や沖縄・奄美では2～3月に変動幅が大きくなる傾向があり[1]，春は寒暖の差が大きい．
　図1は，朝の急激な冷え込みについて注目して作成したもので，2013年の気象庁の観測データを用いて，東京と長野における前日の日最高気温と当日の日最低気温の差（以下，気温変化）を示したものである．一般に，海岸部にある地点より内陸部にある地点のほうが，最高気温が高くなりやすく，最低気温が下がりやすいので，1日の気温変化も大きくなりやすい．この図においても，長野（○）のほうが東京（▲）より気温変化が大きく，2013年春も気温変化が20℃以上になる日が何日も現れている．
　このように，春は数日スケールでみても日単位でみても気温変化が大きく，強い寒気により急に冷え込むことが多い．たとえば2013年4月は，上空の偏西風が極東域で大きく蛇行し，10日程度の周期で強い寒気が南下したため，月後半には一時顕著な低温になった．長野において，4月中旬には20℃以上の日が2回現れ，4月18日は最高気温が25℃近くまで上がったが，翌19日朝は2℃台まで下がっている．強い寒気が入ったところに，南岸低気圧が通過して記録的に遅い積雪になるとともに，21～23日は放射冷却も加わって氷点下の

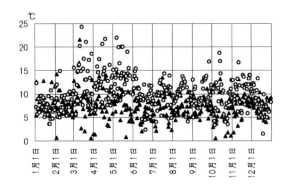

図1 2013年の東京（▲）と長野（○）における前日の日最高気温と当日の日最低気温の差（℃）

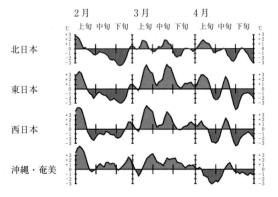

図2 2013年2～4月の5日平均気温の地域平均気温平年差（℃）
東・西日本では2013年3月には気温が平年よりかなり高かったが，4月には低温となり，寒暖の変動が大きかった．

冷え込みが続いた．こうした強い寒の戻りにより，積雪による交通障害や農業施設被害のほか，果樹の凍霜害や野菜の生育遅れも，長野以外の県も含めて広範囲で発生した〈→030〉．図2に示すように，2013年の場合，東・西日本は3月に記録的な高温で，果樹などの農作物が例年より早く成長していたため，凍霜害も特に甚大なものとなったと考えられる． 〔礒部英彦〕

文 献

1) 気象庁：平成24年度季節予報研修テキスト「季節予報作業指針」(2013).

017 春の気温

寒　春

かんしゅん

　大気中の温室効果ガス濃度の人為的な増加に伴う地球規模の温暖化の影響により，日本の春の気温も長期的に上昇傾向にある．図1に日本の春（3～5月）の平均気温の変化傾向を示すが，長期的な上昇トレンドが100年当たり1℃を少し上回る程度であるのに対し，年々の変動も同程度の大きさがあり，さらに10年規模の自然変動も重なっていることから，将来的に温暖化が進行するとしても，暖かい春ばかりとなるわけではなく，数年に1回程度は現在の気候においても低温とされるような寒い春も現れると考えられる．

　春に低温が持続した場合，農業分野への影響が大きく，農作物の凍霜害や成長の遅れといった被害が出る．また，低温ベースの天候においては，冬からの北西風の流れが春になっても続き，南からの暖湿流が入りにくくなるので，低温・少雨となり，水不足による農作物の成長の遅れといった影響も重なることになる．

　たとえば，1996年の春は，全国的に冬からの低温傾向が持続し，4月には東日本以西で月平均気温が平年より2℃以上低くなって，和歌山県などで果樹に大きな凍霜害が発生した．また，東・西日本で前年秋からの少雨傾向が続いたため，農作物の成長の遅れで価格が高騰し，茶の生産も大きく減少した．
〔礒部英彦〕

文　献
1) 気象庁ウェブサイト．

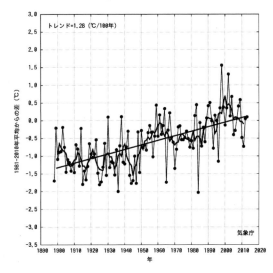

図1　日本の春（3～5月）の平均気温の平年差の変化傾向（1898～2013年）[1]　都市化の影響の比較的少ない全国15地点の平均値．細線は各年の値，太線は5年移動平均，直線は長期的な変化傾向．平年値は1981～2010年の30年平均値．

018 春の気温

融 雪

　融雪は，固体である雪の氷が，液体である水に変わることであり，人間活動にとって障害となる積雪を人為的に除去しようとする融雪と，自然現象によって起きる融雪がある．

　積雪は放置しておくと強度不足の建物などが潰れたり，円滑な交通を妨げるので除雪や融雪が行われる．雪を固体のまま移動させる除雪に比べ，融雪は雨と同様に低いほうへ流れてくれるので，雨と同様に自動的に処理できるという手軽さがある．人為的に雪を融かすには，雪を融点以上に温めるか，融点を雪の温度以下に下げる必要がある．屋根などの部分的な融雪には，ニクロム線に電流を通して加熱する方法や，不凍液を灯油やガスなどで加熱して配管内を循環させて温める方法などが用いられる．

表1　融雪注意報の基準（2015年3月現在，文献[1]より作成）

【数値基準あり】

北海道	
宗谷地方	24時間雨量と融雪量（相当水量）の合計が50 mm以上
上川・留萌・釧路・根室・十勝・胆振・日高・渡島・檜山地方	24時間雨量と融雪量（相当水量）の合計が60 mm以上
石狩・空知・後志・網走・北見・紋別地方	24時間雨量と融雪量（相当水量）の合計が70 mm以上
新潟県	積雪地域の日平均気温10℃以上 積雪地域の日平均気温7℃以上かつ日平均風速が5 m/s以上か日降水量が20 mm以上の降雨がある場合
富山県	積雪地域の日平均気温12℃以上 積雪地域の日平均気温9℃以上かつ日平均風速が5 m/s以上か日降水量が20 mm以上の降雨がある場合
石川県	積雪地域の日平均気温13℃以上 積雪地域の日平均気温10℃以上かつ日降水量が20 mm以上の降雨がある場合
福井県	積雪地域の日平均気温12℃以上 積雪地域の日平均気温10℃以上かつ日降水量が20 mm以上の降雨がある場合
長野県	積雪地域の日平均気温10℃以上 積雪地域の日平均気温6℃以上かつ日降水量が20 mm以上の降雨がある場合

【数値基準なし】

青森・秋田・岩手・宮城県	融雪により被害が予想される場合
山形県	融雪により浸水などの被害が予想される場合
福島県	融雪により被害が予想されるとき
岐阜県	融雪により災害が発生するおそれのある場合

上記以外の都府県には融雪注意報の基準なし．

広い範囲を融雪する場合は，経済的な観点から自然の力を利用して少ないエネルギーで温めることが考えられている．たとえば，相対的に温かい地下水を汲み上げて道路に散水して自動的に融雪する消雪パイプ，春先に農作業を早くはじめるために雪面に炭などを散布して黒く着色し，太陽熱を吸収させて融雪する方法などがある．

融点を下げる方法として，塩化カルシウムなどの融雪剤を散布する方法がある．融雪剤散布で凝固点降下が起こって融点が低下し，雪は水へ変わるので，高速道路や国道の円滑な通行に寄与している．ただ，融雪剤の散布は，極端に低い温度の中では効果が得られない．なお，あらかじめ雪が降る前に積もるのを防止する凍結防止剤は，融雪剤と同一のものである．

春になって融けた雪は，雨が少ない春先の農作業にとって貴重な水資源となっており，多雪地帯は米どころとなっている．しかし，急激に融雪が進むと，河川が増水してはん濫したり，崖崩れや地すべりなどの災害が発生する．気象庁が発表する融雪注意報は，融雪により被害が予想される場合に行うが，洪水注意報と同時に発表されることも多い．雪が多く積もっていないと被害が出るほどの融雪とはならないので，融雪注意報が発表されるのは，雪が多く積もっている地方ということになる．このため，融雪注意報が発表される地方は，大雪注意報はもとより，なだれ注意報が発表される地方より少ない．融雪注意報の発表基準となる要素や表現の仕方は，地方によって大きな差がある（表1）．〔饒村 曜〕

文 献
1）気象庁ウェブサイト．

019　　　　　　　　　　　　　春の気温

富士山雪代洪水

1834年

半解けという意味のslushからスラッシュなだれと呼ばれる大量の水を含んだなだれが，山の斜面を流下するときに，河床などの堆積物を侵食して土石流化したものを雪泥流という．日本では大規模な雪泥流は，富士山と北海道の大雪山系で発生するだけであるが，中小規模の雪泥流は各地で発生している．富士山の雪泥流は，雪代（ゆきしろ）という特別な名前で呼ばれている．この雪代は，もともとは，春に山の雪が解けて川が増水することをいい，中部地方から東北地方で使われていた言葉である．

富士山の雪代は，傾斜した山体の上に凍結土層，融雪土層，積雪の層が積み重なっているところで発生する．積雪の層に大量の融雪水や雨水が加わると安定が崩れ，すべり出すことで始まる．雪と水が混じったものが下方斜面の融雪土層を削り，土砂を取り込みながら低地に流下し，このときに摩擦熱や高い気温の影響で混在していた雪が解け，山麓の扇状地に拡散する．富士山は溶岩と火山灰の互層からなる成層火山で，透水性が非常によいため，夏や秋の豪雨では降水が地中に染み込んであまり表面を流れることはない．しかし，秋の終わりから次の春の終わりまでは地盤が凍結し，水が地中に浸透しにくくなっている．気温が上昇して融雪したり，雨が降ったりすると，凍結層の上に水がたまり，重くなって安定を失った積雪層がすべり出す．すべり出し面は，凍結土層の上端の場合が多いが，融雪土層の上端の場合もある．このため，雪代が多く発生するのは，積雪と地盤の凍結があり，かつ積雪が多い2〜6月である．

富士山で雪代が発生しやすいのは，御殿場口のある南東斜面で，ついで吉田口のある北北東斜面で，ともに地表面が火山噴出物で覆われ，植物がほとんど生えていない場所である（図1）．雪代の発生高度は，雨が降るか，雪が降るかの境界の高度と関係するため，1500～3500 m と幅があるが，ときには集落まで到達するので，昔からおそれられてきた．このため，雪代の被害から村落を守るため，堀（常に流れがある川とは違い，雨が降った日やその翌日に水の流れがあるもの）に沿って石積みの堤防をつくり，もしくは集落を安全な場所に移転させてきた．

1834年5月16日（天保5年4月8日）に発生した雪代は，非常に大きなものとして多くの記録に残っている．図2は，災害発生から2年後に描かれたものであるが，富士山南西部を流下した大規模な雪代がどのようにはん濫したかを示している．これによると，雪代は斜面を流れる渓流から潤井川，伝法用水まで流入して被害を拡大させ，現在の富士宮市や富士市の市街地まで流入している．天保5年は4月はじめから猛暑で，5月6日は夏のごとくといわれるほどであり，頂上付近にある万年雪まで解けたといわれている．富士山麓にある発達した放射谷のほとんどで雪代が発生し，特に北麓と南西麓で被害が大きかった．北麓では，朝から南よりの強風を伴った大雨が降り，12～14時頃に山鳴りと震動ととも

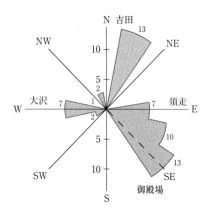

図1 雪代が発生する場所（富士山砂防事務所データによる）

図2 1834年に発生した雪代の古絵図（天保5年の雪代災害絵図（国文学研究資料館史料館所蔵の絵図）に加筆，国土交通省富士砂防事務所提供）

に標高3300m付近から発生した雪代が，24km先の下暮地（富士吉田市）まで一気に襲い，多くの家と田畑が土砂で埋まった．また，南西麓では朝から強風と大雨で，12時頃に山鳴りとともに山頂付近大規模な崩壊（天保谷として残っている）で発生した雪代が襲い，広い範囲の田畑に浸水した．また，14時頃には洪水と火山灰が田畑に流入した．南西麓の富士・富士宮は泥海と化し，潤井川も川底が高くなって，その後の洪水では土砂が河口の田子の浦港に流入しやすくなっている．

図3 大沢川扇状地左岸（防災用のテトラポットを乗り越えている雪代）（国土交通省富士川砂防事務所提供）

日本気象史料によれば，水野出羽守から御用番の水野越前守への4月24日に提出した届け書には次のような記述があり，それによると，富士山南麓では，雪解け水が押し寄せ，それが引いたあとに，土石流が流れてきた．

「私領分駿州富士郡天間村之儀　當月八日明方より大風雨強く　昼九つ時雪崩れ候體にて　富士鳴り急に水押し田畑共に平押家居迄　水入に相成り　追々水引之様子に相成候處　尚又八つ時より　山上俄に致震動闇夜の如く相成り無洪水焼砂押来り　大石大木逆落に　押出し候」

天保5年の雪代の被災地では，この年が午年であったことから，この大災害を「午流（うまながれ）」あるいは「午年の流れ」と呼び，4月8日が釈迦の誕生を祝う灌仏会（花祭り）の日であったことも合わせて長く語り継がれてきた．

富士山では，天保5年の雪代以降も，中規模な雪代がときどき発生しており，たとえば，1972（昭和47）年5月1日には，富士山の大沢崩れの源頭部に積もった雪が融雪によるなだれと降雨によって土石流を引き起こし（図3），扇状地に多量の土砂を蓄積させ，濁流が潤井川をへて河口の田子の浦港まで土砂を運んでいる．富士山頂では，5月1日の積雪1m75cm，日最高気温0.3℃であり，雪が多かったことに加え，この時期にしては気温が高く，さらに300mm以上といわれる降雨が加わって雪解けが一気に進み，雪代が発生した．

1945（昭和20）年3月23日未明に青森県赤石村（現 鰺ヶ沢町）の赤石川で発生した雪泥流により死者87名という被害が出ており，鰺ヶ沢にある雪泥流の慰霊碑（1951年建立）には，「昭和二十年三月二十二日夜来の豪雨により流雪渓谷に充塞河水氾濫し舎氷雪に埋まり大然部落二十有戸悉く其影を失ふ夜来のこととて死者八十七名生存者僅かに十六名のみ實に稀有の惨事たり」と記されている．

このように，雪泥流のよる被害は，大雪が積雪しているところに，雨や高温で雪解けが一気に進み，そこがもろい地層であれば，まれとはいえ，富士山以外でも発生しうる．

〔饒村　曜〕

文　献

1) 海洋気象台・中央気象台：日本の気象史料（1939）．

020　　　　　　　　　　春の湿度

乾燥・林野火災

forest fire

山火事前線の北上

　春は乾燥による山火事（wildfire；林野火災，森林火災），大火の季節である．火災に最も関係が深い気象要素は気温と湿度，風向・風速で，湿度が出火（着火）に，風は延焼に大きく影響し，乾燥して風が強いと大火になりやすい．林野火災が頻発する時期である山火事前線の北上は，長期積雪がない温暖な房総半島南端から九州南部にかけての，太平洋沿岸沿いの冬枯れの山裾や原野において2月に始まり，次第に雪解けで枯れた下草や灌木が現れる内陸に進み，標高を上げつつ緯度の高い方向に進む．さらに，「サクラが咲いたら山火事に注意」となる平均気温約10℃のソメイヨシノの開花前線と相前後して北上を続け，関東以西では3〜4月，東北から北海道では4〜5月が林野火災のシーズンとなる．
　全国の月別の林野火災の件数は4月をピークに2〜5月で年平均の63％を超す．4〜5月は高気圧に覆われることが多く，乾燥が続き山林原野に立ち入るのべ人数が多くなる時期にあたる．日本海を低気圧が発達しながら通過すると，気温が高い南よりの強風によるフェーンも起こりやすい状況となり大規模な林野火災の発生頻度が高くなる．8月に2次ピークがくるが，夏の高温化傾向により林野火災が増加した結果である．

林野火災の起こりやすさ

　湿度とは，空気中に含まれる水蒸気量を示す1つの度合いを表すものである．相対湿度とは，対象とする空気の含んでいる水蒸気量（水蒸気は気体なので蒸気圧）と，その空気が含みうる最大の蒸気量（飽和水蒸気圧）に対する割合をパーセントで表現する値である．単に湿度と呼ばれている．大気は温度が高いほど多く水蒸気を含んでいる．水蒸気量が変わらないとすれば，気温が高くなれば湿度は下がる．冬から春にかけて木々や下草の乾燥が進行し，晴れて気温が上昇すると火災発生の危険が増大する．火災の起こりやすさは相対湿度ではなく実効湿度が重要となる．実効湿度とは，当日の湿度を1とすると，前日の平均相対湿度に重みr（1以下の値で一般に0.7を用いる）をかけて，その前の日の湿度にさらに重みをかけて，という過去の湿度の履歴を累積して現在までのおもに木材の乾燥の程度を示す値である．乾燥状態が続けば，実効湿度が日々下がり火災が起こりやすくなる．乾燥注意報の基準は，地方によって違いはあるが，東京で実効湿度60％以下，最小湿度40％以下としている．

林野火災の原因

　林野火災の発生は，発生場所・発生件数・発生時刻など人間活動のかかわりが大きい．火災発生の原因を分類すると，たき火26％，火入れ（野焼きなど）16％，たばこ16％，放火（疑いを含む）11％など人が介在する原因がほぼ3分の2となっている．また焼損面積の経年変化（1974〜2003年）をみると，1974年（10,937 ha）をピークに最小の2003年（726 ha）の間，およそ30分の1に激減している．また発生件数では，1974年の8351件が2006年には

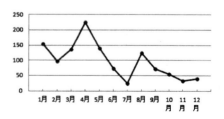

図1　林野火災の月別発生件数[1]

40　　　　　　　　　　1.　春　の　現　象

1576件と約5分の1に減少し，損害額も最小となっている．防災対策が発揮され，また林業の衰退で山へ入る人口も減少したのも要因と考えられる．

大規模林野火災

火災の発生する頻度と，火災の発生後拡大・大規模化は，気象条件が最も大きく関係する．年によって偏りがあり，春の異常乾燥，冬の終わり頃からの少雨の継続，梅雨期間の空（から）梅雨で降水量が少なく暑夏まで干ばつが続くなど，年々変動も大きい．

大規模災害としては以下の事例がある．

(i) 東北地方多地点の一斉大規模林野火災の発生（1983年4月27日）

岩手県久慈市，仙台市近郊など36か所で林野火災が一斉に発生，焼失面積は1万ha，死者1名，負傷20名の大きな被害が出た．この林野火災では，低気圧の通過で西よりの強風となり，太平洋側地方におけるフェーンによる異常乾燥のさなか大規模火災となった．

この強風は下層大気の不安定化により上空の強風が地上付近まで一様化され，強風が下層まで降りてきた結果であるとされた[2]．4日前から好天・乾燥しており，日射が強く下層大気が不安定化し，対流混合がより進んだとされている．

(ii) フェーンによる信州の大規模林野火災（1987年4月20日）

長野県更埴市，上田市で大規模林野火災が発生し353 haの山林が焼失，民家に類焼して144名が避難した．4月1～20日の間，長野では降水量2.5 mmと少雨で乾燥状態が続き，実効湿度の低下が著しく，日本海を発達した低気圧が通過し，南よりの強風によるフェーンで気温25.3℃に上昇，湿度が14%まで下がった．中部山岳地帯を天竜川の地狭帯から南よりの強風が浜松から吹き上がり，気温上昇と逆位相で湿度が下がり強風で火災が拡大した．

世界の林野火災

中国黒竜江省の大興安嶺で，長期間の干ばつで乾燥状態のところ，春先の最も火災が起こりやすい条件下，1987年5月6日に発生した大規模森林火災では，26日間燃えつづけ101万ha（ほぼ岐阜県の広さに相当する面積）が焼失し死者193名を出した．

1997～1998年に，カリマンタン島（ボルネオ島）西部における熱帯雨林地帯で大規模森林火災が発生し，52万haが焼失した．焼畑から火災が広がり，パーム油を採取する油ヤシの栽培で熱帯雨林の伐採，乾燥化で泥炭が増加していたため，火災で泥炭がくすぶりつづけ，なかなか鎮火せず，煙はマレー半島からインドネシアスマトラ島にまで拡大した．この期間に，エルニーニョ現象が継続し，インドネシア周辺で海面温度が低下し対流活動が低下したことにより降水量が減少し，干ばつとなっていたのである．このとき飛散した煙粒子は下層に集中し，近隣諸国に越境拡散し煙害をもたらした．通常年に比べて2～4倍の二酸化炭素が放出され，地球温暖化への影響が注目されたほどの地球規模の森林火災となった．また2002年「アジアの褐色雲」と呼ばれる巨大な煙霧状の汚染物質の帯が南アジアの空を覆ったが，この熱帯雨林の森林火災も一因とされている．

さらに2009年オーストラリアの夏期2～3月，「暗黒の土曜日」と呼ばれる同時多発大規模森林火災が発生，焼失面積45万ha，死者173名，負傷400名にのぼり史上最悪，最大規模の被害となった．近年，地球温暖化の進行に伴い，森林火災の頻度が増加傾向となっている．　〔村松照男〕

文　献

1) 総務省消防庁：平成24年（1月～12月）における火災の状況．
2) 近藤純正，桑形恒男：天気，**31**(2), 127-136 (1984).

021 春の大火

函館大火

1934年3月21日

昭和以降で戦災・大震災災害を除いて最大の都市火災は1934 (昭和9) 年3月21日の函館大火である. 死者・行方不明者2166名, 重軽傷9485名, 焼失家屋11,105棟, 市街地の3分の1にあたる約4 km^2 が焼失し11時間後に鎮火した. 被災者数102,001名は当時の函館市の人口の約半分にあたる膨大さだった.

気象状況の推移

当時「函館旋風」と呼ばれた低気圧は, 前日の20日18時には日本海西部で1008 hPaであったのが, 21日6時には日本海中部で987 hPaに発達した. 火災発生直前の18時には積丹半島の西海上で963 hPaと, 24時間で45 hPaすなわち爆弾低気圧となるような発達を続け, 北海道を縦断してオホーツク海に抜け, さらに939 hPa (704 mmHg) へと猛烈に発達した (図1).

この日, 函館市では, 21時20分に最低気圧968.5 hPaを記録した. この値は, 当時としては1872年の統計開始以来の最低気圧であり, 旭川市における961.0 hPaの記録は1888年の観測開始以来の最低気圧となり現在に至っている.

発達中の低気圧と温暖前線が通過した21日16時過ぎに前線が北上し, 低気圧の中心が南南西の風向に変わって風速が一段と増加し暴風となった. この結果, 函館地方は中心の南東象限, 寒冷前線前面20 m/s以上の南南西の暴風が吹き荒れていた. 18時20分南南西22.1 m/s, 最大瞬間風速35.3 m/sを記録した.

18時53分, 市街地南西端の住吉町の一家屋の屋根が飛んでそこから火災が発生した. 函館測候所の観測では, 18時20分に南南西の風が平均風速22.2 m/sに達したところで, 屋上の風力計台などが吹き飛ばされ2時間20分欠測となった. 風速の値はないが最大瞬間風速が39 m/sを超したと推定されている.

なぜ2000名を超す死者となったか？

20 m/s以上の南南西風が強まる中で, 市街地の西南西端で発生した火災は東〜北東方向に市街地中心に向かって急速に拡大・延焼していった. 風速15 m/sの以上の乾燥強風下では, 角度10〜15度の扇形で延焼し速度が増大する. 特に風が強いほど火の粉が多く飛散し, 飛び火の件数が急増, 湿度が低いほど火の粉での着火が起こりやすい. 木造家屋が連なる市街地では火災の広がりを抑制できなかった. 20m/sの暴風, 40 m/s近い突風にあおられ, またたく間に延焼し, 飛び火した. 消化活動は水の便が悪く延焼をくい止められなかった. 関東大震災で多くの死者を出す原因となった「火災旋風」がこの火災でも発生し, その渦巻の高さが200 mまで及んだという証言があるほど, 火勢が強かった. 20時半にはすでに全市が停電し漆黒の闇と火炎の中を避難し逃げまどった住民に, 想像以上に速い火の流れが襲いかかり, さらに

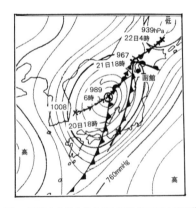

図1 函館大火時の地上天気図と低気圧の経路[2]

強風で地を這う火炎に巻き込まれた.

延焼域は約3時間で市の中心部まで東北東～北東方向に拡大し,猛火に追われて避難する人々が東側の大森浜の海岸付近に逃れた.しかし南西から北東方向走向の海岸に逃れた人々を,寒冷前線の通過後の西よりの暴風による猛火,火の粉,火炎流が襲った.海際に逃れた人には激浪と寒さが襲い次々と海に追われ満潮時の波浪に飲み込まれた.前線通過で21時過ぎには気温も下がりつづけ,22時以降には雪が舞った.燃える市街から逃れるため,新川に向かって避難した人々が渡る橋も焼け落ち,新川沿いと大森浜の海岸で多数の住民が亡くなった.焼死者が747名に対して,死因の約半数の917名が溺死,凍死者が217名という稀有な数字がその悲惨さを物語っている[1].

大火災害からの教訓と対策

函館大火の被害が大きかった原因は,建築学会の当時の報告書によると以下のとおりである.

「一.発火より消防署に於いて知覚するまでに約五分を要した事,二.風力甚大で火災の伝播速度大且飛火多く尚風向の旋転方向亦最悪的であった事,三.火元付近は特に地形の関係に依り延焼中頻りに風の旋転,突風起りし事,四.発火地点及海岸付近は特に矮小粗悪木造家屋連担し且全市に亘り粗雑木造家屋が多かった事,五.防火地区極めて尠く,広場,公園等の都市計画上の施設が完備して居なかった事,六.発火地点は水道終点である為め,水圧弱く水量乏しく,加ふるに風力強き為め,消防組の活動意の如く行われなかった事,七.道路概して狭隘にして消防組の部署変更に困難なりし事」とまとめられている.

函館市は1878,1879,1907年そして1934年の大火の教訓をもとに,復興計画を立案した.この計画をもとに幅55mグリーンベルトが設けられ,市内を24防火ブロック分けし,中心の昭和橋付近に裁判所などの公共機関を配置し,防火壁の役割をもたせ,海岸沿いには道路を守るように不燃性の小・中学校を配置した.その後,函館で大火は起こっていない.

岩内大火との類似

1954年9月26日,洞爺丸台風〈→130〉が札幌の西南西海上で速度を落としながら958 hPaへと再発達,最盛期を迎えていたまさにそのとき,中心から南東約100 km離れた岩内(いわない)町が大火となった.20時15分頃,町の南西部で出火した火災が,風速21.7 m/sの南西風,最大瞬間風速が40 m/s近い暴風にあおられ東北東に延焼,市街地をまたたく間に燃やし,漁港に係留されていた漁船に燃え移り,対岸の市街まで延焼,町の8割,3300棟を焼失した.沈没,焼失した船は64隻にのぼり死者・行方不明者46名の大被害となった.南東象限で降雨域がなく,猛烈な南西風の中で町が焼き尽くされた.火災の拡大,延焼のありさま,気象状況は,函館大火ときわめて類似していた.　〔村松照男〕

文　献

1) 池田　清編:函館大火災害誌(1937).
2) 宮澤清治:日本気象災害史.イカロス出版(1999).

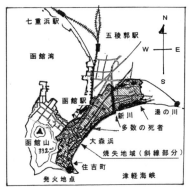

図2　函館の大火の焼失地域

022 春の視程

移流霧（海霧）

いりゅうぎり
advection fog

　移流とは，大気が水平方向に移動することをさす気象用語である．温暖で多湿な空気塊が相対的に低温な海面や地面の上を移動すると，その下層部が冷却されて移流霧（海霧）が発生する（図1）．千島から北海道にかけての太平洋岸，北アメリカ東岸のニューファンドランド沖に発生しやすく，海難事故が起こりやすい（図2）．

　移流霧は初夏の海に多い霧だが，日本では，およそ3月下旬頃から桜の開花前線の北上に伴うかのように九州，四国，本州の太平洋沿岸部をおもに北上して発生する．これは，太陽高度の上昇に伴い北西太平洋高気圧の勢力が拡大しはじめる頃，高気圧の西の縁から暖湿な空気が流入し，比較的に低温な海水に冷やされて発生するためである（図3）．

　移流霧が発生すると濃霧になりやすく，しかも継続時間が長いため，霧が発生した海域を航行する船舶には大きな障害となり，ときには重大な海難事故を引き起こす原因となる．さらに海岸から上陸した霧は数日にわたり農地を覆い，農作物に日照不足による被害を与えることもめずらしくなく，濃霧で視程が50m以下にもなると，沿岸部の道路や鉄道，航空機の運航など都市機能にも大きな影響を及ぼす．

　特に，移流霧は寒流域（親潮）の影響のある北海道太平洋岸から三陸，関東沿岸部や沖の冷水塊域および，利根川など大河川からの冷水が流出する河口付近や，外海より水温の低い瀬戸内海で発生しやすい．

　通常，親潮は1月頃から本州東岸に沿って南下するようになり，4月頃最も南に張り出して宮城県沖付近まで達するが，ときには異常に南下して茨城県沖付近まで達することがある．このため親潮と黒潮が対峙する付近では水温や気温の温度傾度が大き

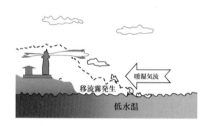

図1　移流霧の発生模式図

図2　濃霧による海難事故船（海上保安庁提供）

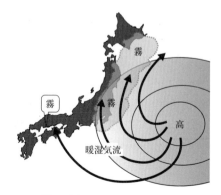

図3　高気圧と移流霧発生の模式図

くなり，霧が発生しやすくなる．

図4は，千葉県銚子市の犬吠埼灯台である．灯台付近は地形的に移流霧などが発生しやすく，浅瀬で岩礁が多いうえ霧による視界不良で座礁や衝突事故が多い海域である．このため，灯光に加え大音響を放つ霧笛で航行する船舶に位置情報を伝えていた．地元では霧笛の音色が牛の鳴き声に似ているためか，昔から「犬吠埼には牛が住んでいる」との言い伝えがある．霧笛は，近年は電波灯台やGPS，高性能のレーダーなど航行支援の情報が発達したため廃止されている．1910（明治43）年に設置され，廃止される2008（平成20）年まで吹鳴していた．

東北地方から北海道の太平洋沿岸部では，毎年5月から8月にかけて移流霧に覆われやすくなるが，寒流から切り離された沖の冷水塊域で発生した霧が，南よりの風で沿岸部に押し寄せてくることもある（図5）．

特に，三陸沖は北海道と本州を結ぶ船の航路となっており，往来する貨物船が多く，また，日本有数の好漁場であり，多くの漁船が密集して操業している．これらの船舶が，霧の中を航行中に互いの船の位置関係を監視する際の判断ミスから衝突する事故が，絶えず発生しているのが現状である．

移流霧の多くは海上で発生するが，条件によっては海上で発生した移流霧が内陸深く侵入することがある．その例として摩周湖の霧がある（図6）．

摩周湖は，「霧の摩周湖」と呼ばれるほど霧に覆われやすい湖である．ときには遠くから移流してきた霧が湖の外輪山の鞍部

図4 犬吠埼灯台（銚子海上保安部提供）
灯台の隣の屋根にラッパ状の筒がついた建物が霧笛舎．

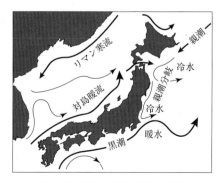

図5 日本近海の海流（親潮・黒潮）

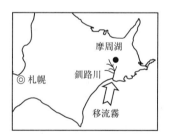

図6 北海道摩周湖周辺図

図7 外輪山を越え摩周湖に落下する移流霧「滝霧」の概念図

図8 瓢箪島沖の移流霧（岩手県大槌町）

から，一気に落下（滝霧）してカルデラ湖を埋めることがある（図7）．

摩周湖は海岸から内陸に70 kmもあるが，この霧は三陸沖から釧路沖にかけての海上で発生した移流霧であることが解明されている．海霧が陸上を遠路摩周湖まで到達するには途中の釧路湿原の潤沢な水からの水蒸気の供給が関与している．

移流霧は季節が進み，海水温度が上昇するとともに発生回数は次第に少なくなる．

図8は，平成三陸大津波の災害後，岩手県大槌町の瓢箪島沖に侵入してきた移流霧である．手前の岸から島まで連なっていた突堤は，津波で破壊されて水没したため島は孤立状態となっている．

大槌湾は岩手三陸海岸の中間付近に位置している．この海域は親潮と黒潮がぶつかるため霧の発生も多く，沖で発生した移流霧が湾の入り口から奥深く進入してくることがある．

また，この海域は良質なプランクトンも多く，豊かな漁場となっている．かつては養殖業も盛んでワカメやホタテ貝の筏も湾内に広がっていた．ところが2011（平成23）年3月11日，東北地方太平洋沖地震に伴う大津波に襲われたため，湾内の漁業・港湾施設をはじめ，町内の広域居住区が壊滅的な被害を受けた．当日，大地震に伴う災害対策本部を準備していた町役場の職員60名中，町長を含む30名以上，町全体としては1300名弱の尊い命が，地震や大津波により奪われた．

大津波による甚大な被害に対し，霧に覆われるがごとく先が見えなかった漁業者も，多くの人の支援に勇気づけられ，震災3か月後の6月にはホタテ養殖などが再開されはじめた．その後，養殖仲間も次第に増え，大槌湾のシンボル瓢箪島をブランド化したホタテ貝の販売を行うなど復興が進行している．
〔中田隆一〕

文献

1) 黒岩大助，大喜多敏一：気象研究ノート，10, 247-294 (1959).
2) 沢井哲滋：天気，29, 731-746 (1982).
3) 上田　博，八木鶴平：国立防災科学技術センター研究報告，29, 69-92 (1982).
4) 八木鶴平，上田　博：国立防災科学技術センター研究速報，45, 18 pp (1982).

瀬戸内海の霧

瀬戸内海は中国および四国などの山地に囲まれ，一種の盆地状地形を呈している。このため下層は一般風と切り離された空気が滞留しやすく，霧のシーズンは気温より海水温が相対的に低いため，海面付近の空気が冷やされて，海上に背の低い逆転層が形成されやすくなる。逆転層内では，水蒸気が蓄積冷却されやすいため霧発生の大きな要因となっている。また，海陸風が発達しやすく，海岸から山が近いため山谷風の関与もあり，これらの循環内に水蒸気が保存されやすいことや，陸からの冷気も海霧発生の要因となっている。

多くの島嶼部や海峡付近では，気流の収束による持ち上げ効果で断熱冷却があること，急潮流に誘発された気流や海水の湧昇による，冷・暖水温との海気熱交換があり，これら多くの要因が瀬戸内海の霧の発生に複雑に絡み合っている。

霧と天気

霧は発生したときの天気により，雨霧，晴霧の2つに大別できる。

雨霧は，低気圧や前線が九州や四国・中国地方にあり，瀬戸内海には相対的な冷気層があって，上空から比較的暖かい雨滴が落下するときに発生する霧である。雨滴は冷気層を落下中に蒸発して下層の水蒸気を飽和させる。この霧は前線などが関与しているため広範囲に発生して継続時間も長くなる。

晴霧は，瀬戸内海が高気圧に覆われて風が弱く，比較的晴天時に発生する霧である。特に前日は雨で夜間晴れると，翌朝は霧が発生しやすくなる。

一般に霧は降雨を伴うものが多く，降雨と無関係に発生するものは25〜35%くらいである。

図1は，豊後水道の佐田岬における月別の霧発生回数を示したものである。

これによると，晴れ霧の発生が53%と雨霧より多くなっており，地域によっては発生の仕方が異なることを示している。

図2は，明石海峡大橋にかかった晴れ霧である。当日，日本付近は大きな移動性高気圧にゆるやかに覆われ瀬戸内海は晴天であり，青空の下で霧が発生している。大

図2　明石海峡大橋の晴霧（2010年2月24日）
　　（神戸市提供）

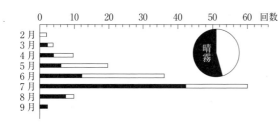

図1　佐田岬の月別霧発生回数
　　（山田隆之氏提供）

図3 晴霧の関門海峡における貨物船乗り揚げ事故
（門司海上保安部提供）

図4 燧灘高井神島（右上）の晴霧の航空写真（倉本久氏提供）
フェリー（矢印）が低い霧を切り裂いて航行．

橋の主塔の高さは298.3 m，航路高は65 mであり，霧頂は高いところで100 mくらいである．

図3は，2008（平成20）年12月10日，山口県下関市と北九州市門司区にかかる関門海峡大橋付近の霧である．橋桁の下に海面を這うような低い晴霧がみられる．6時30分頃，濃霧の中，関門港早鞆の瀬戸を北東進中の貨物船が先行船を避けようとして橋の近くの門司側に乗り上げた．事故船は橋の手前で前方がまったく見えなくなったと報告している．これとは別に，玄海灘方向から流れてきた霧は，関門海峡大橋上の道路を覆い，橋脚の上部しか見えない高さになることもある．

一方，豊後水道の霧について，地元の漁師によると，豊後水道北部の保戸島付近は晴霧「潮霧」の発生が多いとのことである．豊後水道北部は瀬戸内海から流下する低塩分海水の温度が低いため，暖湿な南よりの弱い風が海面をこすると，冷やされた空気が潮霧（濃霧）となって海面を這う．逆に相対的に暖かい海面を冷気がこすると急に低くて濃い霧（潮霧）が発生する．発生時期は5〜7月の好天凪のときで，海難事故を誘発している．

低く流動する霧と水蒸気の供給源

図4は，大型フェリーが背の低い霧を切り裂くように航行している様子である．このような霧を，昔から「船は見えねどマストは見える」といった具合に，瀬戸内海の霧の高さは20〜60 m程度と背の低いものが多いといわれており，フェリーの煙突やブリッジは見えるが船体は見えない．小型船は当然見えないのである．

霧は一様ではなく，濃いところ，薄いところ，一部霧のないところと，非常に変化に富んでおり，海面を這うように流動している．流動速度は，海面付近の風速を1〜3 m/sとすると，時速10 km以下程度となる．

また，霧は島影や海峡付近などでは，団塊状や縞状になった濃霧のところがあり，20〜30 m先が見えなくなるため，航行はきわめて危険な状態になる．

図4では，航行する船が霧を切り裂いているが，逆に，低く流動する霧が本四連絡橋の橋脚で楔状に切り裂かれ海面が覗いていることもある．

霧の水蒸気の供給源は，春先から初夏にかけて瀬戸内海の低水温時に流入する暖湿な一般場の南西気流に負うことが多いが，これとは別に，瀬戸内海固有の灘や海峡などから水蒸気が供給され，複雑な島などの地形も関与した海陸風循環など小スケールの現象が，この水蒸気を輸送あるいは蓄積して，局地的に霧を発生させている．

逆転層と霧発生のメカニズム

瀬戸内海は地形の影響で，下層に冷気が滞留しやすい．また，低水温の影響で下層の空気が冷却され気温の逆転層が発達しやすい．霧の発生には逆転層の存在が重要である．逆転層が湿潤化されると湿潤層上面からの灰色放射が顕著になり，上面付近の水蒸気が飽和して層雲が発生する．層雲が発生するとその上面からの黒体放射に変わり，より冷却が進む．その結果，層雲とその下方で不安定性を増し，冷たい空気と雲粒の下向き乱流輸送を促す．層雲から落下した霧雨は雲低下で蒸発し，そこを冷却して湿らせる．この2つの過程が雲低の低下をもたらし，海霧の発生へと移行する．

本四連絡橋では，橋上の道路付近で濃いモヤから層雲になり，次第に雲低が下がり，海面に達する霧がみられる．

このほか航路の難所である来島海峡では，複雑な潮の流れが海水を鉛直混合し，冷水が湧昇して海面を冷却する．霧が短時間に局所的に発生し，視界50m以下になることも多く，突然視界が遮られ操船者がパニックになり，衝突・乗揚げ事故が発生する．

瀬戸内海は霧の発生が多い海域である．そのなかでも年間霧発生日数が20日以上を記録する海域として，大阪湾，備讃瀬戸，燧灘，安芸灘および伊予灘などの海域が挙げられる．おもに霧発生の条件は高気圧の圏内か，移動性高気圧の後面で，高気圧の縁辺から暖湿気流の流入が顕著なときである．また，夜間に放射冷却が発生することも霧発生の要因として重要である．

霧の発生は局地的なことが多く，その季節変化も場所，年により，必ずしも一定しないが，春先から梅雨期にかけての4～7月に多発する．

備讃瀬戸海域では，視程が3月頃から悪くなりはじめ5～6月が最悪となり，8月以降は比較的よくなる．

霧の発生の日変化は各地によって複雑だが，一般に早朝に発生して，その後数時間を経て午前中には消散するのがほとんどである．ただし，低気圧や前線に伴う雨霧など背の高い霧は広範囲に濃く発生し，継続時間も長く日中に発生することもある．

〔中田隆一〕

文　献
1) 中田隆一：研究時報，**41**(4)，145 (1989)．
2) 中田隆一：海洋気象学会，**57**(4)，187 (1982)．
3) 辻中俊之，中田隆一：神戸海洋気象台彙報，**205** (1986)．

024 　　　　　　　　　春の視程

紫雲丸事故

1955年5月11日

　1955(昭和30)年5月11日6時56分，四国高松港発の宇高連絡船の紫雲丸1480 t (図1)と岡山宇野港発の第三宇高丸1282 t (図2)が，高松港沖の女木島西海上(図3)で濃霧の中衝突し，紫雲丸が沈没，168名もの犠牲者が出た.

　多数の旅客を輸送する大型連絡船の海難で，死傷者の数が多かったこと，死亡した船客の多くが，婦人，子ども，修学旅行の小学生たちであった.沈没までにわずか5分しかなく，乗船客による救命胴衣の着用も，救命ボートを降ろすこともできなかった.このため泳げない小・中学生を中心に女子生徒100名中81名の犠牲者を出した.この中には，修学旅行の土産物など自分の荷物を船室へ取りに戻り，脱出できなかったこともさらに犠牲者を多く出す結果を招いた.

　霧の海から，小・中学生の「お母さん助けてー」と叫ぶ声が聞こえ，かろうじて難を逃れた人や救助する人々の涙を誘った.

　当時としては，レーダーという最新式の航海機器を装備した船舶同士の事故であったため，社会に大きなショックを与えた.

　高松地方気象台は11日5時30分に「本日沿岸の海上では局地的な濃霧が発生するおそれがあり，視程は50 m以下の見込み」と「濃霧注意報」を発表した.

　紫雲丸が6時40分，高松港出港時は曇りで視程は400～500 mで，女木島217 mの頂上は見えていた.しかし，霧は次第に濃くなり，6時52分，周囲の海はまったく見えないほどになり，6時56分に衝突した.

　一方，岡山県宇野港を第三宇高丸が出港した時は，曇りで霧はなく風や波もおだやかであった.南進して航路の中央付近を過ぎた頃から前方2海里(3.7 km)の方向に立ち込める霧の壁を観測した.6時51分，

図1　衝突前の紫雲丸 (高松地方気象台提供)

図2　衝突した第三宇高丸と救助船

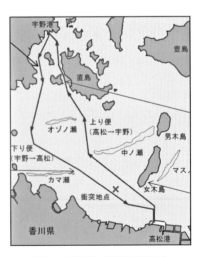

図3　宇高航路と紫雲丸衝突地点

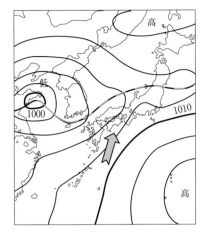

図4 1955年5月11日3時の天気図
日本海の前線に向かう高気圧の湿った空気が
瀬戸内へ流入．高松は曇りで，低い霧が発生．

濃い霧の中に入り，56分に衝突した．衝突寸前，紫雲丸の煙突は見えたが船体は見えなかったとのことである．

図4は，1955（昭和30）年5月11日3時の天気図である．日本の南海上には勢力の強い高気圧があり，黄海には前線を伴った低気圧がある．高気圧の縁辺からこの時期としては暖湿な気流が日本海の前線に流入する様子がうかがえる．前日10日の高松は高気圧に覆われて晴天であった．

11日の朝，瀬戸内海に隣接する気象台では，ごく弱い雨を観測したところもあったが，高松地方気象台は曇りで，11時から弱い雨を観測し，日雨量は1.1 mm程度であった．

この時期は，瀬戸内海の水温はあまり上昇しておらず，海面付近の空気は低水温や陸風の影響で冷やされ，地形的にも周囲を陸地に囲まれているため低層に滞留冷気層が形成されやすくなる．そこに紀伊水道や四国山地を越えた一般風である暖湿気流が流入し，滞留冷気と接触して低い霧を発生させたことが考えられる．

瀬戸内海では，低層の滞留冷気層の上に南よりの暖気が覆いかぶさると，逆転層が形成され，水蒸気が蓄積されやすくなる．水蒸気が飽和に達すると移流霧が発生する．ただし霧の高さは低いものが多く，いわゆる「マストは見えるが船体が見えない」霧である．

当日の気象状況は濃霧のため視界150 m以下と最悪の状態であった．紫雲丸は衝突の6分前に第三宇高丸の信号を確認し応答している．しかし，両船とも10ノット（kt）以上の速度で航行を継続．6時56分頃紫雲丸と第三宇高丸は衝突した．紫雲丸は衝突と同時に右舷から大量の海水がなだれ込み，発電機や船内灯が瞬時に消えた．このため，船内放送，電話・無線が使用できず，船長の命令や指示は一切船員には伝わらなかった．

第三宇高丸側は衝突後，紫雲丸の損傷状況からみて，短時間に相手船が沈没することを予見した．このため沈没をなるべく遅らせる処置として，衝突した船首を相手船から離れないようにして紫雲丸を押しつづけた．この処置により紫雲丸の上甲板にいた男子生徒や他の乗客が，いち早く第三宇高丸に乗り移り，ほとんど助かった．しかし，船室へ土産を入れた荷物を取りに戻った女子生徒に，逃げ遅れた人が多かった．

紫雲丸は衝突から数分後の7時2分頃，乗務員などの懸命の作業の甲斐なく左舷に横転して沈没した．その際，紫雲丸の船長は退船を拒否し，船と運命をともにした．

阿鼻叫喚の中，濃い霧の海に投げ出された乗客をいち早く救助したのは，近くでイカ漁をしていた漁師の小舟であった．紫雲丸が小舟の横を通りすぎ霧の中に消えた直後，大きな衝突音がしたため，手漕ぎの船を5分ほど漕ぎ衝突現場に到着して懸命の救助を開始した．小舟が助けた遭難者で一杯になると第三宇高丸に移乗させて再び海面で溺れかける遭難者を助け上げた．結局，

高松港から救助船が来るまでの間に50名近くの遭難者を救助したのである．

この事故では1人の漁師の漕ぐ小さい漁船が多くの子どもたちの命を救ったことに人々の注目が集まった．

事故の原因は濃霧の中，見張りが十分であったとはいえず，当時としては最新鋭のレーダー機器や汽笛に頼りすぎて，安全運航を怠ったことによるものと裁定された．

この事故の前年（1954年）には，青函連絡船の洞爺丸が台風（洞爺丸台風）の暴風や高波により函館港防波堤灯台付近で沈没事故を起こしていた〈→130〉．これら相次ぐ国鉄の事故に世論の非難が高まったため，当時の国鉄総裁が責任をとり，辞任したのである．

海難事故が発生した高松港沖の女木島付近は西に燧灘，東は播磨灘の広い海域に挟まれた備讃瀬戸内にある．地形的に狭いこの海域は，気流や潮流の東西流が卓越して収束しやすい特徴がある．さらに備讃瀬戸内には流れを遮る島が多く点在しているため，気流や潮流が複雑に乱れる．潮流の乱れは島と島の間や下流の島影に発生しやすい．

備讃瀬戸海域の霧の発生は，3月頃からはじまり5～6月に濃霧が発生しやすく，紫雲丸事故も濃霧発生時期に対応している．この時期の海水は相対的に下層が冷水である．潮流が瀬戸や島の影響を受けて湧昇すると水面付近に局所的に冷水域を形成する．そこに紀伊水道などから播磨灘経由で流入した暖湿気流が達すると冷却されて局所的に濃霧が発生する．出港時に霧がなくても，瀬戸や島影に入ると突然濃霧に遭遇するため，操船パニックを起こして海難事故が発生するのである．

紫雲丸のような痛ましい事故は二度と起こしてはならない．操船技術やそれに伴う機器は日々進化しているが，基本的には霧発生の地域特性を把握して，濃霧の発生しやすい時期には特に見張りなどを厳重に行い，人的被害を防ぎたいものである．

〔中田隆一〕

文　献

1) 高松洋平：悲劇の紫雲丸，成山堂書店（1990）．
2) 萩原幹生：宇高連絡船紫雲丸はなぜ沈んだか，成山堂書店（2000）．
3) 中田隆一：瀬戸内海の気象と海象，pp. 20-24, 海洋気象学会（2013）．

025 春の視程

黄砂

yellow sand

黄砂は,東アジアの砂漠域や黄土地帯の表層から強風で巻き上げられた多量の砂じんが偏西風に乗って運ばれ,中国東部,朝鮮半島,日本などにゆっくり降下する現象で,空を黄褐色にし,視程障害などの被害をもたらす(図1).発生初期の黄砂は,気象衛星の可視画像で灰色に写るが,日本付近に到達する頃には黄砂が拡散して薄くなるため識別しにくくなる.しかし,黄砂は赤外線の波長が違うと写り方に大きな差が出るので,波長が約11μmの赤外線の画像(広く使われている波長の画像)と,波長が約12μmの赤外線の画像の差をとること(赤外差分画像)で黄砂域を白く写す手法などが使われる(図2).

黄砂は春に多く発生するが,秋にも発生する(図3).黄砂の飛来量は,発生域の強風の程度に加えて,地表面の状態(植生,積雪の有無,地表面の土粒の大きさ,土に含まれる水分量など)や,上空の風の状態によって大きく左右される.黄砂粒子はいったん大気中に舞い上がると,比較的大きな粒子(直径が100分の1mm以上)は重力によって速やかに落下するが,小さな粒子は上空の風によって遠くまで運ばれる.黄砂の飛来日数は,大陸の地表面の状態や上空の風に大きく左右されるために年ごとの差が大きいが,2000〜2008(平成12〜20)年では年平均で福岡市14日,大阪市9日,東京都1日と10年前に比べて2倍弱と増えている.これは,黄砂の発生地域では都市化や森林伐採などの開発が進んで砂漠化が進行しているためと考えられており,今後,より大規模な黄砂発生が懸念されている.また,この黄砂に付着したPM2.5などの大気汚染物質が日本に運ばれることも問題となっている.

黄砂には炭酸カルシウムが含まれているためアルカリ性であり,酸性雨の酸度を和らげる働きがある.中国・華北の大都市で

図2 気象衛星ひまわりの赤外差分画像からみた黄砂[2]

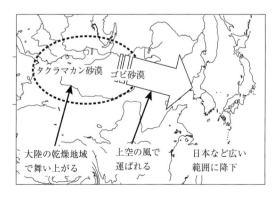

図1 黄砂のしくみ[1]

春の視程:黄砂

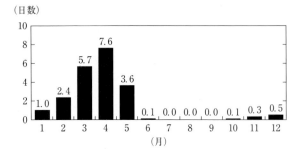

図3 黄砂が観測された日数の平年値[1]

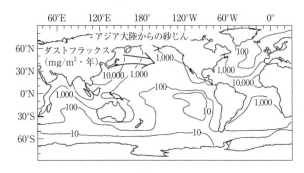

図4 大気中の黄砂などの鉱物粒子の海への落下量[3]

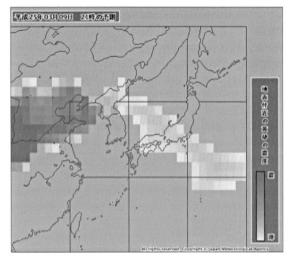

図5 地表付近の黄砂濃度（2013年3月9日6時に発表した9日21時の予測）

は，石炭や石油などの化石燃料によって多量の二酸化硫黄や窒素酸化物の放出があるが，酸を中和するアルカリ性の黄砂やアンモニアの放出が定常的にあるため，これらが降水に取り込まれることで，今のところ，酸性雨の被害が目立っていない．また，黄砂は，太陽光を遮断するため，地上に届く光が弱まり，地表が暖められにくくすると

54　　1. 春　の　現　象

いう日傘効果があり，地表付近を冷やす（寒冷化），あるいは，地球温暖化の程度を緩和する働きがある．将来の気候の予測には，温暖化につながる現象と寒冷化につながる現象をともに正しく見積もらないと，気候変動や地球温暖化（あるいは地球寒冷化）を論ずることはできないが，寒冷化に関する要素の予測についての誤差幅は，温暖化に関する要素の誤差幅に比べて大きいとされている（それだけ予測が難しい）．

黄砂には中国の肥沃な大地に含まれる，リンやカルシウム，鉄などの無機養分が付着しており，海に落ちた黄砂は，植物プランクトンの栄養源となって植物プランクトンが増殖することで多くの海産物がよく育つ．図4は，大気中の黄砂などの鉱物粒子が海に落下する量を示したもので，アジア大陸からの砂じんが偏西風に乗って北西太平洋に多く落下するほか，アフリカの砂漠地帯からの砂じんが低緯度の偏東風に乗って低緯度の大西洋にも多く落下している．そして，少ないとはいえ，世界の海はどこでも大気中の鉱物粒子が落下している．当然のことながら，海だけでなく，陸の上にも鉱物粒子が落下しており，不毛の地といわれるところでも，いつかは植物が育っている理由の一因と考えられている．

〔饒村　曜〕

文　献
1) 気象庁ウェブサイト．
2) 気象庁気象衛星センターウェブサイト．
3) 新田　尚ほか編：キーワード気象の事典, 朝倉書店（2002）．

026　　　　　　　　　　　　　　春の視程

褐　色　雲

brownhaze

　大都市上空を広く覆う褐色の雲を褐色雲といい，工場や車からの窒素酸化物や硫黄酸化物，一酸化窒素などからできている．1989（平成元）年頃からNASAがとらえた北半球の衛星写真に重慶，ニューデリー，ムンバイ，バンコク，カイロなど大都市の上空に広大な褐色雲が写っていることから，大気汚染の専門家の注目を集め，国連環境計画（UNEP）は，ブラウンヘイズ（褐色の煙霧）と名づけている．この汚染物質は，各国へ広がり，そこで太陽の紫外線によって化学反応を起こし，地表付近のオゾンを増やし，光化学スモッグを引き起こし，呼吸器疾患の患者を増やし，農作物を枯らすという災害をもたらすことが問題となってきた．発展途上国の大気汚染については，観測機器が少ないことに加えて，政府が積極的に公表しないという事実がある．

　窒素酸化物で代表される化石燃料の消費

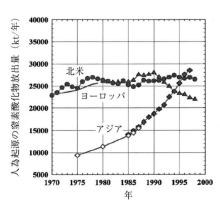

図1　北米，ヨーロッパ，アジアにおける人為起源の窒素酸化物放出量の年変化[1]

に伴う汚染物質の排出量は，北アメリカやヨーロッパでは横ばいか減少傾向があるのに対し，1970年代はその半分以下であったアジアが，1980年代になると急増し，1990年代半ば以降は，北アメリカやヨーロッパと同程度か，それ以上となっている（図1）．その後も，東アジア，東南アジア，インドでは急速な経済発展をしており，大気汚染の主体がアジアに移っている．

国連環境計画が2008年に，ガソリン，石炭，バイオマス（木材や肥料など）の燃焼が増えた結果として，すすや粉じんでできた厚さ3kmに及ぶ褐色雲が中東から中国にかけて広がり，アジアの都市の空を暗くし，ヒマラヤ山脈の氷河の融解を促進していると報告している．褐色雲は中東から中国の都市を暗くし，ヒマラヤ山脈の氷河の融解を促進して中国とインドという世界の人口の半分を占める両国の水事情に大きな影響を与え，食糧事情を不安定にするのではないかと懸念されている．

大気汚染は，中国だけでなく，アジアや中東，アフリカにある国々でも深刻な問題になりつつある．これは，経済発展を優先するため排ガス対策を後回しする国が多いことを反映している．2012（平成24）年に行われたアメリカのイェール大学とコロンビア大学の調査「大気汚染の国別ランキング」では，調査した132か国中最下位はイラクで，中国よりインドのほうが汚染状態が悪くなっている．この調査は，人工衛星を使った調査や室内での固形燃料の使用状況などから健康に害を及ぼす大気汚染の状況を点数で評価したものであるが，中国

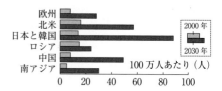

図2 地表付近のオゾンにより呼吸器系の病気で死期を早める人（地域別）

とともに急成長したインドも，大気汚染について深刻な問題を抱えていることを示している．

2008（平成20）年3月に経済協力開発機構（OECD）が発表した環境予測では，地表付近のオゾンにより呼吸器系の病気で死期を早める人は，日本と韓国は2030年には100万人当たり88人と，世界で最も高い数値となっている（図2）．この予測では，中国は100万人当たり49人なので，発生源に近い場所よりも移動してきた場所にいるほうが大きな被害を受けるということを示している．褐色雲をもたらす広域の大気汚染に関して，このような調査がいろいろと行われ，その結果が公表されているが，ほとんどが，このままだとたいへんなことになるという悲観的な話である．予測精度がまだまだ不十分の調査が多いが，国境を越えて広がる問題であり，予測精度の向上とともに，各国の責任ある対応が求められている．

〔饒村 曜〕

文 献

1) H. Akimoto : *Science*, **302**, 1716-1719 (2003).

027　春の視程

煙霧
えんむ
haze

　大気の見通し（視程）が悪くなる現象（視程障害）について，その原因と程度によって，いろいろな呼び名がある．湿度が高い場合，視程が1 km未満のものを「霧」，1 km以上のものを「もや」といいい，湿度が低く，ごく小さい大量の粒子が大気中に浮いている現象を「煙霧」でひとくくりにしている（図1）．煙霧は大気汚染以外に，砂じん（黄砂など）や火山灰などの微粒子により視程が低下している状態もさす．煙霧の中で，風によって舞い上がったじん（風じん）であるとはっきりしているものが「チリ煙霧」であり，はっきりしていない場合は煙霧である．さらに，チリ煙霧のうち，大陸の黄土地帯からきたとはっきりしているのが「黄砂」，発生源がはっきりしているものが「けむり」である．つまり，黄砂の可能性があっても，はっきりしていなければ「煙霧」という扱いになる．

けむりの例
　1995（平成7）年1月17日15時の神戸市における大気現象は「けむり」である．

図1　煙霧の天気記号

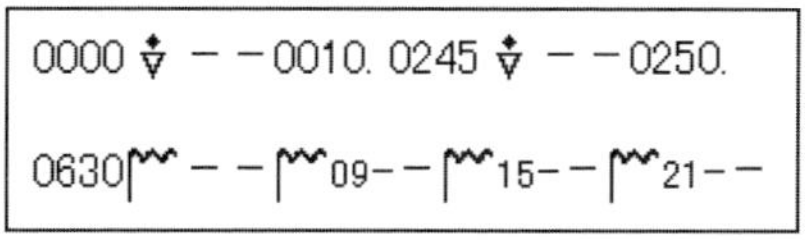

図2　兵庫県南部地震時の神戸海洋気象台の記事[1]

　図2は，当日の気象観測原簿の記事の欄であるが，左上の0000は0時0分を示し，その脇にある大気記号（下向きの白三角の上に小さな黒丸）は「にわか雨」を示している．また，0630の数字の脇にある大気記号（縦棒上部に波線が付加）は「けむり」を示している．にわか雨が0時0分〜0時10分と，2時45分〜2時50分に降り，6時30分から顕著なけむりによって視程が悪くなり，9, 15, 21時の定時観測でも継続して「けむり」が観測されていたことを示している．兵庫県南部地震で発生した神戸市長田区の火災という，明確な発生源により視程が悪くなったため，「けむり」という大気現象としたのである．

　ちなみに，スモッグと煙霧は似ているが同一ではない．スモッグは大気汚染により視程が低下している状態，煙霧は乾いた微粒子により視程が低下している状態をいう．たとえば，霧を伴うスモッグは煙霧ではなく，霧かもやのどちらかになる．しかし，霧を伴わないスモッグは煙霧である．

気象庁が情報を発表するときの原則
　2013（平成25）年3月10日の日曜日，関東地方南部を中心に視程が悪くなったが，ちょうどその頃，中国からの汚染物質の飛来が話題になっており，多くの人は「黄砂」と感じている．気象庁などに中国からの飛来ではないかとの問い合わせが相次いだが，気象庁は「煙霧」として発表している（図3）．しかし，横浜地方気象台は「チリ煙霧」，熊谷地方気象台は「チリ煙霧と風じん」，前橋地方気象台は「煙霧と風じん」，銚子地方気象台では「煙霧と砂じんあらし」と記録し，発表した．これは矛盾ではなく，大気現象については，定義が決まっており，各地方気象台はそれに従い，複数の大気現象があるとき，影響の大きいもの1つで表現するからである．気象庁（気象台も含めて）では，黄砂など，現象が主観的なものは，はっきり確認できたときの

図3　2013年3月10日の関東地方の煙霧
（三品隆司氏提供）

み黄砂などと観測し，情報を発表しているので，煙霧と発表していても，少しは黄砂が混じっていることがよくある．逆に，黄砂と発表されるときは，それは煙霧である．

山火事の煙が国際問題に

1990年代になると，インドネシアの山火事による煙害が，海を越えてマレーシア，フィリピンまでもたらされ，被害はきわめて深刻であったことから，近隣諸国はインドネシアに対して対策をとるように要請している．1997年にはインドネシア政府も規制に乗り出し，2002年には越境煙害に対するASEAN協定が締結され，地域のモニタリングの推進や早期警戒システムの設置などが進められた．しかし，煙害がなくなったわけではない．シンガポールでは，2013年6月21日11時（日本時間正午）にインドネシアスマトラ島の野焼きに起因した煙害が発生した．24時間続く場合，子どもや高齢者，持病のある人々は窓を閉めた部屋にとどまり，運動をできるだけ避けるよう助言するレベルであった．日本は，隣国と海を挟んだ距離があり，煙害の影響は受けにくいが，それでも大規模な森林火災が東南アジアで発生すると南西諸島が，シベリアで発生すると北日本が影響を受ける．　　　　　　　　〔饒村　曜〕

文　献
1）気象庁ウェブサイト．

028　春の視程

風じん

風塵
dust storm, sand storm

風じんは，強い風によって地表面からちりや砂が舞い上がった状態をいう．風じんのなかで，砂の割合が高いものが砂じんである．

風によって舞い上げられた土壌は，そのままちり（塵）であり，風によって舞い上げられた海水のしぶき（飛沫）は，水分が蒸発すれば海水に含まれていた塩分が大気中に取り残され，海塩粒子というちりになる．植物の花粉が放出される時期には，花粉というちりが多くなる．大気中のちりには，火山噴火によるものもあり，火山活動が活発な時期には，大気中に風じん以外のちりが多くなる．また，大気汚染物質の中には，排出時には気体であっても，大気中で粒子化してちりになることがある．しかし，これらは一時的で，平均的にみれば，大気中のちりの大半は風じんである．一般に，乾燥地帯は大気中のちりが多く，乾燥地帯の風下にある地域も，その影響を強く受けてちりが多い．

一年中乾燥した地域だけでなく，乾季と雨季がある地域では，乾季になり，雨が少なく，かつ地中の水分も少なくなると風じんが発生しやすくなり，規模も大きくなる．中国の砂漠地帯での濃度の高い風じんは，乾燥している冬から春先で，強い風が吹くときに発生する．このため，冬から春先にかけて黄砂が発生する．しかし，春から夏にかけて低気圧によって雨が降るようになると，風じんが減り，黄砂も少なくなる．

大気中にあるちりの大半は地表から2kmくらいの大気の層（混合層）にある．図1は，大気中の0.1μm以上の粒子の高

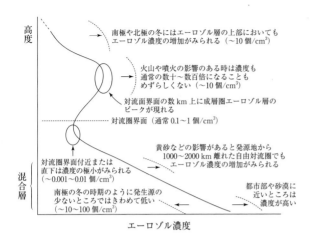

図1 大気中の 0.1 μm 以上の粒子の高度分布[1]

表1 海面高度での粒子半径と沈降速度[2]

粒子半径	沈降速度
10 μm	1.2 cm/s（約 1000 m/日）
1 μm	0.04 cm/s（約 31 m/日）
0.1 μm	0.014 cm/s（約 11 m/日）

度分布であるが，一番多いのは地上付近で，南極の冬のように発生源から離れているところでは非常に少なくなる．ただ，南極の冬に少ないといっても，1 m³ 当たり 1000 万～1 億個もあり，都市部や砂漠に近いところはもっと多い．一般的には高度が高くなるにつれちりの数は減ってくるが，中国大陸の砂が風で舞い上げられることで黄砂が発生するとき，その影響によって1～2 km の高さで高濃度となることがある．対流圏の粒子数は，対流圏界面のすぐ下で最小（1 m³ 当たり 1000～1 万個）となるのは，風じんの大半が成層圏までであるからである．成層圏下部に達するちりの多くは火山噴火によるもので，火山噴火があると成層圏のちりが急増する．

大気中には常に風じんなど，ちりの供給が行われているが，一方で，重力による落下や，降水に取り込まれての落下によって大気中から除去されている．降水現象は，対流圏での現象であるので，火山噴火などによって成層圏まで吹き上げられたちりは，重力による落下でしか大気中から除去されない．重力による沈降速度は，粒子半径と表1のような関係がある．数字は海面高度の値で，高度が違うと速度の値は多少違うが関係は同じである．表1によれば，10 μm より大きなものはすみやかに地上に達するが，ちりは微小になるほど重力による落下速度は小さく，なかなか地表に落ちてこない．10 μm の粒子が1秒間に 1.2 cm の降下ということは，1日でも約 1 km しか落下しない．1 μm なら1日でも 31 m の落下である．成層圏の微小なちりは，落下速度が小さい上に，降水現象に伴って除去されることがないので，長期間にわたって成層圏にとどまり，上空の風に乗って世界中に広がる．この過程で，風じんが空中に長く滞留すると，大気中の汚染物質を吸着することがあるので，風じんが工業地域などを通ってやってくるときには，単なる風じんではないので注意が必要である．

地表付近で風じんが多いと視程が悪くなり，呼吸がしにくくなり，健康にも悪影響が出る．風じんへの対策としては，地面の砂を固定することである．そのための方法

として，1つは芝などの多年草を植え，この多年草が一年中根を張ることで砂が舞い上がりにくくなる．また，地面を舗装することでも風じんを防ぐことができる．さらに，地面に水を撒くことでも，一時的にせよ，風じんを防ぐことができる．しかし，地面の雨が乾きはじめると，雨によって地表に積もったほこりや砂も再び舞い上がりはじめ，風じんの濃度が上がる．

〔饒村　曜〕

文献

1) 新田　尚ほか編：気象の事典, 朝倉書店 (2002).
2) 新田　尚ほか編：気象ハンドブック, 第3版, 朝倉書店 (2005).

029　春の視程

砂じんあらし

dust storm

　ちりや砂が強風により激しく吹き上げられる現象を砂じんあらしといい，視程が極端に悪くなる．厳密には，16分の1 mm以下の土壌粒子が多いと砂じんあらし，16分の1から2 mmの土壌粒子が多いとじんあらし（sandstorm）を区別するが，両者をあわせて砂じんあらしということも多い．砂嵐は，サハラ砂漠，アラビア半島，タクラマカン砂漠など，砂の多い砂砂漠でしか発生せず，その高さが数mというものが多い．ただ，砂嵐といっても小さな粒子も含んでおり，大規模な砂嵐が発生したときには上空まで運ばれる．これに対し，狭義の砂じんあらしは，土壌粒子が細かい乾燥した土地で発生しやすく，低気圧の接近や寒冷前線の通過により，10 m/s程度以上の風が吹きつづけると巨大な砂の壁を形成することがある．砂嵐の中では，含まれる砂じんが空気中の水分を奪うとともに，空気へと熱を放出するために周囲よりも高温で乾燥していることが多いが，ときには，雨を伴う湿った砂嵐も存在する．

図1　アメリカ・テキサス州の記録的な砂じんあらし（1935年4月）

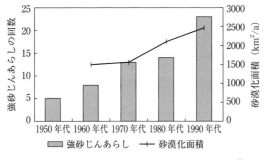

図2 砂じんあらしの回数と砂漠化面積の年変化速度[2]

図3 砂じんあらしの記号（国内式）

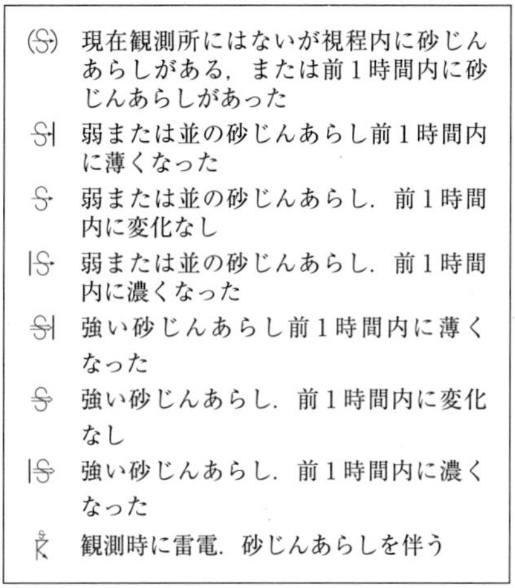

記号	意味
(S)	現在観測所にはないが視程内に砂じんあらしがある，または前1時間内に砂じんあらしがあった
S\	弱または並の砂じんあらし前1時間内に薄くなった
S	弱または並の砂じんあらし．前1時間内に変化なし
lS	弱または並の砂じんあらし．前1時間内に濃くなった
S\	強い砂じんあらし前1時間内に薄くなった
S	強い砂じんあらし．前1時間内に変化なし
lS	強い砂じんあらし．前1時間内に濃くなった
↯	観測時に雷電．砂じんあらしを伴う

図4 砂じんあらしの記号（国際式）

　1930年代，北アメリカ大陸の中西部，ロッキー山脈の東側とプレーリーの間のグレートプレーンズ（Great Plains）と呼ばれる大草原では，年間40〜70回の砂じんあらしが頻発した年が続いた（図1）．新大陸への入植者によって，大草原が畑地と放牧地に変わっていたが，1920年代までは雨が多く，大きな問題が生じなかった．しかし，1930年代に入ると，平年を下回る降水の年が続き，急速に進んだ過耕作と過放牧が深刻な水不足を引き起こし，作物は枯れ，耕されすぎた土地や家畜が草を食べすぎた土地から砂が吹き飛ばされ，ブラックブリザードと呼ばれた大規模な砂じんあらしが発生するようになった．この砂じんあらしは，住宅地や残った耕作地を襲うようになり，砂じんあらしの範囲や規模が拡大し，大量の耕作放棄地が発生している．このため，さらに多くの砂じんあらしが生じるようになり，農民の4分の1にあたる250万名が西にあるカリフォルニアなどへの移住を余儀なくされている．1934年にはアメリカの75%以上が被害を受ける史上最悪の事態であり，1935年4月13日は最悪のブラックブリザードが発生し，広範囲に甚大な被害が発生した．このように，大規模な砂じんあらしが発生すると，砂で覆われた地域が広がり，雨が少ない場合は，さらに大規模な砂じんあらしが生じやすくなるという悪循環となる．

　砂じんあらしに遭遇した場合，砂が体に付着したり吸い込んだりすることを防ぐためには，中東などで一般化している服装のように，体の広範囲を覆える長袖の衣服を着用したり，帽子やスカーフなどで頭を覆って砂の侵入を防ぐといった対策が必要である．暑熱乾燥地域の民族服は，基本は貫頭型のポンチョで，強烈な日射を遮るため全身を衣装で覆っている．また，強い日差しや風じん・砂じんから身を守るためベールをつけている．

春の視程：砂じんあらし　　　　61

粒子の細かい砂じんは，高く舞い上がって上空の強い気流に乗り，長距離を移動し，広い範囲に砂じんを降らせる．北アフリカのサハラ砂漠の砂じんあらしは，ヨーロッパに到達するだけでなく，大西洋をわたってアメリカ大陸にも到達する．ゴビ砂漠などの砂じんあらしで上空まで巻き上げられた土壌などの粒子は，黄砂として日本にやってくるが，この黄砂の回数は近年増加傾向にある．図2は，中国大陸で強い砂じんあらしが発生した回数と砂漠化面積を示したものである．経済発展が進むとともに，乾燥地帯でもともと少ない森林が伐採されて燃料となり，増えた人口を養うための耕作地に変わっている．このため，砂漠化面積が増加し，このことによって強い砂じんあらしの回数が増えている．

日本国内では，「ちりまたは砂」が強風により空中高く舞い上がっていて，視程1km未満のときに天気を「砂じんあらし」とし，図3のような記号を用いている．国際的には，砂じんあらしは，図4のような8種類で通報している． 〔饒村　曜〕

文　献
1) 田村照子：衣服と気候，気象ブックス，成山堂 (2013)．
2) 国立環境研究所ウェブサイト．

030　　　　　　　　　　　　　　放射

遅　霜

おそじも

霜害（そうがい）は，春と秋に夜間から早朝かけて気温が下がり，地表面で結霜することによって生じる農作物の被害である．晩春から初夏にかけての霜が遅霜，あるいは晩霜（ばんそう）という．また，終霜を別れ霜ということがある．立春から数えて88日目の5月下旬には，霜の季節が終わって農作業を始める時期の目安となっており，この時期に霜が降ると被害が大きいことから，「八十八夜の別れ霜（泣き霜）」という言葉がある[1]．

霜は，地面付近の水蒸気が昇華して，地面または地物に氷の結晶となって付着する現象で，真冬ほど多く発生するが，植物は寒さに備えているため霜による被害はない．霜ができるには，まず地表が0℃以下の温度に下がり，かつ空気が飽和に達することが必要で，このような場合の一般的な気象条件としては，①風が弱い夜間，②雲の少ない晴天夜，③大気全層が低温，④空気が乾燥しているとき（大気中の水蒸気が少ないとき）が挙げられる．このような条件が満たされる気圧配置は，移動性高気圧や北海道ではオホーツク海高気圧に覆われて，放射冷却が大きいときが当てはまる．

霜害を受ける作物には，果樹類・茶・桑のほか麦類・野菜類・たばこ・稲などがある．霜害は多くの場合，作物・苗木・若木などの細胞の凍死によって起こるので，この意味では凍害である．なお，凍霜害（とうそうがい）という言葉は霜害と同義語として用いられている．

遅霜の発生については，多霜地は必ずしも霜害の多い地方ではなく，霜害の発生は

作物の生育状態などに左右される。すなわち，霜害の受ける程度は，その年の季節の進み遅れに応じた農作物の生育ステージや農作物のもつ耐寒性により異なる。一般的にいえば，西日本の南部では作物の生育が急に伸びる2月以降から霜害が発生しはじめ，全国的な晩霜害は4月中旬から5月にかけて発生しやすく，5月半ば過ぎから6月にかけての霜害はおおむね関東以北に移る。北海道の霜害は，6月に最も多く，次いで9月下旬頃が多いが，ときには盛夏期の7，8月にも発生して，晩霜害か早霜害かの区別ができないことがある。

気象庁は早霜，遅霜などにより農作物に著しい被害が予想される場合に，その旨を注意した霜注意報を発表しているが，真冬には霜による被害はないため発表していない。なお気象台が発表する霜注意報は，おおむね最低気温4℃を基準としているが，これは気象台で基準にしている地上約1.5mの気温よりも地表面の気温が2〜5℃低いためである。

坂の途中にある植物は霜害を受けなかっ

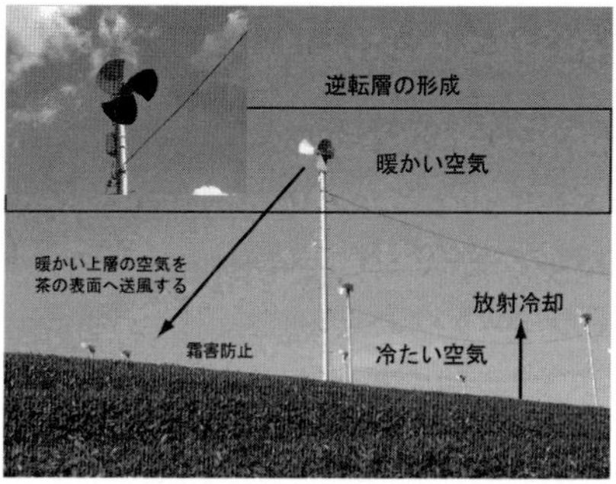

図1 茶園に設置された防霜ファン（山口県宇部市小野茶園）[3]

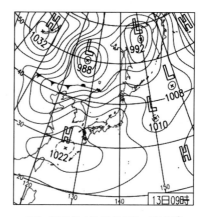

図2 2013年4月13日9時の天気図[4]

表1 霜害対策[2]

かん（灌）水法，散水法，たん（湛）水法	水をまいて地面の熱的性質を変え，接地層の湿度を高め放射冷却を弱める。苗代にはたん水（水をたたえる）法をよく用いる。
送風法	人工的に送風して，高所にある比較的暖かい空気を地表近くの冷えた空気と混合させ，作物体温の低下を防ぐ。茶畑の中にコンクリート柱を設け，柱上にファンを取りつけ効果を上げている例がある（図1）。
被覆法，くん煙法，煙霧法	寒冷紗・むしろ・ビニールテントなどで作物体を覆い，また古タイヤなどを燃した煙や水の細粒で人工的に雲や霧をつくり作物体の上をなびかせて気温の低下を防ぐ。
加熱法，燃焼法	石油・重油・古タイヤ・練炭などを燃焼させ，気温と作物体温の低下を防ぐ。昇温効果は比較的確実であるが，ヒーターは少なくとも10a当たり20〜30個を配置することが望ましいとされる。
氷結法	作物に継続的に水をかけ，氷になるときの潜熱を利用して作物や地面付近の温度を0℃近くに保つ（1ccの水が氷結するとき80cal潜熱を放出する）。

たのに，ふもとの植物は痛めつけられたりする．地形の起伏・植生・土壌の湿り気などにより，特に霜の降りやすい場所がある．寒冷な空気は密度が大きいため，次第に低いところへ流れ集まり，くぼ地には冷気の湖をつくり，斜面は降下風となって静かに流れ下る．途中に土手や建物・林などがあると，その上手側に冷気はその障害物を乗り越すまでたまる．もし土手や林に切れ目があると寒気はそこを流れ下る．風速が弱く，1 m/s 程度でといちばん低いところをヘビのように這って下がってゆく．この冷気の流れ下る通路を霜道，冷気のたまり場を冷気湖といい，俗に霜穴あるいは霜場ともいう．

2013年4月12〜13日は，九州から関東地方の内陸部にかけて広い範囲で茶，果樹，桑，ばれいしょなどに霜害が発生した．このうち静岡県では，中山間地域の防霜施設のない茶園を中心に霜害が発生して，被害金額は 18.6 億円にのぼった．4月12日夜から13日朝にかけては，北日本中心の冬型の気圧配置から日本の南海上にある移動性高気圧に覆われる気圧配置となり（図2），西日本から東日本は風の弱い晴れの天気となった．また，上空 500 hPa 面（約 5500 m 付近）の気温は，茨城県つくば市館野では13日9時には -27.2 ℃を観測し，平年値よりも約9℃も低く，真冬の平年値（-26.4℃）よりも低い気温になった．このため，地表面では放射冷却もあり多くの地点で12日から13日にかけては最低気温が4℃以下，内陸部では氷点下になった．

このような霜害に対しては，霜穴・霜道を避けて農作物を栽培し防霜林を植えるなど恒久対策をとる．気象官署から霜注意報や異常低温注意報が発表され，気温低下が予想されるときは表1のような防霜対策を立て霜害を軽減する． 〔下山紀夫〕

文 献

1) 饒村　曜：気象災害の予測と対策，オーム社（2002）．
2) 宮沢清治：防災と気象，朝倉書店（1982）．
3) 山口大学ウェブサイト．
4) 気象庁ウェブサイト．

木の芽時

きのめどき

本来の意味は,「木々の芽が吹き出す春先の気持ちのよい季節」であるが,一般には季節の変わり目で,体調を崩しやすい時期,という意味合いで使われることが多い.季節の変わり目は一般的に,気象の変化が激しく持病が悪化しやすいが,春本番の時期に限って使われるのは,3～4月が最も天気の変化が激しく,日々の気温の変動が大きいことと,卒業,進学,転勤,職場の配置替えなど,生活環境の大きな変化が重なりやすいのが原因である.激しい気象の変化はそれ自体が体へのストレスとなり,持病が悪化する原因ともなっている.この時期に起きやすい疾患として,気温の変動(おもに低下)によるリウマチや関節痛,偏頭痛,めまいや耳鳴り,生理不順など多くがあり,木の芽時症候群という言葉さえ使われるほどである.

天気が体調にどの程度影響しているか,バイオクリマ研究会が実施したアンケート調査では多くの人が何らかの影響があると回答している.この調査は,持病のない健常者1500名と高血圧や関節痛などの持病をもつ1500名を対象に調査したもので,体調に天気が大きく影響すると答えたのは32%,まあまあ関係すると答えたのが49%で,全体の80%以上が天気の変化が体調に何らかの影響をすると回答している(図1).実際にどの程度影響を受けるかとの質問には8%の人が頻繁にあると回答し,65%の人が時々あると回答している(表1).どんな症状が多いかという質問には,多い順に寒いと肩がこる,悪天が続くと憂鬱になる,乾燥するとかゆくなる,悪天で古傷が痛む,悪天で関節が痛くなるであった(表2).

気象による原因の1つは天気の変化が早いことである.春に三日の晴れなし,といわれるように春は高気圧や低気圧の移動速度が早く,天気が目まぐるしく変化する.図2は月別の高気圧や低気圧の移動速度で,移動速度は上空の偏西風に影響を受けるために,真冬が最も早い.しかし,真冬は低気圧が日本付近を通過することはまれであり,体調への影響は小さい.次に早いのが3～4月である.同じ季節の変わり目でも,秋は春ほど早くないのがわかる.特に春は天気が崩れると真冬のような寒さに

表1 体調に対して天気の影響をどの程度感じるか(%)(文献[1])を改変)

頻繁になる	8
時々ある	65
経験がない	27

表2 どんな影響があったか(%,複数回答)(文献[1])を改変)

寒いと肩がこる	51
悪天が続くと憂鬱になる	42
乾燥でかゆくなる	39
悪天で古傷が痛む	29
悪天で関節が痛む	28

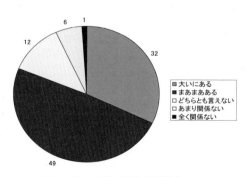

図1 天気と体調の関係(文献[1])を改変)

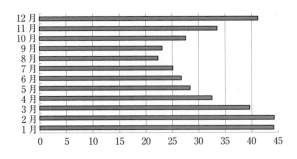

図2　月別高低気圧の平均速度（1981～2000年平均）

なるが，晴天のときは初夏のような陽気になり，毎日の気温差がきわめて大きい．前日との気温差が5℃になると衣服1枚分の調整が必要になるが，気温差が10℃前後になることもめずらしくない．本来なら衣服2枚分の調整が必要であるが，多くの人は1枚程度の調整しかしておらず，体の冷えから体調を崩すことが多い．

また，3～4月は日中と夜間の気温の差が大きいことも体調を崩しやすい原因になっている．花冷えという言葉があるように，昼間暖かくても夜間はかなり冷え込むことがある．東京における最高気温と最低気温の差は年間で4月が最も大きく7.9℃，ついで3月の7.8℃になっている．昼間はコートが邪魔な陽気になるが，夜間はかなり気温が下がるために，体が冷えやすく，これが原因で風邪をひいたり，関節痛やリウマチが悪化したりすることがある．

もう1つは，3月から4月前半にかけての菜種梅雨である．高気圧が北に偏り，本州南岸に前線が停滞すると，関東から西の太平洋側では曇りや雨の日が多くなり，気温も低めに経過する．正常な人間でも薄暗い曇り空が続くと気分が落ち込むが，精神的に弱っている人はうつ病や自立神経失調症になりやすいのである．

体調を崩したり，持病が悪化したりする際に意外に影響の大きいのが，昼間の気温が上がらない場合であり，喘息の発作も朝より昼間の気温が下がる場合に多くなって

いる．図3は東京都心における2007年3月27日と29日の時間ごとの気温の経過である．27日は晴れた日で，明け方に最も気温が下がり，日の出とともに気温が上昇，昼過ぎに最高気温が出現し日没後は急激に気温が低下している．人間の体は，朝の気温が低く，昼間の気温が高くなることを前提に，神経やホルモンの分泌が行われて正常な活動をするようになっている．しかし，29日のように雨の日は，朝の気温は比較的高いが，本来の日の出の時間になっても気温は上がるどころか，むしろ昼間にかけて気温が下がっている．体のリズムは気温が上昇することを前提に動いているのに対し，外部環境の温度は逆にどんどん下がってしまうために，体のリズムが崩れて体調を崩してしまうのである．このことは，海外旅行の時差ぼけとよく似ている．日本での時間感覚をもったまま時差の大きい海外に行くと，体の時間感覚は昼なのに現地時間が夜であるために，不眠になり，逆に体の時間感覚が夜なのに，現地時間が昼であるために，行動しようとしても眠くてたまらないことが起きてしまう．

年間のうちでは，3～4月が最も体調を崩しやすい時期であるが，同じような気象現象が起きれば当然ほかの季節でも体調を崩しやすくなる．日本には春夏秋冬の4つの季節があり，およそ40日間の梅雨を考えれば5つあることになる．これらの季節の変わり目には必ず雨の降りやすい時期，

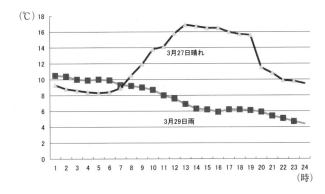

図3 晴れと雨の日の気温 (2007年東京)

気温変動の大きい時期がある．最もはっきりして，期間が長いのが梅雨であり，秋の長雨の時期も同じようなことが起きる．秋と冬の間にあるのが山茶花梅雨，春先にあるのが菜種梅雨になる．梅雨時は梅雨前線の北側に入れば梅雨寒になるし，南側に入れば夏より蒸し暑くなる．前線の南北への変動が大きくなれば，当然体調を崩しやすくなる．秋の長雨も同じである．特に，天気が崩れる際に下層に冷たい北東気流が入りやすい，関東から東北の太平洋側でこの傾向が著しい．

通常の天気変化の中で，体調に最も影響を与えるのが寒冷前線の通過時である．低気圧の暖域内では温度が高く，湿度も高いが，寒冷前線が通過すると気温はときには5℃以上低下することがある．気温の急激な低下は抹消血管の血流低下と体の中心部の血流増加が短時間に起き，これが血圧の急激な変動を引き起こす．このために脳疾患や心疾患のおもな原因になっている．また，寒冷前線の通過後は，湿度も急激に低下する．乾燥した空気は鼻やのどの粘膜を乾燥させ，機能を低下させるために，ウイルスやカビの胞子，ダニの死骸などを含むハウスダストが呼吸器の奥まで侵入しやすくなり，肺炎や気管支炎の発症や悪化につながることがある．さらに，気圧の変動も大きいために，リウマチや関節痛が悪化する原因にもなっている．　　　　〔村山貢司〕

032 体調

花　粉　症

pollinosis

　日本人の病気の中で最も多いのが花粉症で，スギ花粉症だけでも日本人のおよそ26.5%，3000万人以上の患者がいると推定されている．花粉症は花粉が原因となって起きるアレルギー反応で，スギ花粉症の場合はスギの花粉とヒノキやサワラといったヒノキ科花粉が原因になっている．「アレルギー」という言葉はオーストリアの医師，von Pirquet が 1906 年に提唱したもので「自分の身体の成分と異なる物質が体内に入ると，これに反応する物質ができ，一定期間の後に再び同じ物質が入ってくると，生体は最初とは違った反応を示すようになる」という意味になる．日本では戦前は花粉症はもちろん，アレルギーがないようにいわれていた．日本で花粉症が発見され，学会に報告されたのは 1961 年で，ブタクサによる花粉症であった．次いで 1964 年に斉藤洋三が日光でスギ花粉症を発見し，1964 年に報告している．2013 年までにおよそ 60 種の花粉症が報告されているが，大半はビニールハウスの中で同一の花粉を大量に吸い込む職業性の花粉症で，一般にはスギ花粉症のほかにはイネ科，ブタクサ，ヨモギなどが多い．なお，北海道では植生の関係でシラカバの花粉症が多いことが知られている．

　スギ花粉症はスギやヒノキ科の花粉が鼻や目の粘膜に付着して起きるアレルギー反応で，当然花粉量が多くなれば，発症する患者も多くなり，症状も悪化する．スギ花粉の飛散する季節は 2～4 月，ヒノキ科花粉のシーズンは 3 月から 5 月中旬で，飛散する花粉の量は前年の夏の気象条件に大きな影響を受けている．図 1 は春に飛散したスギ・ヒノキ科花粉の総量と前年夏の日射量の関係を示したもので，日射量が多いと翌年春の花粉量が増加し，少ないと花粉量が減少する関係から，夏の気象条件から翌年の花粉数を予測している．日射量は植物の光合成に影響するために，日射が十分にあって，光合成でたくさんの栄養分ができれば花粉をつくるスギの雄花も多くなる．スギよりもヒノキのほうが気象条件に敏感で，ヒノキは乾燥した土地を好むために，雨量が多いと翌年春の花粉量が減少する．簡単にいえば，空梅雨，猛暑になれば翌年春の花粉が増加し，長雨，冷夏になれば花粉量が減少することになる．図では同じよ

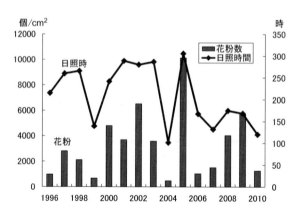

図1　前年夏の日照時間と翌年春の花粉数（東京）

表1 スギ植林面積の推移

	1970年	2000年	2012年
北海道	26	32	33
東北	794	1252	1250
関東	332	354	345
北陸甲信	305	462	461
東海	353	387	385
近畿	375	431	426
中国	256	326	324
四国	378	414	409
九州	736	871	843
全国	3554	4528	4475

表2 ヒノキ植林面積の推移

	1970年	2000年	2012年
北海道	0	0	0
東北	16	35	40
関東	98	157	161
北陸甲信	67	137	139
東海	384	530	529
近畿	231	386	392
中国	157	418	440
四国	235	394	394
九州	275	501	504
全国	1464	2559	2599

うな気象条件でも翌年春の花粉量が異なっている．これは，スギやヒノキは基本的に隔年に花をつける性質があり，ある年に大量の花をつけると，翌年は同じ枝に花がつきにくくなる．このために同じような猛暑になっても大量に花粉が飛散した場合は翌年の花粉が減少するため，花粉量の予測では，前年の花粉量を予測因子に加えたり，スギ林での雄花量の調査などによって調整している．

花粉症増加の原因

花粉症の有病率に関する全国的な調査は1998年と2008年に実施された．1998年の調査ではスギ花粉症の有病率はおよそ16%であったが，2008年の調査では26.5%に増加していた．この間におよそ1300万人の患者が発症したことになる．このように花粉症患者が増加した原因として，戦後の食生活の変化によるアレルギー体質の増加，大気汚染の悪化による複合的な要因などがいわれているが，最も大きな原因は花粉そのものが急激に増加したことにある．日本では戦前は毎年およそ4万haのスギが伐採され，同じ程度の面積に植林されていた．戦後に木材需要が増大するとの考えから，1950年代から60年代にかけて大量のスギが植林され，やや遅れて西日本を中心にヒノキが植林された．表1と表2は1970, 2000, 2007年の全国のスギとヒノキの植林面積である．1970年に比べると2000年にはスギはおよそ100万ha，ヒノキは110万haも増加している．2007年の数値をみるとスギ，ヒノキともにほぼ横ばいの状態である．スギ，ヒノキの植林面積の合計は700万haを超えており，これは日本の国土のおよそ20%に相当する．スギは樹齢が25～30年になると大量の雄花を生産するようになり，ヒノキも樹齢30年を超えると雄花が多くなる．スギが最も多く植林されたのは1950年代から1960年代前半で，1980年代の半ばからこれらのスギが樹齢30年を超え，各地で飛散する花粉量が急激に増加した．また，ヒノキはスギよりも遅れて1960年代の後半から1970年代に多く植林され，1990年代から花粉量が増加している．1980年代の花粉量に比べて，2010年前後の花粉量は2倍から3倍に増加しているのである．

スギやヒノキの花粉が体内に入ると，それぞれの花粉に対抗する抗体ができ，この抗体の量がある限度を超えると発症する．ただ，発症する限度は個人によって異なっている．花粉量が増加することによって，発症までに必要な期間が短縮され，90年代以降に花粉症患者が増加しているのである．このことは子どもの花粉症が増加す

る原因にもなっている．日本人のおよそ50%はスギ花粉に対する抗体をもっており，現在発症しているのはおよそ半数であることから，今後もスギ花粉症患者は増加するものと推定されている．

花粉症の予防と対策

多くの病気の中で花粉症ほど原因のはっきりしたものはなく，花粉が飛散しない季節にはまったく症状は出ない．花粉症対策としては，花粉を体に入れないことである．国内にあるスギやヒノキをすべて伐採すれば，日本からスギ花粉症はなくなるが，スギ林とヒノキ林を合わせて700万ha以上もあり，これをすべて伐採することは不可能である．2000年以降，各地で花粉の少ないスギやヒノキが発見され，現在はそれらの苗木生産を行っている．国や自治体は花粉の少ないスギや広葉樹に転換する施策を進めようとしているが，林業そのものが衰退しているために，なかなか進まないのが現実である．一方で，花粉症を含めたアレルギーを根本的に治す方法はまだない．

現在の花粉症対策は，2つの方法を組み合わせて，毎年の発症時期を遅らせ，症状が軽くなるようにするしかないのが現状である．花粉症はスギやヒノキの花粉が目や鼻の粘膜について起きるアレルギーであり，花粉を体の中に入れないために，花粉が飛散する頃からマスクをしたり，メガネをかける，外出の際は，なるべく目の細かい繊維を使った衣服にして花粉を体につけないこと，外出から戻ったときにはうがいや洗顔，手洗いをするなど，自分自身が体に花粉を取り込まないようにすることで，症状の緩和を図る．マスクは使い捨ての不織布のマスクが衛生的でよいが，どうしても隙間から少量の花粉が入ってしまう．マスクの内側に別のガーゼを当てると効果が上がり，さらに化粧用のコットンを半分の薄さにして丸め，ガーゼでくるんだものを鼻の前においてからマスクをつけると90%以上の花粉を防げることが実験でわかっている．なお，花粉症の薬にはおもにくしゃみや鼻づまりを軽くするタイプと，鼻づまりに効くタイプがあり，自分が困っている症状を医師に説明し，最も効果のある薬を処方してもらうことも大事である．

花粉症予防のポイントはいつから花粉が飛散を始めるかを知り，それに合わせて早めに対策をとることである．スギ花粉の飛散開始は，秋以降の気温の経過で決まる．スギの雄花は10月末か11月はじめには完成し，その後気温の低下や日長時間の短縮によって休眠に入る．この休眠期間の気温が低いと早めに休眠から覚醒し，開花の準備に入る．休眠期間は平均すると35～40日である．12月末から1月はじめに休眠から覚醒し，その後の気温が高ければ早めに開花して花粉の飛散が始まる．11月から12月にかけてが低温で，1月以降の気温が高ければ例年より早く飛散が始まることになる．花粉飛散のピークは飛散開始後3～4週間後になることが多い．

〔村山貢司〕

第2章

梅雨の現象

033　　　　　　　　梅雨の種類

梅 雨 入 り

つゆいり

　梅雨は，春から夏に移行する過程で，その前後の時期と比べて雨が多く日照が少ない季節現象である．日々の日常生活にさまざまな影響を与えるほか，大雨による災害の発生しやすい時期でもある．

　気象庁は，それまでの天候経過と1週間先までの天気予報をもとに，梅雨入りや梅雨明けの速報を「梅雨の時期に関する気象情報」として発表する．

　梅雨の入り明けには，平均的に5日間程度の「移り変わり」の期間がある．各地方における梅雨入りの平年値ならびに最早と最遅の記録を示す（表1）．この資料の日付は，移り変わりの期間のおおむね中日を示している．

　気象庁では，気象予測をもとに行う梅雨の入り明けの速報とは別に，実際の天候経過を考慮した事後検討を行い，9月に，梅雨入りの時期を確定する．事後検討の結果，速報で発表した期日が変更になる場合がある．

　平均的な梅雨入りは，5月上旬に沖縄，奄美地方で始まり，5月下旬から6月上旬にかけて西日本から東日本へと北上し，6月中旬には東北地方に達する．約1か月かけて日本列島を北上する．

　梅雨入りの遅早は，平年値からおおむね2週間程度の範囲に収まることが多いが，1956年九州南部（最早）や1963年沖縄（最遅）のように1か月近くもズレた年がある．なお，1963年には近畿，四国で梅雨入りが発表されていない．

梅雨のメカニズム

　梅雨は，日本付近だけの現象ではない．東アジア全域でみられる雨期の一部と考えることができる．日本や中国で梅雨が始まる頃，インドシナ半島やインドでは南西モンスーンによる雨期が始まる．この時期，亜熱帯ジェット気流は北上するが，標高5000mもあるチベット高原に北上を阻害される．一方，チベット高原の北を流れる寒帯ジェット気流は，蛇行しながら流れ，オホーツク海付近にブロッキング高気圧を形成する．このため梅雨時期には，日本付近では以下の4つの異なる性質の気塊から

表1　梅雨入りの統計（1951〜2014年）

	平年	最早（年）	最遅（年）
沖縄	5月 9日	4月20日（1980）	6月 4日（1963）
奄美	5月11日	4月25日（1998）	5月26日（2007, 2000, 1951）
九州南部（奄美を除く）	5月31日	5月 1日（1956）	6月21日（1957）
九州北部（山口県を含む）	6月 5日	5月13日（1954）	6月22日（1967）
四国	6月 5日	5月19日（1991, 1976）	6月21日（1967）
中国（山口県を除く）	6月 7日	5月 8日（1963）	6月24日（1968）
近畿	6月 7日	5月22日（2011, 1956）	6月25日（1958）
東海	6月 8日	5月 4日（1963）	6月28日（1951）
関東甲信	6月 8日	5月 6日（1963）	6月22日（2007, 1967）
北陸	6月12日	5月22日（1956）	6月28日（1987, 1958）
東北南部	6月12日	6月 1日（1959）	6月26日（1967）
東北北部	6月14日	6月 2日（1997）	7月 3日（1967）

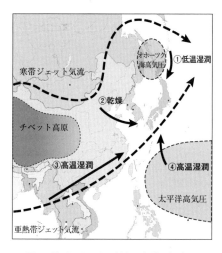

図1 梅雨にかかわる異なる気流の概念図

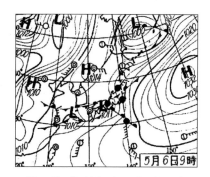

図2 早い梅雨入り (1963 年 5 月 6 日)

の気流がかかわる．①オホーツク海高気圧から北東の気流として流れ込む湿潤で低温の気塊，②大陸から西よりの気流として流れ込む乾燥した気塊，③インドシナ半島から南西モンスーンとして流れ込む湿潤で高温の気塊，④太平洋高気圧縁辺で南よりの気流として流れ込む湿潤で高温の気塊．これらの気流のかかわりで，さまざまな梅雨の様相が現れる．

東日本や北日本での梅雨前線は，①オホーツク海高気圧と③南西モンスーンおよび④太平洋高気圧との境界で形成されることが多い．前線の北と南では気温差が大きく，前線の北側に入る北日本や東日本では低温で湿潤な空気の影響を受け，「陰性型梅雨」となることが多い．一方，西日本の梅雨前線は，全般に高温の状況の中で，②大陸からの乾燥した空気と③南西モンスーンおよび④太平洋高気圧縁辺からの湿った空気との境界で形成される．前線の南北での温度差は小さく，湿った空気による強い雨が降り「陽性型梅雨」となることが多い

(図1)．

早い梅雨入り

1963 (昭和 38) 年は，関東，東海，中国地方で最早の梅雨入りを記録した．この年は，太平洋高気圧が非常に強く，5 月の連休直後から前線が日本の南海上に停滞し，ぐずついた天気をもたらしていた．5 月 9〜10 日には九州北部で 200 mm を超える雨が降り，河川の増水による水害が発生している．気象庁はこの時点で「走り梅雨」であることを発表した．その後も，ぐずついた天気が続き，山崩れ，バスの転落事故など大雨による災害や，落雷・ひょう・突風など大気の不安定による災害も起こるなど，梅雨本番の様相を呈してきた．気象庁は，5 月 20 日に「ぐずつき天気は回復しないままずるずると梅雨に入る」と発表し，5 月 28 日に「梅雨の走りから移行して，本格的な梅雨に入った」ことを発表している[1]．事後検討では，走り梅雨を含めて，5 月 6 日を関東甲信地方の梅雨入りとした (図2)．

〔鈴木和史〕

文 献

1) 近藤喜吉：気象, **75**(7), 14-15 (1963).

034 梅雨の種類

蝦夷梅雨

えぞつゆ

　北海道には梅雨はないといわれる．しかし，他の地方ほどはっきりはしないが，梅雨のようにぐずついた天気が現れることがあり，「蝦夷梅雨」と呼ばれる．

　蝦夷梅雨は，本州の梅雨と異質であるといわれる．本州の梅雨は湿っぽくて蒸し暑い陽性型の梅雨であるのに対し，北海道の梅雨は一般に冷涼で陰性型の梅雨になりやすい．本州の梅雨が梅雨前線や太平洋高気圧の影響を受けるのに対し，北海道はおもにオホーツク海高気圧や高緯度の冷気の影響を受けやすいからである．また，梅雨らしい悪天は長く続くことはなく，数日で解消することが多い．

　蝦夷梅雨の特徴を理解するため，5月から8月にかけての日本海沿岸の各都市における平年の日照時間の変化を示す（図1）．

　福岡や金沢では，梅雨入りの平年である5月末〜6月上旬から日照時間が減少しはじめ，6月末から7月はじめに日照時間は極小となる．その後日照時間は順調に回復し，7月中・下旬の梅雨明けに向かう．

　秋田では，梅雨入りの平年である6月中旬以降日照時間が減少し，日照時間の極小は7月中旬に現れる．その後日照時間は回復して7月下旬の梅雨明けに向かう．

　札幌では，7月に入ってから急に日照時間が減少しはじめ，秋田と同様7月中旬に極小となる．日照時間はその後回復に向かうが，その増加はゆるやかで，6月までの水準には戻らず8月下旬には再び減少する．7月中旬の日照時間の極小は，「東北北部の梅雨の影響を受けた蝦夷梅雨」といえよう．一方，7月下旬以降は，「弱まりながら北上する梅雨前線の名残の悪天による蝦夷梅雨」といえよう．8月中旬以降の日照時間の減少は，秋雨前線の影響とも考えられる．このように蝦夷梅雨には，梅雨前線が東北北部付近に停滞したときにその影響を受ける場合（東北地方の梅雨と同時期）と，梅雨前線が北海道を北上し弱まる過程で現れる場合（東北地方の梅雨明け後）とがある．後者の場合には，弱まった梅雨前線がそのまま秋雨前線へと変質することもある．

　蝦夷梅雨は，大雨と無縁の陰性型梅雨のイメージがあるが，台風や秋雨前線（の走り）の影響によっては，大雨の被害をもたらすことがある．

1981年石狩川洪水

　1981（昭和56）年，東北北部は7月17

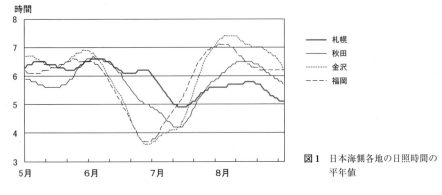

図1　日本海側各地の日照時間の平年値

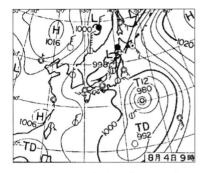

図2 石狩川洪水（1981年8月4日）

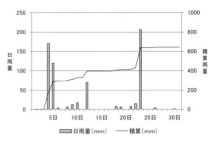

図3 1981年8月の札幌の日雨量と積算雨量

日頃に梅雨明けし，北海道も7月下旬から8月はじめにかけて，真夏日を記録するなど夏のような時期が続いた．サハリン中部の発達した低気圧から南へ伸びる前線が南下して，8月4日北海道中央部に停滞した（図2）．さらに台風12号の周辺を回る湿った気流の影響が加わって，北海道では大雨となった．石狩川流域では3日から6日にかけて雨が降りつづき，総雨量は札幌で293.5 mmを記録した．さらに，その約2週間後追い打ちをかけるように台風15号が北海道を襲い，21〜23日の総雨量229 mmもの大雨をもたらした（図3）．

これらの大雨により発生した2度の洪水は，観測史上最大の降雨量，流量を記録し，北海道全域で死者3名，はん濫面積614 km²，被害家屋約30,991戸もの甚大な被害を及ぼした．この洪水の特徴は，石狩川の一部で水が堤防を越えてあふれ出したばかりでなく，水位が増した石狩川に流れ込めない支流や排水路などで水があふれる被害が目立った点であった[1]．

これら一連の雨で，この年の札幌の8月の月降水量は644 mmとなり，歴代1位を記録した．これは平年の5倍以上である．また札幌の日雨量の207 mm（23日）と170 mm（4日）は，歴代1位と2位の記録である．この事例は，まさに梅雨末期の豪雨の様相を呈している．蝦夷梅雨といえども，台風や前線の影響によっては，本州並の大雨災害を引き起こすことがあることを示している．　　　　〔鈴木和史〕

文　献
1) 札幌市ウェブサイト：風水害にそなえて「過去にはこんな災害が」．

035 梅雨の種類

梅雨明け

　梅雨明けは，雨が多く日照が少ない梅雨の時期から夏の季節への変わり目である。梅雨明け前には，梅雨末期の集中豪雨がしばしば現れるので，防災上十分な注意や警戒が必要である。梅雨明け後は，太平洋高気圧が勢力を強め日本付近を覆う夏型の気圧配置となり，「梅雨明け十日」と呼ばれる晴天が続くことが多い。

　各地方における梅雨明けの平年値ならびに最早と最遅の記録を示す（表1）。この資料の日付は，5日程度ある梅雨明けの移り変わりの期間のおおむね中日を示している。

　気象庁では，梅雨明けの速報とは別に，実際の天候経過を考慮して梅雨の時期を事後検討し，梅雨明け時期の確定を行う。事後検討の結果，速報で発表された期日が変更になる場合がある。

　平均的な梅雨明けは，6月下旬に沖縄，奄美地方で始まり，7月中旬から下旬にかけて，西日本から東日本，東北地方で続々と梅雨が明ける。しかし，天候不順で夏の季節への変化が明瞭でないときは，梅雨明けが見送られることがある。1993年には，沖縄，奄美を除いた本州各地では梅雨明けが特定できなかった。この年は冷夏に見舞われ，東北では大不作を記録している〈→100〉。このほか，東北や北陸では1998年と2009年にも梅雨明けがなかった。さらに，東北では2001年（東北北部のみ）と2003年にも梅雨明けがなかった。

梅雨明けのメカニズム

　梅雨は，「梅雨前線が日本列島より北へ移動する」あるいは「梅雨前線が消滅する」ことで，明けることが一般的である。梅雨明けやその後の夏の天気には，2つの高気圧が主要な役割を果たす。

　「太平洋高気圧」は，北部太平洋上を広く覆う亜熱帯高気圧で，中心はハワイ諸島付近にある。1年を通して存在するが，夏季に最も勢力が強まり日本付近まで張り出す。日本付近に張り出した部分を，小笠原高気圧という場合もある。「チベット高気圧」は，対流圏上層に現れる高気圧で，夏に最も強まる。これは，チベット高原上の

表1　梅雨明けの統計（1951～2014年）

	平年	最早（年）	最遅（年）
沖縄	6月23日	6月 9日（2011）	7月 9日（1976）
奄美	6月29日	6月10日（1971）	7月15日（2010, 1983）
九州南部（奄美を除く）	7月14日	6月24日（1955）	8月 8日（1957）
九州北部（山口県を含む）	7月19日	7月 1日（1994）	8月 4日（2009）
四国	7月18日	7月 1日（1964）	8月 2日（1954）
中国（山口を除く）	7月21日	7月 3日（1978）	8月 3日（1998）
近畿	7月21日	7月 3日（1978）	8月 3日（2009）
東海	7月21日	6月22日（1963）	8月 3日（2009）
関東甲信	7月21日	7月 1日（2001）	8月 4日（1982）
北陸	7月24日	7月 2日（2001）	8月14日（1991）
東北南部	7月25日	7月 5日（1978）	8月 9日（1987）
東北北部	7月28日	7月 8日（1978）	8月14日（1991）

空気が熱せられ高温になるためである．チベット高原の南側の亜熱帯ジェット気流は消滅する．このジェット気流の消滅は，地上における梅雨前線の消滅に対応する．日本付近には太平洋高気圧が張り出し，さらにチベット高気圧も上層に張り出すと，日本付近は下層から上層まで厚く高気圧に覆われ，猛暑となる．

遅い梅雨明け

2009（平成21）年は，太平洋高気圧の日本列島への張り出しが弱く，多くの地方で梅雨明けが遅くなった．九州北部，近畿，東海では最も遅い梅雨明けの記録となった．また，北陸，東北地方では，梅雨明けを特定できなかった．この年の梅雨入りは，沖縄地方から九州南部にかけては遅く，そのほかは早かった．梅雨時期の降水量は，九州南部で少なかったほかはほぼ平年並で，東北北部では特に多かった．

近畿，東海で統計開始以来最も遅い梅雨明けとなった8月3日の天気図を示す（図1）．高気圧が，天気図右隅にわずかに顔を見せている程度で，太平洋高気圧の勢力が弱かったことがわかる．

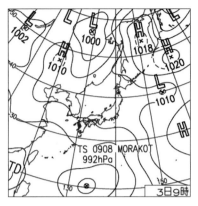

図1 近畿・東海における最も遅い梅雨明け（2009年8月3日）

遅い梅雨明けには，エルニーニョ現象が関連しているといわれる．エルニーニョ現象発生時には，太平洋高気圧の勢力が弱く，梅雨明けの遅れに影響を与えているという．2009年夏から2010年春にかけてエルニーニョが発生しており，遅い梅雨明けもその影響を受けていると考えられる．

〔鈴木和史〕

036 梅雨の種類

梅雨末期豪雨

　梅雨も末期になると気温が高くなり，高温の空気が前線の南側へしばしば進入する．雨のもととなる水蒸気は，気温が高いほど空気中に多く含まれる．九州を例にとると，梅雨明け頃（平均気温約28℃）の空気は，梅雨入り頃（約22℃）より空気中に含むことができる水蒸気の量がおよそ1.4倍多い計算になる．このように高温で湿った空気は，梅雨前線付近の対流現象により水蒸気が雨へと変換され，集中豪雨をもたらす．過去の大きな災害も梅雨末期に多く発生しており，豪雨が起きなければ梅雨が明けないとさえいわれる．梅雨末期は，集中豪雨災害に対し特に警戒が必要である．

　なお，梅雨が明ける頃に雷を伴って降る大雨を「送り梅雨」と呼ぶことがある．気象用語ではなく，早い梅雨明けを待つ季語である．

　梅雨末期の豪雨時に，「湿舌の流入により積乱雲が形成され集中豪雨が引き起こされる」との説明がなされることがある．現在の気象学では，この説明は正確ではない．加藤[2]によると，梅雨前線付近では，収束により上昇流が存在する．太平洋の高温の海上を流れてくる湿った気塊が，前線付近の対流活動により上空に運ばれ西よりの風で流されることで，梅雨前線帯に沿った帯状の湿潤な領域がつくり出される．この湿った細長い舌状の領域が「湿舌」である．すなわち，湿舌が対流をつくり出すのではなく，対流活動の結果が湿舌といえる．湿舌は，高度約3km付近に明瞭に現れることから，梅雨前線帯を特定することができる（図1）．

　集中豪雨が発生するためには，積乱雲が繰り返し発生して組織化し，大量の降水をつくり出さなければならない．この大量の降水をまかなうのが，太平洋高気圧の縁辺を回って流れ込む非常に湿った気流である．日本の南海上では，海面水温が28℃もあり，この高温の海が湿った空気を補給する．梅雨末期に発生する大雨は，地上天気図に示される梅雨前線の位置よりも100～200km南側で発生することがある．地表付近から厚さ1km程度の層に，海面から補給された大量の水蒸気が蓄積される．その水蒸気が南よりの風によって湿舌に流れ込み，湿舌の南縁で積乱雲が持続的に発生・発達して，集中豪雨をもたらす．梅雨前線は，通常は湿舌の北縁に解析される．

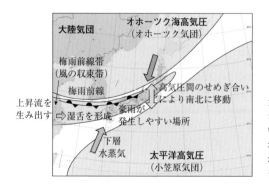

図1　梅雨期にみられる気圧配置[1]
太平洋高気圧からの暖湿な空気と大陸気団～オホーツク海高気圧からの相対的に冷たく乾いた空気との間に風の収束帯がつくられ，それが梅雨前線帯にあたる．前線帯では上昇流が生み出されるので，降水現象が生じて湿舌を形成する．

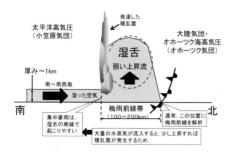

図2 梅雨前線付近の鉛直断面図（図1の東経130度付近）[1)]

梅雨前線帯（湿舌域）での上昇流で，南方から流入した空気は上昇して積乱雲を発生させ，通常は梅雨前線帯の北側に梅雨前線が解析される．ただ，大量の水蒸気が流入すると，湿舌域の南縁で積乱雲が発生するために，梅雨前線の南側100～200 kmで豪雨となることが多い．

集中豪雨の位置と天気図に解析される梅雨前線の位置との100～200 kmのずれは，梅雨前線帯（湿舌）の幅にほぼ対応している[2)]（図2）．

平成24年7月九州北部豪雨

2012（平成24）年7月11～14日に，本州付近に停滞した梅雨前線に向かって南から非常に湿った空気が流れ込み，九州北部を中心に大雨となった（図3）．気象庁はこの大雨を「平成24年7月九州北部豪雨」と命名した．

九州北部では，総雨量が800 mmを超える大雨となった（図4）．熊本県阿蘇市阿蘇乙姫では，24時間降水量が507.5 mmとなり，歴代1位の値を更新した．河川のはん濫，土石流，住家損壊，土砂災害，浸水害などが発生し，熊本県，大分県，福岡県で死者・行方不明者32名，佐賀県を含めた4県で住家被害13,263棟（損壊769棟，浸水12,494棟）の被害となった．

この大雨は，梅雨前線から100～200 km南に離れた領域で発生した．梅雨前線から離れたところで豪雨となる事例は，九州付近でしばしばみられる〈→057〉．

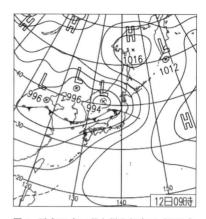

図3 平成24年7月九州北部豪雨（2012年7月12日）

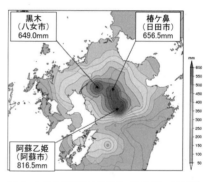

図4 九州北部豪雨の降水量（7月11～14日）[3)]

昭和58年7月豪雨（山陰豪雨）

1983（昭和58）年7月20～23日に，梅雨前線が中国地方から関東地方にかけて停滞し，前線に向かって暖かく湿った空気が流れ込んだ（図5）．島根県西部を中心に降った大雨は，多いところで600 mmを超えた．奇しくも，この1年前に発生した長崎大水害と同じ23日，島根県西部での雨量は300 mmを超え，死者・行方不明者117名，住家損壊3000棟以上，浸水家屋18,000棟以上という大災害となった．気象庁はこの大雨を「昭和58年7月豪雨」と命名したが，山陰豪雨とも呼ばれる．

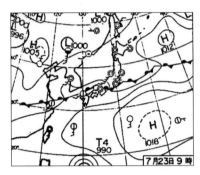
図5 山陰豪雨（1983年7月23日）

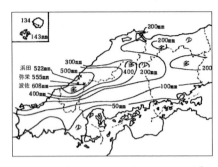
図6 山陰豪雨時の降水量（7月20～23日）[4]

この豪雨は梅雨前線のすぐ南側で発生した．前線の南側に散在していた雨雲は，23日未明に，停滞していた梅雨前線と平行な方向へと動きながら次々と同じ場所を通過した．その結果，浜田市付近を中心とした狭い範囲の大雨となった[4]．

23日未明から各地で山崩れ，崖崩れが続出し，多数の河川の堤防決壊や溢水によるはん濫で広範囲にわたって家屋の流失・浸水，農地の流失・冠水などの甚大な水害も発生した．浜田市では浜田川のはん濫で，国道やJRの駅が冠水し，市内の交通網は完全にマヒした．三隅町では三隅川のはん濫や上流からの流木や土砂で甚大な被害となった．

〔鈴木和史〕

文　献

1) 気象研究所：平成24年7月23日報道発表資料「平成24年7月九州北部豪雨の発生要因について」．
2) 加藤輝之：天気，57.12, pp.43-45 (2010)．
3) 気象庁：平成25年度予報技術研修テキスト. pp.10 (2013)．
4) 気象庁監修：気象年鑑（1984年版），pp.70-71．

037 梅雨の種類

陽性型梅雨・陰性型梅雨

　梅雨時期の雨の降り方を,「陽性型」と「陰性型」に分けることがある.定量的な定義はない.陽性型梅雨は「雨が強く降ったかと思うと晴れて日差しが強くなるなど,晴雨の変化が激しく,気温は高めであるタイプ」,陰性型梅雨は「曇りや雨が続き,雨は強くは降らないがしとしとと降りつづき,気温は低めであるタイプ」といえよう.

　梅雨前線近傍およびその南側では,高温多湿の空気によって,対流性の雲が発生しやすく,しゅう雨性の強い雨が降りやすい.一方,前線の北側では,低温の空気のため,層状性の雲が発生し,地雨性の雨が降りつづくことが多い.地域的にみると,西日本は陽性型,東日本や北日本は陰性型が現れることが多い.また梅雨の前半は陰性型,後半は陽性型が多くなりやすい.梅雨期間を通して「陽性型」か「陰性型」が継続するわけではない.

　2012年6月の東京において,陽性型・陰性型の雨の降り方を示す(図1).関東

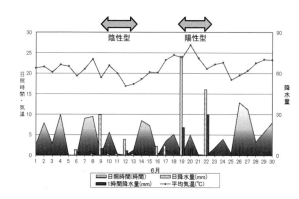

図1　梅雨時期における陰性型と陽性型の雨の降り方の例(東京2012年6月)

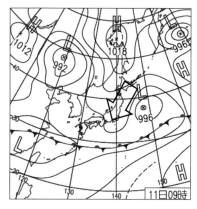

図2　陰性型梅雨の例(2012年6月)

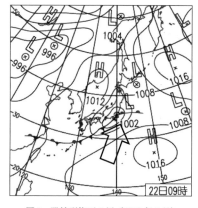

図3　陽性型梅雨の例(2012年6月)

甲信地方は，6月9日頃に梅雨入りが発表された．北陸地方，東北地方南部も同日に梅雨入りとなっている．

陰性型の時期

梅雨入りの9日から13日にかけては，毎日曇りや雨で，日照は非常に少ない．日平均気温は20℃に届かず，平年より低く，5月上旬頃の気温となっていた．また，雨は降るものの日降水量は少なく，最大1時間降水量は5mm以下で，強い雨にはなっていない．じめじめと肌寒い陰鬱な陰性型の梅雨といえる．このときの天気図を示す（図2）．オホーツク海に高気圧があり，北日本から東日本へ張り出している．関東地方は梅雨前線から500kmも離れ，日本の東海上の低気圧とオホーツク海高気圧との影響で吹く北東の冷たい風により（図2矢印），低い雲に覆われた悪天となった．

陽性型の時期

2012年6月の東京では，19～22日に再び日照が少ない期間となった．このときは，日平均気温が20℃を超えて平年より高かった．また雨の日における日降水量が多く，最大1時間降水量は20～30mmと激しい雨の降り方となっている．気温が高めで蒸し暑く強い雨が降る陽性型の梅雨となった．このときの天気図（図3）では，オホーツク海高気圧は日本のはるか東へ去り，梅雨前線が関東南岸まで北上している．この前線に向って太平洋高気圧から湿った空気が流れ込み（図3矢印），激しい雨を降らせた．

〔鈴木和史〕

038 梅雨の風

梅雨のやませ

梅雨の山背
yamase wind

やませとは，6月から8月頃にかけて，北海道，東北，関東などで吹く冷たく湿った東よりの風をさす．東北地方の太平洋側を中心に用いられることが多い．やませが続くと，稲作をはじめ多くの農作物の収穫が大きく減少することから，凶作風と呼ばれることもある〈→101〉．

やませが吹くとき，地上天気図ではオホーツク海方面に高気圧が解析され（図1），対流圏中～上層ではブロッキング高気圧が発達していることが多く太平洋沿岸域を中心に低温・寡照となる．オホーツク海の海水温は，6月は5℃，7月でも15℃程度と非常に低く，オホーツク海高気圧のもとで地上付近の大気は海水に冷やされる．その下層の大気が親潮の上を通り太平洋岸にやませとして吹く．その際，海面から水蒸気をもらい，霧や下層雲が発生して，北海道から関東地方にかけての太平洋沿岸に到達する（図2）．オホーツク海から吹い

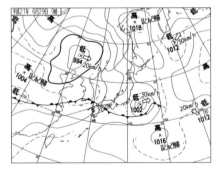

図1 やませ発生時の天気図（2009年6月29日9時）

てくる下層大気の気温と親潮の海水温の差は，冬の大陸からの吹き出しによる気温と日本海の海水温との差よりは小さいため，下層雲が大きく発達し高さが2kmに達することはまれである．このため，1993年の冷害のときのように，一部が山を越え，東北地方の日本海側でも被害が発生することもあるが，ふだんはやませが東北地方の脊梁山脈を越えることは少ない〈→100〉．

北海道から東北地方にかけては，数年に一度の割合で冷害が発生してきた．冷害をもたらす冷夏の要因は，「やませ型冷夏（第一種冷夏）」と，「北冷西暑型冷夏（第二種冷夏）」に大別される．ただ，発生割合は，やませ型冷夏のほうがかなり多い．1993～2012年の20年間の都道府県別の水稲の収量は，平均的には10a当たり500kg程度だが，その標準偏差は青森県が最も大きく，平均収量の約2割にも達する．以下岩手県，宮城県，北海道の順で大きく，いずれの地域も冷害の影響の強い地域である．一方，東北地方の日本海側の秋田，山形の標準偏差は岩手，青森の半分以下であり，やませによる冷害の影響の大きさがわかる．

6～7月にやませが続くと，東北地方を中心に稲の成長が遅れ，遅延型冷害をもたらすことがある．遅延型冷害とは，稲が成

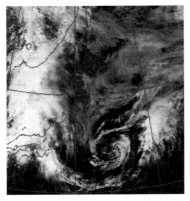

図2 やませ発生時の気象衛星可視画像（2009年6月29日9時）

アメダス地点の夏の平均気温平年値（左）・平均気温2003年（右）

農業地帯別の単位収量（kg/10a）

図3 冷害が発生した2003年の青森県の夏の平均気温分布および米の単位収量の平年との比較[1]

長期に低温にあい，穂の数やもみの数が不足し，生育が遅れることである．

また，東北地方では，寡照が続くと梅雨明けは8月にずれこむが，この時期にやませが続くと，障害型冷害が発生する．障害型冷害では，8月上旬の出穂期とその2～3週間ほど前の穂ばらみ期の低温，日照不足により，もみができない不稔や米の品質低下が起きる．さらに，この2つの冷害の要因が重なると混合型冷害が発生し，被害が最も大きくなる．近年では1993年の冷害が典型的な混合型冷害である．2003年は障害型冷害との評価もあるが，青森県の夏の平均気温と収穫量によると（図3），平均気温18℃以下となった地域と，著しく収量が減少している地域がほぼ一致しており，一部地域では混合型冷害が発生していることがわかる〈→039〉．

やませによる低温が継続すると予想される場合は，低温注意報が発表される．また，1週間から2週間先に，気温が平年と大きく異なるおそれが高いと予想される場合には，異常天候早期警戒情報が発表される．

東北地方ではやませによる低温対策として，低温に強い品種の採用に加え，深水管理などのきめこまかな温度管理が推奨されている．これは平均気温が20℃程度以下になると稲の成長にさまざまな障害が発生することから，稲の成長にあわせ，田の水位を上げ，こまめに灌漑を行うことで，稲を低温から守る方法である．気温の週間予報およびその予報のばらつきを積極的に深水管理に取り入れる試みも行われていて効果を出している． 〔牧原康隆〕

文献

1) 須田卓夫：仙台管区気象台におけるヤマセ研究の系譜2, ヤマセ研究会（2012）．

039 梅雨の風

ブロッキング高気圧

blocking high

中・高緯度で，偏西風が大きく南北に蛇行あるいは分流し，その状態が1週間以上の長期間にわたって続くことがある．この現象をブロッキング現象という．偏西風が弱まり，それに乗って東進する移動性高・低気圧の動きがブロックされるため，ブロッキングと名づけられている．水平スケールはおよそ数千kmである．1週間から1か月近く続くことがある．ブロッキングが発生した周辺の地域では，平年から偏った天候が長く続くことから，異常気象の原因ともなる．

対流圏上部にみられる偏西風の特に強い部分をジェット気流と呼んでおり，おもに寒帯前線ジェット，亜熱帯ジェットの2つがある．このうち，寒帯前線ジェットが大きく蛇行する．偏西風の蛇行が大きくなると，対流圏中上層では高気圧性循環をもった暖かい空気が高緯度側に取り残されて停滞し，偏西風はこの領域を迂回して流れるようになる．偏西風が北に蛇行したところに形成された対流圏全層にわたって背の高い高気圧をブロッキング高気圧という．

多くのブロッキング現象では北にブロッキング高気圧が，南に冷たい空気をもつ切離低気圧が現れ，偏西風を分流させる．ブロッキング現象の低緯度側の低気圧が明瞭な場合を分流型あるいは双極子型，不明瞭な場合をΩ（オメガ）型と呼んでいる．

梅雨になると，亜熱帯ジェットは北上し，6月頃日本のすぐ南を走るようになる．地上の梅雨前線はこの亜熱帯ジェットに対応していることが多い．一方，東シベリアでは寒帯前線ジェットが大きく蛇行してブ

ロッキング現象が発生し，オホーツク海付近にブロッキング高気圧がしばしば停滞する．

このとき，ブロッキング高気圧からその東側の寒帯ジェット付近にかけては下降流の場となることから，地上には高気圧が発生する．これがオホーツク海高気圧である．ブロッキング現象に対応しているため，オホーツク海高気圧も停滞することが多い．オホーツク海高気圧は，水温の低い海面に接しているため，海面から冷やされて，下層の気温が低くなる．そして，海上を吹走する際に水蒸気をもらい，やませとなって，湿潤で冷たい風を北日本に送り込み，農作業に悪影響を与える．

図1に示すように，2003年は，北日本の太平洋側を中心に冷夏となった．寒帯前線ジェットが例年になく明確で，その蛇行により，東シベリアにブロッキング高気圧が発生した．ブロッキング高気圧は，7月

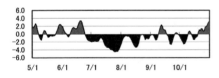

図1 2003年の北日本における平均気温の平年偏差[1]

図2 2003年7月下旬の500 hPa平均高度

上旬，7月下旬，8月中旬に発生し，それに伴ってオホーツク海高気圧が長期間停滞したため，いずれの期間も平年より気温が低く，特に7月の下旬は平年より4℃以上低い日が続いた．図2は2003年7月下旬の500 hPaの平均高度を表したもので，オホーツク海付近は平年より120 m高く，ブロッキング高気圧がみられる．一方，日本付近は平年より低い．

この低温のため，2003年は10年ぶりの冷害となり，水稲の作況指数は全国平均で90となった．特に北海道81，青森県71，岩手県77，宮城県78など，北日本での被害が顕著だった．夏野菜は生育不良のため価格が高騰した．このほか，夏物衣料，清涼飲料水，アイスクリーム，エアコンなどの季節商品の売り上げが激減した．海水浴を中心とする観光客ものきなみ減少した．

2003年は日本で1993年以来の冷夏となる一方で，欧州では8月上旬を中心に記録的な高温となった．8月上旬は欧州全体で平均気温が高く，特にフランスやドイツでは平年より8℃以上高い地域があった．この高温のため多くの死者が出た．世界保健機関（WHO）によると，熱波による死者はフランスの約15,000名をはじめとして，欧州全体で約22,000名にのぼった．このほか，永久凍土の融解，森林火災，農作物被害なども報告されている．偏西風の流れは，地球的規模で気候に影響を及ぼしているが，日本の冷夏をもたらしたブロッキング高気圧は，この高温をもたらした欧州の北へ蛇行した波の成分が伝搬してその持続に影響を及ぼしたといわれている．この2つのブロッキング高気圧は例年でもできやすいが，2003年は特に顕著であった．

偏西風の蛇行によりブロッキング高気圧や切離低気圧が発生すると，高温・低温以外にも極端現象が発生することがある．2012年5月上旬は，東アジアで偏西風が大きく蛇行し，顕著なブロッキング現象が

発生した．日本付近の上空では冷たい空気をもつ切離低気圧のため，大気が不安定な状態となり，関東地方では茨城県常総市からつくば市にかけて強い竜巻が発生した．この竜巻はスーパーセルに伴って発生したもので，約18分の寿命をもっていた．竜巻の強さを表す藤田スケールは日本ではまれな3に達し，建物の倒壊による死者が出るなど，多くの建物・施設に大きな被害が出た．竜巻は関東地方を中心に4個発生（気象庁調べ）したほか，各地でひょうや遅霜が観測され，農作物にも多くの被害が出た．

ブロッキング現象が起こると，同じような気象状態が長期間継続して異常気象をもたらすことが多いため，ブロッキング現象は週間天気予報や季節予報の重要な予測対象である．しかし，予報は他の現象と比較して難しい．2003年の冷夏をもたらしたブロッキング現象は，1か月予報でやっとその可能性が判断できた程度であった[2]．現在1週間から先の予報では，予報を始める段階の初期値にあらかじめ50通り程度のわずかな誤差を与えて数値予報を行い，その上で平均的な将来の大気の状態に基づいて予測を行うアンサンブル予報が主流となっている．現在のアンサンブル予報においては，特に困難とされる形成期のブロッキングを予測できる場合が増加したものの，実際の出現頻度に比べれば小さい傾向にある．　　　　　　　　　〔牧原康隆〕

文　献
1) 気象庁：異常気象レポート 2005, 気象庁 (2005).
2) 気象庁地球環境・海洋部：季節予報作業指針, 気象庁 (2013).

040　　　　　　　　　　　梅雨の風

黒　南　風

くろはえ

　梅雨入りの頃，空は暗くどんよりとして，曇ったり，ぐずついた天気の日に吹く南風を黒南風という．

　梅雨に入ると，雲が厚く暗い感じがする．この暗い雲の下，はるか太平洋上を渡ってくる南風で，おもに太平洋沿岸地方の南風である．東西に伸びた梅雨前線が南海上にあるときに，そよそよ吹くやわらかい南風である．太平洋から水蒸気を運んでくるので，南風が吹くようになると蒸し暑い季節の到来になる．

　鳥羽・伊豆の漁師は，梅雨はじめの南風を黒南風，梅雨期間中の強い南風を荒南風（あらはえ），梅雨明け後の南風を白南風（しらはえ）と呼ぶという．九州西北部では，今でもこの言葉を使っているが，白や黒は，雲の色からの命名とみられる．すなわち，梅雨の頃の暗い雲の下でそよそよと吹く南風が黒南風で，黒南風が強くなって，出漁などに好ましくない風は荒南風であり，梅雨が明けて黒雲が去り，空に巻雲や巻層雲が白くかかる頃，そよ吹く南からの風は白南風である．歳時記では，黒南風は仲夏（6月6日〜7月6日），白南風は晩夏（7月7日〜8月7日）の季語となっている．

　図1に2010年6月17, 18日の天気図を示す．太平洋高気圧が勢力を増しつつあるので，日本付近には高気圧の周辺を周る，湿った暖かい南風が吹く気圧配置である．17日は梅雨前線が本州の南岸まで南下して，本州は束の間の梅雨の晴れ間となり，各地で真夏日となった．しかし西日本では午前中は晴れたが，午後から黒雲が広がり，雨が降りはじめた．18日は前線が北上し

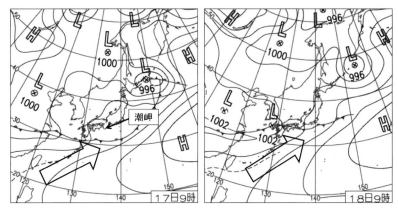

図1 2010年6月17日（左），18日（右）の天気図[1]
太い矢印は太平洋高気圧の縁辺を周る風．

表1 潮岬の地上観測値（2010年6月17, 18日）

時刻	風向	風速	気温	湿度	天気	降水量
6月17日						
12時	西南西	3.2	26.7	77	①	—
15時	南西	3.4	26.9	74	①	—
18時	南西	1.5	24.6	82	◎	—
21時	東南東	1	24	88	◎	—
24時	北	1.4	23.7	88	◎	—
6月18日						
3時	北	1.2	23	90	●	0.5
6時	東南東	2.5	22.5	93	◎	0
9時	南南西	8.6	23.6	94	●	20.5
12時	南西	8.8	23.9	94	▽	5
15時	西南西	10.4	23.8	93	●	0.5
18時	南南西	11.1	24.3	93	●	5.5
21時	南南西	11.3	24.5	92	●	0

て，午前中は西日本中心に，午後からは東日本でも太平洋側を中心に雨となった．表1に和歌山県潮岬の17日12時～18日21時の3時間ごとの地上観測値の推移を示す．17日は，朝から湿度の高い湿った3 m/s前後の弱い南風が入り，午前中は晴れて気温が上がったが，夕方から雲に覆われた．18日未明から雨が降り出した．風は17日夜遅くから18日未明にかけて一時北よりの風となったが，その後は南よりの風で，梅雨前線上の低気圧の接近で，昼過ぎからは10 m/s以上のやや強い風となり，朝からやや強い雨も降った．

太平洋からのそよそよ吹く南風は，黒雲（積雲や乱層雲）を伴うようになると，まもなく前線上の低気圧の接近で南風が強まり，波が高くなり，大雨を伴うことになる．黒南風は，「さあ，これからは大荒れになるよ」との合図でもある．〔下山紀夫〕

文 献
1) 気象庁ウェブサイト．

041

荒　南　風

あらはえ

　南風（はえ）は西日本を中心に広い範囲でおだやかで船乗りに喜ばれる風として，特に漁師たちに使われてきた言葉である．地名にも残っていて，沖縄県南風原（はえばる）町，長崎県佐世保市には白南風（しらはえ）町や南風崎（はえのさき）町などがある．また，山口県下関市には南風泊（はえどまり）漁港があり，「南風泊」の名は，日本海を北から下ってくる北前船（帆船）が，順風だとそのまま関門海峡に入れたが，南風が吹くと逆風で進むことができず，この場所に停泊して，風向きが変わるのを待たなければならなかったことからついたといわれている．

　梅雨の時期に吹く南風は，その特徴の違いによって分けることができる．梅雨入りした頃の空は暗くどんよりとしていて，ぐずついた天気が続くので，そのような天気を黒という色で表し，黒南風（くろはえ）

梅雨の風

と呼ぶ．そして，梅雨の半ばになり荒れた天気のときの南風を荒南風という．海上の風や波が激しくなる荒南風は，漁師にとって出漁を控えたり，港に避難をしなければならない風である．

　図1は2009年7月9日と10日9時の地上天気図である．梅雨前線上の低気圧が黄

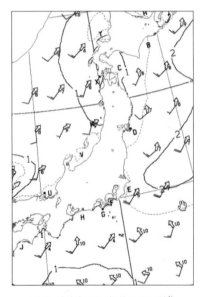

図2　波浪実況図（7月9日9時）[1]

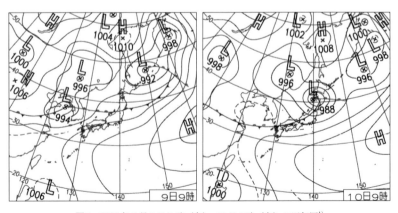

図1　2009年7月9日9時（左），10日9時（右）の天気図[1]

88　　　　　　　　　　2．梅雨の現象

042 梅雨災害

弘化3年大洪水

1846年6〜7月

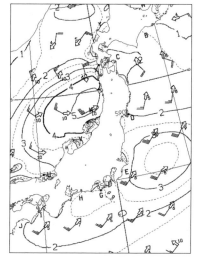

図3 波浪実況図(7月10日9時)[1]
実線は等波高線,数字は1m単位,矢羽は風向・風速,矢印は卓越波向.

海にあり前線が朝鮮半島から北陸,東北南部に伸びている.この前線の影響で北陸地方,甲信地方を中心に大雨となった.10日は前線上の低気圧が発達しながら,北日本を通過した.このため北日本や東日本で強風が吹いた.山形県の一部では最大瞬間風速が30mを超えた.

7月9日9時および10日9時の波浪実況図を図2,図3に示す.9日まで日本海の波浪は1〜2m程度だったが,低気圧の通過により10日は東北地方の日本海沿岸で5m以上となり風も山形県の沿岸では西南西の風35ノットとなっている.海上はしけて,強風を伴っていることがわかる.

日本海では海上の船舶が警戒しなければならない荒南風そのものである.

〔下山紀夫〕

文 献
1) 気象庁ウェブサイト.

江戸時代初期の荒川は,利根川の支流で,埼玉県東部低地と江戸に水害をもたらしていた.幕府は,その被害を和らげるため,1629〜1634(寛永6〜11)年の間に荒川を入間川に付け替える工事を行い,利根川から分離した.その結果,埼玉県東部低地や江戸の水害は減少し,新田開発が進んだ.しかし,元の入間川流域は従来の入間川の水量に荒川の水量が加わったために,大水害が発生しやすくなっている.また,銚子へ流れるようになった利根川本流は,安定した流れをもつ河川に変わり,東北地方からの物資を銚子から関宿まで遡ってから川沿いの江戸の町へ運ぶという,房総半島を回り込んで江戸湾に入るよりも安全な水運を発達させている(図1).しかし,時々降る大雨は,利根川の中流部のはん濫を引き起こし,そのはん濫した水が元荒川沿いに南下し,次々に別の河川をはん濫させ,江戸の三大洪水と呼ばれる1742(寛保2)年,1786(天明6)年,1846(弘化3)年の洪水をはじめ,たびたび大洪水を引き起こしている.

寛保2年7月28日(1742年8月28日)に台風が畿内を襲ったが,それ以後,本州中央部では雨が降りつづき,8月2日未明に利根川などの大河川の上流部で堤防が決壊し,濁流が江戸の町を襲った.これが寛保2年の洪水である.信濃でも,千曲川が大洪水となり,干支から「戌の満水」と呼ばれる洪水が発生している.1786(天明6)年には,7月12日(1786年8月5日)より降りつづいた大雨で関東諸国の堤防が多数決壊し,著しい洪水が発生した.

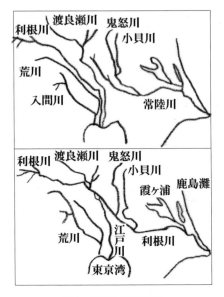

図1 利根川水系の変遷
付け替え工事前（上）と後（下）．

弘化3年の洪水は，丙午の年であったことから，丙午の洪水と呼ばれている．弘化3年6月（1846年7月23日〜8月21日）は全国的に雨が多く，関東の諸国や美濃などで洪水被害が発生している．6月16日（8月7日）には関東地方で大風が吹いたという記録があるが，ほとんどの記録は雨が続いて洪水が発生したというものである．

日本気象資料に掲載されている東京市史稿によれば，6月に江戸および関東諸国で連日雨が降り，11，12，15，18日などで雨が多く，江戸川，荒川，多摩川で出水している．その後，27日にも大雨となり，28日には武蔵国埼玉郡本川俣村で利根川の堤防が決壊し，濁流が江戸に向かって流れ，中川でも堤防が決壊している．また，荒川で川の水があふれるなどして堤防の用をなさない場所が続出し，江戸の下町が広い範囲に浸水した．武江年表によれば，「住居ならずして外へ逃げ退くとて溺死のものもありしとぞ日本堤より見るに蒼海の如し」とある．

関東の川越藩主・松平大和守から江戸幕府に提出された被害の報告書（弘化雑記第八冊）では，入間郡内にある荒川の大久保村大囲堤が長さ40間（約730m），宗岡村の堤防が17間（約310m）決壊し，水が逆流した結果，上流の村々にも多くの被害が出たとある．

また，7月7日（8月28日）に近畿，東海道，関東諸国で大風雨，洪水が発生し，7月18日（9月8日）に伊予，播磨，丹後，越前諸国で大風雨という記録もあり，期間の前半は前線により大雨が続いて大きな洪水が発生し，後半は次々に台風が上陸して大雨となったと考えられている．

関東地方は，弘化3年大洪水後も，50年に1度くらい，同様の洪水が起きており，1910（明治43）年の洪水，1947（昭和22）年のカスリーン台風による洪水も，利根川中流部で破堤し，そのはん濫した水が元荒川沿いに南下し，同時にはん濫した荒川の洪水も加わって東京低地は広範囲に浸水している．

〔饒村　曜〕

文　献

1) 中央気象台・海洋気象台：日本の気象資料 (1936).
2) 防災科学研究所：カスリーン台風60年企画展 (2007).

梅雨災害

慶応4戊辰年大洪水

1868年閏4〜7月

1868（慶応4）年は，1月3日に徳川幕府軍と薩摩・萩藩兵との間で鳥羽伏見の戦いとなり，1年半に及ぶ戊辰戦争が始まった．鳥羽伏見の戦いに敗れた徳川幕府軍は江戸まで退却，4月4日江戸城が無血開城となるなど激動の時代であった．閏（うるう）4月1日にイギリス公司パークスが信任状を明治天皇に提出し，5月15日には官軍が上野彰義隊を攻撃し，戊辰戦争の戦場が北越・東北に拡大している．このようなことがあった慶応4年は，閏4月から7月にかけて，全国で長雨が続き，慶応4戊辰年大洪水と呼ばれる大洪水が各地で発生した．ただ，幕藩体制崩壊寸前の激動の時代であったため，災害の記録は断片的にしか残っていない．

慶応4年閏4〜5月（1868年5月22日〜7月19日）は，近畿，東海道，関東で前線による長雨が続き，各地で洪水被害が起きている．また，7月17日（9月3日）の大阪は暴風と洪水に見舞われ，淀川の水量は13尺にも達している．淀川は2か月前の5月14日（7月13日）に堤防が決壊して高槻などが浸水しているが，同じ場所が再び決壊した．また，大和川の堤防も決壊し，広い範囲が浸水した．奈良県でも初瀬川や飛鳥川の堤防が決壊し，奈良盆地の大部分の田畑が浸水した．

長野県伊那地方では，長雨が続いていたことから慶応4年5月と7月に天竜川などで大きな洪水が発生し，菅沼（現 駒ヶ根市）では，水田に土砂が流れ込み，一面が荒れ地と化したという記録が残されている．これら一連の洪水は，発生年の十二支から，「辰の満水」と呼ばれ，伊那地方は天保の飢饉に次ぐとされる大飢饉となっている．

7月18日（1868年9月4日）に，明治新政府は，風水害，病虫害による不作で貧民困窮のおそれありとして府県に対策を講じておくように指示している．しかし，愛知県で大雨が続いたことにより飢饉となり，稗，糠，草の根，木の皮まで食い尽くされ，多数の餓死者を出している．

なお，慶応4年は，9月8日に明治に改元となったが，これまでの慣例により1月1日に遡って適用されている．ただ，慶応4戊辰年大洪水のように，一般的には，災

図1　慶応四戊辰年大洪水細見図

害や事件などは発生したときの元号を使うことが多い．一世一元が制定され，新しい天皇が即位する日から新しい元号を用いることになったのは，大正からである．なお，明治天皇の即位は慶応3年1月9日であり，明治天皇の元号は慶応と明治である．

「慶応四戌辰年大洪水細見図」には，諸国一円で大雨が降ったとして，次のように記されている（図1）．

此外近江丹波播州阿州讃岐伊予土佐紀州勢州 所国路山城大和美濃尾州関東すしにいたるまで諸国一円の大洪水のよしなれ共不便ニてくわしくハしるしかたく略之

四月中旬より閏四月中旬迄雨天多く閏月十五日入梅ニ相成候て七八日続て御天気の所二十日過より五月八日迄大体雨天計り九日十日天気十一日より十五日明方迄昼夜降通し候ゆへ堺大和橋より二三丁計り川上にてうりの村南の方の堤十三日申ノ上刻凡巾四十間余切れ込其水勢三尺計りの波打うづ巻立て水先戌の方へ押行其おそろしさ見る物目のまハることくまたたく間ニ押流れ死人夥敷同所中程より北東にはや松ハ申に不及住吉鳥居前より一丁余北まで往来ニて四五尺の水ゆへ船ニて見舞いたし候誠に愁至極目もあてられぬ次第ニ候」

〔饒村　曜〕

文　献

1) 中央気象台・海洋気象台：日本の気象資料（1936）．

044　梅雨災害

淀川大洪水

1885年6～7月

近畿地方の中央部を流れ，大阪湾に注ぐ淀川は，流域面積が近畿圏の4分の1を占め，古くから治水や利水のための大規模な土木工事が行われ，近畿地方のみならず，日本の重要な経済動脈という役割を果たしてきた．

1885（明治18）年6月15日から西日本では大雨となり，福岡県では筑後川が，大阪府では淀川がはん濫するなど大洪水が発生しているが，なかでも，大阪府では6月上旬から雨が降りつづいていたこともあって，17日の淀川では支流の堤防のみならず，本流の堤防が枚方の伊加賀で30間（約182m）にわたって決壊し，以後，淀川左岸の堤防が各所で決壊している．大阪市内の全堤防が破壊されるのを防ぎ，濁水を早く本川に戻すため，昔から行われてきた東成郡野田村（網島）付近の堤防を切開して淀川に放流する「わざと切れ」が行われ，伊加賀などでの堤防復旧工事が進められた．しかし，25日から大雨が再び降りはじめ，宇治川，木津川，桂川などの各支川や復旧工事が完了していなかった伊加賀堤防も再び決壊し，28万名が被災した．1885年6月の淀川大洪水は，淀川の堤防が切れた地名から「伊加賀切れ」と呼ばれているが，大阪平野が1600年前にあった河内湖の状態に戻ったともいわれているほどで，上町台地を除く大阪全域が水没し，天満橋，天神橋，浪速橋など大阪にある30あまりの橋が流され，橋によって通行の要衝を連絡していた大阪府民の生活は困難をきわめた（図1）．さらに，7月1日には台風が近畿，中部，関東地方を襲ったが，

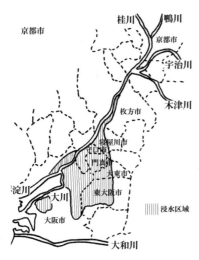

図1 1885年洪水によるはん濫区域と現在の市町境

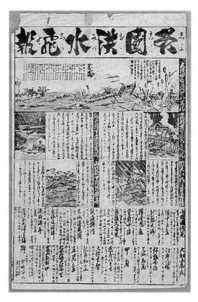

図3 各国洪水飛報

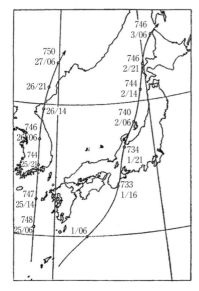

図2 1885年7月の台風経路
数値は中心気圧（hPa）および日/時．

このときの暴風と雨が洪水被害に追い討ちをかけた（図2）．

淀川大洪水の被害は，死者・行方不明者78名，被災人口276,049名，流失家屋数1631棟，損壊家屋数14,260棟，崩壊家屋数1525棟，決壊堤防切所46か所・延長2.95kmなどであった．淀川大洪水の浸水家屋は大阪府全体の世帯数の2割にあたり，最大の浸水深は4mといわれている．

「各国洪水飛報（しよこくおおみづしらせ）」には次のように書かれている（図3）．
「大坂四区及河内各郡実況

六月十七日牧方堤防 破壊せしより其水■河■郡ニ浸入し人家田畑を押流シ損数千石■為に水害を蒙りし人民の惨情目も当られぬ有様なり全国未曽有乃洪水なり」
（■は読めない箇所）

記録的な淀川の大洪水は，地元住民の淀川改修運動を激化させたため，明治政府は，日清戦争後の1896（明治29）年から淀川

改修に着手している．そして，欧米の近代工法と大型土木機会を導入し，琵琶湖の水位調整のための南郷洗堰の建設，宇治川の伏見と淀間の河道付け替え，新淀川放水路の開削などの工事を行い，1910（明治43）年までに完成させている． 〔饒村　曜〕

文　献

1) 中央気象台，海洋気象台：日本の気象資料（1936）．
2) 北原糸子，松浦律子，木村玲欧編：日本歴史災害事典，吉川弘文館（2012）．
3) 淀川河川事務所：明治大洪水・明治18年（1885年）（2014）．

045　梅雨災害

明治25年水害

1892年7月23日

　六甲山地は100万年前に東西方向の圧力を受けて押し上げられるという六甲変動でできている．このため，花崗岩でできているといっても多くの断層によって破壊されており，破壊された場所はその後の風化作用によって砂山のように崩れやすくなっている．加えて，六甲山地は，豊臣秀吉が大阪城築城に必要な石材を集めた見返りとして付近の農民に伐採を許可したことから長年にわたる乱伐が続き，明治時代に入る頃にはほとんど木がなくなっていた．これらのため，六甲山地から流れる川筋は，土石流や洪水被害が多発して荒廃していた．明治時代になり，阪神地方の経済活動が急速に膨張してくると，新たな土地の開発が必要となってきた．しかし，大阪周辺は昔からの開発が進んでおり，新しい膨大な需

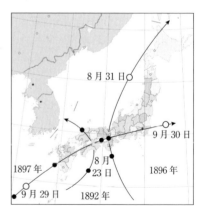

図1　兵庫県に大きな被害をもたらした明治時代の台風（図中○は6時の位置，●は14時と22時の位置）

要を満たす広い土地はあまり残っていなかった．そこで兵庫県などが目をつけたのが，当時荒廃していてあまり利用されていなかった六甲山地から流出する河川沿いの地方であり，特に，大阪と神戸の中間を流れる大河である武庫川流域の開発には力が入っていた．しかし，そのことが，この地方における大きな災害を引き起こしている．

1892（明治 25）年 7 月 23 日に台風が四国に上陸（四国に上陸時は 977 hPa），中国地方を通って日本海に抜けたため，兵庫県内は大雨となっている．『兵庫県災害誌』によると，兵庫銘鑑によるものとして，加古川以西が最も甚だしく，死者 97 名，流失家屋 882 棟，倒壊家屋 8910 棟，橋梁流出破損 2000 か所，堤防破損 520 か所・164,300 間（約 300 km）などという被害が発生している（図 1，図 2）．

同年 11 月 15 日に開催された臨時兵庫県議会郡部会では，さっそく復旧対策が審議された．そこでは制限いっぱいの戸数割の増税を行って約 30 万円を集め（当時の兵庫県の戸数は約 30 万戸であり，1 戸につき 1 円を徴収），これに約 80 万円の国庫補助を受けて，治水堤防費の 49 万円と土木補助費の 59 万円を捻出しようという計画が審議された．しかし，同じ兵庫県内でも，台風被害が少なかった地方，特に淡路島では，この増税に対する反発は大きく，11 月 21 日には周布公平知事が，初めて議場に警官を導入するほど混乱している．ともあれ，戸数割の増税は 1 戸につき 80 銭（0.8 円）と決められ，その後，議員の代表 2 名が国庫補助請願のため上京するのであるが，当時の様子を，11 月 23 日の大阪朝日新聞は，「傍聴人 300 余名東西に立分かれて（被害地は東，無被害地は西）互いに冷評漫言を放ち，町村土木補助費の議事今や決せんとするに及んで，無害地傍聴者の一人鐘の響く如き大声を発して冷評を試む．議長書記をしてしばしば制するも止めず，ついに警察官に出張を求め，警部二名，巡査七名を率い来れり」と詳しく伝えている[1]．

臨時県議会に続いて 11 月 22 日より始まった通常県議会では，各河川の水源を調査して水害を防ぐ措置をとるべしとの注目すべき建議がなされている（図 3）．これは，これまでの河川工事が下流域の築堤や河道の開削などのいわゆる「低水工事」であったのに対して，災害を予防することを目的とした水源山地の植林，流出土砂の防御などの「高水工事」をすべきとの建議であるからである．翌 1893 年から具体的に調査，計画が進められ，1895 年に初めて武庫川の支流である逆瀬川・太多田川流域と姫路市にある夢前川流域の山腹工事などが実施された．規模が小さかったとはいえ，全国主要河川の洪水防御工事の先駆けであり，この考え方は，1896 年の河川法，1897 年の砂防法に生かされている．

周布兵庫県知事は，1892 年に台風により大きな被害が発生すると，1893 年に測

図 2　兵庫県南西部（播州地方）の被害を伝える 1892（明治 25）年 7 月 27 日の大阪朝日新聞の付録

各河川ノ水源ヲ調査シ以テ水害防禦ノ方法ヲ講スルコトヲ望ム建議
我県下ニ於テハ近来洪水頻リニ来リ堤防道路橋梁等ヲ破壊シ財産ヲ蕩流シ其損害ノ巨大ニシテ他ニ比類ナキハ弁明ヲ俟タスシテ明ナリトス其源因タル固ヨリ一ニ止マサルヘシト雖モ廃藩置県ノ後政度変更ノ為メ土砂扞止ノ業ヲ廃シ又ハ山林ヲ濫伐スルモノ之レカ一大原因タルハ疑フヘカラサル事実ナリトス　然ルニ其救治ノ法ヲ顧レハ堤防道路橋梁復旧スルニ止リ其源ヲ絶チ之ヲ未然ニ防クノ策ヲ講スルモノナシ今ニシテ之ヲ講セスンハ夫ノ堤防道路ノ如キ随テ築ケハ随テ流レカ万古千宰徒労ニ属シ停止スル所ナカルヘシ　是ヲ以テ各河川ノ水源ヲ調査シ土砂の扞止スヘキモノハ之ヲ扞止シ伐採ヲ禁スヘキモノハ之ヲ禁スルハ目下ノ最大急務ナリト信ス　之ニ仍テ速ニ県下各河川ノ水源ヲ調査シ其防禦ニ就テ地方税支出ノ必要アルトキハ議案トシテ明年度ノ県会ニ提出シ国庫金補助請求ノ必要アルトキハ其手順ヲ尽シ其他臨機ノ措置ヲ以テ予防センコトヲ切望シテ止ムコト能ハス
右府県会規則第七条ニ依リ建議候也
明治二十五年十二月

図3　1892（明治25）年12月の兵庫県議会における建議

候所を設置する議を県議会に提出している．このときは，予算不足で放棄されているが，足かけ3年後の1895年8月21～26日の臨時県議会で，測候所設置の予算がようやく確定し，1896年12月1日に神戸測候所（現 神戸地方気象台）が誕生している[2)]．

しかし，防災のための施策が効果を出すまでには時間がかかる[3)]．兵庫県では1896年と1897年にも台風により大きな災害が発生している．測候所ができる半年前の1896（明治29）年8月30日夕方，台風が紀伊半島に上陸，22時頃に大阪付近を通過したため（大阪の最低気圧は968 hPa），阪神間は30日夜から31日にかけて風と雨が強まり，多くの河川で堤防が決壊し，死傷者が多数という大災害が発生した．武庫川は31日4時頃下流で堤防が大きく決壊し，東海道線の鉄道線路が破壊，瓦木村（現在は西宮市）は全村浸水して砂原化している．また，1897（明治30）年は，勢力は強くなかったものの，激しい雨を伴った台風が9月29日から30日にかけて通過したため（神戸での最低気圧988 hPa），阪神間では多くの河川で堤防が決壊し，死傷者多数という大災害が発生した．

岡山県から広島県に流域をもつ高梁川では，近世以降，上流部でかんな流し（岩石中にある砂鉄を水の流れによって取り出す手法）を行っていたために，河床に大量の土砂が堆積して，洪水が起きやすい条件を備えていた．このため，1892年7月の台風により流域で大きな洪水被害が発生した．これをきっかけとして，高梁川の改修工事が始まり，1907（明治40）年からは内務省の直轄工事として下流部の川幅が広げられ，堤防が強化されている．1934（昭和9）年の室戸台風の襲来時に被害が少なかったのは，1892年7月の台風をきっかけに始まった改修工事などの効果であったとされている．

また，徳島県の吉野川では1892年7月の台風による堤防破壊に伴う洪水よりも，河口付近で発生した高潮によって大きな被害が発生している．徳島市では，吉野川の派川である新町川から遡上した高潮が市内の約8割を浸水させ，死者311名，全壊家屋2635戸，半壊家屋2559戸，流失家屋644戸，田畑の被害36,242反に達した[4)]．

〔饒村　曜〕

文　献

1）大阪朝日新聞社：大阪朝日新聞（1892）．
2）神戸測候所：気象報（1902）．
3）饒村　曜：100年を見据えた治水計画，気象，日本気象協会（1994）．
4）北原糸子，松浦律子，木村玲欧編：日本歴史災害事典，吉川弘文館（2012）．

046 梅雨災害

阪神大水害

1938年6～7月

神戸市および阪神地区では，1938（昭和13）年7月3～5日に，阪神大水害が発生し，多くの死者を出している．1938年7月3日から梅雨の典型的な気圧配置となり，3日より降りはじめた大雨は，4日夜にはいったん小止みとなったものの，5日午前には1時間に80mm近くの激しい雨となり，六甲山地を中心に総雨量が600mmを超えている（図1）．なお，大阪湾の潮位が神戸沖を中心にして，5日昼頃に平常時より高くなっている（神戸港では5日11時50分から16時まで高い状態が続き，12時50分には平常より6～7cm高くなっている）．これは，風が弱く吹き寄せなどの影響が考えられないことから，海面を上昇させるほど大量の雨が短時間に降り，一気に海へ流れ出たためと考えられている．

この豪雨により，六甲山地は5日昼前より山崩れが多数発生し，各河川の増水や土石流が市街地を直撃し，『神戸市水害誌』[1)]によると，死者・行方不明者695名，被災家屋15万戸という大災害となった．いわゆる阪神大水害である．六甲山地からは500万m^{3}ともいわれる土砂が流出し，神戸市を中心に大きな被害が発生した．神戸市の全面積（2460万坪）の26.4%，平地面積（960万坪）の59.3%，人口（96万）の72.2%，全家屋（21万戸）の72.1%が被害を受けるという大災害であった（図2，図3）．

芦屋川，住古川などの下流部は10m以上の岩が多数流れ出し，悲惨な状態となったが，その後，住吉町に残っている「流水の碑」など，それらの石を使って災害のおそろしさを伝える記念碑が多数つくられている．それらには，「有備無患」「常ニ備ヘ

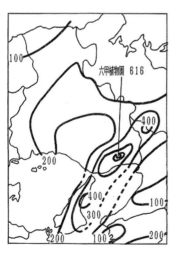

図1 1938年7月3日10時より5日14時までの雨量分布図

図2 阪神大水害を伝える1938年7月16日の大阪朝日新聞

ヨ」「過福無門」などの文字が刻まれている。
阪神大水害当時，武庫郡住吉村（現 神戸市）に住んでいた文豪・谷崎潤一郎は，小説『細雪』の中で，「五日の明け方からは俄に沛然（はいぜん）たる豪雨となっていつ止むとも見えぬ気色であったが，それが十二時間の後に，阪神間にあの記録的な悲惨時を齎（もたら）した大水害を起こそうとは誰にも考え及ばなかった」と記述し，人が流されてくる様子など，大雨や洪水による被害を具体的に書いている。また，宝塚に住んでいた手塚治虫は，のちに漫画『アドルフに告ぐ』で阪神大水害を取り扱っている。

阪神大水害では，武庫川と仁川（にがわ）の合流点より下流では大きな被害が発生しているが，その少し上流の，武庫川が六甲山脈を抜け平野部に出る地域（現 宝塚市南部）では，他の地域に比べて格段に人家や耕地の被害が少なかった。これは，兵庫県などが明治のはじめから長年にわたって積み重ねてきた六甲山地と武庫川に対する防災対策の結果といわれている。

1938年は6月下旬から7月初旬にかけて，梅雨前線が活発に活動しており，6月28～30日は，関東から東海道に前線が生じ，南海上の台風から暖湿気流が流れ込んだため，東海から東北地方南部，特に関東地方で大雨となり，利根川などの河川がはん濫し，東京の江東地区や隅田川沿いなどの低地で浸水被害が広がったほか，山の手にある高台で崖崩れも発生している。このように前半は，おもに東日本に被害をもたらす結果となった。その後，前線を伴う降雨の中心は近畿地方となり，阪神大水害が発生している。神戸測候所は，3日18時の天気図に基づき，21時に気象特報を発表して注意を呼びかけ，ラジオでもこれを流しているが，記録的な豪雨により大災害が発生している。阪神大水害の被害が新聞で報道されると，近隣の住民が奉仕団をつくり，勤労奉仕をしている。本山村（現 神戸市東灘区）では，2日間にのべ1万人が災害ボランティアをしたといわれている。

阪神大水害の教訓から，六甲山地の砂防事業は，国の直轄事業となり，1938年9月21日に六甲砂防事務所（現 六甲砂防工事事務所）が開設されている。このため，六甲山地の災害対策は，兵庫県から六甲砂防事務所に委託されている。また，芦屋川，住吉川など六甲山地から南へ流れる25の河川改修も国営事業となり，これを掌握する内務省神戸土木出張所では，阪神大水害復興河川改修計画をつくっている。この計画は，時間雨量が80 mmで，その100%が同一時間内に河川に流入するものとしての計画である（一部河川については60～85%）。ここで80 mm云々と決めた根拠は，次の4つである。①六甲山頂では7月5日9～10時の1時間雨量は78.8 mm（神戸測候所では5日10～11時が47.6 mm）。②神戸測候所の40年間の雨量観測をもとに今後100年間の最大値を推定すると65.7 mm。③日本で時間雨量80 mmを観測したことがあるが，その日の日雨量はそれほどでもない（当時の1時間雨量の日本記録は1921（大正10）年8月3日の千葉県銚子における123.3 mmであるが，この日の日雨量は250 mm）。④1時間雨量80 mmが24時間続くと1920 mmとなり，フィリピンのバギオで記録した1169 mm（当時の世界記録）より多い。

このように，対策はとられていたが，阪神大水害の翌日の6日は，日中戦争が始まって1年目に当たり，戦争の泥沼に入りつつあった。その後，戦時色が強まるにつれ，効果的な工事ができなくなり，逆に，松根油や薪炭増産のため木を切り出していた。このため，戦争が終わった1945（昭和20）年10月10～11日に九州から中国地方を通って日本海に抜けた阿久根台風による大雨では，兵庫県内で死者・行方不明者231名など，六甲山地周辺で大きな被害

047

梅雨災害

西日本大水害

1953年6月

1953（昭和28）年6月25〜29日に西日本の広い範囲，特に九州地方北部を中心に，梅雨前線による集中豪雨によって発生した水害のことである．気象庁では名称をつけていないが，一般的には西日本大水害と呼ばれている．熊本県では「白川大水害」または「6.26水害」，北九州市では「北九州大水害」など，地域によって別の名前で呼ばれることもある．

6月25〜29日の総降水量は，阿蘇山，英彦山を中心に1000 mmを超え（熊本県山鹿で1455.3 mm），平野部の大都市でも門司646 mm，福岡621 mm，平戸604 mm，佐賀590.6 mm，大分713.3 mm，下関529 mmなどを観測した．この記録的な豪雨により，筑後川，白川など九州北部の河川がほぼすべてはん濫した．このため，熊本県を中心に九州から四国地方にかけ，死者・行方不明者1013名，住家被害34,655棟，浸水454,643棟，被災者が約100万名という大災害が発生した．

阿蘇山は，この年の4月28日に大規模な爆発があり（観光客が6名死亡），大量の火山灰が白川上流に堆積していたが，それが豪雨で流出して白川に流れ込み，その白川がはん濫して熊本市域の6割に火山灰を含む土砂を流入させた．熊本市内に流れ込んだ火山灰の量は，600万t以上との見積もりもある（火山灰を含む泥の厚さは最大で1.8 m）．また，白川は下流域で高低差が小さくて蛇行しているために潮汐の影響を受けやすい河川であるが，このときは島原湾の満潮時刻と重なったため，白川を通じての排水がしにくくなり，熊本市内の

図3 大石川の濁流（神戸地方水害，絵葉書より）

が発生している．また，戦後もしばらくは急激なインフレとセメントなどの資材不足で効果的な工事が行われず，六甲山地およびその周辺の本格的な防災のための工事が始まったのは，1950年9月3日に紀伊水道を通って神戸市付近に上陸したジェーン台風で大きな被害（兵庫県内は死者・行方不明者41名）が発生した後といわれている．

〔饒村　曜〕

文　献

1) 神戸市役所：神戸市水害誌（1936）．
2) 兵庫県救済協会：昭和十三年兵庫県水害誌（1940）．
3) 兵庫県，神戸海洋気象台，兵庫県自治協会：兵庫県災害誌（1954）．
4) 建設省近畿地方建設局六甲砂防工事事務所：六甲三十年史（1974）．
5) 東京天文台編：理科年表，丸善（2013）．

湛水は長引いた.

筑後川では，1887（明治20）年以来，国による河川改修工事で直線化や堤防補強が行われてきたが，記録的な雨によって各地で破堤し，鳥栖市，久留米市，佐賀市，大川市など広い範囲が浸水した．筑後川での1953年の洪水は，1889（明治22）年の洪水，1921（大正10）年の洪水と並んで筑後川三大洪水と呼ばれている．山の斜面を切り崩したところに中心街が発達していた門司市では，風師山をはじめとする背後の山で山崩れ・崖崩れが起こった．門司市役所（現 門司区役所）の裏手にある大池が決壊して，その濁流が国鉄関門海底トンネルに流れ込んだため，トンネルが約1800mにわたって浸水し，7月半ばまで不通になった．このため，国鉄では関門トンネルを利用しての輸送から関門連絡船による輸送に切り替え，トンネルへの浸水を防ぐために両方の入り口に浸水防止壁を設置した．

西日本大水害では，山間部における多くの水力発電所は被害を受け，筑後川中流部に建設中だった夜明ダムも濁流によって両岸から決壊して発電所施設が流されている．1951（昭和26）年にポツダム政令に基づく電気事業再編成令で日本発送電から9社に分割・民営化して誕生した九州電力は，西日本大水害で施設の被害も大きかったが，商品である電力をつくれないという

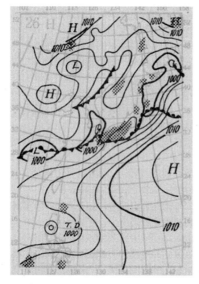

図1 1953（昭和28）年6月26日9時の地上天気図

表1 九州北部の被害（「福岡警察管区本部」による）

県名	死者・行方不明者	住家被害	浸水家屋	おもなはん濫河川
福岡県	286	14,266	211,659	筑後川，矢部川，遠賀川，紫川，今川
佐賀県	62	4,852	75,948	筑後川，嘉瀬川，松浦川
長崎県	21	878	22,609	
熊本県	537	12,271	88,645	菊池川，白川
大分県	68	2,421	6,179	筑後川，大分川，大野川
宮崎県	0	2	133	
鹿児島県	2	19	549	
山口県	25	993	28,961	
合計	1001	35,522	453,193	

ダブルパンチを受けている．と同時に，九州の産業界は長期間の電力不足という影響を受けている．

西日本大水害は，これまで積み重ねてきた筑後川などの治水計画について，根本的な再検討が必要となった．そして，これまでの基本高水量を大きく上回る出水があったことから，たとえば，筑後川では基本高水量を 7000 m³/s から 8500 m³/s に引き上げ，上流部にダムを建設することが計画された．しかし，一部のダムでは住民が立ち退きなどで犠牲になる問題や公共事業に対する考えかたの違い，そもそもダムが必要かというダムの効果をめぐっての反対運動が起きている．

九州北部では，治水事業の進展もあって西日本水害後，約60年間は大規模な水害は発生しなかった．2009（平成21）年7月中国・九州北部では，西日本大水害に匹敵する大雨が降ったが，大河川の堤防決壊は起きなかった．しかし，中小河川の水害や崖崩れで多数の死者が出ている．また，2012（平成24）年7月九州北部豪雨では，西日本大水害に匹敵する大雨が降り，筑後川流域や白川流域などで堤防決壊があり広範囲で浸水した．このため，九州北部については，時代にあった水害対策の見直しが必要になってきた． 〔饒村 曜〕

文 献

1) 東京天文台編：理科年表，丸善（2013）．

048　梅雨災害

南 紀 豪 雨

なんきごうう
1953年7月17〜18日

1953（昭和28）年7月17日から18日朝にかけて降った，梅雨前線による和歌山県を中心とした豪雨のことで，和歌山県北部から奈良県の山間部における雨量は，17〜18日の2日間で，前鬼 666 mm，龍神 550 mm，高野山 452 mm などであったが，近くの和歌山では 132 mm，潮岬 96 mm，御坊（ごほう）100 mm など，局地的でもあった．この豪雨は南紀豪雨と呼ばれ，これにより引き起こされた水害は，『和歌山県災害史』によれば，死者・行方不明者計 1015 名，家屋全壊 3209 棟，家屋流出 3986 棟，崖崩れ 4005 か所などで，被災者は当時の和歌山県民の 4 分の 1 にあたるという 26 万 2000 名にのぼっている．和歌山県としては，1889（明治22）年の暴風雨による災害を上回る，史上最悪の気象災害となった．紀州大水害，28 年水害，7.18 水害などともいう．和歌山県内の有田川，日高川，熊野川を中心に，上流の山間部では各地で土砂崩れ，下流の平野部では大規模な河川のはん濫が起きている．

これらの水害の規模が大きくなった原因として考えられることは，まず，記録的な豪雨が降ったことである．豪雨は山地の崩壊を引き起こし，河道閉塞（天然ダム）が起きて堰止湖が形成され，その崩壊によって，一気に流木などを巻き込んで下流を襲った．流木などは橋梁で行く手を阻まれ，そこからはん濫につながるというドミノ倒しのような現象が起きた．また，花園村（現 かつらぎ町）では，山腹崩壊で河道閉塞が起き，有田川を堰き止めていたが（高さ約 60 m，長さ 400 m，幅 480 m），これ

が壊れたのは同年9月25日に志摩半島に上陸した台風13号のときで，決壊してあふれた水は下流の仮堤防を破壊して再び水害を引き起こしている．

南紀豪雨のときの前線による全国の被害は，死者・行方不明者1124名，住家被害10,889棟，浸水86,479棟などであったが，1953年の災害はこれだけではない．6月に西日本大水害があり，8月中旬には京都府南部で南山城水害が起きている．これだけ被害が出たのは，単に記録的な大雨が続いただけではなく，戦中戦後で山林が荒廃し，河川防災も立ち遅れていたことが指摘された．このため，全国的に治山，ダムの建設など一連の事業を行って防御しようとする試みが本格化した．和歌山県では，紀ノ川に津風呂ダム・大滝ダムなど，熊野川に風屋ダム・池原ダムなど，古座川に七川ダム，有田川に二川ダム，広川に広川ダム，日高川には椿山ダムなどが建設されていった．

集中豪雨という言葉がいつから使われたかということについては，宮澤清治が昭和50年代前半に当時の新聞記者などへのインタビューを含めて詳しい調査を行っているが，それによると，南山城水害（1953年8月14日）を報じた朝日新聞であるということをつきとめているが，当時の担当者は，造語をしたという意識はなかった

のことである．また，当時の大阪管区気象台長の大谷東平は，1985（昭和60）年6月23日の朝日新聞のコラムに「この年の南山城の豪雨は，雷を伴う局地的な豪雨であったため，新聞記者によって集中豪雨という名前をもらい，以来この言葉が一般的に使われるようになった」と述べている．つまり，今では一般的になっている集中豪雨という言葉は，南紀豪雨の直後に誕生したもので，現象としては集中豪雨であったものの南紀豪雨では使われていない．

〔饒村　曜〕

文　献

1) 藤吉洋一郎監修：20世紀日本大災害の記録，NHK出版（2002）．
2) 東京天文台編：理科年表，丸善（2013）．
3) 国土交通省ウェブサイト．

図1　南紀豪雨を伝える1953年7月19日の朝日新聞朝刊

図2　1953年7月18日9時の地上天気図（気象庁による）

049　梅雨災害

諫早豪雨

いさはやごうう
1957年7月25日

　長崎県の大村市から諫早市，島原市，熊本県北部にかけての地域では，1957（昭和32）年7月25日に九州北部に停滞していた梅雨前線に向かって南西から湿舌が流入して大気が不安定となり，長崎県大村の気象通報所で1時間降水量129 mm（21〜22時），総降水量732 mm（25日10時〜26日9時）など，記録的な雨が降り，諫早市を中心に大きな被害が発生した．このため，正式ではないが諫早豪雨と呼ばれ，諫早大水害と呼ぶこともある．

　諫早市を流れる本明川は多々良岳から有明海に流れる全長22 kmの一級河川である．多々良岳周辺は，表土は火山灰で保水力がなく，礫層を挟んで不透水性の岩盤となっていることから，本明川は，大雨が降ると急に増水する特徴をもった川である．諫早市では正午以降雨が強まり，17時頃から本明川がはん濫するなどで，市内の約2000戸が浸水したものの，夜に入って雨足が弱まった．しかし，20時頃から雷を伴って再び雨が強まり，本明川では10分間に2 mも水位が急上昇し，有明海の満潮時刻と重なったことから大きなはん濫となった．いったん雨が弱まり，水位が下がったことから住民に安心感を与え，避難が遅れたともいわれている．本明川上流の多々良岳中腹では大規模な土石流が発生し，22時20分頃に土砂と流木を含んだ濁流がたくさんの家を押し流した．本明川に天明年間（1781〜1789年）につくられた眼鏡橋は，石造りで丈夫であったため，大量の流木などをひっかけて川の流れを止め，川から市街地へ水をあふれさせたことから市街地の浸水被害を拡大させた．眼鏡橋は諫早豪雨の翌年，国の重要文化財となり，水害を受けての河川改修工事に合わせて諫早城址公園へ移設された．この工事は，国の直轄河川に編入されてのもので，諫早市内の狭窄部の河道を拡幅するなど，強力に推進された．

　諫早市では，諫早豪雨により本明川沿いを中心に死者・行方不明者539名，1817棟の住居が全・半壊しているが，長崎県全体の被害と比べると，死者は75%，住家全・半壊は46%も占めている．諫早豪雨のあと梅雨前線による大雨被害は全国に広がり，7月25〜28日の全国の被害は死者・行方不明者992名，住家被害6811棟，浸水72,565棟などとなっているが，ほとんどは長崎県である． 〔饒村　曜〕

図1　諫早豪雨を伝える1957年7月26日の朝日新聞夕刊

文　献
1) 藤吉洋一郎監修：20世紀日本大災害の記録, NHK出版 (2002).
2) 北原糸子, 松浦律子, 木村玲欧編：日本歴史災害事典, 吉川弘文館 (2012).
3) 東京天文台編：理科年表, 丸善 (2013).

050　梅雨災害

昭和42年7月豪雨

1967年7月7〜10日

昭和42年7月豪雨と神戸水害

1967（昭和42）年7月は，梅雨前線に台風7号から変わった熱帯低気圧から暖湿気流が流れ込み，8日から9日朝にかけ，熱帯低気圧から変わった温帯低気圧が前線上を九州北部から関東まで速い速度で進んだため，前線の活動が非常に活発となり，地形の影響で特定の場所で大雨となった（図1）．長崎県佐世保市で125 mm，長崎県福江市で114 mmの1時間降水量を観測，広島県呉市や神戸市でも70 mmを超える大雨となった．2日間の降水量も佐世保市，呉市，神戸市などで300 mmを超え，これらの三市を中心に甚大な災害が発生した（図2）．

神戸市および阪神地区では，1938（昭和13）年7月3〜5日の阪神大水害を機に，六甲山の南側の治水・砂防事業は兵庫県から国に移管され，強化していたにもかかわらず，大規模な水害に見舞われた．

全国の被害は，死者・行方不明者371名，負傷者618名，住家被害3756棟，浸水家屋301,445棟などであり，気象庁は，7月7〜10日の大雨を「昭和42年7月豪雨」と命名した．

増えた土砂災害と進む集中豪雨の研究

高度経済成長に基づいて生活環境が大きく変わり，生活圏が急傾斜地へ拡大したことなどを背景として，集中豪雨による斜面崩壊，都市河川・中小河川のはん濫が続出するようになり，集中豪雨の予報について，国民から厳しい批判と期待が寄せられた．

昭和42年7月豪雨をきっかけとして，気象研究所による5年間の梅雨末期集中豪雨特別研究が特別観測を含めて行われ，積雲対流によって生成・維持される下層ジェットの入口領域で集中豪雨が起きるなど，多くの事実が発見され，体系化された．集中豪雨をとらえるため雨量観測所を増設し，気象レーダー観測網がつくられていったが，集中豪雨予測にはレーダーの観測結果をFAXで伝達することが非常に有効であることがわかり，整備・強化されていった．

〔饒村　曜〕

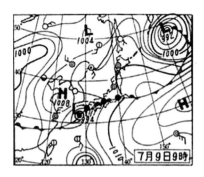

図1　昭和42年7月9日9時の地上天気図

図2　神戸市長田区の川岸の崩落による家屋埋没[3]

文　献

1) 気象庁：昭和47年7月豪雨調査報告，気象庁技術報告84号（1973）．
2) 饒村　曜：続・台風物語，日本気象協会（1993）．
3) 六甲砂防事務所ウェブサイト．
4) 東京天文台編：理科年表，丸善（2013）．

051　梅雨災害

昭和47年7月豪雨

1972年7月3〜13日

ほとんどが土砂災害だった豪雨災害

1972（昭和47）年の梅雨末期は，本州に停滞していた梅雨前線に暖湿気流が流入し，3つの豪雨があり，7月3〜6日は九州と四国で局地的な大雨が降り，この期間の降水量が500〜800 mmに達したところがあった．このため，大規模な山・崖崩れが発生し，熊本県姫戸町（現 上天草市，図1）で122名，高知県土佐山田町（現 香美市）では停車中の列車を押し流し，乗客も含めて61名の死者・行方不明者が出た．7〜9日は，北日本にあった梅雨前線上を低気圧が次々と通過し，北日本の山岳部で200〜500 mm，平野部で100〜150 mmの大雨となった．米代川や岩木川などの堤防が決壊するなど，青森県と秋田県では河川のはん濫による浸水害が多発した．

9日から13日にかけては，梅雨前線が南下して活発化し，本州南岸から四国，九州北部付近に停滞した．また，日本の南海上にある台風6，7，8号からの暖湿気流の流入で梅雨前線の活動は活発となり，西日本から関東地方南部にかけては400〜600 mm，山間部の多いところで1000 mm前後の大雨となった．このため，中国地方では河川のはん濫による浸水害が多発し，愛知県や岐阜県，神奈川県では山・崖崩れや河川のはん濫により多数の死者が出た．

このように豪雨災害が相次いだため，全国で死者・行方不明者442名，負傷者534名，住家被害4339棟，浸水家屋149,691棟などの被害となった．気象庁は，7月3〜13日の大雨を「昭和47年7月豪雨」と命名した．

また，局地的な豪雨被害を重要視した政府は7月8日に災害対策基本法に基づく「昭和47年7月豪雨非常災害対策本部」を設置し，九州や四国の各県を対象にしていたが，被害の拡大とともに対象が全国に広がった．この対策本部は崖崩れによる危険地帯の総点検や雨量観測の強化などの防災対策の強化など，具体的な対策を検討・実行した．

ベトナム戦争で優勢と思われたアメリカ軍が受けた1968（昭和43）年1月の一斉攻撃（テト攻勢）によって南ベトナム解放民族戦線と北ベトナム軍のゲリラという戦法が有名になり，現状把握や予想が非常に難しい局地的な豪雨を，新聞などのマスコミを中心に，1969（昭和44）年の夏から使われていた「ゲリラ豪雨」という言葉が，このときも使われている．

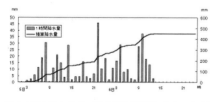

図1　熊本県人吉市の降水量時系列（気象庁による）

図2　1972年7月12日9時の地上天気図（気象庁による）

アメダスの誕生

昭和42年7月豪雨（1967年）を教訓に，さまざまな検討が行われ，本格的に集中豪雨対策に取り組んだときに起きたのが昭和47年7月豪雨（1972年）である．再度の検討が行われたが，大きな問題点として，警報に踏み切る契機となる雨資料の入手について確実性，定常性がないことが挙げられた．そして，参議院災害対策委員会の決議に基づき，気象庁，自治省（消防庁），建設省，国鉄，電力会社，電源開発会社などの協議が行われ，1973年から当分の間，暖候期（6〜9月）には，雨量があらかじめ定められた値に達した場合，それぞれの所管の雨量観測所の観測結果が気象台に通報されることになった．また，ここ数年来の集中豪雨災害を背景に，1972年から福島県で試験が行われていた地域気象観測網計画が本格的に進められ，1974年11月にアメダスが誕生している． 〔饒村 曜〕

文 献

1) 日本気象協会編集，気象庁監修：気象年鑑（1973）．
2) 気象庁：昭和47年7月豪雨調査報告，気象庁技術報告84号（1973）．
3) 饒村 曜：台風物語，日本気象協会（1986）．
4) 饒村 曜：続・台風物語，日本気象協会（1993）．
5) 藤吉洋一郎監修：20世紀日本大災害の記録，NHK出版（2002）．
6) 東京天文台編：理科年表，丸善（2013）．

052 梅雨災害

長崎大水害

1982年7月23〜25日

1982（昭和57）年7月は，梅雨前線が本州の南海上から九州付近に停滞し，前線上を小低気圧が通過するたびに南シナ海から湿った空気（湿舌）が流れ込み，前線活動が活発となって大雨になった．長崎県でも10日以降，600〜800 mmも雨が降り，5回も大雨警報が発表されている．特に23日は記録的な大雨となり，長崎市で23日の日降水量448.0 mm，長与町で23日19〜20時の1時間の降水量187.0 mmなど，これまでの記録を更新し，河川のはん濫や山・崖崩れなどで大きな被害が発生した（図1）．長崎市では20時からの2時間で200 mmの強い雨が降り，郊外の高台や傾斜地に建てられた新興住宅地を直撃し，土砂災害によって多数の死者を出した．坂道の多い長崎市の地形は，市内を流れる河川に一気に水を流入させ，浦上川や中島川がはん濫，車中から脱出できないために命

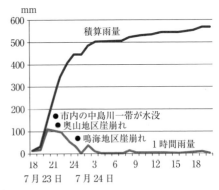

図1 長崎大水害時の1時間雨量と積算雨量（気象庁資料をもとに作成）

を落とすなど,市街地で多数の死者が出た.また,水をかぶって被害を受けた自動車は12万台もあり,主要道路上に放置されて緊急輸送の妨げとなるなど大きな問題となった.また,中島川では,国指定重要文化財の眼鏡橋と袋橋が大きな被害を受けるなど,文化財となっている11の橋のうち9橋が被災し,6橋が流された.長崎市の中心部は電気やガスなど都市機能が完全にマヒした.加えて,土砂災害などが短時間で同時発生したため,被害住民から消防署などへの救助要請の電話が不通になるなど,住民の通信手段がなくなっている.また,救助要請に応えるべき公的機関のほうでも対応限界をはるかに超えた件数の要請があったため,要員不足などで対応不能な

状況に陥った.さらに,大量の泥水が海に流入したため,泥と塩分低下によりタイやハマチなどの養殖業が大きな被害を受けた.

長崎市内の死者・行方不明者262名の内訳をみると[3],浸水はん濫12.4%に対し,土砂崩れ・土石流87.6%であり,水系別には中島川,浦上川,八郎川の各水系に大きな被害が集中した.この水害は,長崎県によって「長崎大水害」と命名されたが,市の郊外に多発した土砂災害と,市の中心部の都市水害の二面性をもっている.

大雨の被害は,7月10日から26日にわたって全国に及び,死者・行方不明者345名,住家被害851棟,浸水家屋52,165棟などであった.

長崎大水害のときは,大雨警報が23日16時50分に発表されている.実際に1時間に100 mm以上の雨が降ったのは18時からで,長崎市内で中島川,浦上川のはん濫が始まったのは19時からである.警報発表から実際の強雨までの時間が短いことから不意打ちと感じた市民も多く,大混乱をしている.7月11日以降出された4回の大雨警報で長崎市付近では1回しか大雨が降っていないことから,今回も警報が空振りと感じた人もいたといわれている(図2).大雨警報級の強い雨は,かなり地域的に偏っていることが多いために北海道や沖縄県の支庁や,都府県という予報区では,予報区内のすべてで警報基準を超える雨が降るということはまれにしか起こっていない.この月に5回発表された警報に対応して,県のどこかで大雨警報基準(当時の長崎県の場合は1時間50 mm以上,3時間100 mm以上,または24時間150 mm以上)が降っている.つまり,5回とも警報が的中しているが,長崎市付近に住んでいる人にとっては,警報が出ても警報級の雨が降らないことが多かったわけである.予報的には格段に難しくなるが,地域的に偏って

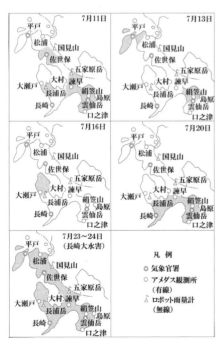

図2 1987年7月長崎大水害までの5回の長崎予報区の大雨警報に対応した警報基準値以上の雨量の地域[5]

降る雨は，予報区を細分して発表しない限り，このようなことが起きる．

長崎大水害の教訓から，警報をできるだけ地域細分しての発表・伝達が行われている．また，記録的な雨が観測されたとき，その異常をいち早く伝達する「記録的短時間大雨情報」が始まっている．

〔饒村　曜〕

文献

1) 饒村　曜：気象災害の予測と対策，オーム社（2002）．
2) 藤吉洋一郎監修：20世紀日本大災害の記録，NHK出版（2002）．
3) 北原糸子，松浦律子，木村玲欧編：日本歴史災害事典，吉川弘文館（2012）．
4) 東京天文台編：理科年表，丸善（2013）．
5) 桑原　豊：大雨に関する防災気象情報についての大雨警報の検証結果から，災害の研究，損害保険料率算出機構（1984）．

梅雨災害

平成16年新潟・福島豪雨

2004年7月12〜13日

2004（平成16）年7月12日夜から13日にかけて，新潟県中越地方や会津地方で起こった豪雨を，平成16年新潟・福島豪雨という．日本海から東北南部に伸びる梅雨前線の活動が活発となり，北陸沿岸で発達した雨雲が次々に流れ込み，新潟県栃尾市（現 長岡市）で62 mm，守門岳で63 mm，福島県只見町で50 mmの1時間雨量を観測するなど，新潟県中越地方や福島県会津地方の同じ地域で50 mmを超す激しい雨が降りつづいた（図1）．日降水量は新潟県の守門岳で356 mm，栃尾で421 mm，宮寄上で316 mm，福島県只見で325 mmを観測するなど，これまでの記録を更新する大雨となった．新潟県三条市，見附市，中之島町を流れる信濃川水系の五十嵐川や刈谷田川では，相次いで堤防が決壊した．

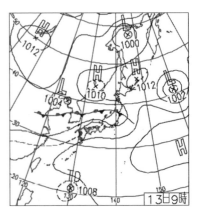

図1　新潟・福島豪雨時の天気図（2004年7月13日9時）

北陸地方や東北地方の各気象台では，7月12日から大雨・洪水警報を発表し，土砂災害の危険性が特に高い状況となった地域に対しては「過去数年間で最も土砂災害の危険性が高まっている」と警戒を呼びかけた．また，信濃川下流の中ノ口川，阿賀野川など8河川では，気象庁と国土交通省または新潟県と共同で河川を指定した洪水予報を発表した．

　避難指示は新潟県の見附市，五泉市，中之島町の計6000世帯に対して行われ，避難勧告は新潟県と福島県の7市15町6村の約25,000世帯に対して行われた．三条市は堤防の決壊による被害が五十嵐川の左岸だけに集中していたことなどから，人災ではないかとの指摘がされた．新潟県と福島県の被害は，死者16名，住家被害5518棟，浸水家屋8402棟などであり，気象庁は「平成16年新潟・福島豪雨」と命名した（図2，図3）．新潟・福島豪雨の16名の死者のほとんどは，溺死によるものであり，しかも，70歳代が10名，80歳代が3名と，高齢者の割合が非常に高いという特徴がある．

　新潟・福島豪雨時の気象衛星ひまわり

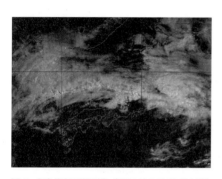 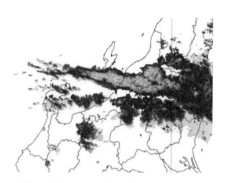

図2　気象衛星可視画像（2004年7月13日9時）　　図3　気象レーダー（2004年7月13日7時）

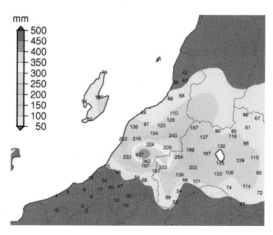

図4　2004年7月12日18時から13日24時までの期間降水量分布図（気象庁による）

054

梅雨災害

福井豪雨

2004年7月18日

2004年7月18日未明から昼前にかけ、活発化した梅雨前線により、福井県の北部を中心として死者・行方不明者5名、全壊家屋69戸、浸水家屋1万4000棟という豪雨被害が発生し、気象庁は「福井豪雨」と命名した。福井地方気象台では、18日2時に福井県北部の芦原温泉付近で1時間に80 mmの解析雨量を観測したことから、2時34分に福井県北部に大雨警報を発表しているが、芦原温泉付近の豪雨は、すぐに止んでいる。そして、この強雨をもたらした積乱雲から噴き出した気流がバンド状の雲域をつくり出し、沿岸で発生した積乱雲が次々に同じ場所に流入するというバックビルディング現象によって福井豪雨が発生している。美山町 (現 福井市) では6時10分までの1時間に96 mmと北陸地方では記録的な雨となり、福井市街地の足羽川堤防が決壊した。

記録的短時間大雨情報は、記録的な雨が降った場所と観測時刻、および1時間雨量という簡潔な内容となっており、地上の雨量計による観測、または、気象レーダーと地上の雨量計を組み合わせた分析 (解析) で、あらかじめ定めている基準の1時間雨量を超えたときに発表する。福井豪雨時の福井地方気象台が発表した記録的短時間大雨情報は、第1号が7月18日2時34分 (あわら市付近で約80 mm、解析)、第2号が6時0分 (美山町で88 mm、観測)、第3号が6時10分 (美山町付近で約90 mm、福井市付近で約80 mm、解析)、以下7号まで、のべ21回発表されているが、その約半分が福井市付近である。福井豪雨をも

の9時の画像には、新潟県から能登半島沖を通って朝鮮半島に伸びる梅雨前線に伴った雲がある。その雲の中に、白く輝く小さな点の列がみえるが、これは発達した積乱雲の列で、この発達した積乱雲が次々に新潟・福島両県のほぼ同じ場所にやってきたため、記録的な豪雨となった。

新潟・福島豪雨の5日後の7月18日未明から昼前にかけて福井県嶺北地方から岐阜県西部で起こった豪雨は、美山町 (現福井市南東部) で1時間に96 mmの猛烈な雨を観測し、足羽川などの堤防が決壊して多数の浸水害が発生したため、気象庁では「平成16年福井豪雨」と命名した。また、平成16年は、台風23号など台風が10個も上陸し、そのたびに大きな気象災害が発生した年でもあるため、日本の防災体制の見直しが行われるきっかけとなっている。

「災害弱者」は、昭和60年代には使われていた言葉で、1987 (昭和62) 年の防災白書では、「必要な情報を迅速かつ的確に把握し、災害から自らを守るために安全な場所に避難するなど、災害時の一連の行動に対してハンディを負う人々」と定義している。しかし、平成16年新潟・福島豪雨の直後から「災害弱者」にマイナスイメージがあるということで、「災害時要援護者」に置き換えられはじめた。2005 (平成17) 年3月28日に内閣府が開催した「集中豪雨時等における情報伝達及び高齢者等の避難支援に関する検討会 (第7回：最終回)」では、「災害時要援護者の支援ガイドライン」ができている。「災害時要援護者」は、「災害時援護者」が把握している「災害弱者」のことなので、「災害弱者」のほうが「災害時要援護者」より範囲は広い。

〔饒村 曜〕

文 献

1) 気象庁：災害時自然現象報告書, 気象庁 (2004).
2) 東京天文台編：理科年表, 丸善 (2013).

たらした雨雲の範囲は，非常に狭いものであるが，海上で発生した強い雨雲が次々にまったく同じ場所に流入して記録的な大雨となった．福井市街地を流れる足羽川は川上にある美山町付近の大雨により，水位がどんどん上昇し，10時には河川整備の目標としている水位である計画高水位（堤防はこの水位以下の水を安全に流すように設計）を突破し，12時には堤防の高さを超えたところから越水している．越水した水は，堤防を外側から削り，足羽川の左岸堤防は13時34分に破堤し，大量の水が市街地に流れ込んでいる．

福井豪雨の5日前には新潟，福島豪雨により大きな被害が発生し，その記憶が生々

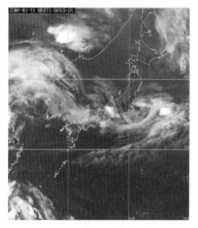

図1 福井豪雨時の気象衛星ひまわり（2004年7月18日6時の赤外画像）

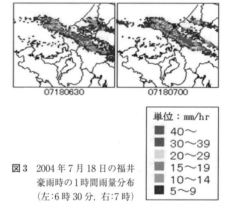

図3 2004年7月18日の福井豪雨時の1時間雨量分布（左:6時30分，右:7時）

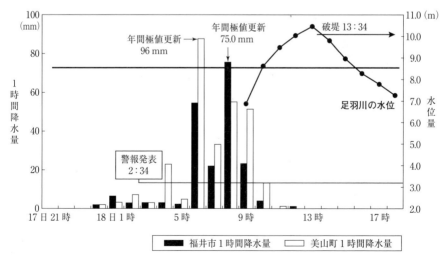

図2 福井豪雨時の福井市と美山町の1時間雨量と福井市九十九橋における足羽川の水位

055　梅雨災害

平成23年新潟・福島豪雨

2011年7月28〜30日

図4　足羽川の堤防が決壊する直前の福井市春日1丁目周辺（中日新聞社提供）

2011（平成23）年の新潟・福島豪雨は，新潟県下越地方，中越地方と福島県会津地方を中心に発生した記録的な大雨のことである．梅雨前線が朝鮮半島から北陸地方を通って関東の東に停滞し，これに向かって非常に湿った空気が日本海から西〜北西の風によって流れ込んだことから日本列島の山岳地帯で上昇気流が起きたことと，日本列島上空約5500 mの気温が−6℃前後と，この時期としては強い寒気が入り，しかも長期間続いたことから大気の不安定状態が長引いて発生した．太平洋高気圧が強く張り出しているところに，一時的にオホーツク海高気圧が強まり，2つの高気圧の境目付近に明瞭な梅雨前線が活発化している新潟県十日町市十日町では，29日20時51分までの1時間に121.0 mmの猛烈な雨が降り，総雨量では，福島県只見町只見では711.5 mm，新潟県加茂市宮寄上で626.5 mmなど，それぞれ7月の平年の月降水量の2倍以上となっている（図1）．新潟県阿賀町の室屋では7月26日21時57分〜22時7分の10分間に50.0 mmという気象庁の観測史上1位の10分間雨量を観測している．9時間降水量が局所的に500 mmを超え，大雨が長期化して3日間に1000 mmに達した．新潟県の信濃川水系・五十嵐川の堤防が決壊するなど，新潟県・福島県では各地で堤防の決壊や河川のはん濫による住家や農地の浸水，土砂災害による住家や道路被害が相次ぎ，死者6名，住家被害1071棟，浸水家屋9025棟など，大きな被害が発生した．また，29の水力発電所が被害を受けて発電を停止した

しかったことから自治体などの防災機関や住民の行動が非常に早かった．このことが，大きな物的被害が発生したにもかかわらず人的被害を大きく減じたことに貢献したとされている．美山町では5時10分〜6時10分の1時間に96 mmと北陸地方としては記録的な大雨が降っている．美山町の防災担当職員は，町役場まで乾いた道を車でかけつけたが，防災対応中の大雨による洪水で，乗ってきた車が流されている．蔵作地区などを土石流が襲ったときには地域住民は避難を終えていた．また，豪雨が止んだ昼頃からは各県から福井県へ飛来した救援ヘリによる救助作業など，全国規模の支援が始まった．さらに，ボランティア活動の本部は災害当日のうちに立ち上がったことから，自治体との連携や各地からのボランティアの受け入れが円滑に行われたといわれている．

〔饒村　曜〕

文　献

1）東京天文台編：理科年表，丸善（2013）．

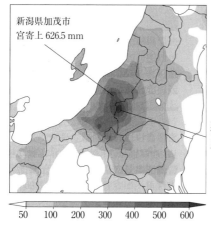

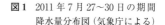

図1 2011年7月27〜30日の期間降水量分布図(気象庁による)

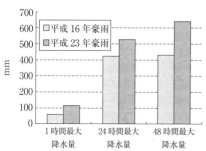

図2 平成16年豪雨と平成23年豪雨の比較

が,東日本大震災での福島第一原子力発電所事故で原子力発電が停止中であることから,電力需要が逼迫した.

2004(平成16)年にも新潟・福島豪雨が発生し,1週間後に発生した福井豪雨とともに,日本の防災体制の見直しが行われるきっかけとなったのである.このときに比べれば,記録的な大雨の範囲や1時間降水量,24時間降水量,48時間降水量ともに多かった(図3).7年前の豪雨時には五十嵐川の堤防決壊で市街地の住宅密集地に濁流が流れ込み大きな被害が発生した.

その後の堤防の高さのかさ上げや川幅の拡張などの河川改修の結果,ここでは堤防の決壊がなかったものの,その上流部では堤防が決壊し,広い範囲で浸水した.しかし,前回の水害の教訓から人々は素早い避難行動を行い,駐車場に置いていた車を高台に移動させたことから,人的被害や水没車両が減少したといわれている.

平成23年の新潟・福島豪雨のときに特別警報があったとすると(特別警報の発表開始は平成25年8月30日),たとえば,実際の福島県只見町では,28日7時30分に大雨警報(土砂災害)を発表,19時15分に土砂災害警戒情報を発表,29日11時30分に大雨警報(土砂災害・浸水害)に切り替え,17時24分と19時23分に記録的短時間大雨情報が発表されたが,29日12時に特別警報基準を超える異常な大雨として,大雨特別警報を発表することになる.

〔饒村 曜〕

文 献

1) 東京天文台編:理科年表,丸善(2013).

056 梅雨の雨量

大　雨

heavy rain

　平年値に比して降水量の多い雨や災害が引き起こされるほど降水量の多い雨を,「大雨」と呼ぶ．定量的な定義はない．
　「豪雨」も大雨と同義だが，気象庁では一般に発表する予報や気象情報などでは豪雨を単独で用いない．著しい災害が発生し命名された大雨災害としての名称か，地域的に定着している災害の通称（たとえば東海豪雨）を引用する形で用いる．
　大雨には，①低気圧や台風など総観スケールの現象に伴い数百 km の広範囲に1日程度でもたらされる大雨，②低気圧や前線などの総観規模現象に伴い，百 km スケールの比較的狭い領域に数時間降りつづいた結果大雨となる「集中豪雨」，③数十 km のごく狭い範囲に1～2時間程度の短時間に集中して降ることで災害をもたらす「局地的大雨」など，スケールに応じてさまざまな形態がある．①および②では，地形により雨が強化される場合がある．
　気象庁では，災害における経験や貴重な

表1　気象庁が命名した気象災害（2014年まで）

名称	期間・現象など
洞爺丸台風	1954年9月（台風15号）
狩野川台風	1958年9月（台風22号）
宮古島台風	1959年9月（台風14号）
伊勢湾台風	1959年9月（台風15号）
昭和36年梅雨前線豪雨	1961年6月24日～7月10日（長野県伊那地方の豪雨）
第二室戸台風	1961年9月（台風18号）
昭和38年1月豪雪	北陸地方を中心とする大雪
昭和39年7月山陰北陸豪雨	1964年7月18～19日
第二宮古島台風	1966年9月（台風18号）
昭和42年7月豪雨	1967年7月7～10日（佐世保，呉，神戸の豪雨）
第三宮古島台風	1968年9月（台風16号）
昭和45年1月低気圧	1970年1月30日～2月2日
昭和47年7月豪雨	1972年7月3～13日（熊本県，高知県の豪雨）
沖永良部台風	1977年9月（台風9号）
昭和57年7月豪雨	1982年7月23～25日（長崎大水害）
昭和58年7月豪雨	1983年7月20～23日（山陰豪雨）
平成5年8月豪雨	1993年7月31日～8月7日（鹿児島豪雨）
平成16年7月新潟・福島豪雨	2004年7月12～13日
平成16年7月福井豪雨	2004年7月17～18日
平成18年豪雪	2006年の冬に発生した大雪
平成18年7月豪雨	2006年7月15～24日（長野県，鹿児島県の豪雨）
平成20年8月末豪雨	2008年8月26～31日（愛知県の豪雨）
平成21年7月中国・九州北部豪雨	2009年7月19～26日
平成23年7月新潟・福島豪雨	2011年7月27～30日
平成24年7月九州北部豪雨	2012年7月11～14日
平成26年8月豪雨	2014年7月30日～8月26日（広島県の豪雨）

表2 最大1時間降水量[4]

順位	都道府県	観測所	観測値 mm	起日
1	千葉県	香取	153	1999年10月27日
1	長崎県	長浦岳	153	1982年7月23日
3	沖縄県	多良間	152	1988年4月28日
4	高知県	清水	150	1944年10月17日
5	高知県	室戸岬	149	2006年11月26日
6	福岡県	前原	147	1991年9月14日
7	愛知県	岡崎	146.5	2008年8月29日
8	沖縄県	仲筋	145.5	2010年11月19日
9	和歌山県	潮岬	145	1972年11月14日
10	鹿児島県	古仁屋	143.5	2011年11月2日

表3 最大日降水量[4]

順位	都道府県	観測所	観測値 mm	起日
1	高知県	魚梁瀬	851.5	2011年7月19日
2	奈良県	日出岳	844	1982年8月1日
3	三重県	尾鷲	806	1968年9月26日
4	香川県	内海	790	1976年9月11日
5	沖縄県	与那国島	765	2008年9月13日
6	三重県	宮川	764	2011年7月19日
7	愛媛県	成就社	757	2005年9月6日
8	高知県	繁藤	735	1998年9月24日
9	徳島県	剣山	726	1976年9月11日
10	宮崎県	えびの	715	1996年7月18日

表4 各地方ごとの最大確率日降水量[4]

アメダス地点		30年	50年
北海道地方	登別	364 mm	406 mm
東北地方	福島県吾妻山	435 mm	484 mm
関東甲信地方	神奈川県箱根	654 mm	733 mm
東海地方	三重県宮川	728 mm	798 mm
北陸地方	富山県立山	404 mm	438 mm
近畿地方	奈良県日出岳	924 mm	1010 mm
中国地方	鳥取県鹿野	494 mm	583 mm
四国地方	高知県繁藤	688 mm	809 mm
九州北部地方	大分県倉木	514 mm	578 mm
九州南部・奄美地方	宮崎県えびの	871 mm	979 mm
沖縄地方	多良間	480 mm	562 mm

教訓を後世代に伝承することを目的に，顕著な災害を起こした自然現象について命名を行う．過去に気象庁が命名した気象災害を示す（表1）．命名は，防災関係機関などが災害発生後の応急，復旧活動を円滑に実施することへの効果もある．顕著な災害として，損壊家屋など1000棟程度以上，浸水家屋10,000棟程度以上などを目安としている．名称は，豪雨災害の場合は被害が広域にわたる場合が多いので，被害の広がりなどに応じてその都度適切に判断して名づける．なお，近年は台風災害については台風番号による名称を用い特別な命名は行っていない．

大雨の極値

浸水など短時間強雨による災害発生の指標として用いられる1時間降水量のランクを示す（表2）．一般に気温が高い南の地方ほど降水量が多くなる傾向だが，暖湿気流の入りやすい太平洋側の地点が多い．

次に，土砂災害など長期的な雨による災害発生の指標として用いられる日降水量のランキングを示す（表3）．これは台風や梅雨前線にともなう比較的長時間の大雨を表し，西日本の地点が多い．

これらの表は気象庁観測点（気象官署，アメダス）によるランキングである．気象庁以外の観測による極値では，1時間降水量は187mmで，1982年7月23日19～20時の長崎大水害時における長崎県長与町役場の記録である[1]．また日降水量は1317mmで，2004年8月1日の台風10号による徳島県上那賀町海川における四国電力の記録である[2]．

確率降水量

まれにしか起こらないような極端な大雨の強度や頻度を示す指標として，「確率降水量」がある．ある現象が平均的に何年に1回起きるかを表した値を「再現期間」といい，ある再現期間で起こる降水量を「確率降水量」と呼ぶ．確率降水量の値は，過去の大雨のデータから統計学的に推定する．50, 100年といった長い再現期間の確率降水量は，その地点でどれくらいの大雨が起こりうるかを示す資料であり，防災計画や河川計画などの背景ともなる資料である．各地方で最大を示す地点の確率日降水量を示す（表4）．ここで示された地点は，各地方でも大雨となりやすい場所といえよう．

大雨の発生しやすい時間

藤部[3]によると，多くの地域で夜半頃に雨量が最も多くなる傾向がある．この傾向は1時間降水量よりも3, 6時間降水量のほうが明瞭である．重大な豪雨災害は数時間にわたって激しい雨が降る場合に多いので，大雨は夜に多いといえる．

雨の降りやすい時間としては，一般的に次のことがいわれている．①短時間の降水は，内陸域では午後，沿岸域では夜半～朝に多い．②広域的あるいは持続的な降水は，朝に極大をもつ．

記録的短時間大雨情報

記録的短時間大雨情報は，大雨警報発表時に雨がさらに激しくなった場合に発表される．降っている雨がその地域にとって災害の発生につながるような，まれにしか観測しない雨量である場合に速報し，避難行動を促すものである．数年に1度程度しか発生しないような短時間の大雨を，アメダスなど雨量計による観測か解析雨量で検知したときに発表する．その基準は，1時間雨量で歴代1位または2位の記録を参考に，おおむね都道府県ごとの広がりに対応して決めている．　　　　　　　　〔鈴木和史〕

文献

1) 気象庁技術報告第105号（1984）．
2) 気象庁技術報告第129号（2006）．
3) 藤部文昭：天気，**48.1**, 55-57（2001）．
4) 気象庁ウェブサイト．

057 梅雨の雨量

集中豪雨

集中豪雨は，狭い地域に集中して降る大雨である．発達した積乱雲により，数時間にわたり雨が降りつづき，数百mmの雨量がもたらされる．土石流，崖崩れ，洪水などの災害を引き起こす．

雨をもたらす積乱雲の寿命は数十分であり，単独の積乱雲だけでは集中豪雨にはならない．また，積乱雲が集合した降水システムが形成されても，移動するのであれば集中豪雨になりにくい．集中豪雨は，降水システムが停滞する，あるいは繰り返し同じ場所を通過することで起きる．集中豪雨をもたらす代表的な発生要因を示す．

バックビルディング形成

降水システムが停滞するメカニズムに，「バックビルディング形成」がある（図1）．これは，降水システムの風上側から湿った空気が流れ込み，新しい積乱雲が次々と発生し，発達しながら風下側へ移動することにより，みかけ上同じ場所に降水システムが停滞する現象である．降水システムが停滞した場所に集中豪雨がもたらされる．

地形性降水

地形性降水は，山岳などの斜面を湿った空気が強制上昇することで，水蒸気が凝結して降る雨である．大気の下層～中層が湿潤で，比較的風が強く風向が一様な場合に，地形性降水が発達しやすい．一般には，山岳の風上側斜面で発達し，同じ強さで同じ場所に持続して降ることが多い．このような地形性の集中豪雨は，同じ風向の風が持続しその風上側斜面で発生することから，風向により大雨地域を特定できる場合がある．また，海上から移動してきた雨雲が山岳にかかったときに発達して強まり大雨になることもある．

平成24年7月九州北部豪雨

2012年7月11日から14日にかけて，本州付近に停滞した梅雨前線に向かって南から非常に湿った空気が流れ込み，九州北部を中心に大雨となった〈→036〉．

熊本県阿蘇市阿蘇乙姫では，12日4時53分からの1時間で歴代1位に相当する108.0mmの猛烈な雨を記録している．また，12日未明から9時間ほどで，7月の平年の降水量（570mm）にほぼ匹敵する500mmほどの雨が一気に降った（図2）．

最も雨が強く降っていたときの衛星画像

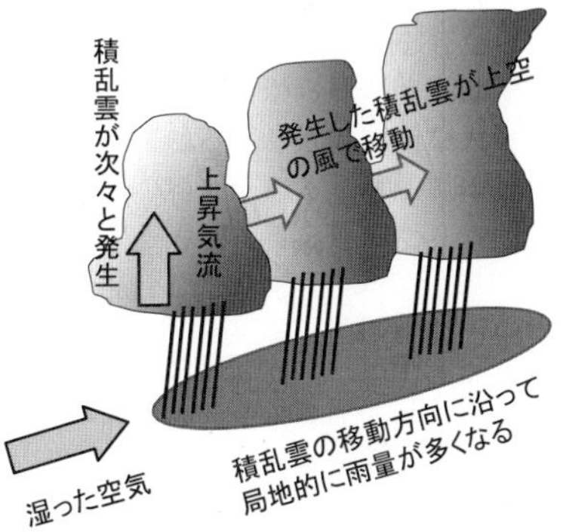

図1 バックビルディング形成の概念図

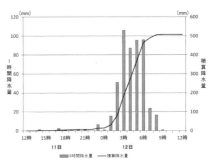

図2 九州北部豪雨時の阿蘇乙姫での雨量時系列（7月11～12日）

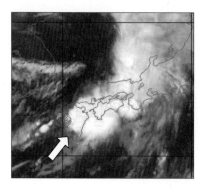

図3 円形状のクラウドクラスター(7月12日4時)

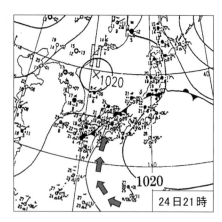

図4 平成10年9月高知豪雨

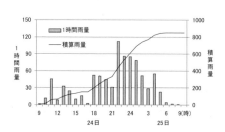

図5 高知市における雨量時系列(1998年9月24~25日)

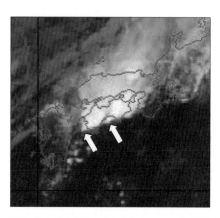

図6 にんじん状のクラウドクラスター(9月24日21時)

(7月12日4時赤外画像)を示す(図3).九州や四国を覆う直径200 km程度の円形をしたクラウドクラスター(積乱雲の集合体)がみられる(図中矢印).このクラウドクラスターは巨大で動きが遅いため,集中豪雨となった.

クラウドクラスターの内部では,長さ50 kmほどの横長の降水システムがあり,この降水システムは風上(西側)で積乱雲が繰り返し発生することでつくり出されており,バックビルディング形成のメカニズムが働いていた[1].この降水システムが継続的に阿蘇乙姫付近に流入することで,集中豪雨となった.

平成10年9月高知豪雨

1998年9月24日夕方から25日未明にかけて高知県では猛烈な雨が降り,死者8名,浸水家屋17,000棟を超す甚大な被害が引き起こされた.地上天気図(図4)では,秋雨前線が西日本に停滞し,前線に向かって南海上の太平洋高気圧の縁辺を回る暖かい湿った気流(図中矢印)が高知県付近に流れ込んで,大気の状態が不安定となっていた.

高知市では,24時間雨量が861 mmとなり,歴代1位の記録を更新した.特に24日夜遅くには,1時間100 mm前後の雨

が続き，一気に雨量が増えた（図5）．
　このときの衛星画像（9月24日21時赤外画像）を示す（図6）．高知県沿岸にひときわ発達したクラウドクラスターがみられる（図中矢印）．その形状は，風上側である西側部分が細くとがって，風下方向に広がった三角形の形をしている．この雲は，その形状から「にんじん状雲」や「テイパリングクラウド」と呼ばれ，円形状クラウドクラスターと並んで，集中豪雨時にみられる特徴的な雲パターンの1つである．

地形性の豪雨

　2004年の台風21号は，9月29日8時半頃，暴風域を伴って鹿児島県串木野市付近に上陸した後，高知県宿毛市付近と大阪市付近に再上陸し，北陸，東北地方を通って，30日三陸沖で温帯低気圧となった．

　三重県尾鷲市では，29日7時55分に前1時間降水量133.5mmの猛烈な雨を観測するなど，総雨量は900mmを超えた．この大雨は，総降水量分布（図7）からわかるように，尾鷲付近に局在した，地形性降水によるものであった．この期間，日本付近は，台風の周囲を回る湿った空気が南東の風となって持続的に流れ込んでいた．特に紀伊半島の南東側斜面に位置する尾鷲では，地形の影響で雨雲が発達・持続して，集中豪雨になったとみられる．

　図8は，尾鷲市で雨が強まりはじめた28日21時の気象衛星による赤外画像である．尾鷲付近には，大雨に特徴的な雲パターンはみられない．また，尾鷲では台風中心から500kmも遠くに離れた時点から雨が強まっていた．このように地形性降水は，大雨としての特徴を認識することが難しい場合が多く，また台風中心から離れていても強く降ることがある．

　どのようなメカニズムによる大雨であるかを見極めながら，集中豪雨の兆しをいち早くとらえることが重要である．

〔鈴木和史〕

図8　平成16年台風21号の経路と衛星赤外画像（9月28日21時）[2]
実線円は暴風域，破線円は強風域，小丸印は3時間ごとの台風位置．

図7　台風21号による総降水量（9月25～30日）[2]
等値線は400mm．

文　献

1) 気象研究所：平成24年7月23日報道発表資料「平成24年7月九州北部豪雨の発生要因について」．
2) 気象庁技術報告第129号（2006）．

058 　　　　　　　　梅雨の雨量

局地的大雨

　局地的大雨は，数十分の短時間に狭い範囲に数十 mm 程度の雨量をもたらす大雨である．単独の積乱雲が発達することによって起き，大雨や洪水の注意報・警報が発表される状況でなくても，河川や水路などが短時間に増水するなど，急激な状況変化により重大な事故を引き起こす．

　マスコミでは，いきなり発生し予測が難しい雨をゲリラ豪雨と呼んでいる．しかし，気象学的定義が明確でないことから，気象庁ではこの名称は採用せず，局地的大雨を用いる．

　図1に局地的大雨と集中豪雨の違いを示す．1つ1つの積乱雲は寿命が短く広がりも小さいことから，単独の積乱雲から降る雨による影響は，短時間で局地的な範囲に限られる．急に降り出し短時間で降り終わることが多く，「にわか雨」となる．

　大気の状態が不安定な場合，積乱雲は発達し，より強い雨をもたらす．「局地的大雨」は，単独の積乱雲が発達することによって起きるもので，一時的に雨が強まり，局地的に数十 mm 程度の雨量となる．

　「集中豪雨」は，前線や低気圧の影響や地形の効果によって，積乱雲が同じ場所で次々と発生・発達を繰り返すことにより起きる．激しい雨が数時間にわたって降りつづき，狭い地域に数百 mm の雨量となる．

　短時間にまとまって降る強い雨は，局地的大雨でも集中豪雨でも発生する．局地的大雨ではそれが一過性であり，集中豪雨ではそれを繰り返すという違いがある．

局地的大雨の特徴と対策

　a.　**短い時間で危険な状態になる**：　水が集まり流れる場所である河川，渓流，下水管，用水路などでは，短時間に強い雨が降ることや周りから降った雨が流れ込むことで，数分〜数十分で危険な状態になる．

　b.　**離れた場所での雨が影響する**：　河川，渓流，下水管，用水路などでは，上流からの降水を集めて流下してくる．このた

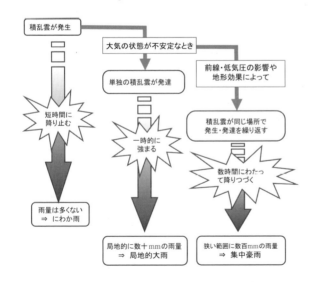

図1　局地的大雨と集中豪雨の違い[1]

め，その場所ではわずかな雨しか降っていなくても，上流で降った雨により，急に流速が強まり水位が上昇して，危険な状態になる．このような場所では，大雨や洪水の警報・注意報の発表基準に達しない降水量でも災害が発生する場合がある．

c. 危険性の理解： 局地的大雨や集中豪雨による災害を防ぐには，自分のいる場所がどのような災害や事故が起こりうるかを，前もって知っておくことが必要である．大雨で危険度が高くなりやすい場所では，その危険性をあらかじめ知り，いち早い避難につなげることが重要である（表1）．

2008年の災害の事例

2008年には，ゲリラ豪雨が流行語になるなど，局地的大雨による災害が多く発生した．その多様な事例を示す[1]．

a. 大田区呑川の急増水（7月8日）： 10時30分過ぎ，東京都大田区呑川（のみかわ）が急に増水し，工事作業中の作業員が流され，1名が死亡する事故が発生した．呑川では10時30分には雨が降り出し，水位は30分で1.6 m上昇したという．都市河川では，周囲の雨水が流れ込むため，短時間に水位が急上昇する．

b. 群馬県湯檜曽川の増水（7月27日）： 14時半頃，群馬県みなかみ町土合の湯檜曽（ゆびそ）川上流で，雨が降ってきたため川岸に避難していたグループが，急増水により2名が流され，1名が死亡した．また，みなかみ町藤原の宝川でも，17時過ぎ，登山者が流され行方不明になった．山中の渓流も，都市河川と同様に周囲の雨水を集め，短時間で水位が急上昇する．

c. 栃木県鹿沼市での道路冠水（8月16日）： 19時20分頃，栃木県鹿沼市の冠水した市道で乗用車が屋根まで水没し，運転者が車内に閉じ込められ，1名が死亡した．現場は高速道路の下をくぐったアンダーパスで，最大約2 mの深さで冠水していた．当日，18時に大雨・洪水警報が発表され，現場に近い鹿沼市の雨量計では，1時間雨量85 mmの猛烈な雨を記録している．アンダーパスのように周囲より低い舗装面では，雨水が流れ込んで湛水しやすい．短時間に猛烈な雨があると，排水が追いつかず急速に雨水がたまり水位が急上昇する．普段は危険の認識が少ない場所であるほど，大雨などで危険な状態になっていることを認識しにくい．

d. 神戸市都賀川の急増水（7月28日）： 近畿地方は，大気の状態が非常に不安定となっていた．兵庫県南部では，雷を伴った非常に激しい雨が降り，13時20分に大雨・洪水注意報が，13時55分に大雨・洪水警報が発表された．この大雨の影響で，神戸市灘区都賀川では，急激な増水のため（14時40分から50分にかけ約1.3 mの水位上昇），河川内の親水公園で遊んでいた人たちが流され，そのうち子どもを含む5名が亡くなった．通常は水量が少ない場所でも，山中の渓流と同様に，上流の大雨で

表1　局地的大雨や集中豪雨での危険性[1]

場　所	危　険　性
地下施設（地下街など）	河川などからはん濫した水が流入する
住居（地下室，地下ガレージ）	河川や側溝からあふれた水が流入し，場合によっては水没する
道路（歩行者，自転車）	路面が冠水し，道路と側溝の境目がわかりにくくなり転落する
道路（自動車）	冠水部分に乗り入れ，走行不能となり，場合によっては水没する
川原，中洲（遊び，魚釣り）	急増水で流される，中洲に取り残される
下水道管，用水路	急増水で流される
山（登山）	渓流の急増水で流される

e. 東京都豊島区での下水道急増水（8月5日）： 東京地方は大気の状態が非常に不安定となっていた．豊島区雑司が谷の下水道作業現場では，11時40分から12時頃にかけて，下水道管内の急な増水により，管内で工事中の作業員5名が流され死亡した．大雨・洪水注意報は11時35分に発表された．事故は雨の降りはじめの頃に発生し，そのときの雨量は20 mm程度であった．下水道は雨水を集めて流す施設であり，わずかな雨でも急な流れとなる危険性をはらんでいる． 〔鈴木和史〕

文　献
1) 気象庁：局地的大雨から身を守るために (2010).

059　　　　　　　　　　　　梅雨の雨量

洪　　水

flood

　洪水とは，降雨や融雪などにより河川の水位や流量が異常に増大し，平常の河道から河川敷内に水があふれること，および，破堤または堤防からの溢水（いっすい）が起こり河川敷の外側に水があふれることをいう．

　水害は，被害の発生形態から3種類（図1）に分類される．

　「外水はん濫」は，河川の水位が異常に高くなり，堤防から水があふれ出す現象である．「外水」の「外」は，堤防から川側の地域を「堤外地」と呼ぶことに由来する．堤外地の水（外水）が，はん濫することを意味している．流水が堤防を壊しそこから水が流れ出す「破堤」は，堤防を越えない水位でも発生するが，外水が住家側に流れ出したものであることから，外水はん濫に分類する．

　「内水はん濫」は，堤防に守られた住家がある地域（堤内地）に降った雨が，排水不良などによって住家などに浸水する現象である．内水はん濫は，発生要因からさらに2種類に分類される．河川の周辺の地域の内水が，流れ込む先の河川の水位が高くなったため排水できずに発生する現象を「湛水（たんすい）型内水」と呼ぶ．湛水型内水は，発生地域に堤防の高い河川がある場合に限定される．一方，短時間強雨などにより雨水の排水能力が追いつかず，低地などに水がたまる現象を「はん濫型内水」という．河川が流れる地域と異なる場所でも発生することが特徴である．地面の傾斜が大きい地域の排水施設（側溝など）は，傾斜の小さい地域に比べると流速が速いた

め，排水能力は高くなる．このため，はん濫型内水は傾斜の小さい平野部で発生しやすい傾向がある．

洪水警報・注意報の基準

気象庁では，洪水災害に対し，洪水警報や洪水注意報を発表する．なお，はん濫型内水に対しては，浸水害と位置づけ，大雨警報（浸水害），大雨注意報としても発表する．

気象庁は，水害発生パターンを3類型に分け，それぞれに警報・注意報基準を定めている．①流出型：河川の水位上昇に起因する災害（外水はん濫）には洪水警報・注意報で対応し，基準には流域雨量指数を充てる．②降雨型：対象地域の短時間強雨が起因する災害（はん濫型内水および小河川の外水はん濫）は大雨警報（浸水害）・注意報および洪水警報・注意報で対応し，基準には短時間雨量を充てる．③流出＋降雨型：河川の水位が高い状況における短時間強雨による災害（主として湛水型内水）には，洪水警報・注意報で対応し，基準は流域雨量指数と短時間雨量の組み合わせとしている．

福岡市の洪水警報の基準を例にこの関係を示す（表1）．

「雨量基準」は，②降雨型に対応し，大雨警報（浸水害）と同じ基準となっている．「流域雨量指数基準」は，①流出型に対応し，域内の河川の流域での雨量指数が基準となっている．「複合基準」は，③流出＋降雨型に対応し，河川水位に応じた流域雨量指数と浸水しやすい平坦地での短時間雨量が基準となっている．

気象庁では，2008年5月28日から，洪水警報・注意報の基準に，流域雨量指数を導入した．それまでは，対象区域に降る雨量だけを基準としていたが，上流域に降る雨の量や流下による時間差を考慮した流域雨量指数を新たに基準に用いることとしたものである．雨が降ると，河川には流域に降った雨が集められ，時間をかけて下流へと流れていく．このため，その場所に降った雨が少量でも，上流域に降った雨の量が多ければ洪水の危険度が高まる．また洪水の危険度が高まる時間も，流域の形状や降

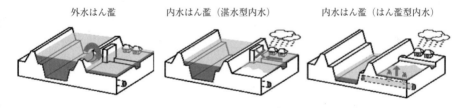

図1 洪水形態の分類[1)]

表1 福岡市における洪水警報の基準（2015年3月現在）

地区	雨量基準	流域雨量指数基準	複合基準
東区	平坦地：R1＝70 mm 平坦地以外：R1＝90 mm	多々良川流域＝25，宇美川流域＝14，須恵川流域＝14	平坦地：R1＝30 mm かつ 多々良川流域＝22
博多区・中央区・城南区・南区	平坦地：R1＝70 mm 平坦地以外：R1＝90 mm	那珂川流域＝22	平坦地：R1＝35 mm かつ 御笠川流域＝20
早良区・西区	平坦地：R1＝70 mm 平坦地以外：R1＝80 mm	瑞梅寺川流域＝14 室見川流域＝20	平坦地：R1＝45 mm かつ 瑞梅寺川流域＝12

雨の様子によって変わってくる．これらをふまえて，対象区域の洪水の危険度を表したのが流域雨量指数である．

平成5年8月豪雨

1993（平成5）年7月31日から8月7日にかけて，梅雨前線の活動が活発化し（図2），九州南部地方を中心に大雨となり多大な被害をもたらした．気象庁はこの大雨に，「平成5年8月豪雨」と命名した．期間中は，九州南部を中心に1000 mm を超える大雨となった（図3）．なかでも鹿児島市では，6日の日降水量が259.5 mm を観測し，鹿児島市内を流れる甲突（こうつき）川，新川，稲荷川の3河川がはん濫し，甲突川にかかる五石橋のうち新上橋と武之橋が流失した．鹿児島市内では11,000棟余りが浸水し，市民4000名余りが避難した．また，鹿児島市竜ヶ水（りゅうがみず）地区では国道10号沿いの崖が4 kmの区間で22か所にわたり崩壊し，通行車両1200台やJRの列車乗客，地域住民など約3000名が孤立した．この豪雨により48名もの人命が奪われ，1名が行方不明となった[3]．

平成10年8月末豪雨

1998（平成10）年8月26～31日に，前線が本州付近に停滞した．前線に向かって暖湿気流が流入し，北日本から東日本にかけて断続的に大雨が降った（図4）．特に，26日夜から27日朝にかけて，栃木県と福島県境付近を中心に豪雨となり，栃木県那須町では平年の年総降水量の3分の2にあたる1254 mmを観測する記録的な大雨となった（図5）．

福島県と栃木県の県境付近の豪雨により，那珂川，阿武隈川やその支流などで洪

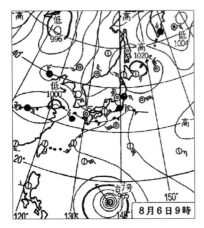

図2　平成5年8月豪雨（1993年）

図3　平成5年8月豪雨総降水量（7月31日～8月7日，単位mm）[2]

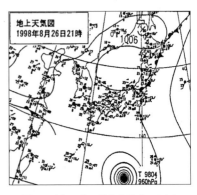

図4　平成10年8月末豪雨（1998年）

図5 平成10年8月末豪雨総降水量（8月26〜31日，単位mm）[4]

水害が大きくなり，特に那珂川では支流流域の住家が川からあふれ出た濁流に流されるなど被害が広がった[5]． 〔鈴木和史〕

文 献

1) 田中信行ほか：測候時報, **75**, 35-69 (2001).
2) 高嶺 武：気象, **38.1**, 32-35 (1994).
3) 内閣府ウェブサイト：災害対応資料集.
4) 気象庁技術報告第121号（2000）.
5) 気象庁監修：気象年鑑1999年版, pp. 124-125.

梅雨の雨量

浸　　水

inundation

大雨警報や大雨注意報が対象とする浸水害は，排水能力を超えた短時間の強い雨により，側溝や下水から水があふれるなどして起こる家屋浸水，道路冠水および農地冠水などである．この警報・注意報は，1時間雨量や3時間雨量（どちらか一方の場合もある）を発表基準として設定している．また，浸水被害の起こりやすさや避難の必要性は，地形が平坦でかつ都市化の進んだ地域とそれ以外の地域で異なる．このため，前者を「平坦地」，後者を「平坦地以外」と呼んで，区別して発表基準を設ける場合がある．平坦地とは，「おおむね傾斜が30‰以下で，都市化率が25％以上の地域」のことをいう．都市化率は，国土数値情報の土地利用情報に基づき「（建物用地＋幹線交通用地）／（すべて－河川・湖沼・海浜・海水）」として求めている[1]．

浸水害の誘因（災害を直接発生させる要因）は降水量であるが，素因（災害の発生・拡大にかかわる環境要因）として「地形の傾斜」「都市化率」「地質」などが挙げられる．「地形の傾斜」は傾斜の小さい場所では水がはけにくいので強い雨が降ると水がたまりやすいことに，「都市化率」や「地質」は降った雨の地中への浸透の程度や地域外への流れやすさに関連する．人口の都市集中に伴い，もともと浸水しやすい場所であった低地や水田地帯へと宅地化が広がり，災害リスクの増大へとつながっている．

都市環境の変化に伴い，大都市の中心部では地下利用が進み，地下街，地下鉄，地階施設での浸水被害が目立つようになってきた．特に都市中心部では，舗装面の割合

が大きく,短時間強雨が発生すると,非常に短い時間に被害が発生・拡大するという時間的な切迫性も問題となっている.電気・ガス・交通・通信など地下に発達した都市特有のインフラが,局地的な大雨で都市型水害の被害を受けやすくなっている.

大雨警報(浸水)の基準

浸水害を対象とした大雨警報(浸水)の発表基準の例を,東京都23区の基準で示す(表1).発表基準は,市町村ごとに定められ,東京都では特別区である23区それぞれに基準が定められている.雨量基準は,被害特性に応じ,1時間雨量あるいは3時間雨量が用いられる.

東京都港区の基準には,平坦地と平坦地以外の区分けがある.平坦地以外は,一般に郊外の山地や農地などが対象となる.ただしその定義から,埋め立て地なども平坦地以外の対象となる.図1に東京都の平坦地と平坦地以外の判別図を示す.多摩地方の山地が平坦地以外であることは容易に理解されようが,東京湾沿いの埋め立て地が平坦地以外に分類されている.

福岡市の地下街への浸水

1999年6月29日,梅雨前線上を低気圧が通過し,前線の活動が活発化した(図2).福岡市では非常に激しい雨が降り,8時43分に最大1時間降水量79.5 mm(歴代2位)を記録した(図2).福岡市内では御笠(みかさ)川が溢水し,床上・床下浸水や家屋の半壊のほか,地下鉄やJRの運休,道路通行不能の被害が発生した.

この大雨により,福岡市内中心部では排水が間に合わず広い範囲で浸水し,水が地下街や地下鉄などに流れ込んで,1名が亡くなっている.想定した雨水処理能力を上回る雨が降ったこと,博多湾が大潮の満潮で下水の排水が滞ったこ

表1 東京都の大雨警報(浸水)基準抜粋

	雨量基準
千代田区	100 mm(3時間雨量)
中央区	70 mm(1時間雨量)
港区	平坦地 100 mm(3時間雨量),平坦地以外 60 mm(1時間雨量)
新宿区	40 mm(1時間雨量)

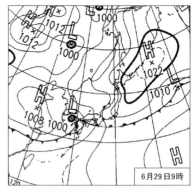

図2 福岡市の浸水(1999年6月29日)

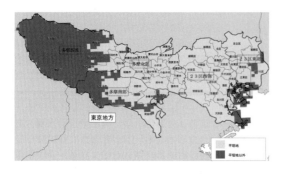

図1 平坦地と平坦地以外の区別(東京都の例)[4]

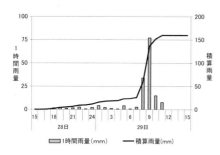

図3 福岡市における降水量の変化（1999年6月28～29日）

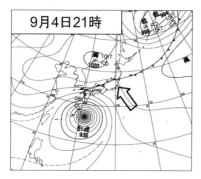

図4 杉並区の浸水（9月4日）

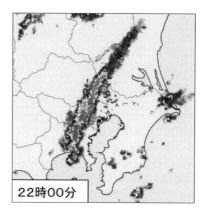

図5 杉並区の浸水のレーダーエコー図（9月4日22時）[3]

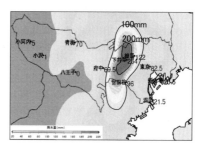

図6 杉並区の浸水の積算降水量（9月4日12時～5日6時）[3]

と，市内を流れる御笠川があふれ低地に流れ込んだことなどの悪条件が重なって浸水の規模が拡大したとみられている[2]．

東京都杉並区の浸水（杉並豪雨）

2005年9月4日，台風14号の周辺から湿った空気が流れ込んだ（図4矢印）．関東地方では大気の状態が不安定となった．東京都内で発生した積乱雲は夜になって急激に発達した．発達した積乱雲は次々と同じ場所を通過し，強い雨が数時間にわたって持続したため，積乱雲の動きに沿ったごく狭い範囲での集中豪雨となった（図5）．

杉並区下井草（杉並区観測）では21時50分までの1時間に112 mm，三鷹市長久保（東京都観測）では22時20分までの1時間に105 mmの猛烈な雨を記録した．下井草では，積算雨量が264 mmとなった（図6）．このため，善福寺川，妙正寺川，神田川など8河川での溢水や内水はん濫により，東京地方では杉並区・中野区を中心に5000棟を超える床上・床下浸水が発生した．

〔鈴木和史〕

文　献

1) 田中信行ほか：測候時報，**75**, 35-69 (2001).
2) 林　文：気象，**43**. 10, 40-43 (1999).
3) 東京管区気象台：東京都気象速報，2005年9月5日．
4) 気象庁ウェブサイト．

061 梅雨の雨量

空梅雨
からつゆ

　空梅雨は，梅雨期間に雨の日が非常に少なく，降水量も少ない場合をいう．定量的な定義はない．空梅雨は，太平洋高気圧や中緯度の高圧帯の勢力が強く，梅雨前線が日本付近に接近しない場合や前線が明瞭でない場合に起きる．梅雨期間の雨量に年間降水量の1/3程度を依存している西日本では，空梅雨により干ばつや渇水などの被害が発生しやすい．

　渇水による給水制限のあったおもな事例および該当する地方の梅雨期間における降水量の平年比を示す（表1）．1984年のように，梅雨期間の降水量が平年より多くても渇水となることはあるが，ほとんどは梅雨時期の降水量が平年より少ない．もちろん給水制限に至る渇水は，空梅雨によるものだけでなく，梅雨前後の降水量，天気，気温などの影響を大きく受ける．また貯水施設や生活における水の使い方など，気象以外の影響も大きい．しかし西日本では年

表1　おもな給水制限の事例[1]

	給水制限期間	梅雨期降水量の平年比
東京都	1964年7～10月	81%
長崎市	1967年9～12月	69%
高松市	1973年7～9月	62%
福岡市	1978年5月～翌3月	65%
那覇市ほか	1981年7月～翌6月	75%
東海市ほか	1984年8月～翌3月	111%
大阪市ほか	1984年10月～翌3月	122%
東京都ほか	1987年6～8月	78%
高松市	1994年7～9月	61%
福岡市	1994年8月～翌5月	44%

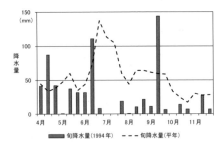

図1　福岡における旬ごとの気象経過（1994年）

間降水量に梅雨時期の雨量が占める割合が大きいことから，空梅雨は深刻な問題となる．

　全国的に空梅雨となった1994（平成6）年は，梅雨入りはほぼ平年並であったが，梅雨明けは平年より1～2週間早く，九州北部では最も早い記録となった．四国，中国，近畿，東海，北陸の各地方で，梅雨期間の降水量が最少を記録した．前年の1993年は梅雨期間の降水量が多かったので，対照的な梅雨となった．

　福岡での4～10月の旬ごとの気象経過を示す（図1）．梅雨入りした6月7日頃から6月中旬にかけては，降水量はほぼ平年並だった．しかし，6月下旬から7月にかけて，平年比でわずか6%の26 mmの降水量しかない少雨となった．

　この年，北海道～九州地方では春以来の少雨により渇水が深刻化し，給水制限や断水を行った都道府県は40に及んだ〈→077〉．果樹，野菜など農作物への被害や，家畜が暑さで衰弱死するなどの被害が発生した一方で，水稲の作柄は作況指数の全国平均が109の「良」であった[2]．　〔鈴木和史〕

文献
1) 国土庁：水資源白書（平成7年版）．
2) 気象庁ウェブサイト：災害をもたらした気象事例．

梅雨の雨

　陰暦5月頃に降る長雨を五月雨（さみだれ）と呼ぶ．今でいえば梅雨にあたる．梅雨時期に降る雨は，水の需要期である夏を控え，水資源として注目される．梅雨期間に相当する6,7月（那覇は5,6月）の降水量の各地の平年値を表1に示す．

　この期間，東日本の降水量は300 mmを超え，これは年間降水量の20～25%にあたる．ただし，東日本では，秋雨や台風による9,10月の降水量が多い．新潟など日本海側では冬の雪による降水量も多い．一方，西日本の降水量は300～500 mmで，特に九州南部では700 mmを超す．このように，西日本では，年間降水量の1/3近くを梅雨時期の雨が占め，梅雨時期の雨量への依存度が大きい．したがって，梅雨における雨の降り方がその後の夏場の水資源や水需要へ大きな影響を与える．

　図1に各地域における梅雨期間の積算降水量の平年比についての経年変化を示す．

　平年からの変動を標準偏差でみると，西日本から沖縄地方で30%を超えており，東日本では30%以下と小さい．つまり西日本では，梅雨期間の降水量が年によって変動する傾向が大きい．これは，年間降水量のかなりの部分を梅雨期間の降水量に依存している西日本にとって，少ないほうに変動した場合は干ばつのリスクが大きくなることを意味している．また，多いほうに変動した場合は，大雨災害のリスクが大きくなる．

　図1では各地方の梅雨期間の降水量が，各地方ごとの標準偏差より少ない年と多い年を陰影で表している．半数以上の地域(6か所)で標準偏差より多かった年を多雨年，少なかった年を少雨年とすると，多雨年は，1950年代に4回（1952～1954, 1957年）出現しているが，1960年代以降は3回（1972, 1993, 2006年）である．終戦直後の梅雨時期は，全国的に雨が多かったといえる．一方，少雨年は3回（1973, 1994, 2000年）出現している．

　1990年以降の雨の多寡を地域ごとにみる．九州南部と東北地方では多雨の出現が少雨より多いが，そのほかの中国・四国から関東甲信にかけては，多雨より少雨が出現することが多い．地球温暖化の影響により，降水の多寡のコントラストが大きくなるといわれており，梅雨にも一部反映しているのかもしれない．

〔鈴木和史〕

表1　梅雨期間の降水量と年間降水量との比[1]

	梅雨期間の 2か月降水量	年間降水量	比
仙台	325 mm	1254 mm	0.26
新潟	320 mm	1821 mm	0.18
東京	321 mm	1529 mm	0.21
名古屋	405 mm	1535 mm	0.26
大阪	342 mm	1279 mm	0.27
広島	506 mm	1538 mm	0.33
高松	295 mm	1082 mm	0.27
福岡	533 mm	1612 mm	0.33
鹿児島	771 mm	2266 mm	0.34
那覇	479 mm	2041 mm	0.23

文　献

1) 気象庁ウェブサイト：過去梅雨入りと梅雨明け．

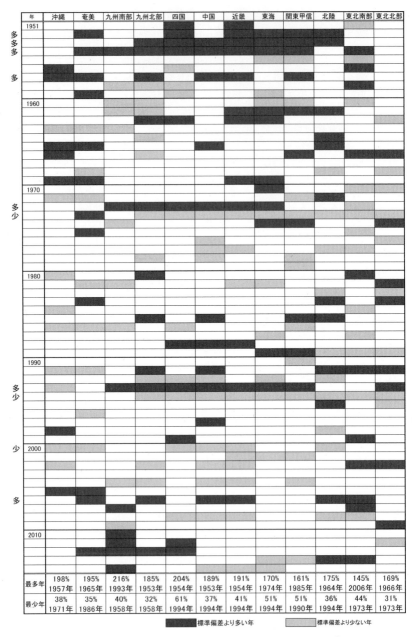

図1 梅雨期間降水量（平年比（％））の経年変化（1951〜2014年）（文献[1]から作成）
左欄の「多」は多雨年，「少」は少雨年を表す．

梅雨寒

つゆざむ
baiu-season cold

梅雨期間に現れる顕著な低温のことを，梅雨寒あるいは梅雨冷えという．北海道から東北地方，関東地方にかけて多く発生する．梅雨寒をもたらすおもな原因は，やませと大陸からの寒気の流入である．

やませは北日本から関東地方の太平洋沿岸に，6～8月に吹く冷たい湿った東よりの風で霧や低い雲を伴っているため，日照時間が短く，最高気温も上がらない．やませは，ブロッキング高気圧を伴ったオホーツク海高気圧から吹くことが多く，ときには数日以上継続する．図1は，2009年6～7月の八戸の気温の時系列である．6月中旬にはやませのために，最高気温が平年より4℃以上低い15℃以下の日が5日続いた．また，7月上旬と7月下旬もやませの影響で梅雨寒となった．

上空に寒気を伴った高気圧が北日本から関東地方にかけて張り出して梅雨寒となることもある．やませほど頻度は高くないが，日本海側を含めて低温となる．大気が不安定となり雲が発生することがあるが，やませのように海から霧が入り込んでくるようなことはない．このような寒気の流入が春先に起これば「寒の戻り」や「花冷え」などと呼ばれる．1985年6月，八戸では，最高気温が20℃を超える日が続いた後，6月8日頃に梅雨に入ったが，6月15日には上空に寒気が入り込み，東北地方が高気圧に覆われたため（図2），最低気温は2.3℃と真冬並の寒さとなった．青森県西部の弘前でも最低気温が4.2℃と，太平洋側と同じような寒さとなった．

梅雨寒が数日以上続くと，さまざまな被害が発生する．稲作では，東北地方を中心に稲の成長が遅れ，遅延型冷害をもたらすことがある．遅延型冷害とは，稲の成長期に低温にあい，穂数やもみ数が不足し，生育が遅れることである．また野菜の生育が遅れ，価格の高騰も顕著となる．

梅雨寒などの低温が数日続くおそれがある場合には，気象庁から「低温注意報」が発表される．低温がより長期間にわたる場合は，「天候に関する気象情報」で注意が呼びかけられる．

〔牧原康隆〕

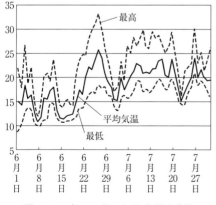

図1　2009年6～7月の八戸の気温時系列

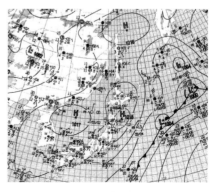

図2　梅雨寒のときの1985年6月15日9時の地上天気図

土砂災害

sediment disaster

「土砂災害警戒区域等における土砂災害防止対策の推進に関する法律」，いわゆる土砂災害防止法によると，土砂災害とは，①急傾斜地の崩壊，②土石流，③地すべり，④河道閉塞による湛水を原因として，生命または身体に生ずる被害をいう．土砂災害の発生の直接のきっかけとなる誘因としては，大雨，融雪，融雪泥流などを発生させる火山噴火，地下水の増加，地震動などがある．

このうち，急傾斜地の崩壊（図1）は，斜面崩壊あるいは山崩れ・崖崩れとも呼ばれている（法律では傾斜度が30度以上である土地が崩壊する自然現象をいう）．斜面崩壊は，さらに，山の表面を覆っている土壌（表面の岩盤が風化した部分で，木の根などが侵入している）だけがくずれ落ちる表層崩壊と，土壌の下の岩盤までいっしょに崩れ落ちる深層崩壊に分けられる．

図1 急傾斜地の崩壊の概念図（国土交通省）

発生件数でみると，斜面崩壊の大部分は表層崩壊であり，山腹斜面表層の0.5〜2m程度の深さの土層が崩れる．深層崩壊は，主として岩盤内の岩質強度の弱い部分が崩れるため，表層崩壊より大規模になる．

表層崩壊と深層崩壊は，主として約2mのすべり面の深さにより分けられるが，典型的崩壊においては，ほかにも異なる点がある．表層崩壊は，移動土塊が風化土層である場合が多く，地質に対する関連性は比較的少ないのに対し，深層崩壊の移動土塊・岩塊は，特定の地質や地質構造のことが多く，特にわが国では四万十帯などの付加体（海洋プレートが沈み込むときに，その上の堆積物などが海溝付近で大陸の縁に付加してできた複雑な地層）での崩壊発生頻度が高い．また，表層崩壊においては，森林の木の根が崩壊を抑制する働きをもつが，深層崩壊では，すべり面が深いため，その影響は少ない[1]．

地すべりは広義の深層崩壊に含まれるが，通常，繰り返し発生し，防災対策も特別であることが多いため，深層崩壊と分けて認識されている．すなわち，一般に地すべりは，その移動土塊・岩塊の動きは継続的あるいは断続的であり，緩勾配の地形で発生することが多く，移動速度は小さく，土塊・岩塊は移動中にあまり撹乱を受けず，地面付近の形状があまり変化せず移動することが多い．一方，深層崩壊を含む崩壊は土塊・岩塊の動きは突発的で一過性であり，その移動速度は大きく，運動中に激しい撹乱を受けて原型を保たない場合が多い（表1）．

土石流は，表層崩壊，深層崩壊，地すべりにより移動を開始した土砂，あるいは山腹，川底に堆積していた石や土砂が，集中豪雨や長雨などによる水や流木と一体となって高速で沢や谷や渓流を流下するもので，大きな破壊力をもつ．

河道閉塞による湛水は，深層崩壊，土石

表1 地すべりと崩壊の比較[1]

	地すべり	崩壊
地形	緩勾配,地すべり地形	急勾配.非火山地形では斜面の変形などの特徴がみられる場合がある
活動状況	継続的,断続的に動いている.再発性	突発性
移動速度	小さい	大きい
土塊	乱れない(原型をほぼ保つ),斜面上にとどまる	乱れる(原型が崩れる),大部分が斜面から抜け落ちる

流,地すべりなどにより,土砂などが河川を塞ぎ,天然ダム(土砂ダムとも呼ばれる)を形成することをさす.1889年8月の紀伊半島に発生した大水害では,十津川村とその周辺の村に,53か所の天然ダムができた.またその約1か月後には大雨のため天然ダムが崩壊し,下流の新宮市で大洪水が発生した.

過去の顕著な土砂災害としてよく知られているのは,表層崩壊では,風化した花崗岩が広く分布する広島の崩壊(1967, 1999年),小豆島の崩壊(1976年)や,火山灰に覆われた阿蘇(2012年),伊豆大島(2013年)などの事例である.いずれも,崩壊土砂が土石流となり集落まで流下し,多くの犠牲者が出ている.1889, 2011年の奈良県十津川村の崩壊,1953年の有田川流域の崩壊は,規模の大きな深層崩壊となって,天然ダムを形成した.

土砂災害の防止のため,さまざまなハード対策が施されている.しかし,崩壊の規模が大きい場合はハード対策では防ぎきれないことから,ソフト対策もあわせて行われている.土砂災害防止法はその代表的なものであり,2つの区域を設け対策が行われている.土砂災害が発生した場合に,住民などの生命または身体に危害が生じるおそれがあると認められる「土砂災害警戒区域」では,情報伝達,警戒避難体制などを整備し,地域防災計画へ掲載することが義務づけられるほか,ハザードマップによる周知が行われる.さらに,建築物に損壊が生じ住民などの生命または身体に著しい危害が生ずるおそれがあると認められる「土砂災害特別警戒区域」では,上記の対策に加え,特定の開発行為に対する許可,建築物の構造規制などが行われる.2013年3月末時点で,土砂災害警戒区域は349,844,土砂災害特別警戒区域は201,828にのぼる.

土砂災害に対しては避難が重要である.しかし,洪水のように危険がさしせまっていることが目にみえないことから避難の目安がわかりにくい.地すべりや深層崩壊,土石流の一部では,前兆が認められる場合もあるが,避難のための猶予の時間はきわめて短いことが多い.このため,土砂災害の警戒が必要な区域では,雨量をもとにした避難警戒のための情報が重要である.土砂災害のおそれに関する気象情報としては,気象業務法に規定があり,気象庁は,大雨警報を発表することにより,土砂災害のおそれが高まっていることを伝えている.土砂災害のおそれがさらに高まった場合には,都道府県と共同で土砂災害警戒情報を発表している.また,50年に一度程度しか発生しないような記録的な大雨により,土砂災害などの重大な災害のおそれが著しく高まっている場合には,大雨特別警報を発表することになった(2013年).

〔牧原康隆〕

文 献

1) 砂防学会:深層崩壊に関する基本事項に係わる検討委員会報告・提言 (2012).

土石流

debris flow

　土石流とは，表層崩壊，深層崩壊，地すべりにより移動を開始した土砂，あるいは山腹，川底に堆積していた石や土砂が，集中豪雨や長雨による水や流木と一体となって高速で沢や渓流を流下するもので，大きな破壊力をもつ．昔は山津波，流れてきたものの水分の割合が多いと鉄砲水とも呼ばれていた．

　「土砂災害警戒区域等における土砂災害防止対策の推進に関する法律」，いわゆる土砂災害防止法によると，「山腹が崩壊して生じた土石等又は渓流の土石等が水（雨水や地下水）と混合して一体となって流下する自然現象」と定義されている（図1）．

　通常は強雨によって，時間をおかずに発生する．また，火山の噴火に伴う融雪により土石流となることがある（たとえば，1926（大正15）年5月の北海道十勝岳の融雪災害）．地震に起因して発生することもある（たとえば，2008（平成20）年岩手・宮城内陸地震による駒の湯での土石流）．

　土石流の速さは時速20～40 kmであり一瞬のうちに人家や畑などを壊滅させる．土石流の先端は大粒径の岩や礫からなり，高い盛り上がりをみせる．また，直進する傾向があり，砂防ダムだけでくい止めることができないこともある．

　おもな発生形態は次の3つである．①渓床に堆積した土砂が，豪雨による増水のため移動を始め，渓床の土砂を削り取りながら流下する場合，②集中豪雨などにより発生した斜面崩壊の崩壊土砂が，多量の湧水や一緒に流れる水により流動化し土石流化する場合，③崩壊土砂により河川が一時的に閉塞されてできた天然ダムが決壊して，土石流化する場合．

　土石流が発生あるいは流下する区間は，河川の勾配によりおおよそ推測することができる．一般に勾配15度以上で発生する（発生区間）．特に25度以上の急勾配で多量の土砂が堆積している谷で発生しやすい．河床勾配が約15度を下回ると土石を中心に堆積が始まり，3度以下で土砂が堆積し，約2度以下では水と土石が分離して停止する[1]．実際に流下する際には，渓流幅の変化や流体中の石礫成分比などによって変化する．

　最近顕著な被害をもたらした土石流災害として，2003（平成15）年の水俣市の集川の土石流が挙げられる．7月20日の早朝6時間に300 mmを超える大雨となり，山腹に深層崩壊が発生し，土石流となって1 kmあまり下流の集地区を襲った．この土石流により15名が犠牲となっている．

　平成24年九州北部豪雨（2012年）では，集中豪雨により，熊本県阿蘇一宮地区を中心に多数の表層崩壊が発生し，それが土石流となり大きな被害をもたらした（図2）．雨は1時をすぎた頃から強くなり，一の宮（熊本県）の1時間雨量は，2時21 mm，3時83 mm，4時79 mm，5時85 mm，6時

図1　土石流の概念図（国土交通省）

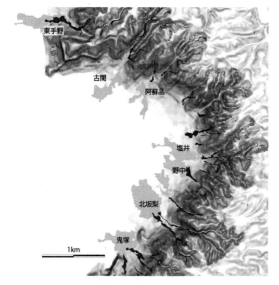

図2 平成24年7月九州北部豪雨で多数の犠牲者が出た熊本県阿蘇市一の宮町区の崩壊と土石流
外輪山で表層崩壊した土砂は，図中の黒色で示した土石流となり集落にまで流下した．

119 mmで，2〜6時の4時間に366 mmの記録的な大雨となった．土石流は総雨量が200 mmに達する4時頃から発生し，5〜6時には多くの箇所で発生している．酒井ほか[2]によると，阿蘇市では62か所で土石流が発生し，22名がその犠牲となった．

土砂災害防止法では，2つの区域を設けて対策を行っている．「土砂災害警戒区域」では，危険の周知，警戒避難体制の整備が行われる．具体的には，情報伝達，警戒避難体制などを整備し，地域防災計画へ掲載することが義務づけられるほか，ハザードマップによる周知が行われる．「土砂災害特別警戒区域」では，さらに特定の開発行為に対する許可，建築物の構造規制などが行われる．

土石流は，時速20 kmを超える速さで流下し，建築物を容易に押し流す破壊力をもつことから，早期の避難が重要となる．

土石流の早期探知の方法としては，ワイヤーなどによる土石流センサーがあり，土石流の発生しやすい工事現場の安全管理や下流住民の警戒避難対策に利用される．

また，土石流には，発生の前兆がある場合がある．山のほうから聞いたこともない音（地鳴り，石のぶつかり合う音など）がする，普段は水が流れていない箇所から水が噴き出した，反対に雨が降りつづいているにもかかわらず川の水が急に減りはじめる，などの普段と異なる現象は避難の目安となる．ただ，いつも前兆があるわけではなく，猶予時間も短いことが多い．

雨量をもとにした，土石流を含む土砂災害の予測に関しては，気象業務法に地面現象警報が規定されており，気象庁は，この警報を大雨警報に含めて発表して，土砂災害への警戒を呼びかけている．土砂災害のおそれがさらに高まった場合には，都道府県と共同で土砂災害警戒情報を発表している．

〔牧原康隆〕

文 献

1) 国土技術政策総合研究所：砂防基本計画策定指針（土石流・流木対策編）解説 (2007).
2) 酒井敦章ほか：新砂防, 66, 57-63 (2013).

066 地面現象

地すべり

landslide

「地すべり等防止法」によると，地すべりとは，土地の一部が地下水などに起因してすべる現象またはこれに伴って移動する現象をいう．地すべりは，降雨や融雪の地下浸透による地下水の増加や，地震などのために起こる．斜面崩壊も地すべりと同様に降雨や地震など同様の誘因で発生し，土塊・岩塊とその下の基岩との間に「すべり面」ができて移動する．しかし，典型的な地すべりと斜面崩壊との間には明確な違いがある．すなわち，一般に地すべりは，その移動土塊・岩塊の動きは継続的あるいは断続的であり，その移動速度は小さく，土塊・岩塊は移動中にあまり撹乱を受けない．一方，崩壊は土塊・岩塊の動きは突発的で，その移動速度は大きく，運動中に激しい撹乱を受けて原型を保たない場合が多い．典型的な地すべりと崩壊の特徴を比較したものを表1に示す．なお，早い速度で移動する「地すべり性崩壊」と呼ばれるものがあり，深層崩壊と厳密には区別がつかないことも多い．このような崩壊は「高速地すべり」と呼ばれることもある．2011年9月，紀伊半島では台風12号に伴う記録的な大雨のため，短時間のうちに，大規模な地すべり性崩壊が発生した．

一般に地すべりには次のような特徴がある[2]．①発生地域は第三紀層（日本列島が形成された年代に生じた地層）の堆積岩や破砕帯，温泉地帯など特定の地質分布にほぼ限定される．②降雨や融雪から地下水位上昇を経て現象が発生するまでに数日程度以上の時間があることが多く，降水との直接的関係が比較的少ない．③勾配が10度前後の緩斜面でも発生する（耕地などに利用されている例が多い）．④地割れや斜面の膨張などの前兆現象が発見されやすく，事前に場所が特定できることから，他の土砂災害に比べ対策や避難の時間的余裕があることが多い．⑤過去に地すべりが発生した場所では再び地すべりが発生することが多く，いわゆる「免疫性」はほとんどない．⑥地すべり地形と呼ばれる独特の地形を呈する．

移動する土塊・岩塊と基岩との間のいわゆるすべり面は，おもに第三紀層の堆積岩や，火山活動（熱水，温泉水の影響）などによる粘土化を受けた，強度の低い堆積岩内や粘土層で生じるケースが多い．すべり面の深度は，地すべりの規模にもよるが，数〜数十m程度であることが多い．

一般に，地すべりは雪解けの時期や梅雨時また台風による豪雨など，地下水の水位が大きく上昇する時期に多く発生する．土塊が地下水を多量に含んで重量が著しく増加するとともに，地下水がすべり面のせん断強度とすべり摩擦を大きく低下させるためである．したがって，降雪を含む年間の

表1 地すべりと崩壊の比較[1]

	地すべり	崩壊
地形	緩勾配，地すべり地形	急勾配．非火山地形では斜面の変形などの特徴がみられる場合がある
活動状況	継続的，断続的に動いている．再発性	突発性
移動速度	小さい	大きい
土塊	乱れない（原型をほぼ保つ），斜面上にとどまる	乱れる（原型が崩れる），大部分が斜面から抜け落ちる

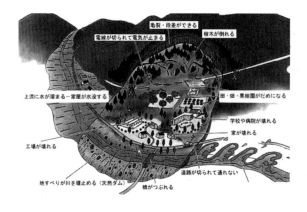

図1 地すべりとその被害の概念図
（国土交通省）

降水量が多い地域や，火山性の堆積物が多い地域や凝灰岩・泥岩などを多く産出する地域では，地すべりが多発する傾向にある．具体的には，本州の日本海側から東北地方，北海道東部などに多く存在するグリーンタフ地域や，雪解け時期の豪雪地帯において地すべりが多発することがよく知られている．

地すべりは，大雨，融雪などのほか，地震に伴って発生する．たとえば2004年新潟県中越地震では，新潟県山古志村（現在の長岡市）のいたるところで地すべりが発生し，天然ダム（土砂ダム）も形成された．また，道路建設などにより既存の地すべり土塊が不安定化したり，ダム建設などにより地下水位が変化したりして発生することもある．

典型的な地すべりでは，地塊の移動の速度は年間数cm程度で，目に見えないほどゆるやかなものである．一方，地すべりが多く発生する場所は一般に地下水が豊富であるために，集落が形成されることも多い．地すべりの運動が活発になり，家の構造に歪みが生じ，ふすまやドアが開かなくなる，壁にヒビが入る，井戸水が濁る，道路に亀裂が入る，などの変動により地すべりに気づくこともすくなくない（図1）．

地すべりの対策としては，まず地域の特定が挙げられる．典型的な地すべりには，免疫性がほとんどないことから，地すべりの特徴を示す地形を探し，古地すべりの存在が疑われる箇所をある程度把握しておき，地下水や開発行為などに対策を行うことが重要である．実際，日本の地すべり地で，民家や農地に影響を与える箇所は，農林水産省や国土交通省が地すべり等防止法に基づき「地すべり防止区域」に指定され，地すべりの運動に影響を与えるおそれのある土砂掘削や地下水のくみ上げなどの行為を無許可で行うことが禁じられている．

また，地すべりが明確に認められた場合には，災害防止のため工事が行われることがある．すなわち，地すべりの活動を活発化させる要因である地下水を，井戸や排水用のトンネル，雨水の浸透を減らすための水路の整備などによって排出して，土塊類の移動の誘因となる地下水位を下げる対策，あるいは，コンクリート杭や鋼管杭などを移動地塊に打ち込み移動をくい止める対策が行われる．

〔牧原康隆〕

文　献

1) 砂防学会：深層崩壊に関する基本事項に係わる検討委員会報告・提言（2012）．
2) 高橋　博ほか編：斜面災害の予知と防災，白亜書房（1986）．

地面現象

深層崩壊

deep-seated landslide

　山などの斜面が，さまざまな原因でもろくなり崩れ落ちる斜面崩壊のうち，地表面を覆っている厚さ0.5〜2.0m程度の土壌の部分だけが土壌の下の岩盤との境界に沿ってすべり落ちる現象を表層崩壊，土壌の下の岩盤の部分まで一緒に崩れ落ちる比較的規模の大きな崩壊現象を深層崩壊という．深層崩壊のうち，崩壊土砂量の大きいものは大規模崩壊，土砂量がさらに大きいものは巨大崩壊ということがある．

　砂防学会の提言[1]によると，深層崩壊とは，山地および丘陵地の斜面の一部が風化の進んだ表土層のみならずその下の基盤を含んで崩壊する現象をさす．その特徴は，移動土塊・岩塊の動きが突発的で一過性であり，その移動速度は大きく，運動中に激しい撹乱を受けて原形を保たない場合が多いことである．また，土砂量が大きいほど到達距離が大きくなる傾向をもつ．一方，地すべりも広義の深層崩壊に含まれるが，通常，繰り返し発生し，移動速度が小さく防災対策も特別であることが多いため，深層崩壊と分けて認識されている．

　樹木の根系による崩壊抑止効果は，表層崩壊においてみられるが，深層崩壊においては，崩壊する土塊・岩塊とその下の岩盤との境界であるすべり面の位置が深いために期待できない．

　深層崩壊の発生頻度は表層崩壊より低く，土砂量が大きいほどさらに低くなる．しかし，表層崩壊に比べて，崩れる土砂の量がはるかに多く，その土砂によって起きる土石流などの規模も被害も大きい．また，渓流や河岸で深層崩壊が発生すると，崩壊土砂の規模が大きいため，谷を堰き止め，天然ダム（土砂ダムとも呼ばれる）ができることがある．1889年奈良県で発生した深層崩壊により熊野川にできた天然ダムは，約1か月後の9月に崩壊し，下流の新宮市などに大洪水を引き起こした．

　深層崩壊を発生させるきっかけとなる誘因には，大雨または地震のことが多い．大雨によって発生するしくみは，次のようなものである．①大量の雨が岩盤深くまで浸透する地質で，②岩盤深くまでもろく崩れやすくなっている岩質で，③その下部に比較的硬い，水を通さない岩層が存在するような岩盤条件のところに，④大量の雨が供給され地下水が岩盤の中にたまっていくことによって発生する．

　深層崩壊の個々の発生場所を予測することは難しいが，表層崩壊に比べると，特定の地質や地質構造の地域で多く発生する偏りがみられる．すなわち，変成・変質を受けた比較的古い地層，断層・破砕帯と呼ばれる割れ目の多い地層に過去の発生例が多い．代表的な例としては，四万十帯などの付加体があり，奈良県では1889年と2011年，和歌山県では1953年に，大雨のため大規模な深層崩壊が発生している．なお，このような岩質や地表の微地形の特徴をもとに，深層崩壊の相対的な発生頻度を予測・分類した全国地図が国土交通省から公表されている（図1）．

　深層崩壊は崩壊土砂量が大きいため，通常の砂防ダムなどでは完全に防ぐことができない．また，森林などの植生で深層崩壊を防ぐことも困難である．このため，警戒・避難が不可欠である．

　深層崩壊では，前兆がみられる場合もあるので，雨量が多くなったときは常に山の状態に気を配り，通常経験しない音やにおいを感じたり，湧水の異常や小崩壊などを発見したりしたときは安全な場所に避難することが重要である．

図1 深層崩壊推定頻度マップ（西日本）と過去の深層崩壊発生箇所（●で示す）

図2 高知県旧土佐山田町繁藤の深層崩壊

　気象庁では，山崩れ，崖崩れ，土石流などの地面現象のおそれが高い場合に大雨警報を発表している．さらに土砂災害のおそれが高く避難を検討すべき状況のときには，都道府県と共同で土砂災害警戒情報を発表している．土砂災害警戒情報や大雨警報はおもに表層崩壊との関係に基づいた，土壌雨量指数や1時間雨量を使用しており，深層崩壊の予測の精度は必ずしも高くない．ただ，深層崩壊にはきわめて多量の降雨が関係していることも多く，その地域で50年に一度程度の頻度を基準とした大雨特別警報が発表されるときには，深層崩壊のおそれも高くなると考えられる．

　過去の顕著な災害をもたらした深層崩壊の事例としては，まず1889年8月の十津川大水害が挙げられる．この水害では，台風に伴う大雨のため，奈良県吉野郡十津川郷（現 十津川村とその周辺地域）で，大規模な山腹崩壊が1000か所以上で発生し，十津川が刻んだ谷を土砂が埋め53か所で天然ダムによる堰止湖が出現した．1953年7月の南紀豪雨では，有田川流域で深層崩壊が発生した．2011年9月3～4日の平成23年台風12号による水害では，五條市大塔町赤谷，奈良県野迫川村北股，和歌山県田辺市熊野などで大規模な深層崩壊が発生した．紀伊半島全体の流出土砂量約1億m^3の約8割が深層崩壊によるものであった．

　大雨による深層崩壊は，地中深い層の岩盤に水が大量に集まり，すべり面の水位や水圧が上昇することにより発生する．降った雨が深い層に達するには時間がかかるため，大雨が止んでから崩壊が発生することも多い．1972年7月に高知県土佐山田町（現 香美市）繁藤で発生した深層崩壊（図2）は，大雨の最中に発生した小規模崩壊に巻き込まれた人の救助活動を行っているとき，大雨がほぼ止んだ1時間後の11時頃に発生した．この深層崩壊で59名が犠牲となっている．いわゆる二次災害である[2]．

〔牧原康隆〕

文献

1) 砂防学会：深層崩壊に関する基本事項に係わる検討委員会報告・提言（2012）．
2) 香美市：広報香美，平成24年7月（2012）．

第3章

夏の現象

068 似た天気継続

寒冷低気圧

cold low

おもに 500 hPa より上層の天気図で明瞭に現れる寒気を伴った低気圧を，寒冷低気圧という．寒冷渦（cold vortex）や切離低気圧（cut off low）ともいう．寒冷低気圧は低気圧の温度構造に，寒冷渦は相対的に低温の空気が回転運動をしていることに，切離低気圧は偏西風の流れから分離した形状にそれぞれ着目した表現であり，同一の現象をさす．

寒冷低気圧が形成されるモデル図を示す（図1）．偏西風波動の振幅が増大して南北に大きく蛇行するようになると，南側に垂れ下がった部分の低圧部が偏西風の本流から切り離されて閉じた等高度線をもつ低気圧が形成される．このとき，気圧の谷の後面にあった寒気も切り離されて低気圧の中心に閉じ込められ，中心に寒気を伴った寒冷低気圧が形成される．寒冷低気圧は，偏西風（強風帯）から切り離されて流れの弱いところを進むため，一般に動きが遅い．

寒冷低気圧は，対流圏の上〜中層で明瞭に表れることから，500 hPa 天気図や 300 hPa 天気図でその存在を確認することができる．一方，下層に向かうにつれて低気圧循環が不明瞭になり，地上天気図では低気圧を解析できないときがある．

寒冷低気圧付近では，上層の寒気により大気の状態が不安定になりやすい．特に寒冷低気圧の進行前面にあたる南東象限では，大気の状態が不安定となって積乱雲が発達し，雷雨，竜巻，短時間強雨，降ひょうなどの激しい現象が起きやすい．冬季には，寒冷低気圧は日本海側の各地に豪雪をもたらす．寒冷低気圧がない（寒気が弱い）場合は，日本海の雪雲は 2 km 程度の高さまでしか発達しないが，寒冷低気圧がある（寒気が強い）場合は，厚い寒気層によって雪雲は 2 km 以上の高さをもつ積乱雲へと発達しやすくなる．このため雪が継続して降り，大雪になりやすい．

寒冷低気圧はブロッキングに伴い発生するため，一般に動きが遅い．日本列島を3〜4日かけて通過することが多く，不安定現象が数日続きやすい．暖候期には，太陽によって温められた地表付近の気温と上〜中層の寒気との間の温度差が大きくなり，大気の状態が不安定となる．俗に「雷三日」と呼ばれる雷雨が連日発生する状態になる．

事例

2011年4月19日，寒冷低気圧が本州付近を通過し，全国的に大気の状態が不安定となった．九州〜東北地方の広範囲で雨や雷雨となった．茨城県鉾田市では1時間 42.5 mm の激しい雨を記録し，福岡県や福井県ではひょうが観測された．東北地方は日中でも気温 5℃ 未満で，雨が次第に雪と

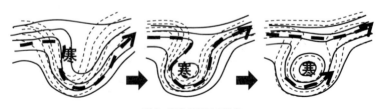

図1 寒冷低気圧の形成
実線は上〜中層の等高度線，破線は等温線，破線矢印は強風軸，「寒」は寒気を表す．

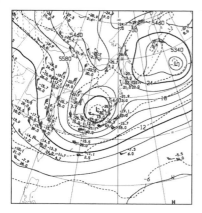

図2 寒冷低気圧の500 hPa天気図（4月19日9時）

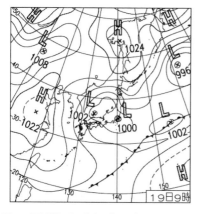

図3 寒冷低気圧の地上天気図（4月19日9時）

なり，山沿いでは積雪となった．このときの500 hPa天気図では（図2），日本海に円形の閉じた等高度線で表される寒冷低気圧が解析されている．中心付近では，−30℃で平年より10℃以上低い寒気を伴っていた．地上天気図では（図3），日本海と関東地方に低気圧があるが，これだけでは強い寒冷低気圧の存在はわからない．

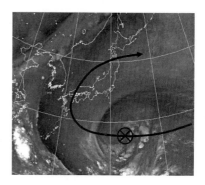

図4 上層寒冷低気圧（UCL）2010年8月6日9時水蒸気画像
×印はUCLの中心，矢印はUCLの経路．

寒冷低気圧による不安定現象の理解には，500 hPa天気図など，高層天気図による監視が欠かせない．

上層寒冷低気圧

熱帯域から亜熱帯域でみられる寒冷低気圧を，特に上層寒冷低気圧（UCL：upper cold low）と呼んでいる．UCLは中部太平洋上で形成され，太平洋高気圧の縁辺を回るように移動することが多い．台風など熱帯じょう乱の発生にかかわる場合があるほか，日本付近に接近し対流活動を促すこともあるので，その動向を監視することは重要である．

UCLは観測点がほとんどない海洋上を移動するため，気象衛星による監視，特に対流圏上～中層の大気の流れを表す水蒸気画像での監視が有効である．図4に示した水蒸気画像では，日本の南海上に低気圧回転のパターンがみられ，UCLを確認することができる．このUCLは，図の矢印の経路をたどって日本付近に接近し，九州から関東のところどころで強い雨をもたらした．

〔鈴木和史〕

069 夏の風

大南風

おおみなみ

夏になると，太平洋高気圧の勢力が強まり，日本付近まで覆うようになる．日本付近は太平洋高気圧の縁をまわって南風が吹くことが多くなる（図1）．南風は太平洋の海面を渡るときに多量の水蒸気を含んでくるので，蒸し暑い南風をもたらす．このうち特に強い南風を大南風という．定量的な基準はない．

この南風が強まる気圧配置は，日本海に台風や低気圧，前線があり，南が高気圧で北が低気圧のいわゆる南高北低型の気圧配置の時が多い．図2は，台風から変わった温帯低気圧が沿海州にあって，本州には暖かく湿った空気が流れ込み，近畿から，東海地方で大雨となったが，北陸地方では南よりの風が強まり，フェーン現象もあり，気温が上がった事例である．新潟市では，最大瞬間風速は南南東15 m/s，最高気温は35.6℃となった．まさに熱風の大南風であった．

ところが元南大東島地方気象台長の正木譲は，ウェブサイト[2]で，『2月24日は沖縄の「早春の入り」．この頃には，冬の西高東低の気圧配置が大きくくずれ，このために沖縄地方は南風が数日続くことがある．気温が上がり，25℃を超えて「夏日」となることもある．この南風を沖縄の俳人たちは「大南風・おおみなみ」と詠んだり

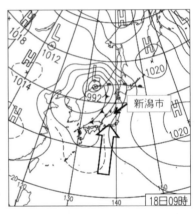

図2　2012年9月18日9時の天気図[1]
太い矢印は，太平洋高気圧の縁をまわる風．

図1　夏型の気圧配置[1]
太平洋高気圧の縁をまわる南風．

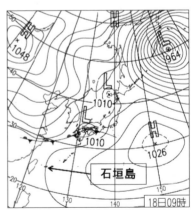

図3　2013年2月18日9時の天気図[1]
沖縄地方の大南風の事例．

している.』と記述している.いわゆる一般的な解釈とは異なる見解である.しかし,その土地で使われている用語は,その土地の風土を表してもいる.正木のいう沖縄地方の大南風の事例を図3に示す.2013年2月18日は,沖縄地方には高気圧が張り出し,一方,本州付近は西高東低の冬型の気圧配置がゆるみ,日本海と西日本に低気圧が東進してきた.このため沖縄地方には南よりの風が入り,石垣島では,最高気温が25.5℃の夏日になった.翌日の19日も26.5℃まで上がった.西日本や東日本に春の兆しを伝える低気圧が通るようになると,沖縄地方の大南風の季節になる.

〔下山紀夫〕

文 献

1) 気象庁ウェブサイト.
2) 正木 譲:南風日記選集その1.

070 海陸風

海 陸 風

かいりくふう
land and sea breeze

沿岸地域で,陸上と海上の気温差に起因して,日中は海から陸へ,夜間は陸から海へ吹く1日周期の風を海陸風という.この現象の現れとして日中海から陸へ吹く風を海風(「かいふう」とも「うみかぜ」とも読む),夜間陸から海へ吹く風を陸風(「りくふう」とも「りくかぜ」とも読む)という.海風と陸風の両者を合わせて海陸風という.ちなみに,風の吹くメカニズムにこだわらず,単に「海(陸)から陸(海)に向かって吹く風」との意味で「海風」や「陸風」の語が使われる場合がありまぎらわしい.英文ではonshore windという表現があり,沖から岸に向かって吹く風を意味する.わが国ではこれに向岸風(こうがんふう)という訳語をあてている.同様に岸から沖へ向かって吹く風をoffshore windといい,離岸風(りがんふう)という訳語が使われる.

　陸地面と海水面とでは熱的性質が異なり,陸地面は1日のうちでも日射や夜間の放射冷却によって温度が大きく変化するのに対し,海水面の温度はほとんど変化しない.このため,陸上の気温は日変化するのに対し,海上の気温の日変化はきわめて小さい.このことから,沿岸地域での陸上気温と海上気温の高低関係は日中と夜間とで逆転し,付随して気圧傾度力の方向も逆転する.このことが海陸風の原因であり,沿岸地域における風向が昼と夜とで反対になる.こうした1日周期の卓越こそが,海陸風の大きな特徴である.

　ここで,海陸風のメカニズムを詳しく考察してみる.海風が吹くメカニズムとして,

日中は海上の気温より陸上の気温が高くなるため，陸上の気圧が海上の気圧より低くなり，海から陸へ向かう空気の流れが起こる，という説明はよくみかけるものである．しかしながら，この説明には省略がある．初期状態として，陸上と海上の気温と気圧が等しく無風の状態から考察をスタートさせよう．日中，日射が陸地面を加熱することにより陸上気温が上昇するが，それだけでは気圧の変化は生じない．気圧は単位面積上の鉛直気柱の総重量であるから，気圧が変化するためには，空気の実質量が変化する必要がある[1])．

図1は海風のメカニズムを考察するための概念図である．(a) は初期状態で，陸上と海上の気温と気圧が等しく，上空の等圧面は水平で無風の状態である．(b) は日射が陸地面を加熱しはじめた状態である．この時点では，まだ陸上と海上の気圧は等しく，低高度での風は生じていない．しかしながら，陸上の気温が上昇しはじめるので，陸の上空で等圧面が上方にもち上がる．この結果，上空では陸上と海上とで等圧面の高さにギャップが生じ，陸から海に向かって空気が動きはじめる．そうなると，単位面積上の鉛直気柱の総重量は陸上より海上のほうが大きくなり，陸上の気圧が海上の気圧より低くなる結果，陸地面や海面に近い低高度の等圧面は海上で上方にもち上がり，陸上で下方に下がる (c)．このため，低高度とその上空とで等圧面の傾斜が逆になり，低高度では海から陸へ向かう流

れ（海風）が卓越し，その上空では陸から海に向かう流れ（反流）が卓越して，閉じた循環（海風循環）を形成する．一般に海風の厚さは200〜1000 m，風速は5〜6 m/s，風速が最大となる高さは200〜300 m，陸地に侵入する距離は海岸線から20〜50 kmといわれるが，地形や海岸線の形状によって異なるほか，より大きいスケールの場を支配する風（これを一般風という）の状況により現れ方がかなり違う．

夜間に現れる陸風については，図1のメカニズムを逆にして考えればよい．ただし，一般に陸風の厚さは100 m程度，風速は2〜3 m/sで，海風より薄く，弱い．その原因は，夜間には陸上の空気が放射冷却により下から冷やされるため，陸上の接地気層が日中に比べて安定しており，日中に海上の空気より高温となる気層の厚さに比べ，夜間に海上の空気より低温となる気層の厚さが薄いからである．そして，陸風は海風以上に，地形や海岸線の形状，一般風の影響を受けやすい．

実際の海陸風は地球自転の影響を受けてコリオリの力が働くため，その風ベクトルは時間の経過にしたがって時計回りに回転する性質があり，ベクトルの先端が描くホドグラフは図2のような楕円形になる．ただし，海岸線が湾になっている場所や山地がせまっている海岸では，反時計回りの楕円を描く場合もある．円でなく楕円になるのは，海陸風を駆動する気圧傾度力が日変化するからである．一般に，陸風より海風

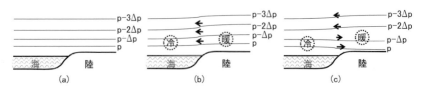

図1 海風のメカニズムの概念図
(a) は初期状態，(b) は陸上気温が上昇しはじめた状態，(c) は海風循環が形成された状態．細い実線は等圧面，矢印は空気の動きを示す．

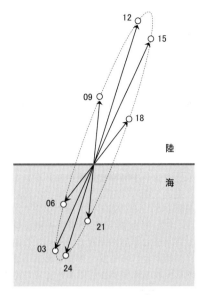

図2 地表付近における海陸風の日変化のホドグラフ
数字は地方時.

のほうが強いので,楕円は陸地側により大きく張り出す.楕円の長軸が海岸線に斜交するのは地表摩擦の影響であり,もし摩擦がなければ海岸線に平行になる.

海陸風は沿岸地域で大気が安定し一般風の弱いおだやかな晴天日に現れ,気象災害とは最も縁遠い現象であるかのように思える.確かに,海陸風が風水害をもたらすことはない.しかしながら,海陸風は工業地帯や都市域にとって身近で深刻な大気汚染と密接なかかわりがある.海陸風は,大気中に浮遊する汚染物質を運んだり,閉じ込めたり,混合したりする.

排出源から大気中に放出された汚染物質は風によって運ばれる.一定方向に強い風が吹いていれば,汚染物質は吹き払われ拡散されてしまい,大気汚染は発生しない.しかし,風が弱いと排出源の近くに汚染物質が漂い,大気汚染が発生する.また,汚染物質を持ち運んでどこかに集めたり,閉じ込めたりするようなからくりがあると,排出源と異なる場所でも大気汚染が発生する.そのからくりの1つが海陸風である.

海陸風が卓越する日,工業地帯や都市など大気汚染物質の排出源が存在する海岸地域で海風が吹きはじめると,汚染物質が内陸方向へ運ばれる.このため,排出源の存在する場所よりも,排出源から内陸側に離れた場所で汚染濃度が高くなることがある.内陸に運ばれた汚染物質の一部は,海風の先端部(海風前線という)に存在する上昇気流によって上空へ運ばれる.しかるに,海陸風が卓越するような日は,高気圧に覆われるなど大気成層が安定しているので,汚染物質がどこまでも上昇していくことはなく,海風の上空に存在する反流によって海岸方向へ戻される.

夜になると,日中海風によって内陸に運ばれた大気汚染物質は陸風によって海岸方向へ押し戻され,海上にまで運ばれることもある.その汚染物質が,翌日には海風によって再び上陸し,新たに排出される大気汚染物質と一緒になって内陸方向へ輸送されるのである.

こうして,海陸風が卓越する日が続くと,大気汚染物質が水平方向にも鉛直方向にも限られた範囲に閉じ込められて右往左往するような挙動を繰り返すことになる.

内陸まで平野の広がる関東地方では,夏季には中部地方に形成される熱的低気圧と結びついて広域の海陸風が発達する.朝,東京湾から侵入した海風は,湾岸の工業地帯や都市域で排出される汚染物質を内陸へ運び,夜には遠く長野盆地に到達して「ナイトスモッグ」と呼ばれる. 〔永澤義嗣〕

文 献

1) 木村富士男:新教養の気象学(第7章),日本気象学会編,朝倉書店(1998).

071　海陸風

海風前線

sea breeze front

　沿岸地域で，1日周期で風向が変化する海陸風と呼ばれる現象の一環として，日中に海から陸に向かって吹く海風の先端部に形成される風や気温の不連続線を海風前線（かいふうぜんせん，うみかぜぜんせんの両方の読み方がある）という．同様に，海陸風の一環として夜間に陸から海に向かって吹く陸風の先端部にも風や気温の不連続線がみられることがあり，陸風前線（りくふうぜんせん，りくかぜぜんせん）と呼ぶ．
　海陸風は海陸の気温差に起因する現象であり，海風や陸風を駆動する気圧傾度力が最初に生じるのは海岸付近である．したがって，典型的には，海風も陸風も，まず海岸付近で，低温側の空気が高温側の空気の下に潜り込むような形で吹きはじめる．この形状から，海風や陸風は，重力流すなわち流体の密度差によって生じる流れの性格を有しているとみることができる．その低温側の空気の先端が海風前線や陸風前線に相当し，そこでは気温の水平傾度が大きい．
　海風前線や陸風前線のところでは気流が収束しており，上昇流が存在するのが普通である．したがって，そこには積雲ができやすい．また，海岸部に立地する空港では，滑走路付近に海風前線が存在すると，そこでは風が不連続的に変化しているので，航空機の離着陸に障害となる低層ウインドシアーが発生している可能性があり注意が必要である．
　日中，日射が陸地面を熱すると，陸上気温が海上気温より高くなり，海岸付近に海から陸に向かう気圧傾度力が生じ，海風が駆動される．海風によって海から陸へ侵入した相対的に低温の空気は，日射で熱せられた陸地面上を吹走する間に下から暖められ，陸上の空気との温度差は縮まっていく．しかし，海風によって背後から冷気が供給されつづける限り，海風前線は維持されて，さらに内陸方向へ侵入を続ける．
　やがて，夕方になって陸地面温度が下がってくると，陸上気温も冷めてきて海上気温と差がなくなり，海風を駆動していた気圧傾度力が失われて海風が消える．これが夕なぎ（凪）である．これに伴い海風前線も消えていく．
　夜になって放射冷却が進み，陸地面温度が海面水温より低くなると，海岸付近に昼間とは逆向きの気圧傾度力が生じ，陸風が駆動される．このとき，陸風の先端が陸風前線に相当するが，それは日中にみられた海風前線が逆向きに動き出して陸風前線に変わるのではないことに留意したい．内陸まで進んだ海風前線はそこで解消し，海岸付近に陸風前線が新たに形成されるのである．ときには，内陸へ進んだ海風前線がまだ消えないうちに，海岸付近に陸風前線が生じることもある．陸風前線は陸風によって背後から陸上の相対的に低温の空気の供給を受け，海岸から沖へ向かって進んでいく．
　夜が明け，日が昇ってくると，陸地面温度が上がりはじめ，陸上気温も上昇を始めて，海上気温と差がなくなり，陸風を駆動していた気圧傾度力が失われて陸風が消える．これが朝なぎ（凪）である．これに伴い陸風前線も消えていく．
　そして，昼が近づくと，陸上気温が再び海上気温より高くなり，前日と同様にして海風が駆動され，海風前線が形成される．その海風前線は，海上にあった陸風前線が向きを変えて動きはじめるのではなく，まして前日にみられた海風前線が若返ったのでもなく，海岸付近に新たに形成されたも

3．夏の現象

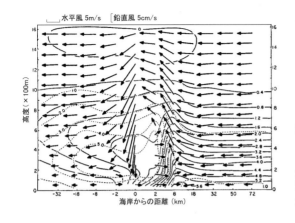

図1 陸（右）から海（左）へ向かう一般風があるときの海風前線の数値シミュレーション[1]．矢印線は風ベクトル，実線は初期状態からの気温変化，破線は紙面に直角方向の風速を示す．

のであることに留意したい．海風前線や陸風前線は，日ごとに，現れては消えるのである．

　海陸風は大気汚染と密接なかかわりがある．海風や陸風によって運ばれる大気汚染物質は，海風前線や陸風前線のところに寄せ集められる．このため，特に海風前線や陸風前線の冷気側で汚染濃度が高くなりやすい．注意すべきことは，海風前線や陸風前線は半日もすれば解消するが，寄せ集められた大気汚染物質はそこに置き去りにされ，消失しないことである．そして，海風・陸風の交替により風向が反転すると逆向きに運ばれ，別の場所に寄せ集められる．さらに，大気が安定して海陸風の卓越する日が続くと，汚染物質が水平方向にも鉛直方向にも限られた範囲に閉じ込められて往復を繰り返し，新たに排出された汚染物質がそこに加わって，汚染濃度は上昇していく．

　海風前線が陸地に侵入する距離は海岸線から20〜50 kmといわれるが，地形や海岸線の形状によって異なるほか，より大きいスケールの場を支配する風（これを一般風という）の状況により現れ方がかなり違う．ここでは一般風とのかかわりを考えてみよう．

　一般風が海から陸に向かって吹いている（これを向岸風という）ときは，海風前線が陸地に侵入する距離は大きくなるが，海風前線そのものは不明瞭になる傾向がある．そもそも，海風と一般風の風向が同じであれば，海風の範囲を特定することすら難しい．これに対し，一般風が陸から海に向かって吹いている（これを離岸風という）ときは，海風前線が陸地に侵入する距離は小さいが，海風前線そのものは明瞭になる傾向がある．図1は一般風が離岸風のときの海風前線の数値シミュレーションであり，鋭い海風前線が表現されている．

　一般風が離岸風のとき，海陸の気温差により海風を駆動する気圧傾度力と，離岸風である一般風の気圧傾度力とが拮抗すると，海風前線が内陸に向かって進行できず，海岸線からわずかに陸地に侵入したところでほとんど停滞したり，一進一退を繰り返したりというようなことが起こる．このような場合の海風前線はシャープな構造をもっており，両側の気温差が大きい．海風前線の近傍の地点では，前線のどちら側に位置するかで気温が大きく異なることになる．海風前線が一進一退を繰り返したりすると，その付近では気温の急下降や急上昇が繰り返し観測される．

　図2は北海道オホーツク海沿岸で，海面

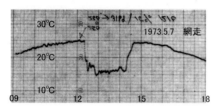

図2 海風前線の通過に伴うカルデラ型気温変化の例（網走）

時間（横軸）を右向きにとるためオリジナルの記象を左右反転させている.

水温の冷たい春季にしばしばみられる気温変化の例である．この日（1973年5月7日），網走では朝から平均6m/sほどの南南西の風（離岸風）が吹き気温が上昇したが，12時20分に海風前線が到達した途端，10分間に気温が約9℃下降した．特に最初の2分間ほどは，隔測温湿度計の自記紙において15秒ごとの自動打点記録が線としてつながらず，間隔をおいた点の配置（点線）となっていて，海風前線の鋭さを物語っている．気温の急下降後は弱い東または北の風（海風）となっていたが，14時15分に海風前線が一般風に押し戻されてきて気温が急上昇し，その後は再び南よりの一般風に戻っている．この結果，気温の自記紙には，図2のように山頂が陥没したような形の記録が残された．形状が火山のカルデラに似ていることから，カルデラ型気温変化と呼ばれる[2]．ちなみに，この地方で一般風が離岸風（南西風）のときは，北海道中央部の大雪山系の風下になり，山越え気流（フェーン）の要素が加わって気温がいっそう上昇しやすい．　　　　〔永澤義嗣〕

文献

1) M. A. Estoque : *J. Atmos. Sci.*, **19**, 244-250 (1962).
2) 永沢義嗣，宮川和夫：天気, **27**, 261-269 (1980).

072　海陸風

なぎ

凪
calm

風がほとんどない状態．特に，吹いていた風がぴたりと止んだようなときをなぎという．また，荒れていた海や湖の波が消えて鏡のようになめらかな水面になったようすをいう場合にもこの語が使われる．ちなみに，凪（なぎ）は中国から伝来した漢字ではなく，わが国でつくられた和製漢字である．

高気圧に覆われるなど風が弱くおだやかな晴天の日，沿岸地域には昼と夜とで風向が反対になる海陸風と呼ばれる局地風が現れる．この現象は海陸の気温差に起因し，陸上の気温が海上の気温より高くなる日中は海から陸に向かう風（海風）が吹き，陸上の気温が海上の気温より低くなる夜間は反対に陸から海に向かう風（陸風）が吹く．そして，陸上気温と海上気温との高低関係が切り替わる朝と夕方には，海風も陸風も吹かない無風の状態が現れる．これが「なぎ」であり，朝の無風状態を朝なぎ，夕方の無風状態を夕なぎという．

海陸風の交替に伴う「なぎ」の現れ方は，地形や海岸線の形状によって異なるほか，より大きいスケールの場を支配する風（これを一般風という）の状況によりかなり違う．ここでは，「なぎ」という現象を海陸風と一般風のかかわりの観点で考察してみる．

一般風が海から陸に向かって吹いている（これを向岸風という）ときは，海風があまり発達しない．日中，日射による加熱によって陸上気温が海上気温より高くはなるものの，海風が発生する前から一般風によって海上の空気が陸上に運ばれており，

陸上と海上の気温差があまり大きくならないからである．そもそも，海風と一般風の風向が同じであれば，海風の先端部すなわち海風前線を特定することすら難しい．

一方，一般風が陸から海に向かって吹いている（これを離岸風という）とき，海風が吹きはじめるためには，一般風を吹かせている気圧傾度を相殺して余りあるほどに大きい海陸の気温差が必要である．だから，容易には海風は現れない．しかし，陸上気温が海上気温より十分に高くなれば，一般風を凌駕して海風が吹きはじめる．その場合は海風が一般風と衝突する形になり，気温の水平傾度の大きい明瞭な海風前線が形成される．

一般風が存在するときの陸風については，定性的には海風の場合と逆の形を考えればよい．すなわち，一般風が離岸風の場合は陸風が発達しにくく，一般風が向岸風の場合は十分大きな海陸の気温差が生ずれば明瞭な陸風前線を伴う陸風循環が形成される．

次に，海陸風に伴う「なぎ」とは何かを考える．一般風がほとんどない場合の典型的な海陸風では，朝なぎは夜間の陸風が止んで日中の海風が吹きはじめるまでの無風状態であり，夕なぎは日中の海風が止んで夜の陸風が吹きはじめるまでの無風状態である．では，一般風が存在する場合はどうであろうか．一般風が存在する場合の海陸風では，一般風が向岸風であれ離岸風であれ，海風や陸風が止めば一般風に戻るだけである．すなわち，典型的な海陸風の場合は一般風がほとんどないから，海風や陸風が止めば無風（なぎ）の状態になるのであり，朝なぎや夕なぎは一般風に戻った状態であると考えることができる．

以上の考察から，一般風が存在する場合の海陸風では「なぎ」が現れにくいことがわかる．ただし，一般風が離岸風で，ある程度風速が強い場合に，日中これを凌駕して吹くときの海風は一般風より風速が小さいことがあり，この場合は海風の侵入によって「なぎ」に似た状態が生じることになる．同様に，一般風が向岸風で，ある程度風速が強い場合に，夜間これを凌駕して吹くときの陸風は一般風より風速が小さいことがあり，この場合は陸風の到来によって「なぎ」に似た状態が生じることになる．

海陸風に伴う海風と陸風は，海と陸の気温差に起因して，気温の低い側から気温の高い側へ向かって吹く風であるという点で共通している．海風は陸上気温の上昇を抑制し，陸風は海上や海岸部の熱を冷ます作用をする．その意味では，どちらも「冷却風」である．海岸部の住民にとって，盛夏期，日中海から侵入する海風は天然冷房そのものである．また，夜になって内陸方向から吹いてくる陸風は夜の寝苦しさをやわらげてくれる．しかし，日中の海風が止んだ後，夜の陸風が吹きはじめるまでの夕なぎの期間は，暑さを冷ましてくれる風がないため，日中より不快に感じられることも多い．両側を陸に挟まれた瀬戸内海ではこの夕なぎの時間が長く，「瀬戸の夕なぎ」と呼ばれることもある．

〔永澤義嗣〕

073　　　　　　　　　　　突風

竜　巻

たつまき
tornado

　竜巻は，発達した積乱雲など対流雲に伴って現れる鉛直方向に軸をもつ激しい空気の渦巻きである．通常，雲底から柱状または漏斗（ろうと）状の雲が視認されることが多い．直径は数十〜数百mで，数kmにわたって移動し，被害地域は帯状になる．

　竜巻に似た大気中の渦巻きに，塵旋風（じんせんぷう）がある．これは晴れた日に，畑地や校庭など平坦な地面でみられ，直径は数m〜数十m，寿命は数分程度であることが多い．竜巻と異なり，対流雲によって維持されるのではなく，地表面付近の加熱による上昇流によって引き起こされると考えられている．竜巻よりスケールが小さく，テントや土埃を巻き上げる状況などを目撃されることが多い．

　日本国内における年別の「竜巻等突風」の発生数を示す（図1）．竜巻等突風とは，竜巻のほかダウンバーストやガストフロントなど積乱雲に伴って発生する局所的な瞬発性突風をさす．海上竜巻を除くと，年間の発生数の平均は約26個（2007〜2013年の平均）である．

　日本における竜巻等突風の発生は，北海道から沖縄にかけて広く確認されている．特に，沿岸部で多い．都道府県別に発生数をみると，沖縄県と面積の大きな北海道を除くと，九州南部の鹿児島県・宮崎県や四国の高知県など，気温の高い南の地方で多い．また着目すべきは，関東平野や濃尾平野など太平洋側の平野部と日本海側の海岸で，多くの発生がみられることである．太平洋側は湿った空気が入り込んで，日本海側は冬型の気圧配置で，それぞれ積乱雲が発達しやすい地域である．

　竜巻等突風の月別の発生数は，7〜10月が多く，この4か月で全体の約6割を占める．これは前線や台風の影響を受けて発生する竜巻が多いためである．しかし，おもな竜巻災害事例でわかるように，初冬や春にも発生があり，いつでもどこでも竜巻は発生すると心得るべきである．

　竜巻はスケールが小さく，直接その風速が観測されるケースはごくまれである．一般には，被害の程度から，藤田スケール（Fスケール）を用いて風力階級を推定し，竜巻の強さを表す．藤田スケールは，竜巻が多発する米国で1971年に考案された．現在でも竜巻の強さを表す代表的な指標で，F0〜F5までの6段階で被害の程度を表し，竜巻の強さを分類するものである（表1）．

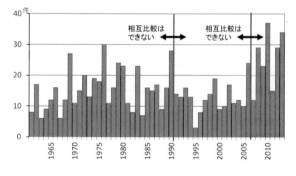

図1　竜巻の年別発生確認数（海上竜巻を除く）[1]
1990年以前は確認できる資料が少ないなどの理由により，2007年からは突風の調査を強化したことにより，それぞれの期間と確認数を単純に比較することはできない．

表1 藤田スケール

藤田スケール	風速範囲（m/s）
F0	17〜32 [15秒間の平均]
F1	33〜49 [10秒間の平均]
F2	50〜69 [7秒間の平均]
F3	70〜92 [5秒間の平均]
F4	93〜116 [4秒間の平均]
F5	117〜141 [3秒間の平均]

図2 竜巻分布図（1961〜2013年）[1]

竜巻のメカニズム

竜巻の渦では，接線方向の風速は遠心力と気圧傾度力が釣り合った旋衡風平衡になっている．地表付近では地面摩擦の影響で風速が弱まり，遠心力が小さくなる．このため，気圧傾度力が勝って中心付近への強い吹き込みが起こる．この空気が強い上昇流となって吹き上がる．このときの上昇流は数十m/sにも達するとみられている．渦中心の気圧は周囲より数十hPa低く，中心から吹き込んで上昇した空気は，断熱膨張して冷やされ，水蒸気が凝結して雲粒や雨粒となり，竜巻を特徴づける「漏斗雲」としてみられる．

竜巻の発生には2つのパターンがある．

①シアライン：地表付近のシアラインが不安定化し鉛直軸をもった渦軸をつくり，渦軸の上空に対流雲が発生するか，移動してきたとき，対流雲の上昇流により渦が引き延ばされて竜巻が発生する．シアラインに伴う竜巻は，同時にいくつも発生する場合がある．海上竜巻はこのようなメカニズムで発生することが多いといわれている．シアラインで発生する竜巻は，一般に寿命が短く弱いものが多い．

表2 近年のおもな竜巻災害[1]

発生日	場所	藤田スケール	被害
2012年 5月 6日	茨城県つくば市，常総市	F3	死者1名，負傷者37名，家屋全・半壊234棟
2011年11月18日	鹿児島県徳之島町	F2	死者3名，家屋全・半壊1棟
2006年11月 7日	北海道佐呂間町	F3	死者9名，負傷者31名，家屋全・半壊14棟
2006年 9月17日	宮崎県延岡市	F2	死者3名，負傷者143名，家屋全・半壊427棟
1999年 9月24日	愛知県豊橋市	F3	負傷者415名，家屋全・半壊349棟
1990年12月11日	千葉県茂原市	F3	死者1名，負傷者73名，家屋全・半壊243棟
1990年 2月19日	鹿児島県枕崎市	F2〜F3	死者1名，負傷者18名，家屋全・半壊117棟

突風：竜巻

②スーパーセル：スーパーセルは，風の鉛直シアが強い状況で発達し，非常に強い上昇流と普通の積乱雲の数倍の寿命（数時間）をもち，数～数十kmの大きさをもつ特殊な積乱雲である．スーパーセルは雲内に直径数kmのメソサイクロンと呼ばれる回転を伴った小低気圧をもつ．竜巻は，メソサイクロンの回転による吸い上げにより，渦が強められて発生する．この場合，竜巻の発生に必要な回転と上昇流をスーパーセル自身が形成・維持しているため，これに伴って発生する竜巻は，シアラインにより形成された竜巻に比べ強く，寿命も長いものが多い．

日本で発生したおもな竜巻災害を示す（表2）．過去には，1978年2月江戸川鉄橋で電車横転事故が起きて注目を集めた〈→004〉．1990年以降では，愛知県豊橋市や千葉県茂原市において，F3に相当する竜巻による大規模な災害が起きている．2006年に宮崎県延岡市や北海道佐呂間町において複数の死者を伴う竜巻災害が相次いで発生したことを受けて，気象庁では竜巻にかかわる調査・観測・予測に関する改善を図った．竜巻など突風被害が報ぜられた場合は，気象庁機動観測班を即時に派遣して，素早い調査と報告が行われるようになった．

北海道佐呂間町の竜巻

2006年11月7日，宗谷海峡付近にある低気圧から伸びる寒冷前線が北海道を通過した（図3）．寒冷前線付近では暖かい空気が流入し，積乱雲が発達した．

竜巻を発生させた強い雨雲（積乱雲）の移動を追跡した結果（図4），日高地方で発生し，13時30分頃に佐呂間町に達していた．通常の積乱雲の寿命は1時間程度であるが，この事例では約3時間にわたっていた．この積乱雲が通過した佐呂間町若佐を中心とした地域で，13時20分～30分頃に，国内最大級（藤田スケー

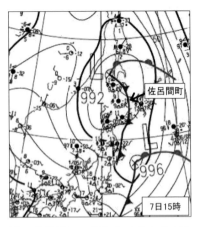

図3　佐呂間町での竜巻（2006年11月7日）

図4　佐呂間町で竜巻を発生させた積乱雲の経路[2]

ルF3）の強い竜巻が発生した．死者9名，負傷31名および損壊家屋約40棟の被害をもたらした．全壊家屋など特に激しい被害はわずか数十mの幅で直線状に分布していた．死者の出たプレハブ工事事務所は，2階部分が北へ約90m飛ばされ，地面あるいは倉庫に激突したとみられる．飛散物による被害および飛散距離の長さが目立ち，現場から約20km離れたオホーツク海上でも飛散物の一部が目撃され

茨城県つくば市の竜巻

2012年5月6日，日本海の低気圧に向かって暖かく湿った空気が流れ込んだ（図5）．東海地方から東北地方にかけて大気の状態が不安定となり，積乱雲が発達し，落雷，突風，降ひょうを引き起こした．

このとき4つの竜巻が確認された．

①茨城県つくば市・常総市の竜巻：長さ約17km，幅約500m，強さF3.

②栃木県真岡市・益子町・茂木町・茨城県常陸大宮市の竜巻：長さ約32km，幅約650m，強さF1〜F2.

③茨城県筑西市・桜川市の竜巻：長さ約21km，幅約600m，強さF1.

④福島県大沼郡会津美里町の竜巻：長さ約2km，幅約300m，強さF0.

これらの竜巻の通過域では，死者1名，50名以上の負傷者や1000棟を超える建物被害が発生した．竜巻の親雲は，レーダーによる観測（図6）から，スーパーセルの特徴であるフック（鉤）形状をもっていた．被害域は，発達した積乱雲の南側に位置する特徴があった[3]．

宮崎県延岡市の竜巻

2006年9月17日，強い台風13号は九州の西海上を北上した．このとき，台風暴風域（図7の破線円）の外側に位置する宮崎県日南市で12時過ぎに竜巻が発生したのを皮切りに，日向市，延岡市，大分県臼杵市，大分市と，台風の北上にあわせ南か

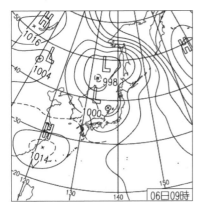

図5 つくば市での竜巻（2012年5月6日）

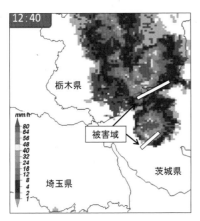

図6 つくば市での竜巻に伴うレーダーエコーと被害域の対応（12時40分）[3]

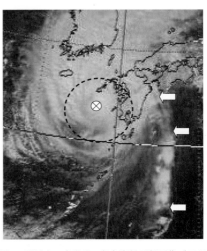

図7 延岡市の竜巻時の気象衛星可視画像（17日14時）[4]
台風13号と竜巻を発生させたスパイラルバンド（矢印）．×印は台風中心位置．破線円は台風暴風域．

図8 台風18号の経路と発生した竜巻（文献[5]に加筆）

ら北へ次々と竜巻が発生した．竜巻は，台風とともに移動するスパイラル状の雲域（図7の矢印部分）の中で発生し，これは台風の進行方向の右前方にあたる．

　延岡市では，幅150～250 m，長さ約7.5 kmの細長い帯状に市街地が被災し，被害は死者3名，負傷者143名，被害家屋1400棟余りにのぼった[4]．大型量販店の店内では商品棚が転倒して死者が出たほか，室内に飛来してきた飛散物による死者も出ている．JR日豊本線では特急「にちりん」が横転し，運転士と乗客が軽傷を負った．

　台風進行方向前方右側での竜巻発生を指摘する報告もある．2013年9月15～16日に台風18号の接近に伴い発生した竜巻の分布を示す(図8)．台風経路を破線で表す．竜巻発生は，いずれも台風中心から200～500 kmほど離れた台風進行前面である．台風進行右側は，湿った空気が入りやすいことや風の鉛直分布などから，スーパーセルを発生させやすい条件を満たしていることが多い．

　台風が接近する場合は，台風中心付近の暴風域の動向だけでなく，中心から離れた場所でも，竜巻のような瞬発性突風の起きる可能性を考慮に入れておく必要がある．

日本版改良藤田スケール（JEF）

　気象庁では，平成28年4月より，竜巻など突風の風速の強さを割り出すための指標として，これまでの「藤田スケール（F）」から，「日本版改良藤田スケール（JEF）」に変更した．これは，日本の住宅にあうように作られた日本独自のもので，より正確に推定できるものである．「藤田スケール（F）」は9種類のアメリカの建築物等の被害をもとに作られていたが，「日本版改良藤田スケール（JEF）」では，木造住宅または店舗，自動販売機，軽自動車，墓石（棹石）などの日本の住宅事情に合った被害をもとに作られている．階級区分については，藤田スケールと同じく6段階で表し，同じ突風被害に対する藤田スケールと日本版改良藤田スケールの階級は，基本的には同じになるよう設定されているので，過去の竜巻等の突風との比較は可能である．しかし，藤田スケールでは「F1：10秒間の平均風速が33～49 m/s」というように，階級によって平均風速をとる時間間隔が違ったり，風速の推定値に幅があるが，日本版改良藤田スケールでは，平均風速をとる時間は，いつも瞬間風速を求める時間間隔である3秒間である．このため，「JEF1：瞬間風速が45 m/s」というように，より絞った推定が可能となっている．

〔鈴木和史〕

文　献

1) 気象庁ウェブサイト．
2) 札幌管区気象台：災害時気象調査報告，平成18年12月27日（2006）．
3) 東京管区気象台：東管技術ニュース，155，pp.1-37（2013）．
4) 宮崎地方気象台：災害時気象調査報告，平成18年11月9日（2006）．
5) 気象庁：台風第18号による大雨（速報），平成25年9月18日（2013）．

ダウンバースト

downburst

ダウンバーストは，積乱雲から生じた強い下降流が，地面に到達した後四方へと激しく発散し，突風となって周囲に吹き出したものである（図1）．積乱雲から雨粒が落下するとき，摩擦で雨粒周辺の空気も一緒に引きずり下ろし，下降流が発生する．落下する雨粒が乾燥した空気に遭遇すると蒸発して冷やされ重くなり，下降流が強まる．ひょうやあられがある場合は冷却効果がより大きくなる．この下降流が地表面に衝突して周囲に広がり，ダウンバーストとなる．四方へ吹き出した風は周囲の風とぶつかり，収束した部分はシアライン，あるいは風速差が大きい場合はガストフロントと呼ばれる（図1）．

ダウンバーストは大きさの程度から，マイクロバースト（広がりが4km未満）とマクロバースト（広がりが4km以上）とに細分されることがある．寿命は10分程度と短い．

日本でのダウンバーストは，北海道から沖縄まで全国的に発生がみられる．発生頻度は6～9月に多い．発生時間帯は，14～15時に頻度が最大となり，熱雷に伴い多くのダウンバーストが発生していることを示唆している．また，関東地方以北では，ひょうを伴うことが多い[1]．

ダウンバーストは，着陸時における航空機の墜落原因となる場合がある．積乱雲の中に下降流があることは古くから知られていたが，それが災害を引き起こすほどの強さになる場合があることは，藤田[2]が見出した．藤田は，1975年6月24日ニューヨークのJFK空港におけるイースタン航空機の墜落事故を調査した．この事故は，着陸態勢にあった航空機が滑走路手前の進入灯に激突し，搭乗者124名中112名が死亡したものである．このとき，雨は降っていたが，3分前に着陸した航空機は異常な現象に遭遇していない．墜落の原因は従来考えられていたより格段に強い下降流が短時間に局地的に発生したものであることが見出され，藤田はこの強い下降流をダウンバーストと名づけた．

ダウンバーストが航空機に与える影響を説明しよう．図2で，右方から着陸しようとする航空機を考える．A点では，ダウンバーストの向かい風を受け，揚力が強まり機首が上がる．操縦士は機首を下げ正常な進入路に戻ろうとする．次にB点にさしかかると，今後はダウンバーストの下降流を受けて機体が下降する．さらに追い風を受けるため揚力が低下し，地面に接触してしまう．おもな空港では，ドップラーレーダーを配備して，ダウンバーストなどの監視を行っている．

茨城県下館市の家屋倒壊

1996年7月15日15時頃，茨城県下館市周辺でダウンバーストが発生し，死者1名，負傷者19名，家屋の倒壊など建物損

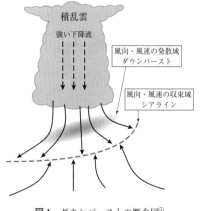

図1 ダウンバーストの概念図[5]

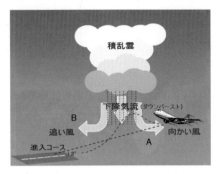

図2 ダウンバーストと航空機への影響[5]

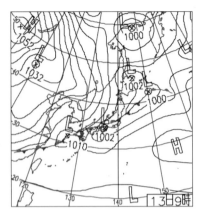

図5 ダウンバーストの天気図（茨城県神栖町）

茨城県神栖町のクレーン倒壊

2003年10月13日，低気圧が近畿〜関東を横断し，関東地方では1時間50 mmを超える非常に激しい雨や突風を伴った強い風を観測した（図5）．15時30分頃神栖町で起きた突風により，港湾で作業中のクレーンが逸走し他のクレーンと衝突して倒壊，また他のクレーンの台車が外れるなどして作業員が2名死亡，4名が負傷した．

被害形状は，被害発生地点が帯状でなく面的な広がりをもっていること，被害発生時に強い雨を伴っていること，日中にかかわらず竜巻の目撃証言がないことなどから，ダウンバーストと判断された．また，現場の風速計が60 m/sレンジを振りきったとの目撃から，強さは藤田スケールでF1〜F2と判定された[4]．　　〔鈴木和史〕

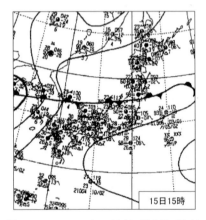

図3 ダウンバーストの天気図（茨城県下館市）

壊425棟の被害が発生した．当日は，梅雨前線が北陸から東北南部に停滞し，関東地方は午後から大気の状態が不安定となった（図3）．関東地方北部で発生した雷雲は南下し，15時頃下館市付近を通過した．

ダウンバーストは2つ発生した．1つは下館市小川地区で発生した．強さは藤田スケールでF2，突風の及んだ範囲は幅3 km，長さ4 kmであった．近傍の風速計では，47.5 m/sの瞬間風速を観測した．もう1つは，下館市西石田地区で，強さはF1，突風の及んだ範囲は幅1.5km，長さ2.5 kmであった[3]．これらは，規模・強さとも国内最大級である．

文献

1) 大野久雄：雷雨とメソ気象，東京堂出版 (2001).
2) 藤田哲也：The Downburst（和訳：ダウンバースト（下降噴流）），日本航空機操縦士協会 (1976).
3) 中村　一：気象，41.4, 14-19 (1997).
4) 大久保篤ほか：天気，51.5, 5-11 (2004).
5) 気象庁ウェブサイト．

075 突風

ガストフロント

gust front

ガストフロントは，突風前線あるいは陣風前線とも呼ばれる．ガストフロントは，最盛期〜衰弱期の積乱雲の雲底下で形成されてたまった冷気が流れ出し，その先端付近にみられる突風である．先端部分の冷気の厚さは，地上から1〜2 km である．弧状を成し，水平の広がりは竜巻やダウンバーストより大きく，数十〜数百 km の長さに達することがある[1]．

ガストフロントは，冷気塊の流出・移動により生ずる重力流の構造をもつ．重力流では，冷たい空気が暖かい空気の下に潜り込みながら進行する．進行する冷気は，その前面の暖気と衝突し上昇流を発生させ，ガストフロント付近では新たな積雲や積乱雲が発生・発達しやすい．冷気は周囲の空気より重いので，四方へと流れ出す．特に積乱雲の進行前面に流れ出す冷気は，積乱雲の移動速度も加わって，より激しい現象を引き起こしやすい．ガストフロントは，急な降水，突風，気温の急下降，気圧の急上昇などの現象を伴い，寒冷前線と似た天気変化をもたらす．

通常，ガストフロントの動きや形状を目にすることはできないが，ガストフロント付近に発生する対流雲の様子からそれを知ることができる場合がある．図1で示す衛星可視画像では，紀伊半島沖から東海道沖にある発達した積乱雲から冷気が南方へ流れ出し，ガストフロントが細い弧状の雲（アーククラウド，図中矢印）として，可視化されている．この事例では，ガストフロントの長さは 300 km 以上もあり，元の積乱雲から 150 km も離れたところまで移動している．ガストフロントは，摩擦の少ない海上を進んだことで，長時間その形態を維持したものと思われる．

ガストフロントもダウンバーストと同様に，積乱雲の下降気流から生ずる．着陸時の航空機にとって，向かい風の急な増加やガストフロントの先端の上昇気流によって進入コースを外れる危険がある（図2）．

ガストフロントに伴う突風の強さは，藤田スケールで F0 程度であることが多く，顕著な被害が大規模に発生することは少ない．しかし比較的弱い突風でも，テント，高層ビルのゴンドラ，遊具など風への備えが脆弱な設備では注意が必要である．

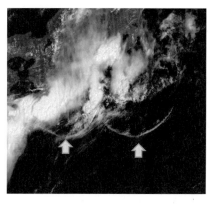

図1 衛星可視画像によるガストフロント（矢印）
（2011年7月26日11時）[2]

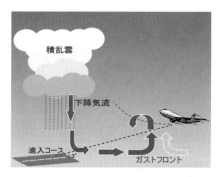

図2 ガストフロントの航空機への影響[4]

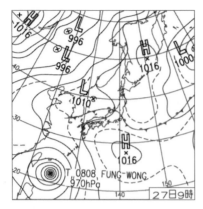

図3 ガストフロント（福井県敦賀市）

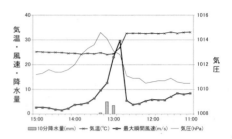

図4 7月27日における敦賀市の気象経過

福井県敦賀市のテント飛散事故

2008年7月27日，前線が日本海西部から北陸地方を通って本州付近に停滞していた．この前線に向かって湿った空気が流れ込み，大気の状態が不安定となった．活発な積乱雲が発生し，敦賀市付近を通過した（図3）．この積乱雲の通過に伴う突風で，被害が発生した．13時頃，敦賀市ではイベント用大型テントが吹き飛ばされ，死者1名，負傷者9名の被害が発生した．4つのテントは，コンクリート製重石16個で固定されていたが，ガストフロントによりテントは浮き上がり，約10m移動した[3]．

図4は，被災場所から1.5kmほど離れたアメダス観測点（敦賀）の気象記録である．12時50分からのわずか10分で，瞬間風速の急増（5.5 m/sから29.7 m/sへ），気温の急降下（32.6℃から26.8℃へ），気圧の上昇（約2hPa）がみられた．これらはガストフロントの通過時にみられる特徴的な現象である．このガストフロントの強さは，樹木の枝折れなどから，藤田スケールでF0と推定された．　〔鈴木和史〕

文　献

1) 上田　博：天気, 36.8, 484 (1989).
2) 気象衛星センターウェブサイト：画像ギャラリー（2011年の画像）.
3) 風工学会：風災害, 6, 4 (2008).
4) 気象庁ウェブサイト.

夏の大雨災害

明治40年大水害

1907年8月

　1907（明治40）年8月23～24日に台風が東海道沖をゆっくり東進したため近畿から東海，関東地方にかけ大雨となった．このため，利根川や多摩川・富士川などが各地で堤防が決壊して大洪水となったが，その中でも，富士川の被害が甚大であり，山梨県を中心に死者436名などの被害が発生した（図1）．なお，1907年8月の洪水は，1896（明治29）年9月の洪水，1903（明治36）年7月の洪水とともに「明治三大洪水」と呼ばれている．

　富士川流域の山梨県東部は，800mm以上の降水量となり，多くの山崩れや土石流で大きな被害が出た．また，甲府盆地では富士川水系の笛吹川や釜無川の堤防が，総計125kmにわたって損傷・決壊した．山梨県における被害は，死者223名，負傷者189名，住家被害11,923戸，浸水家屋19,306戸などと甚大なものであった．

　災害を契機に北海道へ移住したのは，1889（明治22）年の水害で被災した人々が北海道に移住にして新十津川村をつくった奈良県の住民と同様に，1907年の水害での被害が甚大であった北都留，東山梨，東八代郡の住民を中心に，約3000名の山梨県民が，北海道の南部にある羊蹄山の南麓から北東麓にかけての地域に移住している（図2）．1908～1909（明治41～42）年の集団移住で農業などに従事したため，羊蹄山の麓には，倶知安町山梨とか，京極町甲斐など，山梨や甲斐という名称がつけられた地区や建物などが残っている．集団移住した人々の心のよりどころとなったのは羊蹄山で，ふるさとの富士山に似ていることから蝦夷富士と呼んでいる．しかし，苦労して農業を行ったものの冷涼な気候に適応できず，災害が追い討ちをかけたため，多くの移住者は離農し，開拓地の多くは原野に戻っている．

　甲府盆地は笛吹川と釜無川が県南部で合流して富士川となって静岡県を通って太平洋に流れているが，武田信玄をはじめ多くの領主たちが治水に頭を悩ませ，大規模な治水工事が継続されていた．1907年に大災害となった原因として，江戸時代末期か

図2　山梨県民の羊蹄山周辺への移住地[2]

図1　山梨県の水害を伝える1907年8月30日の朝日新聞

ら養蚕業で繭を煮るための燃料として，あるいは蒸気機関の燃料として木材の需要が飛躍的に高まったことから山林が乱伐され，荒廃が進んでいったとの指摘がある．また，1889（明治22）年には県林野の7割が官有地化（御料林）され，これまで住民が行ってきた山の利用が制限されたことから盗伐や放火・失火などが増えて，山林荒廃がより進んだとの指摘もある．

明治40年大水害後，明治政府は治水工事の方針を，河岸の工事や河床の浚渫など，おもに利水のために行う低水工事から，はん濫防止のために，最高水位を計算して堤防工事や放水路の整備などを行う高水工事に変更している．明治初期にあった川を利用して国内の物流を活発にしようとする試みは，その後の鉄道網の急速な発達に取って代わられたという背景もあるとされている．オランダを手本にした低水工事は，河川勾配が急な日本の河川では，すぐに土砂がたまってしまうために効果を発揮できなかったのである．

山梨県でも国庫補助による高水工事が始まり，水害の遠因とされた山林の荒廃の荒廃については，1911（明治44）年3月に御料林が山梨県に下賜となり，恩賜県有財産として山梨県が管理している．

〔饒村 曜〕

文 献

1) 北原糸子, 松浦律子, 木村玲欧編：日本歴史災害事典, 吉川弘文館（2012）.
2) 山梨県：「かいじみうじあむ」のウェブサイト（2014）.

077 夏の少雨

干 ば つ

drought

干ばつとは，長い期間にわたって降水量が少なく，土壌が著しく乾燥して農作物などに被害（干害）を与える現象のことをいう．干ばつをもたらすような少雨は，水資源の不足，すなわち渇水という形で社会全体に影響を及ぼす．干ばつはおもに春から秋にかけての暖候期に発生するが，夏の少雨による干ばつは猛暑を伴うことが多く，水需要が増加するために，その影響がさらに深刻になる．

年降水量の経年変化

図1は，日本の年降水量の経年変化を示す．平年値（1981～2010年の30年平均）からの差である．1920年代半ばまでと1950年代に多雨期がみられ，1970年代以降は年ごとの変動が大きくなっている．1898～2013年の116年間で降水量が最も少ないのが1994年である．この年は春から全国的に高温・少雨となり大規模な干害や渇水が発生した．

1994年の異常少雨と干ばつ・渇水

1994年は春から全国的に高温・少雨であった．梅雨期に入っても前線の活動は不活発で，梅雨明けは平年より1～2週間程度早い地方が多く，九州と四国地方では7月はじめから，中国地方以北では7月10日過ぎから盛夏となり，いわゆる空梅雨であった〈→061〉．梅雨明け後は太平洋高気圧の勢力が強く，晴れて暑い日が8月いっぱい続き，東・西日本では台風，低気圧や前線によるまとまった雨は降らなかった．この梅雨時期に続く盛夏期の少雨で，夏（6～8月）の降水量は東・西日本では平年の半分以下で，地域平均の統計がある1946

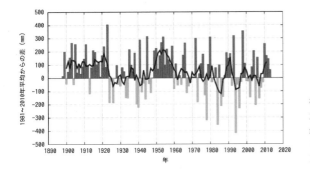

図1 日本の年降水量偏差
棒グラフは国内51地点での年降水量偏差（基準値に対する偏差で，mmで表す）を平均した値．太線は偏差の5年移動平均．基準値は1981～2010年の30年平均値．

～2013年で最少となった．気温も高く，東日本では2010年，西日本は2013年に次ぐ2位で，記録的な猛暑・干天の夏であったといえる．

　このような猛暑・干天をもたらした梅雨前線や太平洋高気圧の動向は，上空を流れるジェット気流の動向の影響を強く受ける．図2は，1994年6月1日～9月30日の対流圏上層200 hPaの東西風の時間緯度断面図で，日本付近の経度である東経130～140度で平均したものである．東西風が最も強い緯度帯を亜熱帯ジェット気流が流れている．平年では，6月はじめには北緯35度付近を流れる亜熱帯ジェット気流は季節進行とともに徐々に弱まりつつ北上する〈→100〉．梅雨明けの時期の7月後半には一気に北上し，8月はじめには北緯45度に達する．これが梅雨明けに対応する．1994年の亜熱帯ジェット気流の季節変化の特徴は，①6月後半は平年の緯度帯にあるが弱い，②平年より早く7月はじめに一気に北上した，③8月には平年よりも北の緯度帯を流れたことである．梅雨前線の活動が活発である条件としてジェット気流が強いことがあり，①は6月に梅雨前線の活動が不活発であったことに関連している．大気循環の観点からは，梅雨明けは亜熱帯ジェット気流が北上し亜熱帯の空気に覆われることであり，②は梅雨明けが平年に比べ早かったことに対応する．③は亜熱

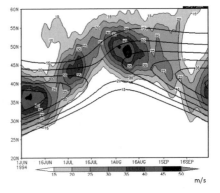

図2 日本付近の経度（東経130～140度）で平均した200 hPaの東西風速の時間緯度断面図
縦軸が緯度で北緯20～60度，横軸が時間で6月1日～9月30日．15日移動平均で，等値線が平年で，等値線間隔は5 m/sで15 m/s以上のみ．陰影が1994年．データソースは，気象庁の長期再解析JRA-55[1]．

帯の空気に覆われる夏の状態が長く続いたこと，すなわち低気圧や前線の影響を受けにくかったことに対応する．このように平年とは異なった亜熱帯ジェット気流の動向が，1994年の記録的な猛暑・干天をもたらした．1994年は，秋に入っても西日本を中心に少雨が続き，秋（9～11月）の降水量は，1946～2013年では2007年に次ぐ2位の少雨であった．

　このような記録的な高温・少雨は，農業に大きな影響を与えた．農林水産省の資

料[2])によれば，1994年5月上旬から10月中旬にかけての少雨と高温による農作物被害は，関東，中国，四国および九州を中心に全国的に発生し，被害金額は1400億円を超えた．おもな被害作物は果樹・野菜・水稲で，水不足による肥大不良，茎や葉のしおれ，枯死などが発生した．また，西日本を中心に，全国各地で深刻な渇水となり，愛媛県の松山市では5時間給水が8月22日～10月21日の2か月間続いた．平成7年版の厚生白書によると，1994年6月1日～12月31日の期間において，42都道府県で水道の時間給水または減圧給水が行われ，影響を受けた人口は全国で1582万にのぼった．秋まで少雨であったこともあって影響が長引き，九州の筑後川では1994年8月4日～1995年5月31日の295日間も取水制限が続いた．この年の渇水は，被害が長期的かつ広域で「列島大渇水」と呼ばれている．

1973, 1978年の少雨とジェット気流

1946～2013年の統計では，夏（6～8月）の西日本と東日本の少雨の2位は1973年，3位は1978年で，両年とも西日本を中心とする大規模な干ばつと渇水が発生した（1973年は高松砂漠，1978年は福岡渇水と呼ばれている）．梅雨期間の降水量が少なく，梅雨明けが早く，盛夏期に降水量が少ないのは1994年と同様である．また，前述の1994年のジェット気流の特徴も，1973年と1978年にも共通してみられる．

〔前田修平〕

文 献

1) A. Ebita et al. : *SOLA*, **7**, 149-152 (2011).
2) 農林水産省統計情報部：平成6年農作物災害種別被害統計（1995）．

078 夏の台風

風 台 風

台風は，凶暴な風や雨を伴う地球上最強の嵐である．ひとたびこの嵐が日本に襲来すれば，人的にも経済的にも甚大な被害が発生する．一般的に，大雨による被害よりも強風による被害が大きい台風は，「風台風」と呼ばれる．逆に，大雨による被害が顕著な台風は「雨台風」である．これらの用語には，科学的に厳密な定義があるわけではなく，すべての台風がどちらかに分類されるわけでもない．しかし，台風被害の状況を調べると，強風による被害なのか，雨に関する被害なのかは明確である．

強風による被害が拡大するときは，勢力の強い台風が日本に直撃する場合である．そのため，台風の勢力が維持されたまま北上しやすい8月や9月頃に風台風は多くなる．2つの典型的な風台風を紹介する．1991年の9月に襲来した台風19号は，青森県などに収穫前のリンゴの落下や倒木・枝折れという被害を出したことから，「リンゴ台風」と呼ばれている（図1）〈→137〉．

図1　1991年台風19号による被害の写真（陸奥新報社提供）
収穫前のリンゴがたくさん落ちている．

表1 風水害などによる保険金の支払い（2014年1月30日まで）[1]

順位	災害名	地域	年月	支払い保険金（単位：億円）			
				火災・新種	自動車	海上	合計
1	台風19号	全国	1991/9	5225	269	185	5679
2	台風18号	全国	2004/9	3564	259	51	3874
3	台風18号	熊本県，山口県，福岡県など	1999/9	2847	212	88	3147
4	台風7号	近畿中心	1998/9	1514	61	24	1600
5	台風23号	西日本	2004/10	1113	179	89	1380
6	台風13号	福岡県，佐賀県，長崎県，宮崎県など	2006/9	1161	147	12	1320
7	台風16号	全国	2004/8	1037	138	35	1210
8	台風15号	静岡県，神奈川県など	2011/9	1004	100	19	1123
9	9月豪雨	愛知県など	2000/9	447	545	39	1030
10	台風19号	九州，四国，中国	1993/9	933	35	10	977

台風19号は，猛烈な勢力を維持したまま，九州を横断した後，日本海を速い速度で移動した（図2）．この台風の通過により，日本海側の地域では非常に強い風が吹いた．青森市で最大瞬間風速が53.9 m/sに達するなど，各地で強風の記録が更新されている．台風19号がもたらした経済損失は大きく，5679億円もの保険金が支払われており，風水害による保険金支払い額のランキング（表1）では1位[1]の事例となっている．

最近の台風としては，2006年9月に発生した台風13号が，沖縄や九州各地に強風被害をもたらし，保険金支払い額のランキング（表1）で6位となっている．毎年のように台風で被害を受けている先島諸島でも，1977年の台風5号以来の30年ぶりの記録的な被害となった．暴風により22世帯が全壊するなど，建物や農業被害が顕著である．建築物被害の多くは，台風が直撃した石垣島に集中している（図2）．被害調査[2]によると，石垣島で全壊した建物は耐風性能が低いものが多かった（図3a）．しかし，鉄筋コンクリートなどでつくられた頑強な建物でも，外壁や窓ガラスの破損が多くみられた．風速30 m/sを超えるような強風は，風圧により建物を直接

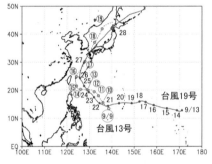

図2 1991年台風19号と2006年台風13号の経路
19号は黒丸に実線，13号は白丸に破線．

的に破壊するだけでなく，しっかりと固定していない看板や瓦を飛散させる．そして，その飛散物が周囲の建物の壁や窓ガラスにぶつかって建物を破壊する二次的な被害を引き起こす．重量の軽い小屋が，民家の上にのりあがる被害も発生している（図3(b)）．

台風13号の石垣島の被害のように，勢力の強い台風が直撃した場所では，強風による被害が顕著になる．また，前述の2つの台風のように，西日本や九州の西側を通過して日本海沿岸に北上するコース（図2）を通る台風でも，強風被害が拡大する傾向がある．北半球の台風に伴う風は，上からみて反時計回りに吹いている．そのため，

(a) 全壊した建物　　　　　(b) 民家の上にのりあがった小屋

図3　2006年台風13号の建物被害

図4　2006年台風13号に伴って発生した竜巻によって横転した列車（福岡管区気象台より転載）

台風の進行方向に対して右側では台風の移動速度がさらに加算されて，風が強くなる傾向がある．船舶関係者は，台風の進行方向からみて右側を「危険半円」と呼んでいて，特に警戒をしている．日本海を抜けるコースの台風は，危険半円が日本列島を広域にかかるため，風台風になりやすい．ちなみに台風の進行方向左側は，風速がやや弱まり船が航海できるという意味で，「可航半円」と呼ばれている．

ほかにも，台風接近に伴う風の被害のなかには，竜巻の発生が関係している場合が多い．たとえば，台風13号の北上に伴って，宮崎県延岡市で竜巻が発生し，JR日豊本線の車両が脱線している（図4）．保険金支払い額のランキング（表1）で3位となっている1999年の台風18号では，台風から約500kmも離れた愛知県豊橋市や豊川市で，4つの竜巻が発生して大きな被害を出している．これまでの研究[3]により，台風の中心から北東象限で竜巻が発生しやすいことがわかっている．

このように，台風は，大雨に対する警戒だけでなく，暴風に対しての警戒も必要である．台風情報には，平均風速15m/s以上の「強風域」や25m/s以上の「暴風域」がある．暴風域の25m/sを超えれば，屋根瓦が飛ぶおそれがあり，人は立っていることが難しい状況である．台風が接近し，強風域や暴風域に入りはじめたら，外は危険ということを認識して，台風が通りすぎるまで屋内にいること，そして，常に最新の台風情報を聞くことが肝心となる．

〔筆保弘徳〕

文 献

1) 筆保弘徳, 伊藤耕介, 山口宗彦：台風の正体, 気象学の新潮流2, 朝倉書店（2014）.

2) 筆保弘徳, 丸山 敬, 林 泰一, 一柳錦平：2006年台風13号および同年11月7日に北海道佐呂間町で発生した竜巻による強風災害に関する調査報告, 2章台風0613号による災害報告, pp.188（2007）.

3) H. Niino, T. Fujitani, and N. Watanabe：J. Climate, **10**, 1730-1752（1997）.

079 夏の台風

迷走台風

　夏に発生する台風は，自転車と同じくらいのゆっくりとした速度で移動し，急に進行方向を変えたり，同じ場所にとどまったりと，不規則な挙動をすることが多い．このような複雑な動きをする台風を「迷走台風」と呼ぶ．

　台風は，おおむね高度3～8 kmの台風近傍で吹く風に流される．この台風を駆動する周囲の風を「指向流」と呼ぶ．北西太平洋の台風に伴う指向流は，偏西風や偏東風，太平洋高気圧の縁辺の流れなどである（図1）．たとえば，2010年10月に発生した台風14号は，偏東風や太平洋高気圧の縁辺の風に駆動されて，南海上をゆっくりと西進した．そして次第に偏西風に駆動されるようになり，台風14号は北東方向へ速い速度で直線的に移動した．南西諸島近海の台風14号のように，移動方向が西向きから東向きへ逆に変わることを「転向」と呼ぶ．北西太平洋の秋の台風が転向した場合，北東に進路をとり速い速度で進む（図2）．

　夏の台風を取り巻く周囲の風は，秋とは異なる．太平洋高気圧が勢力を強めて日本の南海上から日本列島を覆うようになり，風は一般的に弱い．偏西風帯も高緯度側に北上しているので，台風を駆動する影響力の強い指向流が少なくなる．このような環境下では，台風はうろうろと進む（図3）．速度は遅く，ちょっとした気圧配置が変化することで急に進行方向を変える．まさに迷走する．日本近海で迷走した台風の例として，1964年台風14号と16号（図4），1974年台風14号と1996年台風12号（図5）を挙げる．すべて夏の台風である．

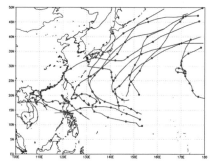

図2　2007～2009年の10月の台風の経路図
黒丸はその日の9時の位置を表す．

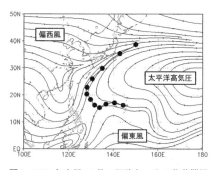

図1　2010年台風14号の経路と，その移動期間の500～700 hPa高度で平均した風[1]
経路は台風に発達する前の熱帯低気圧も含む．

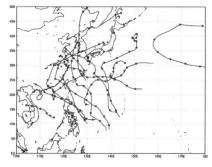

図3　1998～2000年の8月の台風の経路図
黒丸はその日の9時の位置を表す．

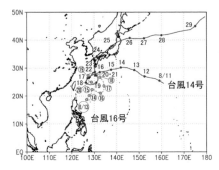

図4 1964年台風14号と16号の経路図
14号は黒丸に実線,16号は白丸に破線.

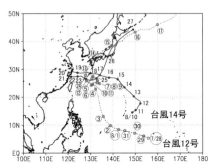

図5 1974年台風14号と1996年台風12号の経路図
14号は黒丸に実線,12号は白丸に破線.

台風の動きが複雑になるメカニズムの1つとして,指向流が弱い環境のほかに,複数の台風が同時に発生したときに起きる「藤原効果」が挙げられる.この藤原効果とは,大正時代に中央気象台長(現在の気象庁長官)を務めた藤原咲平が,1923年に提案したものである.2つの台風が接近すれば,台風自身がもつ風が指向流となり,両者の間の中心または片方の台風を中心としてぐるぐる回ったり近づいたりする傾向がある(図6).1964年の台風14号と16

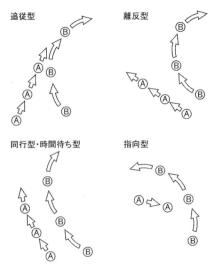

図6 藤原効果の模式図[1]
AとBの台風が進路に影響を与え合う様子.

号は,沖縄南東で互いの中心を回るように移動していて(図4),藤原効果が起きていることがわかる.2つの台風の距離が1000km以下の場合には,その効果が強いという研究もある[2].

この迷走台風は,報道などではよく使われるが,気象庁では使わないほうがよいとされている用語の1つである.そして,2007年に「複雑な動きをする台風」と改称されて,正式には迷走台風が使われなくなった.
〔筆保弘徳〕

文 献

1) 筆保弘徳,伊藤耕介,山口宗彦:台風の正体,気象学の新潮流2,朝倉書店(2014).
2) 石島 英,ナタニエル・セルバンド,宜野座亮:天気,**53**,467-478(2006).

080 夏の台風

塩風

salty wind

塩風は，多量の塩分粒子を含む風のことで，乾燥地帯などの塩類が集積した土壌から強風によって吹き上げられて発生することもあるが，ほとんどは強風により海面から出た海のしぶきが，空中で水分を蒸発させることによって生じる．海上から陸上に吹き込む強風によって運ばれた多量の塩分粒子は植物に付着して葉を枯らし，樹木を枯死させるほか，送電線への付着事故による停電が発生する．これらは塩風害と呼ばれる風害である．なお，塩風害を単に塩害と呼ぶこともあるが，本来の塩害は，海水が侵入して植物が枯れるなどの災害である塩水害（塩水流入）〈→149〉を含んでいる．

塩風害は，発達した低気圧でも生じるが，大規模なものは台風によるものである．塩風害の発生は地域性が強く，かつ対象物によって塩風の抵抗力も異なることなどから，総括的な被害統計を求めることはなかなか困難である．東京電力の送電線被害の統計などから9月が非常に多く，これは大きな台風が襲来するためと考えられている．風速が強まれば強まるほど，海上と海岸線で発生するしぶきの量が多くなって海塩粒子が多量にでき，海岸から離れた場所まで（特に川の流れと風向が同じ，または正反対の場合は，川に沿って海岸からかなり離れた場所まで）運ばれる．塩風害は，一般に風が強いときほど発生しやすいといえるが，雨による洗浄の程度も大きく影響する．たとえば，海からの強風が止んだあと，ある程度の雨が降ると，付着した塩分粒子がかなり洗い流されて塩風害が発生しにくくなる．逆に強風のあと雨がないと，その後の霧や小雨が降ったときに，付着していた塩分が水分を吸収して電気施設では短絡事故が発生しやすくなる（塩風害が発生する）．降水による洗浄効果は，塩分粒子が大きく，降水強度が強く，降水時間が長いほど大きくなる．たとえば，塩分粒子の直径が$7\mu m$の場合，1時間に1mmの雨が30分降った場合は40％，1時間なら60％が洗浄されるという調査もある．

塩風害に対する対策としては，早目に水で洗浄するといった方法などがあるが，防風林を植えたり，塩分が付着しても大丈夫なように，あるいは付着しそうな場所を避けて電気設備などを設置するといった日頃の防災対策が重要である．

日本で台風による塩風害のことが最初に取り上げられた古文書は，『瑠璃山年録残篇』であるといわれている．ここには天正11年8月14日（1356年9月17日）に「塩風吹」とだけ記載されているだけで，どのような被害が出たのかはわからないが，同じ日に近畿・東海道諸国で大風雨が起こっているという他の文献から，かなりの暴風域をもった台風が通過し，その結果として瑠璃山付近で塩風害があったものと思われる．瑠璃山の場所についてははっきりしていないが，田口竜雄によれば，静岡県磐田郡豊岡村敷地付近で，海岸から約20kmのところではないかといわれている．

以後，享保10年7月27日（1725年9月4日）の山形県の塩風害や，文化3年閏8月4日（1816年9月24日）の東京から神奈川県にかけての塩風害などについての記事が古文書にぽつぽつみられる．しかし塩風害について本格的にメスが入れられたのは大正時代になってからである．というのも，それまでは塩風害は他の被害に比べて大きな社会問題にはならなかったからで，近年になってつくられはじめた数多くの電力施設が塩風害の著しい増加をもたらし，問題となってきたからである．

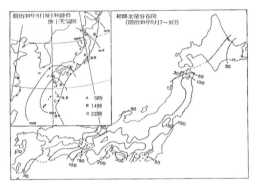
図1 1900年9月の台風経路

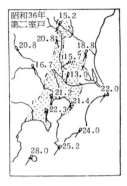
図2 第2室戸台風による塩風害
被害地域と最大風速 (m/s)

1913 (大正2) 年の気象集誌には「塩風に就いて」という朝倉慶吉の論文が載っている．この中で同氏は，1897 (明治30) 年9月8～9日の台風と，1900 (明治33) 年9月27～28日の台風によって起きた横浜地方の塩風害について論じ，塩風害についての調査が必要であると指摘している．

1900年9月8～9日の台風は，図1のように九州の南海上から速い速度で北東進して静岡県に上陸している．横浜地方は，風が最も強くなったのが9日の6時頃であるのに対し，雨はこの頃に止んだようで，雨は主として暴風の吹く前に降っている．そして，暴風の終息した後，樹木も風に面した側の葉は緑が薄れ次第に赤くなり，蔬菜は葉が第一にしぼんで枯れたといわれている．

その後，塩風害に対する調査・研究およびその対策がかなり進んできたが，これが飛躍的に進んだきっかけは，1961 (昭和36) 年9月の第二室戸台風によって引き起こされた大塩風害である (図2)．雨の少なかった九州，東海道，関東地方南部などで，電気施設の塩風害事故が広範囲に起こり，台風通過後何日かおいて，霧か弱い雨のときに事故が起こったところもあった．

1991 (平成3) 年の台風19号では，強風による送電線の切断や塩風害などで，停電率は全国で13%，九州と中国では50%にも達した．台風により海のしぶきが陸地に運ばれることによって生じる塩風害は，風が強く，雨が少ない場合に海岸地方を中心に発生する．近年，電化が著しく進んでいるため，停電により生活は大きな影響を受ける．特に高層住宅に住んでいる人にとっては，停電が断水につながるため深刻となる．このため，送電線は海岸から3km程度くらいまでは，ひだの深い耐塩がいしを用いるなどあらかじめ対策をとっておくのが普通であるが，台風19号は海岸から50kmまで塩分粒子を運んでいるため，このような大規模な塩害が発生した．

中央気象台長として大正から昭和初期の気象業務を牽引した岡田武松が1937 (昭和12) 年に書いた『続測候鎖談 (さだん)』の中に，鹹風 (かんぷう) という話が入っている．1917 (大正6) 年10月1日に東京湾から鹿島灘に抜けた台風により，岡田の郷里の千葉県布佐 (海岸にある船橋付近から40km内陸にある) で鹹風のため杉などの樹木が枯れた話から，1816 (文化13) 年閏8月4日の台風で同じように鹹風が吹いた話，どのくらい内陸に塩分が入るのかを樹葉に着いた塩分を測ってはどうか

という提案の話である．

このときに使われていた鹹風は，いつの間にか塩風という言葉に変わっている．しかし，鹹と塩ではニュアンスが違う．塩には塩田でつくったという意味があり，鹹には，しょっぱいという意味のほかに「からい」という意味もある．厳密にいえば，海のしぶきからできる塩は，にがり（塩化マグネシウム）なども含んでいるため，少しからみがある鹹であり，からみのない塩ではない．戦後の漢字制限などの理由があり，現在は，すべて塩風と表記されるが，実態としては鹹風である． 〔饒村 曜〕

文 献
1) 饒村 曜：続・台風物語，日本気象協会 (1993).
2) 饒村 曜：気象災害の予測と対策，オーム社 (2002).

081　　　　　　　　　　　　夏の台風

乾　　　風

dry wind

乾いた風のことを乾風という．乾風による災害を乾風害といい，風害の1つである．山脈を風が越えて下降気流となると，フェーン現象を起こして湿度が小さくなり，乾風となる．

乾風害が主として植物が生育する夏季に多いことから，乾いた夏の風のことを乾風ということが多い．夏季に非常に乾燥した強風が吹くと植物体内の水分が急激に奪いとられて立ち枯れになるなどの被害が発生する．植物の葉などの表面からの蒸発量は周囲の空気の湿度が低く，風速が大きいほど被害大となる．通常の日変化で湿度が高くなる夜間にこの条件が発生すると植物への影響は大きい．特に，出穂期の水稲は，フェーン現象などで乾燥した強風が吹くと，「白穂」になりやすい（図1）．白穂は，イネ科の農作物が水分の異常な欠乏により白色に枯れ上がることで，出穂期の穂が軟弱なときに起きる．葉からの急激な蒸散に根からの水分補給が間に合わず，受精が障害を受けて不稔となる．その後，乾燥状態

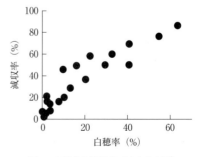

図1　白穂率と減収率（はえぬき）[1]

表1 出穂期と白穂の発生（2000年8月の庄内支場）[1]

品　質	出穂期	白穂の有無
はえぬき	8月6日 8月8日 8月10日	無 無 有
コシヒカリ	8月8日 8月10日	無 有
福島4号	8月9日	無
山形76号	8月11日	有

ではなくなっても，収量が回復することは難しい．

山形県では，2000年8月12〜13日に台風9号に伴うフェーンが発生し，松山町，立川町，平田町，藤島町を中心に水稲の白穂などの被害が発生している．山形県立農業試験場庄内支場の調査では，白穂などの発生は，夜間の長時間の低湿と局地的な強風により，出穂期から穂揃期の水稲でみられた（表1）．そして，白穂率と収量とは高い相関があり，白穂率が高くなると減収率も高くなり，しかも品質が低下している（図1）．　　　　　　　　　〔饒村　曜〕

文　献
1) 農業・食品産業技術総合研究機構：平成12年の白穂等の発生による水稲被害の特徴．

夏の台風災害

明治22年大水害

1889年8月

1889（明治22）年8月19〜20日に紀伊半島を中心に発生した大水害は，奈良県南部の十津川村とその周辺および和歌山県に大規模な土砂災害と洪水をもたらした．この災害の誘因となった大雨は，台風（ここでは明治22年十津川台風と称す）によりもたらされたもので，犠牲者は奈良県南部で245名（『吉野郡水災誌』[1]），和歌山県で1247名（『和歌山県災害誌』[2]）にのぼった．壊滅的な被害のため，一部住民が北海道に移住し，新十津川村（現 新十津川町）をつくったことで知られている．紀伊半島で発生した大規模な深層崩壊を伴った土砂災害は，明治以降のわが国の土砂災害の中で最も規模が大きい．

2011（平成23）年には台風12号（以下，台風12号と称す）のため，再び奈良県南部，和歌山県に戦後最大規模の土砂災害が発生したが，さまざまな点で明治22年の

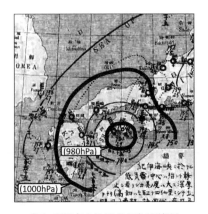

図1　1889年8月19日6時の天気図

水害と類似していることがわかってきた〈→089〉．

図1は，中央気象台（現 気象庁）により作成された，明治22年十津川台風が高知県東部に上陸する直前の1889年8月19日6時の天気図である．このときの高知の気象は，気圧978 hPa，北西の風29 m/s以上と記録されており，台風の中心気圧は約970 hPaと推定される．この台風は日本の南海上から毎時15 km弱の遅い速度で北ないし北北西に移動し，19日6時過ぎに高知県の東部に上陸し，その後も同じような速度で北上を続け，翌日20日の早朝に日本海に抜けた．この間，約993 hPa（745 mmHg）の等圧線の大きさは19日6時の約400 kmから，19日21時には約250 kmにまで小さくなり，勢力は弱まっている．しかし，総雨量の最も多かった和歌山県田辺市付近の雨は台風の中心が瀬戸内海付近にある19日14時以降のほうが強い．

このときの奈良県南部の気象状況と災害については，吉野郡水災誌[1]に詳細がまとめられている．それによると，雨は8月17日に降りはじめた．雨は最初弱かったが，18日は強風を伴い，19日にはさらに強くなり，夜には雷を伴う激しい大雨となった．20日天気は回復した．

当時の雨量については，和歌山測候所とその管内観測所の記録が残されている（表1）．14時を日界とした「日雨量」は，最も雨の多かった海岸付近の田辺で，8月18日の14時までの24時間に25.4 mm，19日368.3 mm，20日901.7 mmで，総雨量は1295.4 mmに達した．観測所の記事によると田辺の雨は20日6時には止んでおり，901.7 mmは19日14時〜20日6時の実質16時間の雨量である．

吉野郡水災誌によると，十津川村および周辺の村では，崩壊箇所の大きさが縦横それぞれ約90 m（100間）以上の土砂災害

図2 明治22年十津川村の斜面崩壊の分布[3]

表1 明治22年十津川水害時の日降水量（mm）

	18日	19日	20日	計
田辺	25.4	368.3	901.7	1295.4
湯浅	20.3	127.0	520.7	668.0
和歌山	4.5	86.2	20.0	110.7

前日14時から当日14時までの雨量．

が1147件発生した（図2）．

また，大規模な崩壊により天然ダムが53か所できた．そのうちの小川新湖は湖の長さ4 kmに達し，そのダムをつくった崩壊の規模は，縦約1600 m，横約650 mである．53か所の崩壊土砂の総量は約2億m^{3}で，台風12号による紀伊半島全体の崩壊土砂の2倍以上になる．これらの天然ダムの大部分は崩壊し，一部は下流地域に洪水をもたらした．約1か月後の9月11日〜12日の大雨では，多くの天然ダムが崩壊し，熊野川下流の新宮市で大規模な洪水が発生している．

和歌山県災害誌によると，和歌山県でも大規模な土砂災害が発生しており，洪水の被害も甚大で，富田川，会津川，日高川，

表2 明治22年十津川台風と平成23年台風12号の比較

		明治十津川台風	台風12号
土砂災害	土砂崩壊量	奈良県南部で約2億 m^3 以上	紀伊半島で約1億 m^3
	天然ダムの数	奈良県南部で53か所	紀伊半島で17か所
雨量 (和歌山県)	雨量計の数	和歌山県内に5	和歌山県内に約160
	16時間雨量（最大）	田辺 901.7 mm	新宮市高田（自治体）909 mm
	72時間雨量	田辺 1295.4 mm	新宮市高田（自治体）1390 mm
(奈良県)	72時間雨量（十津川）		十津川村風屋 1294 mm
台風	台風上陸地域	高知県東部	高知県東部
	日本海へ抜けた位置	鳥取県	鳥取県
	台風上陸直前の中心気圧	970 hPa (1889年8月19日6時)	980 hPa (2011年9月3日9時)
	台風上陸直前の1000 hPaの大きさ	約600 km	約800 km
	上陸後1日の速さ	約14 km/h	約10 km/h

有田川，みなべ川の各流域を中心に犠牲者が出ている[4]．

天気図により明治22年十津川台風と台風12号を比較すると，2つの台風の経路，1000 hPaの等圧線の大きさ，いずれもきわめて類似していることがわかった[4]．

台風12号により甚大な災害の発生した十津川村の雨量は，明治十津川災害時に観測された田辺とほぼ同じ雨量だが，海岸部の田辺は，明治十津川災害の多発地域からは少し外れており，明治十津川災害のほうが規模が大きいことから，明治十津川災害の災害多発地域においては，より多くの雨が降った可能性がある（表2）．

台風12号による大雨災害は，112年前の明治22年の記録的な大水害と類似しているが，これらの災害をもたらした2つの台風に類似性が高いことは特筆すべきである．過去の歴史的な災害をもたらした現象と対比しながら，今後可能性のある災害に結びつけることは，過去災害の教訓として，防災の観点からも重要である．

〔牧原康隆〕

文 献

1) 宇智吉野郡役所：吉野郡水災誌 (1891).
2) 和歌山県：和歌山県災害誌 (1963).
3) 千葉徳爾：水利科学, **19**(2), 38-54 (1975).
4) 牧原康隆：天気, **59**, 151-155 (2012).

夏の台風災害

別子銅山台風

1899年8月

別子銅山などでの災害

1899（明治32）年は8月14日は九州南部で，8月27日は四国で，10月7日は関東でと，相次いで台風により大きな被害が出た（図1）．

8月14日に鹿児島県に上陸し，九州から中国地方に進んだ台風では，鹿児島測候所で最大風速57.9 m/sを観測するなど九州南部で船舶破損や家屋の倒壊が相次いだ．鹿児島県の被害は，死者113名，住家全半壊23,000棟，船舶破壊1000隻であった．

8月28日に高知県に上陸し，四国を縦断した台風では，四国と岡山・兵庫県を中心に死者が1000名以上という大きな被害が発生した．愛媛県の被害は死者・行方不明者934名，全壊140戸，浸水1750戸などであったが，そのほとんどが，日本の輸出の花形産業として足尾と並んで急激な増産が続いていた新居浜の別子（べっし）銅山であった（図2）．非常に強い風と雨で，同時に各所で山崩れがあり，炭坑労働者の家族宿舎が一気に流出・倒壊して甚大な災害が発生している．ただ，炭鉱内にいた56名は無事だった．

元禄年間（1690年代）に発見された別子銅山は，大阪の泉屋が徳川幕府から請け負って経営をしていたが，世界的にも大きな層状含銅硫化鉄鉱床で，1973（昭和48）年の閉山までに銅量にして70万tに達する鉱石を生産している．江戸時代は産出した銅の大部分は長崎から輸出されたが，明治時代になり，泉屋が住友本社に改組されても，ここでの銅が重要な輸出品であったことには変わりがない．発見当初は年産1500tを超えていた産銅量は，江戸時代末期には年産600t以下に落ちるが，大正時代には12,000～3000tにまで急増している．1896（明治29）年当時，鉱業所本部をはじめ，病院や小学校，従業員の宿舎は山の中にあり，そこには5000名がいたと推測されている．長い間の銅の採掘に伴って山の木々が伐採され，精錬で放出される煙によって木の生育が阻害されたことにより，山の地肌が露出し，山の保水力が落ちていることから風水害が起きやすいと懸念されていたなかでの大雨であった．香川県多度津測候所の観測では，台風接近中は東よりの風で，風が強まってきたのが8月

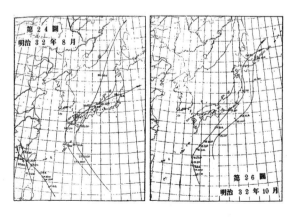

図1　明治32年8月と10月の台風経路図

図2 別子銅山変災の図[1]

28日8時30分頃からで，9時16分には急に南転して西に変わっている．9時0分に最低気圧724.4 mmHg（966 hPa），9時35分に最大風速（20分平均）52.5 m/sを観測していることから，台風の中心が多度津のすぐ西を北上していったと思われる．

香川県では暴風の時間が短かったものの製糸工場や高等女学校の倒壊が相次ぎ，死者340名，負傷者971名，家屋全壊11,760戸であった（官報による）．徳島県は11名が死亡するなどの被害が発生した．また，高知県も，高知市を中心に暴風被害が相次ぎ，県庁や裁判所，警察署など，行政上重要な建物まで被害が発生し，5名が死亡した．

兵庫県の被害は，建物倒壊や倒木など，暴風によるものが主で，姫路市や赤穂郡など県の南西部を中心に，死者92名などであった．赤穂郡では12,000戸のうち4400戸も被害を受けている．また，塩田も大きな被害を受け，これまで蓄えてきた塩の原料ともいうべき中間生産物まで流され，製塩従事者の雇用問題にまで発展している．

岡山県では，暴風により，岡山市内の紡績工場や缶詰工場などが倒壊し，山陽鉄道や電信が一時不通となっている．死者・行方不明者130名で，倒壊家屋は4435戸であった．

輸出のため増産が続く産業での災害

明治初期に五島列島近海で発見された赤珊瑚は，その色や質，採取量から世界一の五島珊瑚として名声を博し，生糸や銅と並んで，日本の主要な輸出品となっている．このため，小さな手こぎ船が多数出漁し，台風などによって全滅に近い遭難が繰り返されている．1905（明治38）年8月7～8日に東シナ海を北上した台風では，五島列島付近で長崎県の珊瑚採取船が大量遭難し，219名が死亡している．また，翌1906年10月22～24日に東シナ海をゆっくり北上した台風では，死者1300名という大惨事が発生している．

別子銅山を台風が襲った1年前の1898（明治31）年9月6日に愛知県に上陸した台風は，東北地方を縦断して北海道を襲い，全国で死者300名という被害を出した．北海道では大雨で全耕地の5分の1以上が冠水し，1万人以上の入植者が北海道から内地に引き上げざるをえなくなっている．また，約1か月後の10月7日，静岡県に上陸し，関東を通って福島県沖に進んだ台風により，日本鉄道会社の上野発福島行きの18両編成の列車が栃木県の箒川鉄橋（長さ320 m，高さは水面より6 m）において

暴風のため転覆し，8両あった客車部分が箒川へ転落し，詳細な人数は不明であるが，約20名が亡くなり多数の負傷者が出ている．

このように，1897（明治30）年頃の気象災害は，急速に開拓が進められた北海道や，日本が外貨獲得のため，急激に増産となっている鉱産物や水産物の産業，そして産業のインフラとして整備が進められてきた鉄道網を襲ったのである．

別子銅山を台風が襲ってから2年後の1901（明治34）年8月28日には，角野村瑞応寺境内に「別子鉱山遭難流亡者碑」が建てられ，その碑には遭難者の生前のはたらきに深謝し，遺体を発見できなかった300名についても合祀して慰霊する旨が刻まれている．別子銅山では，製錬設備や従業員の住居をそのまま再建することは，水害防止という観点から見送られ，別子鉱業所を海辺の新居浜へ移転している．また，煙害防止のため建設中の瀬戸内海にある四阪島製錬所の竣工を急いでいる．さらに，採掘場の砂防のため，将来の材木需要や水源確保のために計画的な植林が進められ，それまでの年間135万本から年間200万本へ強化している．　　　　　〔饒村　曜〕

文　献

1）東陽堂：明治三十二年八月各地災害図会，風俗画報（1899）．
2）前田直吉：八月二十八日ノ暴風雨，気象集誌，大日本気象学会（1899）．
3）中央気象台：日本颶風資料（1944）．
4）中央気象台：日本台風資料第3巻 台風に伴う降雨量分布図（1950）．

 084　　　　　　　　　　　夏の台風災害

明治43年洪水

1910年8月

荒川は，近世後期には古利根川に合流して江戸湾に注いでいたが，江戸の町を水害から守るため，1629（寛永6）年に入間川へと瀬替が行われ，荒川は江戸の北部から東部を流れ，千住以南を隅田川と名前を変えて江戸湾に注いでいた．このため，入間川流域は水害が頻発するようになったものの，江戸の町だけは，千住から上流に広がる遊水地と，右岸の日本堤，左岸の墨田堤によって，墨田川本流の洪水から守られてきた．しかし，近代に入ると，都市圏が広がり，洪水常習地帯でも工場や住宅が広がったことから荒川の洪水対策が重要になってきた．

1906（明治39）年に「荒川筋河川改修ノ提案求ムル建議案」が出されるなど，東京の都市開発によって荒川は現状では増水の場合に許容範囲を超えはん濫の危険性があるとして，荒川下流から隅田川にかけての放水路をつくる計画がいくつも出された．埼玉県でも，放水路ができれば，荒川の広大な遊水地を活用できるとしてこの計画を注視していた．この計画の実現に拍車をかけたのが，1910（明治43）年の水害である．

1910年はハレー彗星が地球に接近し（最接近は5月），日本中で大きな厄があるのではないかという流言がとびかった年である．この年の関東，東海地方は，梅雨明けが遅れ，8月上旬になっても梅雨前線が関東から中部地方の南海上に停滞し，8月6日からこの前線に向かって南から湿った空気が流入し，関東，東北，中部の各地で大雨となった．総雨量は箱根で1000 mmを

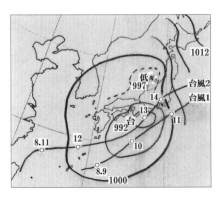

図1 1910年8月の台風経路と8月14日6時の地上天気図（文献6）などから作成）
図中○は6時の位置．

図2 下谷，三ノ輪方面の大惨事（絵葉書より）

超え，関東各地で300～500 mmの大雨となった．その後，8月9～12日に日本の南岸を東北東進した台風と，14日に静岡県沼津市付近に上陸して甲府から群馬県西部を通過した台風により，中部～関東，東北地方南部が暴風雨となった（図1）．浜松測候所では9日の日降水量344 mmに達し，山沿い地方を中心に700 mmを超す大雨となった．各地で河川がはん濫し，東京東部は荒川の濁流が権現堂川などに合流してさらなる洪水を引き起こして，綾瀬川沿岸に沿って下り，すでに浸水していた荒川下流域に押し寄せて大洪水に発生するなど，利根川，荒川，多摩川などの堤防7000か所が決壊した．明治43年洪水は，東京府下だけで浸水家屋が18万戸を超え，関東では明治期最大で，1783（天明3）年の洪水以上といわれる．被害が甚大だったのは，荏原，北豊島，南足立，南葛飾郡の4郡と，東京市下谷，浅草，本所，深川の4区であった．著述家の大槻如電は，「かかる洪水は江戸始って以来である．天明の大洪水の折にも権現堂の堤が決壊したが，このときは向島の方面までであって，今回のようなことはない」と記している．

全国各都県の被害は，死者・行方不明者1359名（宮城360，埼玉292，群馬283，千葉79，静岡67，東京48など），全壊・流出家屋6400戸（埼玉1600，群馬1200，茨城1100など），浸水家屋52万戸（東京18万，埼玉9万など）であった．なお，このときの雨量の分布と被害の状況は，1947年のカスリーン台風とよく似ている．

1910年以降，群馬，埼玉，茨城，栃木，千葉の各県と東京府を含めた1府5県が治水費の地方負担を受けもつようになり，利根川治水の中で，東京府が初めて前面に登場することになった．

荒川，隅田川，江戸川，綾瀬川などのはん濫によって，浸水家屋27万戸，被災者150万名の大きな被害を生んだ東京では，1910年の大洪水を契機に荒川の改修計画が策定され，翌年より岩淵から中川河口まで，全長22 km，幅500 kmにも及ぶ大規模な放水路を開削する荒川放水路事業が着手された．第一次世界大戦後の不況や関東大震災などで困難をきわめたが，パナマ運河建設に携わった唯一の日本人である青山士の指導のもと，のべ310万名が動員されて，約20年後の1930（昭和5）年に全長22 km，幅500 mの荒川放水路が完成した．

政府は，1896（明治29）年（1896）の河川法，翌年の砂防法，森林法という治水三法を制定したばかりであったが，明治43年洪水を契機として内務省に臨時治水調査会を設置し，治山・治水対策について

の決議を採択している．これを受け，農商務省では，第1期森林治水事業が翌年にあたる1911（明治44）年より18か年計画で開始した． 〔饒村 曜〕

文献
1) 中央気象台：台風に伴う降雨量分布図（1950）．
2) 饒村 曜：続・台風物語，日本気象協会（1993）．
3) 饒村 曜：明治時代の台風と気象事業（II），気象，日本気象協会（1996）．
4) 北原糸子，松浦律子，木村玲欧編：日本歴史災害事典，吉川弘文館（2012）．
5) 東京天文台編：理科年表，丸善（2013）．
6) 中央気象台：気象要覧，1910．

夏の台風災害

周防灘台風

1942年8月

　1942（昭和17）年8月21日にサイパン島の東約500 kmの海上付近で発生した台風は，その後北西進しながら発達した．当時，資料の少ない海上では（現在と違い飛行機観測も気象衛星による観測もなかった），中心気圧の決定は，周囲の資料から推定するしか方法がなかった．この台風は，鹿児島県阿久根の最低気圧946 hPa（27日14時52分，中心から約25 km）などから，南大東島を通過した26日頃より，北へ向きを変え九州へ上陸した27日までが最盛期で，935 hPa内外の示度であったと推定されている．

　この台風による被害は，死者・行方不明者1158名（このうち山口県794名，広島県179名），傷者1438名，家屋全壊33,283戸，同流失2605戸，堤防決壊1411か所，船舶流失沈没3936隻となっている．このように大きな被害となったのは，この台風が高潮を伴ったためである．図1は，この台風の1時間ごとの位置と，西日本各地の高潮を図にしたものである．瀬戸内海西部で1～2 m（特に周防灘），九州北岸玄海灘に面した場所において0.5～1 m，有明湾において1 m弱，その他1 m以内であるが広範囲にわたって高潮が発生している．台風による高潮としてのこの数値は，大きい値ではあるが，必ずしも驚異的なものではない（室戸台風における大阪湾の場合は約3 m）．

　有明海側では大潮の干潮時と重なったため，気象潮の割には高潮の被害が小さかったものの，周防灘では大潮の満潮時と重なって，室戸台風以来の高潮被害を起こし

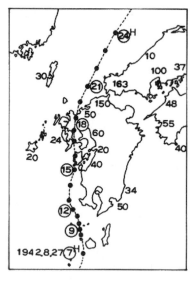

図1 1942年8月27日に九州に上陸した台風による高潮
単位cm. ○中の数字は時刻.

ている(このため,この台風を"周防難台風"と呼ぶことがある).加えて,被害地域は干拓地が多く,また,海岸低地には工業都市が発達していたこと.瀬戸内海はこれまで,このような災害に見舞われた経験が少なく,そのためか防災設備が不備だったこと.そして,気象報道管制下であったために,台風についての情報が住民にほとんど伝わらなかったことも,被害を大きくした原因として指摘されている.

この台風災害については,当時大きく報道されることはなかった.そして,その後,中央気象台がこの台風について精力的にまとめた調査報告「秘密 気象報告第6巻」は,一般の人々の目にふれることはなかった.この調査報告は,台風研究(特に高潮について)に有力な資料であるにもかかわらず,戦後,秘密扱いでなくなった後でも,あまり利用されていない.「秘密 気象報告」があることさえ知られていないからである.この報告の冒頭には,「本書ハ軍事上秘密ヲ要スル気象上重要ナル事項ヲ含ムヲ以テ之ヲ厳重ニ保管其ノ保管状態ニ変動ヲ生ジタル場合ハ遅滞ナク発行者ニ報告シ用済後不用トナリタル場合ハ直チニ発行者ニ返却スベキモノトス」という注意が載っている.しかし,この報告を読んでみると軍事上秘密を要する報告という感じはしない.

この台風が西日本に大きな爪跡を残した頃の戦局というと,開戦以来の日本軍の破竹の快進撃は止まり,6月5日のミッドウェー海戦の敗北に続いて,8月7日にアメリカ軍のガダルカナル島上陸があり,本格的攻撃が始まりつつあった.

〔饒村 曜〕

文 献

1) 饒村 曜:続・台風物語,日本気象協会 (1993).
2) 藤吉洋一郎監修:20世紀日本大災害の記録,NHK出版 (2002).

夏の台風災害

キティ台風

1949年8月

横浜港に開港以来の高潮

1949（昭和24）年8月28日に南鳥島近海で発生したキティ台風は，31日10時頃八丈島を通過後，進路を北よりに変え，19時過ぎ神奈川県小田原市の西に上陸した（図1）．八丈島（東京都八丈町）では最大風速33.2 m/s（最大瞬間風速47.2 m/s），横浜で35.2 m/s（同44.3 m/s）を観測するなど，東海，関東，北日本の日本海側で暴風が吹き，台風の通過と満潮時刻が重なった東京湾では1917（大正6）年以来の高潮が起き，横浜港では推算潮位より1m以上高くなって停泊中の90隻中26隻が沈没するという開港以来の被害が発生した（図2）．東京でも荒川沿いと多摩川沿いの低地に高潮が河川や水路を遡上して進入し，新荒川沿岸堤防の決壊により，荒川沿いに広がるゼロメートル地帯は，ほぼ全域が浸水した．キティ台風以降，広い範囲の大雨による大河川の洪水被害は，防災対策が進んだために減り，キティ台風時の降水のように，まとまった地域が浸水するということは減ってきている．しかし，都市化とともに昔なら住まない崖の下や低地に住むようになり，農地の宅地化が急速に進んだ結果，都市を流れる河川へ急速に雨水が流れ込むことによる水害が増えている．このため，最近では，広い範囲に比較的狭い浸水地域が散在する形になっている．

台風は，その後東京西部，埼玉県熊谷市付近を通って9月1日0時頃新潟県柏崎市付近から日本海に抜けた．山岳部では降水量が多くなり，群馬県東村沢入では土砂災害で32名が生き埋めになった．渡良瀬川上流部で堤防決壊するなど，小口川のはん濫が相次いだ．また，鏑川（かぶらがわ）では木造で長さ158 mの鏑川橋が，その4分の3を流失した．

台風の被害は中部地方から北海道に及び，死者・行方不明者160名，負傷者479名，住家被害17,203棟，浸水家屋144,060棟などであり，2907隻の船舶が被害を受けた．また，台風通過後には赤痢が発生し，戦後間もない混乱期の人々に追い討ちをかけた．

太平洋戦争後の気象業務は，1952（昭和

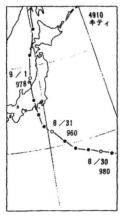

図1 キティ台風の経路
図中○は9時の位置．

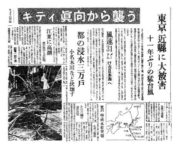

図2 キティ台風を伝える1949年9月1日の朝日新聞

27) 年の連合軍占領終了まで，連合軍司令部によって細部まで管理され，中央気象台の台風予報は，1947（昭和22）年5月からアメリカ極東空軍の発表と一致させている．キティ台風という名称は，1947年からアメリカ軍が台風につけていたアルファベット順の女性名を，カタカナ表記で使ったことによる．

防災の日

1947年のカスリーン台風による大洪水（利根川中流で破堤）に続く，1949年のキティ台風による洪水（渡良瀬川，鬼怒川で被害）は，利根川下流域での堤防かさ上げや河道浚渫などの利根川の洪水対策を本格化させている．

キティ台風による災害の後に，当時の大阪管区気象台長の大谷東平は，「9月1日は二百十日である．日本の国民全部が台風のことを思い出す日である．しかも，昭和13年と昭和24年には東京付近がこの日に台風の襲来を受け，二度とも高潮の被害まで受けている．又9月1日は関東大震災の起こった日でもある．東京・横浜の大半は震災に焼かれて，10万人の死者を出した日であるから地震の災害を思い出すのに最も意義のある日である．こんなことから，9月1日を『天災を顧みる日』とせよ」と提唱している．「防災の日」が具体化したのは，1960（昭和35）年6月17日の閣議了解であるが，その直接のきっかけとなったのは，前年9月の伊勢湾台風である．

〔饒村 曜〕

文 献

1) 饒村 曜：台風物語，日本気象協会（1986）．
2) 饒村 曜：続・台風物語，日本気象協会（1993）．
3) 藤吉洋一郎監修：20世紀日本大災害の記録，NHK出版（2002）．

　夏の台風災害

宮古島台風

1959, 1966, 1968年

沖縄本島の南西約300 kmにある宮古島（面積158 km^2）を中心に襲った台風のことで，これまでに3つある．（第一）宮古島台風，第二宮古島台風，第三宮古島台風は，いずれも琉球の本土復帰前であり，沖縄では台風番号ではなく，アメリカ軍の発表する女性名で，順にサラ（Sarah），コラ（Cora），デラ（Della）と呼ばれ，記憶されていた．

（第一）宮古島台風

1959（昭和34）年9月15日に沖縄の宮古島を通過し，東シナ海を北上して対馬海峡を通って日本海に入った台風14号のことで，宮古島では最低気圧908.4 hPaを観測したため，琉球気象庁が命名した（当時の沖縄はアメリカ軍政下にあり，琉球の本土復帰と沖縄県の発足は1972年5月15日）．暴風域が半径300 kmと広かったこともあって宮古島では長時間にわたって

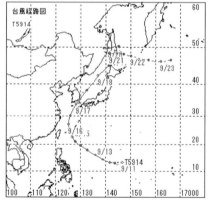

図1　宮古島台風の経路

の暴風となり，宮古島で最大瞬間風速は64.8 m/sを観測した．宮古島では全壊家屋4000戸，半壊家屋6000戸と，ほとんどの家に被害が出た．宮古島と通過した台風はその後加速し，やや衰えながら時速35 kmで17日9時に対馬海峡に達した．九州上陸はしなかったものの，長崎県を中心に，熊本，鹿児島，佐賀，山口の各県では強風と大雨となった．台風はそのまま日本海を北上し，北海道沿岸部にも影響を与えた．宮古島台風の被害は関東を除く全国に及び，死者・行方不明者99名，住家被害16,632棟，浸水家屋14,360棟，船舶被害778隻などであった．なお，浸水家屋の多くは，宮古島台風が接近した長崎県であり，船舶被害は福岡県と北海道沿岸部である．しかし，この1週間後に伊勢湾台風により東海地方を中心に大きな被害が発生したため，沖縄を除くと，多くの国民は宮古島台風への記憶が薄れている．

第二宮古島台風

1966（昭和41）年9月5日に宮古島付近を北西に通過し，中国大陸に上陸した台風18号のことで，宮古島では最大瞬間風速は85.3 m/sを観測と，平地で観測された数値としては日本最大の猛烈な風であった（最大風速は60.8 m/s，最低気圧928.9 hPa）．台風の速度が時速10 kmと遅かったため，宮古島では32時間にわたって暴風雨が吹き荒れ，ほとんどの家が被害を受けた．住家被害は，宮古島と石垣島を中心に，7765棟などであった．当時の宮古島はサトウキビが主力作物で，この年は空前の豊作が予想されていたが，台風18号の海水を伴った暴風によってなぎ倒され，70％以上が収穫不能という壊滅的被害が出た．気象庁では，宮古島を中心に大きな被害をもたらした台風18号について，琉球気象庁からの要請もあって9月21日に第二宮古島台風と命名している．すでに，琉球気象庁によって宮古島台風が命名されているので，「第二」としているが，宮古島台風とは台風の経路は似ていない（図2）．また，このとき，気象庁は1959年の台風14号を宮古島台風と遡って命名している．

第三宮古島台風

1968（昭和43）年9月22日夜半に宮古島を通過し（宮古島の最低気圧は942.5 hPa），鹿児島県串木野市付近に上陸した台風16号のことで，台風は上陸後急速に衰えながら九州西岸を北上し，佐賀県から長崎県にループ状に向きを変え，25日12時に熱帯低気圧に変わったが，台

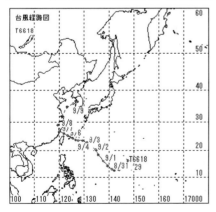

図2　第二宮古島台風の経路

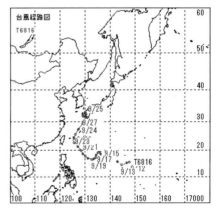

図3　第三宮古島台風の経路

風の北上に伴って西日本の南海上にあった前線の活動が活発となり，23日から27日にかけて九州東部から紀伊半島南部では大雨となり，三重県尾鷲では806.0 mmの日降水量を観測した．宮古島の最大風速は54.3 m/s（最大瞬間風速79.8 m/s），久米島で最大風速43.7 m/s（最大瞬間風速62.4 m/s），鹿児島県枕崎で最大風速37.5 m/s（最大瞬間風速50.1 m/s）を観測するなど台風の中心付近では暴風が吹き荒れた．このため，被害は近畿以西で死者11名，住家被害5715棟，浸水15,322棟などの被害が発生した．特に，宮古島では暴風により住家や農作物被害が，鹿児島県では塩風や高潮による被害が，西日本の太平洋側では大雨による浸水害が顕著であった．

〔饒村　曜〕

文　献

1) 東京天文台編：理科年表，丸善 (2013)．

088　夏の台風災害

飛騨川豪雨

1968年8月17日

　飛騨川豪雨は，1968年8月18日の岐阜県での集中豪雨で，白川町の飛騨川沿いの国道41号では土砂崩れで足止め中の観光バス2台が，さらに発生した土砂崩れによって増水していた飛騨川に転落し，乗員乗客107名のうち104名が死亡するという，日本のバス史上における最悪の事故が発生した．東シナ海を西に進んでいた台風7号は，8月14日夜に進路を急に北東に変え，16日には対馬海峡を通過して日本海を進み，17日夕方には沿海州で温帯低気圧となっているが，この低気圧から伸びる寒冷前線が通過する際に，寒冷前線が南西に向かって太平洋上の高気圧から暖かい湿った空気が「湿舌」のかたちで入り込んだため，岐阜県を中心に大気は非常に不安定な状態となり，各地で大雨となった．特に，岐阜県では岐阜地方気象台が8時30分に大雨・洪水・雷注意報を発表し，17時15分にいったんすべて解除，20時には雷雨注意報を発表し，22時30分には大雨，洪水警報に切り替えているが，夜半にかけて美並村114 mmなど1時間雨量が100 mmを超える集中豪雨となり浸水や山崖崩れが相次いだ．しかし，当時はリアルタイムで気象情報を把握することは難しく，運悪く山岳地帯にいたバスが大雨・洪水警報のラジオ放送を受信できなかったのも災害の一因と考えられている．また，土砂崩れがあった国道41号線は，たびたび土砂崩れが発生していたにもかかわらず，危険を示す道路標識などがなかったことなどから，1974年に名古屋高等裁判所は国の道路管理責任を認め，賠償金を支払うよう命じる判決を

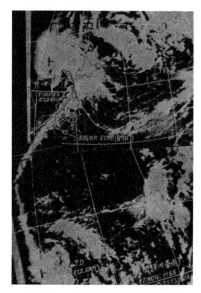

図1 1968年8月17日10時頃の気象衛星「エッサ8号」による赤外画像の合成図[1]

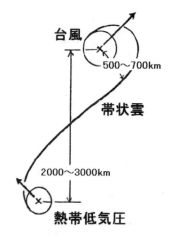

図2 飛騨川豪雨や七夕豪雨の大雨パターン[1]

している.

京都府でも大雨による浸水害や停電が多発し,台風7号が接近した長崎県の対馬近海では,多数の漁船が遭難した.8月15～18日の台風7号と前線による被害は,西日本を中心に,死者・行方不明者133名,住家被害443棟,浸水家屋14,662棟,船舶被害88隻などであった.

気象庁では,1968年8月からアメリカの気象衛星画像を受信しているが,飛騨川豪雨という,これまで知られていなかったパターンの大雨を観測できた(図1).これは,南北に2つの熱帯低気圧(台風)があるとき,その間に,この2つの熱帯低気圧を結ぶように,長大な帯状の雲が現れ,その雲の中で集中豪雨が起きるというものである(図2).南北の熱帯低気圧は2000km以上も離れているにもかかわらず,それを連結する帯状雲の幅が200km程度と,非常に細長いという特徴があり,この帯状雲が動かずに1か所にとどまると,そこで記録的な雨量となるというパターンの大雨である.飛騨川豪雨から6年後の1974年7月7日,同様の大雨パターンで静岡市を中心に七夕豪雨と呼ばれる集中豪雨が発生するように,飛騨川豪雨の大雨パターンはそれほどまれな現象ではない.気象衛星の登場により,大雨時には,長大な,あるいは細長い雲パターンが現れることなど,大雨をもたらす雲の様子が詳細にわかり,予報技術を飛躍的に向上させている.1977年の静止気象衛星「ひまわり」を筆頭に,機能が進化した後継機が打ち上げられている.

〔饒村 曜〕

文 献

1) 岡林俊雄,黒崎明夫:気象衛星写真の解釈と利用特集,海の気象,海洋気象学会(1976).
2) 藤吉洋一郎監修:20世紀日本大災害の記録,NHK出版(2002).
3) 東京天文台編:理科年表,丸善(2013).

089 夏の台風災害

平成23年台風12号

2011年9月

2011（平成23）年台風12号は，四国，中国地方を縦断し，紀伊半島を中心に記録的な大雨をもたらした．このため，大規模な土砂災害や洪水が発生し，死者・行方不明者は98名に達した．2015年4月現在，95名以上の犠牲者が出た台風は1982年の台風10号（95名）以降では，2004年の台風23号（98名）とこの台風のみである．

台風12号による紀伊半島の土砂災害は「明治22年大水害（ここでは明治十津川災害と称す）」以来といわれている．明治十津川災害は1889（明治22）年8月，台風による大雨が奈良県南部と和歌山県を中心に甚大な被害をもたらしたもので，壊滅的な被害のため，一部住民が北海道に移住し，新十津川村（現 新十津川町）をつくったことで知られている．この災害をもたらした台風と台風12号はさまざまな点で類似しており，災害についても類似点が多い．

この台風12号による大雨をきっかけに，気象庁では，「これまでに経験したことのない大雨」という表現を使うこととなり，その後の大雨の特別警報にも影響を与えることとなった．

台風12号は，8月25日にマリアナ諸島付近で発生した後，ほぼ北北西に進みつづけ，9月3日10時前に，高知県東部に中心気圧980 hPaで上陸し，その後毎時10 km程度のゆっくりとした速度で四国地方，中国地方を縦断し，4日朝に日本海に進み，5日15時に温帯低気圧となった（図1）．

この台風の特徴は，記録的な大雨となった紀伊半島で，台風が上陸する1日以上前から大雨が降りはじめ，上陸した後，台風の中心が遠ざかっている時間帯にも大雨が続いたことである．奈良県上北山村上北山（アメダス）では4日8時40分までの前72時間降水量が1652.5 mmと，国内の最大を記録した．また，9月1～4日の総雨量は，奈良県十津川村風屋の1336 mmに対し（図2），台風中心の経路のすぐ東側にあたる，平年の降水量も多い徳島県上勝町福原旭で909.5 mmと，台風の中心から100 km以上離れた地域で大雨となった．

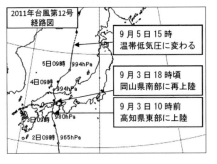

図1 平成23年台風12号の経路図

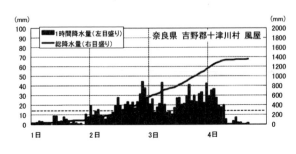

図2 2011年9月1～4日の奈良県十津川村風屋の雨量

この大雨のため紀伊半島を中心に，深層崩壊，土石流などの大規模な土砂災害が数多く発生し，熊野川も，伊勢湾台風時の流量を上回る規模の洪水となった．このため，死者・行方不明者は98名にのぼり，負傷者113名，床上浸水5500棟，床下浸水16,594棟などの被害となった（消防白書）．

　この大雨により記録的な土砂災害となった紀伊半島では，発生した土砂の総量が約1億m³と，わが国の戦後最大の規模となった．また，河川への土砂の流入により，奈良・和歌山両県に17か所の天然ダム（いわゆる土砂ダム）ができた．主要な天然ダムとそれをつくった斜面崩壊の概要を表1に示す．たとえば，十津川村栗平で天然ダムをつくった崩壊の規模は，幅約950 m，長さ約650 mで，まさに「山が崩れた」との表現が適切な深層崩壊である．

　空中写真によると，土砂災害の多発地域は十津川村，上北山村および和歌山県東部の新宮市，那智勝浦町付近にみられる．

　この大規模な土砂災害のため，奈良・和歌山県の一部地域では，電気，通信施設，生活道路などのライフラインが長期間にわたり機能しない状態が続いた．

　図3は，台風12号と明治22年十津川台風の経路を2011年9月3日21時の天気図に重ねたものである．1889年8月19日21時の1000 hPaの等圧線も破線で重ねている．この図から，2つの台風の経路や速さ，1000 hPaの等圧線の大きさが，いずれもきわめて類似していることが明確である[1]．

　雨は，明治十津川災害では，8月17日から20日にかけて降りつづいた．和歌山県に5か所あった雨量計のうち最も雨の多かった海岸付近の和歌山県田辺の総雨量は1295.4 mmに達した．奈良県では当時気象観測は行われていない．一方，台風12号による大雨のうち，海岸付近の和歌山県新宮市の4日12時までの3日間は793.5 mmであった．なお，大規模な土砂災害の発生した奈良県十津川村の風屋では3日間1294 mmで，明治十津川災害時に海岸部の田辺で観測された3日雨量とほぼ同じ雨量である．田辺は，明治十津川災害の多発

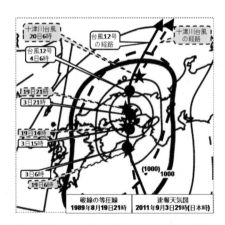

図3　明治22年十津川台風と台風12号の経路図
2011年9月3日21時の天気図に2つの台風経路図を重ねた．太実線，太破線はそれぞれ台風12号と明治22年十津川台風の1000 hPaの等圧線を示す．

表1　大規模河道閉塞箇所の諸元

地名	高さ	満水湛水量	崩壊土砂量	崩壊斜面の大きさ	土砂災害範囲
赤谷	85 m	550万m³	900万m³	約1100 m×約450 m	距離：約 20 km 幅：300 m
長殿	80 m	270万m³	680万m³	約 700 m×約300 m	距離：約 7 km 幅：250 m
栗平	100 m	750万m³	1390万m³	約 950 m×約650 m	距離：約 3 km 幅：250 m
北股	25 m	4万m³	120万m³	約 400 m×約200 m	距離：約 0.8 km 幅：200 m
熊野	60 m	110万m³	410万m³	約 650 m×約450 m	距離：約 4 km 幅：150 m

地域からは少し外れており，明治十津川災害のほうが規模も大きいことから，明治十津川災害の災害多発地域においては，より多くの雨が降った可能性がある．

災害について比較すると，明治十津川災害では，奈良県南部と和歌山県を中心に大きな被害をもたらした．大規模な深層崩壊が発生し，奈良県南部における土砂の総量だけで約2億 m^3 以上だった．また，天然ダムも奈良県だけで53か所できている．洪水については，和歌山県を中心に大きな災害が発生したことが報告されている．このように，規模は異なるものの，災害の発生した地域やその状況についても，明治の十津川災害との類似点が多い．

大雨の分布や強さは，台風の中心気圧や大きさがほぼ同じなら台風の中心付近では類似しているが，土砂災害や洪水などの災害は，普段の雨の多さや地質などの地域の特性により発生条件が大きく異なるため，同じような災害が発生するには，雨の量と場所の両者がより詳細なレベルで類似する必要がある．台風12号による大雨について，過去20年の解析雨量，土壌雨量指数を5km格子ごとに解析したところ，十津川村を含む奈良県南部のほとんどの地域で，50年をはるかに超える再現期間が検出された．このことは，台風の規模，経路の類似と合わせ，122年前に発生した明治十津川災害以来の災害発生の可能性が示唆されるものである．気象庁では，他の過去の顕著災害事例についても検証を行った後，「これまで経験したことのない大雨」の表現を使用することとし，これが2013年からの大雨の特別警報を発表する契機の1つとなった．

〔牧原康隆〕

文　献

1) 牧原康隆：天気, 59, 151-155 (2012).

090　夏の台風災害

平成26年8月豪雨

2014年7〜8月

2014（平成26）年7月末から8月中旬にかけては，太平洋高気圧が本州の南東海上で強かったものの西への張り出しが弱く，上空には北からの寒気が南下しやすい状態であり，これに台風や南からの暖かく湿った気流の北上の影響を受けて各地で記録的な大雨となり，大きな災害が発生した．このため，気象庁は，「平成26年8月豪雨」と命名した．

台風12号と台風11号

2014年7月下旬のフィリピンの東海上では，大きな雲の循環ができたが，なかなか台風まで発達せず，この大きな雲の循環の南東側に台風11号が29日12時に発生した．その15時間後，30日3時に大きな

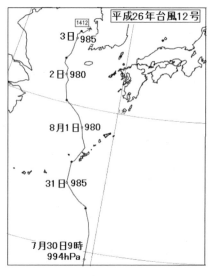

図1　2014年台風12号の経路

循環が台風12号となった．そして，遅れて発生した台風12号が台風11号より先に北上し，8月1日には鹿児島県奄美大島付近を通過して東シナ海に入った（図1）．台風12号はあまり発達しなかったが，台風の中心付近と南東側に偏って強い雨雲があり，南から暖かく湿った空気が西日本に流れ込んだため，台風の接近前から九州や四国に大雨が降り，台風12号が韓国の西の海上で動きが遅くなったことから四国を中心に大雨が継続し，高知県の鳥形山では72時間雨量が1068.5 mmなど1000 mmを超えた．

台風11号は，8月2日頃から中心気圧が24時間で50 hPa低下するなど急速に勢力を強め，3日には中心気圧915 hPa，中心付近の最大風速55 m/s，最大瞬間風速75 m/sの「猛烈な台風」となっているが，その後の台風11号の北上は，台風12号が北上して海面水温が下がった直後であり，さらなる発達はなかった．台風11号はその後若干勢力を弱めたものの「強い台風」の勢力を保ちながら時速15 km程度のゆっくりした速度で，次第に進路を東よりに変えながら北上し，10日6時過ぎに高知県安芸市付近に上陸した（図2）．台風の動きが遅かったため，強い雨雲が九州南部から東海地方に長時間かかって大雨となり，特に，三重県では数十年に一度の大雨となるおそれがあるとして，津地方気象台では9日17時20分に三重県に大雨特別警報を発表した．

特別警報は，重大な災害が起こるおそれが著しく大きい場合に発表されるもので，気象に関するものは6種類（暴風，大雨，高潮，波浪，暴風雪，大雪）あり，2013年8月30日から発表されているものである．

三重県では，8月9，10日の2日間で宮川661.0 mm，尾鷲517.5 mmなどの大雨となった（大雨特別警報の解除は10日17時15分）．また，四国地方では，台風12号による大雨に続く台風11号の雨が重なり，8月1日からの雨は，高知県鳥形山で2052.0 mm，船戸1836.0 mm，徳島県福原旭1514.0 mmとなっている．さらに，台風周辺の湿った空気が流れ込んだ東北地方でも広い範囲で大雨となり，台風が温帯低気圧に変わった後も，引きつづき北海道・北部東北で大雨となっている（図3）．このため，帰省客で混雑しはじめた新幹線や空の便が運休・欠航して大混乱を引き起こし，全国高等学校野球選手権大会の開幕日が2日順延して8月11日となるなど，多くの盆休みのイベントが開催中止・延期となっている．

台風11号により，北海道から沖縄県までの広範囲で強風や豪雨による住宅への被害が相次ぎ，特に，台風12号による大雨と台風11号が直撃した徳島県の浸水被害は甚大で，阿南市では那賀川がはん濫し，加茂谷中学校では校舎2階の床上70 cmまで水浸しになるなど，大きな被害が発生した．また，台風から暖湿気流が流入して

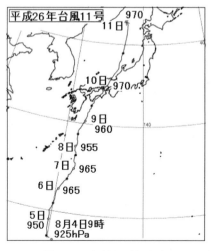

図2 2014年台風11号の経路

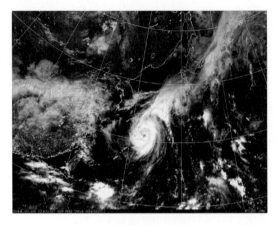

図3 2014年8月9日12時の台風11号の気象衛星可視画像

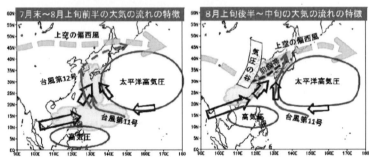

図4 大気の流れの特徴(左:7月末～8月上旬前半,右:8月上旬後半～中旬)(気象研究所による)

大気が不安定となり,各地で竜巻が発生したが,なかでも,8月10日には栃木市から鹿沼市を襲った竜巻(F1)では,住宅6棟が半壊し,住家237棟が一部損壊の被害が発生した.

台風12号と11号による8月上旬の全国の被害は,8月3日に徳島県と島根県で増水した川に流された男性2名が死亡するなど,死者・行方不明者6名,住家被害3096棟などの被害が発生している(消防庁による).台風12号により北海道から宮崎県にかけて避難指示が9000名,避難勧告が637,000名に,また,台風11号により北海道から宮崎県にかけて避難指示が588,000名,避難勧告が1,448,000名に出されているので,大雨に対する厳重な警戒をした夏となった.

西日本の記録的な豪雨

7月末～8月上旬前半は,日本付近の偏西風が平年と比べて北よりを流れたことから,台風12号が東シナ海をゆっくりと北上し,太平洋高気圧の周縁をまわる暖かく湿った空気が日本に流れ込みやすい状態であった.8月上旬後半になると,日本付近の偏西風が南下し,前線が西日本の日本海側から北日本にかけて停滞し,西日本の南海上をゆっくりと北上してきた台風11号が四国に上陸した.この頃から,偏西風が

明瞭に南北に蛇行し，日本の西側で気圧の谷が強まって持続し，前線が日本海沿岸付近に停滞した．このため，南西からの暖かく湿った空気と，太平洋高気圧の周縁を吹く南からの暖かく湿った空気が西日本を中心に合流し，記録的な豪雨となった（図4）．特に，16〜17日には，京都府福知山市や岐阜県高山市などで48時間降水量の値が観測史上1位の値を更新するなど，近畿，北陸，東海地方を中心に大雨となった．また，19日夜から20日明け方にかけては，広島市での1時間降水量，3時間降水量，24時間降水量が観測史上1位の値を更新した．

〔饒村　曜〕

文　献

1) 気象研究所：「平成24年7月九州北部豪雨」の発生要因について，報道発表資料（2012）．

091　土砂災害

平成26年広島土砂災害

2014年8月20日

2014年8月20日の未明，広島市に猛烈な雨が降り，近郊の急峻な山や崖が崩れ，幾筋もの土石流が発生した．このため麓の数多くの家屋や人が土石流に呑みこまれ，のち災害関連死2名が追加され計76名もの甚大な被害が発生した．

図1は，現場近くに住む筆者の家の窓からみえる土石流の痕跡である．19日の夜から雷を伴った雨は20日の3〜4時頃を中

図1　土石流が発生した阿武山

図2　レーダの積算値から200 mm以上降ったと推定される等値線（19日18時〜20日6時）
（防災科学研究所の図をもとに作成）

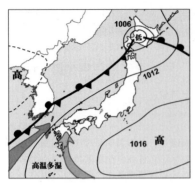

図3 2014年8月20日3時の天気図

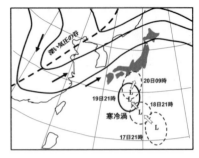

図4 300 hPa 天気図（高度約 9600 m）
太実線は19日21時を，楕円は北上する寒冷低気圧．

心に強まり，おそろしいほどの激しい雨音と地響きを立てて鳴りやまない雷に怯えながら朝を迎えた．夜が明けると 2.5 km ほど離れた対岸の阿武山（標高 586 m）の谷筋には幾筋もの土石流痕がみられ，麓の住宅街に甚大な被害が発生していた．早速，災害現場に向かったが，あふれた泥やがれきに阻まれて救助や調査ができなかった．

図2は，google 地形図に降水量の等値線を示したものである．豪雨になった現場は線状の狭い範囲（長さ約 20 km，幅 5 km）に限られている．豪雨域は広島市付近の山の走行（北東から南西方向）と一致しており，この地形が局地的な豪雨に関与していることもわかった．

図3は，20日3時の天気図である．日本海には前線がほぼ停滞しており，高温多湿な空気が前線の南縁と太平洋高気圧の西の縁から流入していて，西日本は大気の状態が不安定になっていた．

図4は，19日21時の簡略化した 300 hPa の天気図である．日本付近には西から寒気を伴った深い気圧の谷が接近しており，南からは小笠原付近からきた上空の寒冷低気圧（寒冷渦）が接近している．寒冷低気圧が進む前面は特に大気の状態が不安定になり，雷雲が発達しやすく，瞬発性気象災害（強雨，降ひょう，落雷，突風）が起こり

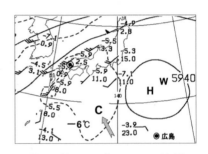

図5 8月20日9時の 500 hPa 天気図

やすい特徴がある．

図5は，8月20日9時の 500 hPa 天気図である．$-6°C$ の等温線（破線）は日本海沿岸までみられ，この領域内の寒気は上空の寒冷渦に伴って北上してきたもので，大気の状態をより不安定にしている．

図6は，700 hPa（上空約 3000 m）の天気図である．日本海沿岸には 30〜40 ノットの強風軸があり，その南端が広島市付近と推定されるが，四国以南は弱風域となっている．この下層ジェットが高温多湿な空気を大規模場から大量に流入させて広島市付近の大気の状態を不安定にさせていることがわかる．豪雨災害には下層ジェットの存在が不可欠である．激しい現象の大雨などは複合的な要因で起こるが，局地的な激しい現象ほど，それより大きなスケールからの関与が必要である．

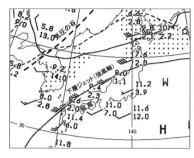

図6 19日21時の700 hPa天気図
下層ジェット（強風軸）の位置．

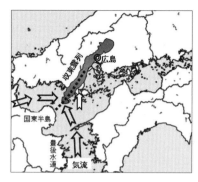

図8 地形効果で気流が収束して発生する雲列

図7 上陸気流が速度収束し左の山に雲をつくる模式図

一方，局地的な豪雨に関しては，地形の効果も大きく影響する．

図7は，南西気流が広島湾から太田川に沿って広島市を吹き抜ける場合，地形効果で北西の山方向へ向かう気流が生じ，急峻な阿武山などで上昇気流が強まり積乱雲がより発達する特性がある（広島湾から陸上に達した気流は減速し，速度収束するため，コリオリ力と気圧傾度力のバランスが崩れ，気流は進行方向の左に向かう）．

阿武山付近で発達した積乱雲からの降水に伴う雨滴の蒸発で周囲の空気が冷やされる．その結果，重たくなった空気が強風を伴い落下してくるため，地上付近に寒気プールが形成される．この冷気（高さ約300 m）が広島市を北東から南西に流れる

太田川（阿武山の東）に沿って重力流となり広島湾方向へと流下する．そこに一般風である南西気流がぶつかり，上昇気流が生じてバックビルディングが形成され，線状の積乱雲列が形成されるのである．

図8は，九州や豊後水道の地形が関与して広島市に局地的な豪雨をもたらすときの模式図である．南西の一般風が変形されて九州の北部と豊後水道から瀬戸内海に流入すると，両者が国東半島沖でぶつかり，収束ラインに積雲列が発生する．この積雲列が次第に発達して，広島市に達し，集中豪雨をもたらすことがある．この事例として，2002年8月10日に広島市の阿武山付近に積乱雲列が形成されて，解析雨量で1時間100 mmが観測された．この局地的豪雨時に見回り中の消防団員が道路陥没に巻き込まれて2名死亡している．地上天気図は2014年8月20日と同様であった．以上のことから，広島市付近は，地形効果で線状の積乱雲列が形成しやすいことがわかる．

広島市は，2014年8月20日未明に西から深い気圧の谷の接近に伴い暖湿な南西の下層ジェット気流に覆われた．悪しくもそのタイミングに合わせるかのように，南から上空の寒冷渦が接近して広島市の上空が寒気に覆われた．このため大気の成層状態が非常に不安定になり，積乱雲が成層圏に

092 夏の雷

夏　の　雷

図1のように垂直（鉛直）方向に発達した積乱雲は，雷（電光放電や雷鳴）を発生させる．雷雲，入道雲，金床（かなとこ：鍛冶屋が鋳物などを延ばすときに下に敷く道具）雲などと名称はさまざまである．夏の積乱雲は十数 km の上空まで発達し，一部が対流圏を超えて成層圏まで達するような強い対流を伴うようなものもしばしばみられる．

積乱雲が発達して，電光放電や雷鳴を伴うようになったものを通常「雷雲」と呼称する．この雷雲は，熱雷，界雷，渦雷の3つに分類される．これは，雷雲のもととなる積乱雲が発達するために必要な上昇気流をつくり出す要因による分類である．

熱雷は，日射によって地面付近が加熱されて，上昇気流が発生して雷雲になるものである．界雷は，おもに寒冷前線の前面で発生する上昇気流にその成因がある．渦雷は，おもに台風や温帯低気圧の中心付近で発生する上昇気流によるものである．なお，熱雷と界雷が融合した「熱界雷」と呼ばれる現象によって発生する雷雲もしばしば発貫入するほど発達した（高度 15,000 m）．雷雲からの大水滴の落下で地上付近に寒気プールが形成され，それが太田川下流に流れ，南西の一般風とぶつかりバックビルディング現象が発生した．その結果，線状降雨帯が数時間維持されて豪雨となったのである．上空の寒冷渦は通常西から東に進むが，まれに日本の東海上で発生したものが西進して南海上から北上してくることがある．不幸にもこの寒冷渦が広島市の局地的豪雨災害に大きく関与したのである．

広島県の豪雨災害としては 1999 年に広島市，呉市などで 31 名が死亡した「6.29 豪雨」がある．この場合も広島湾西岸から市内北西部の安佐北区にかけてスコールラインが発生し，1時間 60〜80 mm の降雨で土石流が多発した．この豪雨災害を契機に宅地開発を規制する土砂災害防止法が施行されたのは 2000 年 4 月であった．法的整備が遅れるなか，宅地開発が進んだ結果，奇しくも，同じ広島で豪雨による甚大な土砂災害が発生したのである．そして，2014 年 11 月 12 日には広島土砂災害の教訓から土砂災害防止法の改正案が成立した．

近年，防災情報として数値予報モデルが進化し，それに依存することが多いが，先達の長年の経験に基づいて過去の典型的な豪雨災害を解析した概念モデルがある．各地における典型的な豪雨時の概念モデルを防災担当者や住民に紹介，啓発して，早めに避難する心構えとして有効活用する必要がある．危険地域の住民に対して，気象知識の啓蒙を図ることが防災の基本となる．いうまでもないが，気象台や地方の防災機関が発表する最新の防災情報が最も重要である．　　　　　　　　〔中田隆一〕

文　献
1) 中田隆一：第 56 回電力気象全国大会予稿集，地形効果でもたらされた豪雨（広島）(2003).

図1　夏の積乱雲

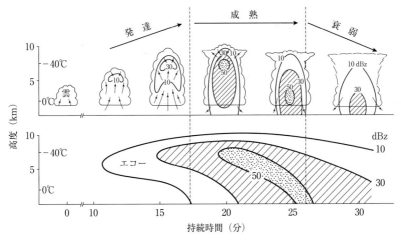

図2 レーダエコーを用いた積乱雲の発達・成熟・衰弱のモデル

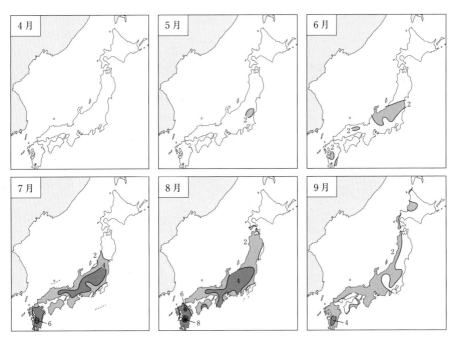

図3 暖候期の月別発雷日数分布（文献[1]）をもとに川上正志氏が作成）
寒候期については174「冬の雷」図2を参照.

生する.

　このように，発生原因はさまざまであるが，積乱雲内の強い上昇気流が雷雲を発生させる原動力であることは間違いない．そして，積乱雲内を気象レーダーによって観測すると，図2のようにレーダーエコーのセル（細胞）構造がみられる．

　人間の眼でみると積乱雲のいちばん外側の雲は識別することができるが，内部で雨粒や氷晶などの降水粒子の分布をみることはできない．これら降水粒子の分布やその強度の時間変化をとらえるために，気象レーダーという装置が運用されている．この装置を使えば，数百 km 以内の雨雲などの立体的な分布と強度の時間変化や移動などの情報を得ることが可能となる．

　通常，積乱雲を気象レーダーで観測すると，その雲内には図2で示すようなレーダーエコーが，30分程度で発達，成熟，衰弱する様子をみることができる．積乱雲が雷雲になるのは，発達期の中頃で，まず「雲放電」という雲内での雷放電活動から始まることが多い．続いて，成熟期には地上では激しい雨（暖候期）とともに「落雷（対地放電）」が盛んに起こり，やがて衰弱期を経て雷雲ははじめの積乱雲に戻る，という一連のライフサイクルをとる．これらは30分程度の周期で，積乱雲の中では数個が順番に盛衰を繰り返すことが多い．

　さて，図3は，暖候期（4～9月）の月別発雷日数分布図である．春先の4月本州ではほとんど雷は発生していないが，5月には関東地方北部で，6～9月には日本列島の中部に位置する山岳地域や九州地方を中心に発雷が起きていることがわかる．暖候期は陸地で，しかも内陸や山岳地域で雷が多発することがわかる〈→174〉．

〔道本光一郎〕

文　献

1) 気象庁編：日本気候表，気象庁（1991）．

093　　　　　　　　　　　　　　夏の雷

ひょう

雹
hail

　ひょうは，直径が5 mm 以上に成長した氷の降水粒子のことをいう．積乱雲の中で生成され，直径が10 cm 以上にも成長することがある．飛行中の航空機や地上の車両，家屋，ガラス温室，ビニールハウスなどや農作物，人畜などにも大きな被害をもたらすことが多い．

　雷雨とともにひょうが降る（降ひょう）ことが多いが，真夏（8月）の頃よりも，その前後（5～7, 9月）に観測されることが多い．これは，地上付近の気温が高い夏は，上空で生成されたひょう粒子が，温かい気層を落下してくる間に融解してしまい，地上では雨になってしまうために，ひょうとして観測されにくいということである．十分に融解しにくい，地上付近の気温が比較的低い春や初夏，そして秋口には，上空で形成された氷の塊が融けきれずに，降ひょうとなることが多いのである．

　降ひょうの継続時間は比較的短く，10分前後であるが，長いものは数十分も継続する場合がある．形状は球形が多いが，円錐形や楕円形のものもある．直径3～4 cm 程度のものが被害をもたらすが，なかには7～8 cm 程度の大きなものも形成され，大きな被害をもたらすことがあるので注意を要する．

　092「夏の雷」の図2の中で，レーダーエコーの強いところ，すなわち横軸の20～25分あたりに上空で形成された強い部分が「ひょう」に該当する氷の塊である．そして時間の経過とともに，落下してくるが，0℃よりも暖かいところでは融けて雨になる．しかし，大きな氷の塊や，地上付

近の気温がかなり低い場合には，氷が融けずに降ひょうしてしまうのである．

「夏の雷」の図3をみれば，雷日数の分布図と降ひょうの地域分布はおおむね同じとみていいので，暖候期には日本全国どこでもひょうが降る可能性があることがわかる．

ひょう害を防止するには，人など速やかに移動できる場合には，丈夫な建物や車両などの中に避難することが必要である．ただし，農作物や脆弱な建造物（ビニールハウスやガラス温室など），そして自主的な移動が困難な放牧中の家畜などについては，残念ながら致し方ない状況となる．

しかしながら，近年の気象観測手段の進歩と情報通信網の整備により，直前予測情報を発出する技術が開発され，実用化されつつある．たとえば，気象庁ウェブサイトの「防災情報」中にある「竜巻注意情報」，「レーダー・ナウキャスト（降水・雷・竜巻）」，「解析雨量・降水短時間予報」の項目が有用である．

これらの情報は，気象レーダーエコーや解析雨量，そして雷放電状況などのデータを総合的に判断して提供されるナウキャスト情報を発出しているもので，数分先から1時間以内の「竜巻」や「落雷」，「大雨（ときとして降ひょうもある）」などの重大な気象災害をもたらす現象を把握でき，避難などに有効活用されることが期待される．

たとえば，竜巻や降ひょうなどとともに発生する「落雷」から身を守る方法を示す．落雷が近くで頻発していて，避難する家屋や車両がそばにない場合には，図1で示すように，4m以上（最低でも2m以上）の木を避雷針の代わりに使用して，緊急避難

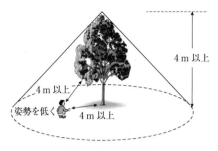

図1 正しい避雷法[2]
姿勢を低くして，木から4m以上（最低でも2m以上）離れる．

をすることが肝要である．この場合，木の幹や枝葉から4m以上（最低でも2m以上）の距離をとって，できるだけ低い姿勢で屈むことが大事である．木に近づきすぎる（2m以内）と，最初に木に落ちた雷が幹を伝って枝葉から避難している人間に飛び移る「側撃雷」を受けて感電し，死亡する場合もあるので，十分な注意が必要である．

このような落雷の危険を回避するには，「レーダー・ナウキャスト（雷）」などの情報を利用し，落雷をもたらす雷雲の動きを1時間ごとにきめ細かく把握することが重要である．そして，それらの情報を上手に利用して，レジャーや屋外作業などの可否に活用する着意が必要である．

〔道本光一郎〕

文 献
1) 気象庁ウェブサイト．
2) 道本光一郎：1億人の気象学入門，三天書房（2000）．

094 夏の高温

猛暑

猛暑とは夏の厳しい暑さのことで,長く続くと,人の熱中症の多発,水稲の品質低下,家畜の死亡など,社会・経済活動に大きな影響を与える.近年は地球温暖化の影響で夏に高温となる年が多く,猛暑の影響が深刻化している.

日本の猛暑

図1は,日本の夏(6～8月)の平均気温の経年変化を示す.平年値(1981～2010年の30年平均)からの差である.温暖化の傾向が明瞭で,この100年間で約1℃昇温している.1898～2013年の116年間で夏の平均気温が最も高かったのは2010年で平年偏差+1.41℃であった.2位以下は,1994年(平年偏差+1.13℃),1978年(+1.13℃),2013年(+1.09℃)の順である.

このうち1978年と2010年は北・東日本中心,1994年は東・西日本中心〈→077〉,2013年は西日本,沖縄・奄美中心の猛暑の夏であった.本項では,夏平均として記録的な高温となった2010年と,日最高気温が歴代最高を記録した2013年夏を取り上げて,猛暑の要因と影響について説明する.

2010年夏の記録的な高温

2010年は,7月半ばの梅雨明け後から9月中旬まで晴れて気温が高い日が多く,8月には全国の気象台などの154地点のうち半分の77地点で月平均気温の最高記録を更新した[1].

図2は夏平均の海面気圧である.太平洋高気圧が日本付近に張り出していることがわかる.日本付近での海面気圧の平年差は標準偏差の3倍以上であり,正規分布を仮定すれば1000年に1回あるかないかのまれな大きさである.この強い太平洋高気圧に覆われて晴れの日が続いたことと,高気圧に伴う下降流による断熱昇温などで,高温となった.また,2010年夏は,日本の

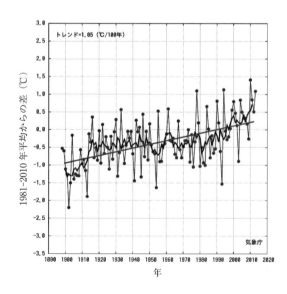

図1 日本の夏平均気温偏差[9]
細線は各年の平均気温の平年値からの偏差,太線は偏差の5年移動平均,直線は長期的な変化傾向.1898年以降観測を継続している気象観測所の中から,都市化による影響が少なく,特定の地域に偏らないように選定された15地点の月平均気温の平均値.

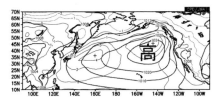

図2 2010年夏（6〜8月平均）の海面気圧と平年偏差

太い等値線は海面気圧で，間隔は4hPa．細い等値線は平年偏差（1981〜2010年の30年平均からの差）で間隔は1hPa．破線は負偏差．データソースは気象庁の長期再解析 JRA-55[2]．

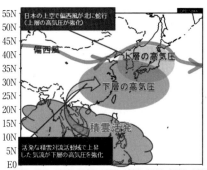

図3 2013年8月10日頃の猛暑をもたらした大気の流れの特徴[7]

みならず，ロシア西部，中国北部，北米東部など北半球の中緯度帯で顕著な高温となった地域が多く，緯度30〜60度の北半球中緯度帯で平均した対流圏の気温は記録のある1958年以降で最も高く，平年偏差は約+1℃であった．これらのことは，顕著に強い太平洋高気圧というローカルな要因に，北半球中緯度帯の高温というグローバルな要因が重なって日本が記録的な高温になったことを示している．では，なぜこのような大気の変動が起きたのであろうか？ 田中ら[3]や安田ら[4]によれば，2009年夏に発生し2010年春に終息したエルニーニョ現象，夏に発生したラニーニャ現象，記録的に高かった大西洋熱帯域の海面水温，地球温暖化などが関係したことが指摘されている．

この高温の影響で熱中症が多発し，2010年における死者は1731名と，夏平均気温がおおむね平年並であった前年の死者の7倍以上[5]となった．また，農業や水産業にも影響が出た．たとえば，農業では，稲が成熟する時期（登熟期）の高温の影響で米の内部が白く濁る白未熟粒が多く発生したため品質が低下し，2010年の全国平均の一等米比率は61.7%（2011年1月31日現在）と前年を20%以上下回った[6]．畜産業では，暑さのため死亡あるいは廃用となった鶏が70万羽を超えた（2008年は25万羽弱）[6]．

2013年夏の熱波

2010年夏は，夏平均としては記録的な高温となったが，気象庁のアメダス観測所のうち，日最高気温が40℃を超えた地点はなかった．一方，2013年夏は，全国のアメダス観測所927地点のうち125地点で日最高気温の記録を更新し，8月12日には高知県の江川崎で日最高気温が41.0℃と全国歴代1位を記録するなど，8月前半を中心とする高温のピークは記録的であった．

この頃の大気の流れの特徴の模式図を図3に示す．対流圏下層に中心をもつ太平洋高気圧の勢力が中国南部から西日本にかけて強い一方，対流圏上層に中心をもつチベット高気圧も強く，日本付近を広く覆った．このため，日本の広い範囲で，対流圏全体に及ぶ高気圧に覆われて晴れたことや高気圧に伴う下降流による断熱昇温などによって，気温が上昇した．太平洋高気圧は，中国南部から本州の南海上で勢力の強い状態が7月以降持続したが，その一因は東南アジアの平年より活発な積雲対流活動域で上昇した気流が中国南部から本州の南海上で下降したことである．チベット高気

圧は，8月上旬後半以降，日本付近で偏西風が北に蛇行したことに対応して勢力が強まった．蛇行の要因は，ユーラシア大陸上の亜熱帯ジェット気流に沿って大規模な大気の波動のエネルギーが伝わったためである．気象学的には「定常ロスビー波」と呼ばれるこういった波動は，埼玉県熊谷市と岐阜県多治見市で40.9℃を記録した（当時の日最高気温の記録）2007年8月中旬にもみられるなど，日本の猛暑時にしばしば観測される．まさに，熱波をもたらす大気の波動，といえる．

この猛暑の時期に，熱中症による救急搬送者は，8月10日は2793名，11日は2569名と2日連続で2000名を超えた[8]．救急搬送者数の増加要因は一概には猛暑のみとは断定できないが，消防庁のデータによると2008～2012年は熱中症による日別の搬送者が2000名を超える日がなかったことを考えると，この搬送者増加の程度が顕著であり，猛暑の影響の大きさがうかがわれる． 〔前田修平〕

文献

1) 気象庁：平成22年9月1日報道発表資料 (2010)．
2) A. Ebita et al.：*SOLA*, **7**, 149-152 (2011)．
3) 田中昌太郎：気象研究ノート，**225**，1-16 (2012)．
4) 安田珠幾ほか：気象研究ノート，**225**，113-126 (2012)．
5) 厚生労働省：平成24年我が国の人口動態（平成22年までの動向）(2012)．
6) 農林水産省：平成22年度高温適応技術レポート (2011)．
7) 気象庁：平成25年8月13日報道発表資料 (2013)．
8) 消防庁：平成25年9月13日報道発表資料 (2013)．
9) 気象庁ウェブサイト．

095 夏の高温

猛 暑 日

猛暑日は最高気温が35℃以上の日である．日本では以前から，最高気温25℃以上の日を夏日（なつび），30℃以上の日を真夏日（まなつび）と呼んでいた．しかし，近年になって極端な高温がしばしば観測され，熱中症による被害が多発するようになってきたため，2007年に猛暑日が新たに導入された．これらは日本国内の用語であり，欧米では使われない．なお，世界気象機関（WMO）の「気候変動の検出と指標に関する専門家チーム」（ETCCDI）は，最高気温が25℃を超える日をsummer dayと定義している．これは25℃ちょうどの日を含まないことを除き，夏日と同じである．

猛暑日と真夏日の分布

表1はおもな地点の真夏日と猛暑日の年間日数を示す．真夏日の日数は，南西諸島で年間90～100日であり，以下北へいくにつれて減っていく．同じ地域内でみると，沿岸部よりも平野の内陸や盆地で多い傾向がある．これは，沿岸部が海から吹く相対的に気温の低い空気に影響されやすいのに対し，内陸域はその影響が小さいことを反映する．また，猛暑日は南西諸島ではむしろ少ない．これは，周囲を海に囲まれ，海からの空気に容易に影響されて気温が上がりにくいからである．

図1は真夏日数と猛暑日数の分布を示したものである．真夏日に比べて猛暑日は地点によるばらつきが目立つ．猛暑日が多いのは関東～近畿地方の平野，特にその内陸部や，隣接する盆地である．

国外には猛暑日数が日本よりはるかに多

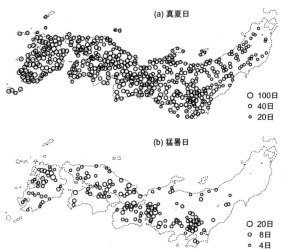

図1 真夏日と猛暑日の年間日数の分布（1981～2010年の平均値）

表1 おもな地点の真夏日と猛暑日の年間日数（1981～2010年の平均値）

	真夏日数	猛暑日数
札幌	8.0	0.1
新潟	33.5	3.2
東京	48.5 (46.4)	3.2 (2.4)
名古屋	64.3	11.5
大阪	73.2	11.6
岡山	66.7	10.7
高知	64.0	2.2
福岡	57.1	5.5
鹿児島	76.8	4.0
那覇	96.0	0.1

（　）は移転に伴う換算値．

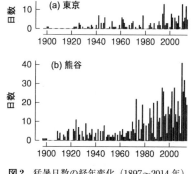

図2 猛暑日数の経年変化（1897～2014年）

い地域もある．高温の世界記録をもつデス・バレー（米カリフォルニア州）では，盛夏期になると連日気温が40℃を超え，7月の日最高気温の平年値は46.7℃に達する．2014年の資料によると，最高気温35℃以上の日（猛暑日）は計187日，40℃以上の日は133日であった．百万都市のフェニックス（アリゾナ州）でも，3月にすでに猛暑日が現れ，2014年の猛暑日数は140日，40℃以上の日は82日であった．このほか，アジア南部やアフリカ北部などでも，地域によっては最高気温40℃以上の日がしばしば現れる．

猛暑日の長期変動

長期的な気温上昇傾向に対応し，真夏日や猛暑日は全国的に増える傾向がある．なかでも三大都市圏の内陸側で増加傾向が目立つ（図2）．首都圏では都市化により，過去数十～百年間に東京周辺だけでなく内陸の広い範囲で夏の午後の気温が上がっている（広域ヒートアイランド）．熊谷などの猛暑日の増加には，広域ヒートアイラン

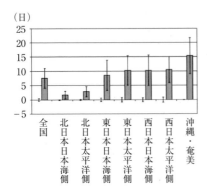

図3 猛暑日の年間日数の将来変化予測[2]
2076〜2095年の計算値と1980〜1999年の計算値の差.縦棒は年々変動の標準偏差.

ドの進展がかかわっている可能性がある.前述のフェニックスでも,都市化による高温の増悪が指摘されている[1].また地域によっては,地球温暖化に伴う大気循環の変化により,猛暑をもたらす気圧配置が現れやすくなるという可能性も考えられる.

地球温暖化の進展につれ,猛暑日は今後さらに増える可能性がある.図3は高解像度の数値モデル(水平分解能5km)を使って今世紀末の日本の気候変動を予測した結果であり,世界的に高度経済成長が続くケース(A1Bシナリオ)を想定したものである.これによると,20世紀末に比べて猛暑日は多くの地域で年間10日程度増えると予測されている. 〔藤部文昭〕

文 献
1) S. Grossman-Clarke et al.:*J. Appl. Meteorol. Climatol.*, **49**, 1649-1664 (2010).
2) 気象庁:地球温暖化予測情報第8巻,88 pp (2013).

  夏の高温

熱 帯 夜

　熱帯夜は,気温が25℃未満にならない夜のことである.しかし,夜とは何時から何時までかについての定義はないし,そもそも夜間だけの最低気温の観測は行われていない.そのため,最低気温が25℃以上である日が,熱帯夜の日として通用している.以下,本項はこの通用に従う.

　熱帯夜という言葉が使われるようになったのは戦後のようであるが,気温の階級別日数の統計はそれ以前から行われていて,最低気温25℃以上の日数も集計されていた.熱帯夜は日本国内の用語であり,欧米では用いられない.なお,世界気象機関(WMO)の「気候変動の検出と指標に関する専門家チーム」(ETCCDI)は最低気温が20℃を超える日をtropical nightと定義している.

熱帯夜の分布と長期変動

　表1はおもな地点の熱帯夜日数を,20世紀初頭(1907〜1926年)と近年(1981〜2010年)について示したものである.また,図1は九州〜東北地方の熱帯夜日数

表1 おもな地点の熱帯夜日数

	1907〜1926年	1981〜2010年
札幌	—	0.1
新潟	1.8	11.1
東京	1.9	27.8 (11.3)
大阪	10.9	37.4
境	1.7	13.1
高知	1.2	15.8
熊本	2.0	24.0
那覇	51.5	99.0

( )は移転に伴う換算値.

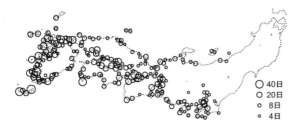

図1 熱帯夜の年間日数の分布（1981〜2010年の平均値）

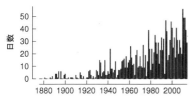

図2 東京の熱帯夜日数の経年変化（1876〜2014年）

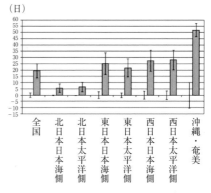

図3 熱帯夜の年間日数の将来変化予測[1]
2076〜2095年の計算値と1980〜1999年の計算値の差．縦棒は年々変動の標準偏差．

の分布を示す．南西諸島では年間の熱帯夜日数が100日前後にのぼる．九州以北でも，外海に面する場所や島嶼など，夜間の陸地の冷却に影響されにくいところでは，熱帯夜が年間10日を超える．日本海側の地域では，夏に強い南風が吹くときにフェーンが起き，しばしば熱帯夜になる．

表1からわかるように，東京など外海に面しない平野部では，熱帯夜はもともとは少なかった（年間数日）．これらの場所では，真夏でも夜はそれなりに冷え，気温が下がるからである．現在でも，都市化の程度が弱いところでは熱帯夜は少なく，たとえばつくば市では年間1.6日である．このような場所で熱帯夜になるのは，強い南風が夜通し吹き，冷え込みが抑えられるようなときである．しかし，大都市ではヒートアイランドの進展によって夜間の気温が下がりにくくなり，熱帯夜が大幅に増えてきた（図2）．大都市以外でも熱帯夜は増える傾向にあり，那覇市の例からわかるように南西諸島の熱帯夜日数は20世紀初頭に比べて大幅に増加している．

地球温暖化の進展に伴い，熱帯夜日数は今後さらに増加する可能性がある．世界的に高度経済成長が続くケース（A1Bシナリオ）を想定した予測によると，今世紀末の熱帯夜日数は20世紀末に比べて東・西日本で年間20〜30日，沖縄・奄美では50日前後増えるとされている（図3）．

超熱帯夜

熱帯夜が増え，夜間の暑さが社会問題になるにつれ，「超熱帯夜」という言葉も聞かれるようになった．これは夜間の気温が30℃以上の場合をさすようだが，公式に定義されたものではない．実際，日本では日最低気温（あるいは夜間の最低気温）が30℃以上になることはまれである．ただ，日本海を台風や低気圧が進んで強い南風が吹く場合，日本海側の地域ではフェーンのもとで夜通し30℃以上の状態が続く

ことがある．日最低気温の国内最高記録は糸魚川（新潟県，1990年8月22日）の30.8℃であり，これは台風の南風に伴うものであった．また，2013年8月には東京で30.4℃という日最低気温が観測された．これは晴天・弱風のもとで観測されたものであり，ヒートアイランドの効果が気温の低下を抑えたと考えられる．

国外に目を向けると，高温の世界記録をもつデス・バレー（米カリフォルニア州）では夏の夜間の気温も高く，7月の日最低気温の平年値は31.1℃である．2012年には最低気温が華氏107度（41.7℃）という日もあった．百万都市のフェニックス（アリゾナ州）でも，最低気温30℃以上の日がしばしばあり（2014年は計23日），ときには35℃以上の日もある．このほか，アジア南部やアフリカ北部などでも場所によっては最低気温30℃以上の日が現れる．

熱帯夜の統計に関する問題

日最低気温とは，0～24時の気温の最低値である．そのため，朝の気温が25℃以上であっても，午後に気温が下がって25℃未満になれば，その日は熱帯夜としては扱われない．このように，熱帯夜の本来の定義（夜間気温≧25℃）を満たしているのに，その後の気温低下のため熱帯夜として扱われない日が，2013年の東京では10日，2014年には5日あった．

なお，1953～1963年は日最低気温として前日9時～当日9時の最低値を使っていた．この場合には，午後に気温が下がったケースも熱帯夜として扱われる．そのため，上記の11年間は前後の期間に比べ，熱帯夜日数が多めになっている可能性がある．熱帯夜日数の長期的な統計を行う場合はこの点に注意が必要である．　　〔藤部文昭〕

文　献

1) 気象庁：地球温暖化予測情報第8巻，88 pp (2013).

097　夏の高温

残　　暑

残暑とは，立秋（8月8日頃）をすぎても残る暑さのことである．初秋の厳しい残暑は，熱中症の多発，収穫時期を迎える水稲や果樹の品質の低下，高い海水温による養殖貝の死亡などの影響をもたらす．また，残暑は夏から秋への季節進行が遅れることを意味しており，サケなどの回遊魚の漁獲時期の遅れ，秋物衣料などの季節商品の売り上げ減などの影響ももたらす．

9月の気温の経年変化

図1は，日本の9月の平均気温の経年変化を示す．平年値（1981～2010年の30年平均）からの差である．近年は高温で残暑が厳しい年が多い．1898～2013年の116年間で最も高かったのは2012年で平年偏差+1.83℃であった．2位以下は，1999年（平年偏差+1.72℃），2007年（+1.49℃），2010・1961年（+1.47℃）の順である．本項では，北日本を中心に記録的な高温となった2012年，夏に続いて9月前半まで異常な高温となり社会・経済的な影響が大きかった2010年，50年以上前の記録的な残暑であった1961年を取り上げ，残暑の要因と影響について説明する．

2012年9月の北日本の記録的な残暑

2012年9月は，特に北日本での高温が顕著で，北日本の9月の月平均気温の平年偏差は+3.7℃と，統計のある1946年以降では第2位の+1.8℃（1961年）を大きく上回る極値となった．また，北日本の旬平均気温は，8月下旬～9月中旬の3旬続けて統計のある1961年以降で1位となった．札幌の日平均気温は平年では8月上旬が最も高温だが，2012年は10月中旬までその

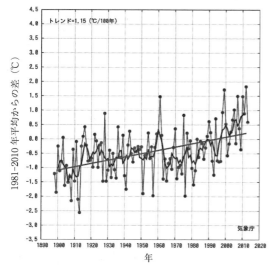

図1 日本の9月の平均気温偏差[9]
細線は各年の平均気温の平年値からの偏差, 太線は偏差の5年移動平均, 直線は長期的な変化傾向. 1898年以降観測を継続している気象観測所の中から, 都市化による影響が少なく, 特定の地域に偏らないように選定された15地点の月平均気温の平均値.

図2 2012年の記録的な残暑をもたらした大気の流れの特徴[1]

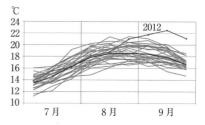

図3 北海道周辺海域の海面水温の推移(7〜9月)(文献[1]を一部改変)
1985〜2012年の年ごとの旬平均時系列. 丸マークつきの線が2012年, 黒線が平年値, 灰線がその他の年.

値を上回り, 真夏のような状態が続いた.

8月下旬〜9月中旬の期間, 日本付近の上空では北東海上を中心に偏西風が大きく北に蛇行した. これに関連して, 日本の東の海上で太平洋高気圧の勢力が非常に強まるとともに, 北日本から東日本に張り出した. 高気圧の張り出しに伴って南から暖かい空気が流れ込んだことや, 高気圧に覆われて晴れたことなどにより気温がかなり高くなった(図2). また, 北海道周辺海域では晴天下の日照による熱が海面付近に蓄積されたことなどによって, 海面水温が非常に高くなった(図3). 9月中旬は平年より4.6℃高く, 1985年以降の全期間を通じて最も高い旬平均海面水温となった.

この厳しい残暑はさまざまな産業分野に影響を及ぼした. たとえば, 水産業では残暑の影響による記録的に高い海面水温が北海道での秋サケの漁獲時期の遅れをもたらし[2], ホタテガイやワカメなどの養殖にも影響が出た. また, 9月から本格化する秋物衣料の販売が低調となった[3].

2010年の猛暑に続く残暑

猛暑の項でも取り上げた2010年は，9月に入っても太平洋高気圧の勢力が弱まらず，9月半ばまで厳しい暑さが続いた〈→094〉．このため，熊谷市をはじめ全国の気象台などの154地点のうち名古屋市など46地点で9月の猛暑日日数の最大値を更新した．また，日本周辺の海域（日本海，日本の東，日本の南，東シナ海および沖縄の南）全体で平均した9月の月平均海面水温は，8月に続き，1985年以降で最も高くなった．

この厳しい残暑の影響で9月にも熱中症が多発した．消防庁のデータでは熱中症による2010年9月の救急搬送者は7645名と，9月としては2009～2013年の5年間で最も多かった．水産業では，記録的な高水温の影響により陸奥湾で養殖されている0歳と1歳のホタテガイのうち67%が死んだ[4]．真夏の高温と残暑の影響は果樹にも及び，リンゴでは青森や長野などの主産県で日焼けと着色不良がみられた[5]．

1961年9月の残暑

地球温暖化の影響などで，近年9月に高温となる年が多いが，図1をみると50年以上前の1961年9月も2010年と同程度の高温であった．図4には9月の対流圏上層の200 hPaの高度と風の分布を示す．ユーラシア大陸から日本の東海上にかけては，チベット高気圧の北の北緯40～45度付近で偏西風が強く，亜熱帯ジェット気流が流れている．日本付近の経度では，亜熱帯ジェット気流の軸は平年では北海道あたりである．一方，1961年9月は，亜熱帯ジェット気流の軸はサハリン南部（平年の8月の位置）にある．通常，夏から秋への季節進行とともに亜熱帯ジェット気流が南下し，次第に寒気の影響を受けるようになる．1961年はこの過程が遅れ，日本付近は夏と同様に亜熱帯ジェット気流の南側の亜熱帯の空気に覆われて，残暑が厳しかっ

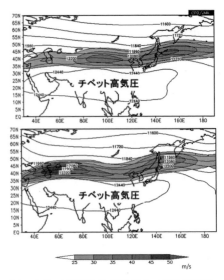

図4　9月の対流圏上層（200 hPa）の高度（等値線，間隔は120 m）と東西風（西風が25 m/s以上の領域に陰影）

上は平年（1981～2010年の30年平均），下は1961年．データソースは，気象庁の長期再解析 JRA-55[6]．

た．9月に残暑が厳しい年は，この年と同様な大気の流れとなることが多い．

〔前田修平〕

文献

1) 気象庁：気候変動監視レポート2012（2013）．
2) 水産総合研究センター北海道区水産試験場：SALMON情報，No. 8（2014）．
3) 気象庁（2014）．
4) 青森県産業技術センター：青森県水産研究情報 "水と漁" 第6号（2011）．
5) 農林水産省：平成22年度高温適応技術レポート（2011）．
6) A. Ebita et al.: *SOLA*, **7**, 149-152（2011）．
7) 気象庁：平成24年9月21日報道発表資料（2012）．
8) 気象庁：アパレル・ファッション産業における気候リスク評価調査報告書（2013）．
9) 気象庁ウェブサイト．

098 夏の高温

フェーン

Föhn

　フェーンとは山岳を吹き下りる強風のことで，高温と乾燥を伴うものをさす．本来はヨーロッパアルプスの北側の谷で吹く南〜西の強風を表す地方語であり，それが一般化したものである．このほか，ロッキー山脈の東側で吹くチヌーク（西風）と，西側で吹くサンタ・アナ（北東風），ニュージーランド南島の東側で吹くノースウェスター（北西風）など，フェーンの性格をもつ風は地域ごとにいろいろな名前で呼ばれている．日本の広戸風ややまじ風などの局地的強風も，後述するⅡ型フェーンの一種とみなすことができる．

　フェーンは季節や山岳の方位によらず現れうる．しかし，山を越えてくる風がもともと暖かければ，その暖かさにフェーンによる昇温が加わる結果，著しい高温になりやすい．日本海を台風や発達した低気圧が進み，強い南風が吹く場合，北陸地方など日本海側の地域ではフェーンのため極端な高温になることがあり，ときには南風が夜通し続いて気温が30℃以上のまま朝を迎える．一方，台風や寒冷前線の通過直後には，西風のもとで関東〜東北地方の太平洋側にフェーンが起き，高温をもたらす場合がある．また，北海道のオホーツク海側では，大雪山系を吹き越えた南西風がフェーンをもたらすことがある．この地域はオホーツク海の海水温が低いため，海から吹く北〜東風と内陸から吹く南西風との気温差が大きく，フェーンの消長に伴って気温が大きく上下する場合がある[1]．

　フェーンの際には，強風と乾燥のため火災が起きやすいことにも注意が必要である．フェーンに伴う大火としては，1952年4月の鳥取大火，1956年9月の魚津大火などがあり，1983年4月には三陸で同時多発的な山火事が発生している〈→020〉．

フェーンの古典的な概念

　フェーンによる高温のメカニズムとして最初に提案された概念は，図1(a)のようなものであった．すなわち，空気が山岳の風上側を昇る際に，断熱冷却して雲ができ，降水が起きる．雲ができる際に凝結熱が放出されるため，山を吹き越えた後の気温は，山岳に達する前よりも高くなる．また，降水で失われた分，空気中の水蒸気量は減っている（Ⅰ型フェーン）．別のいいかたをすると，空気が山を上るときには湿潤断熱減率で気温が下がり，下るときには乾燥断熱減率で気温が上がるため，乾燥断熱減率と湿潤断熱減率の差の分，風下側では気温が高くなる．なお，上記の説明が成り立つためには，凝結した水分が降水になって空気から除かれる必要があることに注意してほしい（もし降水がなく，凝結した水分が空気に保持されたままになるとすれば，その水分は空気が山を下るときに蒸発し，これによる気化熱の吸収によって気温は元に

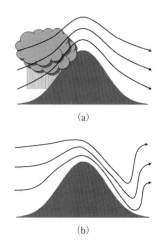

図1 フェーンのメカニズムの模式図

戻ってしまうはずである).

一方,フェーンの中には山岳風上側の降水を伴わないものもある.そのような場合の模式図とされるものが図1(b)である.これは,空気が山を越える際,上空の空気が山腹に沿って地上まで引き下ろされ,断熱昇温によって高温となるというものであり,「Ⅱ型フェーン」とか「力学的フェーン」と呼ばれる.Ⅰ型とⅡ型はそれぞれ「湿ったフェーン」「乾いたフェーン」とも呼ばれるが,この呼称には批判もある(山を吹き下りてくる風そのものはⅠ型・Ⅱ型とも乾燥しているから).

風が山岳を越えるときの流れのパターンは大気の安定度に依存する.Ⅰ型フェーンのように,起伏に沿ってすんなりと山を越えるのは,大気安定度が弱い場合である.これに対し,Ⅱ型フェーンの流れは山の風上側に弱風域(よどみ域)を伴っており,このような状態は安定度が比較的強いときに現れる.この点で,Ⅰ型とⅡ型とは発生条件が異なるが,現実の複雑地形のもとでは,両者が混合した形で現れることもありうると考えられる.

フェーンの多様性

図1はフェーンの教科書的な概念であるが,実際の状態は必ずしも図のとおりではない.図1の概念図では地表面からの加熱が考慮されていないが,現実のフェーンはしばしば地表面加熱の影響を受ける.たとえば,昼間の気温上昇とともに強風の範囲が山麓から平野へ広がっていく場合があり,そのような変化は数値モデルを使った研究でも再現されている[2].

日射による加熱は,高温の一因にもなる.南風による北陸地方のフェーンについて,数値シミュレーションで空気の経路や熱収支を調べた研究によると,図1の2つの型に加え,日射による加熱が高温の主因になる場合がある[3].そのメカニズムは,昼間の晴れた状態のもと,日射で暖まった山塊を空気が越えていくうちに加熱されていくというものである.西風のときに北関東に起こる高温についても,しばしば同様のメカニズムが働くことが指摘されている[4].

また,山地を吹き越える風がさほど強くなくても,山岳の風下側に当たる地域で気温が著しく上がることがある.フェーンは本来は強風を表す言葉だが,このような弱風時の高温に対しても,しばしば「フェーン現象」という言葉が使われる.しかし,そのメカニズムは図1に書かれたものとは大きく異なり,山地を吹き越える空気の断熱昇温だけでなく,日射による加熱や,それによって生ずる局地的な気流が複雑に関与していると考えられる.このように,「フェーン現象による高温」と呼ばれるものの実体は多様であり,その正確な理解に向けた努力がなお必要である.

1933年7月25日に山形で40.8℃の高温が観測され,2007年に更新されるまで国内の最高記録となった.この高温は日本海を弱い台風が進み,南西風が吹く状況のもとで観測されたものであり,フェーンによる高温の一例とされる.実際,この高温は湿度26%(15時)という著しい乾燥を伴い,当時の記録には「皮膚面の蒸発旺盛にして流汗を覚えず」とある.しかし,このときの風はさほど強いものではなかった(15時に3.0 m/s)ことから,当日の高温は前記のような「弱風時の高温状態」だった可能性もある.

〔藤部文昭〕

文献

1) 永沢義嗣,宮川和夫:天気,**27**, 261-269 (1980).
2) F. Fujibe et al.:*J. Meteorol. Soc. Jpn.*, **77**, 827-843 (1999).
3) N. Ishizaki and I. Takayabu:*SOLA*, **5**, 129-132 (2009).
4) Y. Takane and H. Kusaka:*J. Appl. Meteorol. Climatol.*, **50**, 1827-1841 (2011).

099 　　　　　　　　　夏の高温

異常高温と熱中症被害

気温の最高記録

　異常高温とは，めったに現れない高温をさす．1933年に山形で40.8℃が観測され，以後長い間これが国内の気温の最高記録であった〈→098〉．2007年になって，熊谷市（埼玉県）と多治見市（岐阜県）で40.9℃が観測され，2013年には江川崎（高知県四万十市）で41.0℃が記録された．

　表1は地域ごとの最高記録を示したものである．東北から九州にかけての各地域で40℃前後の値が観測されている．北海道では帯広市などの37.8℃が最高である．一方，南西諸島では名瀬の37.3℃が最高であり，他の地域よりも低い．これは陸地が狭く，海上の相対的に涼しい空気に影響されやすいからである．

　表2は国内主要都市の最高記録を示す．ここでも那覇市が最も低く，札幌市がそれに次ぐ．関東から九州にかけては，各地点とも37～40℃が最高記録になっている．

　世界では，1913年にデス・バレー（米カリフォルニア州）で観測された56.7℃が最高である．このほか，アジア南部やアフリカ北部などでも，場所によって50℃を超える高温が現れうるとされる[1]．従来は，1922年にリビアのアル・アジジャで記録された58.0℃が世界気温とされていたが，近年の再検証により，この記録は信頼性に欠けると判断された．また，1921年にイラクのバスラで観測されたという58.8℃を世界最高記録とする文献もあるが，この記録は欧米では流通していない．この記録は何らかの誤りである可能性がある[2]．

極端な高温が現れる条件

　陸上で極端な高温になる条件として，広域の高温状態のほか，高温を増幅する種々の局地的要因が挙げられる．

　一般に，著しい高温になるのは晴れた日である．それは日射によって地面が暖まり，その熱が空気を暖めるからであるが，空気に対する加熱の強さは地表面の状態によって異なる．地面が湿っていたり，植物が繁っていたりすると，蒸発によって気化熱が吸収されるため，空気に対する加熱は比較的

表1　気温の地域ごとの最高記録
気象官署とアメダスの2014年までのデータによる．

地域	地点	記録(℃)	観測年
北海道	帯広（十勝）/ 駒場（十勝）	37.8	1924/ 2014
東北	山形（山形）	40.8	1933
関東	熊谷（埼玉）	40.9	2007
中部	多治見（岐阜）	40.9	2007
近畿	かつらぎ（和歌山）	40.6	1994
中国	久世（岡山）	39.3	1994
四国	江川崎（高知）	41.0	2013
九州	佐賀（佐賀）/ 牛深（熊本）	39.6	1994/ 2013
奄美・沖縄	名瀬（奄美）	37.3	1960

表2　国内主要都市の最高記録
2014年までのデータによる．

	記録(℃)	観測年	統計開始年
札幌	36.2	1994	1876
新潟	39.1	1909	1886
東京	39.5	2004	1875
名古屋	39.9	1942	1890
大阪	39.1	1994	1883
岡山	39.3	1994	1891
高知	38.4	1965	1886
福岡	37.9	2013	1890
鹿児島	37.1	2013	1883
那覇	35.6	2001	1920

弱い．一方，地表面が乾いていると蒸発が抑制され，気化熱の吸収が少ないため空気は強く加熱される．このような状態は都市域のほか，少雨傾向が続いた後に起こりやすくなる．2013年に四万十市の江川崎で41.0℃が観測されたとき，これに先立つ1か月間の降水量は10 mmにとどまっていた．これは平年値のわずか3%程度であり，地表の乾燥が高温の一因になった可能性は否定できない．

もう1つの局地要因は地形の効果である．一般に，盆地や山麓では著しい高温が起こりやすい傾向がある．その理由の一端はフェーンの発生であるが，それだけではない．山岳地域では日中，谷から山頂へ，あるいは平地・盆地から山地へ向かって谷風が吹き，これを補償する形で谷・盆地や山麓の上空に下降気流が生ずる．この下降気流に伴う断熱昇温が，気温を上昇させる一因になると考えられる．一方，沿岸域では，海から吹く風が海上の相対的に涼しい空気をもたらし，気温の上昇を抑える．しかし，気圧配置の影響で内陸から風が吹いているときには，沿岸部でも著しい高温になることがある．東京では北西〜北，大阪では東よりの風がこれに該当する．

気候変動と異常高温

地球温暖化により，著しい高温が起きやすくなる傾向にある．その意味で，近年の国内外の猛暑・熱波は地球温暖化と無縁ではない．

しかし，個別の高温現象が地球温暖化のせいだとは必ずしもいえない．温暖化が進む以前にも，頻度はともあれ極端な猛暑や熱波は起こりえたからである．したがって，個別の高温現象と温暖化との関係は，確率的にとらえる必要がある．近年，数値シミュレーションによってその確率を評価する手法（イベント・アトリビューション）の研究が進んでいる．2003年に35,000名の死者を出したとされるヨーロッパの猛暑について，地球温暖化の進展によってその生起確率が倍以上になったという結果が報告されている[3]．

高温と熱中症被害

暑さ（酷熱）による国内の死者数は，戦前から戦争直後にかけ，年間200〜300名，多い年は400名以上にのぼっていた．当時は子どもの被害が多く，死者の約4割は14歳以下だった（その大半は乳幼児）．現在は子どもの暑熱死はほとんどなくなったが，高齢者を中心として年間数百名，多い年は1000名を超える死者が出ている．年代別の統計によると80歳代前半に死者数

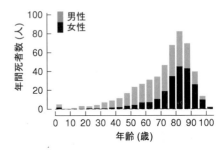

図1 熱中症による国内の年代別死者数
左から0〜4歳，5〜9歳など．厚生労働省の人口動態統計における「自然の過度の高温への曝露」の死者数データによる．1995〜2013年の平均値．

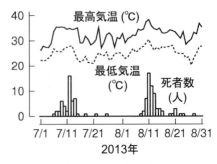

図2 東京都内の日々の熱中症死者数と気温との関係
死者数は東京都監察医務院のデータによる．気温は気象庁（千代田区大手町）の観測値．

のピークがある（図1）．熱中症の被害者数が近年多い理由としては，高齢化の進展のほか，社会の関心が高まって熱中症と診断されるケースが増えたという事情も考えられる[4]．

年ごとにみると，熱中症の死者数は夏季の平均気温と正の相関がある．また，日々の変動においては，熱中症による死者は数日〜1週間程度の高温期（東京の場合，最高気温がおおむね35℃以上）に多発する傾向がある（図2）．しかし，人体に対する暑熱の影響は，気温だけでは決まらない．暑さの体感をより的確に表すため，湿度や放射環境などを加味したいくつかの温熱指標がつくられており，それに基づく熱中症危険度の情報提供も行われている．

〔藤部文昭〕

文　献

1) 吉野正敏：地球温暖化時代の異常気象，成山堂書店（2010）．
2) 藤部文昭：天気，**60**，125-127（2013）．
3) P. A. Stott et al.：*Nature*，**432**，610-614（2004）．
4) 藤部文昭：天気，**60**，371-381（2013）．

100　夏の低温

冷　夏

冷夏は，水稲をはじめさまざまな農作物に被害（冷害）をもたらす．特に北日本は水稲栽培の北限にあたるため，夏の低温の影響が大きくなりやすい地域である．また，冷夏の年には梅雨明けが遅れることが多く，梅雨前線が本州付近に停滞するなどして，長雨や日照不足による農業被害も同時に発生し，被害が増すことがある．

過去の大規模な冷害年

図1は，日本の水稲の10 a当たりの収量の経年変化（1898〜2005年）を夏（6〜8月）平均気温とともに示す．収量は農業技術の進歩などにより次第に増えているが，年々の変動も大きく，前後の年よりかなり少ない不作の年がある．農林水産省は「作況指数」（その年の10 a当たりの収量

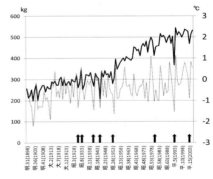

図1　全国の水稲の10 a当たり収量（実線）と日本の夏（6〜8月）平均気温偏差（破線）1898〜2004年．水稲の収量データは，農林水産省大臣官房統計部の作況統計より．平均気温は，094「猛暑」図1のデータと同じ．⬆は作物統計で作況指数が90以下の年（ただし，1926年以降）．

とその時期の平年収量との比の100倍)が90以下の年を「著しい不良」としている。指数が公表されている1926～2013年では、1931, 1941, 1945, 1953, 1980, 1993, 2003年が「著しい不良」に該当し(図に↑をつけた年)、いずれの年も平均気温が低く、大規模な冷害が発生した。以後、これらの年の中で、「平成の大凶作」と呼ばれている1993年を中心に冷夏とその要因、および影響について解説する。

1993年夏の異常低温とその影響

1993年は、4月頃から低温となることが多かった。梅雨入りは各地方ともに平年より1週間から半月程度早く、梅雨前線は6月から西日本で活動が活発な状態が続き、8月になっても本州付近に停滞した。6月上旬から8月上旬にかけて冷涼なオホーツク海高気圧がしばしば出現する一方、太平洋高気圧は日本の南にとどまりつづけて日本付近を安定して覆う時期はなかった。これらのことから、平年の盛夏期である8月になっても沖縄地方を除き低温となり日照時間も少なく、九州以北では梅雨明けが特定されなかった。盛夏の時期がなかったということである。夏平均気温は、地域平均の統計がある1946～2013年では、北日本では2位(1位は1954年)、東日本では1位、西日本では2位(1位は1949年)の低温を記録した。また夏の降水量は、東日本では2位(1位は1953年)、西日本では1位の多さ、日照時間は、東日本では1位、西日本では2位(1位は1980年)の少なさであった。記録的な低温・多雨で、日照時間が少ない夏であったことがわかる。特に低温が顕著であったのは8月上旬で、北・東日本では平年を5℃以上下回り、平年の6月下旬並の気温となった。低温傾向は10月まで半年以上続いた。

このように長く続いた低温は、日本付近で亜熱帯ジェット気流が平年よりも南を流れつづけたことによってもたらされた。図

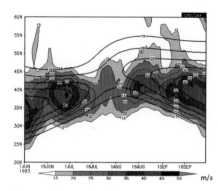

図2 日本付近の経度(東経130～140度)で平均した200 hPaの東西風速の時間緯度断面図

縦軸が緯度で北緯20～60度、横軸が時間で6月1日～9月30日。15日移動平均で、等値線が平年で、等値線間隔は5 m/sで15 m/s以上のみ。陰影が1993年。データソースは、気象庁の長期再解析JRA-55[1]。

2は、1993年6月1日から9月30日にかけての対流圏上層200 hPaの東西風速の時間緯度断面図である。日本付近の経度である東経130～140度で平均したものである。西風が最も強い緯度帯をジェット気流が流れている。平年では、6月はじめに北緯35度付近を流れる亜熱帯ジェット気流は、季節進行とともに徐々に弱まりつつ北上する。梅雨明けの時期の7月後半には一気に北上し、8月はじめには北緯45度付近に達する。ところが、1993年は7月に入っても亜熱帯ジェット気流の北上の傾向が弱く、9月終わりまで平年より低い緯度を流れた。こういった亜熱帯ジェット気流の南偏傾向は北半球規模でみられ、日本の長く続く低温の要因となった。

この年は低温が長く続くとともに、低温のピークも顕著であった。最も低温偏差が大きかった7月下旬～8月上旬の海面気圧と地上気温偏差を図3に示す。平年ではこの時期には日本付近は太平洋高気圧に覆わ

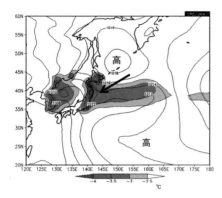

図3 1993年7月下旬～8月上旬で平均した海面気圧（等値線で間隔は2hPa）と地上気温の平年偏差（-2.5℃以下のみ陰影）
データソースは，気象庁の長期再解析JRA-55[1]．

れるが，1993年は太平洋高気圧が日本の南海上の北緯30度以南にとどまる一方，オホーツク海高気圧が北日本を北東から覆っている．上述したジェット気流の南偏傾向に伴い北緯40度帯を中心に東西帯状に気温が低いことに重なって，オホーツク海高気圧から吹き出す冷たい北東風（やませ）が北日本の太平洋側を中心に顕著な低温をもたらした．また，オホーツク海高気圧と太平洋高気圧の間の梅雨前線の活動が活発で，台風の影響もあり，九州南部を中心に甚大な被害をもたらした平成5年8月豪雨（1993年7月31日～8月7日）が発生するなど，顕著な多雨となった．

1993年の記録的な低温，多雨，日照不足は，農作物に大きな影響を与えた．水稲の作況指数は74と，値が公表されている1926年以降（2013年まで）では，1945年の67に次ぐ小さな値となり，米の緊急輸入が行われた．また，農作物の被害金額は冷害だけで1兆円を超える記録的な規模となった[2]．

1980年の冷夏

1980年7～10月は沖縄・奄美を除きほぼ全国的に低温・多雨・寡照となった．特に8月には，月平均気温が北・東・西日本において1946年から2013年の間で最も低いなど，記録的な冷夏となった．この年は東北地方を中心に顕著な冷害が発生し，農作物の被害金額は6000億円を超えた[3]．この8月の低温も，1993年と同様に，強いオホーツク海高気圧，南海上にとどまり本州にまで勢力を伸ばさない太平洋高気圧，南偏したジェット気流によりもたらされた．顕著な冷夏年に共通する気圧配置の特徴である．

〔前田修平〕

文 献
1) A. Ebita et al.: *SOLA*, **7**, 149-152 (2011).
2) 気象庁：気象庁技術報告，**115** (1994).
3) 気象庁：気象庁技術報告，**100** (1981).

101 夏の低温

夏のやませ

夏の山背

やませは,晩春から夏にかけて東北地方の太平洋側に吹く冷たい湿った東よりの風である.下層雲や霧を伴うことが多く,長く続くと低温と日照不足によって,水稲などの農作物に被害を及ぼす.このため,凶作風,飢餓風とも呼ばれる〈→038〉.

やませの原因

やませは,北太平洋北部,オホーツク海やベーリング海で冷やされて涵養された海洋性の寒帯気団(寒気)が,オホーツク海高気圧の南や南東の端に沿って三陸地方に向かって吹き出す現象である.厚さが 1 km 程度と薄い寒気が南下するに従い,海面から熱と水蒸気の補給を受けて,下層雲や霧が発生する.ただし,三陸地方の東方海上の海面水温は親潮の影響などで低いことや下層雲頂の放射冷却で,寒気は十分には暖まらずに沿岸に到達し低温をもたらす.寒気の厚さは薄いので,奥羽山脈を超えず影響は太平洋側にとどまることが多い[1]).

寒気を南に送り出す役割を果たすオホーツク海高気圧は,夏の間に定常的にみられるものではなく,東シベリアにおける偏西風の北への蛇行に伴って出現し発達することが多い.蛇行が大きくなってブロッキング高気圧ができて持続すると,地上のオホーツク海高気圧も持続する.

東シベリアにおけるブロッキング高気圧の発生とその影響によるオホーツク海高気圧の発達には,夏に暖まりやすい陸地に北側と西側を囲まれた海であるという,オホーツク海の地理的な特徴が深く関係している[2]).北に陸地があるため,ユーラシア大陸上の同じ緯度帯とは異なり,夏には地表付近の気温が北のほうが高くなるため,東シベリア上空を流れる偏西風が弱くなる.このため,その蛇行が強まりやすく,ブロッキング高気圧も発生しやすい.東シベリアでブロッキング高気圧が発生すると,その中心より南に位置するオホーツク海の地表付近には東風が吹く.オホーツク海の西には大陸があるため,オホーツク海

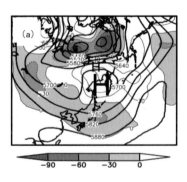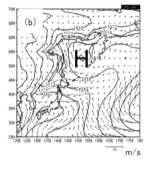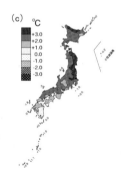

図1 やませが卓越した 2003 年 7 月の天気図
(a) 500 hPa 高度(太い等値線,間隔は 60 m)と平年偏差(細い等値線で負偏差に陰影). (b) 海面気圧(等値線,間隔は 2 hPa)と地上風(矢印,長さと風速の対応は図右下のとおり). (c) 気温偏差(陰影). (a) と (b) のデータソースは,気象庁の長期再解析 JRA-55[1]).

から大陸にかけての地表付近の気温は東で低く西で高い．このため，東風は寒気移流となり気温が下がり，地上の高気圧，すなわちオホーツク海高気圧を強める．

21世紀に入って2013年までで最も天候に影響を与えたやませは，2003年7月のやませで，これは上述したメカニズムで発生・持続した典型的な事例である．図1に示すように，上空ではユーラシア大陸北部を流れる偏西風が大きく蛇行し，東シベリアを中心にブロッキング高気圧がある．このブロッキング高気圧は月のはじめに発生し，月を通して持続した．地上では，上空のブロッキング高気圧の発生と同時期の7月はじめにオホーツク海で高気圧（オホーツク海高気圧）が発生し，強弱を繰り返しながら月を通して持続した．オホーツク海高気圧から吹き出す湿った東よりの風，すなわちやませの影響で東北地方太平洋側を中心に気温が顕著に低く，日照時間も記録的に少なかった．岩手県宮古市の月平均気温は，統計のある1883年以降で2位の低温となり，月間日照時間は1902年以降で1位の少ない記録となった．

やませと冷害

1980，1993年ともに，オホーツク海高気圧が強く，やませが持続し，記録的な低温となり，前述の2003年とともに北日本の太平洋側を中心に農作物の冷害が発生した〈→100〉．図2は，1958～2013年の岩手県の水稲の作況指数と三陸沖（北緯40度，東経142.5度）の地上風の西風成分を示す．

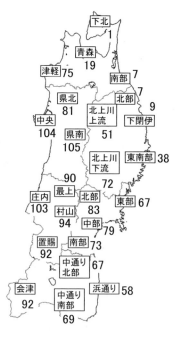

図3 東北農政局資料による1980年の水稲地帯別作況指数（10月15日）（文献4)を元に作成）

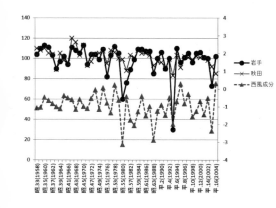

図2 岩手県と秋田県の水稲の作況指数（目盛りは左軸）と7～8月平均の北緯40度・東経142.5度における地上風の西風成分（目盛りは右軸）1958～2004年．作況指数のデータは農林水産省大臣官房統計部の作物統計より．西風成分のデータソースは，気象庁の長期再解析JRA-55[3]．

夏の低温：夏のやませ　　215

7〜8月の平均である．東風が強い年，すなわちやませが強い年として1980, 1988, 1993, 2003年が挙げられる．どの年も作況指数は90以下で，作柄は著しい不良である．やませが水稲に大きな影響を及ぼすことが確認できる．なお，1988年は東風が1980年に次いで強いが，それは7月が中心であった．8月には気温が平年以上に上昇したためか，不作ではあるものの他の3年ほどには作況指数は低くない．図にはやませの影響をほとんど受けない秋田県の作況指数も示した．やませが強かった1980, 1993, 2003年でそれぞれ99, 83, 92であった．それぞれの年の岩手県の作況指数60, 30, 73と比べると，冷害に対するやませの影響の大きさがよくわかる．図3は，やませが最も顕著だった年の1つである1980年における，東北地方の地域別作況指数である．太平洋側の青森県下北で1，岩手県北部で7など顕著な冷害となった一方，日本海側の秋田県県南では105，山形県庄内では103など，やや良となった地域もあった[4]．太平洋側と日本海側におけるやませの影響の違いがよくわかる．

〔前田修平〕

文 献

1) K. Ninomiya, and H. Mizuno：*J. Meteorol. Soc. Jpn.*, **63**, 859-871. (1985).
2) 中村　尚，深町知宏：天気，52.8, 591-598 (2005).
3) A. Ebita et al.：*SOLA*, **7**, 149-152 (2011).
4) 気象庁：気象庁技術報告，100 (1981).

102　夏の視程

夏 の 霧

fog in summer

　俳句の世界で「霧」は秋の季語だが，霧はどの季節にも発生する．ただし，霧はその成因によっていくつかの種類があり，それぞれの種類ごとに発生しやすい場所や季節がある．

　夏の霧といえば，山や高原でみられる山霧を思い浮かべる人は多いだろう．しかし，そもそも標高の高い山や高原は下層雲（積雲や層雲など）の雲底に近く，ときには下層雲の中に入ることもある．霧は雲底が地面に接した状態にほかならず，標高の高い山や高原では雲の中に入ることによって霧に包まれる機会が平地より多いといえる．

　また，気流が山地地形にぶつかると斜面を滑昇する流れが生じ，そこでは空気が断熱膨張して温度が下がる．その際，元々の空気がある程度湿っていれば飽和に達して雲を生じることがある．このため，山の周囲に雲がなくとも，山だけが雲に包まれることがある．そのとき，山にいる人は雲の中すなわち霧の中に置かれることになる．このメカニズムで生じる霧は滑昇霧と呼ばれる（上昇霧ともいう）．

　「山霧」は「山にみられる霧」くらいの意味で，厳密に定義された気象用語ではない．山霧と呼ばれるものの中には，谷あいや小さな盆地状の場所で，夜間の放射冷却によって発生する放射霧もあると思われる．この霧は，風が弱く晴天の夜に，放射冷却によって気温が露点温度以下に下がり，過飽和になった水蒸気が凝結して微水滴となることで発生する．こうした霧が谷あいや小さな盆地にできやすいのは，放射冷却によってできた冷気がそのような地形

の場所にたまりやすいからである．夏の朝にこの種の霧がみられるのは天気が安定している証拠で，日が昇れば消散する．「朝霧は晴れ」とのことわざが当てはまるのはこの種の霧である．

他に夏の霧といえば，よく知られたものは北海道沖や三陸沖に発生する海霧（「かいむ」とも「うみぎり」とも読む）であろう．海霧は海上に発生する霧のことであるが，それが陸地へ侵入してきたとき，陸上で発生した霧ではなく海上を起源とする霧であることを特に意識してこの呼称が使われる．ちなみに，冬季，陸上の低温の空気が海上に流れ出して生じる蒸気霧をも「海霧」と呼ぶ向きがあるが，それは本来の用例と異なる．

春から夏にかけて，北海道沖や三陸沖に発生する海霧は，移流霧として説明されることが多い．すなわち，日本の南海上から三陸沖や北海道沖に流れ込んだ暖かい空気が相対的に低温の海面に触れて冷やされ，水蒸気に関して飽和して凝結し微水滴になることによって霧が発生する，というメカニズムである．春から夏にかけては日本付近で南よりの季節風が卓越する期間であり，海面水温が気温より低い期間でもある．

ところが，よく調べてみると，この時期の北海道沖や三陸沖にみられる海霧のなかには，気温が海面水温より低い状態で発生しているものがある．それは，「オホーツク海気団」と呼ばれる海洋性寒帯気団内に発生する霧である．オホーツク海高気圧から吹き出す「やませ」と呼ばれる冷涼な気流内で発生する霧の多くがそれである．

初夏にしばしば現れるオホーツク海高気圧の圏内の上空では，対流圏上部での収束に伴いゆるやかな沈降運動が卓越し，海面近くの水蒸気を多く含む気層の上に顕著な逆転層が形成されている．すなわち，冷涼なオホーツク海気団の気層（接地層）はあたかも逆転層で蓋をされたよ うな状態になっている．水蒸気の多い接地層は赤外線を多く放射するので，放射冷却の原理で熱エネルギーを失い，層の上面から徐々に冷えていく．その結果，接地層の上部が飽和に達し，水蒸気が凝結して下層雲が発生する．下層雲ができはじめると，その上面で放射冷却がさらに強く起こり，雲の上部が冷えるため雲層内が不安定になって対流が起こり，接地層全体が冷え，下層雲は下方に向かって成長し厚みを増していく．そして，雲底が海面に達すると霧になるわけである[1-3]．

このようにして発生した霧では，オホーツク海や親潮寒流の冷たい海面上であっても，水温より気温のほうが低くなっていることが多い．つまり，やませの低温は単に空気が親潮に冷やされただけのことではないということになる．この霧はわずかに温度の高い海面により下から加熱される．このため霧層内はより不安定となり，鉛直混合によって霧はさらに濃密化する．

ここまで，夏の霧として「山霧」と「海霧」を解説した．山霧は峠や山間部の道路や集落を霧に包むが，社会的影響という点では大きな問題にはならない．これに対し，海霧の社会的影響は決して小さくない．その理由は，海霧の発生がきわめて広範囲であり，かつ持続性があるからである．日本付近で海霧の発生が多いのは，春から夏にかけての約半年間であるが，最盛期の7月頃の気象衛星可視画像をみると，北海道周辺海域や三陸沖にはほぼ定常的に霧が存在し，しばしば陸地に侵入することがわかる．海霧の侵入が多い地域は，北海道の太平洋側やオホーツク海側，東北の三陸沿岸である．図1に釧路における平年の月別霧日数（1981～2010年の30年平均）を示す．釧路では，海霧の最盛期には霧の観測されない日のほうが少ない．

海霧は，海上交通はもとより陸上交通に

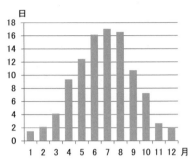

図1 釧路における月別霧日数（平年値）

とっても大きな妨げとなる．そればかりでなく，陸地に侵入した海霧は日射をさえぎり，昼間でも夕方のような暗さをもたらし，来る日も来る日も陰鬱な空模様を持続させる．この陰鬱さは海霧特有のもので，そこに暮らす人々の保健衛生や気質にも少なからず影響を与えていると思われる．北海道では，海霧のことを俗に「ガス」あるいは「じり」ともいう．

海霧は農作物などの植物にも影響を及ぼす．陸地に侵入した海霧は，日射をさえぎることで植物の光合成を抑制する．また，葉を濡らすことで気孔の開閉を変化させる結果，植物の活性を著しく減退させ，病害虫への抵抗力を弱める．　　〔永澤義嗣〕

文　献

1) 大川　隆：北海道の動気候，北海道大学図書刊行会 (1992).
2) 児玉安正：気象研究ノート183号（第5章）(1995).
3) 山本　哲：気象, **484**, 4-8 (1997).

103　日射

紫　外　線

ultraviolet rays

　日本では，1980年代の半ばまで日焼けは健康的なものと考えられていた．太陽の光を浴びることによって体内でビタミンDが合成されるというのがおもな論拠であったためであろう．このため，きれいに肌を焼くための化粧品が売られていた．その当時から欧米では紫外線を浴びることはプラス面より健康に対してのマイナス面が大きいという研究が相次いで発表され，アメリカでは乳幼児用の紫外線防止クリームが発売されていた．1980年代半ばに，日本で筆者が初めての紫外線情報を出してから数年後に紫外線は避けるもの，という認識が一気に広がったが，それでも紫外線対策は夏のものであった．現在は海外や海山の行楽が盛んになり，紫外線対策は一年中必要なものに変わってきている．

　太陽からの紫外線は，波長の長いほうから UVA, UVB, UVC の3種に分類され，人体への影響は波長が短いほど大きくなる．このうち，UVC と UVB の波長の短いおよそ半分は上空のオゾン層に吸収さ

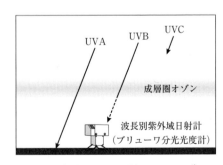

図1　成層圏オゾンに吸収される UVB[1]

れ,地上に降り注いでいる紫外線はUVA全部とUVBの半分程度になっている(図1).このUVBの量は季節による太陽高度や,上空にあるオゾンの濃度によって変化するために,日本では夏至の頃より,オゾンが少ない真夏に最も多くなる.紫外線のエネルギーは波長の長いUVAのほうが大きいために,紫外線量をエネルギー量で示すとほとんどがUVAで占められ,オゾンを考えない場合には,紫外線量は太陽光の強さと比例するために,最も紫外線のエネルギーが強くなるのは日本では6月下旬の夏至になる.しかし,この季節は日本では梅雨の最盛期に当たっているために,晴れの時間が長い5月や7月のほうが紫外線のエネルギー量は多くなり,古い教科書では紫外線は5月が最も強いとされてきたのである.しかし,紫外線のエネルギー量と人間の皮膚や目への影響度は必ずしも一致していない.人間に大きなダメージを与えるのは,UVBで,世界保健機関(WHO)も紫外線に関してはUVBだけの影響で情報を統一するように勧告している.UVBは図2のように8月が最も多く,次いで5月と7月になっている.特に夏は気温が高く,肌を露出する機会が多いため,より日焼けをしやすく,ダメージも大きいことになる.図をみると真冬のUVBが意外に多く,UVBは真冬でも真夏の半分程度は降り注いでいる.紫外線の効果は皮膚への累積の蓄積量で決まり,冬に2時間外にいるのと真夏の1時間は最終的には同じ効果になる可能性がある.真冬にあまり日焼けしないのは,冬の紫外線が弱いこともあるが,それ以上に冬は寒いので外にいる時間が短いこと,衣服をたくさん身につけているので紫外線を浴びにくいこと,昼間の時間が短いことが影響している.その証拠に冬でもスキー場では真っ黒に焼けてしまう.新雪は紫外線をほぼ100%反射するために,顔に当たる紫外線の強さは夏とあまり変わりがなく,一日中屋外にいるために,いわゆる雪焼けになる.

環境による紫外線量の違い

人間が浴びる紫外線は,太陽の光として直接当たるもの,途中の空気で散乱したものが間接的に当たるもの(曇り空の紫外線に相当),それに地面や建物から反射してくる紫外線の合計になる.直接浴びる紫外線が最も強いと思われがちだが,晴れた日の紫外線量は,一般には散乱によるものが最も多く,次いで直達紫外線量,反射によるものになる.普通は反射による紫外線量は無視できる程度の量であるが,山や海ではこの反射紫外線量がかなり大きくなる.

地表での反射率は地面の状態によって大きく異なり,表1のように,最も反射率が大きいのは新雪で,ほぼ80%になっており,古い雪でも表面が白ければかなりの紫外線が反射してくる.海岸にいる場合には砂浜からの反射と海面からの反射で,砂が濡れているか,乾いているかで10〜25%と大きく異なり,黒い砂より白い砂のほう

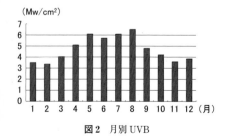

図2 月別UVB

表1 紫外線反射率[1]

地面の状態	反射率
新雪	80%
砂浜	10〜25%
アスファルト	10%
水面	10〜20%
草地・土	10%以下

が反射率は大きくなっている．海面も波の状態によって10～20％と反射率が異なっている．

　山や高原の場合にはさらに紫外線量が多くなる．それは，標高が高くなるにつれて紫外線量が増加していくためである．日本での実測によれば，平均的には100ｍにつき1.4％程度増加するが，これはUVAとUVBを合計した場合である．UVBのほうが増加率が大きくなっている．UVBは1000ｍで20％，3000ｍで50％前後増加すると考えてよい．晴れた日に3000ｍの稜線でスキーをやっていると，標高による紫外線量の増加で150％になり，それがそのまま反射してくるため，合計のUVB量はおよそ3倍ということになる．紫外線は太陽に近いほど強いので，赤道に近い国ほど注意が必要になる．グアムやサイパンなど，南太平洋の島では，冬でも日本の真夏の紫外線量より多くなっている．また，日本が冬の場合に南半球のオーストラリアやニュージーランドは季節が逆になる．太陽と地球の距離は年間で多少変動し，日本が冬の時期に最も太陽が地球に近づくために，南半球の夏（日本は冬）は紫外線が非常に強い．

紫外線対策

　紫外線に対する人間の皮膚の抵抗力は季節によって違い，日本人の場合，最も抵抗力が大きくなるのは夏が終わった後の9月末頃で，その後は徐々に低下していき，春が最も紫外線に弱い時期になる．初夏になると再び抵抗力が上がっていく．紫外線は単に日焼けを起こし，将来しみやそばかすができるというだけではなく，場合によっては皮膚がんに進行し，目では白内障の原因にもなる．日本人は白人に比べると紫外線に対する抵抗力は強いほうだが，紫外線と皮膚の過敏性を高める物質の相互作用で光過敏症を起こしている人は意外に多い．日焼けやその進行形である光角化症状，さらに皮膚がんはおもにUVBが原因であり，光過敏症はUVAが原因と考えられている．

　紫外線を防止するには，太陽光の強い土地，期間，時間を避けることが第一で，このような条件の場合には屋外にいる時間をなるべく短くする．さらに，紫外線の防止するために衣服や帽子，日傘で光をさえぎり，紫外線防止クリームで肌への紫外線吸収を防ぐ．衣服に関しては白い服がよいという誤解があり，白い衣服は太陽熱を吸収しにくいが，紫外線防止には色の濃い衣服が効果的である．

　日焼け防止用の化粧品にはSPFという数値とPAという数値がある．SPFはsun protection factor，つまり光に対する抵抗力で，おもにUVBによる日焼けの抵抗値を示している．これに対して，PAはprotection grade of UVA，つまりUVAを防止する抵抗値になっている．日焼け防止だけならSPFの数値を基準に選べばよいが，その他の皮膚の影響を考えるとPAの効果も合わせて使うとよい．

　なお，サングラスは色の濃いものは逆効果になる．色が濃い場合には目に入る光が少なくなるために瞳孔が開き，かえって多くの紫外線が目に入る可能性がある．UV防止加工をしてある，色の薄いサングラスがよい．
〔村山貢司〕

文　献
1）気象庁資料．

天保の大飢饉

1833～1839年

　農作物が著しく減収することによって多数の餓死者や病死者を出すことを飢饉と呼び、戦争など人為的な原因以外では、干ばつや長雨、冷害、風水害、イナゴなどの虫害が原因となって発生する。古代や中世には干ばつによるものが多かったが、近世になると、溜池などの利水施設が整ったため、干ばつが減っている。しかし、寒い地方でも米作が本格的に始まったことに伴い、江戸時代以降は冷害が増えてきた。

　天保の大飢饉は、享保・天明に続く江戸三大飢饉の1つで、1833（天保4）年から1839（天保10）年まで続き、おもな原因は洪水や冷害である（飢饉の最盛期は天保6～8年）。天保4年は、奥州3分作以下、東海道7分作といわれ、東北地方（陸奥国・出羽国）の被害が最も大きく、特に、盛んに新田開発を行い、米作を推進してきた仙台藩の被害が甚大であった。

　1836～1837年は、北陸、九州、四国以外の全国に及び、日本の近世では最大の飢饉とされる天明の大飢饉（1782～1788（天明2～8）年）以来の大飢饉となっている。

　東北から北陸、近畿、中国、四国地方の広い範囲で、「大変な」「とてつもない」という意味の「てんぽな」という言葉があるが、これは、「天保」に「な」をつけたものといわれ、天保の飢饉のものすごさを示す言葉ともいわれている。1836年の鳥取藩は、春から天候不順で雨が続き、気温が上がらなかったことから田植えができず、冷害により凶作となっている（因幡、伯耆両国の石高は42万石であるが、このときの被害高は29万石といわれている）。この年が十二支で申年であったことから「申年がしん」という言葉が残されている（「がしん」は餓死が転化した飢饉を表す言葉）。鳥取は翌8年4月に疫病が流行し、餓死者を含めて2万名が死亡している。

　天明の大飢饉が、短期間に集中して死者が出ているのに対し、天保の大飢饉は長期間にわたっての被害という差がある。これは、天明の大飢饉の教訓から、幕府や各藩での救済措置や各種の御救普請、窮民の経営助成などが一定の成果を上げた結果ともいえる。山形県にあった米沢藩では、義倉を整備し、藩主の上杉鷹山の命で「かてもの」という救荒食（代用食物）の手引書をつくって餓死者を防いだ。これは、栄養失調で死亡するより、普段食べないものを食べる食中毒での死者が多かったことによる。また、愛知県にあった田原藩でも家老の渡辺崋山が「凶荒心得書」を著し、義倉を整備して餓死者を防いでいる。しかし、飢餓状態は慢性化し、米価は急騰したこと

表1　江戸三大飢饉

	享保の大飢饉	天明の大飢饉	天保の大飢饉
飢饉の発生年	1732年 （享保17年）	1732～1788年 （天明2～8年）	1833～1839年 （天保4～10年）
飢饉時の将軍	徳川吉宗（第8代）	徳川家治（第10代）	徳川家慶（第12代）
飢饉発生地域	西日本（特に瀬戸内海沿岸）	全国（特に東北地方）	全国（特に東北地方）
飢饉の原因	冷夏、虫害	浅間山の噴火、エルニーニョ現象	大雨、洪水、冷夏

から,各地で百姓一揆や打ちこわしを頻発させ,1836(天保7)年6月に幕府直轄領の甲斐国全体の百姓一揆となった天保騒動や,1837(天保8)年2月に大坂で起こった大塩平八郎の乱の原因にもなった.天保の大飢饉によって荒廃した農村の復興は,老中の水野忠邦が1841(天保12)年から始めた天保の改革の柱となり,二宮尊徳らの農学者が召し抱えられ,その活動が本格化した.なお,天保の改革は,享保の改革,寛政の改革と並んで,江戸三大改革の1つである. 〔饒村 曜〕

105 不快指数と熱中症

体調

不快指数とWBGT

気温と湿度から計算される夏の不快感を示す指数で,1957年にアメリカで考案されたものである.英文では,discomfort indexまたはtemperature humidity indexとなる.不快指数は一般的には以下の式で計算される.乾球温度 T_a,湿度をHとすると不快指数 $(DI) = 0.81\, T_a + 0.01\, H (0.99 T_a - 14.3) + 46.3$ また湿球温度を T_w とすれば不快指数 $(DI) = 0.72(T_a + T_w) + 40.6$ で計算される.日本では1970年代以降夏の蒸し暑さを示す指数としてマスコミや天気の解説で使用されていたが,不快感は気流(風)の影響や日射の影響がかなり大きく,夏の暑熱環境を表す指数としてはあまり適当なものではないため,最近はあまり使用されていない.2004年の猛暑を境に日本においては熱中症になる人が急増し,熱中症の危険度を示す指数としてのWBGT(wet bulb globe temperature)のほうが一般化してきている.アメリカ陸軍で作成されたもので,日本語にすると湿球黒球温度になる.WBGTは自然気流の中で湿球温度 T_w と黒球温度 T_g,乾球温度 T_a を計測し,以下の式で求める.屋外の場合は $WBGT = 0.7\, T_w + 0.2\, T_g + 0.1\, T_a$ になり,屋内の場合は $WBGT = 0.7\, T_w + 0.3\, T_g$ にする.黒球温度は5インチの黒球温度計を用いるが,簡易的には2インチの黒球温度計を用い,湿球温度の代わりに湿度を計測してWBGTを計算することが多い.

熱中症

地球の温暖化,都市化による高温で近年

増加しているのが熱中症で，体の中でつくられる熱とそれを身体の外に逃がす量のバランスが崩れて体温が上がり，ときには死にいたる病気である．人間の体は歩いたり，運動をしたり，食事をするなどの際に筋肉を動かして熱を産生している．運動するために燃やされるエネルギーのうち，活動に使われるのは20%程度で，残りのおよそ80%は熱になっている．この熱が人間の体温を一定に保つことに役立っている．人間の体温は年間を通じて37℃前後に保たれており，この体温は人間が生命を維持するために行う代謝や酵素の働きに最も適した温度条件になっている．体温を一定に保つために，気温の高い夏には身体で産生される熱を外部に放出し，冬はなるべく熱が逃げないように身体の機能が働いている．気温の高い季節に湿度が高い，風がない，運動量が大きいなどの条件になると体内で産生された熱を外部に十分に逃がすことができず，体温が上昇し，身体の機能に障害が起きるのが熱中症である．

熱中症の症状を知っておくことは大事なことで，初期の段階で適切な処置をとれば重症にいたらず，死亡事故につながることも少なくなる．熱中症の症状は表1のように4つに分かれ，重症度での分類では，比較的軽い熱けいれんと熱失神，次に重い熱疲労，最も重い熱射病になり，熱射病の場合は死にいたることもまれではない．熱けいれんは大量の汗による体内のナトリウム不足から筋肉がけいれんするもので，特にふくらはぎのけいれん，いわゆる「こむら返り」の状態になる．暑いときに筋肉がつったような状態になったら，熱けいれんと考えてすぐに涼しい場所で休息をとり，塩分の入ったスポーツドリンクなどで，水分補給を行う必要がある．次の熱失神は「立ちくらみ」の状態で，立ちくらみが起きるということは一瞬でも脳への血流が十分でなくなったことを意味しており，危険な状態に近づいているサインになる．

熱疲労は強烈な喉の渇き，身体に力が入らない，吐き気，めまい，頭痛などのさまざまな症状が起き，さらに危険な状態に移行する可能性が高い．気を失う，言葉がもつれるなどの症状があれば，脳への障害が始まっていると考え，衣服をゆるめ，身体を冷やすなどの応急処置とともに必ず医療機関に連れていくべきである．最後の熱射病は脳症状が現れたきわめて危険な状態で，呼びかけや刺激に対して反応がない，あるいは非常に鈍い，手足のけいれんがある，ひきつけを起こす，まっすぐに歩けないなどの症状がみられる．直ちに救急車で救命医療機関に運ぶ必要がある．

熱中症の予防

熱中症を防ぐには，暑い日には無理をしないことが大事で，気温が32℃，WBGTという熱中症予防の指数が30を超えたら激しい運動は中止することが必要である．熱中症になるかどうかは，気温が最も大きく影響するが，汗が蒸発しやすいかどうかという点で湿度の影響も大きい．図1は労働災害で死亡した場合の気温と湿度の関係を示したもので，一般に気温が32℃を超えたら注意とされているが，気温が30℃前後でも熱中症による死亡例がかなりある．その場合は多くが湿度が高い場合で，湿度のほかにも風があるかどうかが影響している．

また，当日の気温などの条件以外に熱中

表1 熱中症の分類

4症状	重症度	症状
熱けいれん	1	めまい，大量発汗
熱失神	1	筋肉けいれん，硬直
熱疲労	2	頭痛，嘔吐，虚脱感，集中力低下
熱射病	3	意識障害，血液凝固異常，肝・腎機能障害

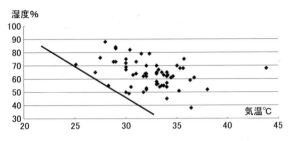

図1 労働災害による熱中症死亡例（1994〜2003年）

症になりやすい時期，なりやすい人というのがあり，時期は急に暑くなった場合，特に梅雨明け直後が危険である．これは私たちの身体が暑さに慣れていないためで，労働災害やスポーツでの事故も始めた初日に多くなっている．真夏でもしばらく涼しい日が続いた後に急に暑さが戻ると多くなるので，注意が必要になる．

真夏の外出や運動の場合に注意することは，なるべくこまめに休息をとり，水分補給を行うことで，汗を大量にかくような場合には塩分（ナトリウム）の補給が必要になる．汗とともに体内のナトリウムが出てしまい，体内のナトリウム濃度が下がると，低ナトリウム血症の状態になる．

また，熱中症になりやすいのは暑さに慣れていない人はもちろん，体調の悪い人ほど危険性が高くなる．疲労がたまっている人，前の晩にお酒を飲み，二日酔い気味の人，寝不足の人，朝食を食べていない人などである．また，年齢では小児と高齢者でより注意が必要になる．小児は思春期前までは汗腺が十分に発達しておらず，汗が十分ではなく，体温を下げるのはおもに皮膚表面からの放熱に頼っている．外部環境が体温より高くなるとこの機能が働かずに体温が上昇してしまう．一方，高齢者では皮膚表面にある温熱を感じるセンサーの働きが鈍くなっており，体の反応が遅れるためである．

熱中症は重症化させないために，熱けいれんや熱失神など初期の段階で適切な処置を行うことが大切で，そのためには自分で体調が悪いと感じた場合にはすぐに周囲の人にその旨を告げ，また，周囲の人の様子がおかしければ，熱中症を疑う必要がある．意識がない，意味不明の言葉をいう，まっすぐ歩けないなどの場合は直ちに医療機関に連れていく必要がある．意識がはっきりしていて，症状が軽い場合には風通しのよい，涼しい場所に移動させ，衣服をゆるめる．体温が高い場合には身体に水を霧状にして噴霧し，団扇などで風を送ってやるとよい．冷やしたタオルをわきの下や首の周り，腿の付け根など血管の集まっている部分に当てると，冷やされた血液が身体の内部の体温を下げるので効果的である．スポーツドリンクを飲み，水分と塩分の補給を行うが，これでも快方に向かわない場合や，症状が重い場合は救急車を呼んだほうがよい．大事なのは，必ず誰かが付き添って症状の変化を見守ることで，医療機関に連れていく場合も，状況を説明できると処置が早くなる．

自動車内への置き去りによる乳児，幼児の熱射病の死亡事故が毎年のように起きている．真夏の車内はごく短時間で内部の温度が上がる．図2は自動車の外の気温と内部の温度について，駐車してエアコンを切ってから10分後に計測を始めたもので，

106 冷房病

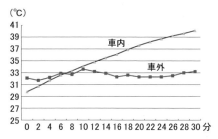

図2 車の中と外の温度変化（2001年7月）

2001年7月3日9時30分～10時の30分間の温度変化である．梅雨の晴れ間が出た日であったが，午前中の早い時間である．ドアを閉め切り，2分ごとの車外の気温，車内の温度を計測した．計測開始時には車外の温度は32.2℃，車内の温度は28.5℃であったが，10分後の外気温と車内の温度はともに34℃に上がり，温度の上昇は車外が1.8℃，車内は5.5℃に達していた．日本人の皮膚の表面温度は通常33℃前後であり，この時点で車内では皮膚からの放熱は止まってしまい，危険な状態になる．20分後には雲が広がり車外の温度は32.5℃とやや低下したが，車内の温度は37℃と体温と同じかやや高くなり，30分後には車外が33.2℃なのに対し，車内温度は40℃に達していた．

〔村山貢司〕

　現在はオフィスだけではなく一般家庭にも冷房が普及し，日本の蒸し暑い夏を快適にすごせるようになっている．一度涼しい環境に慣れてしまうと，少しの暑さでも冷房を入れてしまうようになり，暑さに対する慣れ，抵抗力が次第に小さくなってくる．

　冷房の普及とともに増加してきたのが冷房病で，冷え，肩こり，頭痛，腰痛のほかに，下痢や便秘，胃腸障害，不眠，イライラ感，女性では生理痛の悪化，生理不順などさまざまな症状があり，医学的には循環不全，または冷房症候群と呼ばれている．

冷房病のメカニズム

　冷房の効いた室内に長時間いると当然皮膚の温度が下がり，身体の中では最も冷えやすい手足の指先から冷たくなってくる．手足の皮膚表面の血流が減少し，その分身体の内部の血流が増加することになる．長時間冷房の効いた室内にいると，表面で冷やされた血液が身体を循環し，身体の内部，特に腸が冷えてくる．胃腸障害や泌尿器の異常，生理痛などの婦人科系の障害が出てくる．この時点で腰痛を感じる人も多くなる．さらに全身の冷えになると疲労感やめまい，手足のむくみなどの症状が現れ，人によっては血圧の大きな変動もあり，高血圧などの持病がある人は症状が悪化するような場合もある．

温度差への対応

　また，屋外と冷房の効いた室内を出入りする場合には，短時間の急激な温度変化になり，身体の調節機能がうまく働かなくなる．皮膚表面の温度は比較的短い時間で外部の温度に対応するが，腸など身体内部の

温度は変化に時間がかかり，室内から外に出た場合，身体の表面は暑く，内部は冷えている状態になってしまう．逆に外から室内に入った場合には表面は涼しく，内部は暑い状態になり，体温調節機能だけではなくさまざまな機能障害が起きる可能性がある．

冷房病の対策

暑さ対策はエアコンではなく，衣服の調整から始めるのが基本で，長袖シャツでネクタイを締めた状態と半袖の開襟シャツを比較すると，後者のほうが上半身から逃げる熱の量が2倍以上になり，冷房を入れる前に衣服で調節する余地がまだ残っている．

人間の身体で最も気温低下に敏感なのが抹梢血管の多い手や足先で，逆にいうと手足を冷やさないのが一番簡単な寒さ対策ということになる．冷房病はなりやすい人とそうでない人があり，太っていて汗をかきやすい人は実際の気温よりも体感的に暑く感じやすく，もともとやせていて汗の少ない人はより寒く感じる傾向がある．冬に冷え症になりやすい人は冷房病になりやすいと考えてよく，男性よりも女性がなりやすいのは，身体が男性より細くて手足がより冷えやすいこと，服装面で男性より薄着のことが多く，スカートの場合に足元から冷えやすいこと，ガードルなどで身体を締めつけているために血流が悪くなりやすいことなどが挙げられる．特に生理の前後はもともと血流が悪く，貧血気味になっているので冷房の影響を受けやすい．長時間座席にいる場合には極論すればズボンに腹巻，厚手の靴下などのスタイルがよい．

ほかの対策としては，室内の冷房温度を下げすぎないことで，24～28℃の範囲を目安にするとよい．環境省は温暖化防止のために28℃を提唱しており，厚生労働省は労働環境の室温を28℃以下にするように奨励している．衣服による調整を行えば28℃でも十分であるが，この際には室内に風の通り道がないと，かなり暑く感じてしまう．冷房温度で注意することは，温度設定の基準となる温度センサーが冷房機器の近くについていることが多く，実際の室内の温度を反映していない場合が多いことである．一般に冷気の吹き出し口の近くやその延長線ではかなり低く，それ以外は設定より高くなっていることが多い．室内の何箇所かで温度を測り，設定どおりになっているかを確認する必要がある．室内の温度にバラツキがある場合には，天井に向けて扇風機を回して温度を均一にするとよい．

夏の食事と睡眠

冷房病は，熱帯夜による睡眠不足や食欲不振の状態で起きやすい．食欲がないとついついさっぱりした麺類などが多くなり，たんぱく質が不足し，体力が落ちてくる．このような場合に，冷たい飲み物を多く飲んでしまうと体が冷え，胃液の分泌が低下し，さらに食欲不振が悪化する．

夏の食事のポイントはたんぱく質とビタミンBで，身体を維持し，体力の低下を防ぐために，肉や魚，豆類を付け合わせるようにする必要がある．ビタミンBは身体の代謝機能を活発にする働きがあり，特に糖分の代謝を高めるビタミンB_1を多めにとることが大事である．

冷えを感じやすい人は，体を冷やすスイカやソーメン，生野菜，果物は，この時期は少し控えめにし，代わりに身体を温めるゴボウやニンジン，レンコン，芋類など根菜類，それにショウガなどを多めにとるようにするとよい．

タイ料理やベトナム料理に使われるコリアンダーや，日本でも昔から料理に使われるショウガには，身体を温め新陳代謝を盛んにする効果がある．どうしても冷たい麺類を，という場合には薬味にショウガ，シソ，ネギをタップリ用意し，少量でもよいから温泉卵や納豆を食べるようにする工夫

がほしい．

　食事の後はシャワーや入浴で身体をさっぱりし，十分な睡眠をとるようにしたい．入浴の際には半身浴や足湯で身体をゆっくりと温めるようにし，入浴中に足先の運動やマッサージをすると血行がよくなる．身体は冷えているより，少し温まっているほうがよく寝られるので，寝る1時間ほど前にはエアコンを切る，あるいは弱くするとよい．エアコンをつけて，皮膚が冷たい空気を感じると皮膚の表面の血流が減少し，その分の血液は身体の中心部に集まってくる．身体を冷やしているはずなのに，内臓や脳の温度は逆に高くなってしまうことがある．中心部の体温が高いということは，脳が活発になっている状態であり，興奮してなかなか眠れず，睡眠が浅くなってしまう．

　人間の代謝機能は寝ているときにはかなり低下し，体温も下がるので，寝る前に少し高めかなと思うくらいの温度がちょうどよいくらいである．寝る際にエアコンを使用する場合には日中よりも温度を高めに設定しておくとよい．夏の夜に熟睡するためには，強い冷房は逆効果になる．真夏に寝るときの最適温度は平均で28℃前後といわれており，低くても26℃が限界であろう．また，エアコンや扇風機の風が身体に直接当たらないようにしておくことも大事である．

〔村山貢司〕

107　夏の大気汚染

光化学スモッグ

photochemical smog

　スモッグは霧を伴っていたが，霧を伴わない「白いスモッグ」が発生しはじめたのは太平洋戦争末期の1944年頃のことである．1930年代以降，アメリカでは自動車の生産台数が飛躍的に増え，その排気ガスの増加に伴って，目・鼻・気道への刺激を特徴とする健康被害が現れている．それまでの，煤煙を主体とした霧が立ち込めるスモッグと違い，晴れた日の昼間に発生したのが特徴で，大規模な発生が報告されたアメリカのロサンゼルスの名をとって「ロサンゼルス型スモッグ」，あるいは，「白いスモッグ」と呼ばれた．これまでのスモッグである「ロンドン型スモッグ」，あるいは，「黒いスモッグ」と区別された．白いスモッグは，「光化学スモッグ」のことで，後に，ガソリンの原料である石油に多く含まれる硫黄分に由来する硫黄酸化物と，排気ガスに含まれる窒素酸化物などが，太陽からの紫外線を受けて生成されるオキシダント（オゾンやアルデヒドなど刺激性のある酸化物質の総称）の2つが原因であることがわかった．日差しが強く風が弱い日などに大気中に滞留して，目やのどの痛みなどを引き起こす．光化学オキシダントは，生成されるまでに時間がかかるため，発生源が沿岸部であっても沿岸部が高濃度になることは少なく，沿岸部の汚染が流れ込んできた内陸のほうで高濃度の光化学オキシダントが観測される．

　石炭使用の規制によってロンドン型スモッグは減ったが，自動車の増加などとともに，石油系燃料の大量消費による，気体物質と金属物質が大量，かつ連続的に放出

されるようになり，ロサンゼルス型スモッグが増加している．先進国では1960年代後半から，法規制により脱硫装置が普及したため，硫黄酸化物の排出量が減少し，大気中の二酸化硫黄濃度はピーク時の6分の1程度まで低下した．しかし，まだ多くの国で窒素酸化物の濃度は低くなっていない．

日本で光化学スモッグが広く知れわたったのは，1970（昭和45）年7月18日に東京都が初めて光化学スモッグの発生を推定してからである．梅雨前線が弱まって東京で2回目，20日ぶりの真夏日となったこの日，東京都杉並区で運動中の女子高生が突然吐き気を訴え，43名が入院するという騒ぎとなった．翌日の朝日新聞では，「新しい公害．海の向こうの大気汚染都市ロサンゼルスで多発が知られているだけの『光化学スモッグ』─オキシダントと硫酸微粒子の霧が住宅街の一角を襲って，次々と女生徒をうずくまらせた．」と報じている．

国内の光化学スモッグ注意報などの発表のべ日数は，1973（昭和48）年に300日以上のピークに達している．1984（昭和54）年には100日以下に減少したが，その後再び100〜200日前後に増加し，2000年や2007年には200日を超えるなど21世紀に入っても多く発生している．各都道府県および北九州市が汚染物質濃度を監視しており，一定濃度以上になると予想されると，予報とともにスモッグ注意報，スモッグ警報などの大気汚染注意報を発表している．また光化学スモッグに関しては，翌日に発生が予想される場合は全国（日本国内全域）を対象に「全般スモッグ気象情報」を，当日に発生が予想される場合は各地方を対象に「スモッグ気象情報」を，それぞれ気象庁が発表している．これは，光化学オキシダントなど大気汚染が発生しやすいような気象状況が予想される場合や，汚染が特にひどく，自治体から「スモッグ注意報」が発表されるおそれがある気象状態が予想される場合に発表される．大気汚染気象予報の方法は，一般の天気予報と同様に，数値予報をもとに行われる．一般の天気予報では，気象について激しい現象の有無が予想のポイントだが，大気汚染気象予報では，逆に，どの程度おだやかな気象状態であるのかが予想のポイントとなる．

排出ガス規制が行われ，企業による高度な公害防止技術の導入や省資源・省エネルギーの努力とあいまって，産業公害は沈静化した．二酸化硫黄（SO_2）濃度も0.01 ppm（おおむね環境基準の2分の1）レベルになっている．日本では昭和40年代をピークとして公害対策が進んで汚染物質の排出

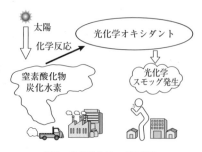

図1　光化学スモッグの発生

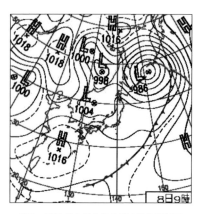

図2　2007年5月8日9時の地上天気図

108 夏の大気汚染

酸 性 雨

acid rain

大気中のちりが降水に取り込まれると、降水の性質が変わる。一般的に降水は、中性（pH 7.0）ではなく、大気中の二酸化炭素や火山などから放出される酸性物質を取り込み、自然の状態でも弱い酸性（pH 5.6～5.7）となっている（図1）。この程度の弱い酸性雨なら特に問題はないが、化石燃料の燃焼など、大気中に放出された硫黄酸化物や、窒素酸化物のちりが光化学反応で変化し、硫酸や硝酸となった強い酸性の雨（pH 5.6以下）となると話は別である。

湖沼や河川などが酸性化して魚類に影響が出る、土壌が酸性化して植物の生育が不良となる、森林が立ち枯れるなどの自然への影響がある。そのほか、鉄やコンクリートなどの素材にも影響を与えるため、文化財に錆が発生し、文化遺産が損なわれるなどの被害がある。また、こうした粒子は雨として降らなくても、硫酸や硝酸の微粒子が直接地表面に触れれば、同様の被害となる。

この酸性雨は、1950年代から北欧や北米を中心に降り出している。日本でも欧米

が減り、光化学スモッグがほとんど発生していなかった。しかし、窒素酸化物による大気汚染については、平成になってからも横ばい状態が続き、浮遊粒子状物質（SPM）による大気汚染についても、高い水準で推移している。これは、都市・生活型大気汚染は、産業型のものに比べ、その影響が顕在化しにくく、慢性的な汚染状態が続くという特徴があるためである。原因者と被害者がはっきりしていた産業型大気汚染に比べ、都市・生活型大気汚染では、個々人が原因者であり、被害者になりうるという関係にあり、個々人の消費や生活パターンの変革がないと、なかなか改善が進まない。

2007（平成19）年5月8～9日には、九州北部から関東の20都府県で光化学スモッグ注意報が発表された（図7）。大分・新潟両県では観測史上初であったが、両県とも工場や自動車の排ガスが特に多い県ではない。これは、環境対策が遅れている中国大陸東岸などで発生した汚染物質が西風によって運ばれ、日本上空の広い範囲にオゾン域をつくったのが原因と考えられている。この年は、春から夏にかけて、ときどき西日本を中心に広い地域で光化学スモッグ注意報が発表され、その後も、ときどき日本で光化学スモッグが発生するようになってきた。日本が硫黄分の少ない化石燃料を用いたり、排ガスから汚染物質を取り出す装置を導入するなど大気汚染対策を進めても、中国などの工業化が大気汚染対策なしに急激に進めば、このような光化学スモッグの時期が早まったり、悪化するという越境汚染が懸念されている。

〔饒村　曜〕

文　献
1) 饒村　曜：PM2.5と大気汚染がわかる本，オーム社（2013）．

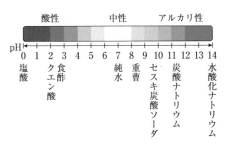

図1 水素イオン濃度（pH）からみた酸性とアルカリ性

並の酸性雨が観測されているが，欧米並の被害とはなっていない．それは，日本の土壌がもともとアルカリ性であり，中和作用が働くためだと考えられており，土壌の中和作用がなくなったときには，被害が顕在化すると考えられている．

高度経済成長期の1970年代，国内でアサガオが脱色する，杉が枯れるなどの被害が出はじめ，マスコミで酸性雨という言葉が使われるようになっている．酸性雨のおもな要因は，大気中の二酸化硫黄によるものと，窒素化合物によるものがある．日本における二酸化硫黄の排出量は1980年代以降，工場の排ガス対策が進んだことから急減しているが，窒素酸化物については自動車の排ガス対策が進んだといっても，台数が飛躍的に伸びており，減少傾向がみられていない（図2）．酸性雨は樹木を枯らし，湖沼を酸性化させて生態系に悪影響を与えるなどの被害をもたらす．また，建築物にも影響がある．日本では，問題になった当初から現在まで，これらの酸性雨による被害と人為起源の大気汚染との因果関係は実証されておらず，ほとんどが火山などの影響によるものとされている．

経済発展に伴うエネルギー消費と汚染物質排出量の増大を考慮すると，東アジアでも欧米で現れた酸性雨などの被害が深刻な問題となると懸念されはじめた1993年から1997年にかけ，日本主催の専門家会合が開催され，その議論の結果から東アジア酸性雨モニタリングネットワーク（EANET：Acid Deposition Monitoring Network in East Asia）が1998年にでき

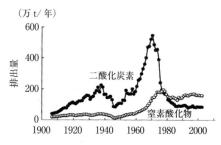

図2 日本における二酸化硫黄と窒素酸化物の排出量の経年変化[1]

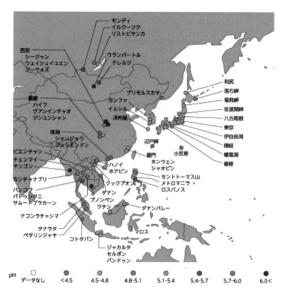

図3 EANETの観測地点（2013年，東アジア酸性雨モニタリングネットワーク）

ている（図3）．EANETは約2年半の試験的な施行をへて，2001年から本格的な稼働をし，EANET参加国が酸性雨のモニタリング活動や酸性雨に関する調査・研究活動などを行い，報告書を公表している．2006年の「東アジア酸性雨状況報告書」では，東アジアでは，欧州や北米の酸性雨の状況と比較し，地域全体としてはおおむね同程度の強さをもった酸性雨が観測されていることが示されている．また，同時に，中国北部では黄砂などの影響で酸性度が低くなっているという東アジア特有の事情があり，生態系への影響を正確に把握するには長期間のモニタリングが必要なことも指摘されている．ただ，2007年11月にラオスで開催されたEANETの政府間会合は，東アジアの13か国が参加したが，これまでの大気汚染の監視での協力から，規制をにらんだ協定化の話になると激しい対立が表面化している．組織の法的裏づけを早く整えるべきだと条約化も視野に入れた主張をする日本に対し，支持は欧州で越境汚染の条約を締結をしているロシアのみであった．これに対し，中国は各国の経済活動を縛る協定化は時期尚早と強硬に主張し，韓国が同調し，そのほかの国も，技術や資金が足りないという主張を強くしている．2010年6月，EANETで重要な役割をしてきた日本の酸性雨研究センター（ADORC）は，アジア大気汚染研究センター（ACAP）に名称変更をしている．EANETの活動が軌道に乗り，酸性雨から越境大気汚染に視野が広がり，アジアの大気汚染研究は新しい時代に入ってきたからである．　　　　　　　〔饒村　曜〕

文　献

1) 藤田慎一：酸性雨から越境汚染へ，成山堂書店（2012）．
2) 饒村　曜：PM 2.5と大気汚染がわかる本，オーム社（2013）．

109　夏の大気汚染

環八雲・環七雲

かんぱちぐも・かんななぐも

東京都の道路は，計画中のものを含めると，皇居の内堀に沿った道路を環状一号線とし，その外側に環状二号線（外堀通り），環状三号線（外苑東通りなど），環状四号線（外苑西通りなど），環状五号線（明治通り），環状六号線（山手通り），環状七号線（環七通り，図1），環状八号線（環八通り）というほぼ同心円の道路と，皇居から四方に伸びる道路からなっている．

このうち，東京都大田区平和島を基点とし，東京23区内を環状に廻る最も外側の一般道である環状七号線と，その外側にあって，東京と大田区羽田空港を基点とし西側半周のみが東京23区内にある環状八号線は，日曜祝日・平日問わず早朝から深夜まで終日交通量が非常に多く，交通の大動脈となっている．

この環状七号線や環状八号線に沿って，天気のよい日の午後に雲が出現することがあり，「環七雲」あるいは「環八雲」と呼

図1　東京の環状線
太線が環状七号線．

ばれている．1969年に塚本治弘によって環八雲が発見された後，たくさん走る車の排気ガスによって雲が生まれるというわかりやすい理由で，しばしば大気汚染の象徴といわれてきた．その後，環七雲も注目されたが，交通量の多い他の道路の上には雲ができないことから，大気汚染だけの理由でできている雲ではない．

環八雲は日本付近が高気圧に覆われた日の日中に東京都全域で海風が発達することによって，羽田空港を起点とする環状八号線や平和島を起点とする環状七号線に沿って東京湾からの湿った南東～南南東の海風が流れ込みやすく，ここに相模湾から入った湿った南～南南西の海風が収束し，環状八号線付近で都心の気温が周囲よりも高くなるヒートアイランド現象が顕著になることの相乗効果により上昇気流が発達して発生する．環状八号線沿い（環状七号線沿い）には自動車の排気ガスなど雲の核となる浮遊粒子状物質が多いため，その上昇気流によって雲が環状八号線（環状七号線）に沿うように環八雲（環七雲）が形成されるのである．　　　　　　　　〔饒村　曜〕

文　献
1) 糸賀勝美，甲斐憲次，伊藤政志：環八雲が発生した日の気候学的特徴－1989～1993年8月の統計解析，天気，日本気象学会（1998）．
2) 饒村　曜：PM2.5と大気汚染がわかる本，オーム社（2013）．

110　夏の大気汚染

エーロゾル

aerosol

大気中に液体や個体の微粒子が多数浮かんでいる状態をエーロゾル，あるいは，エアロゾルという．ゾル (sol) はもともと液体中に別の微粒子が分散している状態をいい，これに空気（aero-）をつけた言葉である．大気中に浮遊する粒子の大きさは，10 nm 程度から1 mm までさまざまであり，その成因も，風で巻き上げられる土壌や海塩，化石燃料の消費や山火事の燃焼で生じた煤，工場から放出されたガス状物質から変化した硫酸などの微粒子，花粉や胞子など生物系の粒子などさまざまである．

地表付近では，気象として，ごく小さな水滴が大気中に浮かんでいる状態で水平視程が1 km 未満のものが霧（fog），水平視程が1 km 以上のものがもや（靄，mist）であるが，湿度が低く，ごく小さい大量の粒子が大気中に浮いている現象を「煙霧」でひとくくりにしている．

地球誕生以来，大気中にはさまざまな微粒子が存在しているが，この自然起源の微粒子に加え，人類が火を使うようになってから人為起源の微粒子が増えはじめ，特に産業革命以後は急増し，1900年代のイギリス・ロンドンにおけるスモッグなどの大気汚染を背景とし，エーロゾルという言葉が使われた．エーロゾル粒子は呼吸器官から人体に入り，小さい微粒子ほど肺の奥まで入り込んで蓄積し体外に排出されなくなってじん肺などを引き起こし，可溶性の微粒子は呼吸壁から直接，あるいは消化器官を通じて体内に摂取され，取り込まれた臓器では機能低下や破壊をもたらす．このため，大気汚染防止法などの基準が設けら

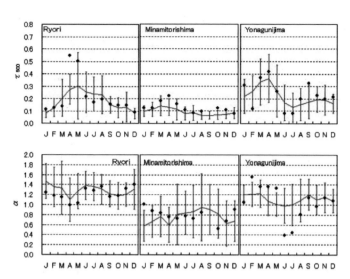

図1 サンフォトメータを用いたエーロゾルの光学的厚さとオングストローム指数（2006年）

れ，先進国では排出量の抑制が行われている．しかし，発展途上国の工業化やモータリゼーションの進展によってエーロゾルは増加傾向にあり，それが世界中に広がることで国際問題となっている．

エーロゾルは日射を吸収したり散乱するほか，雲粒の生成に必要な凝結核や，氷晶の生成に必要な氷晶核となって雲をつくるなど，世界の気候へ影響を与えていると考えられている．特に，人為起源のエーロゾルが増加しており，自然起源のエーロゾルがほとんどであった時代とは気候が違ってくるのではないかと考えられている．たとえば，1940～1970年に世界的に気温が下がったのは硫黄酸化物などのエーロゾルの増加によると考えられるなど，地球温暖化などの研究のために，二酸化炭素などの温室効果ガスの増加による影響の研究とともに，エーロゾルの影響についての研究が進められている．

気象庁では，サンフォトメータや精密日射放射観測装置，気象衛星を用いてエーロゾルの観測を実施している．サンフォトメータは複数の特定波長の相対的な直達日射強度から，エーロゾル光学的厚さとオングストローム指数を観測する測器で，図1はその観測例（2006年）である．左から岩手県綾里，東京都南鳥島，沖縄県与那国島の観測で，上段はエーロゾル光学的厚さで，エーロゾルによる大気の濁り具合を示し，値が大きいほどエーロゾルが多いことを示す．2006年のエーロゾル光学的厚さは，例年と同様に春季に極大となる季節変化を示し，綾里では，4，5月に黄砂の影響によりエーロゾル光学的厚さが大きい．また，下段はエーロゾルの粒径分布に関する情報を示すオングストローム指数で，値が小さいほど相対的に粒径の大きいエーロゾルが多いことを示している．

図2は，黄砂が観測された2006年4月18日9時のサンフォトメータによる観測事例で，黄砂を観測していなかった2006年8月4日9時の観測と比較してわかるように，黄砂を観測すると大気中のエーロゾルの量が増え，しかも，相対的に粒径の大きいエーロゾルが増える．

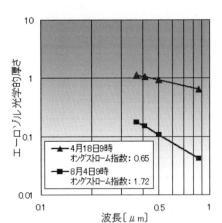

図2 サンフォトメータによる黄砂の観測結果[2]

精密日射放射観測装置は,太陽から直接地表に達する日射(直達日射)を精密に観測するもので,直達日射から計算される大気混濁係数は,大気中のエーロゾル,オゾン,水蒸気などによる日射の減衰が大きいほど大きい値となる.また,気象衛星によるエーロゾルの観測は,おもに静止気象衛星「ひまわり」を用い,地表面からの反射光やエーロゾルからの散乱光などの観測し,エーロゾル光学的厚さの分布を観測している.　　　　　　　　　　〔饒村　曜〕

文　献
1) 気象庁:大気・海洋環境観測第8号 (2008).
2) 気象庁ウェブサイト.

111　都市化

ヒートアイランド

heat island

ヒートアイランドとは,都市中心部の気温が郊外に比べて高くなる現象である.「都市がなかったと仮定した場合に観測されると見積もられる気温に比べ,現実の都市の気温が高い状態」ということもできる.

都市化の進展に伴って,ヒートアイランド現象は顕著になりつつあり,夏季は,日中の気温の上昇や熱帯夜の増加につながり,熱中症などによる健康被害や睡眠不足などによる生活上の不快さを増大させる要因になっている.冬季は,植物の開花時期

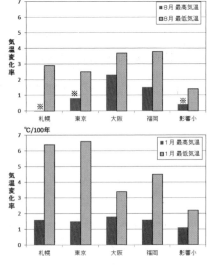

図1 主要都市および都市化の影響が小さいと考えられる17都市平均の気温の100年あたりの変化率(文献[1]から作成)
統計期間は1931〜2011年.※は信頼水準90%以上で統計的に有意な変化傾向がないことを意味する.

の変化や，感染症を媒介する生物などが越冬可能になるなどの生態系の変化やそれに伴う生活上の変化も懸念されている．

都市化の進展に伴う気温の上昇は，気温の長期変化傾向に表れている．札幌，東京，大阪，福岡（主要な都市），および都市化の影響が小さいと考えられる17地点平均（影響小）の気温の変化率を比較する（図1）．まず，夏季（8月）と冬季（1月）を比べる．日最高気温（月平均）および日最低気温（月平均）の変化率は，影響小に比べ，主要都市のほうが大きい．17地点平均の平均気温は，都市がなかったと仮定した場合に観測される気温とみなすことができるので，主要都市で変化率が大きい（気温の上がり方が大きい）のは，ヒートアイランド現象の影響と考えられる．また，日最低気温のほうが日最高気温より気温上昇率が大きい．一般に，ヒートアイランド現象に伴う都市と郊外との気温差は，夏季より冬季に大きく，日中より夜間に大きいといわれており，こうした統計結果に表れている．

ヒートアイランドの要因

ヒートアイランド現象を引き起こす要因は，大きく3つに分けることができる（図2）．

①土地表面被覆の人工化：都市では緑地が減り，地表面がアスファルトやコンクリートなどの人工的な被覆面が増えている．アスファルトやコンクリートなどは，日射を受けると，夏季には表面温度が50℃以上となり，大気を加熱して気温を上昇させるほか，夜間は蓄えた熱によって気温の低下を妨げる．

②都市形態の高密度化：中高層の建築物が密集化する都市中心部では，地表付近の風が弱くなり，風通しが阻害され，熱の拡散や換気が低下する．また，背の高い建築物の存在によって，地上から空を望める割合（天空率）が低くなり，夜間の放射冷却を阻害している．こうしたことから，高密度化した都市中心部では，熱が逃げにくい状態となって，気温の低下が抑制される．

③人工排熱の影響：都市では多様な産業活動や社会活動が行われる．空調機器や自

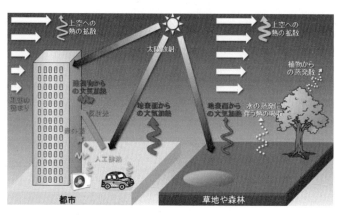

図2 ヒートアイランド現象の概念図[1]

草地や森林では水の蒸発により気温上昇を抑制する働きがあるが，都市の地表面は水分が少ないため，気温が上昇する．また，建築物は風速を弱めたり，熱を蓄積することで，都市の気温上昇をもたらす．人口が集中する地域では，エネルギー使用に伴う人工排熱も局所的な高温の要因と考えられる．

動車などからの排熱や，工場や火力発電所・ごみ焼却場などからの排熱が，気温を上昇させる．近年は，かつて大きなウエイトを占めていた工場からの排熱は徐々に小さくなり，自動車からの排熱もやや減少傾向となっているが，建物からの排熱は増加を続けている．

ヒートアイランドが及ぼす影響

①熱中症：おもに夏季の日中の高温化により，熱中症の発症が増加するおそれがある．人が感じる暑さには，気温のほか，建物や路面からの輻射，風速が影響する．太陽からの熱を吸収して高温となったアスファルトやビルの壁面からは，赤外線（輻射熱）が放出される．また密集した建物により風通しが阻害されることも加わり，都市の街路では，気温以上に暑く感じやすい．

②睡眠障害：夜間の気温が高くなるほど，睡眠障害を引き起こしやすい．大都市部の熱帯夜の増加率は，10年で3～4日で，都市化の影響を受けない地点平均の約1.5日を上回っている．ヒートアイランドによる熱帯夜の増加は，睡眠環境を悪化させている．

③大気汚染：都市中心部で気温が上がると空気が暖まって上昇流が発生する．上昇流は上空で冷やされ，郊外に向かって下降し，都市中心部に再び流れ込むという空気の循環が形成される．この循環は都市内で生じた大気汚染物質の拡散を妨げるため，大気汚染を悪化させる．この現象は，夏も冬も出現することが報告されている．

④都市の乾燥化：東京など主要な都市の年平均相対湿度は，100年でおよそ13～18%減少しており，これは都市化の影響が少ない地点平均に比べ5～10%も大きい．一方，平均水蒸気圧は，主要都市でも都市化の影響が少ない地点でも変化が小さい．平均水蒸気圧に変化がみられず平均相対湿度の減少が大きい原因は，都市部の気温の上昇と考えられる．また，大都市における霧日数は顕著に減少している．1931～1950年では年間数十日観測されていた東京の霧は，近年では数日程度で，観測されない年もある．霧は相対湿度が100%に近い気象条件で観測されるため，霧日数の減少には，ヒートアイランド現象に伴う相対湿度の減少傾向が影響している可能性がある．

〔鈴木和史〕

文　献

1) 気象庁：ヒートアイランド監視報告 (2011).

ビル風

ビル風とは，建物の周辺の地面付近で局所的に風が強くなり，歩行に障害を与えたり家屋に被害を与えたりする現象である．ビル風は，建物の高さの2倍くらいの範囲で影響が大きいといわれる．

ビル風による基本的な流れは次のように分けることができる[1]．

①はく離流：建物に吹きつけた風は，風上側の壁面に沿って流れ，建物の隅角部にくるとそれ以上壁面に沿って流れることができず，建物からはがれて（はく離）流れる．はく離した風は，建物の両側に寄せられ圧縮されて，周囲の風より速い流速をもつ流れとなる．

②吹き降ろし：建物に吹きつけた風は，建物高さの約3分の2のところで上方へ向かう流れと下方へ向かう流れに分かれる．建物の斜め下方へ向かう流れが，「吹き降ろし」となる．吹き降ろしは，建物が高層であるほど上空の強風を地上に引きずり降ろすことになり，風速は強まる．

高層建物の地面付近では，はく離流と吹き降ろしが一緒になり，風がより強まる．

③逆流：建物に吹きつけた風は，上方と下方へ向かう流れに分かれる．下方へ向かう流れが建物風上面で渦を形成し，上空の風とは反対方向へと向かう流れとなるのが「逆流」である．建物が高い場合には，より強い風速になりやすい．

④谷間風：2棟の建物が隣接していると，その間で風速が強まる．建物のそれぞれか

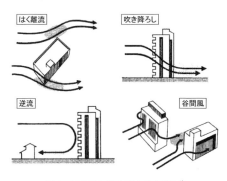

図1　ビル風に伴う基本的な流れ[1]

ら発生するはく離流および吹き降ろしが重なって発生するもので，「谷間風」と呼ばれる．2つの建物の形状や配置によって風速の強弱が決まる．道路の両側に高い建物が隣接する場合は，谷間風が連続的に発生し，道路風・街路風とも呼ばれる．

ビル風への対策

ビル風への被害防止として，フェンスの設置や樹木の植栽により，風速を低減させる方法が一般的である．そのほか，低層部や庇を設けて吹き降ろしを防止する方法や建物の形状を工夫する方法（矩形建物のコーナー部をカットする，セットバックにするなど）で風速を弱める対策も行われている．

東京都港区は，2013年から，ビル風に特化した対策要綱を施行した．これは建物を新築する際，ビル風の影響を調査し，風環境が悪化する場合，防風植栽を含む対策を講じるよう，事業者に求めるものである．

〔鈴木和史〕

文　献

1) 風工学研究所：ビル風の基礎知識，鹿島出版会（2005）．

都市化

都市型水害

　大都市のアスファルト舗装の道路や密集したコンクリート建物は，地中への雨水の浸透を低下させる．本来であれば地中にしみ込む雨は地表面を流れ，ほとんどが排水路，下水道，中小河川へと流れ込む．排水処理機能がこれに追いつかない場合には，雨水が中小河川や排水路などからあふれ出し，道路や低地の冠水，地下街での浸水による被害が発生する．これが都市型水害である．

　自然災害の発生過程は，誘因と素因という観点から論じられることが多い．災害を引き起こす誘因として，局地的大雨や集中豪雨などの気象，高潮や高波などの海象，洪水やはん濫などがあたる．素因として，被災場所の地理学的な位置，地形や地質などの自然素因と人間生活や都市インフラなどの社会素因が考えられる（図1）．

　日本における水害対策は，明治時代から河川からの外水はん濫を防ぐため，堤防や河道の整備，ダムの構築などを中心に行われてきた．こうした治水対策は一定の効果を上げている．一方，高度経済成長により，都市への人口や資産の集中が促進された．多くの人が大都市で生活することで，都市型水害と呼ばれる新しいタイプの被害が増加している．

　まず，インフラ被害の甚大さがある．この例として注目されたのは，2000年の東海豪雨である〈→138〉．名古屋市では日降水量が9月の平年月降水量の2倍となる428 mmの大雨となった．外水はん濫や内水はん濫による7万戸にのぼる一般資産への被害もさることながら，都市のインフラにも大きな被害が発生した．上下水道や電力，通信，ガス網が破壊されたほか，地下鉄，新幹線，鉄道が運休となった．さらに工場地帯への浸水による被害など，事業資産や営業停止に伴う被害の割合が大きく，経済的損失への注目が集まった．

　大都市中心部では，地下空間の利用が進んできたことに伴い，地階での被害が発生するようになった．1999年には，福岡市の地下街や東京都新宿区の地下室への浸水により，死者が出ている〈→060〉．これらの事例では，大雨により地上にたまった雨水や河川からあふれた水が，短時間に地階へ流れ込んでいる．地下空間は，浸水があれば流入する一方の閉鎖空間であり，水位の上昇が早い．また地上の状況が伝わりにくく，避難が遅れやすい．

　都市水害では資産や人口が集中していることから，被害が拡大しやすいことや，短時間で急速に危険な状況になるなどの特徴が挙げられる．

都市河川の洪水予報

　洪水予報は，河川がはん濫するおそれのあるときに，河川を管理する都道府県や国土交通省と，雨量を予測する気象庁が共同で発表する．大都市の中小河川は，大雨時

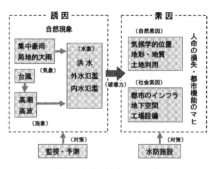

図1　都市型水害の概念[1]
自然現象によって引き起こされるはん濫水の破壊力が，人命や財産の損失・損傷させ都市機能を破壊・マヒさせる．

の水位上昇がきわめて速いため，一般の河川を対象とした洪水予報とは異なる対応が必要になる．東京都では，独自の運用手法を用いることにより，神田川など都内の中小河川に対しても，洪水予報の実施を可能とした．一般的な洪水予報は，洪水の危険度に応じて，段階的に「はん濫注意情報」「はん濫警戒情報」「はん濫危険情報」「はん濫発生情報」を発表する．神田川など東京都の河川では，水位上昇が非常に速いため，避難行動などの目安となる「はん濫警戒情報」のみを発表する．発表のタイミングは，気象庁の1時間先までの雨量予測をもとに，東京都が水位の変動を予測するというものである．自主避難の判断となる「はん濫警戒情報」は，防災無線やメールなどでいち早く住民に周知される仕組みとしている（図2）．周知を受けた場合は，建物の2階など高い場所への避難，地下室など危険な場所からの脱出，地下施設入口への止水板の設置など，安全を確保するための行動をとることになる．

短時間強雨の増加

都市型水害をもたらす誘因である短時間強雨の経年変化を示す（図3）．アメダスが観測した短時間強雨（1時間降水量50 mm以上の非常に激しい雨を対象とする）の発生回数は，増加傾向が明瞭に現れている．その増加率は，10年当たり約20回である．ただし，短時間強雨の発生回数は年ごとの変動が大きいのに対し，アメダスの観測期間は比較的短い（1976年以降）ことから，変化傾向の解釈には注意が必要である．

短時間強雨の発生が全国的に増加しているとみられるほか，都市部では降水が強化されるとの指摘がある．都市では，ヒートアイランド現象による高温のため上昇流が発生・強化される．また地表の粗度（樹木や建物などによる凸凹の程度）が大きく，これが上昇流を生み出す．こうした要因が雨雲の発達を促し降雨を強化させるという．東京でも夏の午後の降水量は周囲より多いという報告もある．ただし，都市が降水に及ぼす影響についてはその評価が難しく，今後の研究が待たれるところである．

〔鈴木和史〕

図2 神田川の洪水予報の発表方法[2]

文献

1) 真木雅之：天気, **57**, 167-169 (2010).
2) 東京都報道発表資料：平成21年3月17日.
3) 気象庁ウェブサイト.

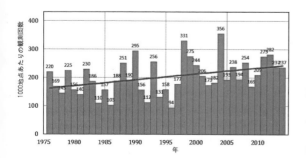

図3 アメダス1時間降水量50 mm以上の年間発生回数[3]
年による地点数の違いの影響を避けるため，1000地点あたりの発生回数に換算．

都市化：都市型水害

第4章

秋雨の現象

114 秋雨の頃の風

広 戸 風

広戸風は，岡山県北東部の那岐山（なぎさん，1240 m）の南麓，奈義町，勝北町一帯に吹く猛烈な北よりのおろし風で，狭い範囲に大きな風害をもたらす（図1, 2）．

広戸風は，主として四国の室戸岬から近畿，東海地方を通る台風や発達した低気圧に向かって吹く北よりの風が，那岐山系を越えるときに発生する．8〜10月に最も多く，稲が実る頃吹くため被害が大きくなる．

図3は，那岐連山にかかった「風枕」と呼ばれる広戸風が発生するときの雲である．この風枕が激しく回転運動を始め，山鳴りがした後に強風や暴風が山麓に落下してくる．ドーンという音とともに山から強風が吹き降り，鉄砲水が通った痕跡のような道をつくり吹き荒れる．風の息が荒く，最大瞬間風速は40 m/sを超えることがあり，2004年の台風23号では54 m/s，ほかに60 m/sの記録もある．

台風による北よりの風が，日本海から那岐山北斜面の千代川（鳥取県）を遡り，山頂付近から那岐山南麓の崖や急峻な谷筋に落下して，山麓の平野部を吹き抜ける．

1974（昭和49）年9月10日，高知県に上陸した台風23号による広戸風は，長さ数百mの4本の風の道になり，1本は12 kmに達した．風の道には，巨大なブルドーザーが通った跡のように樹木や竹やぶが押し倒され7軒の納屋が倒壊し，稲は引き千切られた．風の道が4本もできた原因は，東西に連なる那岐山系の南面に流下する複数の谷筋が関与していたと思われる．頂上付近の鞍部を越えた気流は谷筋に収束して落下するためである（図3）．

図1 広戸風発生地域

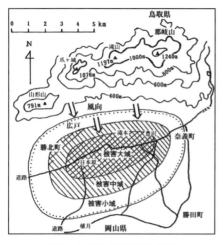

図2 広戸風の被害地域と地形

図3 那岐連山にかかった風枕（滝雲・笠雲）
風枕が渦運動を始めると山鳴りが起こる．

広戸風は，昔の現地村落によって呼び方が異なり，那岐おろし，横仙風（よこぜかぜ），まつぼり風（他人の知らぬ風），広戸村では広戸風，あるいはほところ風（他人の知らぬ風）と呼んでいる．広戸村の北東約3kmのところに「風の宮」という風穴があり，古くはここから風が吹き出すと信じられ，風を弱めてもらうため「風の宮」が祀られている．

広戸風に関する言い伝え

広戸風が吹くときに，以下のような現象が起こると言い伝えられている．①広戸風は，小雨を伴う．②雨多いときは風弱く，雨少ないと強風．③広戸風は夜に多く，夜中強い．④夕方から吹く風が強く，昼から吹き出す風は弱い．⑤山鳴りして1時間後，地域によっては3〜4時間後に吹き出す．⑥風枕が渦運動を始め，ドードーと鳴り出し，それにつれて吹く．⑦風枕は，乳白色の雲で，山頂の8〜6合目くらいまで垂下する．⑧風枕が動かないと山鳴りは始まらない．⑨広戸風は北〜北北東のときが最強．

広戸風の機構

広戸風の発生には，大気の成層が安定で，地面付近の下層に比べて山頂付近上層の風速が著しく強く，北よりの風であることが条件である．広戸風が夜間に現れやすいのは，日没と同時に大気下層の安定度が増すためである．風下の地面に落下して跳ね上がるような気流（ハイドロリックジャンプ）を伴う．V字峡谷や崖，風下は平野で開けている地形で起こる（気流の収束・発散）．

〔中田隆一〕

文献

1) 岡山地方気象台：広戸風の研究報告（昭和42年度実施の分），p.13（1967）．
2) 大阪管区気象台：広戸風総合調査報告，pp.1-58（1956）．
3) 佐橋 謙：天気，**35**，49（1988）．

115　秋雨

長雨

日本付近は，冬から夏あるいは夏から冬に移る時期において，南の温かい気団と北の冷たい気団の間で前線が発生しやすくなる．夏から冬に移る時期に日本付近でみられる停滞前線を秋雨前線と呼ぶ．図1の降水日数の旬別平年値においても，東京では梅雨期のほか，9〜10月にも降水日数が多くなる．鹿児島でも不明瞭ながら，8〜9月に降水日数が多くなることがわかる．

秋雨前線による災害としては，台風の接近により前線活動が活発となってもたらされる大雨被害が最も顕著であるが，秋雨前線が数日以上にわたって停滞し，曇りや雨の日が続いて，日照不足や多湿による農作

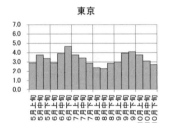

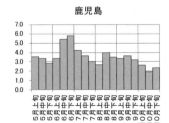

図1　東京と鹿児島の旬別の降水日数
日降水量1mm以上の日数．1981〜2010年のデータによる平年値．

116 　　　　　　　　　　　　　　　　　　秋雨

北東気流型の雨

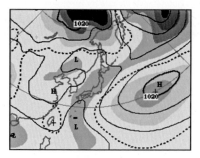

図2 1990年9月中旬の海面気圧と平年差
実線は等圧線（4hPaごと），「H」「L」は高圧部と低圧部の中心，破線は平年差のゼロ線，陰影の濃さで平年差を表す（±2hPaごと），「＋」「－」は正偏差と負偏差．日本の南東海上に太平洋高気圧があって平年より強く，沖縄から本州にかけては低圧部で平年より気圧が低くなっていて，台風の通過や秋雨前線の停滞に対応している．太平洋高気圧の西縁に沿って南から暖かく湿った気流が入りやすく，秋雨前線の活動が活発だった．

物への被害もある．

　秋雨前線により長雨となる場合は，日本の東海上あるいは南東海上で太平洋高気圧が強く，日本付近に南からの暖かく湿った気流が入りやすい気圧配置が続く場合が多い．こうした気圧配置においては，台風の接近・上陸も多く，長雨被害が大雨被害と重なることも多い．

　過去の事例を挙げると，1990年の9月中旬から10月上旬は，本州付近に秋雨前線が停滞することが多く，また，日本の南東海上で太平洋高気圧が強く，南からの暖湿流も入りやすかったため，秋雨前線の活動が活発で，台風19，20，21号が10日程度おきに接近・上陸したことも重なって，全国的に曇りや雨の日が多く，日照時間は少なかった（図2）．台風による被害も大きかったが，ほぼ1か月間にわたる長雨・日照不足の影響により，北陸で大豆，北海道ではジャガイモや菜豆類などに大きな被害が発生した．

〔磯部英彦〕

　北東気流型とは，北東風が吹いて曇雨天となる気圧配置のことで，特に関東地方に着目していう場合が多い．地上天気図でみると，春や秋に大陸の高気圧が北日本から三陸沖に張り出したり，移動性高気圧が日本海から北日本を通り三陸沖に移動したりする場合や，暖候期にオホーツク海高気圧が張り出してきた場合などに，関東から北のほうに高気圧が位置する．このような北高型の気圧配置の場合は，東北地方から関東地方にかけての地形の影響もあって，関東地方には北東気流が入り，沿岸部を中心に曇雨天となることがある．このほかに，冬型の気圧配置のときに，房総半島沖にシアラインができて，関東地方沿岸部に北東気流が入って降水が発生することがある．

　3月半ばから4月中頃にかけて，大陸の高気圧の張り出しや移動性高気圧の進路が北に偏った場合，日本の南岸沿いが前線帯になりやすくなる．すると，前線に向かって冷たく湿った北東気流となり，また前線上を小低気圧が次から次へと東進していく．これにより，おもに関東から西の太平洋側の地方では曇雨天のぐずついた天気となる．菜種梅雨と呼ばれるこのような気圧配置は，梅雨前線のように毎年必ず現れるものではなく，また集中豪雨をもたらすような激しいものでもない〈→015〉．

　図1は顕著な菜種梅雨がみられたときの地上天気図である．大陸の高気圧が北に偏って張り出している．三陸沖の低気圧から伸びる前線が本州の南岸を通り，東シナ海をへて華南に達している．東日本は北東気流の場にあり，関東でも弱い雨が降って

117 異常多雨

異常多雨も異常気象の1つといえる．異常気象とは一般に，過去の経験から大きくかけ離れた気象状況で，人が一生の間にまれにしか経験しないような現象ということになっている．異常気象としては，台風や発達した低気圧などによる大雨や強風あるいは竜巻などのような短い時間の中での激しい気象のことをいう場合もあれば，数か月も続く干ばつや極端な冷夏とか暖冬など長期緩慢災害をもたらすような天候をさすこともある．気象庁では，気温や降水量などの状況が異常であるかどうかを判断する場合や異常気象についての統計を行うときなどには，「ある地点またはある広がりをもった地域において，ある期間（週，月，季節単位など）の平均気温や降水量の合計が，30年間に1回以下の頻度でしか発生しないほどの極端な場合」を異常気象としている．

また気象庁において，「世界の異常気象」として資料のとりまとめをするにあたっては，1981〜2010年の30年間の観測データを基準にして，たとえば雨の場合は以下のような基準で1週間あるいは1か月間の降水量が異常かどうかを判断している．週単位での「異常多雨」というのは，7日間降水量がその時期の平年の1か月間の降水量をもとに計算した閾値以上となった場合で，その時期の1か月間の降水量の平年値が10，100，200，500 mmの場合に，その平年値の153，98，81，59％の降水量としている．月単位での「異常多雨」というのは，その月の降水量が1981〜2010年の間のどの年よりも多かった場合としている．

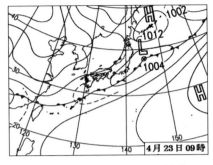

図1 2010年4月23日9時の天気図[1]

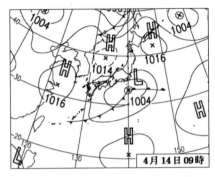

図2 2012年4月14日9時の天気図[1]

いる．東京や横浜では終日北から東の風が吹き，弱い雨が降ったり止んだりしている．降水量は両地点とも5 mm未満という少なさで，まさに北東気流型というぐずついた天気であった．図2は，東シナ海で発生した低気圧が本州南岸を東進して関東南岸に達したところで，小さな高気圧が日本海および北海道の南東海上にあり，北のほうに高気圧が位置している．東日本の太平洋側は北東からの冷たい気流の影響で日中の気温が上がらず，広い範囲で雨となっている．東京や横浜では終日北北西〜北北東の風が吹き，雨が降りつづいて日降水量は30 mm程度であった． 〔酒井重典〕

文 献
1) 気象庁ウェブサイト．

ここでは上述の基準による「異常多雨」ではなく，数週間あるいは数か月間の降水量が平年に比べて「かなり多い」状態となっている場合を「異常多雨」として取り上げてみる．この「かなり多い」という表現は，月降水量や月間の日照時間が，過去30年間のデータの中の上位3位までに入るほどの「多さ」を意味する．

　数週間あるいは数か月間降水量が少ない状態が続くことは「少雨」といい，半旬降水量（5日ごとの降水量）がおおよそ平年の50%程度より少ない状態が15～20日以上続く場合にはなんらかの災害や社会的に大きな影響が予想されることから，気象庁では「少雨に関する気象情報」を発表して関係方面に注意を呼びかけている．しかし，「異常多雨」は雨量が多いだけでなく，曇りや雨の天気が続いて日照時間も少なく，気温も低いことから，低温や日照不足も含めた注意の呼びかけの情報が出されることが多い．

　一般に，平年の降水量の多い地域と少ない地域という気候条件に対応して地形や植生などの地理的環境ができており，平年の降水量の少ない地域では比較的少ない雨量でも雨による災害が発生しやすく，降水量の多い地域では，ある程度の多さになってから災害が発生する．洪水や土砂災害などの防災対策は，地域ごとの気候統計に基づいて行われているが，近年は地域の開発が進み，地形や植生が変わるとともに，居住地域の拡大によって土地利用が被災の危険の大きい地域にも広がっており，「異常多雨」による災害の発生条件も複雑になってきている．

　異常多雨をもたらすのは，比較的短時間の低気圧や前線あるいは台風や局地的な雷雨による集中豪雨などもあるが，前線が停滞しやすい大気の循環場が持続した長雨のこともある．なお，比較的短時間の台風や低気圧などによる災害としては大雨による土砂災害や洪水などがあるが，上述のよう

表1 夏の平均気温,降水量,日照時間の地域平均平年差（比）（1993年6～8月）（気象庁）
括弧の中の階級表示は，(−)は低い（少ない），(0)は平年並，(+)は高い（多い）である．また，*印は「かなり多い（高い）」，「かなり少ない（低い）」を意味する．降水量と日照時間の欄の地域表示は，「日」は日本海側，「太」は太平洋側を意味する．

	気温 平年差 ℃（階級）	降水量 平年比 %（階級）	日照時間 平年比 %（階級）
北日本	−1.9(−)*	103(0) 日　89(−) 太　115(+)	85(−) 日　88(−) 太　82(−)*
東日本	−1.8(−)*	143(+)* 日　132(+)* 太　146(+)*	67(−)* 日　58(−)* 太　69(−)*
西日本	−1.5(−)*	188(+)* 日　181(+)* 太　195(+)*	69(−)* 日　67(−)* 太　71(−)*
沖縄・奄美	0.3(+)	53(−)*	106(+)

なある期間の異常多雨による災害としては，低温や日照不足も加わった長期緩慢災害で，主として農業災害となる．

1993年夏の多雨と日照不足

この年は6～9月に本州南岸付近に前線が停滞しやすく，活動が活発であったことから東北地方南部から九州にかけての広い範囲で，多雨で日照不足そして低温の天候が続いた〈→100〉．さらに，7～10月に9個の台風が本土に影響したこともあって，東日本と西日本では夏期間の降水量が「かなり多い」というランク，つまり「異常多雨」であった．この夏(6～8月の3か月)の気温・降水量・日照時間の平年差（比）を表1に示す．北日本から西日本までの広い範囲で「かなり低い」気温偏差で，さらに東日本から西日本にかけては降水量が「かなり多い」，日照時間が「かなり少ない」となっている．

このような天候をもたらすのは，月単位あるいは季節単位での大気の循環場の特徴が関係している．日々の天気変化や，降水をもたらすものとしては台風や前線あるいは雷雨の活動を天気図でみることができる．ところが，それらの活動や持続性がどうであったかなどは，大規模な大気の循環場として，ある期間平均した上空の天気図で見ると理解しやすい．図1は，この夏3か月平均（6～8月）の500hPaの天気図である．北極付近の寒気が日本付近を含めて中緯度側へ流れ出ている．特に日本付近では偏西風の蛇行が大きくなっており，日本海に強い寒気がみられる．また南の亜熱帯高気圧は日本のほうへ張り出さず，沖縄から台湾付近へと張り出していたことから，日本付近は前線帯や寒気の影響を受けやすく，「異常多雨」となった．

この天候により農作物の被害は，北海道から九州までの広い範囲に及んだ．特に西日本では6～8月に雨の日が多く，日照時間が少ない状態が続いたため，九州，中国，四国地方を中心に，水稲，野菜，果樹など多くの作物が生育不良となった．また異常多雨により，これらの作物に土砂流入・埋没，浸水・冠水，茎葉の損傷・裂傷，倒伏および落果による被害が発生した．さらに，

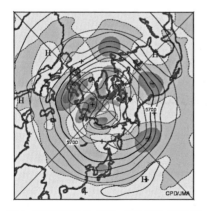

図1 夏平均500hPa高度・高度偏差（1993年6～8月）[1]
実線は等高度線，点線は高度偏差線を表す．陰影の中に＋とあるのは正偏差域を，－とあるのは負偏差域を表す．

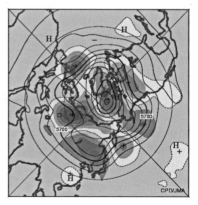

図2 月平均500hPa高度・高度偏差（1981年8月）[1]
実線は等高度線，点線は高度偏差線を表す．陰影の中に＋とあるのは正偏差域を，－とあるのは負偏差域を表す．

いもち病などの病害による被害もあって，農産物の被害は過去最大の規模になった．

1981年8～9月の多雨

この年は5～9月の長い期間，低温と日照不足が持続したが，特に8月の多雨により農業関係を中心に大きな被害が発生した．被害地域は北海道から本州各地方に及んだ．降水量は北日本で「かなり多い」，東日本の日本海側では「多い」のランクであった．梅雨明け後も南からの暖かく湿った空気の流入や，上空の寒気の影響で大気の状態が不安定で，各地で雷雨の発生が多く，さらに8月は前線と暖湿な空気の流入，2個の台風の影響を受け，北海道から関東，北陸地方ではたびたび豪雨が発生して多雨となった．なかでも北海道は前線と台風による大雨が発生した．札幌の8月の降水量は644 mmと平年の5倍にも達する記録的な量で，石狩川水系のはん濫などがあった．また東日本を縦断した台風による大雨で，利根川水系の小貝川の堤防が決壊するなどの大きな被害が発生した．この夏も日本付近での偏西風の蛇行が大きく，北極方面の寒気が沿海州から日本海まで南下して停滞していた（図2）．

〔酒井重典〕

文　献

1) 気象庁ウェブサイト.

118　秋の台風

雨　台　風

大雨による被害が顕著な台風，またはそうなる見込みの台風を「雨台風」と呼ぶ．雨台風という用語の科学的な定義はないが，大西晴夫元太平洋台風センター所長は著書[1]の中で，台風がもたらすすべての雨の量である「総降水量」が200億tを超えると，その台風は雨台風と呼ばれる資格があると提案している．大まかに見積もった過去の台風の総降水量を並べてみると，ほとんどが数十～100億t程度であり，200億tを超える台風はまれである[2]．記録が残るなかで，最も総降水量が多い台風は1976年の台風17号〈→136〉で834億t，戦後最多の死者5098名にのぼった1959年の伊勢湾台風〈→132〉の総降水量は426億t，死者1930名となった1947年のカスリーン台風〈→125〉は544億tであり，人的被害が大きかった台風は雨台風の傾向がある．

台風がもたらす大量の水は，河川はん濫や洪水，住宅への浸水や土砂崩れなどを引き起こす．どれだけの降水量であればどのような被害となるかは，その地域特有の地形的条件や，被害が発生するまでの履歴状況などが複雑に重なるため，単純にはいえない．さらに，台風が直撃した場所に集中して起きる強風被害と比べて，大雨による被害はかなり広範囲で起きる．強風による被害は屋内の安全な場所に避難することで防げる場合が多いが，大雨に伴う災害に対しては，自分の住んでいる環境や予想される事態が異なれば，とるべき対策も違うため，避難が難しい．

近年の雨台風の例として，2011年9月に襲来した台風12号を紹介する．8月25

日に発生した台風12号は，日本の南海上をゆっくりと北上し，9月3日に高知県東部に上陸，四国地方を縦断して日本海へ抜けた（図1）．この期間，西日本から北日本にかけて広い範囲で大雨となった．特に紀伊半島では，降りはじめてからの積算雨量が大台ヶ原で2433 mm，上北山で1808.5 mmが記録されている（図2）．この大雨により，和歌山県，奈良県，三重県などで土砂災害や河川のはん濫などが相次ぎ，死者・行方不明者が98名，住宅の被害は26,000棟におよぶ[4]（図3），「平成最悪の台風」とも呼ばれている〈→089〉．

台風は雲が組織化した現象なので，台風が接近した地域では雨が降る．台風の中心は，「台風の眼」と呼ばれる雲のない領域があり，その眼をリング状にぐるりととりまく「壁雲」がある（図4）．壁雲の直径は数十～100 km程度なので，壁雲が通過した狭い場所では，1時間に50 mmを超える滝のような雨が降る．台風中心から数十～500 kmほど離れたところには，外側に向かってらせん状に伸びる「スパイラルバンド」と呼ばれる帯状の降雨域がある．このスパイラルバンドが通過した地域では，1時間に数十mmの激しい雨が降る．また，日本列島の太平洋側沿岸部では，海に向かって斜面をもつ山岳地形が多い．台風の南よりの風で運ばれた暖かくて湿った空気が，その斜面に沿って強制的に上昇することで活発に雲が発生する．この地形効果が加わるため，九州から関東にかけた太平洋沿岸域では大雨になりやすい．台風12号による紀伊半島の大雨も，スパイラルバンドと山岳地形が影響して大雨となっている（図2）．

日本の大雨に対する台風の影響は，台風本体の直接的な雨だけではない．はるか南の海上にある台風でも，日本列島に大雨をもたらすことがある．このような台風の遠

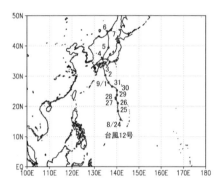

図1 2011年台風12号の経路図

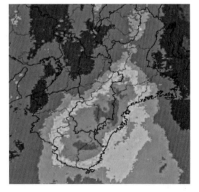

図2 2011年8月30日～9月5日の総雨量分布[3]
紀伊半島の一部の地域では2000 mmを超えている．

ⓒ田辺市

図3 2011年台風12号に伴う土砂災害の写真[5]
支流部に発生した土石流が麓の家をのみ込む様子．

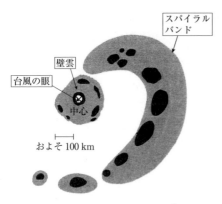

図4 台風の降水分布の模式図[6]
濃い領域は強い雨をもたらす雲.

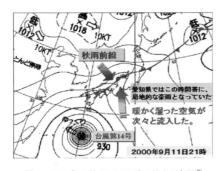

図5 2000年9月11日21時の地上天気図[7]

隔影響の例として,2000年の東海豪雨が挙げられる〈→138〉.9月上旬から本州付近に秋雨前線が停滞していた(図5).一方,台風14号は南海上をゆっくり北西に進んでいた.その台風14号の東側では,台風による南風が強くなり,暖かくて湿った空気が秋雨前線に流れ込んだ.この台風による大量の水蒸気供給は,前線の活動を活発にさせて,東海地方を中心に2日間積算降水量が600 mmを上回るような記録的な大雨をもたらし,大きな被害を出した.このように,台風は,遠く離れた海上から日本付近にある前線帯を強める間接的な効果がある.特に初秋の頃は,秋雨前線が日本付近に停滞していることが多く,台風発生数も多いため,台風の遠隔影響が起きやすい.

秋に日本に襲来する台風は,偏西風の影響を受けて直線的に動く.その速度は,車が走る速度と同程度で速い.まだ台風は遠方にあると油断せず,常に台風の情報に注意をしながら早めの対策を講じる心がけが必要である.　　　　　　　　　〔筆保弘徳〕

文献

1) 大西晴夫:台風の科学,日本放送出版協会(1992).
2) 饒村曜:台風物語,日本気象協会(1989).
3) 気象庁:災害時気象速報,平成23年台風12号による8月30日から9月5日にかけての大雨と暴風.
4) 内閣府:平成23年台風12号による被害状況等について(2012).
5) 和歌山県田辺市:平成23年台風第12号による災害の記録.
6) 筆保弘徳,伊藤耕介,山口宗彦:台風の正体,気象学の新潮流2,朝倉書店(2014).
7) 名古屋地方気象台ウェブサイト.

119 秋の台風災害

シーボルト台風

1828年9月7日

測器観測がなかった時代の台風の強さ

100年くらい前までの台風については，測器による気象観測があるが，それ以前の台風については，昔の記録や日記などを利用し，これから推定するほかはない．つまり，あらかじめ最近の台風の測器観測値と，被害との関係を調べておき，昔の記録や日記などから求めた被害状況を使って，台風の様子を推定するという方法である．もちろん，台風被害は，台風の強さといった自然条件だけでなく，そのときの防災対策などの社会条件によっても大きく異なってくるが，伊勢湾台風クラスの強い台風であれば，社会条件を無視して推定しても，定性的には十分であると考えられている．

高橋浩一郎は，被害の起きた面積と死者数の関係，中心気圧と死者数の関係，全壊戸数と中心気圧の関係，床上浸水家屋数と最大総降水量との関係などをいろいろと求め，これから過去300年間にわたって伊勢湾台風クラスの台風についての調査をしているが，これによると伊勢湾台風〈→132〉クラスの台風は，8〜9月に多く襲来している（表1）．高橋の調査でいう伊勢湾台風クラスの台風とは，10年に1回起こる程度のものであり，現在においては死者500名以上，あるいは全壊戸数5000戸以上，あ

表1 伊勢湾台風クラスの台風と上陸時の推定中心気圧
（1884年以後は測器による観測値を用いて決定した上陸時の中心気圧）

年月日（旧暦）	中心気圧(hPa)	備考	年月日（旧暦）	中心気圧(hPa)	備考
1678. 9.19（延寶6.8.4）	940		1835. 8.29（元保6.閏7.6）	950	
1680. 9.28（延寶8.閏8.6）	920		1852. 9. 4（嘉永5.7.21）	950	
1687.10.14（貞享4.9.9）	950		1856. 9.23（安政3.8.25）	920	
1702. 9.20（元禄15.8.29）	960		1860. 6.29（萬延元.5.11）	930	
1721. 9. 6（享保6.閏7.15）	980		1870.10.12（明治3.9.18）	930	
1722. 9.24（享保7.8.14）	940		1874. 8.27（明治7.8.27）	930	
1728.10. 4（享保13.9.2）	980		1884. 8.25（明治17.8.25）	950	⇓
1740. 9.25（元文5.8.5）	960		1885. 7. 1（明治18.7.1）	980	測器による気象観測時代
1742. 8.28（寛保2.7.28）	960		1917.10. 2（大正6.10.2）	953	
1743. 9.30（寛保3.8.13）	920		1921. 9.26（大正10.9.26）	930	
1756.10. 9（寶暦6.9.16）	940		1934. 9.22（昭和9.9.22）	912	室戸台風
1772. 9.17（安永元.8.20）	920		1945. 9.28（昭和20.9.28）	918	枕崎台風
1791. 9.17（寛政3.8.20）	930		1959. 9.26（昭和34.9.26）	930	伊勢湾台風
1828. 9.17（文政11.8.9）	900	シーボルト台風	1961. 9.16（昭和36.9.16）	931	第二室戸台風

るいは流出家屋が1000戸以上の被害を生ずる程度の台風と定義している．また，過去300年間に日本に襲来した台風のうち最大のものは，1828（文政11）年9月17日の台風ということができるが，根本順吉は，この台風が有名なシーボルト事件の1つのきっかけになったことや，このときの気象状況が，出島の蘭館においてシーボルトにより観測されていたことなどから，この台風を「シーボルト台風」と名づけた．

シーボルト台風の概要

シーボルト台風は，九州西海上を北上して長崎，佐賀，福岡各県をかすめ，日本海へ抜けているが，このとき有明海に異常な高潮を起こしている．死者数10,000名，全壊家屋数49,000戸，半壊家屋数24,000戸，流出家屋数2800戸などから，この台風は，中心気圧900 hPa，最大風速50 m/s，最大総降水量300 mmと推定されている（雨に比して風が特に強かったという特徴がある）．この台風のため，出島付近に停泊していたオランダ船コルネリウス・ハフートマン号が対岸の稲佐に打ち上げられて大破し，任期満了で帰国しようとしていたシーボルト（Philipp Franz Baltha von Siebold）の積み荷の中から，伊能忠敬の「日本沿海実測図」などの移出禁制品が発見されたとされ，シーボルト事件が起こっている．この図などを洋書と交換した幕府天文方の高橋景保ら多数の日本人が逮捕処罰され，シーボルト自身も投獄され帰国が1年以上も遅れている．

シーボルトは，気圧計や温度計など最新の気象測器を持参し，長崎においては毎日気象観測を行ったと思われるが，日々の観測値をまとめた記録は残されていない．しかし，オランダのライデン大学に戻ってから，研究成果を整理して，1832～1854年に刊行した"*Nippon*"や，彼自身の手紙の中に断片的な観測記録が残っている．これによると，シーボルトの住んでいた家が倒壊する少し前の観測では，気圧952 hPa，気温25℃，湿度97%を観測している．この気圧の観測値が海面更正してある値かどうかはよくわからないが，長崎地方気象台の最低気圧の記録に匹敵している．

シーボルト台風のあった1828年は，史上まれにみるほど数多くの台風が日本に襲来した年である．おもだった台風だけでも表2のように6個あり，西日本を中心に大きな被害を受けている． 〔饒村　曜〕

表2　文政11年に日本を襲った台風
（日付は太陽暦に換算）

	主たる破地域
7月10日	北九州
7月28日	北九州
8月10日	東海～東北
8月12日	九州一円
9月17日（シーボルト台風）	九州～山陰
10月2日	九州

このほか台風かどうかわからないが，
「7月26日　備後国　洪水」
「8月19日　羽前国　大雨・洪水」
「10月10日　越後国　大風」
「10月13日　陸前国　大風雨」
という風水害の記録が日本の各地に残っている．

文献

1) 饒村　曜：台風物語．日本気象協会（1986）．

明治29年9月洪水

1896年9月11～12日

　1896（明治29）年は災害の多い年であった．6月15日の明治三陸津波で死者27,122名を出したのをはじめ，7月下旬の中部地方から東北地方にかけての洪水（記録にあるだけで死者51名），8月30～31日に台風により近畿，東海，北陸地方に甚大な被害（記録のあるだけで死者138名），8月31日の陸羽地震で死者789名などの被害があった．さらに，9月11日に紀伊半島に上陸した台風（図1）により，明治期最大の洪水被害が四国，近畿，関東を中心に発生し（記録があるだけで死者344名），その後も長く続く被害を顕在化させている．

　古河グループ発祥の地である栃木県上都賀郡足尾町は，渡良瀬川源流地帯で日本の代表的な銅山である足尾銅山がある．1610（慶長15）年の銅山の発見後急速に開発され，17世紀末に長崎港から輸出される銅の5分の1は足尾産であるなど一時隆盛をきわめたが，その後産出量が減り廃山同様となっていた．しかし，古河市兵衛が1878（明治11）年に権利を買収後，大富鉱帯の発見があり，蒸気巻き立坑など最新の鉱山技術を導入するなどの古河市兵衛の経営手腕によって，10年足らずで全国産銅の4割を占める大銅山となっている．しかし，このような急激な生産増は有害物質もまた多量につくり出し，1890（明治23）年8月の洪水など洪水のたびに渡良瀬川に流れ込んだ鉱毒が農地を汚染していた．1891年11月の第2回帝国議会において，田中正造議員が最初の鉱毒質問を行っている．政府は，殖産興業の柱である主要な外貨獲得産業であること，当時農商務大臣だった陸奥宗光の次男が古河の婿養子になっていたことなどから示談工作を行い，日清戦争の勃発もあって鉱毒反対運動は一時後退した．しかし，1896年9月の台風による洪水はそれまでの洪水と桁違いに大きく，渡良瀬川流域の広大な農地が深刻な汚染状態となり，明治中期から後期にかけての一大社会問題にまで発展している．

　度重なる経験から洪水予報や多くの雨量観測所の必要性が主張された．河川事業を遂行するため1896年に河川法が，1897年に砂防法と森林法がつくられた．現在使われている河川三法は，明治初期につくられた河川三法が，災害などの教訓を取り入れながら時代とともに内容が変化してできたものである． 〔饒村　曜〕

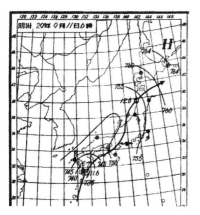

図1　足尾銅山鉱毒事件を顕在化させた1896年9月の台風

文　献

1) 饒村　曜：気象災害の予測と対策，オーム社 (2002)．

121 秋の台風災害

明治31年洪水

1898年9月6～8日

明治初期の度重なる災害の経験から洪水予報や雨量観測所の必要性が認識され，河川事業を遂行するため，1896年に河川法が，1897年に砂防法と森林法がつくられたが，台風被害は1898年も1899年も相次いだ．1898年9月6日には台風が東海道から北海道を縦断し（図1），特に北海道の被害が深刻だった．

1869（明治2）年に北海道開拓使がおかれ，北海道の開拓が本格的に始まったが，当初は石狩川のはん濫原である広大な低湿地の土地利用が進められていた．石狩川流域は，大雨が降るとはん濫を繰り返していた未開の原野であり，入植当時は，洪水被害に悩まされていた．

1898年9月6日には台風による大雨で石狩平野は大洪水となり，幅40km，長さ100kmの巨大な水たまりができ，死者・行方不明者が300名，全壊家屋3500棟，冠水5万6000haと，当時の北海道の耕地の5分の1以上が浸水した．農作物がほぼ全滅し，橋や鉄橋が流されるなど，やっと軌道に乗った北海道の開拓が事業ができなくなり，北海道から1万名以上の移住者が引き揚げている．気象集誌の「九月六七日の大風（理学博士和田雄治）」に次の記載がある．ここで，蓋シ（ケダシ）は，「思うに」という推量を意味する言葉である．

「此暴風ハ其深度ノ割合二比スレハ雨量極テ寡ク北海道ノ如キ水害ノ起リタルハ蓋シ大風数日前ヨリ降雨アリシヲ以テ土地ニ湿潤シ居タルヲ以テ小量ト雖モ河川ノ出水ハ甚タ顕シキニ至リシナラン」

石狩川流域では関係者が集まって石狩川治水を求める請願が行われ，貴族院議長の近衛篤麿も板垣退助内務大臣（北海道開発を担当）に，北海道開拓のいちばんの障害は治水計画がないことであると願い出ている．

1898年の洪水を契機に，石狩川の治水

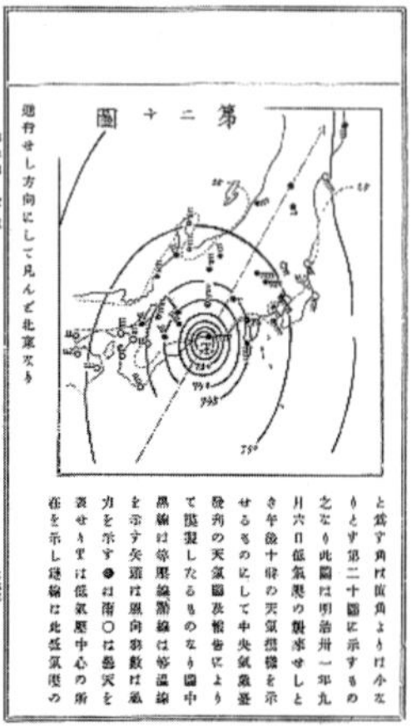

図1 1898年9月6日10時の地上天気図[1]

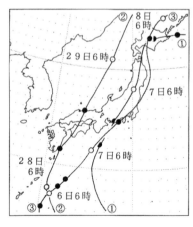

図2 1898～1899年に大きな被害をもたらした台風（① 1898年9月上旬，② 1899年8月上旬，③ 1899年10月上旬）

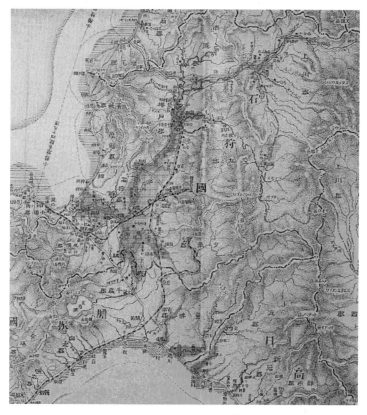

図3　明治洪水はん濫区域[2]

計画を策定するため「北海道治水調査会」が同年10月20日に設置され，北海道庁の技師・岡崎文吉によって検討が始まった．しかし，1904（明治37）年7月9〜11日に台風が北海道を横断したため大雨となり，石狩川は大規模なはん濫を起こしている．このときのはん濫は明治31年のはん濫と同規模，あるいは上回るものであった．岡崎文吉は，1904年の洪水で推定できた流量 8350 m^3/s を使い（1898年の洪水の流量は推定できていない），1911年に石狩川治水計画調査報文をまとめている．そして，石狩川改修工事のため，1912年に石狩川治水事務所が設立され，岡崎文吉が初代所長に就任，本格的な治水事業が始まっている．

〔饒村　曜〕

文　献

1) 岡田武松：近世気象学，博文館（1901）．
2) 国土交通省札幌開発建設部：石狩川流域誌，国土交通省北海道開発局（2010）．

秋の台風災害

大正6年東京湾台風災害

1917年10月1日

東京湾で高潮

　1917（大正6）年9月25日，フィリピン諸島の東海上で発生（発見）した台風は，ゆっくり北上を続け，28日に沖縄本島の南海上に達した頃から向きを北東に変え，加速しながら，9月30日から10月1日にかけて，東京湾のすぐ西を通過している（図1）．晩秋の台風は，北上するにつれ勢力が衰えることが多いが，この台風は関東地方を通りすぎる時点でも強さを維持し，千葉県銚子では最大風速が50 m/sを超えた．10月1日は，月齢14.7で大潮であり，しかも東京湾では，満潮時刻が5時21分（霊岸島における潮時）であったために，図2のような高潮が起きている（高潮の内陸への進行速度は時速13～20 km）．

　なお，東京が最低気圧953 hPaを観測した3時30分頃から水位がさらに上昇し，5時頃最高水位に達しているが，これは，急激な水位の上昇に約1時間半の周期をもつ振動（東京湾の固有振動）が重なったものといわれている．図3は，そのときの被害地域の一部で，築地で3.8 m，月島で1.8 mなど，東京湾に面した地域はことごとく大きな被害を受けている．高潮は，沿岸部だけでなく，日本橋，京橋，上野などにも押し寄せ，低地では2日夜になっても水が引いていない．

　9月30日は，午後から雨が時々降っていたものの，蒸し暑さもない（図4）など，台風襲来の前兆らしきものは感じられず，

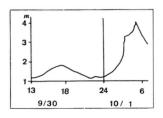

図2　千葉県浦安の検潮記録（1917年9月30日～10月1日）

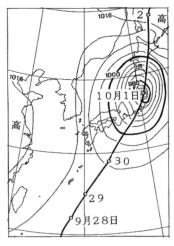

図1　1917年10月1日6時の地上天気図と台風の経路（○印は6時の位置）

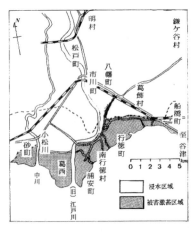

図3　高潮による被害地域

4. 秋雨の現象

気象台から警報が出されていても,まさかと思った人も多かったといわれている."天気と気候"という雑誌に藤原咲平は当時の様子を「新聞記者諸君が気象台に呼ばれ,岡田先生から今晩夜半過ぎから大台風の襲来があるからと申し渡されましたが,此時まだ星空がきらきらして居りましたので,新聞記者諸君は半信半疑で社に帰られました」と記している.しかし,台風の接近を予想した気象台であっても,このような大惨事になるとは,とても想像できなかったと思われる.

近畿地方でも,9月26日から前線による雨が降りつづき,これに台風の雨が加わり,10月1日に高槻町付近の淀川堤防が「大塚切れ」と呼ばれる決壊をするなど,多くの河川の堤防が決壊し,広い範囲が水没している.

この台風による被害は,東京湾の高潮,淀川の大洪水など全国で死者・行方不明者1324名以上,家屋被害57,734棟,浸水家屋302,917棟などであった.また,このときの被害の影響は,翌年7月の米価暴騰と,その後富山県で始まった米騒動(1道3府県に波及し参加者79万人)にも及んでいるといわれている.

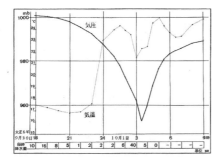

図4 1917年9月30日から10月1日にかけての東京の気圧と気温変化および毎時降水量(単位mm)

東京湾での製塩事業の終焉

東京都に隣接する千葉県の行徳,谷津,津田沼は,他の地方の安い塩の流入により,やや衰退の傾向があるとはいえ,大正時代まで塩田があり,塩がつくられていた.しかし,1917年9月30日から10月1日にかけて,東京湾を襲った台風による高潮は,東京湾沿岸の製塩業に壊滅的な打撃を与え,その後塩田は姿を消している.湾の奥で遠浅の海岸という立地条件は,製塩には都合のよい条件であると同時に高潮によって大きな被害を受けやすくもあったからである.このときの台風による塩田関係の被害は,千葉県東葛飾郡だけで,13万円以上にのぼっている.なお,このあと塩田関係者は,各浜ごとに製塩所を1か所に統一して,資本の共同や器具機械の節約,低利資金の融通(10か年払いの資金を2万円)を要求している.日本で,国による塩の専売制度が実施されたのは1905(明治38)年で,その目的は日露戦争の戦費調達であったというように塩は昔から格好の課税物件であり,財政収入の確保をはかるものであった(財政専売).それが1917(大正7)年頃になると,第一次大戦後の物価騰貴による,塩の買上価格の上昇などにより,専売収入が激減し,専売制度が見直されるにいたったが,国民生活の必需品であることから,消費者価格の安定などのための専売(公益専売)に模様替えをした.つまり1917年の高潮被害は,このような切り替えの時期における被害だったわけで(あるいは,この被害が切り替えを促進する1つの要因だったのかもしれない),直ちに塩田を復旧して大規模に再開とはいかなかったことが推測される. 〔饒村 曜〕

文献

1) 饒村 曜:続・台風物語.日本気象協会(1993).
2) 藤吉洋一郎監修:20世紀日本大災害の記録,NHK出版(2002).

123 秋の台風災害

室戸台風

1934年

室戸台風の特徴

1934（昭和9）年9月15日に天気図上ではっきりと認めることができた台風は，発達しながら徐々に北西のち北に進み，20日朝には那覇市の東約100 kmに達した．この頃の中心気圧は，数少ない周囲の観測資料から965 hPaと推定されていたが，上陸時の中心気圧などから，この段階ではすでにもっと発達していたものと思われる．台風はその後，速度を速めながら，21日5時頃室戸岬の北に上陸し，紀淡海峡を通って8時頃神戸市付近に再上陸した（図1）．

最低気圧と名前の由来

台風が近くに上陸した室戸岬測候所では，21日5時10分に912 hPaの最低気圧を観測した．1885（明治18）年9月22日6時30分にインドのカルカッタ南西のフォルスポイントの灯台兼測候所で観測した919 hPaが当時の世界最低気圧とされていたが，これを7 hPaも更新したため，世界最低気圧を更新した室戸岬の名前をとって「室戸台風」と名づけられ，いろいろな報告書などに使用された．なお，当時の日本記録は，1920（大正9）年9月3日の石垣島で観測した931 hPaである．

阪神地方で台風眼を観測

神戸測候所では21日7時44分から5分間，風雨ともに小康状態となり，一時的に空が明るくなった．阪神地方は，前方に四国や紀州の山脈を控えていることもあって，しっかりした眼をもち発達したままの台風がそのまま襲来することはまれであるが，直径がおよそ25 kmと考えられている室戸台風の眼に入ったのである．

室戸台風の被害

室戸台風の被害は，大阪府がいちばん大きく，近畿，四国を中心として死者・行方不明者合わせて3066名（大阪府は1888名）という大きなものであった．これらの被害は，主として風害，高潮害および水害によるものであった（表1）．のちに，室戸台風は，1945（昭和20）年の枕崎台風，1959（昭和34）年の伊勢湾台風とともに，「昭和三大台風」と呼ばれた．

風害

室戸台風は中心付近で風が非常に強いという特徴をもっており，中心付近の最大瞬間風速は60 m/sを超えた．台風の中心付

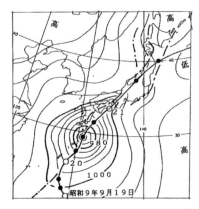

図1 室戸台風の経路図と1934年9月20日18時の天気図
図中○は右に付した日の6時の台風位置．

表1 室戸台風による被害一覧

被害状況		死者・行方不明者数	
死者	2886 名	大阪府	1888 名
行方不明者	200 名	兵庫県	261 名
負傷者	15,361 名	京都府	233 名
全壊家屋	27,303 棟	岡山県	152 名
半壊家屋	36,137 棟	高知県	122 名
流出家屋	20,171 棟	鳥取県	81 名
床上浸水	227,230 棟	滋賀県	49 名
床下浸水	164,793 棟	徳島県	39 名

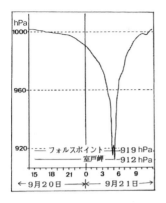

図2 室戸岬測候所の気圧変化

近や南東側では,多数の建物の倒壊や,列車の転覆(東海道本線草津~石山間の瀬田川鉄橋上で急行列車が転覆し,死者11名)など風による被害が著しかった.なかでも小学校の倒壊による惨害は,深刻な社会問題となった.最も被害の大きかった大阪市の状況をみると,市内の小学校の7割以上を占めていた古い木造建築の176校が被害を受けている.教室数では,6649室の約2割の1482室が風水害により喪失した.建物の被害に加えて,この台風は,8時を中心として激甚をきわめたため,職員・児童の大部分は,すでに登校の途中か登校後であった.このため,職員・児童をはじめ,出迎えにいった父兄などまでも校舎の倒壊に巻き込まれ,多数の死傷者が出た.室戸台風による学校の木造校舎被害は,その後の鉄筋校舎の建設を促進させる動きとなっている.また,風雨が強いときは,臨時休校とするなど生徒の登校を制限する措置もとられるようになった.

室戸台風は広い暴風域をもった台風ではあるが,地形などの関係で,大阪では台風がごく近く(淡路島付近)まで接近しないと強い風が吹かない.大阪府立大阪測候所では,6時0分が北東の風6.4m/s,7時0分が東南東の風12.8m/s,7時50分が南の風23.3m/s,8時0分が南の風29.8m/sである.8時3分には風速計が吹き飛んだため平均風速は求められなくなり,このときの瞬間風速は南の風60m/s以上となっている.

高潮被害

室戸台風の南よりの強い風により,大阪湾沿岸を中心に四国東部,和歌山県などで高潮が発生した.大阪湾では,天文潮からの偏差が3.1mという高潮が起きたが,これは満潮のほぼ3時間後の高潮である.満潮であれば,もっと潮位が高くなったと思われるが,それでも大阪城付近まで高潮が進入した.図3は,大阪市における高潮の最高位到達時刻を示したものであるが,これから推定すると,高潮は時速8~13kmで川の上流へと向かったことになる.中央気象台大阪支台の観測では,増水が始まってから2.3mの最高位まで達するのにわずか20分である.

室戸台風について調査報告をまとめるにあたって,関西では高潮,関東では津波または風津波(地震津波や山津波に対応する言葉)と呼ばれていた現象をどう呼ぶかというのが問題となった.議論の結果,関西の台風ということでもあり,高潮という言葉が使われ,以後,高潮という言葉が全国的に広まり定着した.

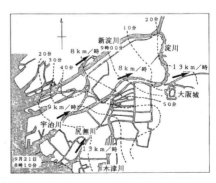

図3 大阪市における高潮の最高到達時刻

暴風警報の改正

当時,中央気象台は,全国を9に分けて暴風警報を発表していたが,近畿地方を含むII区に対しては,20日14時10分に「風雨強かるべし」,20時20分に「暴風雨の虞あり」という暴風警報を発表している.大阪測候所の大阪府管内に対して,20日15時に1回目,21日2時に2回目の警報を発表し,暴風雨が来襲し高潮を伴うことを警告している.このように,中央気象台や地方の測候所では,台風はきわめて強いものであることがわかっており進路は中央気象台の予想したコースをとっていた.しかし,室戸岬測候所で所員が暴風雨の中で血まみれになりながら観測したこれまでにない記録的な観測データは,有線の切断によってすぐには東京や大阪に伝わらなかった.

中央気象台では,室戸台風のような被害を軽減するため,暴風警報の全面的改正などさまざまな改革が行われた.このときの改正の大きな特徴は,大風雨の襲来時に発表すべき暴風警報と,さして大なる被害がないが注意を要するという場合に発する気象特報をはっきり分けた点である.戦後,特報という言葉が誤解を招くおそれが出てきて気象注意報に変わったが,その考え方は同じである.また,全国を9区に分けて全国暴風警報を発表していたのを10区に分け,さらにそれぞれは2〜4の小気象区に細分された.そして,これらの警報・特報に使用する用語も全国的に改め,豊富で,かつ,平易にし,素人にわかりにくい術語を一切廃止した.こうして,暴風警報の不徹底という批判に応えようとした.室戸台風の教訓を生かすため,1937(昭和12)年に日本学術振興会のなかに「災害科学研究所」が設置され,臨海工業地帯の地下水の汲み上げによる地盤沈下が高潮被害を拡大したとして地下水の汲み上げ規制などが提言された.しかし,中国大陸での戦火の拡大とともに,その実行は先送りされた.

〔饒村　曜〕

文献

1) 中央気象台:室戸台風調査報告,中央気象台彙報(1935).
2) 饒村　曜:台風物語,日本気象協会(1986).
3) 饒村　曜:続・台風物語,日本気象協会(1993).
4) 東京天文台編:理科年表,丸善(2013).

124 秋の台風災害

枕崎台風

1945年

戦後初の大型台風の襲来

太平洋戦争終結（1945年8月15日）の約1か月後の9月12日にグアム島の東海上で台風が発生し，16日に沖縄の南海上に達した頃は，中心気圧が960 hPa以下と推定されるほど発達していた．このため，中央気象台では，16日10時に台風の進路に当たる気象官署に対して，台風は沖縄付近で転向し，明後日朝には九州または四国に達すると警戒態勢をとらせている．その後台風は，沖縄付近で転向し，17日14時頃，鹿児島県枕崎市付近に上陸した（図1）．このため，宮崎県細島（灯台：海上保安庁）で最大風速51.3 m/s（最大瞬間風速75.5 m/s），枕崎で40.0 m/s（同62.7 m/s），広島で30.2 m/s（同45.3 m/s）を観測す

るなど，各地で猛烈な風が吹き，九州や中国地方では200 mmを超える雨となった．枕崎観測所（現在の特別地域気象観測所）では，17日17時16分に最大瞬間風速62.7 m/sを観測したが，庁舎の屋根の半分が吹き飛んで風速計が壊れ，この台風の最大平均風速は求められていない．

枕崎市史には，田布川（たふがわ）部落郷土史によるとして，次のような記載がある．「九月十六日は南九州に向け進行中と測候所よりの通報あり．翌十七日北東の風強く妖雲矢の如く南西へ飛ぶ．風速50，中心は枕崎に向かいつつあり厳重警戒せよとの気象特報あり，正午過ぎ一大暴風雨と化し，樹木は裂け，屋根は飛び，崖は崩れて家は倒れ，その凄惨言語に絶す．人これを称して戦没勇士の霊魂の怒りなりと．」

枕崎観測所では猛烈な東風が吹いていたが，14時38分に急に風速が弱くなり，雲が薄らいで眼に入り，15時12分に再び猛烈な風（西風）が吹きはじめた．台風の眼に入っていた時間（34分）と台風の速度（約40～50 km/s）から眼の大きさを計算すると，25～30 kmとなる．この値は，台風後に枕崎観測所が行った聞き取り調査から推定した眼の大きさ，約30 kmとほぼ一致している（図2）．枕崎観測所では，台風の眼に入った直後の14時40分に最低気

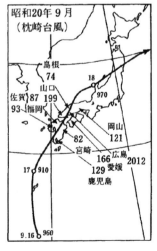

図1　枕崎台風の経路図と県別の死者数

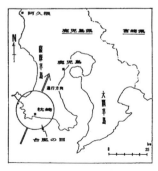

図2　枕崎台風の眼

圧916.6 hPaを観測した．これは当時の世界記録である1934年の室戸台風時に室戸測候所で得られた911.9 hPaに次ぐ値であり，台風の規模でも，被害の甚大さでも室戸台風に匹敵する．このため，室戸台風の例にならって，台風が上陸した枕崎の名前をとって枕崎台風と特記されることになった．

空白の天気図

　台風の災害を防ぐためには，学問の発達による予報技術向上が必要ではあるが，何といっても，まず現在の状況を素早く，正確に知ることが絶対条件である．しかし，太平洋戦争によって通信回線はズタズタになってしまい，戦後しばらくはかろうじて通信できる程度であり，台風の襲来のたびに，天気図では台風の中心付近の，最も肝心のデータが入らなかったため，台風の中心付近の様子は，外側の気圧傾度などから推定せざるをえない状態が続いていた．枕崎台風の接近により，天気図は観測データが記入されない地域が増えたが，これは台風の暴風により通信線が途絶したための未記入であり，この場所は台風の被害がすでに発生している地域を示していた．また，中国大陸や朝鮮半島は，ほとんど観測データが記入されておらず，国内では広島の観測データが，原爆直後の8月6日から1年近く天気図に記載されていない．これは，通信事情などによるもので，原爆投下があっても，それまでと同様の観測が継続されていた．これは，当時の広島地方気象台は市内の江波山にあり，爆心地からみると少し山陰にあるため，建物と職員は直撃を免れていたからである．

被害の中心は広島

　枕崎台風は，西日本を中心にところにより400 mmを超える雨をもたらし，全国で死者・行方不明者3756名，負傷者2452名，住家損壊89,839棟，浸水273,888棟など大きな被害をもたらした．特に，広島県では，主として水害による被害が著しく，急斜面で多数の山崩れや土石流が起こり，河川の堤防の決壊・流出が相次いで2000人以上が亡くなっている．

　広島県の中でも最も被害の大きかったのは呉市で，土砂崩れなどの災害で1154名もが亡くなったり行方不明となっている．1951（昭和26）年8月に広島県土木部が作成した「昭和20年9月17日における呉市の水害について」という報告書では，呉市における災害を大きくした誘因として，①戦争中の山林の伐採や軍用道路の建設，爆弾の投下などによって山が荒廃したこと，②軍港都市として特異な発達をしたため，山腹や渓谷沿いに無計画に家屋が建てられたこと，③終戦直後で気象予報がなく，市民はこのような大災害を予知できなかった（災害に対して備える余裕がなかった）ことを挙げている．

　大野村宮浜（現在は廿日市市）にあった大野陸軍病院（約800人収容）では約100名の原爆被爆者も収容され，京都大学は，医学部の教授陣を中心とし，理学部の物理学者を加えた研究班を組織し，9月3日よりこの大野陸軍病院に本拠を置き，診療研究を開始した．枕崎台風が襲来した9月17日22時20分過ぎ，丸石川で大規模土石流が発生し，宮浜地区を襲い，原爆被爆者のほとんどと職員，合わせて156名が犠牲となっている．

　枕崎台風において広島県の被害が著しかったのは，県の防災機関の中枢である広島市が8月6日の原子爆弾で壊滅した直後で，機能がマヒしていたことが大きいといわれている．広島地方気象台は天気予報を再開していなかったし，唯一のラジオ局であるNHK広島中央局も，臨時放送所で東京からの全国放送を中継するのがやっとであり，多くの人々は，台風が接近していることさえ知らずに災害に巻き込まれていったといわれている．柳田邦男は，これらの

図3 海軍の用紙裏を用いて作成した中央気象台の「枕崎台風の概報」

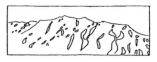
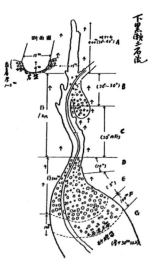

図4 広島県広瀬村の土石流

ことを題材にして『空白の天気図』を著している.

調査報告と土石流

枕崎台風の記録を残そうとする動きは,終戦直後の大混乱の中で多くの気象関係者によって精力的に行われていた.中央気象台では,1945年12月に「枕崎台風の概報」を刊行しているが,海軍気象部が用いていた気象電報整理用紙の裏白を使い,ガリ版刷りであった(図3).また,広島管区気象台(現 広島地方気象台)は大混乱の1945年10月,「中国管区に於ける枕崎台風調査」をまとめたが,この調査報告は,1949年3月に中央気象台が刊行した「枕崎・阿久根台風調査報告」のなかにも含まれている.広島管区気象台の調査で特筆すべき点は,土石流の発生機構という気象学以外の項があることであり,これは,当時の菅原芳生台長の熱意によるものといわれている.当時,山崩れや土石流の発生の原因やメカニズムについては,まだまだ未開発の学問分野であった(図4).

なお,1934年の室戸台風,1945年の枕崎台風,1959年の伊勢湾台風は,ともに死者が3000名を超す大被害が発生し,昭和三大台風と呼ばれている. 〔饒村 曜〕

文 献

1) 中央気象台:枕崎台風の概報 (1945).
2) 中央気象台:枕崎・阿久根台風調査報告 (1949).
3) 柳田邦男:空白の天気図,新潮社 (1975).
4) 饒村 曜:台風物語,日本気象協会 (1986).
5) 饒村 曜:続・台風物語,日本気象協会 (1993).

125　秋の台風災害

カスリーン台風

1947年

「カスリーン」という名前

1945（昭和20）年8月15日に太平洋戦争が終結し，気象事業は細部にいたるまで極東空軍司令部によって管理されるようになる．2年後の1947年5月31日には第43気象隊司令部覚書が出され，これによって中央気象台の発表する台風予報や情報は，すべて第43気象隊の発表する台風予報と一致させられている．台風には，極東空軍司令部が使用しはじめたアルファベット順の英名（女性名）がつけられた．

1947年夏の関東地方は干ばつで被害が出はじめ，各地の雷をまつる神社では雷雨を望む祈祷が行われたりしていた．雨が望まれていた9月8日，マリアナ諸島の東の海上で発生し，「カスリーン（Kathleen）」と名づけられた台風は，14日には中心気圧960 hPa，最大風速45 m/sまで発達したが，その後衰えながら北上して房総半島をかすめた（図1）．カスリーン台風は，停滞していた前線を刺激し，13～16日に，関東地方の西部および北部の山地で記録的な豪雨となり，総雨量は山沿いを中心に400 mm以上，埼玉県秩父では600 mmを超えている．埼玉県秩父と群馬県前橋の日降水量の記録は，2位以下を大きく引き離しての1位という記録的な雨であった．全国の死者・行方不明者1930名，浸水家屋42万棟などという1910（明治43）年8月の台風以来という大きな被害が発生した．なお，日本人に「占領下」を意識させたといわれているカスリーン台風は，当初カスリンなどの表記が行われていたが，1949（昭和24）年8月に「カスリーン」に統一されている．

カスリーン台風の被害

関東平野のほぼ中央部を北西から南東に流れる利根川は，徳川家康の江戸入り直後の1590（天正18）年に展開された東遷事

図1　1947年のカスリーン台風と1948年のアイオン台風の経路

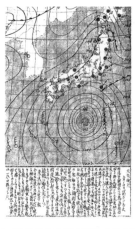

図2　1947年9月14日3時の地上天気図の一部と同日4時30分に発表した天気概況[2]

264　　4. 秋雨の現象

業で，これまで江戸湾に注いでいた流路を，栗橋付近から運河を掘って銚子方面に替えている．この利根川の堤防が，16日1時頃の埼玉県北埼玉郡東村（現 大利根町）栗橋付近で決壊した．江戸時代から「ここが切れたら浅草の観音様の屋根まで水につかる」と言われ，堤防も利根川最大の8m50cmとしていちばん重点が置かれていた場所での決壊である．そこから奔流する利根川の濁流は16日夜に白岡付近であふれてきた荒川の濁流と合流して勢いを増して旧利根川に沿って南下し，東京と埼玉の県境の桜堤（現 水元公園付近）で堰き止められて大きな沼が出現した．安井誠一郎東京都知事は内務省に働きかけ，桜堤の少し上流の江戸川右岸の堤防を爆破し，堰き止められた水を江戸川に流そうとした．その作業中の19日2時過ぎに桜堤が決壊し，大量の濁流が葛飾区と江戸川区に流れ込んでいる（図3）．さらに，中川右岸の堤防も亀有付近で決壊し，葛飾区ではほぼ100％，江戸川区では67％，足立区では11％が被災者になるという水害が発生した．

内務省土木局は，「締切が1日遅れると損失が5000万円増える」として，栗橋付近の決壊口の堰き止めに全力をあげ，東北本線栗橋駅から北西へ4.5kmの堤防決壊箇所まで線路を引くなどして締切工事を11月末に終えている．

カスリーン台風での死者がいちばん多かったのは群馬県（708名）で，これは山津波や山崩れの死者がかなり含まれている．赤城山麓では敷島村，富士見村，大胡町で死者271名，流失破壊家屋362棟などの被害が発生したという記録もある．埼玉県でも秩父でかなりの山津波や山崩れが起きている（509名死亡）．東京都は洪水が発生するまでに時間的余裕があり，死者が7名と他県に比べて少なかったが，被災者数では圧倒的に多く，しかも，長く水が引かなかったため，深刻な影響が長く残った．このため，カスリーン台風は，東京の水害という強いイメージをつくっている．

カスリーン台風で大きな被害が発生した原因として，①雨量が異常に多かったこと，②戦争のため山林の乱伐が進み山の保水力が低下していたこと，③堤防の手入れなどが行われていなかったことが指摘されている．利根川の治水予算は，太平洋戦争の激化とともに大部分が削られ，土砂が川底にたまって洪水が起きやすくなっていた．また，食糧増産のため，堤防は畑になり，堤防補強のために植えられていた樹木は燃料として切り倒されていた．

カスリーン台風の予報

中央気象台では，9月12日の時点で「台風は北上して本州に近づき，14～15日にかけて関東南部すれすれに通って三陸沖に抜けるので，関東から東海地方では13日から大雨が降る」と予想していた．13日には朝刊でカスリーン台風が報じられ，ラジオ放送でも台風情報が随時流された．また，14日には，電力事情が非常に悪いなか，ラジオにより台風情報を徹底するため

図3 栗橋の堤防決壊による濁流の進路
（点線は省線（現 JR 東日本線））

に朝6時から15分間，12時から15分間，18時55分から20分間のニュース時間には，停電地区にも全部臨時送電が行われた．このように，カスリーン台風の予報は，移動速度が予想より遅くなったものの，進路については正確な予報であり，警報も比較的早く発表された．

カスリーン台風当時の予報は，予報位置を点で示し，それに誤差範囲をつけるという方法で，48時間予報まで行っていた．一気に理想的な台風予報をめざしたのかもしれないが，当時の予報技術ではかなり難しいとみえて，日本が独立し，日本独自で台風予報を行うようになった1953（昭和28）年からは，24時間先まで，それも，なんとか進行方向の誤差幅を表示するという，いわゆる扇形表示（扇形の弧で予報位置を示す）が使われるようになり，1982（昭和57）年に現在も使われる予報円表示に変わるまで使われていた．

カスリーン台風当時，日本の経済は悲惨な状態であり，堤防をつくるなどの恒久的な防災対策がいつできるかわからなかった．そこで，特定の河川を指定して，その河川に対して行う指定河川洪水予報が試みられた．「カスリン台風調査報告」によると，カスリーン台風の洪水のピークは，沼の上と栗橋間では時速11 km，栗橋と安喰間では時速4 kmで下流に移動しており，ピークとなる時間は下流ほど遅くなり，また，次第にゆるやかな増加でピークを迎えている．これは大河川の洪水の一般的な特徴で，上流に雨が降ってから下流で洪水になるまでの時間が長く，上流の雨量や水位のデータをすばやく集めるだけでも，防災活動に役立つ洪水予報が可能である．経済安定本部（現 経済企画庁）の資源委員会では，洪水予報の仕事は日本にとって最も必要であり，速やかに組織をつくるべきと1948（昭和23）年9月10日に方針を決定している．その1週間後，アイオン台風が襲来し，全国で死者・行方不明者838名などの被害が発生したが，関東地方では河川を指定した洪水予報が試みられ，その成果から本格導入が始まった． 〔饒村　曜〕

文　献

1) 中央気象台：中央気象台日報（1945～1954）．
2) 天気相談所編：速報天気図，中央気象台（1947）．
3) 中央気象台編：カスリン台風調査報告，中央気象台彙報（1948）．（地人書館から「台風と水害」というタイトルで同年出版）
4) 東京都：昭和22年東京都水害史（1951）．
5) 饒村　曜：続・台風物語，日本気象協会（1993）．
6) 東京天文台編：理科年表，丸善（2013）．

アイオン台風

1948年

災害が相次いだ1948年

1947（昭和22）年（1947年）のカスリーン台風当時，日本の経済状態は悲惨な状態であり，洪水被害を防ぐために堤防をつくるなどの恒久対策がいつできるかわからない状況であった．そこで，応急対策で何とか人命だけでも守ろうと，1948年7月につくられた「消防法」では，水防活動のために消防組織の活用が考えられ，火災とともに水害も扱うことになった．

1948年9月は，11日に九州北部では低気圧による大雨で，死者・行方不明者247名などの大きな被害が発生し，その5日後には，東日本をアイオン台風が襲っている．アイオン台風は，カスリーン台風とよく似たコースを通って16日に静岡県伊豆半島南部をかすめて千葉県房総半島に上陸した（図1）．上陸時の中心気圧は960 hPaで，千葉県館山市布崎では最大風速46.7 m/s，最大瞬間風速60.1 m/sを観測するなど，千葉県を中心に暴風が吹き，家屋倒壊が多く発生し，2000本以上の電柱の倒壊で電力と通信が途絶した．

また，台風前面の前線活動が活発となり，仙台市で351.1 mmなど東北地方の太平洋側で大雨となり，北上川などがはん濫した．総雨量はカスリーン台風に比べて多かったわけではないが，宮城県の月舘町で4時間雨量が308 mmなど，短時間に記録的な大雨が降り，東北地方で土石流や河川の決壊が相次いだ．カスリーン台風の復旧工事が遅れた地域は，特に悲惨な被害が発生した．岩手県一関市では，1時間雨量が20 mm以上という雨が降りつづき，北上川の支流，

図1　カスリーン台風とアイオン台風の経路

図2　アイオン台風の被害を伝える1948年9月18日の朝日新聞

磐井川の水位が約2時間で6mも上昇し，16日18時30分には土石流によって決壊，市内に濁流が流れ込んでいる。このため，死者・行方不明者が700名以上という，前年のカスリーン台風の大災害を上回る深刻な被害が発生した（図2）。アイオン台風の被害は，全国で死者・行方不明者838名，負傷者1956名，住家被害18,017棟，浸水家屋120,035棟などであった。

太平洋戦争後の気象業務は，1952（昭和27年）の連合軍占領終了まで，連合軍司令部によって細部まで管理されており，アイオン台風という名称は，1947年5月からアメリカ軍が台風につけていたアルファベット順の女性名を使っていたことによる。

指定河川洪水予報

経済安定本部（現 経済企画庁）の資源委員会では，洪水予報の問題を取り上げ，この仕事は日本にとって最も必要であり，速やかに組織をつくるべきであると政府に勧告，閣議では1948年9月10日にこの方針を決定している。アイオン台風の襲来の1週間前のことである。

「運輸省（1）：中央気象台は差し当たり，予報責任者として予報作業に従事すること。

運輸省（2）：鉄道の通信施段の一部を洪水予報目的に使用せしめること。

運輸省（3）：洪水予報の責任の一部を中央気象台と分担すること。

通信省：洪水予報に関係ある気象通報の円滑化に協力すること。

商工省：其の監督下にある電力公社に対し観測施設の一部の使用に関し協力を求めること。」

カスリーン台風の被害を受け，中央気象台（現 気象庁），建設省（現 国土交通省），地方自治体などの機関によって利根川洪水予報連絡会ができていたが，アイオン台風では，中央気象台の情報を受けて，建設省が利根川および荒川の出水予報を試験的に行っている。その内容は，アイオン台風洪水報告書によれば，次のようなものである。

「(1) 9月16日12時頃中央気象台から，利根川気象通報規程に基づく洪水予報発表依頼がある。

(2) 予報文の作成は調査課長。

(3) 予報は主として関東地方建設局から直接電話で河川局治水課および中央気象台へ，さらに中央気象台から放送局，警視庁，消防庁などに伝達。

(4) ラジオによる洪水予報の第1号の発表は9月16日13時の臨時ニュース。

(5) 第1号アイオン台風に基づく利根川および荒川の出水予報（13時関東地方建設局発表）。……」

アイオン台風により関東地方も，ところによって500mmを超える豪雨となったが，この連絡会が有効に機能し，被害を最小限にくい止めたといわれている。

アイオン台風の被害を受け，北上川上流の改修計画がスタートするなど，被害地では恒久対策への取り組みが始まった。また，応急対策としての洪水予報が検討された。洪水予報には，気象庁が発表する一般の利用を目的としたものと，気象庁が河川管理者（国土交通省や都道府県）と共同して河川を指定し，水位または流量を示した水防活動用の洪水予報の2種類がある。この水防活動用の洪水予報が始まったきっかけがカスリーン台風とアイオン台風である。

翌1949年6月には，水防活動そのもののために「水防法」が新たにつくられている。また，多目的ダムの建設を柱とした国土開発計画が1950年に制定され，各地で電源開発と洪水防止を兼ねたダム建設が具体的な工事に入っている。その後，各地で洪水予報連絡会が組織され，また法体系，観測・通信施設などの整備も進んだことから，1955（昭和30）年9月28日より，「2つ以上の都道府県の区域にわたる河川また

は流域面積の大きい河川で,洪水により国民経済上重大な損害を生じるおそれのあるもの」を洪水予報指定河川とし,この河川で洪水のおそれがあるときには,気象庁と建設省は共同して河川の水位または流量を示し洪水予報を関係都道府県に通知するとともに,必要に応じて報道機関の協力を求めて一般に周知させるという,水防活動用の洪水予報が正式に始まった.その後,建設省は運輸省などと合併して国土交通省になったため,国土交通省と気象庁は共同して国管理の一級河川(109水系)すべてにおいて指定河川洪水予報を行っている(気象庁は国土交通省の外局であるが,指定河川洪水予報を行うときは法律上は区別).また,都道府県が管理する二級河川についても準備の整った河川から順次,気象庁と都道府県とで指定河川洪水予報を行っている.　　　　　　　　　　〔饒村　曜〕

文　献

1) 経済安定本部資源調査会編:北上川流域水害実態調査—アイオン台風による水害について,資源調査会報告,**6** (1950).
2) 建設省:アイオン台風洪水報告書 (1958).
3) 饒村　曜:続・台風物語,日本気象協会 (1993).
4) 藤吉洋一郎監修:20世紀日本大災害の記録,NHK出版 (2002).
5) 東京天文台編:理科年表,丸善 (2013).

127 秋の台風災害

ジェーン台風

1950年

地盤沈下で高潮被害拡大

1950(昭和25)年9月3日10時頃に徳島県日和佐町付近に上陸したジェーン台風は,淡路島を通過し,12時過ぎ神戸市垂水区付近に再上陸した.台風の中心気圧は960 hPaで,その後,速度を上げて北上し13時半頃京都府舞鶴市付近から日本海に進んだ(図1).降水量は,四国東部で期間降水量が200 mm以上となったほかは,全般的に少なかったが,中心付近で非常に風が強く,和歌山で最大風速36.5 m/s (最大瞬間風速47.2 m/s)となったほか,四国東部,近畿,北陸,東海で最大風速が30 m/s前後の暴風となり,大阪では四天王寺の金堂が倒壊した(図2).大阪市での最大瞬間風速は44 m/sで室戸台風よ

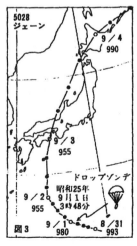

図1　ジェーン台風の経路と最初のドロップゾンデ観測

りは弱かったものの，暴風の継続時間が2倍近い7時間に及んだために被害が拡大した．

台風に伴う強風による吹き寄せで，大阪湾や北陸地方沿岸で高潮が発生したが，特に，大阪湾では，台風の強風による吹き寄せで2.7mもの高潮が発生し，大阪市の西部臨海工業地帯の全域など市域の21%が被害を受け，最大浸水深は4m近くになり（図3），避難所への物資輸送が困難となった．最大潮位はほぼ干潮時にあたっていたが，大阪の臨海低地の浸水は56 km^{2}と，ジェーン台風より勢力が強かった室戸台風時の49 km^{2}を上回っている（満潮時なら，さらに40 cmほど水位が高くなることから浸水地域は拡大）．これは，昭和初頭から始まった工業化に伴う地盤沈下が，戦争中の軍需物資増産の影響で加速し，室戸台風以降の沈下量は沿岸部で1.5 mに達していたからである．

ジェーン台風の被害は，大阪府を中心に四国から北海道に及び，死者・行方不明者508名，負傷者10,930名，住家被害56,131棟，浸水家屋166,605棟，船舶被害2752隻などであった．ジェーン台風の大被害を受けた大阪市では，地盤や防潮堤のかさ上げ，台風時には大型船を港外避難などの高潮対

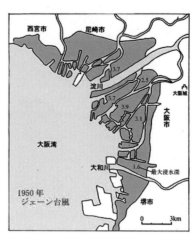

図3　ジェーン台風による高潮被害[2]

策事業が推進している．

太平洋戦争後の気象業務は，1952（昭和27）年の連合軍占領終了まで，連合軍司令部によって細部まで管理され，中央気象台の台風予報は，1947年5月からアメリカ極東空軍の発表と一致させられている．ジェーン台風という名称は，1947年からアメリカ軍が台風につけていたアルファベット順の女性名を，カタカナ表記で使ったことによる．

ドロップゾンデによる観測

地上から飛揚するゾンデ観測は，観測場所がほぼ一定し，台風の中心が通らない限り，中心での構造観測はできない．このため，考えられたのが，ドロップゾンデである．これは，飛行機からパラシュートをつけた観測機を落とすものである（上層から下層を観測）．ドロップゾンデが実用化したのは第二次世界大戦からで，適地後方の高層気象観測のために使われた．日本でも陸軍が中国大陸で使ったといわれる．台風の眼の真ん中でドロップゾンデを最初に落としたのは，1950（昭和25）年9月1日で，ジェーン台風に対してである．この方式で

図2　ジェーン台風の被害を伝える1950年9月1日朝日新聞

は，飛行機で眼の中に飛び込んで投下するので，眼内の鉛直観測は任意の時間に得られる．しかし，欠点もある．飛行高度より下の大気しか測れないことと，風向風速が測れない（気圧，気温，湿度のみ観測）ことである．台風観測に用いる飛行機は，頑丈であることに加え，長い航続距離と広いスペースが必要である．そのため，爆撃機や輸送機が気象偵察用に改造された．初期の飛行機観測は B-29 爆撃機を改造したものが使われた．太平洋戦争中に日本の各都市に爆弾を落として灰にした爆撃機 B-29 は，戦後は日本を襲う台風に飛び込み，その正確な位置を観測し，台風の中心ではドロップゾンデを投下して強さを測り，日本の台風防災で重要な役割を果たしていた．台風観測機は，B-29 爆撃機が老朽化した 1955（昭和 30）年からは B-50 爆撃機が，1965（昭和 40）年からは C-130 輸送機が用いられている．しかし，1977（昭和 52）年に静止気象衛星「ひまわり」が打ち上げられ，その利用技術が進んだことから，危険で費用がかかる飛行機による台風観測は，1987（昭和 62）年で終了となっている．

〔饒村　曜〕

文　献

1) 中央気象台：ジェーン台風報告，中央気象台彙報 (1951).
2) 大阪市・大阪府：西大阪高潮対策事業誌 (1960).
3) 饒村　曜：台風物語，日本気象協会 (1986).
4) 藤吉洋一郎監修：20 世紀日本大災害の記録，NHK 出版 (2002).
5) 東京天文台編：理科年表，丸善 (2013).

128　秋の台風災害

ルース台風

1951 年

干ばつ下で電力不足の日本を襲う

　1951（昭和 26 年）は 7 月 7～15 日に中部以西では前線による大雨で京都市を中心として死者 306 名という被害があったが，梅雨明け以降，太平洋高気圧の範囲にすっぽり入ったり，移動性高気圧に覆われることが多く，全国的に雨の少ない状態が続いて干ばつ気味であった．当時は水力発電が主であったために，渇水で河川の流量が 6 割になったことにより各地で電力不足が起き，地域別輪番制で緊急停電が行われていた．このように，雨が望まれていた 10 月 9 日，グアム島近海でルース台風が発生した．ルース台風は，発達しながら西北西に進み，12 日夜には中心気圧 924 hPa，最大風速 60 m/s まで発達した．その後，13 日

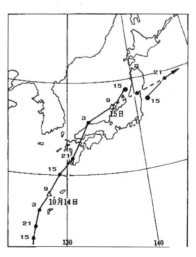

図 1　ルース台風の経路

夜に宮古島と沖縄本島の間を通って東シナ海に入り，14日19時頃鹿児島県串木野市付近に上陸した（図1）．上陸時の中心気圧は940 hPaと勢力が強く，暴風半径も500 kmと非常に広かったため，九州南部を中心に全国的に強い風が吹き荒れた．宮崎県細島灯台では最大風速69.3 m/sを観測した．船舶被害は9596隻にも達し，長崎県古志岐島付近で国鉄の金剛丸（7081 t）が座礁するなど，貨客船の海難が相次いでいる．台風はその後，温帯低気圧に変わりながら勢力をあまり落とさずに，時速100 km前後の猛スピードで九州を縦断，山口県，島根県を経て日本海に出た．その後，北陸の沖で本来の中心は次第に消滅し，関東地方の東沖に新たな中心が生じてそれが東北東に進むという「ジャンプ現象」を起こし，太平洋に抜けた（図2）．

また，台風の接近で前線活動が活発となり，九州東部，四国，中国地方の所々で大雨となり，朝鮮戦争特需で逼迫していた電力事情は一気に好転したものの，北海道を除く全国で大きな被害が発生した．

山口県では13，14日の両日で480 mmの大雨により土砂災害や河川のはん濫や堤防の決壊が相次いだ．錦川でも，上流の錦町で山津波が集落を襲い，多数の死者が出た．また，錦川では工事中の錦帯橋が流失した．また下流の北河内村（現岩国市）でも増水した川のはん濫で多大な被害を受け，山口県全体では死者・行方不明者が400名を超えている．錦川流域は前年のキジア台風でも錦帯橋が流失するなどの大被害が出ており，2年連続の災害となった．また，鹿児島県では台風の上陸が満潮時と重なったために，鹿児島湾で大きな高潮が発生し，船舶に沈没や流失が多発した．鹿児島県では強風と高潮などにより200名以上が死亡と，枕崎台風を上回る被害となった．山口県を中心とする全国の被害は，死者・行方不明者943名，負傷者2664名，住家被害221,118棟，浸水家屋138,273棟，船舶被害9596隻などであった．

警察予備隊による最初の災害出動

ルース台風で最も大きな被害を受けたのは山口県，それも広島県との県境付近を流れる錦川の上流の広瀬町（現 岩国市）やそのまわりの村々で，山崩れが多発したために，死者・行方不明者390名，重軽傷1228名などの大きな被害が発生している．このため，田中龍夫山口県知事から警察予備隊（自衛隊の前身）福岡第四管区隊（本部は福岡）への出動要請が行われている．警察予備隊は，1950（昭和25）年6月25日に始まった朝鮮戦争を受け，同年8月10日に警察予備隊令（GHQのポツダム政令の1つ）で設置されたもので，4つの管区隊があり，第四管区隊は山口県と九州地方を担当していた．要請に対し，吉田茂首相の決裁という形で警察予備隊の災害出動が行われた．下関市にあった第四管区小月キャンプの300名が救援物資輸送と復興協力のため，21日早朝に出発，車で連絡の道を開きながら40か所の決壊箇所を突破し，同日夕方に喜びの声をあげる町民に迎

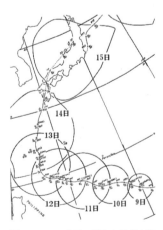

図2 ルース台風の経路と毎日9時の1000 hPa等圧線[1]

図3 警察予備隊の初出動を伝える1946年10月21日の朝日新聞

えられ広瀬町に入っている（図3）.「飢えと寒さにふるえる陸の孤島」となっていた広瀬町が生き返った瞬間であり，その後，のべ2700名が救助活動をした.

地震や水害などの大規模な天変地異などの災害によって，救助活動や予防活動など対応限界を越えた地域に自衛隊を派遣し，救助活動を行う災害派遣は，1995（平成7）年の兵庫県南部地震などでのさすがといわれる実績はよく知られているが，最初に行われたのがルース台風である.

徐々に日本独自の台風予報に

太平洋戦争後の気象業務は，連合軍司令部によって細部まで管理され，中央気象台の台風予報は，1947（昭和22）年5月からアメリカ極東空軍の発表と一致させられている．ルース台風というの名称は，1947年からアメリカ軍が台風につけていたアルファベット順の女性名を，カタカナ表記で使ったことによる．しかし，連合軍の日本占領の終了がスケジュールに入りはじめた1951年頃になると，中央気象台の台風予報に自主性が出はじめた．

1950（昭和25）年10月に開催された中央気象台全国予報課長会議では，台風進路予報の精度や通信事情の問題があり，中央気象台に情報を集めて判断を下しそれを利用していたのでは時間的に間に合わないということから，中央気象台の指示を待たずに各管区ごとに独自の判断で発表してもよいことが決められている．このため，ルース台風では，中央気象台が東海沖を通って上陸しないという予報を，大阪管区気象台ではこれよりも北に予想し，九州南部に上陸するという予報を発表しているが，実際は，大阪管区気象台の予報よりもさらに北を通っている．通信事情は徐々に回復してくると，台風予報が気象官署によって違うことによる防災上の問題点のほうが大きくなってきたことから，1953（昭和28）年から予報業務体系化が行われた．これは，現在行われている役割分担で，台風の予報は東京の気象庁本庁で行い，地方官署はこれをもとに警報や注意報，情報を発表するというものである．

〔饒村　曜〕

文　献

1) 中央気象台：ルース台風資料，中央気象台彙報（1952）．
2) 饒村　曜：続・台風物語，日本気象協会（1993）．
3) 藤吉洋一郎監修：20世紀日本大災害の記録，NHK出版（2002）．
4) 東京天文台編：理科年表，丸善（2013）．

秋の台風災害

昭和28年台風13号

1953年

日本が独立した1953(昭和28)年からは，台風は発生順の番号で呼び，英語の女性名は，船舶向けの情報など一部を除いて使われなくなった．また，カスリーン台風当時の予報は，予報位置を点で示し，それに誤差範囲をつけるという方法で，48時間予報まで行っていた．軍事目的のためには精度が悪くてもいちばん確からしい位置が長期間にわたって予報されたほうが使いやすいということかもしれないが，当時の予報技術ではかなり難しいことだった．そこで1953年からは，なんとか進行方向の誤差を表示するため，24時間先を示す2つの点を結んだ，いわゆる扇形表示が使われている．しかし，相変わらず大災害は繰り返された．

1953年は，6月25～29日に九州から中国地方で死者1013名，7月16～24日は南紀豪雨で死者1124名，8月14～15日に京都府南部，三重県伊賀と伊勢の豪雨で土石流や堤防決壊で死者429名という前線による大雨被害が続き，河川はん濫が相次いだ．カタカナ名から台風番号で呼ばれるようになっても，大きな災害が発生している．

9月18日にグアム島の南東海上で発生した台風13号は，22日になって急速に発達し，非常に強い勢力を保ったまま北上し，25日17時に三重県志摩半島を横断し，18時半頃愛知県知多半島に上陸した(図1)．台風が東側を通過するときには風向が反時計回り，西側を通過するときは時計回りに変化することから，聞き取り調査により台風の進路を推定できる．名古屋で反時計回りに風向が変化したなら，台風は名古屋の

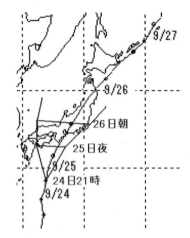

図1　台風13号の経路と9月24日21時の24時間予報

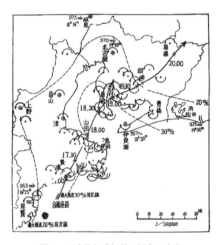

図2　三重県と愛知県の風向の変化

東側を通過，豊橋で時計回りに変化したなら豊橋の西側を通過している．図2は，そのようにして求めた台風13号の経路である．上陸時の中心気圧は945 hPaで，四国から関東地方にかけての広い範囲で20～30 m/sの最大風速を観測し，京都府舞鶴市で総雨量が507.0 mmに達したほか，四

国, 近畿, 東海, 北陸地方で200 mmを超えた. 台風の東側の伊勢湾に接続している知多湾や三河湾の沿岸では最大3 mという高潮が発生し（台風の左側の名古屋港でも2.34 mという高潮で市内の3分の1が浸水), 大きな高潮被害が発生している. 三河湾の堤防の多くは, 既往最高潮位を1 m以上も上回る高潮には対応できない高さしかなく, しかも, 1944 (昭和19) 年の東南海地震, 1945年の三河地震によって三河湾沿岸の堤防が弱体化していたと考えられており, 記録的な高潮の前には無力だった. また, 当時のほとんどの堤防は土堤石張構造であったため, 高潮が堤防を越さなくても, 打ち寄せる高波の一部が堤防を超えると, 堤防を侵食して堤防が弱くなるという欠点があった. このため, 1894年につくられ, 十分な高さのあった神野新田の堤防までも破堤した.

台風の被害は, 近畿地方を中心に全国で死者・行方不明者478名, 負傷者2559名, 住家被害86,398棟, 浸水家屋495,875棟, 船舶被害5582隻などの被害が発生した.

この被害を教訓に, 津波, 高潮, 波浪などによる被害から海岸を防護することを目的とした海岸法が1956 (昭和31) 年5月に制定され, 堤防・護岸などの海岸保全施設が整備促進された. しかし, 台風13号の6年後の1959 (昭和34) 年に伊勢湾台風が伊勢湾を襲い, 死者数が5000名を超える大災害が発生した. このとき, 台風13号で大きな高潮被害を受けた三河湾沿岸の市町村はただちに避難命令を出し, 住民もただちに避難して人的被害が少なかったが, 大きな被害を受けなかった地域では, 大丈夫だったという安心感からか, 事前避難対応はほとんどなかった. 名古屋では, これまでの伊勢湾の記録はおろか, 日本最高記録（1934年の室戸台風時の大阪湾での3.1 m）を塗り替える3.89 mを観測し, 伊勢湾西部では大きな高潮被害が発生した. 過去の台風に類似していると考え, 防災効果を高めることがあるが, 高潮はほんのわずかのことで大きく様相が異なるので, 高潮で類似を考えるのは非常に危険である.

〔饒村　曜〕

文　献

1) 中央気象台：昭和28年台風第13号報告, 中央気象台彙報 (1955).
2) 饒村　曜：続・台風物語, 日本気象協会 (1993).
3) 北原糸子, 松浦律子, 木村玲欧編：日本歴史災害事典, 吉川弘文館 (2012).
4) 東京天文台編：理科年表, 丸善 (2013).

130　秋の台風災害

洞爺丸台風

1954年

北海道の台風被害

　北海道では，台風の襲来数が沖縄や九州といった常襲地帯に比べると少ないことや，台風に慣れていないため意外な被害をこうむることがある．北海道に大きな被害をもたらす台風は，日本海を大陸よりに通過する日本海大回りコース，日本海を日本よりに北上する日本海北上コース，三陸沖を北上し北海道の東側に接近・上陸する道東接近コースがある．日本海大回りコースは，前線を刺激して大雨となりやすく，道東接近コースは，東よりの湿った空気が流入してくるため，太平洋側の地方を中心に大雨になりやすい．これに対して，日本海北上コースは，速い速度で勢力が衰えないまま接近することが多く，早めに十分な警戒が必要である．特に，台風の東側の地方では，台風の移動速度と台風に吹き込む風の相乗効果により，強い南または南東の風が吹くので警戒が必要である．加えて，台風が北海道に接近したあと速度を落とすことが多く，あっという間に近づいて暴風雨になり，その暴雨風がなかなか収まらないことがある．このような危険な速度変化は，発達した台風が温帯低気圧に変わるときなどではめずらしくはない．

青函連絡船「洞爺丸」

　1948（昭和23）年11月に中日本重工神戸造船所で建造された洞爺丸は，全長113 mで，1950（昭和25）年にはレーダー設備が設置されるなど，青函連絡船の中ではいちばん新しく，かつ信頼性の高い優秀船の1つであった．このため，1954（昭和29）年8月には昭和天皇・皇后両陛下の御

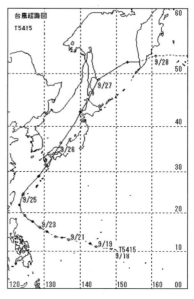

図1　洞爺丸台風の経路

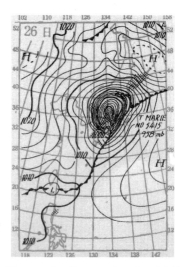

図2　1954年9月26日9時の地上天気図[1]

4.　秋雨の現象

召船となっている.

御召船となった翌月, 9月21日にフィリピンの東海上で発生した台風15号は, 発達しながら西北西進し, その後台湾の東海上で向きを北東に変え, 速度を早めながら26日2時頃鹿児島県に上陸した. その後, 九州・中国地方を通って日本海に抜けたこの台風は, 時速80〜100 km という猛スピードで北上し, 九州上陸後, わずか15時間で津軽海峡の西海上に達している (図1, 2). しかも, 九州通過時の中心気圧は 970 hPa だったが, 北海道に到達する頃には逆に 956 hPa と勢力が強くなるなど, 台風15号は日本海に入っても発達を続け, 西日本や東北, 北海道の各地で 30 m/s 以上の暴風が吹き, 被害は九州から北海道まで全国に及んだ.

函館地方は26日9時頃は風速が 10 m/s 内外であったものが, 青函連絡船の洞爺丸の出航予定時刻, 14時30分には 20 m/s を超す強風が吹き荒れていた. このため, 洞爺丸は出航を延期し, 嵐が収まるのを函館桟橋で待っていた. 函館海洋気象台は「17時頃最も風が強くなる」との情報を出していたが, 17時過ぎになると, 風雨が収まり, 青空までみえてきた. まるで台風の眼が通過したように, あるいは弱まって函館の東側を通過したと思わせたが, これは津軽海峡の東口に発生した副低気圧のせいで, 実際の台風は奥尻島の西海上を発達しながら北上中であった. 洞爺丸は出航準備を急ぎ, 18時40分に出航したが, そのときの函館港は再び荒れはじめていた. 台風15号は, この頃から急に速度を落とし, 洞爺丸は, 函館港内で 40 m/s を超す南よりの風と, 7〜9 m の激浪と長時間闘うはめとなっている. 洞爺丸は錨を下ろし, 船首を風浪に向けて立ちつづけたが, 鉄道連絡船特有の貨車を乗せる後部扉のすき間から海水が流れ込み, エンジンが停止, 錨も切れて転覆, 陸地の七重浜からわずか 1 km の地点

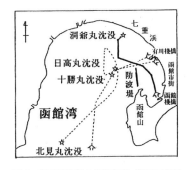

図3 青函連絡船の沈没位置 (第11青函丸は日高丸と十勝丸との間で沈没)

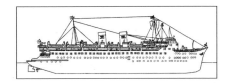

図4 洞爺丸

で沈没し, 乗員1314名のうち実に8割の1155名が死亡している. このため, 台風15号は洞爺丸台風と呼ばれているが, 洞爺丸だけでなく, 日高丸, 十勝丸, 北見丸, 第11青函丸という4隻の青函連絡船 (貨物便) も次々に転覆・沈没し, 5隻で1430名が亡くなっている (図3, 図4). 本格的な救助作業は翌日の早朝から始まったが, 洞爺丸が転覆した七重浜の海岸にはたくさんの遺体が打ち上げられた. 洞爺丸の死者は20世紀の世界の海難事故の中でも有名な豪華客船タイタニック号沈没 (1912年) に次ぐ史上2番目の大惨事として, 世界的に大きく取り扱われた. また, 洞爺丸が台風と闘っていた20時頃, 北海道岩内町では, 40 m/s を超す突風にあおられ, 町の8割にあたる3300戸が焼失し, 63名もの死者を出す岩内大火が発生している.

洞爺丸台風による降水量は, 九州と中国地方では 200 mm を超えたところがあったものの他の地方はそれほど多くなく, 暴風

による被害が顕著だった．北海道を中心とする倒木の被害も非常に大きく，大雪山系の森林を中心に北海道の伐採量の3年分（蓄材総量の5%）に相当する被害が出て，この影響は長いこと残った．全国の被害は，死者・行方不明者1761名，負傷者1601名，住家被害207,542棟，床上家屋103,553棟，船舶被害5581隻などであった．

数値予報と青函トンネル

洞爺丸以後の青函連絡船は，強風が予想されると，大事をとって運休することがしばしばあった．しかし，再び遭難しないための年間平均80便以上という欠航は，北海道の経済にもそれなりの影響を与えていた．洞爺丸台風以後，青函連絡船が安全運転に徹する一方，暴風に影響されない新しい動脈，青函トンネル建設を急ごうという機運が急速に盛り上がったのも当然の成り行きであった．1946（昭和21）年から地質調査が始まっていた青函トンネルは，1954（昭和29）年に着工，以来約7000億円の巨費をかけて1988（昭和63）年3月14日に開通し，同日，青函連絡船は最後の航海をしている．

中央気象台は，洞爺丸台風の被害を受け，これまで行ってきた業務の抜本的な見直しを迫られた．中央気象台は，1956（昭和31）年7月1日に運輸省の外局となり，「気象庁」が誕生している．また，台風の速度が異常に速かったとはいえ，この状況を正確に伝える台風情報が発表できなかったことから，台風の進路予報の精度を上げるめ，アメリカで開発されたばかりの数値予報（気温や気圧，風などを記述する多くの物理方程式を数値解析という手法で解き，将来を予測する方法）を導入することとした．気象庁は，1957（昭和32）年に予算要求をし，日本で初めての大型計算機を1959（昭和34）年3月に稼働させた．この間，1958（昭和33）年9月には狩野川台風による大被害があり，より台風予報への期待が高まったが,計算機の能力の問題もあり，当時の数値予報は，大規模な低気圧くらいにしか実用的ではなかった．台風のように狭い範囲では激しく変化する現象に対しては世界で初めての試みであり，導入して半年後の伊勢湾台風では目立った成果を出していない．しかし，数値予報は日進月歩で，現在では，台風予報には欠かせないものになっている．

〔饒村　曜〕

文　献

1) 中央気象台：気象要覧（1954）.
2) 上前潤一郎：洞爺丸はなぜ沈んだか，文芸春秋（1983）.
3) 饒村　曜：続・台風物語，日本気象協会（1993）.
4) 藤吉洋一郎監修：20世紀日本大災害の記録，NHK出版（2002）.
5) 東京天文台編：理科年表，丸善（2013）.

131 秋の台風災害

狩野川台風

1958年

1958(昭和33)年の東日本は,春先から雨が少なく渇水状態であり,7月下旬に台風11号が日本に接近したときには,これで,水不足が解消できると歓迎するムードがあった.台風11号が7月23日の朝に静岡県に上陸し,長期に続いていた渇水状態が解消したことにより電力・農業・水道などの面では助かったものの,死者・行方不明者40名などの大きな被害が発生した.その後は台風が相次いで襲来し,雨が降りすぎることとなった.8月25日昼頃台風17号が紀伊半島に,9月18日には台風21号が伊豆半島の南端をかすめて神奈川県に上陸し,9月26日の夜から27日の朝にかけて台風22号が伊豆半島の南端をかすめて21号と同じく神奈川県に上陸している.これら3つの台風は,日本付近に停滞していた前線を刺激し,近畿地方から東日本にかけて大雨となって死者・行方不明者が台風17号が45名,21号が72名,そして22号が1269名となるなど非常に大きな被害が発生した.

狩野川台風と呼ばれた台風22号

1958年9月21日にマリアナ諸島付近で発生した台風22号は,22日21時からの24時間に85hPaも気圧が低くなり,24日13時30分の飛行機観測では中心気圧877hPaとなっている.台風22号は,その後衰えながら北東に進み,26日21時頃,伊豆半島の南端をかすめて27日0時頃神奈川県三浦半島に上陸した.上陸時の中心気圧は960hPaで,1時頃東京を通過し,早朝に三陸沖に進んだ.最大風速は静岡県長津呂で37.8m/s,東京都大島で36.0m/s,東京で20.5m/sであった.また,最盛期には直径約15kmの小さな典型的な眼をもっていたが,北上につれて眼は拡大し,次第に不明瞭になり,急に風がやわらぎ,雨が止んで雲の切れ間を生じるという台風の眼に入った現象が観測できたのは,伊豆半島南端の長津呂(石廊崎)のみであった.長津呂では,21時5分~22時55分に急に風が弱まっており,この弱風域を台風の眼とすると,台風の経路からみて,上陸時の眼の直径は約40kmということになる.

記録的な豪雨

台風の接近につれて,日本の南岸沿いの温暖前線がゆっくり北上し,26日には近畿地方から西の地方では200~400mmの雨となったが,なかでも伊豆半島では26日夕方から夜にかけて3時間に200mm以上という豪雨が降るなど,700mmを超えている.伊豆半島は,南側に天城山脈,東側に箱根山系,西側に達磨山系があり,3つの山系に囲まれた地域が,狩野川集水域である.このため,台風22号によってもたらされた北よりの風は,地形の影響で強

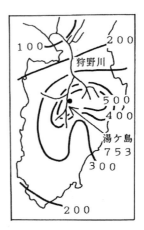

図1 狩野川台風による伊豆半島の総雨量(9月25日9時から29日9時:●印は湯ヶ島)

制的に上昇して狩野川沿いに記録的な豪雨をもたらした（図1）．

464名もの死者を出した修善寺町

台風22号の記録的な大雨は，狩野川の上流部の山地一帯で鉄砲水や土石流が集中的に発生させ，中伊豆町（現 伊豆市）の筏場地区においては激しい水流によって山の中央部がなくなって，割れた状態になっている．狩野川上流の猛烈な洪水は，途中の堤防を破壊しながら流下し，修善寺町では，町の中央にある修善寺橋が橋梁に大量の流木が堆積し，巨大な湖をつくった．そして，22時頃にダム崩壊現象を起こしてさらに大規模な洪水流となって下流にあった多くの避難者が収容されていた修善寺中学校を避難者もろとも流失させ，さらに下流の大仁橋の護岸を削って熊坂地区を濁流に飲み込み多数の死者を出した（図2）．ただ，ごく少数ではあるが，屋根に載ったまま駿河湾まで漂流した後に助けられた人もいた．

台風22号は，特に雨による被害が大きく，東日本を主とする29都道府県の広い範囲にわたり，死者・行方不明者1269名，負傷者1138名，住家被害16,743棟，浸水521,715棟などであった．これらの被害の大部分は台風の通過した静岡県と関東地方で，大小河川の増水・決壊によってもたらされた．なかでも，伊豆地方では狩野川のはん濫によって，死者・行方不明者が900名を超えるなど大きな被害が発生し，修善寺町（現 伊豆市）では，死者・行方不明者が464名と悲惨をきわめた．

9月26日の日雨量は東京で371.9 mm，横浜で287.2 mmと，現在も破られていない記録となるなど，関東地方でも記録的な大雨となり，大災害が発生した．東京都では，郊外の宅地化に下水道整備が追いつかないことなどから，これまでのようなゼロメートル地帯の広がる，いわゆる下町（大河川沿いの低地）での大被害だけでなく，台地上の，いわゆる山の手でも「山の手水害」と呼ばれる水害が発生した．中小河川や水田など，以前は降雨の排水口や湛水池の役割を果たしていた土地が埋められて住宅地に変わり，行き場のなくなった雨水があふれたためで，東京の深刻な問題となっていった．東京都の浸水家屋は33万戸と，死者数が非常に大きかった静岡県全体の20倍にも達したため，1947（昭和22）年10月に，災害直後の応急的な生活救済を

図2 台風22号による狩野川はん濫を伝える1958年9月27日の朝日新聞

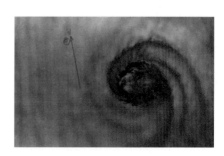

図3 狩野川台風の眼[1]

目的として制定された災害救助法が東京都に初適用された．

横浜港の後背地の新興住宅地では，崖崩れが相次いで61名が死亡するなど，東京や横浜での死傷者の多くは，戦後斜面を削って建てた住宅が密集していたところでの崖崩れ・土砂崩れによる災害であった．これは，その後増大してきた新しい災害形態である．

狩野川台風の名称

台風は，年ごとの発生順に番号がつけられているが，特に顕著な異常現象については，特別に名前をつけることがある．1958年の台風22号については，気象庁では，部内・部外においても引用されることが多いと考え，特別に名前をつけている．検討の結果「伊豆台風」という名前と，「狩野川台風」という2つの名前に絞られ，最終的には「狩野川台風」に決められた．狩野川台風という名前は，狩野川流域に大きな被害を与えたということを後世に残す意味で大きな役割をしているが，その反面，狩野川流域以外の被害が忘れられるのではないかという指摘もある．伊豆半島の伊東など狩野川流域ではない地域，東京や横浜という大都市でも大きな被害が発生しているのに，狩野川流域のみで災害が発生したとのイメージが出てくるからである．

防災対策発展の「ステップ」

狩野川のはん濫に対処するため，1951(昭和26)年6月から工事が始まったものの完成が遅れていた狩野川放水路計画は，水路の拡幅などの仕様が変更され，かつ完成が急がれ，1965(昭和40)年7月に完成した．狩野川放水路の効果は，2007(平成19)年9月7日0時前に伊豆半島南部に台風9号が上陸し，狩野川台風以来という大雨が降ったときに現れている．このとき，堤防の計画高水位まであと1mに迫ったが，放水路によって水位を3.7m低くできたと推定されているからである．

日本の防災対策は，大きな被害を受けるたびに強化された．1952(昭和27)年3月の十勝沖地震と1954(昭和29)年9月の洞爺丸台風がホップ，狩野川台風がステップ，1959(昭和34)年9月の伊勢湾台風がジャンプといわれている．ホップで防災対策への本格的な取り組みがはじまり，ステップで具体的な対策案がつくられ，ジャンプで対策案が再検討・修正されて実行されている．降雨状況を素早く把握するための気象レーダーは，1954年から大阪，1955年から福岡，東京の各気象台に設置されていたが，狩野川台風の被害を受け，全国を20か所のレーダーで覆う計画がスタートし，1959年に鹿児島県の種子島を皮切りに整備され，1964年には遠距離からの台風捕捉を目的として富士山気象レーダーが設置された．

〔饒村　曜〕

文　献

1) 気象庁：狩野川台風調査報告，気象庁技術報告第37号 (1963).
2) 饒村　曜，続・台風物語，日本気象協会 (1993).

132 秋の台風災害

伊勢湾台風

1959年

台風15号が土曜日に上陸

1959（昭和34）年9月22日に発生した台風15号は，フィリピンの東海上で急速に発達し，中心気圧895 hPaの猛烈な台風となった．中心気圧は24時間に91 hPaも低くなったが，これは1953（昭和28）年の台風13号の95 hPaに次ぐ急発達である．気象庁では25日午前には，台風は北緯30度に達してから転向し，紀伊半島から東海地方に上陸する可能性が高いと判断した．そして，同日午後に，「去年の狩野川台風以上の大型」というふれこみで，建設省，運輸省，消防関係者や報道関係者など約200名を集めて，台風説明会を開催した．また，予報官が初めてテレビ出演し，直接警戒を呼びかけた．名古屋地方気象台は18時30分に台風情報第1号を出して警戒を呼びかけたが，当時情報伝達の主役であったラジオ放送の19時のニュースに間に合わせるためである．一般的に，土曜・日曜はレジャーなどで台風への関心がうすれがちになり，防災機関の機能が十分発揮できないことから台風災害が大きくなる傾向があるといわれている．上陸予想の26日は土曜日で，念には念が入れられた．

26日5時45分の飛行機観測（図1）では，台風が衰えずに北上を続けていることがわかり，名古屋地方気象台は，10時には関係官公所や報道機関を招いて説明会を開き，11時15分には台風上陸が必至となったとして暴風警報，波浪警報，高潮警報を発表した．官公庁などの多くの組織は半日勤務で，警報を午前中に発表しないと末端への伝達にさしつかえる懸念があったため，早めの発表である．

紀伊半島の南端の潮岬測候所では，18時2分に最大瞬間風速48.5 m/sを観測，18時13分には最低気圧929.2 hPaを観測すると同時に，風向が急に180度時計回りに回った．この気圧は，上陸した台風では，1934（昭和9）年の室戸台風の室戸岬における911.6 hPa，1945（昭和20）年の枕崎台風の枕崎における916.1 hPaに次ぐ低い記録である．名古屋地方気象台では，18時30分に警報を更新し，高潮についても，

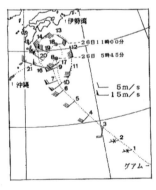

図1 伊勢湾台風に対する飛行機観測
（◎は台風の中心貫通観測）

図2 伊勢湾沿岸の浸水状況（気象庁技術報告第7号より）

もう一段高い警戒を呼びかけた．

台風は勢力がほとんど衰えることなく北上した．伊勢湾の水位は干潮時刻にもかかわらず，どんどん高まり，湾奥に台風が最接近した21時過ぎに大きな高潮が発生し，21時35分には，名古屋港で3.45mの高潮を観測した．台風は，その後，富山湾から日本海に抜けた．

台風15号の被害は九州を除く全国に及び，死者・行方不明者5098名，住家被害833,965棟，浸水被害363,611棟，船舶被害7576隻などの大きな被害が発生した．死者のほとんどは，伊勢湾で発生した大きな高潮によるものであった（図2）．台風は，年ごとの発生順に従って台風番号がつけられるが，台風15号は，伊勢湾沿岸での高潮被害の惨状を胸にきざむために，伊勢湾台風と名づけられた．

高潮は，台風による顕著な気圧の低下や，暴風によって湾の奥に海水が吹き寄せられる効果によって，潮位が異常に高くなる現象であり，過去に死者数が非常に多い台風は高潮を伴ったものである．めったに被害が発生しなくても，いったん発生するとなると壊滅的な被害となり，また被害が大きすぎて状況がなかなか外に伝わらない，それが高潮被害の特徴である．伊勢湾台風の高潮は，まさにそのような被害であった．

建築学会が組織した伊勢湾台風災害調査特別委員会の報告書には，高潮に襲われ逃げきることができた人からの聞き取り調査が載っている．これによると，避難した（助かった）人が経験した浸水の深さは，大人の男性70cm以下，女性で50cm以下，小学校高学年で30cm以下である．つまり，これ以上の浸水の中を避難して助かった人はいないことを示している．静水の中での避難ではなく，暴風雨で流れのある中での避難では，50cmといっても非常に危険なものであることを，犠牲者たちが無言で警告している．

小さな不運の積み重ねで大災害

伊勢湾台風がくるまでは，紀伊半島という"防波堤"があるため，台風の中心は近畿か東海を通り，名古屋にはこないという一般認識があり，油断があったのではないかといわれている．また，24日（木曜）が新聞休刊日で，非常に強い台風が時々刻々日本に接近していることを新聞が報じたのは25日（金曜）の夕刊からである．

狩野川台風並という情報は，狩野川台風が前線を刺激して記録的な雨になったものの，強い風と高潮を伴った台風ではなかったことから，雨や風の警戒を中心と意識され，高潮への警戒が薄れがちになった．

26日に早めに発表された暴風警報や高潮警報などでは，過去に伊勢湾で最も大きな高潮被害を出した1953（昭和28）年の台風13号並の高潮を想定していたが，このときの高潮をはるかに超え，日本記録である室戸台風時の大阪湾での値さえも超えた（図3）．また，当時の台風進路予報は24時間先までで，その表示は扇形表示である．進行方向に誤差は表現されるものの，進行速度についての誤差幅はなく，一本の線上にくると判断しがちであった．図4は，気象庁が9月26日9時の観測をもとにして発表した伊勢湾台風の進路予報であるが，12時間後の予想位置を示す線は，ちょうど潮岬にかかっており，潮岬で21時なら名古屋は夜半と単純に思わせる要素

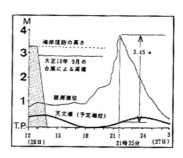

図3　名古屋港における高潮

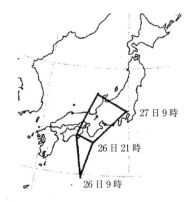

図4　1959年9月26日9時の台風15号の進路予報（当時は扇形表示）

はあった．21時頃の上陸であれば遊びにいっても早めに帰宅すればいいだろうと考える，人間心理に影響を与える誤差であった．実際は，台風は速度を早めたため夕方から暴風雨になっていた．さらに，18時にこれまで発表されていた高潮警報は更新され，さらに一段高い警戒を呼びかけているが，ちょうどこの頃から，強風により東海地方で大規模な停電が起きており，商用電源でラジオを聞いていた人がほとんどであった当時，多くの人がこの重大な情報を知ることができなくなってしまったことが大きい．加えて，名古屋市南部の埋め立て地は地盤が低く，加えてその一帯が地盤沈下しており，平素からわずかの雨でも浸水するありさまであり，最初から台風に耐えられなかったとの指摘もある．これらのことが積み重なって大きな被害となった．

伊勢湾台風以後，ラジオは地域に密着したきめ細かい情報を住民に伝え，テレビは被災地の惨状を全国に伝えるという災害報道の基本ができ，「いちばん大事な安心させる放送」は伊勢湾台風から始まったといわれている．

伊勢湾台風の大災害の教訓から「いままでの防災行政が総合的に対処できないのではないか」との反省が生まれ，翌年のチリ地震津波（1960年5月25日に日本各地に襲来したチリ沖で発生した地震による津波で，全国の死者・行方不明者139名などの被害）の教訓なども含めて検討され，1961年11月15日に災害対策基本法（法律第223号）が成立，翌1962年7月10日に施行され，その後の災害対策の基本となっている．

〔饒村　曜〕

文　献

1) 饒村　曜:伊勢湾台風と災害対策基本法，気象，日本気象協会（1999）．
2) 東京天文台編：理科年表，丸善（2013）．

秋の台風災害

第二室戸台風

1961年

室戸台風より深刻な被害が少ない

1961（昭和36）年9月8日に発生した台風18号は，西北西に進んで発達し，12日から13日にかけて中心気圧が900 hPa未満の猛烈な強さの台風となった．その後，次第に進路を北よりに変え，奄美大島付近で転向し，発達した勢力のまま16日9時過ぎ高知県室戸岬付近に上陸した（図1）．室戸岬では最低気圧925 hPa，最大風速66.7 m/s（最大瞬間風速84.5 m/s以上）を観測した．そして，大阪で33.3 m/s（同50.6 m/s），和歌山で35.0 m/s，新潟で30.7 m/sなど，各地で暴風となった．台風18号は，室戸岬に上陸後，神戸市付近を通り，大阪湾に室戸台風以来という高潮を引き起こしながら，能登半島，北海道の西海上を通過した．のちに第二室戸台風と名づけられたように，この台風は1934（昭和9）年の室戸台風によく似た，大阪にとっ

て最悪のコースを通った．大阪湾では台風通過と満潮時が重なり，高潮は沿岸地帯に押し寄せ，各河川の堤防を決壊させたため，大阪市では高潮により市の西部から中心部にかけて31万m^2が浸水した（図2）．また，兵庫県，和歌山県，四国東部でも高潮による浸水被害があった．台風の通過した近畿地方と吹き返しの強い風の吹いた北陸地方で暴風による家屋の倒壊などの被害が特に大きかった．

台風の被害は，近畿を中心に全国に及び，死者・行方不明者202名，負傷者4972名，住家被害499,444棟，浸水家屋384,120棟，船舶被害2540隻などであった．しかし，台風の規模，経路が似ていても，死者・行方不明者数が室戸台風の7％に減少したのをはじめ，全壊家屋が36％，流失家屋が11％というように，深刻な被害の減少が著しいという特徴がある．この最大の原因は，防災機関や報道機関などの防災対策が室戸台風時に比べ格段に進歩したことである．大阪湾ではジェーン台風後につくられた防潮堤が効果を発揮し，建物が丈夫になっていた．台風の上陸が昼間であり，2年前の伊勢湾台風の教訓もあって早めの避難が行われた．このため，室戸台風時のように校舎倒壊で多数の生徒が死傷することも，鉄道事故が起きることも，高潮で多数の死者が出ることもなかった．適切な情報

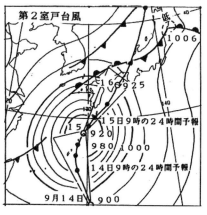

図1　第二室戸台風の経路と当時の台風進路予報

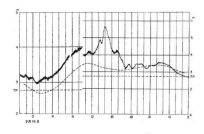

図2　大阪の検潮記録[1]
台風接近のため記録の縮率を10分の1より20分の1に変えている．

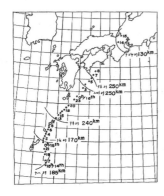

図3 各地のレーダーによって決定された第二室戸台風の位置[1]

と対策によって気象災害，特に人的災害を減らせることができるという例となった．

アメリカ軍の施政下にあった琉球気象台（現 沖縄気象台）のレーダーは，9月14日14時，Nancy（第二室戸台風）が210 kmまで近づいたときに台風の眼を観測し，以後は気象庁の名瀬，種子島，室戸岬，名古屋の各レーダーが観測している（図3）．1959年9月の伊勢湾台風による大災害の教訓から，台風防災のためのレーダー網の整備が進められており，1960年に室戸岬，1961年6月に名古屋にレーダーが設置されたばかりであり，台風を洋上でとらえる体制ができて最初の台風が第二室戸台風である．

なお，第二室戸台風が襲来したときの大阪管区気象台長は，室戸台風時の中央気象台の当番技師で，後の対策などで活躍した大谷東平である．

今からみれば大災害が相次いだ

第二室戸台風直後の週刊誌に，「まだ不十分な点もあるが，今回は"まずまず"の採点が与えられる．不意に室戸猛台風におそわれた時代に比べると，"夢"のような進歩といえる」という記事がある．死者数が1000名以上という大災害が相次ぎ，「大きな台風でも4桁ではなく，せめて3桁の犠牲者に抑えたいと思って仕事をした」という時代の話であり，今からみれば，夢どころか，とんでもない被害である．

1961年は，6月26～27日に梅雨前線豪雨で北海道を除く全国で死者357名などの被害が，10月29日に低気圧豪雨で九州から中部地方で死者114名などの被害があるなど，死者数が100名を超す災害が年に3回も発生していた．

第二室戸台風は昭和時代に大都市を襲った最後の大型台風であったが，台風の規模や進路などの情報をきめ細かく伝え，避難などの適切な防災対策をとれば最小限にできることを証明した．　〔饒村 曜〕

文 献

1) 気象庁：第二室戸台風調査報告，気象庁技術報告（1967）．
2) 饒村 曜：続・台風物語，日本気象協会（1993）．
3) 藤吉洋一郎監修：20世紀日本大災害の記録，NHK出版（2002）．
4) 東京天文台編：理科年表，丸善（2013）．

昭和41年台風26号

1966年

三つ子台風

同じ日の同じ時刻に2つの台風が発生することは，年平均0.7組程度あり，それほどめずらしくない．月別には9月が一番多く，次いで8月となっている．一般的に，台風が多く発生する月は双子の台風の発生も多いといえる．三つ子以上の台風となると，1966（昭和41）年9月22日21時に発生した台風25, 26, 27号の三つ子台風しかない．

このときは，すでに台風24号が発生していた（9月16日発生）ので，日本の南海上では4つの台風で急ににぎやかになっている．台風は発生順によって番号がつけられているが，双子台風，三つ子台風のようにまったく同時に発生した場合，どちらを先にとるかといった明確な定義がなく，ケースバイケースで行っている．一般的には，多くの台風が存在しているときは，強力な台風はないといわれており，台風24～27号の最低中心気圧は，おのおの978, 990, 960, 976 hPaとなっており，どれも極端な発達をしていない．しかし，台風は次々に北上し，大きな災害を引き起こしている．図1は，9月23日に気象衛星エッサ2号が観測した写真をつなぎ合わせたもので，台風26号の中心部には眼が映っており，4つの台風の中で，いちばん発達していることを示している．

同じ日に台風が2個上陸

9月24日は，台風24号が沖縄近海から北上し，九州上陸を警戒していたが，遅れて発生した台風26号が，中心気圧960 hPa，最大風速40 m/s，暴風半径

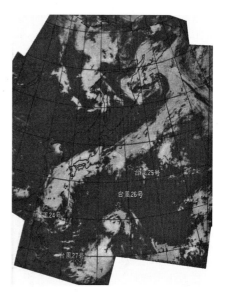

図1 気象衛星エッサ2号のモザイク写真[1]

図2 1966年9月24日9時の天気図

200 kmという勢力を維持したまま，時速70 kmという非常に速い速度で北上し，25日0時過ぎ静岡県御前崎の西方に上陸した．発生から51時間で上陸というスピード台風で（図2，図3），最盛期で上陸したことから強い暴風域を伴っていた．御前崎では，最大風速33.0 m/s，最大瞬間風速50.5 m/sを観測するなど，東北南部から静岡県にかけて最大風速20～30 m/s，最大

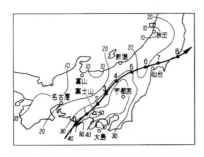

図3 台風26号の経路と最大瞬間風速の分布

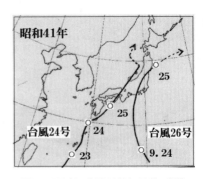

図4 1966年の台風24号と26号の経路

瞬間風速30～50m/sの暴風が吹いた．駿河湾沿岸では高波が起こり，家屋が流出したりした．暴風域の範囲は狭かったが，進路に近い東側では，内陸に入っても強い風が吹いた．

富士山頂では，1964（昭和39）年11月から富士山気象レーダー（探知範囲800km）の運用が始まっており，刻々と迫る台風を観測するなど通常どおりの観測が続けられていた．その中で，25日1時過ぎに最大瞬間風速91m/s（南東の風）を観測している．これは，日本の最大瞬間風速の記録であり，時速にして328kmである．

また，静岡県の北部から山梨県にかけての山間部と栃木県北部の山間部では，1時間に60～100mmの大雨となり，期間降水量も200～400mmの大雨となった．特に，進路に近い地方では，1時間に100mmを超える集中豪雨となった．

台風26号が上陸した10時間後の，25日10時頃，26号より先に発生していた台風24号が南西諸島付近から大隅海峡を通って高知県安芸市付近に上陸した（図4）．上陸時の中心気圧が988hPaと勢力が衰えており，上陸後さらに衰えたものの，台風前面の秋雨前線を刺激して西日本では大雨となり，宮崎県では期間降水量が300mmを超えたところもあった．

台風24号と26号による被害と合わせ，全国で死者・行方不明者318名，負傷名976名，住家被害73,166棟，浸水53,601棟などの被害が発生した．特に静岡県の南アルプスにある梅ケ島温泉では，25日1時過ぎに山津波が起き，旅館9軒が倒壊し，泊まり客33名が死亡した．富士山の山麓でも被害が大きく，山梨県足和田村（現 富士河口湖町）の根場と西湖では25日1時過ぎに55戸が山津波にのまれ，死者・行方不明者102名という大惨事が起きている．また，関東地方や東北地方でも河川のはん濫や強風による家屋倒壊により多数の死傷者が出た．台風の暴風域が比較的小さく，速度も速かったわりには大きな被害となったのは，地形が急な山岳地帯に短時間で集中的な雨が降り，それが山津波の原因になったためと考えられている．

これらの大災害は，日本でどこでも起こりうることから，日本の治山治水の問題や集中豪雨の予報精度向上が議論され，対策が検討された．　　　　〔饒村　曜〕

文　献

1) 日本気象協会編：1976年版気象年鑑，森重出版（1968）.
2) 饒村　曜：続・台風物語，日本気象協会（1993）.
3) 藤吉洋一郎監修：20世紀日本大災害の記録，NHK出版（2002）.
4) 東京天文台編：理科年表，丸善（2013）.

昭和49年多摩川水害

1974年

台風16号と「岸辺のアルバム」

1974（昭和49）年8月26日にサイパン島付近で発生した台風16号は，発達しながら北西に進み，28日に父島の西海上に達する頃から進行方向が西北西に変わり，9月1日18時過ぎに高知県に上陸した（図1）．上陸時の中心気圧は955 hPaで，四国の室戸岬では上陸時に最大瞬間風速が48.9 m/sを記録した．台風の接近で四国から紀伊半島の南東斜面では南よりの湿った空気が流入して総雨量がところによって600 mmの大雨となり，台風から離れた関東地方でも，台風の外側降雨帯が収束気流に強められて集中豪雨となり，総雨量は関東西部や北部の多いところで500 mに達した．台風と集中豪雨の被害は，死者・行方不明者9名，家屋全壊流出192棟で，西日本と関東の交通機関は大混乱となった．

関東西部と北部の500 mmを超す大雨は多摩川に流入し，多摩川の河川敷は完全に飲み込まれ，堤防は少しずつ水流で剥がされ，東京都狛江市では9月1日朝に避難命令を出して約3000名が避難した．その後も，多摩川の水かさは減らず，約1000名の機動隊員と自衛隊員が土嚢を積むなどして幅が薄くなった堤防の復旧作業にとりかかるが，21時30分過ぎには決壊した部分から濁流が流れ込みはじめ付近の住宅に押し寄せた．翌2日になっても堤防の浸食は収まらず，避難民も同日正午には約1万5000名にのぼり，被災地域は狛江市の4分の1に広がった．

この事態を重くみた狛江市は，多摩川の正常な水流を妨げている宿河原堰（川幅350 mの多摩川に，長さ276 m，高さ5 m，厚さ1～3 mのコンクリート製の堰で，流れに逆らうようにほぼ水平につくられていた）の爆破を東京都知事に要請，爆破作業が始まった．しかし，2日14時40分に行われた爆破では，堰の下部まで破壊することができず，しかも爆破によって対岸の川崎市などの住宅約70戸のガラス戸が壊れている．このため，破砕機による破壊と小規模な爆破を繰り返さざるをえなくなり，この間にも堤防の浸食は広がっている．多摩川は狛江市で堤防が260 mにわたり決壊し，住宅19戸が流されている（図2）．1910（明治43）年の関東大水害以来という多摩川の堤防決壊と激しい迂回流に

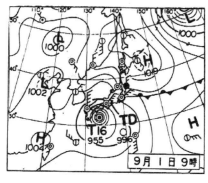

図1　1974年9月1日9時の地上天気図

図2　多摩川堤防決壊の碑

よる住宅地の浸食の模様は3日間にわたってテレビ生中継され，防災対策が進んで大都市では大きな河川がはん濫しないと考えられていた時代であったことから大きな反響を呼んでいる．また，このことをもとにつくられたテレビドラマ「岸辺のアルバム」もヒットしている．

家を流された狛江市の住民は，「人工的に造った宿河原堰が災害の原因であり人災である」という訴訟を1976（昭和51）年2月に起こしている．16年間にわたって争われた裁判は，1992（平成4）年に東京高裁が3億円あまりの損害賠償を住民に支払うように国に命じ，国に河川管理の責任があったことが確定した．

洪水予報指定河川の拡大

国内の主要な大河川については，河川の改修などが進み，破堤やはん濫などは減少しているものの，1974（昭和49）年の多摩川決壊以後も，1981（昭和56）年小貝川，石狩川，1983年千曲川，1986年小貝川，吉田川など，近年大洪水がたびたび発生し，多くの人命と資産が失われ，よりきめ細かい洪水予報の必要性が指摘されている．しかし，洪水予報指定河川〈→**126**〉は，1962（昭和37）年末までに17河川となったが，それ以後は増えていなかった．建設省では河川管理に対する情報システムを整備し，気象庁では，気象レーダー，アメダス，気象衛星（ひまわり），気象資料総合処理システムを整備するとともに，降水短時間予報などの予測技術の向上を図った．そして，気象庁と建設省は，これまでの大河川の対象とした洪水予報に次いで，多摩川程度以下の規模の河川まで洪水予報指定河川を拡大することにより，きめ細かい洪水予報の充実を図ることとした．1988（昭和63）年4月20日に多摩川などが洪水予報指定河川となり，その他の一級河川についても，順次，洪水予報指定河川を増やし，現在では，すべての一級河川が指定となっている．その後，都道府県が管理する二級河川についても，気象庁と都道府県が協力して，同様なきめ細かい洪水予報を行うことが計画され，準備の整ったところから順次始まっている． 〔饒村　曜〕

文　献

1) 日本気象協会編：気象年鑑（1975）．
2) 饒村　曜：続・台風物語，日本気象協会（1993）．
3) 藤吉洋一郎監修：20世紀日本大災害の記録，NHK出版（2002）．
4) 東京天文台編：理科年表，丸善（2013）．

秋の台風災害

昭和51年台風17号

1976年

1つの台風が降らす雨の総量

　台風による雨は，記録的な強い降り方をするために，大きな災害に結びつきやすい．水害を起こした原因のうち半分が台風によるものといわれている．1時間雨量や10分間雨量といった短い時間の雨量となると，雷雨や低気圧によって台風以上に強い雨を降らせることがある．しかし，この場合は狭い地域で，しかも限られた時間しか降らないということが多く，総雨量としてはそう多くならない．広い地域に多量の雨ということになると，やはり台風による雨ということになる．

　1つの台風が日本に降らせる雨の総量は，ほとんどの場合，200億tまでである．マスコミなどでは，雨台風とか風台風という言葉がよく使われる．一般的には，「雨台風は強い風による被害よりも大雨による被害が多くなりそうな，あるいは多くなった台風（風台風はこの反対）」というように便宜的な分け方であるが，関口・福岡（1964）は，250億t以上の雨をもたらした台風を雨台風，200億t以下の台風を風台風と分類している〈→078〉．

　アメダスが展開し，計算機が普及するまで，日本に降らせる雨の総量の計算が大変だったことから，すべての台風について計算が行われているわけではないが，1947（昭和22）年のカスリーン台風が455億t，1954（昭和34）年の伊勢湾台風で426億t，第二室戸台風が398億tと推計され，どんなに多くの雨が降っても，500億tくらいと考えられていた．しかし，1976（昭和51）年の台風17号は，834億tと，文句

なく第1位であると認められるほど桁違いに多くの雨をもたらした．

日本で一番多くの雨をもたらした台風

　1976年9月4日にトラック島の北西海上で発生した台風17号は発達しながら北西に進み，9日に南西諸島を通過後，10日から12日朝にかけて鹿児島市の南西海上でほとんど停滞した（図1, 2）．前線が関東から四国付近に停滞していたため，九州から中部地方にかけては，総雨量が500～1000 mmに達し，四国地方では2000 mmを超えた．まれにみる長い豪雨継続時間と降雨量が記録され，徳島県那賀郡にある四国電力の目早ダム管理所では，日降水量が

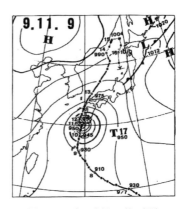

図1　1976年の台風17号の経路

図2　気象衛星ノアから見た1976年の台風17号（9月10日9時）

1114 mm，総降水量が 2781 mm という日本記録をつくった．

中部地方から西日本でも 1000 mm を超えるところが多く，長良川上流の 1000 mm を超えた雨によって長良川は 9 日から 12 日まで連続して警戒水位を超え，ついに 12 日 10 時 30 分頃に堤防が決壊，安八町と墨俣町のほぼ全域，4000 戸あまりの家が浸水するなど，5 つの町が浸水した．浸水地域は，木曽・揖斐・長良の三川が流れている地域で，古くから洪水対策として「輪中」という内堤防がつくられていた．しかし，都市化と車社会の到来により，一部の輪中を除いて撤去されていったことが，結果として被害を拡大した．さらに，国鉄東海道新幹線の羽島変電所が水に浸かり，新幹線の運行にも大きな影響を与えた．また，香川県小豆島では年間降水量を超える雨が降り，内海町などでは崖崩れが相次ぎ 120 名が死傷した．

台風は長崎に上陸し，山口県を通って日本海に抜けたが，温帯低気圧になってからも迷走して停滞したので雨量は多く，東北，北海道でも 200～300 mm の雨が降り，秋の収穫期の大雨で，大きな農業被害が発生した．

台風 17 号と前線による全国の被害は，死者・行方不明者 169 名，負傷者 435 名，住家被害 11,193 棟，浸水被害 442,317 棟などであった．

〔饒村 曜〕

文献

1) 饒村 曜：台風物語，日本気象協会（1986）．
2) 東京天文台編：理科年表，丸善（2013）．

平成 3 年台風 19 号

1991 年

平成 3 年台風 19 号と洞爺丸台風

1991（平成 3）年の台風 19 号は，9 月 16 日 9 時にマーシャル諸島の西海上で発生し，西進しながら，23 日 15 時に中心気圧 925 hPa，最大風速 50 m/s まで発達し，その後，あまり衰えることなく北上し，26 日昼頃宮古島付近を通過，27 日 16 時過ぎに長崎県佐世保市の南に上陸した．上陸時の中心気圧は 940 hPa で，上陸後もあまり勢力を落とさずに加速しながら日本海へ入り，28 日 8 時前に北海道渡島半島に再上陸した．再上陸時の台風の中心気圧は 955 hPa であった．

台風 19 号が接近した 26 日夕方，気象庁では，情報の中で洞爺丸台風（1954 年台風 15 号）を類似台風とし，これから台風の接近する西日本のみならず，北日本でも早期警戒を呼びかけた．洞爺丸台風の場合は，鹿児島県に上陸時の気圧が 965 hPa，最盛期の北海道の西海上での気圧は 952 hPa で，青函連絡船が沈没するなどで死者・行方不明者 1698 名の大きな犠牲を出した台風である（図 1，図 2）．

台風 19 号は，勢力が非常に強いまま日本列島を列を縦断したため，広い範囲で 20 m/s 以上の強い風が吹き，瞬間的には 40 m/s 以上という猛烈な突風を伴っていた（表 1）．一般に，移動速度が早い台風は風が強いとか，台風の眼のはっきりしている台風は風が強いということがいわれているが，台風 19 号はまさにそのような台風であった．強い風に伴って，海岸には高い波が吹き寄せ，沖縄県喜屋武岬では，有義波高で 9.56 m の高い波を観測した．さ

らに佐賀県唐津市大浦で216 cm，熊本県宇城市三角で159 cmなど，東日本から西日本にかけての広い範囲で，最大潮位が50 cm以上の高潮が発生したが，干潮時であり，大きな高潮被害とはならなかった．

台風による雨と活発化した前線により，9月26〜27日に西日本の所々で1時間に50 mm以上の激しい雨が降った．しかし，総雨量（9月26〜28日の雨量）は徳島県木頭村で406 mmなど，西日本の一部や五島列島，南西諸島南部で200 mmを超えたところがあったものの，極端な大雨とはならなかった．

多かった強い風による死者

台風19号による全国の被害は，死者数，負傷者数，住家全半壊が非常に多いという特徴がある．表2は，筆者が新聞などをもとに年齢や原因を分類したものである．年齢別では50〜59歳がいちばん多いなど熟年世代の被害が群を抜いている．また，原因別では，飛来物や落下物に当たって死亡した人がいちばん多く，次いで，転落・転倒，建物などの倒壊となっている．つまり，大部分は強い風により死亡していることになる．一般的には，台風被害で死者が多くなるのは高潮が発生した場合や，洪水や山・崖崩れが大規模に発生した場合であり，台風19号のように強い風が原因となってい

る場合は，過去に例が少ない．猛烈な風に自宅内にじっとしていられず，見回りに外出したり，屋根やテレビアンテナなどを修理しようとした熟年世代の人が多かったと思われる．台風の通過に伴い，陸，海，空の交通機関の運休が相次いだ．1982（昭和57）年11月の開業以来，大雪でも運休しなかった上越新幹線も，強風によって舞い上がった農業用ビニールシートが架線に巻きついたため，初めて運休した．

台風が発達しながら日本海を通過した27日の夜，日本海側の地方でフェーン現象が発生し，のきなみ30℃を超える暑い夜となった．富山県泊では，風向が変わった27日24時からの1時間で気温が10.5℃も上昇している．このような状況下，富山県小矢部市では火事が発生し，強い風により，かなり広い範囲まで火の粉が降り注いだため，人家が散在している農村地帯にもかかわらず，16棟が焼けるという大火災となった．

台風の強風により電線が切れたりしたため，台風の通過直後から大規模な停電となった．のべ740万戸（九州電力管内330万戸，中国電力管内250万戸など）に及ぶ停電は，全電力供給戸数の約13％にも相当し，台風災害としては過去最大となった．これらの停電は順次復旧したが，近畿から

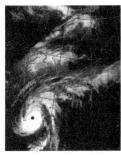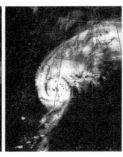

図1　ひまわりからみた1991年の台風19号（左より9月26日15時，27日15時，28日3時，ともに赤外画像）

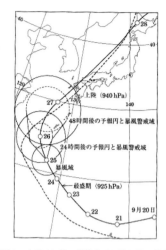

図2 台風19号の経路と25日9時に発表した進路予想（○印は各日の9時の位置，点線は洞爺丸台風の経路）

表1 各地の風速

地点名	最大風速 (m/s)	最大瞬間風速 (m/s)	最大風速と最大瞬間風速の比率
沖縄県宮古島	27.8	49.0	1.76
鹿児島県沖永良部島	30.7	44.6	1.45
熊本県牛深市	27.0	52.1	1.93
長崎県平戸市	26.8	49.5	1.93
佐賀県佐賀市	29.1	52.6	1.81
山口県山口市	27.4	53.1	1.94
広島県広島市	36.0	58.9	1.64
島根県松江市	28.5	56.5	1.98
石川県輪島市	31.3	57.3	1.83
青森県青森市	29.0	53.9	1.86

表2 台風19号による死者の内訳（手持ちの資料でわかった58名分．このうち，船舶の沈没による4名は，手持ちの資料では年齢不明）

年齢別		原因別		
年齢（歳）	死者数（人）	原因		死者数（人）
0～19	0	強風による	かわらなどの飛来物や落石などの落下物により死亡	19
20～29	3			
30～39	6		屋根などからの落下や転倒により死亡	18
40～49	8			
50～59	19		倉庫などの建物の倒壊や倒木などに当たり死亡	14
60～69	10			
70～79	7	船舶の沈没により死亡		4
80以上	1	高波により死亡		2
不明	4	陥没した道路に落下して死亡		1

　中国地方の瀬戸内海沿岸地方では，30日未明から降り出した小雨とともに再び大規模な停電となった（50万戸が停電し，広島県では，台風から5日も経った10月2日でも3万戸が停電）．これは，台風によって運ばれた海水中に含まれていた塩分粒子が，電線のがいしなどに付着し，おりからの雨でショートしたためである．広島県宮島町にある厳島神社は，台風19号による強雨と高潮で，593（推古元）年の創建以来初めてといわれる天災被害を受けた．16世紀に毛利元就が寄進したといわれる能舞台や能楽堂，平安時代に建てられた左門客神社（国宝）などが倒壊流出するなど，国宝6棟，国の重要文化財9棟などが被害にあっている．

138 秋の台風災害

東　海　豪　雨

2000年9月11〜12日

図3　平成3年台風19号被害を受けた長崎県雲仙の杉林

リンゴの被害

全国のリンゴ生産の半分を占めている青森県では，出荷予定の50万tのリンゴのうち，実に35万tが落下し，リンゴの木の1割にあたる56万本が倒れたり裂けたりした．リンゴは植え替えたとしても，再び収穫できるまで10年もの期間がかかり，深刻な影響が長期間続いた．このため，洞爺丸台風のように気象庁が正式に命名したものではないが，台風19号はマスコミなどを中心にリンゴ台風と呼ぶことがある．また，林業の被害も大きく，九州や東北地方を中心に杉や桧などがかなり倒れたり，幹の途中から折れたりした（図3）．東北地方の防雪林に使われている杉（樹齢40〜50年）も，1万5000本もの多くが倒れたり折れたりしている．

台風19号に伴う保険金の支払いは，見積もりも含めて2900億円（34万件，内住宅総合保険など火災保険が2400億円）とこれまで最高だった1990（平成2）年の台風19号の支払い額の約8倍という空前のスケールとなった．　　　〔饒村　曜〕

文　献

1) 饒村　曜：続・台風物語，日本気象協会 (1993).
2) 饒村　曜：気象災害の予測と対策，オーム社 (2002).
3) 東京天文台編：理科年表，丸善 (2013).

2000（平成12）年9月11〜12日，日本付近に停滞していた前線に向かって，台風14号に伴う非常に暖かくて湿った空気が流れ込み，前線の活動が活発になっている（図1）．特に，東海地方では11〜12日に総降水量が600mmを超え（図2），11日の18〜19時の1時間降水量は愛知県東海市で114mm，名古屋市で93mmと記録的な豪雨となった．特に，名古屋地方気象台では1896（明治29）年に記録した最大日降水量の2倍近い降水量を観測し，都市部を流れる中小河川の外水はん濫によって大きな被害が発生した．名古屋市の新川は，江戸幕府が庄内川のはん濫危険性を避けるために開削した川で，洪水時には庄内川の水の一部が流れ込むようにつくられており，東海豪雨のときも庄内川の水が新川に流入している．ただ，あまりの水量によって，新川の堤防が決壊し，外水はん濫を引き起こし，西枇杷島町を中心に1万8000

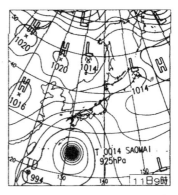

図1　2000年9月11日9時の天気図[5]

棟の家屋が浸水している．被災住民は，浸水地域が，このような歴史的経緯が十分知らされないまま都市開発が進められた地域であるとして，河川管理者の国を相手に訴訟を起こした．しかし，住民敗訴を受けた名古屋高等裁判所の控訴審でも，「早期改修が必要な特段の事情がないかぎり，未改修だから瑕疵があるとはいえない」との判決をしている．しかし，東海豪雨のとき，新川への流入がなければ，庄内川の堤防決壊で名古屋市街地が広域にわたって浸水する最悪の事態も考えられ，河川管理には利害関係の調整などの難しい問題がいつもある．

また，名古屋市とその周辺市町村において，降った雨水（内水）の下水処理能力は，1時間に50 mmまでである．東海豪雨では，名古屋市の30か所の観測所のすべてにおいて，最大1時間降雨量は50 mmを超えるという短時間の強雨では，とても処理しきれず，名古屋市内のいたるところで下水がマンホールなどから逆流している．このため，道路に水があふれ，内水はん濫により名古屋市内は37%の市域が浸水した．このように，名古屋市は外水はん濫と内水はん濫がほぼ同時に発生するという，新しいタイプの都市水害に見舞われた．

前線および台風14号による被害は沖縄から東北地方に及び，死者・行方不明者11名，住家被害609棟，浸水家屋70,017棟などの被害があった．総被害額は8000億円を超え，泥水を被って使えなくなった家具や畳など大量のゴミが発生し，その処理作業が終わったのは7か月後の2001（平成13）年4月であった．

名古屋地方気象台では，大雨に関する気象情報を30回，記録的短時間大雨情報を6回発表し，大雨に対する注意や警戒を呼びかけた．さらに土砂災害の危険性が非常に高くなったことから，大雨警報の中で，「過去数年で最も土砂災害の危険性が高い」ことを発表し，警戒を呼びかけた．気象庁では土砂災害の危険性を警報の中で積極的に取り入れているが，そのきっかけとなったのが東海豪雨である．名古屋市では11日21時頃から避難勧告を出したことから1万4000名ほどが近くの学校に避難している．東海道新幹線では11日の夕方から22時間も列車がとまり，雨は短時間で弱まるとの判断から後続列車を次々に発車させたこともあって，東京と新大阪の間に74列車が立ち往生し，約5万2000名が車内に泊まり，開業以来最悪の事態となっている．また，鉄道や地下鉄でも多くの滞留者を発生させ，JR名古屋駅で5000名，近鉄名古屋駅で1000名，名鉄名古屋駅で1000名など，多くの人が駅構内や車両の中で夜を明かしている．

東海豪雨は，1年前の福岡での豪雨により中小河川のはん濫に続いての都市での水害である．都市郊外の農地が減り，道路がアスファルト化されていることで降った雨

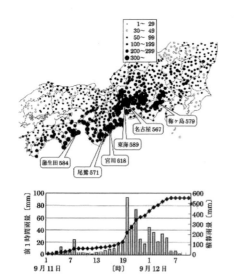

図2 2000年9月11～12日の各地の降水量（単位mm）[6]および名古屋市の1時間降水量

表1 特定都市河川の指定状況（2012年3月末現在）

河川名	水系名（河川の区分）	都道府県名	特定都市河川浸水被害対策法施行日
鶴見川	鶴見川（一級河川）	東京都，神奈川県	2005年4月1日
新川	庄内川（一級河川）	愛知県	2006年1月1日
寝屋川	淀川（一級河川）	大阪府	2006年7月1日
巴川	巴川（二級河川）	静岡県	2009年4月1日
境川	境川（二級河川）	愛知県	2012年4月1日
猿渡川	猿渡川（二級河川）	愛知県	2012年4月1日

がそのまま川に流れ込み，都市を流れる中小河川の水位が一気に高まってはん濫する「都市型水害」に対応し，この種の水害は今後も増加すると考えられるため，2001（平成13）年6月に水防法が改正されている．この水防法の改正では，洪水予報指定河川の拡充や浸水想定区域（ハザードマップ）の公表に加えて，円滑かつ迅速な避難の確保を図るための措置，たとえば，地下街などがある場行には利用者に円滑で迅速な避難の確保が図れるよう洪水予報の伝達方法を設定するということも含まれている．

東海豪雨を受け，特定指定河川浸水被害対策法が2003（平成15）年6月11日に成立している．これは，著しい浸水被害が発生するおそれがある都市部を流れる河川およびその流域において，急速に市街化が進展している場合は，通常の河川整備では浸水防止が不十分として，総合的な浸水被害対策を講じるための法律で，国土交通大臣または都道府県知事は特定都市河川および特定都市河川流域を管轄する．そして，河川管理者，下水道管理者，都道府県知事，市町村長は共同して，特定都市河川流域の水害防止のために流域水害対策計画を策定し，その計画に基づいて各種施策を実行することとしている．また，著しい雨水の流出増をもたらす一定規模以上の行為には都道府県知事の許可を必要とすること，その許可にあたっては雨水貯留浸透施設の設置を義務づけるなど，指定都市河川流域における雨水の流出の抑制のための規制が盛り込まれている．また，河川のはん濫や内水による溢水・湛水により浸水が想定される区域を都市洪水想定区域・都市浸水想定区域として指定・公表し，円滑かつ迅速な避難のための措置を講じることが盛り込まれている．

〔饒村 曜〕

文 献

1) 饒村 曜：気象災害の予測と対策，オーム社 (2002).
2) 藤吉洋一郎監修：20世紀日本大災害の記録，NHK出版 (2002).
3) 北原糸子，松浦律子，木村玲欧編：日本歴史災害事典，吉川弘文館 (2012).
4) 東京天文台編：理科年表，丸善 (2013).
5) 気象庁：気象要覧．
6) 気象庁ウェブサイト．

139 秋の台風災害

平成16年台風23号

2004年

 2004（平成16）年の台風の発生数は29個と，ほぼ平年（約27個）並であったが，平年より北東に偏った太平洋高気圧の周りを北上することが多く，年間上陸数は平年の約4倍の10個と，これまでの記録6個を大幅に更新した．日本周辺は海面水温が高く，衰えないまま襲来した台風が多く，日本各地で次々に大きな被害をもたらした．8月30日に鹿児島に上陸した16号では，台風通過時が大潮の満潮時刻に近く，高松市で1万5000戸が浸水した．9月7日には18号が長崎県に上陸し，最大瞬間風速は広島市で60.2 m/s，札幌市で50.2 m/sなど，全国で暴風被害が相次いだ．10月9日に関東地方に上陸した22号は，記録的な大雨と強風により，大きな被害を出した．

 マリアナ諸島近海で発生し，宮古島の南東で超大型で強い台風となった台風23号は，秋雨前線を刺激しながら大型で強い勢力で北上し，10月19日3時頃には沖縄本島付近，その24時間後の20日12時には高知県土佐清水市に上陸した（上陸時の中心気圧955 hPa，最大風速40 m/s）．15時過ぎ室戸市付近を通過して，18時前大阪府泉佐野市に再上陸後，近畿，東海地方をへて21日3時過ぎに関東地方で温帯低気圧となった．季節的に遅い上陸台風である．九州から関東にかけてこれまでの日降水量の記録を上回る大雨となったが，短時間に非常に激しい雨が降ったのではなく，台風の移動速度が遅かったために長時間の雨となり，兵庫県豊岡市の円山川と京都府舞鶴市の由良川の堤防が決壊した．円山川の堤防決壊により，豊岡市はほぼ市街地の全域が浸水・水没し，当時の豊岡市の人口の約90%の54,000名以上に対して避難指示が出された．このため，兵庫県では豊岡豪雨災害ということもある．また，由良川のはん濫では，土地不案内の他府県ナンバーの観光バスやトラックが被災した．特に，国道175号線を通行中にはん濫に巻き込まれた観光バスには37名が閉じ込められ，増える水かさの中で全員が屋根に避難し，ヘリコプターや救命ボートで救助された．

図1 気象衛星ひまわり（2004年10月19日12時と20日12時の可視画像）

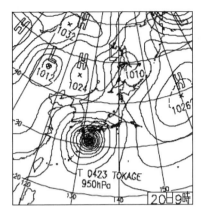

図2 2004年10月20日9時の天気図

　台風23号は記録的に波が高く,室戸岬沖13km,水深100mの位置で,最大波高26.15m,有義波高(観測期間中に計測された波浪を大きいものの順番に並べ替えて,上位1/3の平均値)15.00mを記録した.このため,海難事故が相次ぎ,富山湾では航海訓練所の練習船「海王丸」が暴風で漂流し,防波堤に激突している.また,高波が来襲した室戸市菜生(なばえ)海岸では,海岸堤防が約30mにわたって決壊し,背後の市営住宅11棟がほぼ全壊して3名が死亡した.

　台風本体による強風・高波,および台風の北側にあった秋雨前線による大雨などが原因で,死者・行方不明者99名,住家被害19,235棟,浸水54,850棟などの大きな被害が出た.一般的には,台風の進行方向の右側は左側に比べて風が強く,危険半円と呼ばれて被害が大きくなりがちであるが,日本海沿岸地方では,台風に伴う南からの風よりも,台風通過後の北からの吹き返し風のほうが強いことが少なくない.2004(平成16)年の台風23号でも台風中心の西側～北側にかけて強い風が吹き込み,北陸・山陰・九州北部の一般的に風が弱いとされる進行方向左側の可航半円で強い風が吹き,大きな被害が出た.

　防災対策の進歩で,台風による死者数は減少し,死者が3桁の最後の台風といわれているのが1979(昭和54)年10月19日に和歌山県白浜町付近に上陸,本州を縦断した台風20号で,死者・行方不明者115名という大きな被害が発生した.2004年の台風23号では,四半世紀を遡ったかのように,死者が100名近いという,大きな被害であった.しかし,その3日後の10月23日に新潟県中越地震(M6.8)が発生し,そちらに全国的な報道がされたことなどから,被害のわりには支援の規模が小さくなってしまったのではとの指摘もある.

〔饒村　曜〕

文　献

1) 東京天文台編:理科年表,丸善(2013).

140　秋の台風災害

台風の温低化

　台風の衰弱期は，中心気圧が高くなり，中心付近の最大風速も次第に弱まるのが普通であるが，温帯低気圧に変わったものの中には，寒気の影響を受けて再発達するものもある．昔から"台風は腐っても鯛"という戒めの言葉があるように衰弱期でも大雨などにより大きな災害をもたらすことがあり，ひきつづき注意が必要である．よく「台風が温帯低気圧に衰えた」という人がいるが，気象庁が発表する情報などでは「温帯低気圧に変わった」という表現をしている．いつも衰えるとは限らないからである．

　台風が衰弱して弱い熱帯低気圧になるのは，全体の約70％を占める．また，直接温帯低気圧に変わった台風は全体の約30％であり，台風のまま，東経180度以東の気象庁担当域外に出るのが数％である．温帯低気圧に変わる台風は全体の約3割しかないが，日本に上陸した台風についてのみを考えると話は逆となり，約70％が温帯低気圧に変わっている．

　温帯低気圧に変わった台風数を月別にみると，最も多いのが10月，次いで9月である（図1）．台風発生数は8，9，7月の順であることなどから，10月は台風が温帯低気圧に変わりやすく，7月は逆にほとんど変わらないということができる．また，温帯低気圧に変わった緯度を平均すると，8月が北緯42度と最も高緯度で，季節が進むにつれて緯度が下がってくる（平均で

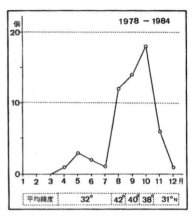

図1　温帯低気圧に変わった台風数の月別分布

は38度）．

　台風のエネルギー源は，多量の水蒸気が凝結することによって生ずる熱であるが，温帯低気圧のエネルギー源は，南北の気温差（位置エネルギー）であるなど，両者は発生・発達のメカニズムも，その結果として生じた構造も大きく異なっている．台風は，等圧線はほぼ同心円状で前線を伴わず，眼をもつことが多いのに対し，温帯低気圧は非対称で前線を伴っており，眼はない．しかし，台風が温帯低気圧に変わることを温低化というが，この温低化は，いきなり異質の温帯低気圧に変わることではなく，徐々に温帯低気圧の性質を帯びてゆくという変わり方をするため，いつの時点で温帯低気圧と解析するのかは非常に難しい問題である．このため，解析者によって多少の差が出てくる．

〔饒村　曜〕

文　献

1）饒村　曜：続・台風物語，日本気象協会（1993）．

藤原の効果
Fujiwhara Effect

2つの台風が接近して存在している場合には，主として"藤原の効果"と呼ばれる相対する台風の風の影響で，非常に面白い運動をすることが多い．この動きを分類すると次の6つに分けられる（図1）．①相寄り型：一方の台風がきわめて弱い場合，弱い台風は強い台風に巻き込まれ急速に衰弱し，1つに融合する．②指向型：一方の台風の循環流が指向流と重なって，他の台風の動きを支配して自らは衰弱する．③追従型：はじめは東西に並んだ2個の台風のうち，まず1個が先行し，その後を同じような経路を通って他の台風が追従する．④時間待ち型：発達しながら北西進している東側の台風が，北に位置するのを待って西側の台風も北上する．⑤同行型：2個の台風が並列して同じ方向に進む．⑥離反型：台風が同じくらいの強さの場合に起き，一方は加速し，北東へ，一方は減速し西へ進む．

2つの渦の相互作用についての最初の研究は，1887（明治20），1889，1895年に北尾次郎が発表した「大気運動と颶風に関する理論」であるといわれている．次いで，1902（明治35）年に岡田武松が回転の向きが同じ低気圧どうし，高気圧どうしはそれぞれ互いに近づき，逆の向きのものは互いに離れる傾向があるという「岡田の法則」を発見している．さらに1921（大正10）年，藤原咲平によって"単に高低気圧に限らず，渦の一般性として岡田の法則が成り立ち，さらに同じ向きの渦がたくさんあれば，そのうちのどれかが次第に近いものを併合して大きくなる"という有名な「藤原の効果」の法則に拡大され具体化されている．

藤原咲平は，東京帝国大学理論物理学科を卒業すると中央気象台（現 気象庁）に入り，天気予報業務などに従事し，ノルウェー留学で得た低気圧の概念など，今につながる最先端の気象学を日本に導入した．気象の幅広い分野で独創的な研究を行い，「お天気博士」の愛称で親しまれ，1941年7月30日に第5代中央気象台長となっている．戦後の1947年に戦争に協力したとして公職追放となったが，中央気象台職員がアメリカ軍気象隊の下で業務していた時代，アメリカ軍がたびたびFujiwhara effectという言葉を使っているのを聞き，敵国であっても良いものは使う

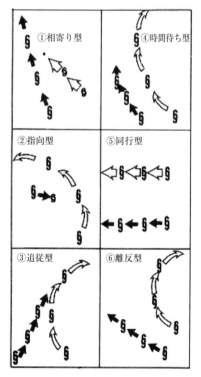

図1 2つの台風が並んだときの動き（大谷・斎藤による）

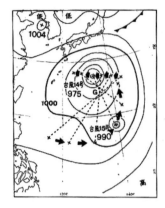

図2 1974年の台風14号と15号の経路と8月16日21時の地上天気図

という姿勢に驚いた．この姿勢は「藤原の効果」の再評価にもつながっている．

以後，多くの人によって研究が続けられているが，台風の動きに関して，"藤原の効果"ということが盛んにいわれだしたのは，そう古くからではない．事実，1954（昭和29）年発行の『気象の事典』には"藤原の効果"についての記述がない．というのは，台風で"藤原の効果"が起きやすい洋上というのは，地上観測資料の乏しい場所であるために，研究が急速に進んだのは，昭和20年代の中頃，飛行機による台風観測が盛んになり，地上観測資料の乏しい場所でも，台風位置がかなり正確に求められるようになったことも一因と思われる．

図2は，1974（昭和49）年8月16日21時の天気図に，台風14号と，15号の経路を記入したもので，2つの台風が互いに引きあいながら重心位置（両台風の力の均衡点，図ではG）のまわりを反時計回りに接近しており，みごとに"藤原の効果"を実証している．なお，図中の両台風の×印の位置は12時間ごとのものである．台風15号は14号に比べ勢力が弱いため，14号によって大きく加速されて北上している．一般には，2つの台風の重心位置が移動しているため，動きは複雑になるが，中心位置を重ね合わせると，このように，2つの台風が反時計回りに接近しているのが解析される．

台風が2個あるいはそれ以上存在しているときは，"藤原の効果"が起きるのかどうか，起きるとすればどの程度かということを考える必要があり，台風の進路予報が非常に難しくなる．台風が複数あると台風の進路予報誤差が大きくなるという調査もある．

〔饒村　曜〕

文　献

1）饒村　曜：台風物語，日本気象協会（1986）．

風波（風浪）

wind wave, windsea

　風波とは，風によってつくられる，通常周期が数秒から30秒程度までの波，いわゆる波浪を意味する．波浪は，さらに風浪とうねりに分けられるが，特に区別しない場合は風浪の意味で用いられる．以下では，風浪について説明する．

　風浪とは，海上風から直接エネルギーを受けている波のことをいう．風浪は，風速・吹続時間・吹送距離に依存し，この3つが大きいと波高は大きくなる．一方で，風が吹きはじめた直後（吹続時間が短い）や，小さな池（吹送距離が短い）の場合は，風速がいかに大きくても波は大きくならない．

風浪の特性

　風浪の特徴として，1つ1つの波はさまざまな周期や波長をもっていて一定ではないことが挙げられる．また，波頭が尖った波形をとり，いわゆる正弦波的な波形にはならない．

　このため，波高も一定ではなく，波ごとに異なる．通常，このような波浪を表現するために，有義波という用語が用いられる．有義波とは，ある期間に波が観測されたときに，個々の波を波高の高いほうから並べ，上位3分の1までをとって平均した値である．3分の1最大波とも呼ばれる．予報などで使われる波高は有義波高のことである．統計的な理論によれば，有義波高と他の波高との間には表1の関係がある．

　有義波が，単純な平均で定義されない理由は，従前船員によって行われてきた目視観測との整合性をとるためである．人間は，（先入観がなければ）とかくはっきりした波に目がいきやすく，機械で客観的に観測した平均値よりも高めになる傾向がある．上位3分の1の平均はだいたい目視観測波高に一致する．

　なお，このことは，半分以上の波は有義波高よりも低いということになる．海に出

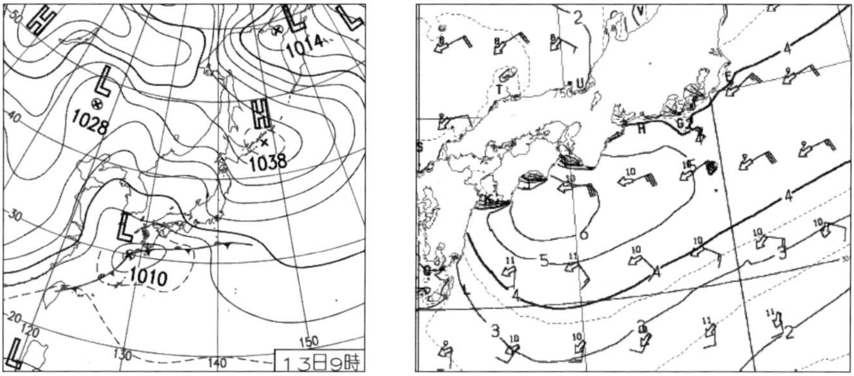

表1　有義波高1.0に対するおもな換算係数[1]

頻繁にみられる波高	0.50
平均波高	0.63
1/10最大波の波高	1.27
1/1000最大波の波高	1.93

図1　2009年11月13日9時の地上天気図（左）と波浪解析図（右）

たいがため意識的にみれば，有義波高よりも低い波はいくらでもあり，波は低いとみなすのは非常に危険である．

風浪による災害

表2は，近年日本近海で発生した波浪災害を並べたものである．波浪による災害は，沖合，沿岸の区別なく発生している．波浪災害は，基本的に風浪によるものが多いが，うねりによるもの，あるいは風浪とうねりの混在する状況での災害も多く発生しており，一概にどちらと要因を決めにくい．以下では，沖合の災害と沿岸の災害をそれぞれ紹介する．

沖合の波浪災害

2009年11月12日17時に東京港を出港し，鹿児島県志布志港へ向かって航行中のフェリー（7910 t）が，13日5時40分頃に，三重県沖の熊野灘（尾鷲市三木埼灯台の南約35 km）で，左舷後方から波を受けて瞬時に大傾斜し，積載コンテナなどがデッキの片舷側に寄って復元力を失い，船が傾いたまま戻らなくなった．乗客・乗員は全員救助されたが，船体はその後同県御浜町七里御浜の沖合200 mで座礁し，完全に横転した．

図1は，11月13日9時天気図と波浪解析図を示したものである．日本の南海上を低気圧がゆっくり北東進しているが，北海道の東に強い高気圧があるため，気圧傾度が強まり本州南岸では強い東風が吹きつづいていた．強風が長距離にわたって吹きつづいたため，13日9時の事故現場には波高4～5 mの波が東からきていた．

フェリーは，この高波を後ろから受けて荷崩れを起こした．船舶にとって，後面から波を受けることは，舵の利きが悪くなるなど操船上危険であり，望ましくない状況とされる．

沿岸での波浪災害

2007年8月29日15時に東京都南鳥島

表2 近年のおもな波浪災害

年月日	発生場所	原因	概要
2004年10月20日	高知県室戸市	台風23号	防波堤の倒壊と家屋の破損 死者3名
2006年10月6～7日	宮城県女川町沖 茨城県神栖市沖 静岡県下田市沖	低気圧	漁船座礁 貨物船座礁 釣り船転覆 （死者 計34名）
2007年9月7日	神奈川県小田原市	台風9号	西湘南バイパス崩落
2008年2月24日	富山県黒部市 新潟県佐渡市	低気圧・冬型	護岸被害，浸水災害 死者2名 漁港施設など多数破損
2008年6月23日	千葉県犬吠埼沖	低気圧	漁船転覆 死者・行方不明者17名
2008年10月25日	新潟県柏崎市 山形県鶴岡市	低気圧	防波堤 釣客16名が波にさらわれる 防波堤 釣客1名が波にさらわれ10名が取り残される
2009年4月14日	長崎県平子島沖	低気圧	漁船転覆 行方不明12名
2009年10月24日	八丈島沖	低気圧（前線）	漁船転覆 行方不明12名
2009年11月13日	三重県御浜町沖	高波	フェリー横転・座礁
2011年11月24日	北海道苫小牧市沖	強風・高波	貨物船（1万8000 t）座礁

143 うねり

swell

うねりとは，波浪のうち，強風域から離れるか，風の弱まりや風向の変化などによって，海上風から直接エネルギーを受けていない状態のものをいう．過去には，うねりは伝搬しつつ徐々に減衰していくと考えられていたが，条件によっては風浪とのエネルギー交換によって，維持もしくは発達する場合もある．遠方まで伝搬するうねりは，規則的で丸みを帯びた波形をしており，一般的に周期は長めになる．

うねりの特徴

うねりは風浪と比べて，周期と波長（周期の2乗に比例）は長めで波高はほぼ一定になる．規則的でゆっくりした波動であるため，船舶への影響は比較的小さい．このため，少々うねりの波高が高くても，船舶の航行などに支障は生じにくい．また，サーフィンには適した波である．

一方で，波長の長い波は，堤防などを乗り越える越波が起こりやすくなり，人をさらいやすくなる．また，海水の動きが大きくなり，海岸構造物への衝撃も大きくなりやすい（ただし，波のエネルギーは波高の2乗に比例し，周期には関係しない）．さらに，波長の長い波は，水深の浅いところで変形しやすく，局所的に波が集まって高くなることもある．したがって，うねりは，海上よりも海岸部で注意が必要になる．

うねりによる災害

うねりは，風浪と異なり，天気とは無関係に存在する．このため，好天で風のない状態でも大きなうねりがくることがある．好天時は海岸への行楽も盛んとなり，このことが，うねりによる災害の一因となって

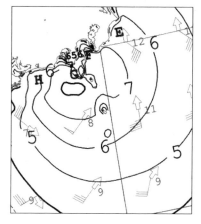

図2 2007年9月6日21時の波浪解析図

近海で発生した台風9号は，小笠原近海を北上し，9月7日に神奈川県小田原市付近に上陸して北上を続け，8日15時にオホーツク海で温帯低気圧に変わった．この台風の高波により，相模湾沿いに走る神奈川県の西湘バイパスは，道路脇斜面が約1 kmにわたって崩落や路面陥没が発生し，9月27日の応急復旧まで，しばらく通行止めとなった．

図2は，被災現場の海岸は，台風による高波が直撃する方向に向いていた．この高波は台風の強風による風浪と北上してきた台風がつくったうねりの両方が含まれており，波高が高いだけでなく，周期も長かったことが，護岸破損の原因と考えられている[2]．

〔高野洋雄〕

文 献

1) M. S. Longuet-Higgins：*J. Mar. Res.*, **11**, 245-266 (1952).
2) 国土交通省関東地方整備局横浜国道事務所ウェブサイト．

いる.
　うねりによる災害の典型的なものは,海岸で海水浴や釣りをしているときに,突然の高波でさらわれるというものである.一度に多数がさらわれることは少ないためあまり注目されないが,各地で頻繁に災害が発生しており,年単位では犠牲者数もかなりの数になる.

寄り回り波

　日本にみられる代表的なうねりによる災害の1つが,富山湾の「寄り回り波」である.寄り回り波については,古くから多数の調査が行われている.基本的に寄り回り波は,図1のように北海道西方海上でできた高波(風浪)が,うねりとして富山湾に伝搬したものである[1]).
　冬季の日本海では,北西の季節風によって高波が発生するのが一般的である.富山湾は,能登半島に遮蔽されるため,この北西の波はほとんど入らない.富山湾は波のこない安全な場所と思われがちだが,実際には,昔からしばしば高波に襲われ災害が発生してきた.うねりが日本海を伝搬するのに半日から1日程度の時間がかかるため,日本海のしけが収まって安心した頃に突然高波がくることになり,不意討ちとなることも災害の要因となっていた.なお,「寄り回り」の由来は,「季節風による北西からの高波が富山湾内に回り込んで到達する波」「寄り道をしてきた波」などと考えられていたことによる.
　通常,寄り回り波の波高は1〜2m程度で,年に数回程度発生している.時たま,強風による風浪が合成されて大きな寄り回り波が発生し,表1に示すような災害も発生してきた.また,富山湾は水深が沿岸付近まで深いため,波(うねり)は海底摩擦の影響がなくほとんど減衰せずに海岸まで到達する.海岸に進入した波は,周期が長めのため浅海効果が顕著に出て,海岸部で局所的な高波になりやすい.
　2008年2月に,きわめて大きな寄り回り波が発生した.2月23日朝に日本海にあった低気圧は,発達しながら東進し,夜には三陸沖でやや停滞した.このため24日朝からは冬型の気圧配置が強まり,23日から24日にかけて,北日本や西日本では風速が20m/sを超える大荒れの天気となった.日本近海では随所に高波が発生し,特に富山県や新潟県の沿岸を中心に,高波により大きな災害が発生した.
　富山湾沿岸では,24日朝より高波(寄り回り波)が押し寄せるようになり,昼頃までの間に,防波堤の破損や浸水などが相次いで発生した.富山県では死者2名,家屋全半壊57棟,浸水161棟という大きな災害となった.新潟県では,死者は出なかったものの漁港を中心に被災し,その被害総額は200億円以上と見積もられている.
　日本海の北部から中部,さらには太平洋側にかけての海域では,図2のように波高が6mを超える大しけとなり,一部の海域では8mに達した.
　国土交通省港湾局のNOWPHAS(全国

図1 寄り回り波のメカニズム

表1 過去に発生したおもな寄り回り波

年月日	状況
(674年夏)	海岸で住居が多数流失
1963年 1月 7日	負傷者14名，倒半壊19戸，浸水166戸，護岸破損
1970年 1月31日	負傷18名，倒壊129戸，浸水353戸，船舶流出12
1972年12月 2日	死者1名，負傷10名，家屋全壊7戸，半壊10戸
1979年 1月31日	死者2名，行方不明者2名
1991年 2月17日	死者1名，負傷者1名，灯台・護岸など多数破損
2008年 2月24日	死者2名，負傷者16名，浸水多数

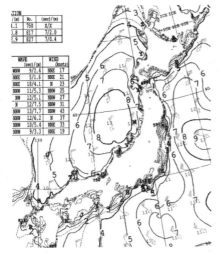

図2 2月24日9時の波浪解析図

港湾海洋波浪情報網）の波浪計では，伏木富山で24日14時に有義波高4.2m（周期14.2秒），富山では24日16時に有義波高9.92m（周期16.2秒）という高波が観測された．日本海では，通常周期が10秒を超えることは少なく，富山の有義波周期16.2秒という値は，日本海としては異例に長い値であった．

世界のうねり災害

寄り回り波に似たような，うねりによる災害は，世界でも発生している．その例が，4〜5月にインド南西岸を襲うKallakkadalである[2]．この波は，はるか彼方の南極海（南半球なので4〜5月は冬に相当する）で発生した高波が，インド洋を何千kmも北上し，インドの南岸に到達するものである．うねりの波高は2〜3m程度であるが，移動距離が長いため周期が15秒程度と長くなる．このため，海岸部で浅水変形を起こして波高が増大するとともに越波が起こり，しばしば浸水災害が発生するという．

〔高野洋雄〕

文 献

1) 北出正清：中央気象台海洋報告，**2**(4)，419-445（1952）．
2) N.P. Kurian et al.：*Nat Hazards*, **48**, 259-273（2009）．

144 波

三 角 波

pyramidal wave

　三角波とは，波の先端がピラミッドのように三角形に切りたったような形状のひときわ高い波をいう．三角波は多方向からの波が存在するときに，これらの波が集中・衝突することで形成されると考えられている．台風の中心付近や前線付近など風向が大きく変化する強風域では，それぞれの風向で波がつくられるため，多方向の波が形成されやすい．このため，三角波が発生しやすいと考えられる．

　三角波は，通常波浪を表現するのに用いる有義波のような平均的な状態ではなく，単発の高波である．このような個別の波の中で，ひときわ大きな波を一発大波と呼ぶ．

一発大波・異常波浪

　一発大波とは，通常の（有義波）波高に比べて，特に大きな単発の波を意味し，巨大波とも呼ばれるが，実際には，明確な定義はない．似た言葉に，異常波浪（freak wave もしくは rogue wave）があり，こちらは「有義波高の2倍を超える波」と明確に定義された学術用語である．

　一般に，個々の波の波高については，統計的な解釈から，おおよその発生確率を求めることができ，1000波に1回有義波の2倍近い（1.98倍）波が発生する可能性がある．確率的には，有義波の3倍や4倍を超える波高も存在可能ではあるが，その発生確率はきわめて小さくなる．しかし実際には，有義波高の2倍や3倍を超える波高が，推算された確率よりもはるかに高い頻度で観測されている．このような高波が頻繁に発生するためには，何らかのメカニズムが働いていると考えられ，近年盛んに研究されている．

　定義上，三角波も異常波浪に概当する場合があるが，異常波浪では三角波のような多数の波の存在は前提とされていない．三角波は慣例的に，有義波に対する最大波，果ては単に平均的な波高よりも高い波を意味して使われる場合もあるので注意が必要である．

三角波による災害

　三角波のような突発的な高波は，船舶の航行にとって非常に危険な現象であり，波

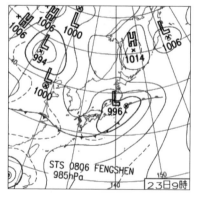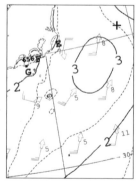

図1　2008年6月23日9時の天気・波浪概況
（左）地上天気図，（右）波浪解析図．＋印は事故発生地点．

4. 秋雨の現象

浪に起因する海難事故の多くの原因となっていると思われる．実際に海難事故の際に，「突然の高波により転覆」という証言がよく報じられる．

一方で，一発の大波が実際に発生していたかを検証し，存在を断定することはたいへん難しく，実質的には不可能である．気象・海象条件から，潜在的な発生の可能性を判断することしかできない．

三角波による海難では，1980年12月に発生した尾道丸の海難事故が有名である．この事例では，2方向からきた波の干渉で，巨大な一発大波が発生したことが海難の原因とされた[1]．なお，この事例については，複数の波は存在せず，波高が急速に増大して異常波浪が形成されたという近年の研究もある[2]．今後異常波浪の研究が進むことで，過去の海難の原因が明らかになっていくかもしれない．

近年の事例としては，2008年6月に発生した漁船の転覆事故が，三角波による可能性の高いものである．

2008年6月22日から翌日にかけて，前線を伴った低気圧が日本の南を東進した．銚子沖350 kmの海上で操業を行っていた漁船（135 t）は，シーアンカーを出してしけが収まるのを待っていたが，23日11時の連絡を最後に連絡が途絶え，13時頃に転覆していることが確認された．

図1は，23日9時の天気図（左）と波浪解析図（右）である．波浪解析図には事故現場も示す．同海域は，低気圧の暖域にかかり，基本的に南西の風が吹いていた．現場の有義波高は2～3 m程度であった．通常この大きさの船は有義波高2～3 m程度の波では転覆しないこと，この海域は海流の影響などでしけやすいことで有名であるため，突発的な高波により船が転覆したのではないかといわれた．

図2は，気象庁の数値波浪予測モデルで

図2　事故現場の波浪エネルギーの分布（2008年6月23日9時）
図中の円は内側から周期5, 10, 15, 20秒に相当する．

再現された，23日9時における事故現場付近の波の周期・方向別のエネルギー（波浪スペクトル）を示したものである．円の外側ほど周期は長くなる．東南東の周期12秒付近と南西の周期8秒付近の，2か所にエネルギーピークをもつ山がみられる．それぞれの山は波の成分を意味し，亜熱帯高圧帯による東南東からの長周期の波（うねり）と，前線・低気圧の通過に伴う南西の波（風浪）を意味している．したがって，現場は2方向から波がきており，三角波が発生しやすい状況であったといえる．

ただし，三角波のような一発大波を，有義波や波浪スペクトルという統計的な値で断定はできず，ここで示したのはあくまで状況に基づく可能性の話である．また，海難事故は複数の要因が絡むことがあり，この事故原因も，単に三角波の発生だけでは説明できない可能性もある．　〔高野洋雄〕

文　献
1)　運輸省船舶局：尾道丸事故に係る技術検討会報告書（1981）．
2)　Waseda et al.：*J. Mar. Sci. and Tech.*, **17**, 305-314 (2012).

土用波

土用波とは，夏の「土用」の頃にみられる高波のことをいう．この時期の高波は，基本的に台風によるうねりである．

暦（24節季）では，四季の始まりを四立（立春，立夏，立秋，立冬）と定められている．土用とは，24節季における暦日ではなく，季節の移り変わりを示す指標である雑節の1つであり，四立それぞれの前，約18日間を表す用語である．一般に土用といえば夏の土用をさし，立秋（立夏ではない）直前の18日間にあたり，通常7月19日前後から始まる（土用の入り）．

日本では，この頃から台風の発生数・接近数が多くなり，台風によってつくられた高波も，うねりとして日本の海岸へ伝搬してくるようになる．一方で，7月下旬は，日本では夏休みシーズンが始まり，海水浴などのマリンレジャーも花盛りである．悪天の場合は海への行楽も控えられるが，好天・おだやかな天気で海水浴などを楽しんでいるところで予想外の災害につながるのが土用波である．

一般に，遠方からくるうねりは周期が長く，海水の運動が大きくなるため，海岸に打ち上げたり，人をさらったりしやすい．また，浅いところでは海底地形の影響を受けやすく，部分的に波高が高まる場合もある．

土用波の発生要因

土用波は，基本的に台風によってつくられた高波がうねりとなって，日本の海岸に到達するものである．土用の頃から高波が顕著になるのは，台風の活動に関連している．

図1は，1981～2010年における平均の月別の台風発生数・接近数・上陸数である[1]．台風の発生数・接近数とも7月から8月にかけて顕著に多くなる．一方，上陸数は8，9月に多くなり，この時期には台風の影響を直接受けやすい．7月末から8月にかけては，台風の発生が頻繁になり日本の南で高波ができやすくなるが，台風はあまり上陸しないので，日本の海岸で風浪は生成されず，日本の海岸に到達するのはおもにうねりである．これが，夏の土用の頃にうねりが顕著になる理由である．

土用波による災害

土用波の災害として多いのは，上述のとおり，海水浴や防波堤で釣りを行っている人が高波にさらわれる，というものである．さほど大災害とはならないことが多いため，あまり関心を集めることは少ないが，毎年各地で人命が失われており，積算するとかなり多くの人が被災している．死者が出ないにしても多数の遊泳客が流されるという例もある．

2000年8月12日，静岡県下田市の白浜大浜海水浴場で，いきなり70名もの海水浴客が一度に波にさらわれ，200mも沖合に流されるということがあった．この日は，お盆休み前の土曜日ということもあって，人出が多かったことも災いした．

たまたまその直前にも沖に流された人が

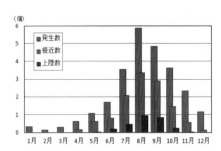

図1 台風の発生数および日本への接近・上陸数（1981～2010年における平均）

いて，救出を終えた2名のレスキュー隊員がまだ沖合にいたこともあり，奇跡的に全員無事救助された．

当日9時の波浪解析図を図2に示す．本州の南500 kmの海上に台風9号があり，台風の中心付近では波高が8 m以上の高波となっており，この高波がうねりとして伊豆半島に到達した．

海水浴場では，10時頃までは0.5～0.6 m程度の波が続いていたが，11時頃急に波が高くなったという．図3は，海水浴場に比較的近い，石廊崎沿岸波浪計における有義波の観測値である．10時の波高は0.64 mであるが，11時に1.12 mとなり12時は1.78m，13時には3.22 mと一気に高くなっている．また，周期もそれまで8秒台だったのが，11時に12.3秒，13時にはさらに16.1秒まで長くなっている．

白浜大浜海水浴場では，2011年にも，厳密には土用の期間をすぎていたが，8月下旬に同様のうねりで人がさらわれる事故が発生した．このときは，日本の南海上を台風12号がゆっくり北上・停滞し，うねりが日本の海岸に到達したため，29, 30日の連日にわたって海水浴客が沖に流され，29日は死者が1名出た〈→089〉．

時期的に夏休みも終わりであり，各地で最後の海水浴などを楽しむ人がおり，千葉県でも27日に南房総で2名，29日には鉾田市の海岸で1名が，それぞれ沖に流されて死亡した．　　　　　〔高野洋雄〕

文　献
1) 気象庁ウェブサイト．

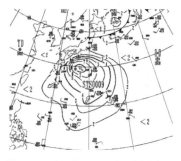

図2　2000年8月12日9時の波浪解析図

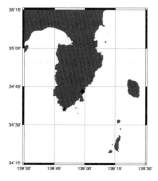
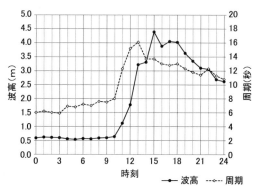

◆ 白浜大浜海水浴場
★ 石廊崎波浪計

図3　石廊崎沿岸波浪計の観測値
（2010年8月12日）

146 寒土用波

寒の土用の頃にみられる高波を寒土用波と呼び、いわゆる（夏の）土用波との対比で用いられる言葉である。土用とは、24節季の暦日で四立（立春、立夏、立秋、立冬）の前の18日間を意味する雑節の1つであり、立春前の18日間が寒土用になる。通常は、1月18日に土用の入り（始まり）となり、最終日が節分（2月3日）である。

なお、夏の土用波は、基本的にうねりを意味するが、寒土用波ではうねりに限定されるわけではなく、風浪も含まれる。季節的に波の高い時期に当たっており、高波の頻度は高い。近年、寒土用波という言葉は、あまり使われなくなってきている。

冬季における日本付近の波浪

一般な土用波との比較のため、図1に2012年2月と8月の月平均波高を示す。

1月下旬から2月にかけて、日本は冬の最盛期となり、西高東低の冬型気圧配置が卓越する。冬型気圧配置が強まると、季節風の吹き出しで北西の強風が吹き、海上では高波が生成され、特に日本海側沿岸には、日本海で発達してきた大きな風浪が到達する。一方、日本の東の太平洋側では、北西の季節風は離岸風のため、沿岸部で大きな風浪はつくられないが、東を通る低気圧北側の東風による風浪、あるいは、はるか東部にある低気圧の北西象限で北東風によってつくられた風浪が、うねりとなって日本の東岸にくる。場合によっては、ベーリング海の極渦によるうねりが日本東岸に到達することもある。このため、この時期の日本付近は平均して波が高い。

一方、夏には、日本の南に波高2m台の海域があるだけで、波ははるかに低い。日本近海の平均波高が全域2m未満となることも多々ある。この南の高波域は、台風などによる高波を示し、台風が通って一時的に高波となっても、月平均ではさほど高い値にはならない。

寒土用の時期は、日本付近において平均的に最も波が高くなる時期である。

寒土用波による災害

寒の土用は、日本付近で最も波の高い時期であり、古来より多くの災害が発生して

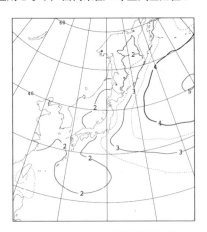 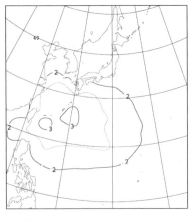

図1　2012年2月（左）と8月（右）の月平均波高（m）

いる.

　大きな災害の1つに，1978年1月21日に五島沖で3000tの貨物船が漂流，沈没し，13名が死亡・行方不明となった例がある．図2は，1月21日9時の地上天気図と，波浪解析図である．低気圧が，日本海を発達しながら東進したため，低気圧に伴う強風により，日本海中部で4m，九州の南には5m台の波がつくられた．海難事故現場の五島沖は，朝鮮半島の影響でやや波は低めであるが，波高は3m以上あった．

　近年は，気象情報・船舶の航行能力などがいろいろと改善されたため，大きな災害はめったに発生しなくなっているが，現在でもたまにこのような災害が発生している．

　2011年1月28日から31日にかけて冬型の気圧配置が強まったため，28日に，北海道渡島地方で小型漁船が転覆して2名死亡，30日には石川県でパナマ船籍の貨物船（8708t）が防波堤に乗り上げるなどの災害が発生した．図3は，2011年1月30日9時の地上天気図と波浪解析図である．石川の海岸には波高4mを超える高波が押し寄せていた．

　このような船舶の災害に加えて，高波によって人がさらわれる，あるいは海岸・構造物が高波で破損するというような災害は，依然として毎年のように発生している．

〔高野洋雄〕

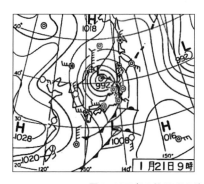
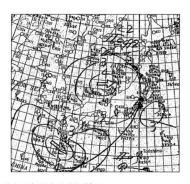

図2　1978年1月21日9時の地上天気図と波浪解析図

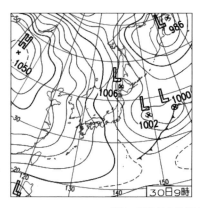
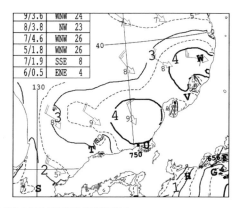

図3　2011年1月30日9時の地上天気図と波浪解析図

波：寒土用波

147 潮位

あびき

meteotsunami

　湾や港内の海面が数分から数十分の周期で昇降を繰り返す現象（潮位の副振動）を九州西岸の地域では「あびき」と呼んでいる．潮位の副振動自体はどの湾，港でもみられるが，振幅が津波ほどに大きくなる「あびき」では，海面の急激な昇降や強い流れが繰り返し発生することにより，海岸や河口付近の低地での浸水，港湾施設の破損，係留している船舶の流出・転覆などの被害が生じることがある．一般的にあびきと呼ぶ場合は，以下で説明する語源にあるように沿岸で被害が発生するような振幅が大きい現象を意味し，通常の港湾における振幅の小さな潮位の副振動とは区別して使われることが多い．

あびきの語源

　「あびき」は手漕ぎの漁船で漁が行われていた時代に長崎湾内で発生する顕著な海面振動によって"網を曳く"ほどの強さの流れによって漁が妨げられたことから，"網引き"に由来するといわれている．九州地方では東シナ海側に面した地域であびきと呼ばれることが多い．実存する古い潮位観測記録としては，1868（明治元）年に長崎港に入港していた外国船サーペイント号による出島での記録が残っている．

あびきの被害事例と近年の被害

　長崎湾のあびきは古くから地元では有名な現象である．長崎港は天然の良港として長い歴史をもつが，春先を中心に，多くはおだやかな晴天時に，30〜40分の周期をもつ顕著な海面の振動が湾内で発生する．そして，係留した船の流失や沿岸施設の破損のほか，荷役労働に対する影響も著しい現象で，港湾関係者の関心は非常に高い[1]．顕著なあびきは津波警報に匹敵する潮位の変化が短時間に起こるが，発生する場所は特定の湾や港に限定され，津波のように広範囲の沿岸で連続的に被害を及ぼすことは少ない．

　近年では，2009（平成21）年2月25日に九州西岸で広範にあびきが発生し，特に鹿児島県の上甑（かみこしき）島で漁船の

表1　近年の発生事例と被害状況

発生日	発生場所	被害状況
2009. 2.25	熊本県天草市	床上・床下浸水
	鹿児島県薩摩川内市上甑島	床下浸水，小型漁船の沈没・転覆
	鹿児島県いちき串木野市	小型漁船の沈没
	鹿児島県南さつま市	小型漁船の転覆
	鹿児島県屋久島町	小型漁船の小破
2009. 7.15	山口県萩市	床上・床下浸水
	長崎県対馬市	床上・床下浸水，小型漁船の転覆・破損・浸水
2010. 2. 1	鹿児島県薩摩川内市上甑島	床下浸水
2010. 3. 1	長崎県長崎市	床上浸水
2010. 3. 3	鹿児島県薩摩川内市上甑島	小型漁船の転覆
2010. 3. 4	長崎県長崎市	床下浸水

転覆などを伴う大きな被害が発生した．

あびきの発生地域と発生時期

あびきは九州西岸や奄美地方で発生することが多く，過去には長崎県長崎市，福江島，熊本県天草市崎津，鹿児島県枕崎市，薩摩川内市上甑島，種子島，奄美大島，宮崎県日南市油津などで1mを超える振幅のあびきを観測している[2]．特にあびきが多く発生している長崎港について，上位5事例を表2に示す．長崎港で発生したあびきの過去最大は，長崎湾の長軸の中央部付近に位置する長崎検潮所で観測された最大全振幅278 cmである．このとき，長崎湾の最も奥まった河口付近では，検潮所の観測値の約1.7倍の478 cmに達したとされている[3]．

また，図1は長崎港と枕崎港の月ごとの発生回数で，振幅1mを超える大きなあびきは3月の発生がほとんどを占め，2～4月に多いことがわかる．

あびきの発生メカニズム

通常どの港湾でもみられる振幅の小さな潮位の副振動は，低気圧や前線の通過などに伴って発生することが多い．これに対して通常よりも振幅が大きくなるあびきはメカニズムが異なり，外洋上で発生した海洋長波（水深に比べ波長が長い）が伝搬過程で次第に増幅しながら港湾に侵入することで発生する．1979（昭和54）年3月31日に長崎港で過去最高のあびきが発生した際には，複数の増幅過程により，最初はわずか3 cmの海面の変化が東に伝搬する過程で約50倍に増幅されたことがわかっている[4]．発生要因としては，おもに以下のものが挙げられる．①外洋上の顕著な気象じょう乱の存在，②陸棚上における海洋長波と気象じょう乱の進行速度が近い際に生じる海洋長波の振幅の増幅（いわゆるプラウドマン共鳴），③海岸地形，水深といった地形による増幅，④港湾内における入射

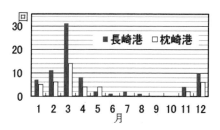

図1 長崎港と枕崎港における全振幅100 cm以上のあびきの発生回数（1961～2013年）

表2 長崎港の上位5事例（1961～2013年）

最大全振幅 (cm)	周期 (分)	起時	継続時間 (時間)	気象状況
278	35	1979. 3. 31 13：45	56	大陸東岸に低気圧
217	34	1988. 3. 16 13：15	22	九州南海上に低気圧
179	37	1967. 3. 29 19：02	15	移動性高気圧
177	38	2007. 4. 1 20：31	24.8	九州に停滞前線
168	34	1984. 3. 15 12：20	45	東シナ海に低気圧

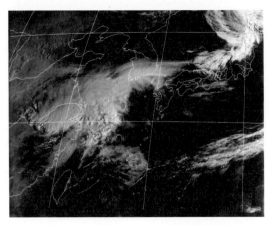

図2　1979年3月31日12時の可視画像

波と湾の固有周期の同期による増幅。

とりわけ東シナ海は広い大陸棚に覆われており，その水深が100 mよりも浅い海域が広がっていることで②の条件に合致している。東シナ海は，海洋長波の進行速度が，時速100 km程度の気象じょう乱の移動速度に近い速度となることで，大陸棚上を東に伝播する過程でプラウドマン共鳴による増幅機構が働きやすいことが，他の海域とは異なる特徴である。

あびき発生時の顕著な気象じょう乱については，気象衛星ひまわりによる雲画像により確認することができる。長崎港で過去最大のあびきが発生した1979（昭和54）年3月31日12時の可視画像では，北緯30度付近の東シナ海上に発達した積乱雲の雲域がみられる。この雲域の移動速度は時速約110 kmと見積もられており，雲直下における海洋長波の速度に近い。

海外における発生事例

日本だけではなく，海外においても気象じょう乱を要因とするあびきと同様の現象の発生が知られており，特定の港湾で津波のような被害が発生することから，meteotsunami（メテオツナミ：気象津波）と呼ばれている[5]。九州地方の東シナ海側で発生するあびきと似たような条件を備えた地域での発生が知られている。特に，地中海にあるスペインのメノルカ島では過去に振幅が4 mを超える現象が発生している。

meteotsunamiは地域ごとに日本の「あびき」のような固有の名称があって，スペインのメノルカ島ではrissaga，イタリアのシチリア島ではmarubbio，マルタではmilghuba，バルチック海ではseebarとそれぞれ呼ばれている。meteotsunamiの実例を比較した文献[5]では，長崎湾の478 cmが，世界の最大値として記載されている。

〔野崎　太〕

文　献

1) 小長俊二ほか：海と空, 65, 203-222 (1990).
2) 志賀　達ほか：測候時報, 74, S137-162 (2007).
3) H. Akamatsu：Pap. Meteorol. Geophys., 33, 95-115 (1982).
4) T. Hibiya and K. Kajiura：J. Ocean. Soc. Japan, 38, 172-182 (1982).
5) S. Monserrat et al.：Nat. Hazards Earth Syst. Sci., 6, 1035-1051 (2006).

高潮

storm surge

　高潮とは，台風など強い気象じょう乱に伴う気圧降下による海面の「吸い上げ効果」と風による海水の「吹き寄せ効果」のため，海面が異常に上昇する現象である．

　過去の顕著事例は表1のとおりで，東京湾，伊勢湾，大阪湾などで大きな高潮が発生している[1]．日本では台風による高潮の発生が顕著で，特に南に開いた湾で大きな高潮が発生しやすい．高潮災害は地震・津波災害に次ぐ大きな自然災害で，たとえば伊勢湾台風による5000名以上の犠牲者のうち8割は高潮によるものとされている．

高潮の発生時期

　日本では台風に伴って発生する事例が多いことから，夏～秋の発生頻度が高い．平均的な潮位の高さは，海水の熱膨張などにより夏～秋に最も高くなることから，この時期に高潮が発生すると被害が大きくなりやすい．なお，日本海側や北日本では低気圧による事例も多く，高潮の発生は夏～秋に限定されるわけではない．

高潮の発生機構

　高潮はおもに気圧低下による海面の「吸い上げ効果」と風による「吹き寄せ効果」の2つが大きな原因となっている．台風や低気圧の中心では気圧が周辺より低いため，気圧の高い周辺の空気は海水を押し下げ，中心付近の気圧の低い空気が海水を吸い上げるように作用する結果，海面が上昇する．気圧が1 hPa低くなると，海面は約1 cm上昇する．また，台風に伴う強い風が沖から海岸に向かって吹くと，強風によって海水は海岸に吹き寄せられ，海岸付近の海面が上昇する．風が海面上を吹く距離が長く，湾奥に向かって狭くなるような地形の湾では，吹き寄せられた海水の逃げ場がないため，さらに海面が上昇する．風による潮位の上昇量は風速の2乗に比例し，水深に反比例し増加するので，水深が浅いほど，また風が強いほど吹き寄せ効果がよく働き，海面が上昇する．高潮の発生が多い三大湾（東京湾，伊勢湾，大阪湾）などでは，湾の形状が南側に開いた形と

表1　おもな高潮の被害事例

年月日	おもな原因	おもな被害区域	最高潮位（標高）	死者・行方不明者（名）	全壊・半壊（棟）
1917.10.1	台風	東京湾	3.0 m	1324	55,733
1934.9.21	室戸台風	大阪湾	3.1 m	3036	88,046
1942.8.27	台風	周防灘	3.3 m	1158	99,769
1945.9.17	枕崎台風	九州南部	2.6 m	3122	113,438
1950.9.3	ジェーン台風	大阪湾	2.7 m	534	118,854
1959.9.26	伊勢湾台風	伊勢湾	3.9 m	5098	151,973
1961.9.16	第二室戸台風	大阪湾	3.0 m	200	54,246
1970.8.21	台風10号	土佐湾	3.1 m	13	4439
1985.8.30	台風13号	有明海	3.3 m	3	589
1999.9.24	台風18号	八代海	4.5 m	13	845
2004.8.30	台風16号	瀬戸内海	2.7 m	3	11

死者・行方不明者数，全壊・半壊戸数は，高潮以外によるものも一部含む．

なっている．このため，台風が湾の西側を北上するコースをとった場合に南からの暴風が入り込み吹き寄せ効果が大きく寄与することから，最も注意が必要となる．

高潮予測

高潮の予測は，気象予測と同様に数値モデルで行っており，海水の動きを格子状に表現した海洋モデルに大気の風と気圧を外力として与えている[2]．海岸の地形を細かく表現するほど予測精度は向上するので，気象庁では現在海岸付近の地形を1km格子で表現して，全国の海岸の高潮の予測を行っている．この高潮モデルで予測できる値は，平常時からの潮位の上昇分であることから，実際の潮位に換算するためには潮の満ち引きによる天文潮を考慮する必要がある．気象庁では，この天文潮についても面的に予測する手法を用いることで，高潮による潮位を標高で予測している．予測計算は最新の台風や低気圧の予測結果に基づき3時間ごとに行っており，台風や低気圧の移動速度や強度の変化に応じた最新の結果を活用している．

伊勢湾台風時のシミュレーション

伊勢湾台風時の高潮は数値モデルによって，ほぼ正確に再現することができる．図1は気象庁が行った名古屋港における再現結果である[3]．潮位が最も高くなったピーク時には通常よりも3.5mほど潮位が高く計算されており，実測に近い．この日は小潮であったことから，台風の接近に伴う高潮のピークが仮に大潮の満潮時刻に重なった場合には，さらに1m以上高い潮位となった可能性があった〈→132〉．

また，図2は伊勢湾内において計算されたピーク時の潮位上昇量の分布である．高潮はその原因となる風の強さや向き，気圧の分布を適切に数値モデルに与えることで，湾内の分布までほぼ再現できる．伊勢湾台風時は南よりの暴風が長時間湾奥に向かって吹きつづけたこともあり湾奥で3m

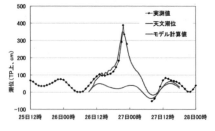

図1 伊勢湾台風時における名古屋港の高潮予測結果

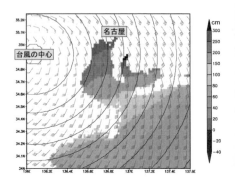

図2 伊勢湾周辺における伊勢湾台風時の高潮シミュレーション結果

高潮のピークの12時間前に予測した潮位上昇量の分布．矢羽根は風の向きと強さを，等値線は気圧の分布を表す．

を超える大きな高潮が発生している．

高潮監視

高潮の実況監視には，リアルタイムで収集している国内の関係機関の観測データを用いている．図3は国内で高潮監視に利用している地点で，約180地点の潮位データがほぼリアルタイムで監視できる体制が整っている．

近年の高潮災害

国際的には2008（平成20）年にミャンマーでサイクロンNargisにより10万名以上の犠牲者〈→239〉，また2012（平成24）年にアメリカでハリケーンサンディにより8兆円を超える被害〈→244〉，さらに2013（平

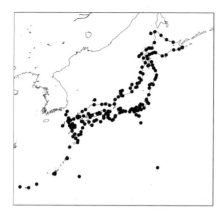

図3 高潮の実況監視地点

成25）年にフィリピンでは台風Haiyanにより犠牲者6000名以上となるなど〈→247〉，高潮による大きな災害が頻発している．特にハリケーンサンディは高度な都市機能を有するニューヨークに大きな高潮災害をもたらし，地下鉄や地下トンネルの浸水などの新たな災害が発生している．日本においても高潮の発生が多い三大湾それぞれに大都市を抱えていることから，ニューヨーク同様の新しい都市型の被害が危惧される．

国内では，伊勢湾台風クラスの高潮災害は50年以上発生していない．しかし，1999（平成11）年台風18号により八代海で発生した高潮では，熊本県不知火町で13名が犠牲となったほか，周防灘では人的被害はなかったものの浸水による空港の閉鎖や海岸の堤防，護岸の破壊など甚大な被害が発生している．また，2004（平成16）年台風16号では，瀬戸内海で香川県と岡山県を中心に3万世帯以上の家屋が浸水する災害が発生した．

地球温暖化の影響

IPCC（気候変動に関する政府間パネル）第5次評価報告書[4]では，「地球温暖化により世界平均海面水位は21世紀の間上昇を続けるだろう」と予測されている．これに加え熱帯低気圧（台風）の強度が強まる可能性が高いことから，将来的には高潮により極端に高い潮位が出現する可能性が高まるとされている． 〔野崎 太〕

文 献

1) 内閣府ほか：パンフレット「高潮災害とその対応」(2005).
2) 髙佐重夫ほか：測候時報, 78, S33-42 (2011).
3) 別所康太郎ほか：天気, 57, 57-64 (2010).
4) 気象庁：気候変動2013 自然科学的根拠政策決定者向け要約, pp.5 (2014).

塩水流入

海水が低地に流入することを塩水流入といい，農地に塩水流入があると農作物の生育阻害や品質劣化，減収が起き，塩過剰に弱い作物は，ときによっては枯死に至って収穫が皆無という場合もある．海に囲まれている日本では，塩水流入はめずらしくないが，大規模な塩水流入となると，台風による高潮や地震による津波のときである．

1999（平成11）年9月24日に台風18号によって熊本県の不知火海沿岸に高潮が発生したとき，海岸近くの農地には河川を逆流した海水が1426 haもの農地に流入し，水稲やハウス野菜の収穫ができなくなった〈→148〉．また，2004（平成16）年8月30日には香川県で台風16号による高潮が，満潮と重なったため，河川を逆流した海水が農地に流れ込んでいる．さらに，2011（平成23）年3月11日の東北地方太平洋沖地震の巨大津波では，岩手県から千葉県の海岸部の約23,600 haの農地が冠水し，塩過剰に弱い作物は枯死している．

海水の総塩濃度は約35,000 ppmであるが，作物の耐塩水性は灌漑水で1000～3000 ppmと，これより1桁以上小さい．このため，まず，ほ場からの海水の除去が必要であり，速やかな除塩が必要である．真水を用意し，スプリンクラーやかけ流しの湛水で塩分を除去したり，石灰を入れて土を中和する．また，比較的に耐塩性があるとされる大根やブロッコリーなどの作物への転換をしたり，海水に冠水した稲わらを除去処分するなど，堆肥として地中に鋤きこまないなどの対策が必要である．

〔饒村　曜〕

第5章

秋の現象

150 秋の風

清川だし

kiyokawa-dashi wind

清川だしは，山形県東田川郡庄内町清川付近に春から秋にかけて吹く，乾いた局地的な東よりの強風のことである．岡山県の広戸風，愛媛県のやまじ風とともに日本三大悪風の1つに数えられている．「だし」は，陸から海に向かって吹き，船出に便利な風であることからきた風の名といわれている．一般にだし風が強い地域は，峡谷から平野に出て数kmのところであり，清川付近も，奥羽山脈から吹く東よりの風が，新庄盆地を経て日本海側の庄内平野に吹き抜ける通り道となっている．

だし風が発生しやすいのは，春から夏にかけてオホーツク海高気圧が張り出しているとき，春に日本海に低気圧があり発達しながら東に進んでいるとき，台風が日本海側を北上しているときなどである．大気の下層に気温の逆転層があることが条件となる．

図1は清川だしの吹く地域にあるアメダス「狩川」の，強風注意報基準に相当する10m/s以上を観測した風を毎正時に過去30年集計したものである．春から夏にかけて南東の風が多いことがわかる．南東の風の多くはだし風である．

峡谷から吹いてきた風が，その出口にあたる平野に開けた付近で強くなる現象は世界中にみられ，gap windと呼ばれている．荒川[1]は，このような強風の成因について明らかにし「地峡風」と呼んだ．だしは，この地峡風と山を越えて降りてくるおろし風がおもな要因である．これに海陸風や山谷風などの日変化の影響が加わることもある．

清川だしによる春から秋にかけて吹く乾いた強風は，古くから農作物の生育に大きな影響を及ぼしてきた．5～6月の田植え直後の乾燥した強風は，極端な葉面蒸発を誘発し，苗の活着を妨げる．また8月頃には，「白穂」をもたらすことがある．白穂とは，稲の穂が，高温の乾燥した風などにより水分が欠乏し白色に枯れてしまうことである．

清川だしに長年悩まされてきた立川町（現庄内町）は，風力発電に積極的に取り組んできた．狩川アメダスの風の平年値によると，冬は40％以上，夏でも23％以上の時間帯で風力発電に適した5m/s以上の風が吹いており，風力発電に最適な地域である．立川町には，2003年までに風力発電機11基が整備され，町の約半分の電力消費量に相当する年間約1300万kWhの発電が行われている．　　〔牧原康隆〕

文献

1) 荒川正一：天気，**53**，161-166（2006）．

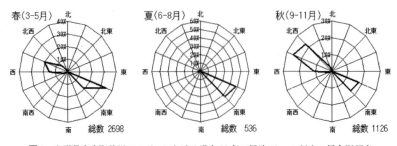

図1　山形県庄内町狩川アメダスにおける過去30年の風速10m/s以上の風向別頻度

151 秋の風

おぼねだし

obone-dashi wind

おぼねだしとは，秋田県仙北市田沢湖生保内（おぼない）地域に春から秋にかけて吹く，局地的な東風のことである．「だし」はおもに東北地方から北陸地方にかけて，日本海側の峡谷部から平野・海上に向かって吹き出す，乾いた東よりの強風に対して使われており，ほかに，山形県の清川だし，新潟県の荒川だし，安田だしなどが有名である．

生保内地域は奥羽山脈に源を発して西に流れる生保内川の川沿いにあり，生保内で北から流れてくる玉川と合流し，南西に流れを変える．このため，生保内の風の多くは，岩手県の雫石方面から奥羽山脈を越えて谷沿いに吹いてくる東風，または角館方面から吹いてくる南西風である．

「だし」は，峡谷から吹いてきた風が，その出口にあたる平野に開けた付近で強くなる地峡風と，山から吹き下ろしてくるおろし風がその要因である．ともにフェーン現象を引き起こすため，乾いた暖かい空気となる．この際，風の強さや気温の上昇の程度を決めるのは風上の山との高度差と峡谷の深さと広がり方である．生保内地域は清川だしの吹く地域のようにはだし風の吹きやすい形状になっていない．このため，気温は上昇する傾向があるが，風は清川だしほど強くない．実際，おぼねだしの吹く仙北市田沢湖生保内の田沢湖アメダスの風速の年平均1.8 m/sは，清川だしの吹く庄内町の狩川アメダスの年平均3.7 m/sの約半分であり，10 m/s以上のやや強い風はほとんど吹かない．

図1は，田沢湖アメダスの5 m/s以上の風とその風向に関する過去30年の発現頻度の統計である．5 m/s以上の風はほとんど東風であり，その多くはおぼねだしである．

田沢湖アメダスと奥羽山脈を挟んだほぼ同じ標高の雫石アメダスの，風速と気温の月ごとの平年値を比較すると，年平均ではほぼ同じ風速だが，田沢湖では，初夏から秋にかけて風が強い．また，この時期，気温も0.3℃高い．日照時間に大きな差がないことから，いずれもおぼねだしの影響とみられる．

おぼねだしは乾燥し温度は高めであるため，風上の岩手県のような冷害のおそれは少ない．一方で，清川だしのようには風が強くないことから，田植え時期の風による害，出稲期の白穂害は少ない．気温が上昇することで生育を助け，夏には病害虫を防ぎ，秋には収穫物の乾燥を助けるなど，農業にはよい影響を与えることが多い．このため，おぼねだしは古くから「宝風」とも呼ばれ，現在も生保内の民謡の中に歌い継がれている．

〔牧原康隆〕

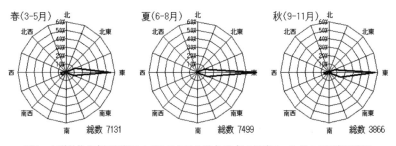

図1 山形県仙北市田沢湖アメダスにおける過去30年の風速5 m/s以上の風向別頻度

152 安田だし

yasuda-dashi wind

秋の風

　安田だしとは，新潟県阿賀野市旧安田町付近に吹く，局地的な南東よりの強風のことである．「だし」はおもに日本海側の峡谷から平野・海上に向かって吹き出す，乾いた東よりの強風に対して使われており，ほかに，山形県の清川だし，新潟県の荒川だしなどが有名である．一般にだし風が強い地域は，峡谷から平野に出て数kmのところだが，この地域は，会津盆地から西に流れてきた阿賀野川が，越後山脈の峡谷を通った後に急にひらけた平野部にあたる．

　だし風が発生しやすいのは，春から夏にかけてオホーツク海高気圧が張り出しているとき，春に日本海に低気圧があり発達しながら東に進んでいるとき，台風が日本海側を北上しているときなどで，大気の下層に気温の逆転層があることが条件となる．

　図1は，安田だしの強い地域に設置されているアメダス「新津」で観測された，強風注意報の基準に相当する風速10 m/s以上のやや強い風を風向ごと，毎正時に30年間集計したものである．ほとんどが東南東の風である．またその頻度は春が圧倒的に多く次に秋が多い．日本海側にもかかわらず，冬でも強風のほとんどは東南東からの風である．この地方が佐渡の風下にあたるため，北西の季節風が弱められる一方で，初冬や晩冬に日本海低気圧が発達しながら東進する際に，長時間にわたってだし風が吹くためとみられる．

　稲の田植え期に，だしによる強い風が数日以上続くと，苗が活着できなくなり，出稲期から出穂後1週間目頃にだしが吹きつづくと，乾燥した強い風のため白穂を引き起こすことがある．だし風は農作物，特に稲の生育に，大きな影響を与えている．

〔牧原康隆〕

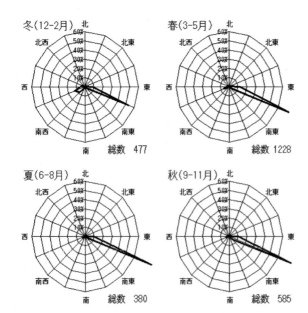

図1 新潟県新津アメダスにおける過去30年の風速10 m/s以上の風向別頻度

153 荒川だし

arakawa-dashi wind

秋の風

荒川だしとは，新潟県の旧荒川町，関川村，旧神林村におもに春から秋にかけて吹く，局地的な乾いた南東よりの強風のことである．船を日本海に押し"出す"のが「だし」の語源といわれている．

一般にだし風が強い地域は，峡谷から平野に出て数 km のところであるが，この地域は，小国盆地から西に流れてきた荒川が，朝日山地と飯豊山地に挟まれた峡谷を通った後に急にひらけた平野部にあたる．

荒川だしは，日本海に低気圧があって東進しているときや，春から秋にかけてオホーツク海高気圧が張り出して気圧配置が東高西低のときに多く発生する．図1は，発達中の低気圧が日本海中部を東進して，典型的な荒川だしが吹いていたときの風速の分布である．

だし風が吹くときは，多くの場合，大気下層に逆転層があり大気が安定している．このようなときに大気が山を越える流れは「おろし」と呼ばれ，川の流れの中で水が石を越えるのと同様であることが知られている．石の上を越えた流れは，速度を速めて川底付近まで流れた後，上流のような流れに戻っていく．また，峡谷から平地が広がりはじめる地域では，山を越えるときと同じ振る舞いとなる．荒川[1]は，これらについて数値シミュレーションで明らかにし地峡風と呼んだ．荒川だしは，おもにこの地峡風とおろしによるものである．

だし風は，夜に強くなることが多い．図2は，1955年から1956年の暖候期において，日最大風速が観測された時刻を集計したものである．これによると，すべての風向では日中に最も風が強くなるが，東から南南東の風の場合は，夜中に風が強くなる場合が最も多い．そのほとんどはだし風である．夜に風が強くなるのは，海陸風（山谷風）の影響とみられる．すなわち，東北の日本海側では，東側に陸地，山脈があることから日中は西風，夜間は東風となりやすく，だし風にこれらの効果が重なる．

〔牧原康隆〕

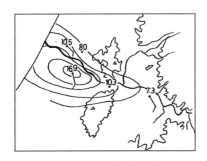

図1 荒川だしの風速分布（1956年6月23日18時）

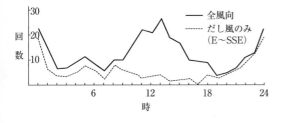

図2 坂町の時刻別の日最大風速発現分布[2]

文 献

1) 荒川正一：天気，**53**，161-166 (2006).
2) 新潟地方気象台：研究時報，pp. 417-427 (1970).

154 秋の風

神通おろし

じんつうおろし
jintsu-oroshi wind

　神通おろしは，飛騨高地から流れ下ってきた神通川が平野に至る，神通峡から富山平野にかけての地域に吹く強い南風のことをいう．神通だしと呼ばれることもある．「おろし」は山や丘から吹き下ろしてくる風の呼称であり，「だし」は，おもに日本海側の峡谷部から平野・海上に向かって吹き出す東よりの強風に対して使われている．

　神通おろしは顕著なフェーンが特徴である．山脈を越えた風上の盆地にあたる飛騨高地の高度は 500 m 以上，富山県との境にある山脈は約 1500 m 程度あり，庄内平野に風が吹き下ろす際には，気温は大きく上昇し，湿度は低下する．

　このフェーンは日変化して，昼弱く夜強い傾向がある．おろし風に加え，海陸風または山谷風が加わるためである．富山県では夜に強い南風となる．図1は，神通おろしが吹いた1966年5月7日1時の富山県内の風の分布，および富山地方気象台，富山空港の上空の風である[1]．強い南風は神通川流域を中心に吹いている．また，富山県の上空では海陸風の鉛直方向の循環，すなわち，地表付近では陸から海へ，数百m上空では海から陸への風が吹いていることがわかる．これに，飛騨高地からのおろしが加わり，強風となっている．

　神通おろしは，フェーンによって暖かく乾燥した強い南風となるため，春先は雪解けによる洪水，地すべりなどの土砂災害，全層なだれなどの災害を引き起こすことがある．また，8月の出穂期には稲の水分をうばい，穂が白くなり，不稔となる「白穂」を発生させることがある．

　フェーンは，大火災の要因の1つといわれている．富山で最小湿度が40%以下になった日数と富山県内の5戸以上焼失した件数（1926～1965年）との関係を調べた結果[1]によると，春に乾燥した日数と火災件数が最も多い．この地方では，春に日本海で低気圧が発達するとき，強風とともにフェーンにより湿度が低くなりやすい．火災発生にはさまざまな要因があるものの，調査では火災発生件数と乾燥との相関が高く，フェーンが発生する際には，火災が起こりやすいことがわかる．　　〔牧原康隆〕

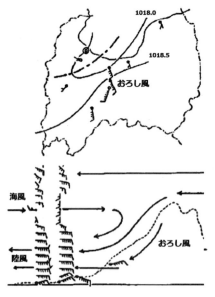

図1 おろし風発生時の富山県の風の分布（1966年5月7日1時）[1]

文献
1) 富山地方気象台：気象庁技術報告, 58 (1967).

やまじ風

　やまじ風は，瀬戸内海に面した愛媛県中央市の伊予三島付近に吹く山越えの強いおろし風で突風を伴si走行中のトラックを横転させ，電柱や鉄塔などもなぎ倒すおそろしい風である（図1）.

　1945（昭和20）年9月17日の枕崎台風通過時，やまじ風の暴風で1.7tもあるコンクリート造の防空壕の蓋が吹き上げられ，5間（9m）ほど隔たった牛小屋の屋根の上にそのまま落下したとの報告がある（旧豊岡村長談）.

　やまじ風は，発達した低気圧や台風が黄海から朝鮮半島付近，日本海を東に進むときに発生する．海上数kmに及び，沖では反時計回りの風が吹き，漁師は「どまい」と呼んでいる．猛烈に発達した低気圧の事例として，1993年6月2日のやまじ風がある．

　図2は，やまじ風最強時の地上天気図である．猛烈に発達した低気圧が朝鮮半島の西海岸にあって閉塞前線が南に伸び，四国地方は閉塞前線の前面で等圧線が密集している．この日の突風で飛ばされたコンクリートパネルが人に当たり1名死亡，11tトラックが突風で接触事故を起こし，4tトラックが転落，電柱10本が根元から折損といった被害が出た．ちなみに折れた電柱は40m/sに耐えられる設計であった．

　この低気圧によるやまじ風の開始時は，低気圧が中国上海の北東海上に出た付近から始まり，低気圧が発達しながら黄海を北東に進み朝鮮半島の中ほどに達したときに終了している．ちょうどこのとき，閉塞前線が伊予三島を通過し，北よりの風に変わったためである．

　風は悪さをするだけでなく，ときには気まぐれに罪滅ぼしもする．この日の突風で2tトラックが横転し，運転手が近くの安全なところへ避難して車を見張っていると，逆風が吹き，車が起き上がったので，これ幸いと車に乗り急いで現場を離れたとのことである．

　図3は，やまじ風の概念モデルである．やまじ風は，黄海から日本海を進む台風や低気圧に向かう南風が四国山地の法皇山脈の尾根に桁雲を発生させる．ロール状の桁雲が，鞍部で途切れ，鉛直渦となって北の中央構造線の崖や谷筋に沿って落下して，

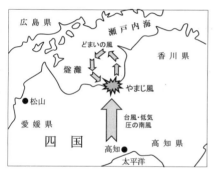

図1　やまじ風発生地域と周辺図

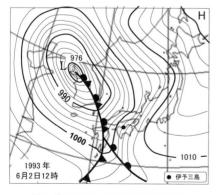

図2　「やまじ風」最強時の地上天気図

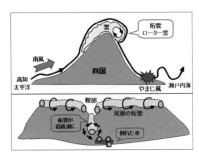

図3 やまじ風の概念モデル（中田）

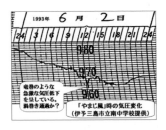

図4 やまじ風時の気圧変化

山麓に突風をもたらし，トラックを転倒させるなどの被害をもたらす．

強風の前触れとして，山鳴りするが，ロール状の桁雲の伸縮が空気を膨張・圧縮し，振動するためかもしれない．

一方，山鳴りに対して，海鳴りがある．海鳴りは台風が遠くの海上にあるとき，台風から伝搬したうねりが沖で他の波と合成するなどして大波を形成する．この大波が崩れ，落下して滝のように海面を打ちつける音や，崩れる際，空気を巻き込み圧縮・膨張して発生した空気振動が海鳴りである．海鳴りの音は遠くから聞こえるが，低い雲に覆われているときのほうがよく聞こえる．低い雲が上方への音の拡散を妨げるからである．

今後，山鳴りに関しては上空の逆転層の影響なども考慮した検証が必要である．不安を感じる山鳴り，海鳴りは，顕著な災害をもたらす前兆現象であるため，防災の告知に役立っている．

図4は，顕著なやまじ風が吹いたときの現地の気圧である．記録紙によると竜巻通過時のような急激な気圧降下がみられる．

昔は，やまじ風の暴風地域では被害を防ぐため，民家の屋根に重石を載せ，漁網をかぶせたりしたが，近年はコンクリート家屋の比率が高くなっている．

現地の人は，やまじ風の前兆現象である桁雲・誘い風・山鳴りをとらえてやまじ風を予測しているとのことである．

〔中田隆一〕

文 献

1) 大阪管区気象台：やまじ風総合調査報告 (1985).
2) 白鳥 勇：香川大学教育学部平成11年度卒業論文，49 pp (2000).
3) 高見佳浩：日本気象学会関西支部例会講演要旨集，**58**, 18-21 (1991).
4) 中田隆一：天気予報のための局地気象の見方，東京堂出版，pp.29-33 (2001).

まつぼり風

　まつぼり風は，図1と図2に示すように九州の熊本県の阿蘇外輪山に囲まれた大きなカルデラ湖出口の谷間（立野付近）に発生する東よりの強風のことである．発生形態は次に示す2種類がある．①移動性高気圧に覆われた夜間，放射冷却でカルデラ内に冷気がたまると，これが重力流（冷たくて重たい空気が低地に向かう流れ）となって出口に収束して強風になる．②低気圧に伴う温暖前線が九州南西海上から阿蘇に接近すると，阿蘇外輪山では上空の前線面が次第に低下する．この影響で前線面と外輪山の高さの間隔が狭くなる．このため前線面より下層の南東風が外輪山を山越え下降してカルデラ内に流れ込みやすくなり，カルデラ湖出口の谷間に収束して強風となる．

　風速は，①の場合は10〜20m/sだが，②のほうが強く，ときには20m/sを超えることがある．

　発生回数は年平均60回程度で，3〜5月の春と，10〜11月の秋が多く，強風は，カルデラ湖出口の峡谷（幅70〜100m）付近に集中するが，強風の厚さ（高さ）は30m程度である．まつぼり風の「まつぼる」の語源は，熊本市付近から八代市付近にかけての地域で，他人にわからないように，こっそり物や金銭を「くすねて」しまうことをいう．このことから「まつぼり風」は他の土地には吹かず，弱い風がどこかから強い風を「くすねて」きたように強く吹く風（局地風）といわれている．

　被害については，稲の白葉枯病や，まつぼり風の発生時期と，大麦の出穂時期が重なるため，強風地帯では，大麦の芒（のぎ）

図1　まつぼり風発生地域

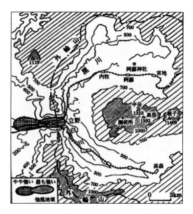

図2　まつぼり風が強い地域（吉野）

が取れて実の太りが悪くなり収穫量に影響するなど，ほぼ毎年のように被害が発生している．
〔中田隆一〕

文　献

1) 荒川正一：局地風のいろいろ，西山堂書店 (2004).
2) 吉野正敏：小気候, pp.69-71, 63-64, 地人書館 (1961).
3) 木村富士男：局地循環，天気, **39**, 377-383 (1992).
4) 黒瀬義孝，大場和彦，丸山篤志，真木太一：農業気象, **58**, 93-101 (2002).

157 秋の風

肱川あらし

ひじかわあらし

愛媛県西部の瀬戸内海に面した大洲市長浜では，秋から冬にかけての風物詩「肱川あらし」が吹き荒れる．図1は，肱川あらしの発生地域を示したものである．

肱川あらしは大洲盆地の放射霧（冷気）や海上に扇状の蒸気霧を発生させ河口付近から海上に吹き荒れる（図2）．

肱川あらしとは晴天のおだやかな日の夜間，肱川上流の大洲盆地で放射冷却により発生した冷気が霧を伴って川に沿って流れはじめ，下流のV字状の峡谷で収束し，加速して河口から一挙に沖に向けて発散する強風のことである．肱川あらしの風速は，肱川河口の長浜大橋で普通10m/sくらいであるが，ときには20m/sに達することがあり，水滴をたっぷり含んだ冷たい強風が通学や出勤を急ぐ人たちに襲いかかり，肌に突き刺すような痛みや，水滴で衣服がびっしょり濡れることがある．川筋では，この冷たい強風のためミカンの葉が枯れる被害もあり，昔は河口付近で旅芝居の小舟が転覆する事故が発生している．

図3は，1981年11月19日の肱川あらしの観測事例である．18日の夕刻から19日の早朝にかけて大洲盆地から肱川に沿う各地点の気象状況と肱川河口から海上に広がる霧を，航空写真をもとに示している．19日の朝，西日本は移動性高気圧に覆われて，快晴となった．このため大洲では18日の夕刻から翌朝にかけて夜間の放射冷却で気温が4℃下がり，肱川の水温も1℃下がって水温と気温の差が9℃以上になった（6時頃の水温12.6℃，気温3.2℃）．放射冷却による盆地の霧は，1時30分頃発生し，早朝の肱川からは別の蒸気霧が風呂の湯気のように盛んに立ちのぼっていた．

大洲盆地の放射霧の高さは，盆地内319mの冨士（とみす）山の山頂より高く，航空写真によると350mくらいであった．盆地内の霧を伴う風は弱く，川下にゆっくり流れるが，峡谷付近に達すると収束して加速し，河口の長浜大橋では11m/sとなり，伊予灘に扇状に発散する．流下してきた放射霧は河口付近で消える．河口から海

図2　肱川あらしの航空写真
(1981年11月19日7時，飛行高度900m)（芥川善行氏撮影）
河口付近の風速は20m/s．上空は晴れており，大洲盆地（右上）にたまった放射霧が峡谷で収束して加速し，途中の峡谷で滝のように落下（ハイドロリックジャンプ）して河口付近に奔流している．海上の低い霧は蒸気霧である．

図1　肱川あらしの発生地域

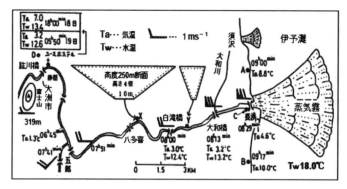

図3　1981年11月19日の肱川あらし観測事例（中田）

上に扇状に広がる霧は強風と冷気により暖かい水面から発生した蒸気霧である．

　海上に見事な蒸気霧の扇形を発生させるためには，満潮に伴って暖かい海水が河口から遡上して肱川の水温を高めることが必要である．潮が満ちると川面や海面から盛んに蒸気霧が発生して海に広がるためである．蒸気霧の発生が少ないと，盆地で発生した放射霧は河口付近でほとんど消えるため，海上に霧が整列して広がるという見応えのある肱川あらしにはならない．放射霧が河口で消える理由は，両岸の山に挟まれ高度を保っていた霧が，河口で崩れて下降気流になるため断熱昇温することや，霧粒が海上の暖かい空気に触れ，蒸発するためである．

気象学の縮小版「肱川あらし」

　肱川あらしがもたらす気象と海象を列挙すると次のようになる．①盆地にはそのスケール（受け皿）にあった形で放射霧がたまる．大洲盆地では霧頂（冷気湖の高さ）は300〜350m程度である．②盆地や峡谷の放射霧（濃霧）は，地上より30mくらい上空に浮いていることが多く，道路は視程300〜500mで自動車は通行可能である．③川面から蒸気霧が発生し，上面を流れる放射霧と二段構造となっている．水温と気温の差が8℃以上で，差が大きいほど蒸気霧が多量に発生する．④霧（冷気）は，重力流となり低地に流出する．盆地内では速度が遅く，峡谷で収束して加速し，相対的に暖かい海上へ発散する．⑤風速は海上気温と盆地の気温差（気圧差）に比例して強まる．⑥峡谷の一部では気流が落下してハイドロリックジャンプがみられる．⑦河口付近では下降流で霧頂が低下し，高度が150mくらいに半減する．同時に放射霧は断熱昇温して滝雲のように消える．⑧河口で放射霧が消えた後，冷気が相対的に暖かい海面を吹走し，蒸気霧を扇状に発生させる．海面の波紋（風浪）も扇状に広がる．⑨海上の蒸気霧は筋状になり，冬季日本海の筋状雲発生に相似している．⑩「肱川あらし」の沖合には陸風収束雲が伴っている（同時現象）．陸風収束雲は瀬戸内海の中央付近に長大に発生する積雲列である．

　以上，「肱川あらし」は，種々の現象が内蔵されていて，気象学の多くの示唆に富んでおり，気象学諸過程の縮小版ともいえる．

　余談であるが，大洲盆地に放射霧（冷気）があふれるほどたまると，図3に示した肱川下流で合流する大和川を霧が遡り，200mの峠を越えて須沢に落下（滝雲）す

る．放射霧は消えるが，落下した冷気（ボラ）が小あらしとなり，海面を吹走して扇状に蒸気霧を発生させる．

一方，大洲盆地の西側にあふれた放射霧（冷気）は300mの夜昼峠を越えて宇和海側の八幡浜市に落下する（図1）．ここでも滝雲となり，放射霧が消えて冷気流だけが市内を吹き抜ける．面白いことに，夜昼峠の呼び名の由来は，大洲盆地の霧が峠に「寄る」，霧が滝雲となって「干（ひる）」（消える）様子からつけたとの説がある．

肱川あらしは，霧が強風で躍動する世界に類例のない素晴しい現象であるため，地元では観光資源として活用している．

特異的な陸風収束雲

陸風収束雲は瀬戸内海広域に発生する特徴的な現象である．図4は，肱川河口から沖に噴き出す肱川あらしの蒸気霧と沖合の陸風収束雲を示したものである．快晴で周囲に雲が認められないなか，沖にだけ線状の長大な積雲列を形成する特異な雲である．晩秋の晴れたおだやかな朝，海水温と気温の差が8℃以上になると肱川あらしの沖（伊予灘）をはじめ，瀬戸内海のほぼ中央付近に線状の長大な積雲列が発生しはじめる．

瀬戸内海の四方は陸地であり，陸風はそれぞれ沖に向かう．海陸の温度傾度が大きくなると陸風が強まり通常より沖に達する．途中，海面から水蒸気が補給され海域の中心付近で反対側からきた陸風とぶつかる．その結果，気流が上昇して積雲列を形成する．

図5は，瀬戸内海広域で観測された陸風収束雲を合成したものである．図のように海域の中心付近に発生するが，東西2か所に雲の三差路を形成することもある．瀬戸内海において陸風のふるまいを把握することは，大気汚染物質の拡散や，霧発生のメカニズムの解明にも寄与する．

図4 肱川あらしと沖の陸風収束雲
（2008年12月1日7時）（肱川あらし研究会提供）

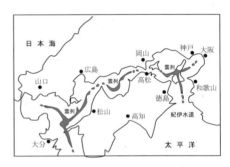

図5 瀬戸内海の陸風収束雲
ランドサット，セスナ機，地上観測による．

1981年10月，松山空港沖に発生した積雲列を筆者が最初に調査し，この雲列を瀬戸内海の陸風収束雲と命名している．

〔中田隆一〕

文献

1) 中田隆一：研究時報，34, 3 (1982).
2) 中田隆一：天気，32, 167-173 (1985).
3) 中田隆一：天気，30, 476-482 (1983).
4) 寺田寅彦：寺田寅彦全集 第3巻，岩波書店 (1960).
5) 川瀬宏明，木村富士夫：日本気象学会大会講演予稿集，86, 38 (2004).
6) 中田隆一：天気，30, 52-58 (1983).

158 宮島弥山おろし

広島県西部の瀬戸内海に位置する宮島は，台風の通過コースによっては厳島神社に甚大な被害をもたらすことがある．台風の南風が神社の裏山を山越えし，落下暴風となって神社を襲うためである．この落下暴風（2004年の台風18号）を調査した後，筆者が「宮島弥山おろし」と命名している．

図1は2004年の台風18号の経路図である．大型で強い台風18号が9月7日の朝，九州の長崎市付近に上陸（945 hPa）した後，九州北部から山口県西部をかすめ，加速しながら山陰沖を北東に進んだ．当日広島地方気象台では最大風速33.3 m/s，最大瞬間風速60.2 m/sの南暴風を観測した（歴代1位更新）．このため世界遺産である厳島神社に暴風による甚大な被害をもたらした．台風が同コースを通過する場合，南風が豊後水道で収束し，地形的に広島県西部に暴風をもたらすためである．

図2は，暴風で左楽坊や回廊が破壊された厳島神社を北の海側からみたものである．図3は，神社裏山の谷筋で折れた大木である．幹の中ほどで折れたものや根こそぎ倒れたものが多くあり，谷筋では北側に倒れ，海岸付近では左右に広がるように倒れていた．厳島神社は，島の北側の海岸に鎮座している．台風の南風は背後の山が遮蔽するはずだが，なぜこのような被害が発生するのか．

図4は，宮島の立体地形図である．宮島の南側では台風の気流が島にぶつかり，空気が圧縮されて高圧部に，反面北側は低圧部になる．また，島の側面を吹く気流で低

図2　被害にあった厳島神社

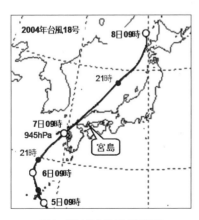

図1　2004年台風18号経路図

図3　突風で折れた大木

図4 宮島と台風による地形風

図5 山の鞍部から落下する暴風の模式図（矢印）

圧部の神社付近に向かう渦が発生するため，山越え落下風を，より強力なものにすることが考えられる．

図5は，宮島を北側からみた厳島神社とその背面の山や谷筋である．谷筋を登ると弥山（535 m）を主峰とする2つのピークがあり，鞍部から風が落下して（ハイドロリックジャンプ），海面で跳ね上がる様子を示している．

台風による南よりの暴風が宮島の地形に対して風向が真南になったときに，山越え気流が神社まで落下して被害を与える．島の南側では海面付近の重い空気が南風で斜面上に強制的に押し上げられ，島の2つのピーク，弥山と駒が林の鞍部で束ねら

れ，山を越え，谷筋を一気に落下する．途中，谷筋で大木をなぎ倒し，厳島神社を破壊し，海面で跳ね上がるように吹き荒れる．谷筋にある大聖院の坊さまの目撃談によると，庭で作業中に突然，上流から何か塊状の風（玉のような風）がバシャンと大きな音を立てて，落下してきたので屋内に飛び込み難を逃れたとのことである．1991年9月27日の台風19号のときも，この台風18号とほぼ同じコースを通過したため，山越え落下風「宮島弥山おろし」が吹き，神社などに甚大な被害をもたらしている〈→137〉．

山越え気流の広戸風の場合でも，山から落下してくる突風が塊状にみえることがあり，地元の人は玉風と呼んでいる．玉風が目撃されるのは，突風の先端部で木の枝葉などが引きちぎられ，雨の飛沫とともに突風の回転渦に取り込まれて落下してくるためと考えられる．

厳島神社は伊勢神宮や出雲大社などに比べ，社殿が低い構造となっているが，平安時代から地形の影響で幾度かの宮島弥山おろしの被害を受けていたため，経験則から低くしたと思われる．山から海面に落下した気流は空気を圧縮し，海面で跳ね上がると膨張する．この空気振動が神社付近の海面の波をより高める効果がある．神社の回廊は海の上にあり波の影響を受ける．波の効果を軽減するため，回廊の板張りにはスノコ状の隙間を設けている．下から突き上げる波は板の隙間から上に抜け，波のエネルギーを分散軽減するのである．先人の知恵はすばらしいものである．〔中田隆一〕

文　献

1) 丸山　敬ほか：京都大学防災研究所年報，48，B (2005)．
2) 中田隆一：瀬戸内海の気象と海象，pp.9-10，海洋気象学会 (2013)．

159 秋の風

局 地 風

　局地風とは，限られた地域に地形の影響で局地的に吹く風をいう．地上の風は特に地形の影響を受けるので，上空の風とは異なった吹き方をするし，山1つ越しただけでも違う．このため，広義には岬の突端での強風のようにきわめて限られた場所の地形による風向の変化や風速の増大を含む場合もあるが，気象学あるいは気候学で局地風と呼ぶ場合は，数〜100 kmの特定の地域・地方に発生する風のことをいう[1]．

　このような局地風は，特定の気象条件のもとで発生し，季節もある程度限られており，それぞれの地方に固有の呼称をもつものが多い．

　成因的に大別すると2通りある．1つは日射による加熱や夜間の冷却が場所によって異なるための温度分布によって起こる風である．よく知られている風に海陸風がある〈→070〉．海岸および海岸近くの地域では，日中は海から陸に向かう海風，夜間は陸から海に向かう陸風が吹く．海風が起きる原因は，日中に日射を受けると，陸地面の温度が海面より高く，地上の大気下層の気温は海上より高く，陸上の気圧が海上の気圧より低くなって，海から陸に向かって風が吹く．夜間は逆に海面温度は地表面より高くなり陸風が吹く（図1）．同様に熱的に起きる局地風として，平野と山の間に吹く斜面風，谷間と尾根の間に吹く山谷風などが代表的なものである．この種の風はあまり強くない．

　もう1つは，一般風が山脈や，谷間地形など地形によって力学的に変形され，加速されて吹く風である．山を吹き越えた後そ

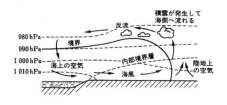

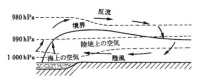

図1　海陸風循環モデル[2]

の麓で吹くおろし風やだし風，峡谷を吹き抜けた後吹く地峡風などがある．この種の風は，一般に強風となり災害を伴ったりする．

日本の局地風

　日本の代表的な局地風を図2に示す．局地風のほとんどは，山を背にして海岸や平野に向かう風向となっており，太平洋側に向かうものは「おろし」，日本海側に向かうものは「だし」と名づけられている風が多い．強風の力学的成因として，山越え気流によるものをおろし風，谷間の収斂効果によるものをだし風と分類する場合もあるが，両者ともそれぞれの要因が重なっている場合が多い．

　北海道の寿都だしは，低気圧やオホーツク海高気圧が東にあるときに，長万部から寿都までの地峡を風下に向かって加速して吹く南南東の強風である．一般風が原因であるため長時間続きやすいのが特徴である．日高しも風は，日高山脈に直交する北東の風が吹いたときに起きる強風である．山に向かう北東風がそのまま山脈を越えず，迂回した風が南側で収束し，山を越えていく．山脈の南部で水平収束のためにいったん強められた風が一部は山を越え，さらに谷間で収束していっそうの強風となる[4]．

　関東平野で「おろし」と名づけられてい

図2 日本における局地風の分布[3]

る赤城おろし，榛名おろし，筑波おろしなどは，必ずしも対応する山から直接吹き下ろすわけではなく，関東における冬季季節風「空っ風」の地方ごとの別称となっている．これらは冬季寒気吹き出しの中央山地越えの風で，広義のボラ型のおろし風だが，一般風の大きさに対する加速の度合いはそれほど大きくない．

関西の「六甲おろし」は，阪神タイガースの応援歌として有名だが，本来は，台風や低気圧が和歌山県の潮岬から熊野灘を通過中に，また，冬季の北西季節風時に，北の六甲山から神戸市街などに吹き下りてくる強風である．

やまじ風，広戸風，清川だしは，「おろし」という名称はついていないが，典型的なおろし風で，日本の三大悪風と呼ばれている．これらの局地風は一般風の地形による加速が力学的成因で，山脈にほぼ直角，あるいは谷筋にほぼ平行に吹くことが発生の必要条件となる．

肱川あらしとまつぼり風（熊本県の阿蘇山のカルデラ火口原から外輪山の西側に流出する風）は，滞留した冷気が谷間から流出するものである．これらの風は，一般風が弱く夜間放射冷却が顕著になる春や秋の移動性高気圧圏内で発生する．

世界の局地風

局地風として世界的に有名なものに，ヨーロッパアルプスを越えて吹くフェーン，北アメリカロッキー山脈の東斜面を西から駆け下りてくるシヌーク，クロアチア，スロベニアなどのアドレア海沿岸の地峡から吹き出す北風のボラがある．これらはすべて山や峠を越えて吹くおろし風で，はじめの2つはフェーン現象による乾いた暖かい風であり，ボラは寒冷気団の斜面下降による乾いた冷たい風である． 〔下山紀夫〕

文　献

1) 日本気象学会編：気象科学事典，東京書籍 (1998)．
2) R. G. Barry, and R. J. Chorley : *Atomosphere, Weather and Climate*. Methuen (1987)．
3) 吉野正敏：気候学，pp. 212，大明堂 (1978)．
4) 荒川正一：局地風のいろいろ，成山堂書店 (2012)．

山茶花梅雨

さざんかつゆ

日本において，季節の変わり目には曇りや雨のすっきりしない天気がある．一般に，冬と春を分けるのが菜種梅雨，春と夏を分けるのは梅雨，夏と秋を分けるのは秋雨（秋雨前線），秋と冬を分けるのは山茶花梅雨といわれている．山茶花梅雨は，ちょうど山茶花の花が咲く頃，つまり秋から冬への移り変わる立冬の時期に曇りや雨が続くすっきりしない天気をいう．梅雨や秋雨のように天気図に顕著には現れることは少ないが，秋から冬の空気に入れ替わるタイミングで，雨が数日続きやすくなる．

図1に2002年の季節を分けた長雨の例を示す．左図の3月1日は，日本の南海上に前線（菜種梅雨）が停滞し，中国大陸には冬の象徴である1052 hPaの優勢な高気圧があり，前線の南，日本の南海上には春を呼ぶ高気圧がある．6月30日は，梅雨前線が活発化し九州で大雨となったが奄美地方の梅雨明けともなった．前線の南の太平洋高気圧が次第に勢力を強めている．9月13日は，太平洋高気圧の勢力が次第に弱くなり，秋雨前線が東日本の南岸に停滞している．北日本は低温，西日本は真夏日になった．右図の11月16日は，本州の南海上に停滞前線が南北に伸びている．一方，北日本は等圧線が南北に走り，冬型の気圧配置となっている．このため，日本海側では北陸地方まで雪やみぞれとなった．冬と秋を分ける停滞前線，山茶花梅雨である．

一般に11月になると，台風や秋雨に伴う大雨シーズンはほぼ終わりとなり，雨が降ってもシトシトとおとなしく降ることが多くなる．また，北日本では雨から雪に変わる時期でもある．しかし，南から夏の名残りの暖気が突っ込んできたり，北から寒気が南下してきて，低気圧が発達する．さらに11月はまだ台風の接近，上陸もある．このため，11月になっても毎年のように猛烈な雨や暴風などに見舞われる．

図2は日本列島が11月に大雨や強風に見舞われた事例である．北海道と西日本には低気圧があり，南西諸島には停滞前線が東西に伸びて，日本付近は深い気圧の谷となっていた．このため，全国的に雨となり徳島県阿南市では1時間に60 mm以上の猛烈な雨が降った．また太平洋側を中心に南西の強風となり，三宅島では最大瞬間風速が37 m/sとなった．

11月になっても猛烈な雨や暴風が多いこともあって，竜巻などの突風が多いのも

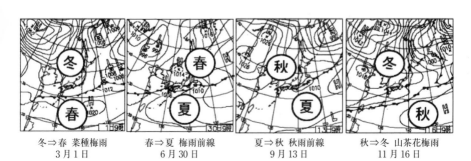

冬⇒春 菜種梅雨　　春⇒夏 梅雨前線　　夏⇒秋 秋雨前線　　秋⇒冬 山茶花梅雨
　　3月1日　　　　　　6月30日　　　　　　9月13日　　　　　　11月16日

図1　季節を分ける長雨（2002年の事例）

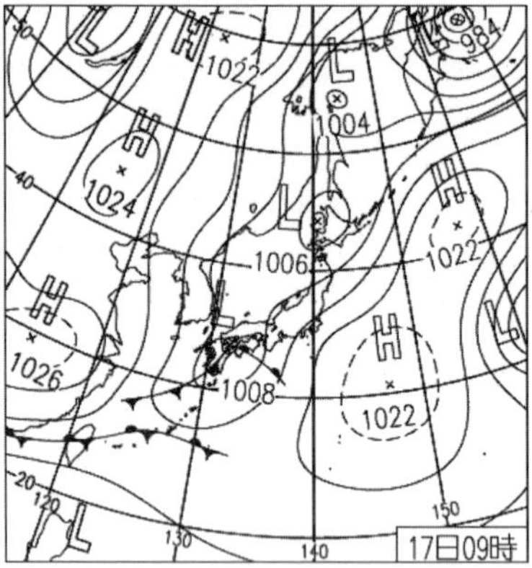

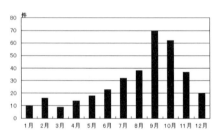

図2 2012年11月17日9時の地上天気図[1]

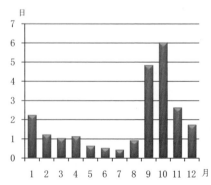

図3 竜巻の月別発生確認数（1991～2012年）（気象庁）

11月である．気象庁の統計では，11月は台風シーズンに次いで竜巻の発生数の多い月ともなっている（図3）．

11月頃の山茶花梅雨の時期は，名前のイメージとはかけ離れたシビアウェザーを発生させる月でもあるので注意を要する．

〔下山紀夫〕

文 献
1) 気象庁ウェブサイト．

161

放 射 霧

radiation fog

　放射霧とは，放射冷却による接地大気の温度低下を主因として発生する霧である．すなわち，晴天で風の弱い夜間から早朝にかけて，放射冷却〈→162〉によって気温が露点温度以下に下がり，過飽和となった水蒸気が凝結し微水滴となって空気中に浮遊し，視程（見通せる距離）が低下する現象である．空気中の微水滴による視程障害現象については，水平視程が1 km 未満の場合を霧，1 km 以上の場合をもやというが，「放射霧」は発生要因に着眼した用語であり，視程1 km 以上の場合を必ずしも排除しない．

　放射霧は内陸の盆地などで秋に多くみられる．盆地霧という言葉もあるが，その大半は放射霧である．図1は旭川における平年の月別霧日数（1981～2010年の30年平均）である．秋（9, 10月）にみられる霧日数のピークは放射霧によるものである．気象庁の平年値統計によれば，内陸に

図1 旭川における月別霧日数（平年値）

位置する盛岡，新庄，山形，福島，宇都宮，秩父，長野，上野（三重県伊賀市），津山，日田，人吉などの月別霧日数もこれに類似した特徴を示し，そのピークの時期は初霜や初氷が観測される頃におおむね一致している．ちなみに，霧は秋の季語とされている．

霧が発生するには，接地大気が水蒸気に関して飽和した状態となる必要がある．それが実現するのは，なんらかの原因によって，①気温の低下，②水蒸気量の増加（露点温度の上昇）のいずれか，または両方が起きるときである．放射霧は，放射冷却が①の条件を実現させることによって発生する．

しかしながら，実際に放射霧が発生するときのメカニズムはかなり複雑である[1,2]．そもそも，放射冷却で気温が下がるときは，地表面や地物の温度が気温より低くなっているので，霧が発生するより先に結露が起きる．空気中の水蒸気が露としてどんどん失われれば，気温が低下しても接地大気はなかなか飽和に達せず，霧はできにくい．このようなわけで，放射冷却だけでは容易に霧は発生しない．

内陸地方で，秋の晴天日の日没後，放射冷却による冷気が地表を覆いはじめたとき，川や用水路の近くを通りかかると，その付近だけ局所的に霧が立ち込めているのに出くわすことがある．これは，川や用水路の水面から蒸発した水蒸気が冷やされて凝結し微水滴になったもので，発生要因からは蒸気霧に分類される．気温が水温より低くなったためにこのようなことが起きる．それでも，川や用水路の上では水面から熱と水蒸気が大気に供給されるため，気温と湿度が周囲より相対的に高くなっている．

さらに，このようにして川や用水路の上に形成された局所的な暖湿気が周辺の冷気と混合すると，霧の発生が促される．そのからくりは次のようである．図2は，横軸

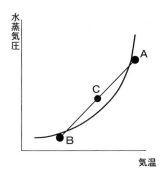

図2 飽和水蒸気圧曲線の模式図

に気温，縦軸に水蒸気圧をとった飽和水蒸気圧曲線の模式図である．空気は気温が高いほど多くの水蒸気を含みうるが，飽和水蒸気圧曲線は図の右上にいくほど傾きが大きく，下に凸の形をしている．この図で，飽和水蒸気圧曲線より上の領域は過飽和，下の領域は未飽和である．いま，未飽和ながら湿っていて気温の異なる2つの気塊A，Bが混合することを考える．そうすると，混合後の気塊Cは図2のように飽和水蒸気圧曲線より上の過飽和領域に入ってしまうことがある．飽和水蒸気圧曲線が下に凸の形をしているためにこのようなことが起こる．混合により過飽和となった水蒸気は凝結し，霧粒として空気中に漂うことになる．いうまでもなく，Aは川や用水路の上に形成された局所的な暖湿気，Bはその周辺に存在する放射冷却で冷やされた空気に該当する．こうしたメカニズムで発生する霧は混合霧と呼ばれる．

このほか，川や用水路の上に弱い上昇気流が起きることがある．川や用水路の上に形成された局所的な暖湿気はその周辺の冷気より軽いからである．暖湿気が上昇すれば断熱膨張によって温度が下がるので，気塊はすぐに飽和に達し，霧の発生にいたる．

このように，接地大気の温度を下げ，霧の発生しやすい高湿の状況をつくり出すの

は放射冷却であるが，究極的に霧が発生する段階では，蒸気霧や混合霧，あるいは上昇運動に伴う断熱冷却のメカニズムなど，放射冷却以外の要因が局所的に関与しているとみられることも多い．

そして，霧ができはじめると，そこは潜熱の放出により周囲よりわずかに高温となるが，それが周囲の冷気と混合することで，混合霧のメカニズムにより霧は成長し，霧の範囲は拡大していく．また，ひとたび霧ができると，霧自身から赤外放射すなわち放射冷却が起こり，霧層の上面が冷える．その結果，霧層内は不安定となり対流が生じることにより，霧層全体が冷却され，霧は濃くなっていく．

このように，霧発生のメカニズムは非常に込みいっており，どのメカニズムがどれぐらい寄与しているかは場所や事例によって大いに異なると考えられる．しかしながら，本項で注目する霧は，放射冷却が最初に接地大気の温度を下げ，霧の発生しやすい状況をつくり出していることから，放射冷却を主因とする霧という意味で「放射霧」と呼ばれる．放射霧は放射冷却以外の要因が関係していることも多いが，放射冷却による接地大気の温度低下が大前提の要因となっている．

放射霧は陸上で発生する霧であるから，陸上交通に影響を与える．影響が特に大きいのは道路交通で，運転者の視界をさえぎる霧は，交通事故の発生危険度を著しく高める．1998年12月1日未明，会津盆地内を通る磐越自動車道で霧の中発生した多重衝突事故では，16台の車両が巻き込まれ，2名が死亡し30名以上が負傷した．このときの霧も放射冷却が関与し，最短視程は10 m程度にまで低下していたことが確実とみられている[3]．車両が高速で走行する高速道路においては，濃霧はたとえ短距離・短時間であっても危険である．放射霧の発生はある程度予測が可能なので，発生ポテンシャルが高い場合は道路視程の監視を強化し，手遅れにならないタイミングで通行止めなどの規制を実施することが肝要である．ちなみに，気象庁の濃霧注意報は，陸上については視程100 m以下を基準としている地域が多い．

放射霧は，航空機の運航にも多大な影響を及ぼす．特に内陸にある空港は，放射霧の影響を受けやすい．濃霧により欠航・遅延や行先変更などを余儀なくされた場合の経済的・社会的影響は小さくない．出発後に目的地の空港が霧に覆われてしまったような場合は，そのまま目的地へ向かうか，目的地を変更もしくは出発地へ引き返すかの決断を迫られる．いったん空港を飛び立った航空機は必ずどこかの空港に着陸しなければならないが，霧に覆われた滑走路への着陸を敢行する場合もある．最近は滑走路や航空灯火が見えなくても着陸できるシステム（ILS：計器着陸装置）が導入されているが，世界的にみれば，霧による視程減少に起因する航空機事故はたびたび発生している．

〔永澤義嗣〕

文献

1) 沢井哲滋：天気，**29**, 731-747（1982）．
2) 小気候団体研究会：天気，**41**, 23-35（1994）．
3) 山本 哲，小山田一夫：気象庁研究時報，**52**, 17-30（2000）．

放射冷却

radiation cooling

熱を放射して物体の温度が下がることを放射冷却という．気象用語としては，晴れた日の夜間に気温が下がることの説明に放射冷却が用いられる．"現象"を付加して「放射冷却現象」と表現する向きもあるが，現象名に"現象"をことさらに重畳させる必要はない．

すべての物体はその表面から，表面温度に応じて電磁波という形のエネルギーを放出している．これを放射という（昔は輻射と呼ばれた）．その強度は物体の温度が高いほど強く（プランクの法則），そのエネルギーは絶対温度の4乗に比例する（ステファン-ボルツマンの法則）．また，射出される電磁波のエネルギーが最大となる波長は物体の絶対温度に反比例するという性質（ウィーンの変位則）がある．

気象においては，太陽からの放射と地球自身の放射を考える必要がある．太陽の表面温度はおよそ6000 Kであり，その放射エネルギーが最大の波長は 0.48 μm で可視光線の波長帯にある．一方，地球自身も宇宙空間に向かって電磁波を放射している．地球の平均温度はおよそ 300 K であり，その放射エネルギーが最大の波長は 9.7 μm で赤外線の波長帯にある．気象分野では，太陽からの放射を短波放射，地球からの放射を長波放射という．

絶対温度で表した太陽の表面温度は地球のそれの約20倍である（6000÷300）．ということは，ステファン-ボルツマンの法則によれば，単位面積当たり，太陽から地球にやってくる短波放射エネルギーは，地球が放出する長波放射エネルギーの16万（20^4）倍の強さがあることになる．

図1は地球の熱収支である．ただし，この図は地球全体の熱収支を示すものであり，詳細にみると事情はかなり複雑である．地球上で短波放射を受け取れるのは昼間の半球に限られ，それも太陽光線の入射角によって受け取れるエネルギー量が制約される．太陽光線の入射角は緯度や季節によって異なるだけでなく，1日のうちでも刻々と変わる．さらに，天気によって日照時間が日々変わり，雲量や雲の種類・高さ・厚さは常に変化する．このため，地表面や大気または雲が短波放射によって受け取るエネルギー量は時々刻々異なり，夜間は皆無となる．

一方，地球が長波放射で失うエネルギーは，地球の全表面から昼夜の別なく常時連

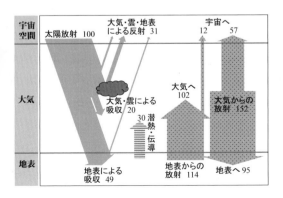

図1　地球の熱収支[1]
太陽からの短波放射を 100 とした場合の地球の熱収支．太陽から地球に降り注ぐ短波放射は，その約 70％ が地表面や大気または雲に吸収され，その一部は気象と呼ばれる諸現象のエネルギー源となる．地球が太陽から受け取った短波放射のエネルギーは，最終的には長波放射という形ですべて宇宙空間へ出ていき，エネルギー収支は釣り合っている．

続して出ていく．長波放射は地表面からだけでなく大気や雲からも常時放出されている．地表面が放出する長波放射は，直ちに宇宙空間へ出ていくのではなく，大部分は大気や雲に吸収されてしまう．大気や雲からの長波放射は，上向きと下向きの両方に射出される．上向きの長波放射は，より高いところにある大気や雲に一部が吸収され，残りは宇宙空間へ出ていく．下向きの長波放射は，より低いところにある大気や雲，さらには地表面を暖める．このように長波放射は，大気や雲，地表面の間で熱をやりとりするので非常に込みいっている．

以上を整理すると，昼間は太陽からの短波放射が地表面を暖め，地表面からも長波放射によって熱エネルギーが上方へ出ていく．受熱量のほうが大きい間は地表面の温度が上昇し，放熱量が受熱量を上回るようになれば地表面の温度は下がっていく．夜間は太陽からの短波放射がなく，長波放射で熱が奪われるので，地表面の温度は下がる一方である．この結果，風や蒸発などによる熱の輸送がなければ，地表面の温度は太陽の南中時過ぎ（南半球では北中時過ぎ）に最高となり，日の出直前に最低となる．雲が存在する場合は，太陽からの短波放射がさえぎられる一方，雲からの下向きの長波放射が地表面を暖めるので，地表面の温度は日中の上昇が抑えられる代わりに夜間の低下も緩和される．

次に，地表面に接した大気の温度変化を考える．地表面とそれに接する大気との間では，伝導や対流，蒸発などにより熱の交換が行われる．熱の移動は，両者の温度差を縮める方向に進行する．太陽からの短波放射は地表面とそれに接する大気の両方を加熱するが，地表面が吸収する熱エネルギーのほうがはるかに大きく，まず地表面の温度が上昇する．地表面の温度が上がれば，伝導と対流により地表面に接した大気の温度も追随して上昇する．また，地表面もそれに接する大気もともに長波放射によって熱を放出するが，地表面から出ていく熱エネルギーのほうがはるかに大きく，まず地表面の温度が下降する．地表面の温度が下がれば，伝導と対流により地表面に接した大気の温度も追随して下降する．気象分野では，この長波放射による地表面の温度低下に追随して接地大気の温度が下がる現象を「放射冷却」と呼ぶことが多い．

したがって，気象用語でいう「放射冷却」は毎日起こっていることになる．ただし，その程度は気象条件によって毎日異なる．雲が存在する場合は，既述のように雲からの下向きの長波放射が地表面を暖めるので，雲が存在しない場合に比べて放射冷却が弱まる．また，大気中の水蒸気は，雲と同じように長波放射を吸収し，また長波放射によって熱を放出する性質があるので，大気が水蒸気を多く含む場合すなわち湿度が高いときは，湿度が低いときに比べ放射冷却が弱い．さらに，風が強いときは，放射冷却で冷えた空気が地表付近に滞留することなく吹き払われたり上空の空気と混合したりするので放射冷却が抑制される．

放射冷却の程度は地形の条件によっても異なる．一般に，海や湖の近くでは放射冷却が弱い．海水や湖水は土壌に比べて熱容量が大きく，長波放射による温度低下が小さいからである．また，周囲を山や丘陵に囲まれた盆地や窪地は，放射冷却によって冷えた密度の大きい空気が滞留するため，放射冷却が強まりやすい．この冷えた空気が滞留した状態を寒気湖（あるいは冷気湖）というが，寒気湖が深いほど，すなわち盆地や窪地の深さ（周囲の山や丘陵との標高差）が深いほど，放射冷却は強まる傾向がある．これは，寒気湖の深さが盆地や窪地の深さにほぼ一致し，寒気湖の底の地面が大気から受ける下向き長波放射量は寒気湖が深いほど少なくなるからである．さらに，放射冷却による寒気湖の気温低下は，寒気

を生成する盆地斜面の面積が大きいほど大きく，寒気湖の容積が小さいほど大きい．このため，一般にU字形の盆地よりはV字形の盆地のほうが放射冷却は強い．

地面の状態によっても放射冷却の程度は異なる．湿った土壌は乾いた土壌より熱容量が大きいから，地面が湿っていると放射冷却は強まりにくい．また，放射冷却によって地表面が冷えると，地中から地表に向かう熱伝導が起こり放射冷却を緩和するが，地面の熱伝導率の大小によってその効果は左右される．乾いた地面は湿った地面より熱伝導率が小さいから，砂漠や乾燥地は，昼間は日射で熱せられても夜間は放射冷却が強まり温度が大きく下がる．また，積雪層は土壌より熱伝導率が小さいので，地面が雪で覆われると地中の熱が積雪の表面にまで伝わりにくくなり，積雪のない状態に比べ放射冷却は強まる傾向がある．新雪が積もった直後の積雪層は，空気を多く含むため熱伝導率がきわめて小さく，放射冷却が特に強くなりやすい．

放射冷却による気温低下が人々の生活に大きく影響するのは，冬季の最低気温と農耕期間中の霜である．放射冷却が特に顕著に現れるのは，内陸の盆地で新雪が積もった後，乾燥した晴天となり風が収まった夜である．近年，冬季の最低気温が昔ほど下がらなくなったが，都市域の道路除雪により地中の熱が大気に伝わりやすくなったこともその一因とみられる．〔永澤義嗣〕

文献
1) IPCC : IPCC 第2次評価報告書（1996）．

163 放射

初霜

はつしも
first hoarfrost

初霜は，秋から冬にかけて最初に降りる霜である．初霜のあった日を霜の初日という．これに対し，霜の終日すなわち春に最後に降りる霜を終霜（しゅうそう）という．

初霜の平年日（1981～2010年の30年平均）は表1に示すとおりで，北海道の内陸部で10月上旬，東北地方の内陸部や長野県で10月下旬，関東や近畿の内陸部で11月上旬から中旬，関東から近畿にかけての太平洋側や中国・四国・九州の沿岸部で11月下旬～12月となっている．沖縄では霜が降りた記録がない．初霜の早い記録は札幌の1888（明治21）年9月9日で，これが国内気象官署での最早記録となっている．

霜は物体の温度が0℃以下でかつ気温より低いとき，物体の表面に触れる空気が冷やされて霜点温度（氷面に対する相対湿度が100%となる温度）に達し，空気中の水蒸気が物体の表面に氷の結晶として昇華する現象である．気象現象としての霜は，晴れた日の夜間に放射冷却によって地表の熱が奪われ，地表面温度が0℃以下になったときに発生することがある．このとき，地上約1.5mで測った気温は地表面温度より数℃高い．経験的には，地上約1.5mでの気温がおおむね4℃以下になると霜の降りる可能性がある．空気中の水蒸気量が多く露点温度が0℃以上のときは，霜が発生する前に露ができてしまうので，湿度が高すぎないことも霜発生の条件となる．露ができた後に温度が下がってそれが凍ったものは凍露（とうろ）と呼ばれ，氷の結晶はみられない．

表1 初霜の平年日および霜注意報基準

	平年日	霜注意報の基準（最低気温）
稚内	11/7	3℃以下
旭川	10/8	3℃以下
網走	10/25	3℃以下
札幌	10/25	3℃以下
帯広	10/9	3℃以下
釧路	10/18	3℃以下
室蘭	11/10	3℃以下
函館	10/19	3℃以下
青森	10/29	おおむね2℃以下
秋田	11/11	おおむね2℃以下
山形	10/30	おおむね2℃以下
盛岡	10/22	おおむね2℃以下
仙台	11/10	おおむね2℃以下
福島	11/9	おおむね2℃以下
水戸	11/6	3℃以下
宇都宮	11/2	4℃以下
前橋	11/16	3℃以下
熊谷	11/17	4℃以下
銚子	12/11	4℃以下（4/1～5/31）
東京	12/20	2℃以下（4/10～5/15）
横浜	12/10	4℃以下（原則4/1～5/20）
静岡	11/28	4℃以下
名古屋	11/27	3℃以下（晩霜期）
津	12/2	3℃以下（晩霜期）
甲府	11/3	3℃以下
長野	10/28	2℃以下
岐阜	11/20	3℃以下
新潟	11/25	3℃以下
富山	11/20	2℃以下
金沢	12/1	3℃以下
福井	11/24	3℃以下
彦根	11/20	4月以降の晩霜
京都	11/18	3℃以下（晩霜期）
奈良	11/12	4月以降の晩霜
和歌山	12/17	3℃以下（3/20以降の晩霜）
大阪	12/5	4℃以下（4/15以降の晩霜）
神戸	12/21	神戸4℃以下、姫路2℃以下（4月以降の晩霜）
岡山	12/5	2℃以下（4月以降の晩霜）
広島	12/14	3℃以下 4月以降の晩霜
鳥取	12/4	3℃以下（4/1～10/31）
松江	11/22	3℃以下（4月上旬～5月中旬）
徳島	12/10	4℃以下（晩霜期）
高松	11/24	3℃以下（晩霜期）
松山	12/1	3℃以下（3/20以降の晩霜）
高知	11/25	3/20以降の晩霜
下関	1/10	3℃以下（3/20～11/20）
福岡	12/12	3℃以下（3/15～11/20）
佐賀	11/27	4℃以下（3/15～11/30）
長崎	12/10	3℃以下（3/15～11/30）
熊本	11/19	3℃以下（3/20～11/20）
大分	12/4	3℃以下（3/20～11/20）
宮崎	11/27	4℃以下（3/20～11/20）
鹿児島	12/10	4℃以下（3/10～11/30）

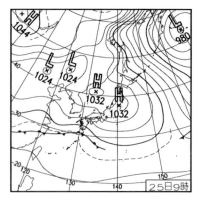

図1 初霜の天気図（2006年11月25日9時,気象庁提供）

　霜による被害として代表的なものに，農作物などの植物への霜害がある．霜が降りると植物の葉や茎の水分が凍結し，組織の機能低下または枯死をもたらす．ただし，霜そのものが影響を与えるのではなく低温が主因であり，葉や茎が低温になって水分が凍結すれば霜が降りなくても被害が発生するし，凍露の場合でも被害は発生する．その意味では，「霜害」より「凍害」あるいは「凍霜害」という表現のほうが実態を正確に表している．

　霜害には，春のおそ霜（遅霜もしくは晩霜と書く）による晩霜害（ばんそうがい）と，秋の早霜（はやじも）による初霜害（しょそうがい）がある．終霜から初霜までを無霜期間（むそうきかん）といい，農耕期間の目安になるとともに，各種の作物の栽培が可能かどうかを判断する目安にもなる．平年値に基づく無霜期間の日数は，北海道の内陸部で150日前後，東北地方の内陸部や長野県で180日前後，関東や近畿の内陸部で190～230日，関東から近畿にかけての太平洋側や中国，四国，九州の沿岸部で230～300日である．これらは平年値に基づく日数であり，霜の心配が不要な期間はこれより短い．

気象台が行う霜注意報は農業被害を対象としており，農作物への影響がある場合に限定して発表される．したがって，農耕期間以外は霜が降りると予想される場合でも注意報は発表されない．各地の霜注意報の基準を表1の右列に示す．基準要素には最低気温が用いられ，基準値は＋2～＋4℃の範囲でばらつきがある．これは，それぞれの地域で栽培されている農作物の耐寒性の相違によると考えられる．また，晩霜に関してはどの地域も注意報が出されるが，関東以西で早霜に関する注意報が想定されていない地域がある．これは，農耕期間の終了後に初霜を迎える地域に相当する．

霜による被害としては，農業被害のほかに，鉄道の架線への着霜も見落とせない．冬季の湿度が比較的高い晴天日の夜間，鉄道の電化区間で列車に電力を供給するため上部に張られている架線に霜が成長すると，列車のパンタグラフ（集電装置）と架線との間に霜が介在して直接接触しない状態になる．この状態ではアーク放電が発生し，パンタグラフの損傷や架線の溶断などが生じることがある．鉄道会社では着霜を防ぐ凍結抑止剤を架線に塗布したり，霜取り用の特殊なパンタグラフを装着した臨時列車（鉄道関係者は「霜取り列車」と呼んでいる）を運行したりする．架線への着霜はひと冬に何度かあり，着霜の的確な予想が必要とされている．現在，気象庁の霜注意報や着氷注意報はこの現象に対応していないが，民間気象事業者の中には顧客（鉄道会社）に対してこの現象に関する予測情報の提供を行っているところがある．

霜は放射冷却の効果が大きく関係し，風の弱い晴天の夜に静かに進行する現象であるといえる．初霜のニュースが報じられる日の天気図には共通性があり，大陸育ちの冷たい高気圧が日本列島を緩やかに覆う気圧配置である．その典型的な例を図1に掲げる．

〔永澤義嗣〕

164 秋の少雨

秋 ひ で り

秋旱・秋日照り
autumnal drought

秋ひでりは秋の干天少雨をいう言葉であるが，学術用語にはなく，明確な定義はない．気候学的な秋だけでなく，暦の上の秋すなわち立秋後の残暑についてもこのように表現されることがある．気象学的にみれば，以下に列挙する種々の気象状態に対してこの言葉が使われている実態がある．いずれの場合も，長期間続けば，渇水，空気乾燥，高温による市民生活や農作物への影響などに注意する必要がある．

①立秋後の残暑

わが国では，日最高気温の平年値が8月に年間最高となる地点が多い．立秋（8月7日頃）をすぎてからの暑さを世間一般では「残暑」といい，「秋ひでり」と表現される場合もあるが，この時期は太平洋高気圧の勢力がピークとなる頃であり，残暑と呼ばれるほどに暑いのがむしろ普通である．

②初秋の残暑

9月ともなれば太平洋高気圧の勢力に陰りがみえるのが普通だが，年によっては盛夏期の状態が長引いたり，8月が不順で9月に入ってから盛夏の状態になったりすることがある．このような場合，9月に真夏と同じような炎暑が続き，「秋ひでり」と呼ばれることがある．

③秋雨の不活発な秋

例年，本州一帯では9月中旬から10月上旬にかけて「秋の長雨」と呼ばれる雨期を迎える．かつては秋りんといった．この長雨をもたらすのが秋雨前線と台風であるが，年によっては秋雨前線がはっきりせず，台風の接近も少ないことがある．こうなる

と，少雨傾向が顕著になり，気温は平年より高く，真夏日が連続することもある．これも「秋ひでり」の典型である．

④帯状高気圧に支配される秋

日本付近では，9月は平均的に北緯40度付近で気圧が高く，本州南方で気圧が低い気圧配置となる．上空のジェット気流が北偏し偏西風の蛇行が小さい場合は，北緯40度付近の高気圧が帯状高気圧となって日本列島を覆い，天気が崩れにくく，平年より高めの気温が続く．これも「秋ひでり」の一形態である．

⑤周期変化のメリハリが薄まった秋晴れ

秋は高気圧と気圧の谷が交互に通る季節，あるいは気圧の谷が周期的に通過する季節といわれ，天気は周期変化するのが基本である．しかし，気圧の谷が浅く，低気圧などのじょう乱が発達しない場合，気圧の谷の通過に際して天気がほとんど崩れないまま次の晴天期間が始まってしまうことがある．こうなると，天気の崩れが1回抜けたようになり，天気変化の周期が倍になる．このようにして晴天ベースの天気が続くのも典型的な「秋ひでり」である．

⑥小春日和が持続する晩秋

旧暦の10月（太陽暦ではおおむね11月）を小春といい，その時期に現れる春のように暖かくおだやかな晴天を小春日和という．この時期ともなれば，日本付近でしばしば低気圧が発達して強風雨に見舞われ，低気圧の通過後は冬型の気圧配置になって強い季節風とともに大陸から寒気が日本列島に押し寄せて，日本海側の地方を中心に雨や雪が降るのが普通である．だからこそ，この時期にたまに現れる小春日和は貴重である．ところが，この時期に，発達する低気圧が現れず，冬型の気圧配置になるわけでもなく，快晴ではないがこの時期としては温和でおだやかな日が続くことがある．これが，もう1つの「秋ひでり」である．

〔永澤義嗣〕

165　　　　　　　　　秋の大火

酒田大火

1976年10月29日

1976（昭和51）年10月29日17時40分頃，山形県酒田市の中心部で発生した火災は，西よりの強風に煽られて燃え広がり，翌30日5時に鎮火するまでに152,105 m^2 を焼損し，死者1名，負傷者1003名，罹災者3300名，焼損棟数1774棟，被害総額405億円にのぼる大火となった．出火原因は不明とされている[1]．

わが国では第二次大戦後に大火が相次いだが，この酒田大火の後は，地震によるものを除けば都市の大火は発生していない．ちなみに，総務省消防庁は建物の焼損面積33,000 m^2（1万坪）以上の火災を大火と定義している．

わが国で第二次大戦後に発生した都市大火は，台風や発達した温帯低気圧が日本海を進むときに日本海側の沿岸部で発生する山越えの強風（フェーン）が関与するものが多かった．1952（昭和27）年4月17日に発生した鳥取市の大火〈→098〉，1954（昭和29）年9月26日の洞爺丸台風の際に発生した北海道岩内町の大火〈→130〉，1956（昭和31）年9月10日の富山県魚津市の大火などがその典型である．しかし，酒田大火は，津軽海峡付近に進んだ発達した低気圧の南西象限における強い寒気移流の領域内で，しぐれと呼ばれるしゅう雨を伴う西よりの強風下で発生したという点で，「大火＝フェーン」という図式を覆すものであった．

図1は酒田大火延焼中の地上天気図である．千島列島の主低気圧とは別に津軽海峡付近にも低気圧中心があり，その南西象限で等圧線の間隔が狭く，気圧傾度が大きく

なっている．山形県酒田市は，この気圧傾度の大きい領域にあり，大陸からの寒気が西よりの強い季節風として海から吹きつける状況であった．

図2は酒田における大火時の気象経過である．出火当時（17時40分）は西〜西南西の風が吹いていたが，20時頃からは西北西の風になった．約半日に及ぶ延焼期間中，風速はおおむね10 m/s以上で持続した．最大風速は14.3 m/s（18時10分，西南西），最大瞬間風速は26.7 m/s（21時25分，西北西）に達した．また，寒気移流に伴うしゅう雨，氷あられ，ひょうなどの降水が断続した[2]．

図3に延焼期間の前後を含めた期間の低気圧と前線の推移を示す．酒田に強風をもたらした低気圧は，10月27日3時に華中で発生し，東北東へ進みながら次第に発達し，28日21時に津軽海峡西方に達した後速度が遅くなった．同じく28日21時には三陸沖に新たな低気圧が発生し，以後は新たな低気圧が主力となって発達しながら北東のち北北東へ進み，30日3時にはオホーツク海に達した．元の低気圧は29日9時には北海道西方まで北上したが，以後は南東へ動き出し，津軽海峡を経て，30日3時には八戸沖の太平洋で不明瞭になった．

図3のように，最初の低気圧の東側または南東側に新たな低気圧が発生して発達を始める低気圧の世代交代現象は，温帯低気圧のライフサイクルの中ではよくみられるものである．世代交代が始まってからそれが完了するまでの期間は，低気圧中心が2つ存在する形になるが，そのために2つの中心に挟まれた鞍部では風が弱まり，両外側で気圧傾度が著しく大きくなって風が強まるというコントラストが生じる．特に警戒すべきは元の低気圧の南西象限で，一般に気圧傾度の最大域はそこに形成される．酒田大火はそうした領域の強風下で発生した．

秋はシベリア大陸で寒気が涵養されていく時季であり，それが間欠的に日本列島に流れ出す．その引き金となるのが日本海で発生・発達する低気圧であり，寒気を大陸から日本列島に引き込む作用をする．この寒気の先端部すなわち低気圧に付随する寒冷前線付近では，ときに強い積乱雲が生じ，竜巻などの激しい突風を伴う．さらに，その後面の寒気移流の領域では，日本海の相対的に暖かい海面から水蒸気と熱の供給を受けて対流が生じ，降水を伴う．これが「しぐれ」と呼ばれる現象で，強弱の変化の激しいしゅう雨性降水である．しぐれは「時雨」とも書くが，気温が低ければ雪になる．

「しぐれ」は降水ではなく風を主眼とした言葉であるとの説もある．わが国で「し」は風の古語だが，「しぐれ」は日本海を渡ってくる「し」（風）が「くれ」る（狂う）さまを表す，というのがその解釈である．確かに，しぐれは大陸から押し寄せる寒気流すなわち初冬の季節風に伴って発生する降水現象である．

酒田大火は，まさにこのしぐれ現象の真っ最中に発生した．酒田測候所（当時）の記録によれば，降水強度が瞬間的には最

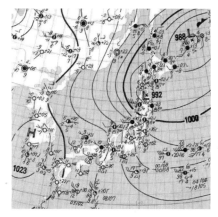

図1　1976年10月29日21時の地上天気図（気象庁提供）

	10月29日							10月30日					
17	18	19	20	21	22	23	24	01	02	03	04	05	06
40出火	10最大風速14.3 m/s		58市災害対策本部設置	30自衛隊出動要請	25最大瞬間風速26.7 m/s	延焼速度急増		重機による破壊消防			垂直放水による防御	30延焼停止	00鎮火

図2 酒田における大火時の経過

毎正時の天気と風向・風速（10分間平均）を表の下に記号で示す．黒円は雨，円＋三角形はあられ，二重円はくもり，旗矢羽根は10 m/s，長矢羽根は2 m/s，短矢羽根は1 m/sであり，矢軸の角度で風向を表す．

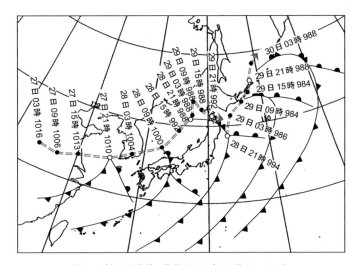

図3 低気圧と前線の推移（1976年10月27～30日）

6時間ごと（3, 9, 15, 21時）の低気圧中心位置（白丸は21時）と中心気圧および12時間ごと（9, 21時）の前線位置を示す．二重破線は低気圧中心の移動経路．

大30 mm/hに達したが，強度の変化が激しく，強い降水が長時間続くことはなく，延焼期間（29日17時40分～30日5時）中の総降水量は12 mmである．この降水量は，延焼速度の増大を多少抑制した可能性はあるが，大勢にはほとんど影響しなかった[3]．

〔永澤義嗣〕

文献

1) 総務省消防庁:消防白書(平成25年版)(2013).
2) 金沢昌智:気象, **238**, 20-22 (1977).
3) 自治省消防庁消防研究所:消防研究所技術資料第11号 (1977).

第6章

冬の現象

ホワイトアウト

whiteout, milky weather

　ホワイトアウトとは，一面の雪原で，空が一様な雲に覆われたときなどに空と雪面の境界が曖昧になり，視界がすべて白濁したようになる光学現象をいう．曇天の場合，太陽光は雲による乱反射が主体となり，かつ積雪の可視光の反射率が高く，新雪の場合だと 90% を超えることがある．このとき，雲と雪面の光量の差がほとんどなくなってしまうことが原因である．ふぶきの飛雪粒子による散乱で視程の悪化が助長される場合もある．

　ホワイトアウトは極域での現象として知られているが，樹木などの目印がなくなる樹林限界以上の雪山でもしばしば発生する．また，地上だけではなく，航空にとっても危険な気象条件である．雲，地平線，地表面の区別がつかないことから航空機の姿勢，速度，位置を判断して機体をコントロールする能力に影響を与える．図1は航空機で氷河上を飛行しているときの写真である．ホワイトアウトでは，雲と氷河の境界線を区別できないことに加え，あらゆる方向から等しい光が入るため影ができず，奥行きの感覚が失われる．図1の場合はクレバスの中の氷が青黒くみえることで，かろうじて地表面を視認できる．

　ホワイトアウトは高い地ふぶきとは必ずしも関係しない．また道路技術用語には含まれない．一般には雪道を運転する上で，ふぶきによる視程悪化により，路側，中央車線，および前方にある車両や人などの物体が認識できず，運転が困難な状態をさして用いられることがある．

　図2は雪山でふぶきを伴ったホワイトアウトの写真である．ホワイトアウトでは，方向と距離を決める感覚が失われるため，しばしばリングワンデルング（環状彷徨）に陥ることがある．登山やスキー・スノーモービルでは視界不良の中でまっすぐ進んでいるつもりでも，癖でどちらかに曲がって進むことが多く，結果として同一地点を輪を描いて回ることとなる．ホワイトアウトでは，人間は方向感覚だけではなく平衡感覚も鈍ってしまうことがある．雪の斜面を移動する場合は，斜度の感覚が鈍くなり急斜面か緩斜面かの判断ができなくなる．また，滑走感覚も曖昧になり，スピード感

図1　氷河上のホワイトアウト
空と地面との境目がわからない．

図2　雪山でのホワイトアウト
樹林限界以上の平坦な雪面の例．

が失われることがある.

　ホワイトアウトのときの行動は,慎重さが必要であり,天候が回復するまで待機するのが基本である.複数名で行動している場合は,コンパスなどで方向を指示しながら先行者を送り,先行者が適当な距離を進んだあとに,後続者が後を追うような行動をとる場合もある. 〔尾関俊浩〕

文献

1) T. S. Glickman *et al.*: *Glossary of Meteorology* 2nd. Ed., American Meteorological Society, 855p (2000).
2) 日本雪氷学会:雪と氷の辞典,朝倉書店,(2005).
3) 日本雪氷学会:新版雪氷辞典,古今書院,(2014).
4) 山岸米二郎:オックスフォード気象辞典,朝倉書店 (2005).
5) 和達清夫:最新気象の辞典,東京堂出版 (1993).

167 みぞれ

霙
sleet

　みぞれとは雨と雪が混在して降る現象である.または融けかかって降る雪粒子のことである.

　上空の0℃以下の雰囲気で成長した雪片やあられの結晶は,0℃よりも高い空気中を落下してくる途中で,はじめは融けしめった重い雪になり,さらに融けるとみぞれになる.完全に融解すると,雨として地上に到達する.みぞれ粒子は0℃高度からその下200〜300 mの間に存在する.

　雪やあられの融解熱フラックスは,粒子が受け取る正味の熱フラックス,すなわち粒子表面に入る顕熱フラックス(温度差による熱交換)と,水の蒸発により粒子表面から出ていく潜熱フラックス(蒸発・凝結による潜熱)の和によって与えられる.暖かい空気との温度差が大きい場合は融解速度が速くなり,空気が乾燥している場合は蒸発による冷却の効果で,融けにくくなる.また粒子が大きくなるほど融けきらず

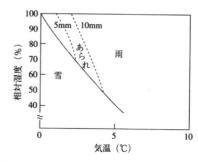

図1　地上における雪から雨への変化と地上気温・相対湿度・雪粒子の大きさとの関係[2]
気温減率は6℃/km,雪粒子の密度は0.02 g/cm³.

に地上に到達する．雪から雨への切り換わりを気温と相対湿度の関数として図1に示す．一般的にみぞれは地上気温が0〜+4℃くらいの間でみられる．一方，相対湿度が30〜40%と低い場合，+6〜7℃まで融けきらずに地上に到達することがわかっている．

0℃高度の直下では，融けた水の影響で，雪粒子同士が併合しやすくなるとともに壊れにくくなる．また，表面が水で覆われ電波を散乱しやすくなるため，あたかも大粒の雨のように振る舞い，レーダーの反射強度が急激に強くなる．そのためレーダー画面上で，融解初期のみぞれ粒子が存在するごく限られた高さだけに，明るい水平な横縞が現れることがある．これはブライトバンドと呼ばれる．

〔尾関俊浩〕

文　献
1) 気象研究所物理気象研究部：大気中における雪片の融解現象に関する研究．気象研究所技術報告，8, 80 (1984).
2) 松尾敬世：雲と降水の物理過程．新版気象ハンドブック，朝倉書店 (1995).
3) 村上正隆：降雪雲と降雪分布（降雪の気象），雪と氷の辞典，朝倉書店，(2005).
4) 日本雪氷学会：新版雪氷辞典，古今書院 (2014).

168 あられ

霰
graupel, soft hail

雲から降ってくる白色で不透明，半透明または透明な氷の粒のことをあられという（図1）．またはそれらが降る現象をさす．あられの直径は2〜5 mm程度で，雪や雨に混じって，にわか雪として降ることが多い．あられは雪あられと氷あられに分類される．

雪あられは，降雪結晶に大量の雲粒が衝突し，ただちに凍結することを繰り返して球形または円錐形になったものである．小さな氷粒で形成されているので，白色で不透明である．雲粒付雪結晶（図2）は雪あ

図1　あられ[2]

図2　雲粒のついた雪の結晶

られが形成される初期の段階である．衝突した雲粒どうしの間にはすき間があるので雪あられの密度は一般に小さく $0.8\ \mathrm{g/cm^3}$ 未満である．雪あられは砕けやすく，容易につぶれる．また，堅い地面にあたると割れることがある．

氷あられは，雪あられに水滴が衝突したり，一部が融けたりして水膜で覆われた後に再凍結した場合に形成される．そのため氷あられは比較的密度が高く $0.8\ \mathrm{g/cm^3}$ 以上となる．表面は部分的に滑らかであり，半透明である．形は球形であることがほとんどで，まれに円錐形がみられる．この粒は簡単にはつぶれず，堅い地面にあたると，音をたててはずむ．

氷粒子のほぼ全部がとけた後，再凍結したものは凍雨と呼ばれる．この過程を何度も繰り返して 5 mm 以上に成長したものはひょうと呼ばれる．したがって，氷あられは雪あられとひょうの中間状態である．

ときにしゅう雨性の降水として大きさのそろった大粒のあられのみが降ることがある．他の雪片を伴わず大粒のあられの層が形成された場合は，接触点が少なく，あられ自身は上載積雪ではほとんど変形しないため，焼結や圧密はほとんど進行しない．このため，あられ層は長時間弱層として維持され，表層なだれのすべり面となることがある． 〔尾関俊浩〕

文 献

1) 気象庁：地上気象観測指針，気象業務支援センター，154p（2002）．
2) 日本雪氷学会：日本雪氷学会積雪分類．雪氷，**60**, 419-436（1998）．
3) 日本雪氷学会：新版雪氷辞典，古今書院（2014）．

169 積雪

snow cover

積雪とは地上に積もった雪の集合体である．雪の結晶は積もったあとも圧密されたり，温度の影響を受けたりして，刻々とその姿を変えていく．積雪は地層のごとく層状に堆積し，風により削剝され，斜面では褶曲や崩落などが発生する．ゆえに積雪の内部構造や組織には，その雪が受けてきた履歴が反映されている．さらになだれなどの雪氷災害の発生機構の情報が得られる．

図1は2月下旬頃の積雪を掘ったスノーピットであるが，雪が層状に積もっているのを見ることができる．これは冬のはじめの降雪が一番深いところに積もり，その上に新しい雪が順々に積もっていった跡である．この雪の層は積もったときの結晶形の違い，風の強弱，気温などの影響で粒径や密度が異なっており，インクを噴霧しガスバーナーで炙ることで，毛管力の違いを利用して層構造を可視化している．縞模様は厚さ数十 cm のものから降雪結晶数枚が重なってできた 1 mm 以下のものまである．

図1 積雪の層構造の可視化

(a) 新雪 (b) しまり雪

(c) しもざらめ雪 (d) ざらめ雪

図2　積雪の結晶

積雪の分類

地面に積もったばかりの積雪は，降雪の結晶形を残している（図2a）．しかし，時間の経過とともに雪粒どうしの連結が進み，積雪を構成する雪粒の形，大きさ，結合状態などが変化する．積雪の変態には等温に近い状態で焼結と圧密が進行する等温変態，温度差の大きな積雪中で進行する温度勾配変態，融解と再凍結を繰り返して進行する融解変態の3種類がある．

等温変態は積雪が0℃に近い温度帯に長時間維持されたときに進行する変態である．この温度は，雪粒にとっては融点まで数℃の高温状態である．したがって雪粒の間には陶器のように焼結によるボンドが発達する．また新雪の凸部から凹部へと昇華蒸発・凝結が進行することから，積雪は時間とともに強度を増し，雪粒は球形化していく．さらに降り積もった上載積雪の荷重により新雪は圧密される．密度が増すとともに粒子間の接触点が増え，焼結はさらに進行することとなる．この等温変態は，「新雪」が「しまり雪」（図2b）に変化するときにみられる．

積雪層が薄いときには，地面に近い暖かい積雪と雪面に近い冷たい積雪の温度差によって，積雪層内に水蒸気圧差ができることがある．この勾配によって水蒸気の上方輸送が行われ，上側の雪粒には霜状の結晶が成長する．この雪は「しもざらめ雪」（図2c）と呼ばれ，コップ状や板状の結晶形をもつ．この温度勾配変態は「新雪」「しまり雪」「ざらめ雪」どれからも進行する．

ぬれ雪では水と氷が共存するので，その温度は0℃に維持される．積雪を0℃の水に含浸させるとボンドが消失し，それに伴い雪粒子は急速に粗大化することが知られている．その結果，小さな粒子は消滅し，複雑な形状の粒子は大粒の丸い結晶形へと変態する．融雪期には昼夜の寒暖の差により，昼にぬれ雪化，夜に再凍結を繰り返しながら粒子が粗大化する変態過程が一般的

に観察される．「ざらめ雪」（図2d）はこのような融解変態により形成される．

　日本の積雪分類では，雪粒の大きさや形と，変態過程の違いを勘案し，表1の9種類に分類している．新雪は，積もってから数日程度の雪で，降雪時の雪の結晶形を残しているものをいう．こしまり雪は，新雪としまり雪の中間で，降雪結晶の形はほとんど残っていないが，しまり雪にはなっていないものをいう．小さな粒や柱状の雪粒が網目状につながった状態である．しまり雪は，こしまり雪からさらに圧密と焼結が進んだ雪質で，雪粒は丸みを帯びており，粒が網目状によく結合して丈夫である．ざらめ雪は，水を含んで粗大化した丸い雪粒や，水を含んだ雪粒どうしが再凍結して大きな雪粒になったものをいう．こしもざらめ雪は，雪粒に霜の結晶が成長しはじめた雪質で，平らな面をもった結晶からなるものをいう．しもざらめ雪は，霜の結晶がさらに発達し，もとの雪粒と置き換わった雪質で，骸晶があり，コップ状や板状の結晶形をしている．表面霜は，放射冷却で雪面が冷やされ，空気中の水蒸気が雪面に凝結してできた霜である．氷板は，融雪水や雨水が止水面に停滞し氷化した板状の氷をいう．クラストは，積雪表面近傍にできる薄く硬い層である．成因により，サンクラスト，ウインドクラスト，レインクラストなどがある．なお，平仮名のついた名称（○○雪）は「雪」を省略してもよい．

　国際分類は「…な形の粒子」のように，

表1　日本における雪質の分類[3]

日本語名	記号	説明
新　雪	＋	降雪の結晶形が残っているもの．みぞれやあられを含む．結晶形が明瞭ならその形や雲粒の有無の付記が望ましい．大粒のあられも保存され指標となるので付記が望ましい．
こしまり雪	／	新雪としまり雪の中間．降雪結晶の形はほとんど残っていないが，しまり雪にはなっていないもの．
しまり雪	●	こしまり雪がさらに圧縮と焼結によってできた丸みのある氷の粒．粒は互いに網目状につながり丈夫．
ざらめ雪	○	水を含んで粗大化した丸い氷の粒や，水を含んだ雪が再凍結した大きな丸い粒が連なったもの．
こしもざらめ雪	□	小さな温度勾配の作用でできた平らな面をもった粒．板状，柱状がある．もとの雪質により大きさはさまざま．
しもざらめ雪	∧	骸晶（コップ）状の粒からなる．大きな温度勾配の作用により，もとの雪粒が霜に置き換わったもの．著しく硬いものもある．
氷　板	―	板状の氷．地表面や層の間にできる．厚さはさまざま．
表面霜	Ｖ	空気中の水蒸気が表面に凝結してできた霜．大きなものはシダ状のものが多い．放射冷却で表面が冷えた夜間に発達する．
クラスト	▽	表面近傍にできる薄い硬い層．サンクラスト，レインクラスト，ウインドクラストなどがある．

表2 雪質の国際分類（大分類）[8]

Class	Symbol	Code
Precipitation Particles	+	PP
Machine Made snow	◎	MM
Decomposing and Fragmented precipitation particles	/	DF
Rounded Grains	●	RG
Faceted Crystals	□	FC
Depth Hoar	∧	DH
Surface Hoar	∨	SH
Melt Forms	○	MF
Ice Formations	−	IF

雪粒の形状で積雪を区分けしている．日本の雪質分類記号は国際分類と一致するように定められているが，国際分類では，クラストはその形状によってしまり雪，ざらめ雪，氷板の小分類に配置されており，日本の分類にはない人工雪が大分類に加えられている．その結果，9つの大分類の下に37の小分類が配置される（表2）．

積雪の性質

積雪は力学的には粘弾性体として扱われ，ひずみ速度によって変形や破壊の様式が異なる．斜面上の積雪は塑性変形であるクリープと底面での積雪のすべりであるグライドが合成されて斜面積雪は下方へとゆっくり移動する（図3）．このとき積雪では引張り，圧縮，せん断の力がかかり，クリープが遅い変形から速い変形まで広いレンジで起きることとなる．

積雪の破壊もひずみ速度によってその様式が異なる．圧縮速度 v がある限界速度 v^* よりも遅いときは，積雪は破壊されず連続的に圧縮される（塑性変形）．v が v^* よりも速くなると，積雪は間歇的に破壊されながら圧縮される（破壊変形）．さらに v がある限界速度 v^{**} よりも速くなると連続的に破壊されながら圧縮される（第2種破壊変形）．v^* は硬いしまり雪で7〜13 mm/min，軟らかいしまり雪で3〜7 mm/min である．

積雪の引張り強度もひずみ速度によって様式が異なる．積雪はひずみ速度が 10^{-6} (/s) より小さいきわめて遅い変形では破壊は起こらない．ひずみ速度が速くなるにつれ塑性変形が起こった後にマイクロクラックの発生を伴う延性破壊を起こすようになり，10^{-4} (/s) より速い変形では脆性破壊を起こす．　　　　　　　〔尾関俊浩〕

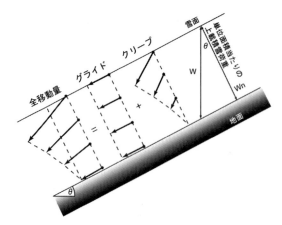

図3　斜面積雪の流動
全移動量はクリープとグライドの合計量．

雪　圧

snow pressure

　積雪に埋没した物体は上載積雪による雪圧を受ける．樹木やガードレール，校庭の鉄棒，鉄塔などは，積雪の物理的特徴を反映して積雪の圧密による沈降力や，斜面積雪の移動による斜面雪圧を受けて破損することがある．また豪雪地帯では屋根雪荷重により倉庫やビニールハウスの倒壊が発生することがある．

沈降力

　降り積もった雪は，自重により徐々に圧密する．これは積雪の沈降現象と呼ばれる．積雪中に樹木や柵などがあると積雪の沈降を妨げることから，その埋没深さや形状に応じた力を受ける．これが積雪の沈降力である．図1は水平桁が積雪に埋没し，沈降現象が進行した積雪断面の模式図である．積雪は圧密の進行とともに密度が増し，雪粒どうしの焼結が進むことから連結性が強くなる．一方，水平桁により積雪の沈降は妨げられるため，雪の層は褶曲する．この褶曲部が埋設物に懸垂するため，その大部分の積雪重量が埋設物に作用する．校庭にある鉄棒やガードレールが曲がるのはこ

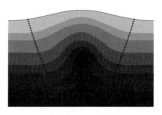

図1　水平桁上の積雪の沈降模式図
各階調は積雪の層に対応している．
破線は影響圏．

文　献

1) 木下誠一：積雪における変形速度と変形形式との関係II．低温科学，**A17**, 11-30（1958）．
2) H. Narita：An experimental study on tensile fracture of snow. *Contri. Inst. Low Temp. Sci.*, **A-32**, 1-37（1983）．
3) 日本雪氷学会：日本雪氷学会雪崩分類．雪氷，**60**, 437-444（1998）．
4) 日本雪氷学会：雪と氷の辞典，朝倉書店（2005）．
5) 日本雪氷学会：新版雪氷辞典，古今書院（2014）．
6) 尾関俊浩：雪氷研究の系譜－北海道の雪氷から世界の雪氷圏まで－，3-3積雪，日本雪氷学会北海道支部，pp. 57-60（2009）．
7) 尾関俊浩：雪崩－積雪の変態と破壊のメカニズム－，塑性と加工，**46**, 113-118（2005）．
8) UNESCO：The International Classification for Seasonal Snow on the Ground. IHP-VII, 80p（2009）．

のためである．図1のW状の破線は積雪の褶曲から推定される沈降力の影響圏である．影響圏の雪荷重が沈降力の値そのものを表すわけではなく，桁から遠く離れるにしたがって桁に与える影響は減少する．現段階では影響圏から沈降力を導く方法は確立されておらず，経験則により沈降力の大きさを推定するさまざまな算定式が提案されている．

沈降力の対策は，除雪や融雪により積雪荷重を軽減する，庭木などを丈夫な材料で囲い沈降力を分担させる（雪囲い），受圧面の形状を変え沈降力を軽減する，施設の強度を増す，施設や樹木の地上高を低くして沈降の変位量を少なくする，施設の下雪を踏み固めて沈降量を減少させるなどの方法がとられる．

斜面雪圧

斜面上の積雪は，沈降をしながら斜面下方へと変形するクリープと，底面での積雪のすべりであるグライドが合成されて斜面積雪は下方へとゆっくり移動する．積雪の移動によって斜面上の構造物などに加わる力または圧力は斜面雪圧と呼ばれる．雪圧にはグライドの寄与が大きい．

斜面雪圧に対するなだれ予防工などの強度計算にはスイスの設計基準を用いて計算することが多い．斜面雪圧（S）は積雪深（H），積雪密度（ρ），クリープ係数（K），グライド係数（N）を用い，次式で表される．

$$S = \rho H^2 KN/2$$

Kは斜面傾斜と積雪密度，Nは地表面の状態と斜面方位で決まる．Kは0.7から1.05，Nは1.2から3.2までの値をとる．またグライド係数は日本，特に北陸の湿った雪ではスイスで用いられている値より大きいといわれている．

斜面雪圧には，群杭（杭打ち工）や階段工で積雪の移動を軽減するなどの対策がとられる．傾斜地の樹木には，幹の根元曲がりや幹折れなどが発生するので，斜め植えにより根抜けなどを軽減する，消雪後の根踏みにより根を安定させる，雪起こしにより根元曲がりを軽減する方法がとられる．

屋根雪荷重

屋根の上に積もった雪を屋根雪といい，屋根雪の建築物への荷重効果を屋根雪荷重と呼ぶ．建築物への最大荷重は建築地の地上最大積雪深に積雪の平均密度を乗じ，さらに屋根形状係数を乗じて求められる．一般的に屋根雪は平地積雪よりも少ない．建築基準法施行令では積雪密度200 kg/m³を用いるが，積雪寒冷地域では最大積雪深が記録される時期の屋根雪密度を勘案し，300 kg/m³など，より大きな密度を用いて設計されることが多い．また，屋根雪が地上の積雪とつながった場合，地上積雪の沈降力が屋根にかかり，軒先の破損を生じることがある．

屋根が傾斜している場合は，屋根雪が崩落する現象がみられる．これは，なだれと同じ現象であることから，屋根なだれと呼ばれる．時間の経過した屋根雪は，融解再凍結によりざらめ雪化や氷化して，密度が大きいことが多い．また，強風時に風下側に発達する雪庇の密度も大きい．崩落した屋根雪が当たって負傷する例や，雪に埋没して死亡したり，雪下ろし中に崩落に巻き込まれて転落したりする事故が毎年多数発生している．

〔尾関俊浩〕

文献

1) 日本雪氷学会：新版雪氷辞典, 古今書院 (2014).
2) 日本建設機械化協会：新編防雪工学ハンドブック, 森北出版 (1988).
3) 日本建設機械化協会, 雪センター：除雪・防雪ハンドブック2005 防雪編 (2004).

根雪

ねゆき
continuous snow cover

　根雪とは地表を覆った積雪がある程度長い期間消えなくなることである．根雪のある期間を根雪期間という．根雪の概念は地方によりその内容にいくらかの違いがみられるので，気象庁では根雪に対応する統計基準を定義し，「積雪の長期計測期間」または「長期積雪」（略称）と呼んでいる．

　長期積雪は，30日以上連続して積雪があることが条件である．ただし，いったん積雪が消えてもすぐに雪に覆われた場合は，積雪は継続しているとみなす．すなわち，積雪継続の長さが10日以上の期間がある場合は，その間の無積雪日の日数が5日以内ならば連続した長期積雪として扱われる．図1上の例の場合，10日以上の継続が3回あるが，最初の継続と第2の継続は中間の無積雪日が5日よりも長いため接続せず，第2と第3継続は中間の無積雪日の合計が3日であるから接続する．その結果，長期積雪は92日（＝77＋1＋2＋2＋10），積雪期間は89日（＝92−3）である．図1下の例の場合，10日以上の継続が3回あり，それぞれの継続の間の無積雪日は5日以内である．その結果，30日以上の継続はないが，接続により長期積雪（59日）となる．長期積雪が1寒候期に2つ以上あるときは，それらを順次第1長期積雪，第2長期積雪，…とする．

　北海道や北陸地方では根雪の期間が3か月から6か月にも及ぶところもあり，根雪は大きな関心事である．「この雪は根雪になるね」「今年の根雪は遅かった」などと使われる．積雪の存在した期間の長短は，農業，林業，交通などの人間活動や自然環境に多大な影響を与えるので，根雪期間は積雪深と同様に重要である．　〔尾関俊浩〕

文　献

1) 榎本浩之：「根雪」の定義とは？，雪と氷の辞典，朝倉書店 (2005).
2) 気象庁：地上気象観測統計指針，気象庁 (1990).
3) 日本雪氷学会：新版雪氷辞典，古今書院 (2014).
4) 雪センター：雪氷関連用語集．雪センター (1999).

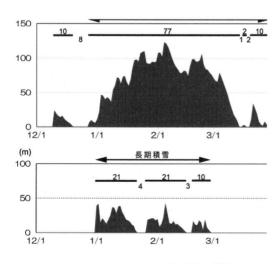

図1　長期積雪の取り方

172 雪・着雪

着 氷

ice accretion, icing

着氷とは，大気中の水蒸気が樹枝など，0℃以下の冷えた物体の表面に昇華してできる樹霜と，大気中に浮遊した過冷却水滴や水しぶきが物体に衝突して，付着し凍結してできる氷およびそれらの現象をいう．

過冷却水滴によるものは，その構造から，雨氷，粗氷，樹氷に分類される．霧氷は樹霜，樹氷，雨氷，粗氷を総称したものである．雪片があられやひょうなどの固体降水粒子に雲粒を取り込みながら成長する現象は着雪現象に分類する．

過冷却水滴による着氷

過冷却水滴が衝突し捕捉されるプロセスと，衝突して数滴が潜熱を出しつつ凍結するプロセスがあり，着氷の進み方が異なる．着氷の種類として以下の種類に分類される．

①樹氷：風で運ばれてきた過冷却水滴が，物体に衝突して短時間で凍結し，その上に次々と他の過冷却水滴が堆積凍結して，風上側に伸びて成長する（図1）．気泡も多く白色透明のもろい氷で尾びれ状に集まってできる．山形県蔵王のスノーモンスターはアオモリトドマツの樹氷の上に粗氷が重なり，雪とともに覆ってしまい雪の怪人の姿となった．

②粗氷：半透明か透明に近い氷の塊で，冬枯れの木々の細い枝々に薄いガラスのように着氷し，氷の華で装う姿となる．

③雨氷：均質で透明な氷層，風が弱く気温が0℃以下の過冷却水滴が浮遊，もしくは弱い降水が架線などに着氷する．

着氷災害の分類

大きな被害に結びつく着氷現象は以下のとおりである．

①船体着氷：船体にしぶきがかかり低温な海域で大量に凍結，船の重心を上へ移動させて動作性を悪化させ，最悪の場合，一瞬の転覆災害に結びついてしまう．

②航空機着氷：航空機の翼に付着して揚力が減少し操舵性を悪化させ，着雪・着氷によって航空機の離陸時の事故を招く場合がある〈→183〉．また低高度で飛ぶ小型機などで，過冷却水滴が多数ある雄大積雲や積乱雲中などに侵入すると，プロペラや翼に急速に着氷が進み推力が減少し，飛行が危険となる．

③電線および架線着氷：架線の着氷は鉄道交通網への被害が出る．架線が凍りつき弾力性を失い，通過する電車により損傷したり，山間部の送電線に着氷・着雪し，強い風が吹くと電線がギャロッピング現象を起こしてショートしたりするなどして，送電線網に停電を引き起こす被害が出る．

着氷性の雨が発生する気象条件は，一般的には上空にある雪降粒子を融解して雨滴にする融解層と，その下層に雨滴を冷却する再冷却層（気温0℃以下）が存在することが重要である．着氷性降水の発生は，おもに中部地方以北の内陸部と関東地方以北の太平洋側地方の沿岸部で多い．

〔村松照男〕

図1 樹氷

船体着氷

ship icing

船体着氷とは，冬季の北洋海域など低温環境の状況下で，海水のしぶきが船体構造物に凍りつき付着する現象である．船体に着氷すると，船舶の重心が上がり，荒天時に船体が傾き航行が困難となり，最悪な場合は波浪も加わり一瞬の間に転覆し大きな船舶災害に結びつく．1960～1970年頃に多くの災害が集中し，アリューシャン列島から千島列島周辺，日本海北部に冬期出漁した漁船が被災した．1980年代からは対策によって死亡事故が激減した．

悲惨な船体着氷災害

1965年12月16日，沿海州沖で操業していた第31天佑丸（96 t）は「着氷著しく傾斜したまま復元の見込みなし」と僚船に打電したまま13名が消息を絶った．同じ頃，着氷していた第23妙宝丸（92 t）も消息を絶った．着氷災害はいったん着氷するとその回避が困難をきわめ，風浪が加わり突発的に一瞬の転覆，船体放棄しても冷たい海での生存がきわめて難しいという

表1 船体着氷による災害

期　間	隻数	トン数	死者
1957/58	15	1110	235
1958/59	4	358	62
1959/60	8	622	124
1960/61	6	528	102
1961/62	1	75	16
1962/63	2	167	33
1963/64	7	671	103
1964/65	8	589	104
1965/66	6	836	106
平均	6	551	87

悲惨な災害となる．1964年2月から1969年2月まで，日本海北部海域において船体着氷による転覆はこの2隻を含めて7隻，計624 t，そのほとんどが全損転覆事故であった．死者・行方不明者が108名に達した．

船体への着氷の進行

ふつう，気温が－6℃以下で着氷量が急に増える．さらに気温そのものと同時に風速や船の速さによってかぶる「しぶきの量」が着氷の主たる原因となる．すなわち船舶の甲板上にかかる「しぶきの量」と「気温」の条件に左右される．

着氷量に大きく寄与する要素は「しぶき量」で，他の要素に比べ2～4倍の寄与となり，次いで気温，相対風向，波浪階級，相対風速，船速の順となる．

「しぶき量」は船の速さと風向との相対的な風速が最も多く寄与する．次いで相対風速，波浪階級の順となり，船舶の速度の寄与はきわめて少ない．

気温と着氷量の関係は，船体に多少着く程度が－4℃前後，－6℃を超して低温になると急速に着氷が増加する．着氷の氷割り，除氷を行うほどの危険レベルは－8～－16℃程度の気温に集中している．

着氷の主要因は，船舶に対する相対風向，相対風速，風速とも関連する波浪階級，船速，しぶき，気温などである[1]．

着氷しやすい海域と危険な時期

西カムチャツカ海域は11月下旬～3月下旬，東カムチャツカ海域は12月上旬～3月中旬，北部，中部千島列島周辺海域は1月上旬～2月下旬，南千島周辺海域，日本海北部海域は1～2月である．

気象の状況

冬季の北洋海域ではアリューシャン低気圧が準定常的に停滞し，中心から離れたリング状の西側にあたる，オホーツク海，日本海北部，アリューシャン列島，ベーリング海域南西側領域で，北西の強い風が数日

から1週間以上も同じ風向の強風が続き，波浪の進む方向も揃い波高がさらに大きくなる．さらに発達した低気圧が接近通過するとき，風速25 m/sを超す風が吹き荒れて風速，波浪，気温の悪い条件が揃い最も危険な状況となる．復元力が急速に失われ重心が上に移動し，強風下で風浪による揺れで，一瞬の間に転覆・沈没するようなきわめて危険な状態となる．

着氷を避ける・防止する対策

着氷の主たる原因が，荒天下の船によって引き起こされる海水のしぶきであり，船の甲板にかぶるしぶきの量とそのしぶきが気象条件で着氷する量が決まる．着氷を避けるには以下の対策が重要である[1]．

①着氷の危険性のある気象条件下で着氷海域に入らない．近づかない．着氷の可能性のある海域にいる場合，一刻も早く海域から離脱する．

②しぶきの発生を極力抑えるような操舵を行う．航法として船体に当たる波浪の飛沫が空中で過冷却されて，船体に結氷することが最も多く，風と船との相対速度を小さくすることが効果的．転覆の危険を避けるため底に重いものを移し重心を下げるように努める．船首方向は風当たりが強くなるので船の前部に着氷が進む．片側の着氷が増加するとバランスが崩れ，特に転覆する危険性が増すので除氷を行わないと危険．

③夜間の着氷に注意．着氷は夜間に多くなる．着氷量の増大の時間変化について監視・確認が必要．着氷の進行は意外と速く，1時間4 cmの割で着氷が増加することもある．

④着氷しやすいものにカバーをかけるなど着氷を少なくする方法を講じる．船体構造を着氷しにくい構造とするなどする．船が小さいほど，船の重量に対して着氷量が多くなり不安定となるので注意が必要．

防災情報・航行支援情報の活用

気象庁から発表される，地上24時間予想図（FSAS）の中で斜線で表示されている領域が，その後24時間以内で危険な着氷が予想される海域である．海面水温，風速，気温が，一定条件を満たすと船体着氷が発生する可能性が高いことがわかり，その条件を満たす領域を予想している．1999年7月15日から提供が始まった．

防災情報，気象情報の充実，着氷災害防止の啓蒙活動により1976年冬季は，流氷，着氷の災害による遭難事故が0となった．この頃から漁場や漁船の変遷や漁船の大型化，情報の充実での危機管理，回避によって船体着氷災害，とりわけ死亡事故は激減し，北洋海域では，漁場での冷たい海への転落事故による災害に重点が移った．

さらに，サハリンの石油・天然ガス開発の進行に伴い，オホーツク海における輸送用の大型船舶の航行が増加し，従来の船体着氷の危険さより流氷に対する耐氷性，すなわち流氷との遭遇に関する氷海航行の安全さが重要視されてきている[2]．さらに地球温暖化の進行で北極海の海氷の減少に伴う輸送航路開拓が進められ，オホーツク海，ベーリング海を含め着氷災害防止，耐氷，氷海を避ける氷海航行などへの支援のための新たな情報の充実が求められる展開が進んできている．

〔村松照男〕

文 献

1) シップ・アンド・オーシャン財団：甲板上機器類の着氷防止技術に関する調査研究報告書 (1997)．
2) 成田秀明ほか：船舶技術研究報告, **38**(2), 211-222 (2001)．

174 冬の雷

冬 の 雷

　図1は，冬の日本海上空にかかる積乱雲である．飛行機から撮影したものであるが，高さ5km程度の雲頂高度の積乱雲が，日本海上を遥か沖合までびっしりと覆いつくしているのがわかるであろう．厳冬期（大寒の頃）によくみられる光景であり，これらの積乱雲の中に，所々発達した雷雲が隠れているのが冬の雷雲の特徴である．

　図2は，寒候期（10月〜3月）の月別発雷日数分布図である．秋口の10月には，秋田県付近に発雷日数のピークがあり，それが11，12月と次第に日本海側を南下しているのがわかる．これは，シベリアからの寒気団が次第に日本海を南下するのに合わせて，冬の雷が発生していることを表している．そして，1〜2月の，いわゆる厳

図1 冬の積乱雲（日本海上空）

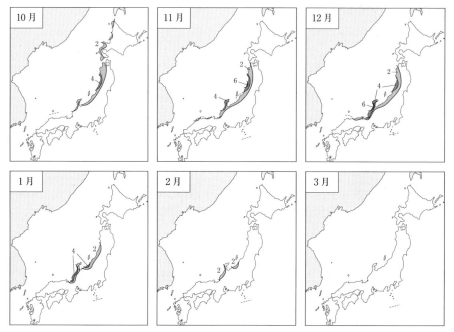

図2 寒候期の月別発雷日数分布（文献[4]をもとに川上正志氏が作成）
暖候期については 092「夏の雷」図3を参照．

冬期には，北陸地方の新潟，富山，石川，福井の各県の沿岸地域でピークを迎え，その後，3月には解消していることがわかる．

冬季でも日本海の水温は10℃前後あり，輪島上空5500 mの気温が−30℃以下になれば，上空と地上（海上）の気温差が40℃以上となり，十分に積乱雲が雷雲になり，雷放電を伴うようになる．

なお，山陰地方や北九州地方にまで，この発雷日数のピークが及ばないのは，シベリアからの寒気団の流入が，せいぜい若狭湾付近までにとどまっているためである．

ところで，北陸地方には一発雷（いっぱつらい）と呼ばれる特異な雷放電現象がしばしば観測される．これは，雷放電そのものの頻度は小さいが，一度放電が始まると，その放電の継続時間が夏に比して非常に長く，また，中和される電荷量も非常に大きな雷放電である．また，正負の電荷極性は，夏とは逆で，正極性落雷（上空の正電荷が地上に放電）が多く，しかもその中和電荷量が，夏のものに比して1桁以上大きいという特徴がある．この理由はまだよくわかっておらず，今後の研究課題の1つである．冬季の日本海側の送電線網への落雷事故事例や航空機への被雷事例などは，このことを裏づける大きな被害を及ぼすような落雷などが発生していることを物語っており，これらの現象のメカニズムの解明と事故防止対策が急務である．

図3は，冬の石川県小松市付近を中心とした観測結果である．縦軸には上空の気温を，横軸にはレーダーエコー頂気温をそれぞれ示してある．どちらも，石川県輪島市で気象庁が観測している高層気象観測のデータをもとにしている．また，気象レーダーは小松空港に設置されているもので，レーダーエコーの観測データから，発雷時のエコー頂気温をプロットしたものである．また，発雷の有無は，石川県に2か所，石川県と福井県の県境に1か所の合計3か

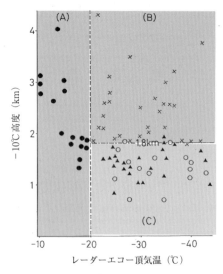

図3 冬の雷の観測記録（石川県小松市付近）
エリアA（左）：非発雷，エリアB（右上）：激しい発雷，エリアC（右下）：一発雷または非発雷．

所に設置された発雷位置と時刻を標定する装置から求められた．なお，発雷がなかった場合には，一連のレーダーエコーの中から，一番発達したもの（一番エコー頂気温の低いもの）を選んでプロットしてある．

この図からは以下のことがみてとれる．エリアAでは，レーダーエコー頂気温が−20℃に達しないような積乱雲は，雷雲にならない．エリアBでは，レーダーエコー頂気温が−20℃を超えて発達するような積乱雲は，雷雲になり，激しい雷放電を伴う．エリアCでは，レーダーエコー頂気温が−20℃を越えて発達しているが，そのときに縦軸の−10℃，高度が1.8 km以下まで低下している場合（これが冬季の特に厳冬期と呼ばれる時期に出現することが多い），発雷するか非発雷で終わるかの区別はできない．

この図からは，暖候期や厳冬期を除く寒候期には，レーダーエコー頂気温だけに注

目していれば，積乱雲から雷雲になり，激しい雷放電を引き起こすことが判別できることを示している．このレーダーエコー頂気温が−20℃を超えて発達することが，積乱雲から雷雲となるための必要条件であることは，気象レーダーを使った発雷予測方法として広く定着している．しかし，厳冬期の北陸地方では，この図のエリアCでの説明のとおり，発雷と非発雷の区別ができていない．この区別をすることは，将来に向けた冬季雷研究の課題の1つである．

〔道本光一郎〕

文　献

1) 道本光一郎：冬季雷の科学，コロナ社 (1998).
2) 道本光一郎：気象予報入門，コロナ社 (2005).
3) 日本気象予報士会編：気象予報士ハンドブック，オーム社 (2008).
4) 気象庁編：日本気候表，気象庁 (1991).

175　冬の気圧配置

木枯らし

こがらし

　木枯らしとは，晩秋から初冬にかけて吹く，冷たい北よりのやや強い冬の季節風で，木の葉を吹き散らすため木あらしから転じた言葉といえる．気象衛星画像でみると冬型の気圧配置で日本海上に筋状の対流雲が現れ，低気圧が日本海を通過したあと，大陸にたまりはじめた寒気が低気圧の後面に南下し，暖かい海面で気団変質させ対流性の雲を発生し，日本海側の地方にしゅう（驟）雨性の冷たい雨，しぐれ（時雨），ときにはみぞれがやってくる．

木枯らし1号

　「木枯らし1号」とは晩秋から初冬，おおむね10月半ばから11月末にかけて西高東低の冬型の気圧配置となったとき最初に吹く木枯らしで，東京では西北西〜北の風，最大風速が8m/s以上の風が吹く場合としている．東京地方と大阪地方においてのみ発表されている．

　東京における木枯らし1号の平均日は11月8日，この日は暦の上での立冬であ

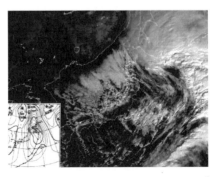

図1　木枯らし1号の気象衛星画像と地上天気図[1]

る11月6日頃であり，1951年の統計開始以来の最も早い記録は10月13日（1988年），最も遅い記録が11月28日（1981，1969年），記録されなかったのは1977年など3回である．1988年の10月，東京は暖かな秋が続き，この日の深夜寒冷前線が通過し風が南西から北西に変わり11.2 m/s，最大瞬間風速が北北西21.2 m/sとなった．北日本ではこの日を境に弱い西高東低の気圧配置となり，札幌市では日最高気温12.5℃から5.8℃に下がり，この日を境にそれまでの15℃台から10℃前後に階段状に低下して，晩秋の訪れ，季節の変わり目となった．また最も遅い記録となった1981年11月28日は前線の通過で風速が10.1 m/s，最大瞬間風速が北北西19.1 m/sとなり，北日本では冬型の気圧配置で本格的な降雪となった．

2012年，木枯らし1号が11月18日東京地方に吹いた．この年の日本列島は記録的な暖かい秋が続き，特に北日本では初雪が遅れていた．木枯らし1号とともにこの日，札幌市，旭川市において統計開始以来の（旭川市は112年間で）最も遅い初雪が観測され，しかも初雪が解けずに根雪となって気象台始まって以来の記録となるなど遅い本格的な寒波の襲来となった．

表1の東京における木枯らし1号の起日を5年ごとに平均した値（発生なしは12月1日発生とした）をみると，1985～2000年では，木枯らし1号が数日早くなる暖かな秋の傾向が出ている．

しぐれと冬季雷

木枯らし1号が吹く平均日がある11月は，旧暦では神無月にあたり，時雨月とも呼ばれる．しぐれ（時雨）は気象学の学術用語ではないが，晩秋～初冬に日本海側の地方で，サァーと降っては止み，また降る現象である．シベリア寒気の吹き出しで，気団変質によってできた小規模な対流雲が海上から次々上陸して，しゅう雨性の雨となる．京都府の北山時雨は若狭湾から丹波の山を越えてきたものである．「し」は「風」，「ぐれ」は「狂」という意味があり，風に伴って忽然と降っては止む雨といわれている．しぐれは雨なのであるが，季節が進み初冬となるとみぞれ混じりとなり雪に移ろい雪しぐれとなる．対流雲が活発化し，比較的小さな積乱雲が北陸地方の海岸部に襲来し発雷する．この冬季雷は「雪起こし」と呼ばれ，雪のシーズンの到来を告げる風物詩となる．北陸地方の冬季雷は，一発雷というように突然発雷することがあり，雲の高さが夏の積乱雲の10 km程度に比べ半分と低い．また，正極性落雷（地面が負電荷で雲頂の正電荷との間で放電する）が半分であり，夏の雷の負極性落雷の90%と比べて大きく異なる．金沢市では落雷数は12月が最も多い．

空っ風とカルマン渦

太平洋側の地方では，冬型の気圧配置で脊梁山脈の地狭部を吹き下りてくる空（か）っ風が吹く．一般に空っ風は局地風の分類ではだし風の範疇でボラとなる．ボラというのは，フェーン（乾いた暖かい風が吹き下ろす）と対照的な現象で，寒気が襲来するので吹きはじめた強風がそれまで気温より下がる乾燥した強風をいう．

また木枯らしの強風によってヒューヒューという擬音語で空っ風が吹く．強風が電線に当たると空気の渦が次々発生して風下側に離れると電線を振動させて音が出る．この渦がカルマン渦と呼ばれている．

表1 木枯らし1号の5年平均値の推移

1951/55	11月 9日	1981/85	11月11日
1956/60	11月 6日	1986/90	10月28日
1961/65	11月11日	1991/95	11月 8日
1966/70	11月14日	1996/00	11月 1日
1971/75	11月11日	2001/05	11月10日
1976/80	11月13日	2006/10	11月 6日

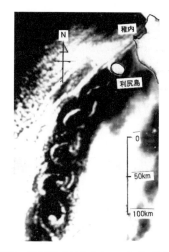

図2 利尻島におけるカルマンうずの発生

風が強く電線が細いほど振動数が大きく高い音となる．直径2mmの電線は，風速10m/sの風で，約800Hz，人間の耳で聞こえる振動数となる．

風の当たる円柱のサイズが大きくなると振動数も大きくなる．強い季節風が吹いている東シナ海で韓国済州（チェジュ）島の風下側に2列の渦が並んでいるのがよくみられる．この渦列はカルマン渦であり，北海道の利尻島でも風下側に発生するのがみられる（図2は北東風で発生）．

南西風で発生したカルマン渦の渦列が稚内を通過する[2]．この事例では風速14m/s，直径約8kmの島の風下側に時計回り，反時計回りの渦列が並び，渦の間隔が9kmである．南西風の場合は風下側の渦列の通過で，稚内市では約50分周期で風速・風向が変化した．風速は0～20m/s，風向が

南西中心に時計回りから反時計回りに変わり，20周期も続いた．同じ風速で済州島では4倍ほどサイズが大きいので周期約3時間，渦の間隔が約70kmとなる．

初冠雪

木枯らし1号は地上へのシベリア寒波の先触れだが，日本列島の脊梁山脈への襲来で木枯らし1号に相当するのが初冠雪である．その年初めて山頂付近に降った雪で覆われ，冠雪したのを地元の気象官署から遠望し認められる日である．北海道大雪山系旭岳周辺の2000m級，中部山岳の3000m級の山々の初冠雪は10月はじめ頃である．

1989年10月8～9日に立山連峰で初冠雪となった日，寒冷前線が通過して，みぞれ混じりのふぶきが主稜線を襲った．好天時に登りはじめた10名の登山パーティが立山の稜線2800m付近の鞍部で遭難した．上空の寒冷前線の通過で風速13m/s，気温-8℃，体感温度で-20℃の吹きさらしでの遭難であった．翌日が前線通過で晴天となる「1日だけの冬」，上空の木枯らし寒波の先端のふぶきによる遭難だった．初冠雪をもたらした寒波が次々と襲来し山頂部から山腹，そして山麓から平地へ初雪となって下ってくる．初雪そしてその年初めての本格的な積雪状態となる積雪寒波1号，冬一番と形容される寒波が日本海側の地方に襲来すると，いよいよ本格的な冬の到来となる．

〔村松照男〕

文　献

1) 気象衛星センター：天気，**54**(1)，70 (2007).
2) 村松照男：天気，**18**(6)，307-313 (1971).

176　冬の気圧配置

冬の季節風

アジアモンスーン

　モンスーンは，1つの季節を通して風向が持続し冬から夏，夏から冬にかけて風向が反対となるように顕著な変化をする卓越した風系である．その起動力は大陸と海洋の熱容量の差による加熱差であり，巨大な海陸風循環である．アジアモンスーンは，広大なユーラシア大陸とインド洋，太平洋の海陸分布による地球規模の海陸風であり，半年ごとに夏は南西モンスーン（インド洋から大陸）および南東モンスーン（南シナ海・太平洋から大陸），冬は北西モンスーンと北から北東モンスーン（中国南東部・南シナ海）の大規模循環となっている．狭い意味ではアジアモンスーンは，夏の季節，インド洋や南シナ海から湿った南西から南東風の暖湿気流を持続的に流入させ，大量の降水をもたらすアジアの雨季を形成する．

北半球規模の大気下層と中層の海面気圧

　1月の下層の月平均海面気圧（図1）の特徴としては，以下の2点がある．①カラコルム山脈からヒマラヤ山脈の北緯30度付近，さらに南東に伸びる山脈を南限に，ユーラシア大陸上の北緯45〜50度付近を軸に，東西に1万kmにも及ぶ広大なシベリア高気圧が広がっており，その東側に同じ程度の規模で，アリューシャン低気圧が北緯55度帯を中心に東西に広がり準定常的に存在している．②高気圧としてはシベリア高気圧が最も強大であり，北アメリカ大陸の方向，ヨーロッパの方向に北極から3方向伸び，低気圧もアリューシャン低気圧と対極にアイスランド低気圧があり，カ

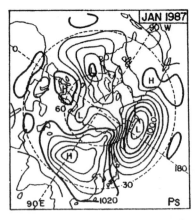

図1　1987年1月の月平均海面気圧分布[1]

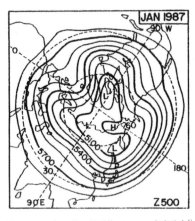

図2　1987年1月の月平均500 hPa高度分布[1]

スピ海方向を加えて3方向に伸びている．
　また，500 hPa 1月の月平均高度分布（図2）の特徴は以下の2点である．①北極を中心に偏西風の強風帯が蛇行しながら中緯度帯を1周している．東シベリア〜日本付近，北アメリカ大陸，ヨーロッパ方面の3方向にトラフが伸びており，平均海面気圧の分布である気圧の峰，アリューシャン低気圧，アイスランド低気圧の停滞の特徴と一致している．特に極東，日本付近のトラフが最も顕著である．②シベリア高気圧の

上空には高気圧がなく,下層に低温,冷涼な密度の大きな高気圧である特徴を示しており,中緯度帯の太平洋高気圧の上空に暖気がある温暖型高気圧とは対照的で寒冷高気圧の構造となっている.

この結果,ユーラシア大陸に強大なシベリア高気圧が卓越し,アリューシャン列島付近に中心をもつ低気圧との間の大きな気圧傾度力により,冬の季節風が持続する.中緯度においては東経130度付近を境に,東側では南北走行の等圧線分布となり,日本列島付近では北西の風系が卓越し,特に日本海側沿岸地方の天候を左右している.

一方,東経130度より西の東シナ海から南シナ海,インドシナ半島周辺ではコリオリ力によって偏向され,風系が北〜北東の季節風となる.この地方の主たる降雨をもたらす,夏のモンスーンの暖湿気流による雨季に比べ,対照的に乾いた冷涼な季節風の気団変質によりしゅう雨性の降水,コールドサージと呼ばれる降雨となる.

気団変質による日本海側の豪雪

冬季シベリアの寒冷な乾燥した大陸寒帯気団が北西季節風として日本海上を吹走し,海面から熱と水蒸気の補給を受けて変質し,列島の脊梁山脈の西側の日本海側の地方に大量の降雪をもたらす.滋賀県の伊吹山測候所(山岳)では最深積雪11m22cm,気象庁(当時中央気象台)の委託観測所であった富山県の真川では7m50cm,気象官署では上越市高田で3m77cm(累積降雪量7m22cm)がそれぞれの第一位の記録である.人口190万が住む北海道札幌市の管区気象台において1m66cm,累積降雪量6m80cmが観測され,世界でも有数な都市豪雪地帯となっている.

冬の季節風による日本海側の豪雪は,氷河時代はなかった.当時は,海面が現在より約180m以上低かったので,朝鮮半島と九州に挟まれた対馬海峡から日本海への暖流の流入がなかったため日本海が内海となって海面温度が低く現在のような豪雪とはならなかった.氷河期が終わり間氷期となって,世界の平均気温が上昇するとともに氷が解け,海面が上昇し,1万年前頃から黒潮暖流が本格的に流入し,季節風により脊梁山脈から日本海側の地方に大量の降水(降雪)をもたらし,縄文文化を育む大きな変動となった.

季節風による気団変質

北西季節風により,シベリア大陸上の滞留した寒気が偏西風トラフとともに日本付近を通過し,寒気の吹き出し(寒波,寒気のはん濫)が日本海上を吹走して豪雪となる.真冬でも対馬海峡から暖流が流入し,6〜10℃と暖かい海面から大量に(顕)熱と水蒸気(潜熱)が補給され,著しい変質を受ける.このような熱力学的,非断熱的な変化過程を寒気団の気団変質過程と呼ぶ.

下層が湿潤化し気温の上昇となった結果,大気中層(700〜500 hPa)の寒気との間で成層が不安定化し積雲対流に組織される.対流により熱・水蒸気・運動量が鉛直輸送され,大気混合が行われる.大規模場

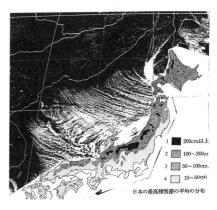

図3 日本列島の最高最深積雪の分布図と季節風型大雪時の気象衛星の雲画像

177 冬の気圧配置

西高東低の気圧配置（寒波）

cold wave

ユーラシア大陸に強大なシベリア高気圧があり，千島列島からアリューシャン列島付近に低気圧があって，日本付近では等圧線が南北方向に密に並んでいる．西に高く東が低い日本の冬の天候を左右する気圧配置をいう．

シベリア高気圧

図1は2006年1月4日9時の地上天気図である．バイカル湖付近に中心をもつ1068 hPaのシベリア高気圧がある．西はカスピ海に広がり差し渡し1万kmにも及ぶときもある西側の主役の優勢な高気圧である．一方，東側の主役，千島列島北部に中心をもつ956 hPaの発達した温帯低気圧があり，北緯50～55度付近は経度にして60度の距離で高低気圧の気圧差が112 hPaで（2011年1月17日9時：1056 hPaのシベリア高気圧と千島列島海上の低気圧の936 hPaとの間で120 hPa差の記録もある），西高東低の気圧配置となっている．

の風の水平発散に伴う鉛直流による運動量と水蒸気の輸送で温位は一様になる．積雲対流での凝結による潜熱の放出，大規模場の流れによる水平移流で脊梁山脈の西側で大量の降雪がもたらされる．大陸側のウラジオストクから北陸地方の輪島を結ぶ距離約800 kmの間で下層の温度はおよそ20～25℃上昇し，寒気の強さにもよるが，一般的には海面付近で海からの熱輸送，顕熱と潜熱の合計で平均約400～500 W/m²程度の値となり，豪雪時や強い寒気の吹き出し時には700 W/m²を超す大きな値となる．

冬季においては，低気圧が発達して通過したのちに季節風が強まり，北西から南東方向に強風が持続するので，波浪がいっそう高くなり，日本海側の沿岸に打ち寄せ，交通障害や港湾護岸の被害をもたらす．日本海沿岸の高波には，1970年2月2日に山形県酒田市で記録した有義波高8 m 63 cmが最も高い記録となり，海岸の護岸，港湾に波浪災害をもたらした〈→006〉．また，日本の東海上では強い季節風の持続によって，複数の方向からくる周期が長い波が重なり，著しく波高が高い三角波が発生することがあり，大型運搬船の転覆事故などが起きている．　　〔村松照男〕

文 献
1) K. Ninomiya：*J. Meteorol. Soc. Jpn.*, **67**, 83-97 (1989).

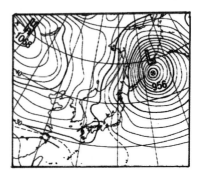

図1 西高東低の気圧配置の天気図（2006年1月4日9時）

冬季ユーラシア大陸の緯度の高い地方では太陽高度角が低く，日射による加熱が小さく夜の時間が長いため放射収支では地面からの放射量が過剰となる．すなわち放射冷却によって地表面が冷やされ，下層から大気が冷やされつづけ低温となり密度が増大する．大陸奥地で気塊が長期間滞留することによって広範囲に低温で，密度の大きな高気圧が形成される．鉛直方向の気温の逆転が進み差は20℃を超し，高さ3kmにも及ぶ背の低い寒冷高気圧となる．850 hPa天気図では高気圧は明瞭ではなく，中緯度帯の太平洋高気圧の上空に暖気があり，背の高い温暖型高気圧とは対照的で寒冷高気圧の構造となっている．カラコルム山脈からヒマラヤ山脈，チベット高原に続く4000～8000 mの高さの地形的な障壁がユーラシア大陸の北緯30～35度付近に広がり，シベリア高気圧が移動性になるのを抑え長期間停滞の要因となっている．

高気圧の世界記録は，海面気圧にして1083.8 hPaで，ロシア中央シベリア高原北緯67度，東経93度に位置するアガタ観測において1986年12月31日9時に観測された．この値は海抜0mに海面更正した値であり，大陸奥地の標高が高く気温が非常に低い観測点においては高くなる．

アリューシャン低気圧

一方，東側の主役は，アリューシャン列島を中心にオホーツク海からアラスカ沿岸まで，北太平洋に広がる，準定常的な差し渡し数千～1万km規模のアリューシャン低気圧である．偏西風のトラフの東進に伴い，大陸の東岸で発生した温帯低気圧が急速に発達し，この領域に進んで停滞，閉塞した結果，準定常的な低気圧となる．大西洋北部に準定常に存在するアイスランド低気圧とともに冬季は地球規模の作用中心の一方となる．

この時期，北上している偏西風帯の波動の動きにより強弱の変動を繰り返し，偏西風じょう乱が発達，東～南東進する気圧の谷によって低気圧が発達する．その後面の東アジアから日本列島，千島列島に寒波となって襲来，寒気のはん濫，寒気の吹き出しとなる．大陸側の寒気と太平洋側の暖気との温度傾度が大きく，偏西風トラフが東進してきて傾圧不安定により低気圧が発達する．急激に発達する低気圧に伴う寒気の大はん濫となり，しばしば爆弾低気圧と呼ばれる．2011年1月15日東シナ海で発生した1016 hPaの低気圧が，16日日本の南東海上で984 hPa，17日936 hPaと24時間で48 hPa猛烈に発達し18日にはカムチャツカ半島南東海上で閉塞して932 hPaまで発達した．寒波の襲来で大雪となるパターンが繰り返された結果，この年の12月は記録的な寒冬・豪雪となった〈→179〉．2005/2006年の寒冬・豪雪のときも12月は記録的な大雪となったが，4～5日から約1週間間隔で5回，低気圧が発達しながら日本付近を通過し，通過後，典型的な冬型の気圧配置となり，低気圧はカムチャツカ方面で最盛期となりアリューシャン低気圧に併合され，閉塞を繰り返し準定常的に強大なアリューシャン低気圧を持続させていた．

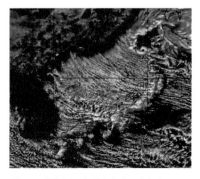

図2 日本海側の大雪と寒波の吹き出しによる筋状雲（2005年12月13日12時）

西高東低の気圧配置

シベリア高気圧，アリューシャン低気圧の停滞により西高東低の気圧配置となり，上空5kmでみた循環場は北極を中心とした蛇行する偏西風の流れが卓越している．三八豪雪（1963年）では，ジェットが大蛇行し3波長が卓越して，北極の寒気が日本周辺，北アメリカ，ヨーロッパの3方向に中緯度まで南下した．特にアリューシャン低気圧が，例年になく強大となって寒気が日本付近に南下しつづけ豪雪となった〈→199〉．気圧の負偏差が広範囲に持続，1月の変位は100年に1回という異常さで地球の自転に影響を与え，わずかだが遅くなったほどの偏りとなった．

冬季東アジアモンスーン指数

この気圧傾度の指標として，バイカル湖近くのイルクーツク付近の格子（北緯52度，東経104度）と北海道根室市付近の格子（北緯43度，東経146度）との地上気圧の差を，「冬季東アジアモンスーン指数（MO指数）」と定義し，作用中心であるシベリア高気圧とアリューシャン低気圧の発達の程度を表す指数とした．冬季モンスーンの強度を表すときに有用である[1]．

MO指数の年々変動の推移をみると，1980/1981年（昭和56年豪雪），1995/1996年，2005/2006年（平成18年豪雪）などの豪雪年は高指数，すなわち気圧傾度が大きい冬型の気圧配置が続いたことを示していた．特に2005年12月は，1950年の統計開始以来の最大値となり，寒冬・豪雪年をもたらす顕著な高指数となった〈→201〉．

〔村松照男〕

文献

1) 川村隆一, 小笠原卓也, 吉池聡樹：気象研究ノート, 216, 95-107 (2007).

178 冬の気圧配置

石狩湾小低気圧

北海道の西海岸沖，冬季季節風の寒気流の中に，しばしばメソスケール（小規模）の低気圧が発生する．石狩湾の海上から内陸部に雪雲が侵入し，札幌市や岩見沢市などを中心に，日降水量50cmを超す大雪が狭い範囲かつ比較的短い時間に集中し，鉄道・自動車交通網に障害を引き起こす局地的な豪雪となる．

このとき，明瞭な循環を伴うものと，1～2hPaごとに描いた等圧線分布で袋状に閉じた小低気圧が描ける程度のものとがあり，いずれも発生場所から石狩湾小低気圧と呼ばれ，広義には北海道西岸小低気圧とも呼ばれている．

気象衛星写真や気象レーダーでみると，ある水平スケールをもつこの小低気圧に伴うエコーや雲バンドに特徴があり，1つの型は差し渡し100～400kmの帯状の雲バンドを伴っている袋状の小低気圧型，もう1つは閉じた循環をもつ渦状じょう乱で100～200km，まれに300kmを超すサイズをもつものとに大別される．一般には発生頻度は後者のほうが少ない．

袋状小低気圧型帯状エコーによる大雪

発達した低気圧が千島列島北部からカムチャツカ半島南部周辺に進み，季節風の吹き出しが一段落し日本海北部から北海道にかけて気圧傾度がゆるくなると，北海道の内陸地方では晴れて放射冷却による寒気が滞留し，メソ高気圧が明瞭となり，西海上では相対的に袋状の小低気圧となる．この型の図1および図2で明らかなように，特徴は以下のとおりである．

①北海道の西海岸沿いに南北走向の帯状

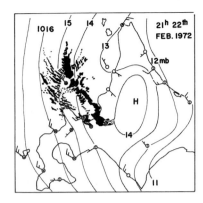

図1 局地天気図と気象観測船と札幌レーダー観測による合成レーダーエコー分布（1972年2月22日）

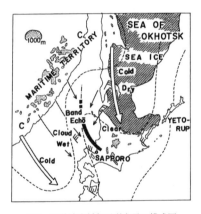

図2 石狩湾小低気圧型大雪の模式図

エコーが現れる．ゆるやかな曲率をもつので弧状エコーとも呼ばれ，停滞しその末端で大雪となる．代表的なスケールは高さ3 km，幅20 km，長さ100～400 km．

②帯状エコーは，北部日本海上の季節風タイプの筋状雲列と北海道陸地側の晴天域との境界に存在し，その東側では東～北風向の4～5 m/sと弱風なのとは対照的に，その西～南西側では西～北西の10～15 m/sの風が吹いており，その収束域上に位置している．形状は低気圧性の曲率，弧状となっている．

③850 hPaの等圧面でみると，サハリン方面からオホーツク海南部方向，沿海州南部から北海道南西海上と2寒気軸が伸びており，北海道西海上が相対的な暖域となり帯状エコーが対応している．日本海北部の北西風と，北海道北部の北東風との間に明瞭なシアラインが存在し，鉛直構造としては高さ3 km付近に寒気ドームがあり，その下も湿潤不安定層で活発な対流雲が発達している．

この帯状エコーの発達を動的にみれば，サハリン方面から北西流で南下する寒気が，流氷域の上で気団変質をほとんど受けずに北海道の中部以北に入り，寒気軸が強化されて帯状エコーの東側の晴天域を強め，帯状エコーの維持は西側からの西北西流で維持されている．

図1は典型的な袋状小低気圧型の降雪で，エコーの先端の石狩平野では23日早朝にかけ40 cmを超す帯状の局地的な大雪となった．季節風が強いときの筋状の対流雲列が特徴である．

渦状じょう乱型大雪

典型的な例を気象衛星画像でみることができる．1986年1月14日12時，留萌沖に低気圧が発生していた．断面をみると高さ4 km付近の寒気ドームがあり，活発な対流雲となっており，南東に進んで北海道西海岸に上陸，6時間後に消滅した．この間，中心の南象限では最大風速21 m/sの暴風雪を記録，岩見沢市付近において翌朝までに狭い範囲で60 cm以上の集中大雪となった．また1963年2月18日の札幌市の西約50 kmの仁木で1 m 3 cmの降雪となった後志（しりべし）大雪や，1966年12月29日の札幌における58 cm，1970年1月16日夜から17日朝にかけて寿都（すっつ）で78 cmの大雪となった事例が典型例である．寿都の事例では，西海岸小低気圧の地上から500 hPaまでの，渦状じょう

乱の循環が明瞭で上空に向かって風上側に傾いていた．1971年2月24日の渦状じょう乱では，留萌沖から南東進して上陸した小低気圧の直径が170 km，漏斗状の気圧下降が3 hPaというメソサイクロン構造となっていた．

渦状じょう乱は一般に，閉じた等圧線が明瞭で直径は100～200 km，高さは4 kmを超える．北海道西海上で発生し，寿命は半日から1日，大気中層の流れによって東から南東に進んで西海岸地方に上陸し6時間程度で消滅する．雪雲が渦の中心に向かって低気圧性にスパイラル状に巻き込んでおり，中心には雲や降水域がなく，さらに南側から西側にかけては季節風型の筋状雲が存在し，短時間で局地的な激しい降雪をもたらす．

都市豪雪

札幌管区気象台（札幌市中央区）における年間の累積降雪量は平年値として5 m 77 cm，最大は6 m 80 cm（1996年寒候期：1954年統計開始以来）という大都市として世界でも有数な豪雪地帯となっている．この都市豪雪は，冬季季節風と気団変質による降雪に加えて，発達した低気圧の通過による上昇流に伴う降水が降雪となった，南よりの湿った大雪が加わったものである．札幌市における積雪（日降雪量）の1位の記録である63 cm（1970年1月31日）は発達した低気圧による降雪であった．広範囲に降る雪は予想が正確にできるようになったが，小低気圧型によるメソじょう乱による大雪は，局地的・時間的集中性があり視程障害や大雪に脆弱な鉄道・航空・高速交通網の交通障害を発生させ，難しさが伴う予測となる． 〔村松照男〕

文　献

1) 村松照男：天気, **22**, 177-179 (1975).

179　冬の気圧配置

年末低気圧

年末低気圧とは，年末の12月25日から31日頃にかけて，しばしば日本付近にやってくる発達した低気圧をいう．特異日現象の1つとみられている．大荒れの天気をもたらした低気圧のすぎた後は，中国大陸から寒気が入り，クリスマス寒波または年末寒波がやってきて強い冬型の気圧配置になる．年末低気圧は，低気圧のコースや発達具合によって発生する現象が異なるが，低気圧の通過後に寒波が入り強い冬型になる．

図1は，2005年12月25日に発達しながら日本海を東進した，いわゆる日本海低気圧の事例である〈→201〉．25日は低気圧に伴う前線の通過で東北地方では，午後から風が強まり，暴風・大雨・波浪警報が発表されていた．秋田発新潟行きのJR東日本羽越線上り特急「いなほ14号」は，山形県酒田市の砂越（さごし）駅を通過後，庄内町北余目（きたあまるめ）駅に向かって，最上川の鉄橋を通過直後（19時14分頃）に脱線し，前3両が横転した．先頭車両の乗客5名が死亡，32名が重軽傷を負った．この特急列車の脱線・転覆は竜巻の強度を示す藤田スケールのF1（10秒間の平均風速が33～49 m/s）に該当する竜巻によって引き起こされたとされている．発達する日本海低気圧の場合は，寒冷前線が通過する際に，竜巻を含む突風，雷，強雨，風や気温の急変などが起こり，海難や山岳遭難の発生が多いとされている．日本海側の地方はフェーン現象が起きることもあり気温が高く，寒冷前線が通過するまでは雨になることが多い．26日には，日本海の低気

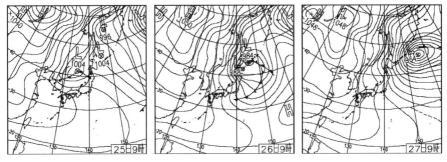

図1 年末低気圧（日本海低気圧の事例）[1)]
左から 2005 年 12 月 25, 26, 27 日.

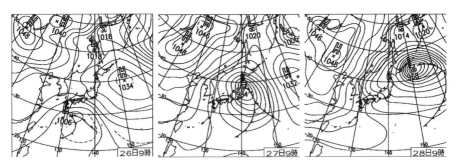

図2 年末低気圧（南岸低気圧の事例）[1)]
左から 2006 年 12 月 26, 27, 28 日.

圧は中心気圧が 984 hPa と発達しながら北海道を通過して太平洋に抜けた．北海道は荒れた天気となり江差町では最大瞬間風速が 40.8 m/s, 上川町で日降雪量が 54 cm となった．27 日には上空に寒気が入り，強い冬型の気圧配置になり，日本海側は雪となりふぶきとなったところが多かった．北海道と東北北部は最高気温が氷点下以下の真冬日となった．

図2は，2006 年 12 月 26〜27 日に本州の南岸を発達しながら北東進した，いわゆる南岸低気圧の事例である．26 日には日本の南海上を低気圧が発達しながら北東進した．西日本から東日本は暖かく湿った空気が入り太平洋側を中心に季節外れの大雨となり，千葉県鋸南町では日降水量 226 mm，東京でも 155 mm となった．また，強風も吹き八丈島では最大瞬間風速が 45.3 m/s となり，12 月の最大記録となった．27 日は 24 時間で中心気圧が 22 hPa と急激に発達した低気圧が本州の太平洋側沿岸を北上した．このため東北地方の太平洋側を中心に大雨となった．岩手県普代村では日降水量が 290 mm となり，3 時間降水量は 153 mm で歴代 1 位を更新した．低気圧が運んだ暖気により，全般に気温が平年より高く 10 月下旬並のところもあった．南岸低気圧の特徴である太平洋側に大雨と強風をもたらした．28 日は上空に寒気が入り冬型の気圧配置になった．このため東

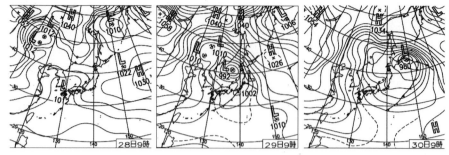

図3 年末低気圧（二つ玉低気圧の事例）[1]
左から2007年12月28, 29, 30日.

北から九州の日本海側では雨から雪に変わり，熊本市，大分市，高松市，高知市，広島市などで初雪となるなど，一挙に冬に戻った．

図3は，2007年12月28〜30日に日本海と本州の南岸を発達しながら低気圧が北東進した，いわゆる二つ玉低気圧の事例である．28日は九州西の低気圧が発達しながら東北東進した．高知県や三重県では3時間に60 mmを超える短時間の激しい雨が降った．29日の日本付近は深い気圧の谷となり，日本海北部と三陸沖の低気圧が発達しながら北東に進んだ．北海道では低気圧の影響で東部を中心に風雪が強まり，北海道室蘭市では最大瞬間風速が29.3 m/sとなった．二つ玉低気圧の場合は，西日本から東日本は大雨になるが，北日本は雪で強風や暴風を伴うことが多い．30日は上空に寒気が入り，西日本は冬型の気圧配置になり，西日本各地で真冬並の気温となり，平年より遅い初雪となった．

低気圧が日本付近を通過し，本州の東海上で発達するとき，大陸上で形成された寒気が，北西の季節風となって日本海を渡る．シベリアの寒冷な乾燥した大陸寒帯気団が北西季節風として日本海を渡るとき，海面から熱と水蒸気の供給を受けて大気下層が対流不安定となって，筋状の対流雲を発生させる．この筋状雲が日本海側の地方に到達し，脊梁山脈を越えるときその風上側斜面で強制上昇を受け，その結果降雪をもたらす．このときの顕熱エネルギーの供給量は寒気団の気温が低く，日本海の海水温が高いほど大きく，風が強いほど大きくなる．一般に日本海の海水温は，対馬暖流の影響で日本列島沿いは暖かく，特に12月頃は15℃以上と暖候期の暖かさが残っており，寒気が日本海を渡るとき，海水温度と気温との差が大きくなり，海面から大気に与えられる水蒸気量は多くなる．一方，2月になると9℃くらいまで下がるため，大気に与えられる水蒸気量は少なくなる．このため，年末低気圧の頃は，真冬と同程度の寒気移流でも日本海側に降る雪や雨の量は多くなる．

〔下山紀夫〕

文　献
1) 気象庁ウェブサイト．

冬の気圧配置

ポーラーロウ

polar low

　冬季，おもに海上で，大規模低気圧が発達すると，その後面（西側）の寒気内に，しばしば，先行する低気圧より一回り小さい中規模程度の低気圧（メソαスケール）が発生する．その形状や発達程度からポーラーロウとかコンマ型低気圧（コンマ雲），寒気内小低気圧と呼ばれている．それらは同じ種類のじょう乱と考えられている．典型的な大規模低気圧とポーラーロウとの相対的な位置関係を図1に示す．

　このような低気圧は，北東大西洋，ノルウェー海，バレンツ海，ベーリング海，アラスカ湾，北東太平洋で多く発生する．日本周辺では，北西太平洋および日本海でしばしば観測される．

　大規模低気圧が主として傾圧不安定波であるのに対して，ポーラーロウは傾圧不安定と第二種条件付不安定（CISK）の両方が関係しているといわれている．天気図上では，上層（おもに500 hPa）の正渦度極大域付近に対応して発生，発達する．

　前線を伴わず，コンマ型や渦状の雲パターンをしていることが多い．非常に発達する場合は中心に眼をもち，らせん状の雲の渦となり，気象衛星雲画像上では台風に類似した形状となる．このポーラーロウの域内では積乱雲の活動が活発で，短時間強雨・豪雪，落雷，降ひょう，突風，高波，乱気流，着氷などの気象災害をもたらす．

　図2は2005年12月5日9時の気象衛星の可視画像であり，日本海の発達した渦

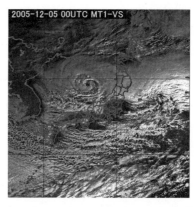

図2 衛星可視画像（2005年12月5日9時）[1)]

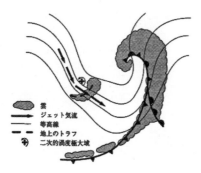

図1 大規模低気圧とポーラーロウの相対的位置関係[2)]
ポーラーロウは，二次的渦度極大域の近傍に，コンマ状の雲を形成する．

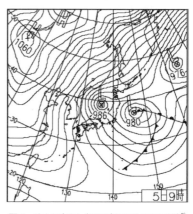

図3 地上天気図（2005年12月5日9時）[3)]

状の雲がポーラーロウである．寒気場内の低気圧のため前線は伴っておらず，台風のように渦巻いている様子がわかる．図3は12月5日9時の地上天気図である．三陸沖には閉塞前線，温暖前線，寒冷前線を伴った980 hPaの発達した低気圧がある．

その西側，寒冷前線の北西側の寒気場内の日本海に，中心付近で気圧傾度が混んだ986 hPaの低気圧がある．これが，衛星画像の渦状の低気圧ポーラーロウに対応している．500 hPaでみると図4左では，ポーラーロウにあたる低圧部が日本海にあり，

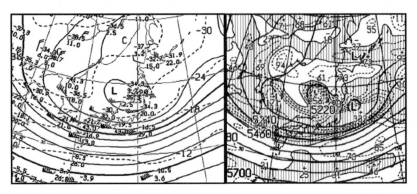

図4　500 hPa天気図（左）と500 hPa高度渦度解析図（右）（2005年12月5日9時）[3)]

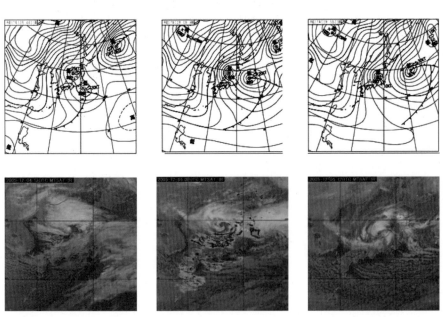

図5　地上天気図（上）と衛星赤外画像（下）（2005年12月4日21時（左），5日9時（中：レーダーエコー合成図），5日21時（右））[3)]

378　　　　　　　　　　　　　　6. 冬の現象

181 冬の風

暴風雪

snow storm

暴風雪とは，暴風が雪を伴う場合で，一般に視程が著しく低下（悪化）するため交通機関などに大きな障害が出る可能性がある現象である．

暴風雪災害の例は以下のとおりである．
①猛ふぶき・吹きだまり，視程障害による陸上交通網，特に空港における離着陸への障害，鉄道，新幹線高速鉄道網，高速道路をはじめ道路交通網に対しての交通障害．いずれも高速交通網の脆弱さが原因となる．②猛ふぶきによる交通障害での遭難事故災害．車利用社会の脆弱さによるものである．③着雪と暴風による，送電線，架線などに対する著しい着雪災害．大規模な停電事故をもたらす．④木々への着雪と強風・暴風による森林倒木被害．湿雪による降雪量の増大に伴うビニールハウスの倒壊など農林業に対する災害．

猛ふぶきで9名の遭難死

2013年3月1日，急速に発達した低気圧がオホーツク海に抜け，2～3日にかけて北日本とりわけ北海道東部，オホーツク海側の地方が暴風雪に見舞われた．少なくとも48市町村で929台の車が立往生（1081名），車内，車外で9名が遭難死した．視界（視程）がほとんどない状態で，4人家族が乗るワゴン車が暴風雪でできた吹きだまりで立往生，猛ふぶきで車が雪で覆われ，排気ガスが車内に逆流して一酸化炭素中毒で全員が死亡した．道幅の広い道道上であったが，1m以上の積雪に囲まれた吹きだまりで動けず，郊外における暴風雪の発達で避難行動がとれず悲劇にいたった．さらに，周

その前面にあたる輪島では-35℃以下となっており，寒気核をもった低気圧であることが推察される．右図では日本海の能登半島沖の正渦度極大域が低気圧に対応している．このように低気圧と正渦度極大域がほぼ同じ位置に解析されるのはポーラーロウの特徴である．図5は左から2005年12月4日21時，5日9時，21時の地上天気図と衛星赤外画像で12時間ごとの実況を示している．ポーラーロウに着目して雲渦の発達をみると，4日21時日本海の低気圧の雲域がまとまりはじめ，5日9時には急速に発達し，5日21時で陸地にぶつかると衰弱する様子がわかる．このポーラーロウは，東海上の発達した低気圧の後面，寒気場内において，海水温度の影響で，下層に暖気核を形成するとともに上層の強い寒気核を要因として，傾圧不安定と条件付不安定の場で，積乱雲を主体とする雲渦を形成し，暴風や高波，雷，ひょうや雪をもたらした．このポーラーロウによって日本海では，5日3時頃，大分県姫島沖の伊予灘で，航行中の砂利運搬船（第85福吉丸，397 t）が転覆した．また，低気圧に伴う積乱雲が発達し，日本海側で雷が多く観測され「雪起こしの雷」となった．舞鶴市の山間部では15 cmの積雪，市内では6日未明から午後にかけ，みぞれまじりの雨やひょうが降り，強烈な雷が長時間にわたって鳴り響く大荒れの天気となった．岐阜県では5～6日に，山間部を中心に12月としては記録的な大雪が降った[1]．

〔下山紀夫〕

文 献
1) 下山紀夫，伊東讓司：天気予報のつくりかた，東京堂出版（2007）．
2) S. Businger and R. J. Reed : *Polar and Arctic lows*（P. F. Twitchell et al. ed.）, pp. 3-45, A. Deepak（1989）．
3) 気象庁ウェブサイト．

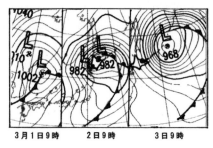

図1 暴風雪災害をもたらす爆弾低気圧
2013年3月1日9時～3日9時の天気図

辺の中標津などで，国道や道道上に立ち往生した車を放棄して，家を目指した数人が猛ふぶきによるホワイトアウトで道を失い，自宅まで100mという距離で遭難するなど5名が凍死，計9名が遭難死するという過去60年で最悪の惨事となった．暴風雪時に車外に出ると氷点下の気温と20m/sを超す風速により体感温度で－20℃以下となるふぶきにさらされ，1時間足らずで意識を失い，低体温症で死亡してしまうおそれがある．

知床半島の羅臼で最大瞬間風速が西北西35m/s，斜里で北西31.6m/s，稚内は25.4m/s（1938年以来最高）の暴風となり，航空便欠航364便，国道・道道の通行規制が273区間，JR運休668本．各地で統計開始以来の記録的な暴風雪による降雪・視程障害被害となった．仙台市では積雪深が35cmを記録した1936年以来78年ぶりの大雪であり，北日本中心の典型的な暴風雪災害となった．

昭和45年1月低気圧

「昭和45年1月低気圧」（1970年1月30日～2月1日）と命名された低気圧は，本州から北日本一帯を暴風，暴風雪に巻き込んだ爆弾低気圧であった．東シナ海で発生した低気圧が本州南岸沿いに進み，24時間で32hPa発達し，日本海から進んできた低気圧と一体化して襟裳岬の南海上で

図2 2013年3月1日遭難事故報道記事（北海道新聞）

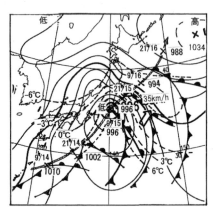

図3 関東・甲信地方に記録的な大雪・暴風雪災害をもたらした低気圧（2014年2月14～17日の天気図）

962hPaまで発達した．八戸における最低気圧962.1hPaは官署の記録を更新した．被害は貨物船の沈没を含み全国で死者・行方不明者25名にのぼり，家屋の全半壊916棟，新潟県で融雪洪水による床上床下浸水422棟，なだれが多発，北日本では暴風雪による交通途絶，電線着雪，高潮など，船舶被害293隻の大きな被害となった．

大規模停電をもたらした暴風雪災害

1972年12月1日,北海道北部で暴風雪に襲われた例では,基幹の送電鉄塔が着雪により56基倒壊し電柱15,000本が倒れ,北海道北部では名寄以北で稚内を中心に5昼夜にわたって大停電となった.北海道内では10万棟の停電となり,全面復旧には1か月もかかった〈→183〉.

首都圏における暴風雪災害

1986年3月23日,南岸低気圧が発達・閉塞し関東地方南部を,速度を落としながら通過した.この低気圧の閉塞前線の北側で春の彼岸の暴風雪となった.関東平野南西部,神奈川県厚木付近で暴風・大雨と暴風・大雪の境界付近の暴風雪により,基幹送電線が着雪し,倒壊する大きな被害となった〈→183〉.

2014年2月14〜17日の暴風雪

2014年2月8〜9日に南岸低気圧が本州南岸を通過し関東地方以西で大雪となったが,追い討ちをかけるように2月14日にさらに南岸低気圧が広範囲に湿った暴風雪や大雪となり,甲府市では最深積雪が平年比8倍の1m14cmと120年間の観測で第1位という記録的な大雪となった.この結果,関東・甲信越の地方で建物,ビニールハウスなどの積雪の荷重による倒壊が,過去に例のない広範囲で発生した.また山梨県を中心に峠越えの東名高速道路で50kmにわたり3日間交通マヒ,碓井峠では自動車約500台が40kmにわたり足止めされ3日間マヒした.山梨県などで9000名が4日間孤立したほどである.吹きだまり凍結,暴風雪により交通途絶となり,また暴風により海上交通,積雪と暴風で首都圏から北日本にわたる広範囲の航空交通網がマヒした.さらに北上した低気圧が東北・北海道で暴風雪・大雪をもたらし,オホーツク海沿岸の斜里町ウトロ地区で1m76cmという最深積雪の記録を更新した.死者26名(9県),重軽傷701名.7電力合計でのべ停電棟数約223,201棟(内閣府非常対策本部発表)にのぼった〈→196〉.

暴風雪警報,暴風雪特別警報の発表

暴風雪警報は,雪を伴う暴風により重大な災害が発生するおそれがあると予想したときに発表する.「暴風による重大な災害」に加えて「雪を伴うことによる視程障害などによる重大な災害」のおそれについても警戒を呼びかける.数十年に一度の強度の台風と同程度の温帯低気圧により雪を伴う暴風が吹くと予想される場合に暴風雪特別警報が発表される.

〔村松照男〕

182 冬の風

風雪

gale and snow

風雪とは強い風を伴って降る雪のことであり、気象庁で発表する風雪注意報は、雪を伴う強風による災害が発生するおそれがあると予想した場合に発表する。強風災害に加えて、雪に伴う視程障害などによる災害を対象としている。

雪が降り地ふぶきで雪粒子が舞い上がり浮遊すると視程（見通し）が悪くなり、交通障害となる。普通、雨粒は落下速度が数m/sであるが雪粒子は1m/s～数十cm/s程度、地ふぶきで舞い上がったふぶき粒子はさらにサイズが小さいので、風や大型車両の走行で巻き上げられて視界を奪う。

ふぶきは強い風に流されながら降る雪で、一方、「地ふぶき」は地表に降り積もった新雪が強い風で舞い上がる現象で、強風を動力源としている。

ふぶきと降雪による視程の低下

視程とは水平方向で見通せる距離である。大気中の混濁の程度を距離で表したもので、物質や浮遊物によって混濁してものがみえなくなる距離をいう。視程は光の消散に反比例し、ふぶきの場合は雪粒子の空間密度もしくはふぶき濃度の増加とともに低下（悪化）する。

視程を低下させる雪粒子の移動量（ふぶき流量）は風速や降雪量、道路の周辺地形などによる変動が大きく、車自らの移動速度による変動が加わるのでより視程の変動が大きくなる。極端な例では一瞬にしてホワイトアウトに遭遇する場合がある。

また風による雪粒子の移動があると、人間の目の残像で、雪粒子のふぶき流量以上にみかけ上で大きくみえ視程を悪化させる。同様に夜間において、降雪やふぶきの雪粒子は浮遊粒子の中でサイズも大きく、散乱も大きいのでみかけ上ヘッドライトで照らされた視程は悪化する。

風雪注意報

暴風雪警報、風雪注意報の基準は、全国の地域ごとの特性を考慮し、おもに日本海側の地方の多雪地帯や北日本と太平洋側の少雪地域、島、海上、陸上において風速による違いがある。

降雪記録のないところでは基準そのものがなく、沖縄県から鹿児島県名瀬までは基準そのものがない。屋久島では測候所（現特別地域気象観測所）において降雪の記録があるので、屋久島以北で基準が設定されている。

一方、東京大手町（気象庁）では「風速13m/s以上で雪を伴う」、日本海側の新潟市では「陸上で10～3月は15m/s、海上で15m/s、雪を伴う」としている。札幌では「11m/s、雪による視程障害を伴う」とされている。

ブリザードとは、もともと北アメリカなどでみられる、風力階級で7（風速14m/s）以上、視程が150m以下の状態をさし、風速20m/s以下、気温-12℃以下、視程が0の状態を「激しいブリザード」としている。

日本では一般に、低気圧の通過時に発生する強い降雪と風によるふぶきを、雪あらしとかブリザードと呼んでいる。この種の猛ふぶきを暴風雪とし、気象庁では暴風雪警報は、「暴風で雪を伴う」「著しい視程障害となる」と発表される。基準は予報区ごとに異なり、東京では風速が10m/s以上の風を伴うものをふぶきと呼び、特に風速が15m/s以上であると猛ふぶきと呼ぶ。風速10m/s未満では風雪である。

〔村松照男〕

着雪

snow accretion

着雪とは雪が物体に付着する現象である．特に雪が水を含んでいる，気温0℃よりわずかに高いところで降る雪片は表面の濡れによって付着が起こりやすい．

おもな着雪災害として以下の災害が発生する．①電線，架線，送電線に付着する電線着雪．送電線着雪は着雪災害の中で特に規模が大きい．②東海道新幹線の車体などへの着雪災害．③航空機への着雪・着氷災害．

電線着雪災害

着雪災害の中で電線着雪による災害が特に大きい．この着雪は，本州では一般的には風が弱く 3.5 m/s 以下でないと起こらないとされてきた「本州，季節風型，弱風型の着雪」と，気温が 0℃付近で暴風が吹くと回転しながら太っていく現象「北海道型着雪，暴風雪着雪型」とに大別される．ときには着雪が直径 20～30 cm の筒状に成長する場合がある．

暴風雪着雪型では吹きつける湿った雪の中の水分がニカワのような役割となり着雪が落下するのを抑え，0℃よりわずかに低い気温で凍結し成長させる．電線など棒状の物体に過冷却の雨滴が衝突して生ずる雨氷が着氷し，その周りを粗氷が固着して，直径が 3～20 cm ほどに成長することもあり，ときに 30 cm にもなる．その形状によって筒雪とも呼ばれている（図1）．

一般に，雪は含水率の増加とともに，付着強度を増す．気温 0～1.5℃，風速 3 m/s 以上で湿った雪が着雪する．含水率が 10～15％となると脱落せず回転して成長し，気温低下で凍結するとさらに成長が続く．

仮に図1のように直径 5 cm，長さ 250 m の送電線の外側を包むように，直径 25 cm まで水を大量に含んだ雪が筒雪となり長い送電線に付着すると，密度を 0.7 とすれば，上下4本の送電線で 21 t の重さが加わる．送電線にこの重さが加重され風速 25 m/s を超える暴風で揺らされることになれば，送電鉄塔に揺れとともに大きな負荷がかかり，ついに1基が倒れると将棋倒しに送電鉄塔が倒壊する．

過去最大規模の電線着雪災害

1972年12月1日，日本海からオホーツク海に進んで急速に発達した低気圧による暴風雪によって基幹送電鉄塔が 56 基，電柱約 15,000 本が倒壊した．北海道北部で名寄から稚内まで 5 昼夜全停電し，全面復旧に1か月かかったほどで世界でも最大規模の電線着雪災害となった．倒壊送電鉄塔の送電線に着雪した筒雪の外径は 17 cm，内径は約 4 cm，密度は 0.7 であった．

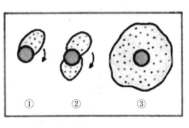

(a) 送電線（軸）と着雪の成長

(b) 送電線に着雪した筒雪

図1 電線着雪のメカニズムと筒雪
（北陸電力提供）

首都圏で基幹送電鉄塔の倒壊

1986年3月23日,発達した南岸低気圧が閉塞しながら関東地方を通過,首都圏では神奈川県厚木市を中心に66,000Vの高圧基幹送電鉄塔(高さ80m)11基が次々倒壊し,神奈川県を中心に130万戸に及ぶ大停電事故が発生した.このとき,河口湖で積雪が72cm,八王子22cmと関東各地で大雪となった.湿った雪の着雪で森林倒壊が広範囲で発生し54,000haで被害が出た.湿った大雪と大雨の境界付近で着雪が発生し,送電線に付着して直径10cmを超す筒雪となった.筒雪の重さと風速25m/sを超す暴風で送電鉄塔が倒壊した.

ギャロッピング現象による大停電

2005年12月22~25日新潟大停電では,最大65万棟が停電した.新潟県佐渡島相川で北北西35.7m/sという暴風下の季節風型の暴風雪で大停電が起こり,22日から36時間続いた.海岸付近に立地している火力発電所からの送電鉄塔が海からの強風で鉄塔と送電線を結ぶがいしに塩分が付着して絶縁機能が低下し絶縁破壊,さらに暴風雪によるギャロッピング現象が起こり送電線が接触した結果である.ギャロッピング現象とは,気温が0~2℃程度で過冷却水滴や湿雪が送電線に長円形に着雪・着氷した後,強風によって各架線が別々に上下に激しく跳躍(スリードジャンプという),異常振動し,電線同士が接触してショートする現象により送電が停止する.いずれも暴風雪・湿雪型の事故で,このとき,風速は26m/sを超えていた.

湿雪の着雪防止対策

送電線に付着する湿雪の回転成長を抑えるため,ねじれ防止ダンパにプラスチック製の着雪防止リングを90cm間隔程度につけており,装着した送電線はその後大きな着雪事故を起こしていない.

東海道新幹線の着雪災害

冬型の気圧配置となり強い季節風が吹くと,雪雲が若狭湾から関ヶ原を通り伊勢湾に抜ける地狭帯に帯状となって,関ヶ原付近を中心に積雪をもたらす.東海道新幹線の開業当時,高速走行により巻き上げられた雪が車体の下部に着雪した.凍結した氷塊が,走行中に落下して自損着雪災害を起こしていたが,現在では防止策が功を奏している.

航空機への着雪・着氷災害

飛行中の航空機にはおもに過冷却水滴の着氷が起こり,航空機が駐機場もしくはランウェーで待機・移動中のとき,おもに翼に湿った降雪が積雪,湿った雪が着雪し,離陸時の重量が増加し動作性を阻害する.1982年1月13日,記録的な寒波襲来のさなか,ワシントン・ナショナル空港から,翼に雪や氷が付着した状態で離陸した航空機が,上昇に必要な速度が得られずポトマック川に墜落した.北海道新千歳空港でも2001年12月12日,12月としては記録的大雪となり,駐機場での移動ランニング中に,積雪と着雪で航空機が引き返すなど,動きがとれず滑走路の除雪も難しく空港が2日間マヒ状態となった.〔村松照男〕

図3 1972年12月1日の暴風雪被害(北海道電力提供)

184

ふ ぶ き

吹雪
snow storm

ふぶきはいったん地面に積もっていた雪が風によって再び空中に舞う現象である．狭義のふぶきは強い風に流されながら降る雪で，「地ふぶき」は地表に降り積もった新雪が強い風で舞い上がる現象である．地ふぶきを含めふぶきとすることが多い．

ふぶきは吹きだまりと視程障害により交通災害の危険をもたらす．路面のアイスバーン状態に，ふぶき，大型車両の走行による雪煙などが重なり，多重玉突き事故のような重大な交通災害につながる．

多重事故の発生原因の調査結果によると，約30%が冬期事故で夏期より多く，すなわち積雪・凍結・ふぶきなどの冬期現象が事故の直接・間接要因となっており，その冬型事故の91%がスリップ，視界不良6%である（図1）．北海道において冬期道路の通行止めの発生原因は，ふぶきによる視程障害が41%（1986～2000年），積雪，なだれを加えると雪が要因の54%である．

ふぶき時の多重衝突事故の発生

多重衝突事故は，気象要因を背景に車の交通量，走行状態，走行速度などが影響し1995～1999年の間，76件から496件に増加している．2003年までのおもな多重事故は以下のとおりである．

① 1985年1月17日，雪の名神高速の上り車線で40台の多重衝突事故が発生，重軽傷9名．冬型の気圧配置のとき，若狭湾方面から流れ込む季節風タイプの雪雲の通り道にあたる関ヶ原付近は，地ふぶきを伴う降雪としばしばアイスバーンや本格的な積雪地帯となりスリップ事故が多発する．

② 1992年2月27日，宮城県の東北自動車道で，バスを含む67台が関係する多重事故が発生した．冬型の気圧配置が明瞭で，地狭部から雪雲が吹き抜けるところがあり，ふぶきと圧雪状態の状況下であった．

③ 1992年3月17日8時40分，北海道道央自動車道千歳～札幌間で発生した事故では186台の車両が玉突き状態で長さ1kmにわたって続き，死者2名，重軽傷106名の大惨事となった．事故時，降雪エコーがかかりふぶきが強まる中で，高架橋上の路面はアイスバーン状態だった．先頭車両の軽い接触事故をきっかけに日本における最大規模の多重衝突事故となった．

④ 2000年2月29日未明，東北自動車道で大型トラック，車18台がスリップするなどして多重玉突き衝突事故が起こった．

⑤ 2001年2月2日，北海道岩見沢付近の主要道路上で，猛ふぶきの中，吹きだまりで止まった車をきっかけに乗用車68台の多重衝突事故となった．

⑥ 2003年2月12日早朝，ふぶきの北海道道央自動車道深川付近で42台の多重事故が発生し死者3名，重軽傷68名を出した．

〔村松照男〕

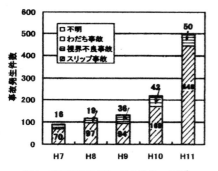

図1 要因別多重事故の発生件数の変動[1]

文　献
1) 山田晴利ほか：冬期道路における走行支援技術関する共同研究, 178, 1-99 (2004).

185　冬の風

地ふぶき

地吹雪
drifting snow

　地ふぶきは，地表に降り積もった新雪が強い風で舞い上がる現象である．北日本では低温のため降雪粒子が飛びやすいので地ふぶきとなりやすい．

　標準的な人の目の高さで見たとき，雪粒の舞い上がることにより，水平方向の視程（視界・見通し）が悪くない場合を「低い地ふぶき」，悪化する場合「高い地ふぶき」と呼ぶことがある．ふぶき時に地ふぶきを伴うことも多く，この場合，地ふぶきを含めふぶきとすることが多い．

　ふぶき時には，雪粒子がホップ（雪粒子の転がり），ステップ（跳躍），ジャンプ（浮遊）で移動する（図1）．転がるときは雪面からほとんど離れず移動し，跳躍では雪面のごく表面をほとんど離れることなく，風下側に飛び跳ねるように移動する．風速8～9 m/sを超すと跳躍が始まり，せいぜい10 cm程度の距離で巻き上げられ高さ30 cmほどに達する．浮遊は字のごとく風の乱流によって輸送され，高さは10～100 mの範囲まで達し，視程障害や吹きだまりの大きな要因となる[1]．低い地ふぶきは転がりと跳躍，高い地ふぶきは跳躍と浮遊粒子からなる．

　風の流れの向きに直角な単位面積を通過するふぶき粒子の質量は，風速の増加につれて対数的に増大するが，ふぶきの発達の度合い，気温，地形などで大きく異なる．ふぶき輸送量は風速とともに対数的に増加するので，高さ1～2 mでみると種々のケースで10倍以上も違うほど量的には幅が出ている．

　ふぶきによる雪粒子の輸送により，ホワイトアウトなど視程障害と吹きだまりを生ずる．降雪と浮遊雪粒子の濃さが最も寄与している．暴風雪など，背の高い地ふぶきは，浮遊する雪量の大部分は跳躍粒子が占め，ふぶきが多くなると視界が遮られる視程障害が発生する．気温0℃では風速10 m/sにならないと地ふぶきは起こらない．

吹きだまり

　風によって移動する雪粒子が地形や建築物，気流の変化する領域に堆積し，吹きだまりが発生する．ふぶき量が雪粒子を運ぶ風の力（雪粒子輸送力）を超えて大きくなると，雪粒子は堆積する．地形物や家などの障害物の周りや裏側の風が弱まるところに吹きだまる．わずかな降雪でも一晩で数 mの吹きだまりが生じる．暴風雪では，著しい視程障害と大きな吹きだまりの形成により自動車の走行性能を低下させ，通行止めなど，交通障害を引き起こす．

　冬の視程障害にかかわる気象の特徴は，日本海側を中心とした西高東低の季節風型と，発達した温帯低気圧による暴風雪型の猛ふぶきによるものに大別される．

〔村松照男〕

文　献

1) 前野紀一ほか：雪崩と吹雪，基礎雪氷講座 **III**, pp. 1-226（2000）．

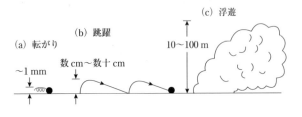

図1　ふぶきにおける雪粒子の運動形態

186　冬の風

ボラ

bora

　山越えの風によって気温が急低下することを，フェーン現象と対比させて，ボラ現象，またはボーラ現象と呼ぶ．もともとは，アドリア海や，ギリシャ，トルコなどで吹き降ろす北〜北東の風で，ギリシャ神話に出てくる冷たい冬の空気を運ぶ北風のボレアスからきている（図1）．ギリシャの風の神（アネモイ）は，ボラのほか，晩夏と秋の嵐を運ぶ南風のノトス，春と初夏のそよ風を運ぶ西風のゼピュロス，いかなる季節とも関連づけられていない東風のエウロスの4柱が中心で，その間の風を示す4人の風神がいた．ギリシャのアテネには古代ローマ時代の風の塔（Tower of the Winds）が残されている．紀元前50年頃（紀元前2世紀という説もある）に建てられたもので，高さ12m，直径8mの八角形の塔の上には，8人のアネモイが彫刻されている．

　一般的に，湿った風が山を越えるときには，風上側で断熱的に上昇することで冷却

図1　アテネにある風の塔のボレアスの彫刻（左側）

されて，水蒸気から雲ができて降雨があり，風下側で断熱的に下降することで乾燥して昇温し空気が吹き下りる．しかし，大陸性の冷たい気団からの山越えの風は，湿度がそれほど高くないことから昇温はわずかであり，もともとの風下側の気温が比較的高いことから，ボラが吹くと気温が低下し，冷たい風となる．

　冬の関東地方に卓越する乾燥した冷たい風を空（から）っ風といい，ボラである．雨や雪を伴わずに激しく吹く風を空風（からかぜ）というが，これと同じ意味である．特に群馬県で冬に見られる北西風は，「上州の空っ風」として有名で，群馬県の名物となっている．また，浜松市などの静岡県西部では西高東低の気圧配置が強まると地形の関係で強い西風となり，「遠州の空っ風」と呼ばれる．空っ風は，風向が一定である強風であるため，これを利用して，風力発電などが行われる．また，乾燥した強風であるため，日射が強いことと合わせて，空っ風の強い地方では，「天日干し」により農作物や魚などを干物に加工した食品工業が発達している．

　山越えの強風については，2つの発生機構があり，山峰の風上側にたまった冷たい空気が尾根を越えたり，谷間を抜けて吹き出すもので，突然吹き出し，突然止むという傾向が強い．南極やアラスカにあるような大きな氷原の周辺や，ユーゴスラビア北部のアドリア海岸にみられる．また，山脈の風下側に大きな振幅の山岳波の発生によるものは，垂直方向に伝わる波のエネルギーが上方の気温または風速の不連続面で反射し，地表付近の波の振幅を増大させる．

　ボラはイタリア北部のトリエステが有名で，冬になると強い風が吹き，ときには40m/sに達することもある．トリエステでは晴れの日に吹くボーラ・キアーラ（bora chiara：明るいボラ）と，くもりの日や雨の日に吹くボーラ・スクーラ（bora

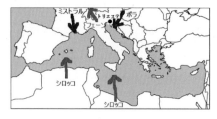

図2 地中海の局地風

scura：暗いボラ）がある．ベレチ（C. Beleci, 2002）が刊行した"局地風「ボラ」の本"の中には，トリエステでのボラのときの絵がたくさん描かれている．

地中海には，ボラのほか，同じく山越え寒冷風であるミストラルや，初夏にアフリカから地中海を越えて吹く暑い南風（地中海を超えるときに乾燥した風から高温湿潤の風に変質）であるシロッコという局地風がある（図2）．これらの地方における局地風の研究が世界に先駆けて行われたため，地方で使われていた名称が，一般的な局地風の名称に変わっている．

〔饒村　曜〕

文　献
1）塩谷正男：強風の性質，開発社（1979）．
2）吉野正敏：http://www.bioweather.net/column/essay2/aw04.htm　著作関係を調査中

187　冬の風

比 良 八 荒

ひらはっこう

　滋賀県の琵琶湖西岸には，武奈ヶ岳（1214m）を最高峰とする比良山地と呼ばれる山々が連なっている．琵琶湖と安曇川で区切られる南北約20km，東西約15kmの比良山地は，日本海側気候で，冬季には多量の積雪がある（図1）．比良山地の南東斜面を丹波高地から琵琶湖に向かって，吹き下りるように吹く北西の風を比良おろしというが，比良おろしのなかで，特に3月の天台宗の行事「比良八講」の前後に吹くものを比良八講の荒れじまいの意味から，比良八荒と呼び，ときに交通や農業・漁業に被害を及ぼすことがある．等圧線が北東から南西に走る気圧配置のときに発生することが多く，強い比良おろしが吹くときに比良山脈に風枕と呼ばれる枕状の雲が出ることがある．

　琵琶湖では比良おろしによる海難が多いことから，琵琶湖南部沿岸の志賀，堅田，守山などでは，比良八荒により湖に没した

図1　琵琶湖と比良山脈

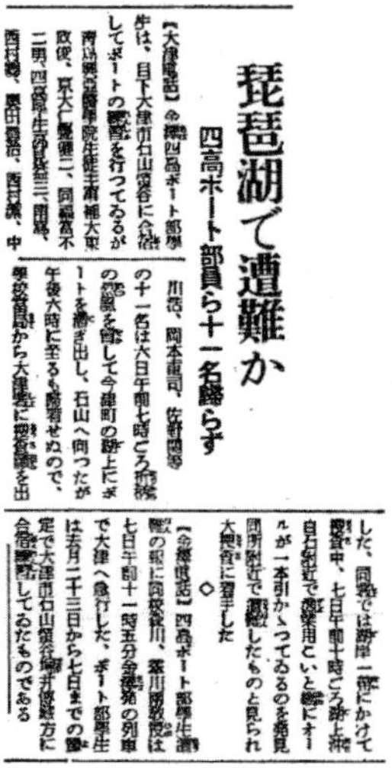

図2 水難事故を伝える1941年4月6日の朝日新聞

乙女の悲恋の物語が存在する．地域によってその話は多少異なっているが，おおむね次のようなものである．

「1人の若い修行僧が，托鉢行脚に出かけた際，急病で倒れ，それを助けた家の娘が修行僧に深く恋をし，翌年，お礼のために同家を訪ねた修行僧に恋心をうち明けた．しかし，修行僧は修行の身であり，対岸の比良まで百日間通いつづけたら夫婦になると約束している．娘は，その日から毎晩，対岸の比良まで小舟で通いつづけたが，満願の百日目の夜，折から吹いた比良おろしで小舟が沈み，娘の死で恋が終わった．このため，毎年この頃に吹く比良おろしは，この娘の無念によるものだといわれている．」

天台宗の開祖である最澄が比叡山に延暦寺を開き，隣接する比良山にも比良三千坊と呼ばれるほどの僧坊がたち，冬から春に季節が変わる時期に，五穀豊穣，風雨順時を祈る法華八講が行われていた．これは，天台宗のよりどころの経典である法華経の八巻を講談する法会で，朝座，夕座に1巻ずつ，4日間をかけて行われた．

この比良で行われた法華八講(比良八講)は，時代の変遷の中でいつのまにか途絶えていたが，1955(昭和30)年に箱崎文応大僧正によって古義が再興され，以後，毎年3月26日に天台宗の僧侶によって，水難者の回向法要，命の水瓶・琵琶湖への感謝報恩，水源の山々の保全を本旨として執り行われており，現在では，関西地方に本格的な春を告げる風物詩となっている．このとき，祭りに参加している稚児娘さんに改めて近江舞子に上陸して，悲恋の乙女に満願成就してもらっている．

比良おろしは，ときどき琵琶湖での水難事故を引き起こし，1941(昭和16)年4月6日には，旧制第四高等学校(現 金沢大学)漕艇部の遭難事故によって11名が亡くなっている．このことを題材につくられたのが，東海林太郎と小笠原美都子が歌った「琵琶湖哀歌」である．また，2003(平成15)年9月15日にも，ヨットの沈没で死者・行方不明者7名という事故を起こしている．

〔饒村 曜〕

文 献

1) 比良八講近江舞子の会：近畿水源大例祭・比良八講 (2006).

188　冬の風

富士川おろし

　冬季に甲府盆地から富士川の谷間に沿って静岡県東部に吹き下りる風で，西高東低の気圧配置のときにときおり強い北風が吹くのが富士川おろしである．富士川は，甲府盆地の東部南下する笛吹川と，西部を南下する釜無川の合流点から駿河湾までで，熊本の球磨川，山形県の最上川とともに，日本三大急流（流れの早いことで有名な3つの河川）に入っている（図1）．合流点からすぐ南の富士川は，川幅が狭くなり，富士川谷を形成しているので，局地風が強まる条件が整っている．釜無川の名前の由来には諸説あり，上流の釜無山にちなむという説のほか，水量が豊富で速い流れのために釜を洗おうとすると流される，絶え間なく流れるので「クマナシ（隈無し）」というのもあり，急流といっても昔から水量が多く，甲斐と駿河を結ぶ水運として使われてきた．

　富士川沿いには，富士市今宮の風之宮神社など，風を祭っている小さな神社が多く存在し，五穀豊穣を祈願している．富士市には，桑崎風神社，南松野風の宮，厚原風祭神神社など風の名前がついた神社もあり，このうち，風の宮は，富士川と東名高速道路・新東名高速道路が交差する場所の近くにあり，両岸から山が迫っているために風が集まりやすく，強風による風害がたびたび起こる場所にある．東名高速道路，新東名高速道の富士川橋は，防音対策のために透明の壁がつけられ，横風を弱めることで事故防止にも役立っている．

　また，静岡県富士宮市や富士市を流れ，田子の浦湾に注ぐ潤井川の上流には，富士山腹から流れる風祭川が合流している．ここは，ここには豊作を祈って風の神を祭る風祭りが行われていた祭壇跡がある．また，神奈川県小田原市には風祭という地名がある．鎌倉時代のこの地の地頭・風祭氏に由来するとされている．これらのことは，富士山周辺に住む人にとっては，富士山腹から吹き下ろす富士おろしなど，風に警戒して暮らしていたことがうかがわれる．

　諏訪湖はもともと東の釜無川方向に流れていたが，八ヶ岳からの噴出物で堰き止められ，西の天竜川方向から南下するようになったといわれており，諏訪湖方面から釜無川上流部にかけての峠が低く，諏訪平方向から釜無川に沿って甲府盆地に吹き込む風を諏訪おろしといい，寒風である．また，八ヶ岳南麓から甲府盆地にかけて吹く冷たいおろしが八ヶ岳おろしである．甲府盆地は，富士川おろしの出発点と同時に，諏訪おろし・八ヶ岳おろしの終着点である．なお，普段は風が弱い甲府盆地で強い風が吹くのは，台風接近による南よりの風の場合と，冬型の気圧配置が強まった場合と，台風が通過したあとの吹き返しによる北よりの風の場合である．

〔饒村　曜〕

図1　富士川の流域図

赤城おろし

　群馬県中央部から東南部において，10〜5月（冬季）に北から吹く乾燥した冷たい強風を赤城おろしといい，「上州空っ風」とも呼ばれる．群馬県の特徴を表すものとして地元で使われている上毛かるたでは，「雷（らい）と空っ風，義理人情」と詠まれている．関東地方の北部，群馬県のほぼ中央に位置する赤城山は（図1），中央のカルデラの周囲を，1200〜1800 mの峰々が取り囲んでおり，最高峰の黒檜山（1828 m）の山麓には赤城神社があり，関東一円に末社が分布するなど，関東の人々の信仰を集めている．このため，赤城山によるおろしだけでなく，近くの空からのおろしも含めて赤城おろしと呼ぶことがある．

　西高東低の冬型の気圧配置が強まり，大陸のシベリア高気圧から日本列島に向けて吹いてきた風は，群馬・新潟県境の山岳地帯にぶつかることで上昇気流となり，日本海側に大雪を降らせる．山を越えた風は水蒸気を失っているので，非常に乾いた冷たい風となり，赤城おろしとして吹き下ろしたものである．群馬県や栃木県南部，埼玉県北部を含む広い範囲に吹き，群馬県の平野部では，赤城おろしによって畑地の砂が巻き上げられ，空を黄色く染める．前橋市は，最大風速が10 m/s以上の日が年間11.4日あり，内陸部の都市にしては多く，また冬場の平均湿度が60％以下の低い値を示し，空っ風が吹いていることを示している．

　赤城おろしが強く吹く地方では，その猛威を少しでもやわらげようと，昔から家の北から西にかけて樫や杉の木を植えたり，防風用の垣根をつくってきた．また，畑の砂が飛ばされたり，農作物が風の害を受けないよう，畑に防風ネットを設置したりしている．赤城おろしは害だけでなく，メリットもある．乾燥して強い風であることを利用し，大根干し，コンニャクいもの乾燥，干柿づくりなどが行われ，群馬県の特産品となっている．

　茨城県南部から千葉県北部にかけての地域では，冬期に西高東低の気圧配置になったときに冷たく乾燥した北西風が吹き，これを筑波おろしという．茨城県南部から千葉県北部の地方の広い範囲では，よくみえる筑波山の方向から吹いてくるからこう呼ばれるが，筑波山から吹き下りている風があたる範囲はもっと狭く，ほとんどが筑波山の後ろにある赤城山などの脊梁山脈によるおろしがやってきたものである．

〔饒村　曜〕

図1　赤城山の位置

190 　冬の風

北山おろし

　京都は，京都盆地を取り囲んで東山，北山，西山があり，京都三山といわれている．といっても，1つの山ではなく，たとえば，平安京からみて東側にある山やその山麓の地域の総称が東山で，山でいえば，比叡山から大文字山，稲荷山などが入っている．北山も鞍馬山など北に連なる山や山麓の地域の総称である（図1）．

　京都三山の北山から京都の市街地に吹き下ろす冬の強風を北山おろしという．西高東低の冬型気圧配置が現れると冷たい乾いた北西の季節風が強まり，山脈を乗り越えて加速度をさらに増して麓に吹き下ろす冷たい風である．三方を山に囲まれた京都盆地では，盆地の底に放射冷却による冷気湖ができ，寒気がたまりやすいことに加え，北山おろしによって寒気が入ってくるため厳しい冷え込みが生じる．「つべたい」「ちべたい」などの京言葉があるなど，昔から京都は夏の蒸し暑さとともに，冬の底冷えが知られている．

　北山おろしは寒さを連れてくるといわれるのに対し，京都の東にある比叡山から吹き下りる比叡おろしは雪を連れてくるとい

図1　京都三山

われる．太平洋側の地方で大雪となるのは，南岸を低気圧が通過するときで，このときは，低気圧が接近するまでは東よりの風になることから説明ができる言い伝えである．

　局地風の呼称は，赤城山から吹き下ろす赤城おろしというように，吹き下ろしてくる山の名が冠されていることが多い．また，北方の山から吹き下ろす強い風を北おろし（冬の寒さを運んでくる風）といい，風向をつけて呼ぶことがあるが，山は特定されている．しかし，北山おろしは，北山という特定の山をさしておらず，京都北部の北山地方から吹く風ということになる．「北」に「来た」をかけた洒落も含まれているという説もあり，都の人々には，寒さで凍えさせる風として，深く生活の中に入っていた．なお，北山地方から降ってくるしぐれが北山しぐれである．　　　　〔饒村　曜〕

那須おろし

那須岳は，関東地方の北限，那須火山帯の南端に位置し，茶臼岳（1915 m）を中心にして朝日岳（1896 m）および三本槍岳（1917 m）を含めた山の総称であるが，茶臼岳のみをさすこともある．朝日岳は山頂付近が尖っているが，茶臼岳と三本槍岳の山頂付近は丸い．

図2 那須岳（南西側から）[1]

冬から春にかけ，那須岳から那須扇状地に吹く北から北西の風を那須おろしといい，冷たい乾燥した風である．

鞍部など山の切れ目の風下側ではおろし風が強くなる傾向があり，特に川沿いの狭い谷間で強くなる．那須おろしでいうと，那須高原の沼原調整池の南側山麓の谷間付近で，この峠から風が加速し，最速は麓をすぎてからである．

西高東低の気圧配置になると，脊梁山脈によって日本海側の地方に大雪を降らせて湿気を失った空気が吹き下りてくる．それまであった空気よりも冷たい空気が入ってくるため，ボラ現象で寒く感じる．この風の名称は使う場所や使う場合にとって名称が変わり，栃木県内では北から那須おろし，男体（なんたい）おろし，赤城おろしとなっている．男体おろしは，日光連山の主峰である男体山（別名 二荒山）から，日光おろし，二荒おろしともいわれる．

〔饒村 曜〕

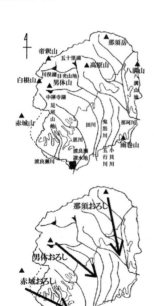

図1 那須岳の位置と那須おろし

文 献
1) 気象庁ウェブサイト．

192 冬の風

大西風

おおにしかぜ

　冬型の気圧配置が強まり，アリューシャンの南海上に発達した低気圧ができると，東シナ海から日本のはるか東海上にかけ4000 kmにわたって北西〜西から吹きつづける風を大西風という（図1）．江戸時代，大坂から江戸に向かう船などが低気圧などの暴風に巻き込まれると，帆柱に当たる強い風によって船が傾いたり，遠くに流されるのをきらって帆柱を切り倒すことがある．そうすると，嵐が過ぎ去って進路を変えようにも思うようにゆかなくなり，その後に吹く大西風と海流によって漂流することになる（図2）．海流は黒潮という東へ向かう強い流れで，大西風とあいまって，遭難して沖合に流されると，陸地に戻ることが困難で，太平洋の真ん中にどんどん流された．このため，暴風に巻き込まれて沈没するか，食料が尽きて餓死することが大半で，伊豆諸島や小笠原諸島，ハワイ諸島など太平洋に散在する小島に漂着して生き延びたり，たまたま航行していた他の船に救助されることは，ほとんど奇跡であった．江戸時代，船の漂流のほとんどが，真冬に発生しているのは，年貢米や正月用品を運ぶ季節にあたり，多くの船が危険を承知で航海していたためと考えられている．海難は夏から秋の台風によっても発生するが，台風襲来の頻度が少なく，また襲来しても暴風となる期間が短いこと，直撃の場合は大西風を上回る暴風のために漂流よりも沈没が多くなることから，漂流ということでは大西風のほうが多くなる．

　遭難して日本から離れていったといっても，沈没せずに食料なども十分積んでいるなど，幸運に恵まれた江戸時代の漂流民は，アリューシャン列島からアラスカ，北アメリカのみならず，赤道付近を東から西へ流れる海流に乗って太平洋西部のパラオ諸島，ベトナム，台湾などに流れ着いている．日本は鎖国中であったが，はからずも外国を見た人たちによって断片的とはいえ，外国の情報が日本にもたらされた．1782（天明）年12月，伊勢から嵐のため江戸へ向かう回船が漂流し，船頭・大黒屋光太夫などがアリューシャン列島（当時はロシア領アラスカの一部）に漂着し，ロシアの帝都サンクトペテルブルクで女帝エカチェリー

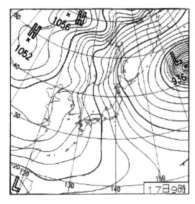

図1　大西風のときの地上天気図（2011年1月17日9時）

図2　大西風と冬季海難多発地帯

ナ2世に謁見し，1792（寛政4）年に根室港から帰国した．その後，11代将軍徳川家斉の前で聞き取りを受けるなど，光太夫の豊富な見聞は，蘭学発展などに寄与している．また，ロシアの動向に関する情報から北方警備を強化している．また，大西風などによって漂流し，生き残った数少ない人の中に，ジョン万次郎がいる．四国土佐（高知県）の出身で，天保12年1月5日（1841年1月27日）の漁で，大西風（西北の強風）によって外洋へ押し流され，8日後に八丈鳥島に偶然漂着，アメリカ捕鯨船に救われている．その後，英語など覚えて帰国し，日米和親条約の締結に尽力している．

このほか，局地風で風向に「大」とつくのは，強い風，危険な風をさすことが多い．たとえば，福岡県の一部で秋口に吹く北の強風である大北（おおきた）風，兵庫県の日本海側で寒中から節分までに吹く強風の大南（おおみなみ）風などがある．西風についても，富山県の一部で初冬に吹き，雨や雪，雷を伴って大しけとなる大西風，山口県の一部に吹く9〜10月頃の強い風である大西（おおにし）などがある．

〔饒村　曜〕

文　献
1）関口　武：風の事典，原書房（1985）．
2）伊藤　学：風のはなし，技報堂出版（1986）．

193 おろし

嵐
fall wind

冬の風

　地形の影響で，局地的に強い風が吹くことがあるが，その多くは台風や低気圧の接近・通過や，冬型の気圧配置になるなどの影響で広い範囲で強い風が吹いているときに，山岳の影響で特に風が強まるものであり，「おろし（嵐）」と「だし（出し）」に分けられる（図1）．おろしは，山から吹き下りてくる強風で，山頂からあまり高くない高度に逆転層があることが多く，大気が不安定なときは，上空の寒気を引き降ろして特に強風となる．これに対し，細長い峡谷の開口部で平野や海上に向かって吹き出す強い風を「だし」という．

　山越えの気流は乾燥した風であるが，フェーン型とボラ型の2種類がある．風の吹く前の温度と比較して，温度が上がればフェーン型，下がればボラ型である．一般に，おろしはボラ型で，寒くなる．おろしには，山や丘の頂上，高原などを通り抜ける水平な風が弱い場合も，そこで放射冷却によって空気が冷やされて密度が高くなり，重力によって高度の低いところへ滑降しはじめて発生するものもある．この場合も，冷やされた空気の下降流であるため，一般的に冷たい．また，この風は，重力によって加速するものの，地面との摩擦などでいくぶん弱められることもあり，一般的

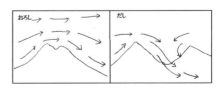

図1　おろしとだし

表1 日本各地のおもなおろし

おろしの名称	山などの名称
赤城おろし	赤城山
浅間おろし	浅間山
愛宕おろし	愛宕山
吾妻おろし	吾妻山
伊吹おろし	伊吹山
北山おろし	京都の北にある山
蔵王おろし	蔵王連峰
鈴鹿おろし	鈴鹿山脈
丹沢おろし	丹沢山地
筑波おろし	筑波山
那須おろし	那須岳
男体おろし	男体山
鉢盛おろし	鉢盛山
榛名おろし	榛名山
比良おろし	比良山地
比叡おろし	比叡山
富士おろし	富士山
八ヶ岳おろし	八ヶ岳
摩耶おろし	摩耶山
六甲おろし	六甲山

る．吹き下ろしてくる山の名が冠されていることが多く，たとえば，赤城山から吹き下ろす赤城，鈴鹿山脈から吹き下ろす鈴鹿おろしなどである．このため，主方向は名称の山からの方向，あるいは，名称の山脈に直交して吹く．このほか，関東地方の空っ風，岡山県の広戸風，愛媛県のやまじ風など，特徴的な場合は「○○おろし」と名がつかない．

　おろしは局地的であるといっても，そこでは強風が吹き，災害が発生することがある．たとえば，1982（昭和57）年9月12日に静岡県御前崎付近に台風18号が上陸したときに，台風の周辺の強風が六甲山を北から南へ吹き下り，強い六甲おろしで神戸市の街路樹50本が倒れ，ポートアイランド沖の釣り船が転覆して死者が出ている．この例のように，台風や低気圧の中心から離れた場所でも，おろしが起きる条件を満たしていると強風が吹く．

　おろしが起きる地方の人々は，長年にわたりおろしを風物詩とし，それを受け入れる生活をしてきた．現在の西宮市，芦屋市，神戸市灘区，東灘区にあたる灘は，宮水と呼ばれる六甲山からの地下水に恵まれており，六甲おろしに伴う寒さを利用して酒造りが行われた．空調のない時代，冷やすことが非常に困難であったため，灘の酒蔵はみな，棟を東西に長く伸ばして窓を北向きにとり，六甲おろしがもたらす寒気を存分に取り入れるよう工夫していた〈→159〉．

には最大でも風力3程度にしかならない．
　日本各地には「○○おろし」と呼ばれる風がある（表1）．おろし風をもたらす場所の地形には，山が1つの方向にある程度連なって山脈となっていること，斜面は風上側がなだらかで風下側で急となっていること，風下側に平野が広がっているなどの特徴がある．
　日本では随所におろしの常襲地帯があり，その土地で固有の名称がつけられてい

〔饒村　曜〕

山雪型の大雪

日本列島における大雪

日本列島は中緯度偏西風帯に支配され，黒潮暖流が継続的に流れ込む日本海を挟んでユーラシア大陸の東岸に位置する．冬季の大雪はこの大規模場の流れと地理的な条件で大雪がもたらされている．大雪をもたらす原因は，①温帯低気圧に伴う大規模場の降水が低温のため大雪となる場合で，普段積雪のないか少ない太平洋側の地方の平野部や，山沿い山間部を中心に大きな雪害をもたらす「低気圧型」と，②冬季季節風が暖かい日本海を吹走する間に海面からの顕熱，潜熱（水蒸気）の大量補給を受けて気団が変質・不安定化し，対流雲に組織化され脊梁山脈の日本海側の地方に大雪をもたらす「西高東低の冬型の気圧配置型」の2つに大別される（図1）．

季節風型・気団変質型の大雪

冬の季節風型の大雪，西高東低の冬型気圧配置による大雪は2つある．等圧線の間隔が込んで風が強く，発生した筋状雲が長期間に停滞し脊梁山脈の風上側斜面で強制上昇を受け，日本海側の地方のおもに山沿い・山間部が大雪となるのが「山雪型の大雪」である．それに対し，等圧線の間隔が相対的に広く，風が弱い沿岸地方や平野部に大雪をもたらすのが「里雪型の大雪」である（図1）．モデル図を図2，降雪分布の違いを図3で示す．両者の気圧配置の特徴の違いを比較すると以下のとおりである．

①山雪型の大雪では，地上天気図，500 hPaの高層天気図および高度（気圧）と気温の平均からの偏差をみると，地上の寒気の中心が変質前の沿海州にあって，500 hPa面では東海上に気圧の谷があり，西北西から北西流の寒気移流の流れの場となっている．気団変質によってできた対流雲は筋状となり風下側に伸び，一般に縦長型の意味のロングチュードナルモード（Lモード）と呼ばれているように，一般に1.5 km（850 hPa）付近の風向に沿った筋状雲となる．雲頂の高さは3 km程度で雲

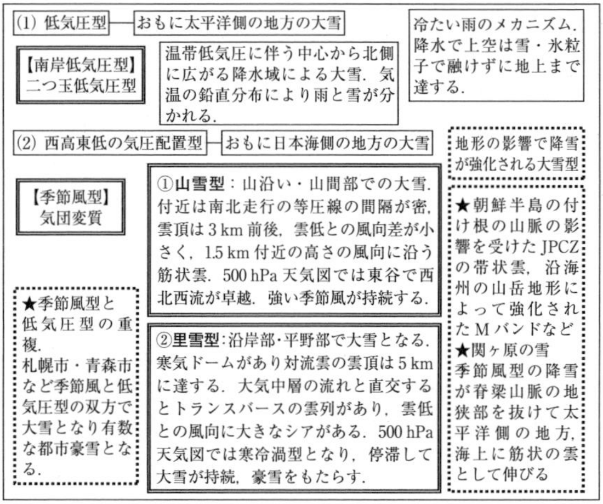

図1 日本列島に大雪をもたらす気象系・現象および地理的な分類

(1) 低気圧型	おもに太平洋側の地方の大雪	
【南岸低気圧型】二つ玉低気圧型	温帯低気圧に伴う中心から北側に広がる降水域による大雪．気温の鉛直分布により雨と雪が分かれる．	冷たい雨のメカニズム．降水で上空は雪・氷粒子で融けずに地上まで達する．
(2) 西高東低の気圧配置型	おもに日本海側の地方の大雪	地形の影響で降雪が強化される大雪型
【季節風型】気団変質	①山雪型：山沿い・山間部での大雪．付近は南北走行の等圧線の間隔が密，雲頂は3 km前後．雲雪との風向差が小さく，1.5 km付近の高さの風向に沿う筋状雲．500 hPa天気図では東谷で西北西流が卓越．強い季節風が持続する．	★朝鮮半島の付け根の山脈の影響を受けたJPCZの帯状雲，沿海州の山岳地形によって強化されたMバンドなど
★季節風型と低気圧型の重複．札幌市・青森市など季節風と低気圧型の双方で大雪となり有数な都市豪雪となる．	②里雪型：沿岸部・平野部で大雪となる．寒気ドームがあり対流雲の雲頂は5 kmに達する．大気中層の流れと直交するとトランスバースの雲列があり，雲低との風向に大きなシアがある．500 hPa天気図では寒冷渦型となり，停滞して大雪が持続，豪雪をもたらす．	★関ヶ原の雪 季節風型の降雪が脊梁山脈の地狭部を抜けて太平洋側の海上に筋状の雲として伸びる

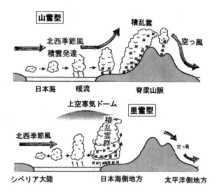

図2 山雪型と里雪型の大雪のモデル図

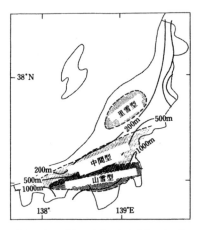

図3 山雪型と里雪型の降雪分布の違い[1]

底と雲頂の風向が揃っており,風速は里雪型より強い.雲は大陸沿岸から少し離れたところから発生しはじめ(大陸海岸からの距離を離岸距離と呼ぶ),積雲のセルが連なり,長さは400〜500 kmにも及ぶ.寒気の強さや風速などで大きく変わるが筋状雲の間隔は数十km程度である.上空の寒気が強く,海面水温との温度差が大きいほど,気団変質による海からの潜熱・顕熱が大きく,離岸距離は短くなる.

②一方,里雪型の大雪は,季節風型で等圧線の間隔がゆるみ,ときには袋状分布となる場合もあり,500 hPa面ではトラフもしくは大きな寒冷渦が日本海西部から沿海州南部に中心をもち,気温偏差も山雪型側が大きなマイナスとなっている.北陸沿岸(輪島)の高層風の構造でみると,山雪型大雪の場合の北風成分がプラス(北西流)となり,上層に向かって風速が増大しているのに対して,里雪型大雪では南風成分(南西風)が明瞭である.500 hPa付近の高度に寒気核をもつ寒気ドームが形成され,その下に対流雲が中規模じょう乱に組織化され発達し,集中的な降雪となる.

混合型の豪雪災害

五六年豪雪(1981年)は高度成長による自動車社会の発展と交通網の広域化,都市機能の高度化が進む中での戦後初めての豪雪となり,それまでの戦後最大の豪雪被害である三八豪雪(1963年)とは異なった災害形態となった〈→199〉.三八豪雪と五六豪雪の最深積雪分布の違いが明瞭で,新潟県で比較すると,里雪型の三八豪雪で平野部の長岡の3 m 18 cmが五六豪雪では2 m 25 cmと少なく,海岸線から50 km以上離れた山沿いに位置する湯沢では1 m 86 cmから3 m 24 cmと多く,十日町の2 m 15 cmが3 m 91 cmと多かった〈→200〉.

この豪雪では,山間部の新潟県守門村で大きななだれ災害が発生し13名が死亡したのをはじめ,雪害関連での死者が103名にのぼった.また福井県から富山県の沿岸地方の都市部でも降雪量が記録的な多さとなって,立ち往生した車で交通障害が発生し,交通網のマヒ,送電鉄塔倒壊による大規模停電など都市型災害の発生が目立ち,雪害の多様化がみられた. 〔村松照男〕

文 献

1) T. Akiyama : *J. Meteorol. Soc. Jpn.*, **59**, 570-578 (1981).

里雪型の大雪

冬季，季節風によって寒気がはん濫し日本海上で気団変質を受け，潜熱と顕熱（水蒸気）を補給されて脊梁山脈の西側，日本海側の地方で大雪となる．このとき降雪量分布をみると，一般的には季節風が強いときに山沿いから山間部にかけて大雪が降る「山雪型の大雪」と，季節風が弱まり気圧傾度がゆるくなると平野部を中心において大雪となる「里雪型の大雪」に大別される．

図1は1956～1962年，里雪型を10例選び出して地上天気図を合成した気圧分布図とその偏差図である．季節風が弱まり地上等圧線の縦縞の等圧線の間隔がゆるみ，気圧偏差の負の領域が日本海にあり気圧の谷となり袋状，もしくは小低気圧型になっている．下層の寒気が大陸から日本海にはみだしてきている．500 hPa でみると，豪雪の場合は，千島列島の東海上からベーリング海に気圧の峰もしくはブロッキング高気圧が停滞し，長期間動きが遅くなり，日本海付近にトラフが流れから切り離され，寒冷渦となって大雪が持続する．このパターンで，寒気が次々と大陸方面から南下して気団変質により豪雪となる．

日本海寒帯気団収束帯（JPCZ）

厳冬期，上空1.5 km 付近で−20℃以下のシベリア大陸からの下層の北西季節風が，朝鮮半島の付け根の長白山脈（白頭山，2744 m）で東西に分流し，再び日本海西部および朝鮮半島の付け根から東海上で合流して収束域を形成する．これを日本海寒帯気団収束帯（JPCZ：Japan sea polar-airmass convergence zone）と呼び，この収束帯が山陰地方から北陸地方にかけて伸

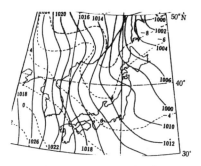

図1 里雪型の地上天気図[1]
気圧分布と平年値からの偏差を加えてある（破線）．

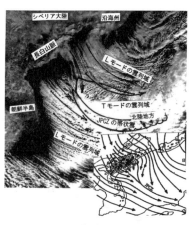

図2 日本海寒帯気団収束帯（JPCZ）と特徴的な雲域の分布

び，日本海側特に北陸地方にしばしば豪雪をもたらす（図2）．

気象衛星画像でみると，日本海西部から北陸地方に向かって，流れに直交する雲列（トランスバースモード；Tモード）が細長く風下側で扇形に広がっている．この雲域の南西側端で収束域となっており，積乱雲・活発な積雲が連なっており，風下側に移動して北陸地方を中心に里雪型の大雪をもたらす．

里雪型の大雪では500 hPa 付近に寒気核

をもつ寒気ドームが形成され，その下に対流雲が活発化し運動量の上空への輸送・混合により風速の鉛直方向への変化が小さい構造をもつ．対流雲が中規模じょう乱に組織化され発達し，集中的に降雪をもたらす．偏西風の蛇行の停滞でこの状態が持続すると，平野部において降雪量が増大し里雪型の大雪となる．

北陸豪雪災害

日本における豪雪の記録としては，昭和2年豪雪（1927年），昭和20年豪雪（1945年），三八豪雪（1963年），五六豪雪（1981年），1985年豪雪，平成18年豪雪（2005/2006年）などが代表的である．降雪分布の広がり，最深積雪，平均気温，上層の流れの特異さ，寒波の強さと広がり，そして被害の広がりと激甚さなどが共通している．そのほとんどが里雪型で，一部が里雪と山雪混合型によるものである．

三八豪雪は里雪型で，五六豪雪，平成18年豪雪は里雪と山雪の混合型の豪雪年となっている．気象官署のなかでの積雪深の記録としては，旧高田測候所（上越市）で1945年に観測された3m77cmが第1位であり，累積降雪量の17m29cmは6階建てのビルの高さに相当する膨大な量である．同年，富山県真川での積雪7m50cmが現在でも最深である（当時の国鉄（JR）飯山線の長野県森宮野原駅で7m85cmという記録がある）．2位は長野県小谷（おたり）村の7m42cm（1927年2月13日）であり，富山県から長野県北部，新潟県の山沿いから福島県南西部の只見に至る山沿い山間部が豪雪地帯の中でも特に豪雪域となっている．

豪雪の定義

豪雪の尺度としては最深積雪深の大きさや累積降積雪量など長期間の量，その広がり，積雪深や日降雪深分布など短期間の降雪集中性，激しさなどの諸要素があるが，気象学的な定義は明確ではない．一般には，「著しい災害が発生した顕著な大雪現象」（気象庁）とされている．

行政的な「豪雪地帯」の定義は，豪雪地帯対策特別措置法において定める期間における「累年平均積雪積算値が5m/日以上の地域」と指定されている．全国で24道府県，市町村数にして全国の約30%，面積にして約50%が指定されている．

MO指数でみた豪雪年

MO（モンスーン）指数〈→177〉の年々変動の推移をみると，1980/1981年（五六豪雪），1995/1996年，2005/2006年（平成18年豪雪）などが高い指数を維持し，特に2005年12月は，1950年からの期間では最大となり，寒冬・豪雪をもたらした．

三八豪雪（1963年）の里雪型豪雪における1月の平均MO指数からの偏差は，標準偏差の4倍となり冬季モンスーン指数としては，20世紀最大規模の強い季節風型の冬型気圧配置となっていた．大規模な寒冷渦が日本付近に停滞していた結果である．この年1月の日本付近の平均気圧の低さは著しく，異常であった．

豪雪に関連する持続的な北極寒気の極東への南下について，北極海の一部で，ノルウェー北部にあるバレンツ海の海氷が少ない年は，低気圧の経路が通常のシベリア沿岸の経路よりも北極海側にシフトする．その結果，気圧配置が変化し，大陸上では寒気は入りやすくなり，形成された寒気が極東，日本付近に南下し冬の寒さの原因となりやすいことが指摘された．1990～2011年の海氷面積の減少年である2006, 2009, 2011年など，日本の冬の低温との関連が説明されている．

〔村松照男〕

文献
1) 藤田敏夫：天気，**13**, 359-366 (1966).

太平洋側の大雪

温帯に位置する日本付近での大雪は，①温帯低気圧が発達し低気圧そのものの降水による低気圧型の大雪と，②ユーラシア大陸から吹き出した寒気が相対的に暖かい海面上で変質を受け不安定化することによってもたらされる，季節風型の大雪に分類される．

低気圧型の大雪は，温帯低気圧が発達しながら本州の南岸を東北東～北東進し，太平洋側地方の平野部や山沿い・山間部に湿った降雪によるものである．おもな降雪は低気圧の中心より東側に伸びる温暖前線，もしくはベントバックした閉塞前線の北側の上昇流域の降水に伴ってもたらされる．

雨と雪の判別

積雪の少ない冬季の太平洋側の地方にとって雨なら実害はないものの，南岸低気圧に伴う降水が降雪・積雪となるか否かが非常に重要なカギとなる．低気圧に伴う降水は0℃以下の上空の過冷却水滴中で氷晶が発生・成長，落下するというメカニズムによる．落下する雪やあられが地上に達する前に融ければ雨となり，融けないか融けつつある過程で地上に落下すれば降雪となる．落下の途中の気温の垂直分布が雨と雪を分ける．地上で積雪となるかは，地面の温度，すでに積雪で覆われているかで決まる．

海抜の低い平野部で雪（みぞれ）となる1つの目安としては，上空1.5 km付近では－3～－6℃以下，地上の気温2～3℃以下の場合である．雪やあられが落下中に，周囲の気温がプラスに変化しても，湿度が低いと雪片の表面からの蒸発の気化熱で冷やされるので，雪のままで融解せずに地上に達して降雪となる．地上における気温と湿度による雨雪判別を行うこともでき，850 hPaの気温と地上気温，湿度でも判別できる．

標高の高い山沿いや峠では，海抜0 mからみれば500 mの高さで4℃前後，1 kmの高さで7℃前後も気温が下がるので，低い平地において雪から雨と変わっても標高の高い内陸，山沿い，山間部，峠では雪となる．

南岸低気圧による大雪

2014年2月7日東シナ海で発生した低気圧は，本州の南海上を北東に進み，8日

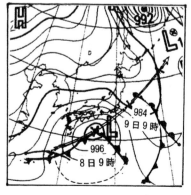

図1 太平洋側の地方に大雪をもたらした南岸低気圧とその経路（2014年2月8日9時）

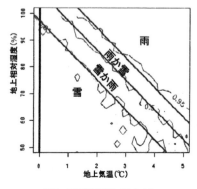

図2 雨雪判別図（気象庁）

には998hPa発達し，八丈島付近を通過して，9日9時には房総半島の東海上で976hPaまで急発達した．移動速度が遅く，7日に岡山県で20年ぶりの積雪9cmを記録し，西日本から東日本の広範囲で降雪となり，特に関東，甲信越で記録的な大雪となった．東京都心（大手町の気象庁）では降雪27cmとなり1945年以降で4番目の記録，千葉市で32cm（最深積雪33cmは1966年の統計開始以来最多），埼玉県熊谷市で43cm，長野県松本市で49cmとなった．埼玉県，長野県，石川県で計5名が死亡，雪に弱い首都圏では歩行者の転倒や自動車のスリップ事故が相次ぎ，628名がケガをした．また羽田，成田空港の発着便が多く欠航した．東海道山陽新幹線では333本が最大2時間遅れ，約21万名に影響が出て，また，高速道路の通行止めなど高速交通網にも大きな混乱が出た．8日9時，関東地方上空1.5kmで-6℃以下，5.5kmで-20℃以下の寒気が入り，低気圧が八丈島付近を通過し広範囲の降雪となったのである．

また南岸低気圧の通過による大雪事例としては，1951年2月14〜15日関東平野が暴風雪となり，千葉県千葉市白井で1m33cm，房総半島中心に50〜91cmの記録的な大雪が降って，東京でも33cmの大雪となり最大級の大雪事例となった．

暴風雪型の南岸低気圧

さらに，2014年2月14〜18日，南岸低気圧による暴風雪が襲来し，「冬の嵐日本列島襲う」と報道され，死者26名（9県），重軽傷701名，のべ停電棟数約223,201棟，9000名以上が孤立するなど大きな災害となった．1週間前の大雪による積雪に続いて14日からの暴風雪により，甲府市で83cmの新積雪が加わり，山梨県河口湖で1m43cm，甲府で1m14cm（平年比814%），群馬県前橋市73cm（平年比730%），埼玉県熊谷市62cm（平年比

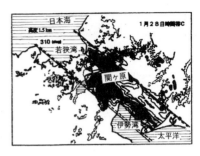

図3 関ヶ原の雪のときの1.5km高度のレーダーエコーの平均水平分布[1]

689%）など，関東，甲信地方の各地で最深積雪の史上1位の記録を更新する積雪となった〈→181〉．

関ヶ原の雪

南岸低気圧に伴い降る雪以外では，「関ヶ原の雪」と呼ばれるもので，季節風型の降雪が日本列島の脊梁山脈の地狭部を通って，日本海側から太平洋側の地方に抜けて途中で降雪をもたらす．図3は1993年12月24日の，関ヶ原付近の1.5km高度のレーダーエコーの水平分布であり，その高度付近の風は，西北西風で若狭湾〜琵琶湖北端，関ヶ原地狭部伊勢湾，太平洋と向かう方向に雪雲が伸びている．開業当時の東海道新幹線はこの関ヶ原の雪に悩まされつづけた．関ヶ原付近において積雪を舞いあげて車台の床下に雪がつき，融けて氷塊となって落下して車両故障を引き起こす．積雪状態になることがまれな名古屋市内でも17cmの積雪となる事例となり，高速道路の凍結および圧雪などで広範囲に交通障害が発生し，大動脈がマヒした．脊梁山脈の地狭部から太平洋側の地方への雪雲の流入は，関門海峡から抜けて四国の西部に積雪をもたらすなど，大きな影響がある．

〔村松照男〕

文 献

1) 藤吉康志ほか：天気，**43**, 391-408 (1996).

大雪災害

大正7年豪雪

1918/1919年

鉄道や通信の不通が問題に

　気象災害とは，大気のさまざまな現象によって人が亡くなったり，家財や構造物が喪失したり，人間活動が普段どおりにできない現象である．したがって，生活様式が変われば，災害も変わる．昔から同じように雪は降っているが，なだれの起きにくく，融雪洪水が起きない場所に住み，秋口に冬を越すための燃料と食糧を備蓄し，雪の季節はじっと家に閉じ込もっているという生活をしている江戸時代までは，なだれなどの被害はあっても，災害という強い認識はなかった．

　明治，大正と経済発展をするうちに，なだれが起きやすい場所にも人が住むようになり，鉄道が敷かれ，電信線や電話線がはりめぐらされるとなだれによる災害が増え，その影響はなだれの起きた場所にとどまらず，広範囲に及ぶようになってきた．

大正6年と7年の豪雪

　1916（大正5）年12月25日に日本海中部で発生した低気圧は，27日に千島南部で猛烈に発達している．このため，北陸から北日本は30 m/s以上の暴風雪となり，北陸線などが不通となり，頻発した電信線障害で通信が途絶している．年が明け，1917年1月2日から低気圧が日本海を北東進して発達したため暴風雪となり，金沢では積雪が60 cmを超え，1891（明治24）年以来の大雪となった（図1）．その後も，低気圧が日本海を発達しながら通過することが頻繁で，そのたびに北陸，東北，北海道では暴風が吹き，記録的な降雪となった．気象要覧には「為メニ北陸，奥羽方面ニテハ鉄道線路ノ故障ヲ生ジ交通途絶スルニ至レリ．」とある．電信線や電話線も各所で切断され，通信障害の影響が広がっている．石川県保安課による2月上旬の累計被害は，死者15名，全壊家屋133棟，家屋浸水284棟である．

　2月に入っても発達した低気圧が日本海から北日本を通過するたびに大雪となり，交通，通信の途絶，列車立ち往生，家屋倒壊も続出した．北海道と北陸では積雪が深くなり，福井市内では1 m 30 cmに達した．また，2月11日に高岡市でなだれで6名

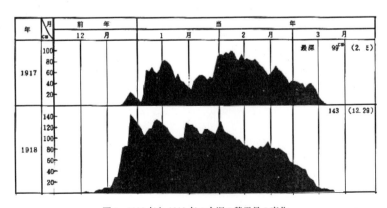

図1　1918年と1919年の金沢の積雪量の変化

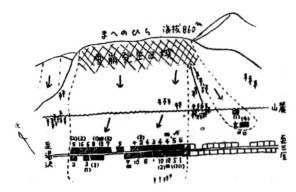

図2 三俣なだれ災害見取り図

死亡するなど，なだれ被害も相次いだ．18日に日本海を通過した低気圧は発達しながら19日に千島南部に達し，北海道と東北では激しい風雪となり，佐渡の相川では34.3 m/sを観測し，北陸から西日本の沿岸では海難事故が多く発生した．

翌1917/1918年の冬は前年をも上回る大雪となった．1917年12月28日〜1918年1月10日と1月中旬後半，1月末にかけて冬型の気圧配置が強まり，雪の降る日が多く低温の日が続いた．12月27日に富山市役所が積雪の重みで倒壊するなど，家屋の倒壊が多く，北陸線は1週間不通となった．各地でなだれが発生したが，新潟県では，1月9日に三俣村（現 湯沢町）で記録に残っている最悪のなだれ被害で158名が死亡している（図2）．ただ1回の1か所で起きたなだれ災害としては，世界最大級といわれている．気温が上昇して雪面が変質したところに寒気が入って大量の降雪があり，さらに暴風が吹き荒れたのが原因とされている．石川県でも雪害が相次ぎ，1月15日までで，死者30名，負傷者11名，全壊家屋31棟，半壊68棟の被害があった（石川県保安課による）．さらに1月20日には

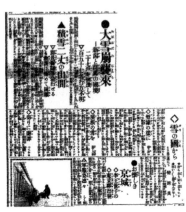

図3 大雪を伝える1919年1月11日の東京朝日新聞

山形県大泉村の大鳥鉱山で大規模ななだれが作業員宿舎などを襲い，154名が死亡している．
〔饒村　曜〕

文　献

1) 中央気象台：気象要覧，中央気象台（1918）．
2) 金沢地方気象台：創立百年史，金沢地方気象台（1982）．

昭和2年豪雪

1927年

大正から昭和にかけての冬

1927（大正15）年12月7〜8日は，低気圧通過と季節風の吹き出しで九州から関東地方まで雪となり，日本海側の地方では激しいふぶきとなり風雪害が発生した．また，19〜22日にも低気圧の通過で北陸から北海道で風雪となり，北海道の根室地方では暴風雪で家屋が倒壊した．

1927年12月25日に大正天皇が崩御され，即日，昭和元年がスタートする．新潟県小出町（現 魚沼市）では，数日前からの降雪で1927年12月26日の朝の積雪は7尺（約2.1m）となり，信越線などの列車が立ち往生し，電信・電話線が切断される被害が発生した．

年は，1週間たたないうちに昭和2年（1928年）となる．1928年1月は，冬型の気圧配置が続き，日本海側の地方では，1月7日には秋田県から新潟県で大雪となり，列車が埋没して交通機関が途絶した．信越国境ではラッセル排雪車が出動した．19日頃より月末までは連日の降雪で，特に23日から24日にかけては，北陸から信越地方で著しいふぶきがあり，新潟県妙高市関山付近では積雪が1丈（約3m）を超え，28日には北陸本線で列車がふぶきの中巻き上げられて脱線・転覆するなど，鉄道被害が多発した．29日には，富山県の日本電力の発電工事でなだれが発生し，作業員74名が死亡した．

2月に入ると，北西の季節風が卓越し，北陸から北日本の日本海側では頻繁に降雪があり，記録的な豪雪となった．新潟県春日村（現在は十日町市）役場は，2月6日に過積雪で倒壊し，村長が圧死した．中央気象台が毎月発行している「気象要覧」には，次のように記されている．

「北陸地方にては六，七日より十二日頃に亘り，近古希なる大雪あり．鉄道事故各所に起り，列車雪中に没して交通全く途絶し，学校潰れ，人家倒れ，死傷者少なからず，人畜の被害多く甚大なる雪害なり．軍隊出動し除雪作業に努む．被害は新潟県西部，高田，直江津を中心とし，西頸城，中頸城，東頸城，刈羽の四郡最も甚しく，山間地方特に著し．雪崩至る所に起り，西頸城郡磯部村には，地滑りありて，家屋倒壊し，一村殆ど全滅したる所ありと云う．高田測候所の報告に依れば，同市内の平屋建物は，大抵雪下に没し，道路は両側の屋根より排雪せる為，三丈乃至四丈の累雪となり，二階建物にても，窓の中部以下は雪中に埋もれたと云う．」

気象官署で記録した最深積雪は，新潟県高田市（現 上越市）で2月9日の3m75cm（図1，図2），福井市で2月12日の2m9cm，金沢市で2月12日の1m67cmなどであり，これまでの最高記録となった．北陸地方の各都市では，屋根から下ろした雪が道路に積み上げられ，二階から出入りするなど，雪の中での生活を余儀なくされた．また，公式の記録ではないが，標高400mの板倉村柄山（現 上越市）

図1 豪雪下の新潟県高田市の最も繁華な本町通り[1]

図2　昭和2年豪雪を伝える1927年2月10日の東京朝日新聞

では，2月13日に積雪が27尺（8m18cm）となり，これは人の住む地での積雪世界一とされている．

3月に入ると，冬型の気圧配置が弱まり，低気圧が本州付近を通過するようになり，日本海側の地方では，南からの強い暖気流入で融雪が甚だしく，多量の降水とともに雪解洪水が発生した．福井県敦賀では，8日夜からの降雨と，南南東の強風のため，山間地の積雪が融解し，9日には笙（しょう）の川がはん濫，橋梁流出や600戸が浸水した．また，北海道の寿都地方では，所々でなだれが発生し，家屋倒壊で圧死者を出し，通信や交通が途絶した．石川県でも大聖寺川（だいしょうじ）が増水し，大聖寺町では全町の千余戸に浸水し，小松町でも約900戸に浸水した．新潟県でも上越地方の各河川は雪解洪水で増水し，各地で浸水被害が相次いでいる．

大雪は，春先の農業にも影響を与え，農家の裏作としての麦は，平年作の5割減となり，レンゲ草も収量が大幅に減った．

昭和は18年ごとの大雪

大正から昭和初期にかけては，重要性を増してきた鉄道網の冬期間における定時運航が問題となってきた．車両の前方に排雪板を装着し，進行方向の片側もしくは両側に雪を掻き分けるラッセル車が整備された．雪が少ない地域や豪雪地域の初期除雪に活躍したものの，北陸地方の豪雪時には，すぐに雪を排雪するスペースがなくなって運用できなくなっている．そこで，排雪でできた線路脇の雪の壁を崩し，それをロータリーで集めて遠くへ投雪するロータリー車が使われるようになった．輸入したロータリー車の運用実績をもとに，日本の雪質に合わせた細部設計を行った国産ロータリー車を製造しはじめたのが1927年からである．しかし，冬の短い時間しか使わないロータリー車を大量につくることは現実的ではなく，結局は作業員を大量動員して手作業で排雪する人海戦術による鉄道網の維持が主流のままであった．

昭和に入ってからの北陸地方の豪雪は，原因はよくわからないが18年周期である．1927（昭和2）年の次の大雪は，太平洋戦争末期の1945（昭和20）年で，内地にいた北陸地方からの召集兵は，地元に帰され雪かきに従事させられている．その次の大雪は，1963（昭和38）年で「三八豪雪」と呼ばれ，北陸地方で1927年に記録した記録を塗り替えている〈→199〉．さらに，次の豪雪が1981（昭和56）年で，ちょうど18年ごとの大雪である〈→200〉．

〔饒村　曜〕

文献

1) 高橋義鷲編：昭和2年大雪譜，高田新聞社（1927）．
2) 中央気象台：気象要覧，中央気象台（1927）．
3) 金沢地方気象台：創立百年史，金沢地方気象台（1982）．

199 大雪災害

三八豪雪

1963年

　1963 (昭和38) 年1月から2月にかけて，新潟県から京都北部の日本海側と岐阜県を襲った豪雪に対し，気象庁では「昭和38年1月豪雪」と命名している．公式に名前がつけられたはじめての豪雪災害である．しかし，一般的には，昭和の年号をとって「三八豪雪」と呼ばれている．全国の被害は，北陸を中心に死者・行方不明者231名，住家被害6005棟，浸水家屋7023棟などであった．三八豪雪では，災害対策基本法が1961 (昭和36) 年にできてから，はじめての適用事例であり，島根県32市町村，新潟県23市町村など11県の109市町村に災害救助法が適用された．

　1963年1月は，月間を通して北極寒波のはん濫が強く，例年アリューシャン列島付近にできる冬の低圧部が西に偏って日本のすぐ東海上にあったために日本の月平均気圧は異常に低くなっている．東京の1月の月平均気圧は平年なら1016 hPaくらいであるが，標準偏差の5倍以上も低い1005 hPaと，計算上は数万年に一度という低圧現象であった．このため，冬型の気圧配置の中で日本海で発生した小低気圧による平野部を中心とした降雪と，この低気圧が通過した後に強まった季節風の吹き出しによる山間部を中心とした降雪が繰り返され，新潟県の長岡市では3 m 18 cm，福井市では2 m 13 cm，金沢市では1 m 81 cmなど，観測史上1位の最深積雪を記録した．

　この年の気温は平年より低く，日照時間も少なかったことから降雪のほとんどが解けずに蓄積され，北陸地方では過去の積雪を大幅に更新する豪雪となった．豪雪の被害は11日からの大雪によって発生しはじめ，24～27日の積雪でさらに激しさを増した．人口密度が高い平野部で長時間降りつづく里雪であったため被害が大きく広がった．積雪に見舞われた地域では二階からの出入りを余儀なくされた地域や，小中学校だけでなく高校や大学までも休校した．

　北陸地方を中心に建物の倒壊被害や鉄道や自動車交通などの交通途絶による生活機能や産業機能がマヒするという被害が発生した．戦前の雪国は備蓄してあるもので生活するというライフスタイルから，高度成長期に入って生活必需品の流通範囲が広がり，鉄道や自動車交通に依存するライフスタイルになってはじめての豪雪である．

　新潟県では北陸地方建設局，県職員や消防団などの動員に加え，自衛隊員5200名や地方からの国鉄職員の応援などで，国鉄や主要道路の除雪に全力を注いだものの国鉄の長距離列車は1月23日から北陸線の列車ダイヤは完全にマヒし，新潟鉄道管理局管内では，合計で約1万人の乗客を乗せ

図1　三八豪雪の被害を伝える1963年1月27日の朝日新聞

図2 1963年1月24日9時の地上天気図（気象庁による）

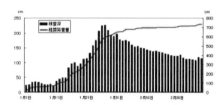

図3 富山県高岡市の積雪深・降雪量時系列分布図（気象庁による）

た26本の列車が駅で立ち往生している．北陸線，信越線，上越線では約半月にわたって不通区間が生じ，幹線の長距離列車を全休するという異常事態となった．列車ダイヤは雪が小康状態になった2月8日から回復に向かい，18日にはほぼ平常に戻ったが，その間1万1000本以上の列車（旅客・貨物）が運休した．国鉄では三八豪雪の経験から，除雪を雪をかき分けて進む方式のラッセル車から，雪を回転した羽で遠くに飛ばすロータリー車に切り替えるなど，除雪対策を見直した．

幹線道路も1月24〜26日の3日間で除雪能力をはるかに上回る降雪に見舞われ，各地で寸断された．当時の建設省北陸地方建設局だけでは，この大雪に対応できず，自衛隊，関東地方建設局，長野県などの協力を得て幹線道路の除雪が行われたが，新潟〜東京間の国道が全線開通したのは，半月後の2月10日になってからである．三八豪雪は，雪の多い地方の物流を，備蓄と国鉄だけに頼っていた時代から道路交通を中心とする時代へシフトするきっかけとなり，国道の改良や法律の整備などが進んだ．

長期にわたる鉄道の運休や道路交通の途絶は山間部の孤立集落での日常生活物資の不足を生み，ヘリコプターや雪上車による緊急搬送が行われた．また，豪雪による直接の被害に加えて，商工業活動の停止による間接的な被害は莫大なものとなっている．

三八豪雪の教訓から，降雪時にも道路交通が途絶しないよう，除雪体制が強化されるとともに，市街地では，道路に相対的に暖かい地下水を撒いて雪を溶かすための消雪パイプの敷設が進んだ．

三八豪雪によるなだれ被害は，1月24日に福井県勝山市で集落を襲い，住宅5棟などが全壊し，生き埋めで16名が死亡したのをはじめ，2月4日に兵庫県美方郡温泉町で民家を直撃するなだれが3件発生して14名が死亡するなど，集落をなだれが襲うというケースが相次いでいる．北海道から中国地方までの1道1府20県で発生したなだれ災害によって死者は約120名にも達している．これは，三八豪雪の死者・行方不明者の約半数に相当する．

〔饒村 曜〕

文 献

1) 気象庁編：昭和38年1月豪雪調査報告，気象庁技術報告 (1964).
2) 東京天文台編：理科年表，丸善 (2013).
3) 藤吉洋一郎監修：20世紀日本大災害の記録，NHK出版 (2002).

大雪災害

五六豪雪

1981年

1980（昭和55）年12月中旬から北半球の偏西風が蛇行し，北極の寒気が日本付近を含む極東，北大西洋北部からヨーロッパ西部，北アメリカ東部へ南下しやすい三波構造をとりやすかった．このため，強い冬型の気圧配置が続いて寒気が入りやすく，1981年3月にかけて，東北地方から近畿地方北部にかけて多量の降雪をもたらした．気温も全国的に低く，日照時間も短かったため，雪が解けずに降り積もり，最深積雪は，山形県新庄市で1m88cm，新潟県上越市で2m51cm，福井市で1m96cmなどを観測した．山雪型と里雪型が混合した豪雪で，山間部の集落では積雪が5mを超す場所があり，海岸平野部でも2m程度の積雪となっている．福井県敦賀市で196cmの積雪など，1963（昭和38）年の三八豪雪を上回る積雪を観測した気象官署もあり，交通障害や送電用鉄塔の倒壊などによる停電などで，全国では死者103名，住家被害5819棟，浸水5553棟などの大きな被害が出た．このため政府は，新潟県・長野県・福井県の41市町村（新潟県は38市町村）に対し，災害救助法を適用した．気象庁は特に命名していないが，一般的には，昭和56年の豪雪ということで，五六豪雪と呼ばれている．

1980年12月24日には本州の東海上で低気圧が発達して東北地方や北海道の太平洋側で大雪となり，福島県と宮城県では大規模な電線着雪や強風によって鉄塔が倒壊して30万戸が停電し，漁船の遭難被害も多発した．また，富山県でも1981年1月2〜3日に送電用の鉄塔が着雪で倒壊して2

図1　1981年1月13日9時の地上天気図

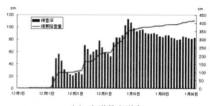

(a) 山形県山形市

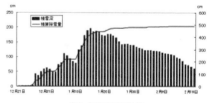

(b) 福井県敦賀市

図2　山形県山形市と福井県敦賀市の積雪深・降水量の時系列（気象庁による）

万戸以上が停電した．

強い冬型の気圧配置は1か月にわたって続き，北陸本線は除雪が間に合わず，福井駅では1980年12月29日に全線が運休となり，以後の1か月間は約半数の列車が運休となった．また，高山本線ではなだれが発生し，またなだれの危険性が続いたことから1か月間にわたって富山・岐阜県境で不通となった．道路も広い範囲で通行止め

201 大雪災害

平成18年豪雪

2005/2006年

 2005(平成17)年12月から2006年2月にかけて,北極地方の寒気が中緯度に南下しやすくなり,さらに偏西風が蛇行し,日本付近では強い冬型の気圧配置が断続的に現れ,山陰から東北にかけての日本海側で大量の降雪となった(図1).日本では,1987(昭和62)年以降,暖冬傾向で雪の少ない冬が続いており,20年ぶりの大雪となった.また,非常に強い寒気が断続的に流れ込み,12月〜1月上旬は20年ぶりの全国的な低温となり,東・西日本では戦後の最低記録を更新した.強い冬型の気圧配置が続き,雪雲が山地まで運ばれて山間部や内陸部で大雪となる山雪型の大雪となり,青森県酸ケ湯で4m53cm,新潟県津南町で4m16cmなど,多いところでは4mを超える積雪となった(図2).また,寒気が平年以上に南下したため,雪雲が発達して山脈を超えて太平洋側まで運ばれ,

や通行規制,交通事故が相次いだ.国道などの主要道路は除雪が行われたものの,県道では長期間通行止めになったところが多く,福井県で3000世帯など,中心とした9府県で5700世帯が孤立した.
 五六豪雪の死者の約6割は屋根の雪下ろし中の転落や除排雪中の川や流雪溝への転落,屋根からの落雪によるものである.また,新潟県北魚沼郡では,1月7日夜に守門村で,1月18日夜に湯之谷村でなだれが発生し,合わせて14名が亡くなるなど,なだれ被害が相次ぎ,死者の約2割はなだれによるものであった.1965年頃は,なだれによる死者が半数前後を占めており,割合からするとなだれによる死者が減り,除排雪作業に伴う死者が増加している.これは,高度経済成長に伴う車中心社会の到来により,雪が多い地方でも雪に対する抵抗力が減り,複合的な雪害が増えてきたことに対応していると考えられている.また,雪害の被害者で高齢者の占める割合が増えており,特に地方における高齢化を反映している.　　　　　　　　　　〔饒村　曜〕

文　献
 1) 東京天文台編:理科年表,丸善 (2013).

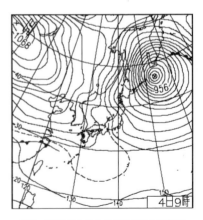

図1　2006年1月4日9時の地上天気図

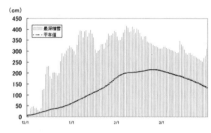

図2　積雪の深さの経過（新潟県中魚沼郡津南町）

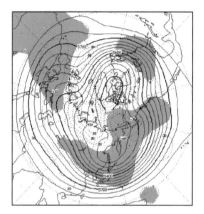

図3　2006年冬の500 hPa 高度・偏差（気象庁による）

　普段は雪の少ない九州，四国，中国地方の瀬戸内海側，近畿，東海地方でも大雪となり，鹿児島市 11 cm，名古屋市 23 cm など都市部でも大雪となった．ただ，金沢市，鳥取市など日本海側の沿岸部の都市では，最新積雪こそ平年並か平年より多かったものの，降雪量は平年より少なかった（図3）．
　また，新潟県では下越地方を中心に，2005年12月22日8時頃から23日15時頃にかけ，最長31時間の大規模な停電が発生し，交通機関や流通機関に大きな影響を与えた．電力を供給している東北電力の調査によると，65万戸という大規模停電の原因は，広範囲に吹いている強い風によって海水が混じって塩分を含む雪が電源施設に付着して絶縁状態になったことや，強風によって電線が跳ね上がるというギャロッピング現象が起きて送電線どうしが接触し合ってショートしたことによる．
　2005年12月から2006年3月までの大雪による被害は，死者152名，住家被害4713棟などであり，気象庁では「平成18年豪雪」と命名した．これは，1963（昭和38）年1月の豪雪「三八豪雪」以来2回目のことである．死者を都道府県別にみると，死者数は新潟県32名，秋田県24名，北海道18名，福井県14名の順に多かった．また，全体の3分の2が65歳以上の高齢者であり，全体の4分の3が屋根の雪下ろしなどの除雪中の事故という特徴がある．三八豪雪時に比べ，中山間地区の高齢化・過疎化が進み，雪下ろしを行う若者が減少していたこと，道路交通が発達したことから屋根から降ろした雪をすぐに搬出するため，屋根からの落下はそのまま剥き出しの地面への落下となることが多いことなどが，高齢者の雪下ろし中の死者が多い理由と考えられている．　　　　〔饒村　曜〕

文　献

1) 北原糸子，松浦律子，木村玲欧編：日本歴史災害事典，吉川弘文館（2012）．
2) 東京天文台編：理科年表，丸善（2013）．
3) 気象庁ウェブサイト．

なだれ

雪崩
avalanche

なだれとは，斜面に積もった雪が，重力の作用により，斜面上を肉眼で識別できる速さで流れ落ちる現象である．この定義によれば，集落を飲み込むような大なだれも，道路の法面から発生する小規模なものもなだれである．屋根雪の流下も現象としては同じであり，屋根なだれと呼ばれる．

斜面上部から発生したなだれは運動しながら流下し下方で停止する．積雪が破壊し動きはじめる区域を発生区，なだれで運ばれた雪が堆積している区域を堆積区という．発生区と堆積区をつなぐなだれの道筋を走路（滑走区）という（図1）．小規模ななだれでは発生区と堆積区が直接つながっている場合もある．

日本では発生区の3つの要素によりなだれを8種類に分類する．始動積雪の破壊形態によって点発生なだれと面発生なだれ，始動積雪の含水の有無によって乾雪なだれと湿雪なだれ，すべり面の位置によって表層なだれと全層なだれに区分する（表1）．確認できない要素のある場合は，その要素を省略し，たとえば表層なだれ，面発生全層なだれなどの名称で分類する．その他のなだれ現象としては，前述の法面なだれ，屋根なだれのほか，スラッシュなだれ（大量の水を含んだ雪が流動するなだれ），氷河なだれ・氷なだれ（氷河が崩壊することで発生するなだれ），ブロックなだれ（雪庇・雪渓などの雪塊の崩落）もなだれの一形態であり，しばしばこれらのなだれ災害が発生している．

全層なだれ

なだれが発生するとき，地面または積雪のある層を境として，その上の積雪が流下する．この境となる面をすべり面という（図2）．

全層なだれは，発生区の斜面積雪が地面まですべて崩落して流動するなだれである．したがって，全層なだれのすべり面は地面であり，底なだれとも呼ばれる．全層なだれは笹や茅，灌木斜面で発生しやすい．

全層なだれは発生の前兆として斜面積雪の上方にクラックや下方に雪しわ，こぶ状隆起がみられることが多い．斜面上の積雪は，地面との間でゆっくりとスリップしたり（グライド），積雪層内部で下方にゆっ

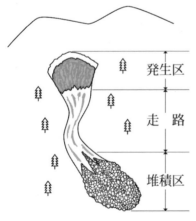

図1 典型的ななだれの発生区，走路，堆積区の模式図

表1 なだれの分類要素（発生区）と区分名[2]

要素	区分名	定義
破壊形態	面発生	広い面積がいっせいに動く
	点発生	一点から発生
始動積雪の雪質	乾雪	水分を含まない
	湿雪	水分を含む
すべり面の位置	表層	すべり面が積雪内部
	全層	すべり面が地面

くりと変形したり（クリープ），重力により常にゆっくりと流下している．クラックや雪しわは，この移動速度が速いときに発生する．融雪水や降水が積雪底面に達して含水率が上がるとグライド速度が増すことから，全層なだれが発生しやすい．グライドは通常 0.1～10 cm/day の範囲にあるが，クラックが発生するとグライドが助長される．しかし，クラックが発生しても，ただちに全層なだれになるとはかぎらない．新潟県の潅木斜面におけるグライド速度と全層なだれ危険度の間には，グライド速度が 1 cm/min で危険，1 cm/hour では注意が必要，1 cm/day ならば全層なだれ発生の危険はないとの報告がある[5]．

また，笹地の斜面では積雪に入り込んだ笹と地面に倒伏した笹が斜面積雪を支えている．北海道の笹地斜面での観測ではグライド量が笹の丈よりも長くなると笹が積雪から抜けてしまうことからグライドがさらに助長され，グライド速度が 10～20 cm/day 以上になるとクラックが発生し，1～2 m/day 以上になってなだれが発生するという報告がある[1]．したがって全層なだれの発生はグライド速度と密接な関係があり，グライドの観測によりある程度発生予測ができると考えられている．また，全層なだれは毎年の発生場所や，経路はだいたい決まっている．

表層なだれ

表層なだれは，すべり面が積雪内部にあり，すべり面から下層の積雪を残して上部の積雪が崩落するなだれである．全層なだれのような前兆現象がみられないことから，発生を予測しづらい．以下では発生区の破壊形式が異なる点発生表層なだれと面発生表層なだれを取り上げる．

点発生表層なだれ

点発生なだれは，1 点から発生し，落下するにしたがってくさび状に広がりながら崩れ落ちるなだれである．点発生乾雪なだれ（図3）は，新雪が斜面に大量に堆積した場合など，ほとんど結合力をもたない雪が積もった場合に発生しやすい．また点発生湿雪表層なだれは，日射や気温，降雨により表面付近の雪が融かされ，結合力が減少し流動性を増したときに発生しやすい．点発生表層なだれは，樹木や露岩からの落雪などの外的な力によって発生することが多い．面発生なだれと比べ，なだれ層の厚さと幅は小さく，落下速度も遅いため，大事故になることは少ない．しかし，このな

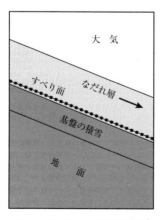

図2　なだれ層とすべり面の定義[7]

図3　点発生乾雪表層なだれ（町田敬氏撮影）

だれが引き金となって大規模な面発生なだれが発生することもある．

面発生表層なだれ

面発生表層なだれは，結合力をもつ雪が，積雪内部の層や地面を境に広い面積にわたっていっせいにすべり出すなだれである．すべり面は積雪内にある．大規模になることが多く，速度が速く，数km流れ下ることがある．すべり面が地面にある場合は面発生全層なだれである．発生区には，通常，図4に示すような明瞭な破断面が残される．これらの破断面の観測からは，積雪の破壊やなだれの発生に関する貴重な情報が得られる．このなだれはせん断破壊強度の弱い層（弱層）が積雪内にサンドイッチ構造で含まれている場合に発生する可能性がある．この弱層は同一の斜面で広く形成されることが多いので，ある箇所で起きた破壊が引き金となって破壊が弱層内を伝搬して大きな斜面の一斉崩落につながる．

弱層を形成する雪質は，雲粒のない平板状の降雪結晶，あられ，しもざらめ雪，表面霜，ぬれざらめ雪の5種類が知られている（表2）．

風が弱く，雲粒の少ない大きな結晶の雪が積もると密度の小さい弱い層ができる．特に，雲粒のついていない平板状の結晶（図5）が斜面に平行に積もるとせん断変形に対して弱く，容易に破壊する．

じょう乱の激しい雲から大粒のあられが降り，層をなすことがある．あられの層は接触点が少なく，弱層として働く．あられ自身の焼結や圧密の進行は遅いことから，あられは長時間積雪内で維持される．

しもざらめ雪は通常，積雪が少なく寒冷な地方で長時間かかって成長する雪として知られている．しかし，雪面直下で内部昇温があり，放射冷却で雪面が冷やされることにより1〜3℃/cmの大きな温度勾配が生じると，一晩で表層付近にしもざらめ雪

図4　面発生表層なだれの破断面（雪氷災害調査チーム撮影）

図5　広幅六花

表2　弱層を形成する雪質（文献[4]を一部改変）

種類	結晶の形	形成条件または特徴
降雪結晶	雲粒なしの広幅六花	無風時の降雪，水平に積もる．低気圧の前面で．
あられ	大きな硬い球状	時間が経っても連結が弱い．じょう乱の激しい雲から．
しもざらめ雪	骸晶，コップ状	表面に新雪，昼日射夜放射冷却，弱風下で成長．
表面霜	シダ状，コップの一面	放射冷却，弱風下で成長．
ぬれざらめ雪	大きな球状	表層が日射で融解，結合が弱い．

が形成される．しもざらめ雪は骸晶のあるコップ状の結晶形で，脆く弱い雪として知られており，弱層を形成する．

　表面霜も放射冷却で表面温度が下がったときに積雪表面に形成される．結晶はシダ状やコップの一面を切り取ったような形状である．空気中の水蒸気が積雪表面に凝結した結晶であり，脆い．

　ぬれざらめ雪は，積雪表面が高温や強い日射で急激に融解することにより形成される結合の弱いざらめ雪の層である．特に，日射で融解するときは，雪粒同士の連結部が選択的に融解し，結合の弱い球状のざらめ雪ができる．このざらめ雪が濡れたままで積雪内に保存されると弱層となる．

　弱層は表層付近で形成されることが多いが，それだけではなだれにはならない．その上に積もった上載積雪が面発生表層なだれのなだれ層となる．したがって，弱層の上に大量の雪が積もった直後が最も危険性が高い．

　なだれは規模が大きくなるほど終速度が早くなる．自然のなだれでは，大きなものともなるとその速度は時速250 kmを超え，新幹線並に速いことが観測されている．

〔尾関俊浩〕

文　献

1) Y. Endo：Release mechanism of an avalanche on a slope covered with bamboo bushes, *Annals of Glaciology*, **6**, 256-257（1985）.
2) 日本雪氷学会：日本雪氷学会雪崩分類．雪氷, **60**, 437-444（1998）.
3) 日本雪氷学会：新版雪氷辞典, 307p, 古今書院（2014）.
4) 前野紀一, 遠藤八十一, 秋田谷英次, 小林俊一, 竹内政夫：雪崩と吹雪, 236 p, 古今書院（2000）.
5) 納口恭明, 山田穣, 五十嵐高志：全層なだれにいたるグライドの加速のモデル, 国立防災科学技術センター研究報告, **38**, 169-180（1986）.
6) 尾関俊浩：雪崩―積雪の変態と破壊のメカニズム―, 塑性と加工, **46**, 113-118（2005）.
7) 日本雪氷学会：雪と氷の事典, 6 雪崩, 199-237, 朝倉書店（2005）.
8) 雪氷災害調査チーム：山岳雪崩大全, 335 p, 山と渓谷社（2015）.

203 なだれ

なだれ風

avalanche wind

なだれ風とは、なだれの前面に発生するとされる強風である。欧米では air blast, air wave などと呼ばれる。なだれ風によって森林や家屋、橋などの構造物が破壊されたという報告が数々あるが、その発生機構や内部構造の詳細は未だに不明な部分が多い。ホウなだれでは爆風と表現されることがあるが、大規模ななだれでもその速度は音速に遠く及ばないことから、衝撃波が発生するのは難しいと考えられており、爆風という表現は適していない。なだれが岩壁に衝突したときに空気が圧縮されて高速の気流を生じるのではないかとの仮説が提唱されているが、実証されていない。

なだれの運動形態の1つである煙型なだれは、雪煙を高く巻き上げて運動するなだれで、密度が低くてとても流動的な雪煙層が、流動化した雪と多数の雪塊からなる密度の高い流動層を覆う構造をしている。大規模な煙型なだれの最大速度は 50〜100 m/s（180〜360 km/h）に達する。煙型なだれは流動層が地形の変化により停止したり、進路を曲げられたりした後も雪煙層が直進してなだれ災害を引き起こすことがある。

黒部峡谷志合谷で行われた観測では、超音波風向風速計が煙型なだれの雪煙層先端が到達する2秒前から風速の増加をとらえた。この気流は先端部より約 20 m 先行していたと推定され、最大値はなだれ先端部の流速とほぼ一致した（図1）。この測定結果は、水槽内で塩水を流す密度流の実験や、非圧縮性流体を仮定した数値計算の結果ともよく一致することから、高速で移動するなだれの前面に先行して気流が誘起されることは、一般的な現象であることが明らかとなってきた。これはなだれ風と解釈して差し支えないであろう。ただし、なだれよりもはるかに速い気流が発生する事例はとらえられていない。

なだれの衝撃力はその密度に依存する。森林や構造物がなだれ風によって破壊されたという報告からはそのすさまじい衝撃力が推測される。雪煙層は雪粒子と空気からなる固気混相流であり、その密度は空気の密度（0℃で 1.3 kg/m^3）程度から約 10 kg/m^3 までの幅をもつ。したがって雪煙層は単なる気流よりも大きな衝撃力を与える。また、雪煙層は流動層のように明確なデブリ（堆積したなだれの雪塊）を形成しないことがあり、その痕跡からだけではなだれ風と雪煙層を区別することが難しい。ゆえに、なだれ風による被害といわれている中にも雪煙層によるものが多く含まれていると考えられる。　　　〔尾関俊浩〕

文献

1) 西村浩一：雪崩と風 雪崩の前面に発生する風, 風の事典, 丸善 (2012).
2) K. Nishimura and Y. Ito：*J. Geophys. Res.*, **102** (B12), 27, 297-303 (1997).
3) 日本雪氷学会：新版雪氷辞典, 古今書院 (2014).
4) 前野紀一, 遠藤八十一, 秋田谷英次, 小林俊一, 竹内政夫：雪崩と吹雪, 古今書院 (2000).
5) D. McClung and P. Schaerer：*The Avalanche Handbook*, 3rd Edition, The Mountaineers Books (2006).

図1 煙型なだれの先端より先行する気流の模式図

204 なだれ

黒部峡谷ホウなだれ

1938年12月27日

　黒部峡谷は富山県東部,中部山岳国立公園に位置し,黒部川が立山連峰と後立山連峰の間に刻んだ深い峡谷である.図1は黒部峡谷の外観を示す地図である.黒部川は北アルプスの鷲羽岳(2924 m)に源を発し富山湾へと注ぐ,全長100 kmに満たない,わが国屈指の急流河川である.また,黒部峡谷流域はたいへん雪の多い場所として知られており,年間降水量は約3800 mmにも達する.この雨水と雪融け水を合わせて流れる豊かな水流によって,峡谷は激しく浸食されており,切り立った崖もいたるところにみられる.また,谷の両側は標高2000〜3000 m級の山々が連なり,本流に向かって注ぐ支流はいずれも急峻な地形をもっている.峡谷には宇奈月から欅平までトロッコ列車が走り,毎年多くの観光客を運んでいる.また黒部立山アルペンルートにより黒部第四ダムを訪れる観光客も多い.欅平と黒部第四ダムを結ぶ水平歩道は,断崖絶壁を刻むようにつくられた山道であり,下ノ廊下の絶景もあって登山者に人気が高い.

　黒部川は,その豊富な水量と急勾配を利用して,戦前から水力発電が盛んに行われてきた.1930年代に入ると電源開発は,それまで冬山に入る猟師など,特別な人しか踏み込むことのなかった黒部峡谷の奥地にいたるようになった.特に戦時下に行われた黒部第三発電所の建設では,温泉が湧出する高温地帯を貫いてトンネルの掘削工事が行われた.この隧道工事史上に残る難工事は,吉村昭の小説『高熱隧道』によって広く世に知られている.また黒部峡谷では「ホウ」と呼ばれる,強力ななだれ風を伴う高速なだれが発生するといわれており,この電源開発においては数々のなだれ災害により多くの犠牲者を出した.表1は

表1　黒部峡谷で死傷者を出したおもななだれ

	場　所	年月日	摘　要
1	出し平	1927. 1. 29	死者34名,重軽傷者22名
2	うど谷	1936. 2. 20	死者1名,重傷者1名
3	折尾谷	1938. 1	死者1名
4	志合谷	1938. 12. 27	死者84名
5	阿曽原谷	1940. 1. 9	死者26名,重軽傷者37名
6	竹原谷	1956. 2. 10	死者21名,重軽傷者10名

番号は図1に対応.

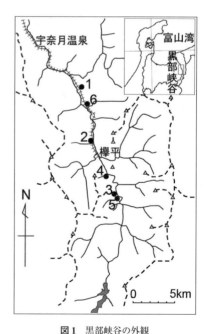

図1　黒部峡谷の外観
●は黒部峡谷で死傷者を出したおもななだれ箇所(表1の番号に対応).4が志合谷.

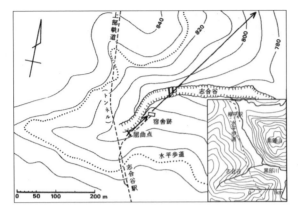

図2 志合谷と宿舎跡（文献[6]）を一部改変）
矢印は推定された宿舎の飛散方向を示す.

黒部峡谷下ノ廊下近辺で死傷者を出したおもななだれである．また，これらの発生地点を図1に●で示した．「ホウ」とは，日本雪氷学会のなだれ分類では乾雪表層なだれに相当し，雪煙を伴うことから運動形態は煙型なだれである．しかし，黒部渓谷の地理的特性を反映してその規模や衝撃力が大きく，大規模乾雪表層なだれと表現するのが適当であろう．以下，ホウなだれという呼び名を用いる．

1938（昭和13）年12月27日深夜，志合谷で発生したホウなだれが日本電力の木造四階建飯場兼事務所に襲来し，就寝中の84名が死亡（行方不明を含む）した．図2に志合谷周辺の地形図を示す．広く知られているなだれ災害の様子によると，2時頃，突然一大音響とともに大なだれが襲来し，三，四階の木造建築は就寝中の労務者75名を容れたまま吹き飛ばされて行方不明となり，残った一，二階もコンクリート壁の一部が倒壊して9名が圧死した．さらに，吹き飛ばされた三，四階は飛行途中一物も落下せず，志合谷下流部を横断し，比高78mの尾根を飛び越し，さらに黒部川本流をほとんど直線的に越して水平距離約600mを飛行し，奥鐘山岩壁に激突粉砕して中の労務者は全員死亡した，とホウなだ

れの衝撃の大きさが生々しく表現されている．

この志合谷のなだれ災害については，事故から三十数年後に清水[7]による生存者からの聞き取り調査と現地調査および当時の新聞報道の検証が行われ，以下のことが明らかになっている．なだれの襲来は12月27日3時20分頃．まず屋根が引き剥がされ，続いて宿舎が倒壊した．宿舎上部はなだれに打ち砕かれ，志合谷から対岸尾根に飛散した．志合谷は宿舎から西南西方向に伸び，その沢頭は南西約1.5 kmである．志合谷上流で発生したなだれによって，宿舎はほとんど北に飛ばされた（図2矢印）．宿舎下部はその場に倒壊し死傷者を出した．隣接の事務所ではコンクリート壁が倒れ，1名が圧死した．なお，対岸尾根は宿舎位置と同じ高さか，それより低く，比高78 mの場所は岩壁よりはるかに外れている．奥鐘山の岩壁には宿舎の激突による無数の傷痕が認められたといわれているが，これは岩壁の層理構造によるもので宿舎の衝突でできたものではない．

志合谷のホウなだれは，1970年代から富山大学文理学部と北海道大学低温科学研究所により共同研究が行われ，その破壊力が徐々にわかってきた．志合谷の宿舎跡に到

達するホウなだれの衝撃力は，ロードセルによる測定により一般に 100〜300 kN/m^2 程度，また圧痕計では 1000 kN/m^2 を超える値が記録された．これは世界的にみても最大級の衝撃力である．その方向は 1938 年 12 月 27 日に宿舎が吹き飛ばされた方向とおよそ一致していた．また，その速度は 10〜60 m/s に達し，200 km/h を超えるホウなだれ雪煙層の速度構造が明らかとなった．

〔尾関俊浩〕

文献

1) 川田邦夫：第1章黒部ホウ雪崩の概要と研究の歴史, 黒部峡谷乾雪表層雪崩の研究, 富山大学, 1-3 (1989).
2) 川田邦夫：黒部峡谷のホウ雪崩, 雪と氷の辞典, 朝倉書店 (2005).
3) 日本雪氷学会：新版雪氷辞典, 古今書院, 307p (2014).
4) K. Nishimura and Y. Ito：*J. Geophys. Res.*, **102** (B12), 27, 297-27, 303 (1997).
5) 小笠原和夫：黒部峡谷のホウ雪崩, 地理, **13**(3), 62-69 (1968).
6) 清水 弘, 秋田谷英次, 中川正之, 阿部俊夫：黒部峡谷志合谷のなだれ研究 I, 低温科学, 物理編, **30**, 103-114 (1972).
7) 清水 弘：真説「高熱隧道」, 北海道地区自然災害科学資料センター報告, **7**, 37-52 (1992).
8) 吉村 昭：高熱隧道, 新潮社 (1975).

205　冬の気温

異常低温

気温の最低記録

異常低温とは，めったに現れない低温をさす．表1は，2015 年 3 月までに気象庁の観測所で記録された最低気温を地域ごとに示したものである．国内の最低記録は旭川で観測された -41.0℃ であり，ほかに北海道の内陸各地で -30℃ 台の記録がある．本州では，中部山岳地域の盆地で -25℃ 前後の低温が観測されている（高山の -25.5℃ のほか，松本で 1900 年に -24.8℃）．このほか，関東から九州にかけての内陸域では -10℃ 台半ばの記録が出ている．表2は国内主要都市の最低記録を示す．札幌の -28.5℃ のほか，関東〜九州の各都市で -10℃ かそれに近い低温が観測されている．

世界では，南極のボストーク基地（ロシア，当時はソ連）で 1983 年に観測され

表1　気温の地域ごとの最低記録
気象官署とアメダスの 2015 年 3 月までのデータによる．海抜 800 m 以上の地点を除く．

地域	地点	記録(℃)	観測年
北海道	旭川（上川）	-41.0	1902
東北	藪川（岩手）	-27.6	1988
関東	つくば（茨城）/五十里（栃木）	-17.0	1952/1984
中部	高山（岐阜）	-25.5	1939
近畿	信楽（滋賀）	-14.1	1985
中国	上長田（岡山）	-20.2	1981
四国	久万（愛媛）	-13.6	1983
九州	阿蘇乙姫（熊本）	-14.8	1988
奄美・沖縄	久米島（沖縄）	2.9	1963

た−89.2℃が最低記録とされている．また，衛星データによる推定値として，2010年に−93.2℃という低温が報告されている．北半球では，ロシアのベルホヤンスクで1892年に−67.8℃という記録がある．この記録の信頼性を疑う意見もあるが，−60℃以下の気温はカナダやアラスカ，グリーンランドでも記録されており，北極周辺の陸上で−60℃台の低温が現れるのは事実と考えられる．

極端な低温が現れる条件

陸上で著しい低温になる条件としては，広域の低温（寒波）に加え，①晴れて風の弱い状態や，②積雪，特に新雪の存在が挙げられる．①と②は強い放射冷却が起きる条件である．積雪があるときに冷却が強まる理由としては，雪面の赤外線の射出率が高いこと，雪の熱伝導率が小さく表面が集中的に冷えやすいことが挙げられる．なお，気温の観測は高さ1.5 mで行われるが，冷え込みが強いときは地面付近が気温よりも数℃低いことがあるので注意を要する．

昼間の低温と真冬日

先述の低温記録は，山岳などを除けば夜の強い冷え込みによるものであるが，社会生活にとっては昼間の寒さも大きな影響がある．表3はおもな地点について日最高気温の最低記録を示したものである．関東から九州にかけての平野部でも，最高気温0℃未満の日（真冬日）を経験した地点がある．

東海・近畿以西の平野部で最高気温が極端に低い日の多くは，強い寒波がきて季節風が吹くときである．このような日は太平洋側でも雪が降ることがあり，日射が少なく気温が上がりにくい．また，強い寒波のもとではたとえ晴れても気温の上昇は弱い傾向がある．これは，上空の寒気のため活発な対流が起き，日射で与えられた熱が拡散しやすいからである．なかでも1981年2月末の寒波は強烈であり，西日本の各地で真冬日になった（岡山の−2.3℃のほか，広島で−2.9℃，神戸で−1.4℃など）〈→200〉．

関東では，太平洋岸を低気圧が通って雪が降るとき，昼間になっても気温が上がらず寒い1日になる．東京が真冬日になった最も近い例は，1967年2月12日の−0.2℃である．このときは前々日から雪が続き，21 cmの積雪になっていた．また，2014年2月8日に27 cmの積雪となったときは，0時過ぎに当日の最高気温4.0℃が記録されて以降気温が下がり，日中を通じて0℃未満の状態が続いた〈→196〉．ただし，表

表2　国内主要都市の最低記録
2015年3月までのデータによる．

	記録（℃）	観測年	統計開始年
札幌	−28.5	1929	1876
新潟	−13.0	1942	1886
東京	−9.2	1876	1875
名古屋	−10.3	1927	1890
大阪	−7.5	1945	1883
岡山	−9.1	1981	1891
高知	−7.9	1977	1886
福岡	−8.2	1919	1890
鹿児島	−6.7	1923	1883
那覇	4.9	1963	1910

表3　国内主要都市の日最高気温の最低記録
2015年3月までのデータによる．

	記録（℃）	観測年	統計開始年
札幌	−11.7	1937	1876
新潟	−3.9	1893	1886
東京	−1.0	1900	1875
名古屋	−2.1	1936	1890
大阪	−0.8	1936	1883
岡山	−2.3	1981	1891
高知	1.2	1936	1886
福岡	−1.3	1977	1890
鹿児島	0.6	1915	1883
那覇	10.8	1963	1910

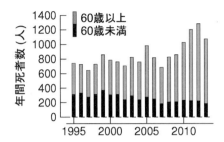

図1 低温による国内の年間死者数
厚生労働省の人口動態統計における「自然の過度の低温への曝露」の死者数データによる.

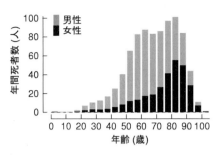

図2 低温による国内の年代別死者数
左から0～4歳, 5～9歳など. 1995～2013年の平均値.

3に載っている-1.0℃という日最高気温の最低記録（1900年1月26日）は晴天日に観測されたものであり, 非常に強い寒波のため晴れても気温が上がらなかったと考えられるケースである.

気候変動と異常低温

地球温暖化により, 極端な低温は現れにくくなる傾向にある. 20世紀以降の世界平均気温の上昇率は100年当たり0.7～0.8℃だが, 極端な低温の上昇率はそれよりも大きい可能性がある[1].

また, 都市のヒートアイランドは晴れて風の弱い夜に顕在化する傾向がある. これは強い冷え込みが起きる条件と一致するため, 都市化の進展は極端な低温の発現を大幅に減少させる. 表2に掲載された各都市の低温記録の多くは, 20世紀前半までのものであり, 近年はこれほどの低温は観測されていない. 今世紀の最低記録（2015年3月まで）は, 札幌市で-15.0℃, 東京で-2.4℃, 大阪市では-2.9℃となっている.

低温による人的被害

1902年1月, 八甲田山系（青森県）で陸軍の訓練隊が遭難し, 隊員210名のうち199名が死亡した. この遭難をもたらしたのは, 旭川市で-41.0℃の国内最低気温を記録した強い寒波に伴う暴風雪だった（ただし別の部隊は無事に帰還しており, 遭難の一因として準備不足や判断ミスがあったという見方もある）. 2013年3月には, 北海道東部で暴風雪のため自動車が立ち往生するなどし, 9名が亡くなる災害があった〈→181〉.

厚生労働省の人口動態統計によると,「自然の過度の低温への曝露」による国内の死者数は毎年1000名前後にのぼる（図1）. 1980年前後に東京都内の凍死症例を調べた研究では, 凍死者は40, 50歳代の男性に多く, 酩酊し路上で死亡するケースが目立つ[2]とされていた. しかし, 近年は高齢者の被害が多く, 年代別の統計によると80歳前後に死者数のピークがある（図2）.

〔藤部文昭〕

文 献

1) IPCC : *Climate Change 2013 : The Physical Science Basis*. Cambridge University Press (2014).
2) 田中正敏ほか：日本生気象学会雑誌, **25**, 119-127 (1988).

206　暖冬

気象庁の定義では「暖冬」は，12月から翌2月までの3か月平均気温が「高い」という階級となる冬のことである．平年値の統計期間の30年の気温を低いほうから並べて，高いほうの10年が「高い」なので，3年に1回かそれ以上の暖かさということになる．

日本の冬の気温は，地上の天気図でみるならば，いわゆる西高東低の冬型の気圧配置の強さによって決まる．冬型の気圧配置は，ユーラシア大陸上で発達するシベリア高気圧と北太平洋で発達するアリューシャン低気圧によって構成され，シベリア高気圧からアリューシャン低気圧に向かって吹く冷たい北西風（季節風，モンスーンとも呼ばれる）が強いか弱いかによって，日本の冬の気温が左右される．

冬型の気圧配置に影響する大気の流れとして，大きく分けて，北極から中緯度に南下する寒気の強弱，熱帯の海面水温の分布が中緯度の大気の流れに与える影響の2つが考えられる．

北半球全体の大気の流れ（対流圏中層，上空約5000 m）をみると，冬には，太陽光が射さない北極上空は大きな低圧部となっていて，非常に気温の低い大気の渦（うず）が発達する．これを気象学用語で「極渦」と呼ぶ．

この極渦の大規模な変動により，北極の寒気が中緯度に南下しやすい時期と南下しにくい時期が交互に現れ，極渦が強い（弱い）と中緯度域への寒気の南下は弱く（強く）なりやすいという関係がみられる．この大規模な気圧の南北変動を北極振動と呼ぶ．

北極振動において，北極からの寒気が南下しにくい状態が持続すると，シベリア高気圧も発達しにくくなり，季節風も弱くなって，暖冬となりやすい．また，北極の大気が決まった周期で変動しているわけではなく，現在の数値予報技術によっても北極振動の変動は直前にならないと予測が難しい現象である．

一方，熱帯の海水温の大規模な変動が，中緯度の偏西風の流れに影響し，日本の暖冬をもたらすこともある．

エルニーニョ現象は，太平洋赤道域東部（ペルー沖）の海水温が数年に1度，平年より2〜5℃高い状態が数か月以上にわたって続く現象であるが，北半球の冬において，エルニーニョ現象が起こっていると，太平洋赤道域の大規模な対流活動が平年より東に移る→北太平洋のアリューシャン低気圧も平年より東に位置→日本付近の冬型の気圧配置が弱まる→東・西日本で暖冬になりやすい，という関係が知られている．統計的な調査によると，過去の冬にエルニーニョ現象が起こっている場合，東日本で7割近く，西日本でも5割以上で暖冬となっている（冬の気温では北日本はエルニーニョ現象の影響が出にくい）．

太平洋以外の熱帯の対流活動が日本の暖冬に関係する場合もある．たとえば，2006/2007年の冬は，全国的に暖冬で東・西日本では1946年以降で最も暖かい冬であった．この場合，前述の北極振動により北極の寒気が南下しにくかったことに加え，インドネシア付近で対流活動が不活発，インド洋西部で対流活動が活発だったことが日本付近の偏西風の流れに影響し，記録的な暖冬をもたらしたと考えられている．

暖冬となった場合は，大雪や低温による被害が少なく，暖房費が少ないといったメリットもある．しかし，第1次生産者側からみると，農作物の成長が早いために生産

過剰となって,大量廃棄や価格暴落が起こったり,海苔養殖も暖冬に伴う高水温により品質低下の被害が起こったりする.冬物衣料の販売や雪氷をテーマとしたレジャーの不振などの経済的な影響も発生する.また,日本海側や山地での積雪が少ないために,春の雪解け水が少なくなり,渇水のリスクが高まるほか,農作物の成長が早いことにより春先の晩霜の被害が大きくなる場合もある.

　大気中の温室効果ガス濃度の人為的な増加に伴う地球規模の温暖化の影響により,日本の冬の平均気温も長期的に上昇傾向にあり,1990年頃以降は,顕著な暖冬も増えている.将来的にも,地球温暖化の進行により暖かい冬が増えていくと予測されており,これまでなかったような極端な暖冬が現れる可能性も大きい.　〔礒部英彦〕

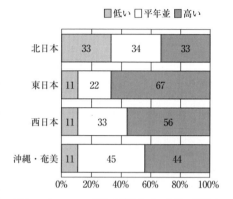

図1 エルニーニョ現象が発生している冬の地域ごとの平均気温の階級別出現率
1979/80年冬〜2008/09年冬.気温の上昇トレンドは統計的に除去して調査している(気象庁,2009).

文　献

1) 気象庁:エルニーニョ監視速報の拡充,平成21年度季節予報研修テキスト (2009).
2) 気象庁ウェブサイト.

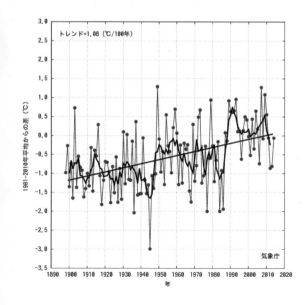

図2 日本の冬の平均気温の平年差の変化傾向[2]
1897/1998年冬〜2013/2014年冬.都市化の影響の比較的少ない全国15地点の平均値.細線は各年の値,太線は5年移動平均,直線は長期的な変化傾向.基準値は1981〜2010年の30年平均値.

207 冬の気温

寒冬

気象庁の定義では「寒冬」は，12月から翌2月までの3か月平均気温が「低い」という階級となる冬のことである．平年値の統計期間の30年の気温を低いほうから並べて，低いほうの10年が「低い」なので，3年に1回かそれ以上の寒さということになる．

日本の冬の気温に影響する大気の流れとして，北極から中緯度に南下する寒気の強弱，熱帯の海面水温の分布が中緯度の大気の流れに与える影響の2つが考えられ，北極の極渦の大規模な変動（北極振動）〈→206〉により，北極の寒気が中緯度に南下しやすい時期が続くと，極東域にも寒気が南下してシベリア高気圧が発達し，日本も寒冬になりやすくなる．

また，太平洋赤道域で，エルニーニョ現象とは逆のラニーニャ現象が発生していると，日本では寒冬になりやすくなる．ラニーニャ現象では，太平洋赤道域東部の海水温が平年より2〜5℃低い状態が数か月以上にわたって続くため，赤道域の貿易風が平年より強まる→インドネシア付近の大規模な対流活動が活発になる→中国南部周辺の上空で高気圧が強まる→日本付近の北西風が強まる，という大気循環の連鎖により西日本中心に寒冬になりやすくなる．

図1に示すように，過去の冬でラニーニャ現象が起こっている場合，西日本と奄美・沖縄では5割以上で冬平均気温が「低い」の階級となっている[1]．最初に記したように「低い」の平均的な期待値が33%であるところ，5割以上になっており，顕著に高い割合ではないものの，冬の気温を考える上で，エルニーニョ・ラニーニャ現象は重要な判断材料である．

近年の寒冬の事例として，2011/2012年の冬には，北日本から西日本の広い範囲で「低い」となり，都市化の少ない全国15地点で平均した日本の冬平均気温平年差も1985/1986年冬以来の低さとなった．気象庁の異常気象分析検討会による分析結果[2]をみると，この冬は北極の極渦は大きな特徴はなかったものの，太平洋赤道域ではラニーニャ現象が発生していて，インドネシア付近で対流活動が活発で，関連して北大西洋熱帯域でも対流活動が活発だったため，これらの中緯度への影響により，日本に吹き下ろす季節風も平年より強くなった．また，この冬は北極域のバレンツ海で海氷が少なかったことも，日本の寒冬に関係していた可能性が指摘されている（図2）．

極端な低温による凍害には，凍結害と凍上害があり，凍結害は気温が氷点下となって水が凍る現象に伴って起こる災害であり，水道の凍結による給水機能の停止，水道管の破裂などがあるほか，農作物や果

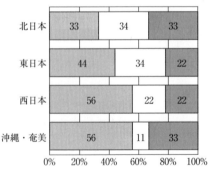

図1 ラニーニャ現象が発生している冬の地域ごとの平均気温の階級別出現率[1]
1979/1980年冬〜2008/2009年冬．気温の上昇トレンドは統計的に除去して調査している．

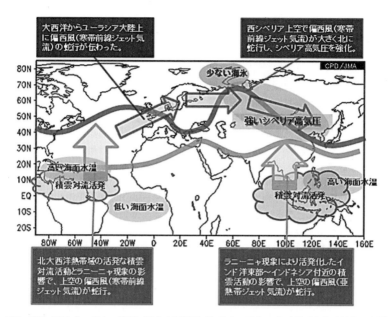

図2 2011/2012冬の日本の低温に関する解説図(気象庁・平成23年度異常気象分析検討会)[2]

樹が凍る被害(植物凍結害)もある.凍上害は,雪のない地方で低温による土壌の凍結のため地面に凸凹ができる凍上現象によって起こる災害であり,道路の舗装面や路盤にまで被害が発生することがある.また,冬の低温により,人の健康へさまざまな悪影響が出るほか,暖房費や電力需要の増大,野菜価格の高騰といった社会経済への影響もある.冬型の気圧配置の強まりによって日本海側の大雪被害と重なることも多い.

前述の2011/2012年の寒冬においては,凍上害が北日本～中部地方の11の道県で報告されたほか,インフルエンザが全国的に流行し,2月はじめにピークとなり,近年では2005年に次ぐ患者数となった.また,電力需要も,前年の東日本大震災以降に前年比5～10%減少の月が続いた中で,この冬の各月とも前年比1～3%台の減少にとどまった.農業分野では,降雪や低温の影響で,果樹の樹体損傷や麦類の雪腐れ病による被害が発生したほか,大雪に伴い,除雪中の事故やなだれにより全国で132名が死亡するなどの被害が発生した.

大気中の温室効果ガス濃度の人為的な増加に伴う地球規模の温暖化の影響により,日本の冬の平均気温も長期的に上昇傾向にあり,将来的にも,暖かい冬が増えていくと予測されているが,年々の気温の自然変動の幅は大きく,また,十年規模の時間スケールの自然変動により気温の比較的低い年代が現れることもあるため,今後においても暖かい冬ばかりではなく,数年に一度程度は寒い冬があるものと考えるべきである.

〔礒部英彦〕

文 献

1) 気象庁:エルニーニョ監視速報の拡充,平成21年度季節予報研修テキスト(2009).
2) 気象庁ウェブサイト.

208 冬の視程

蒸　気　霧

steam fog

　水面（地表面を含む）から蒸発した水蒸気が空気中ですぐさま凝結して生じる霧を蒸気霧という．冬季の晴れて冷え込んだ朝など，川の水面からまるで湯気が立ち昇るように発生する川霧は蒸気霧である．
　放射冷却などによって接地大気の温度が下がったとき，そこに気温より相対的に高温の水が流れる川があれば，川面から水蒸気が盛んに蒸発する．蒸発した水蒸気は，冷たい空気に触れてすぐさま凝結し，微小な水滴となって空気中に漂う．これが川霧である．川霧は気温が水温より低くなったために発生する．同様の蒸気霧は川以外にも，湖沼や用水路，池などでも発生する．また，接地大気の温度が下がる代わりに，湿り気のある地表面の温度が上がったときにも蒸気霧が発生する．雨上がりの地面や雪解け水を含んだ地面が日射で加熱されたような場合である．ただし，そのような場合の蒸気霧で長時間続くものは少ない．
　霧が発生するには，接地大気が水蒸気に関して飽和した状態となる必要がある．それが実現するのは，なんらかの原因によって，①気温の低下，②水蒸気量の増加（露点温度の上昇）のいずれか，または両方が起きるときである．蒸気霧は②を主因とする霧で，かつ水蒸気の供給源が地表面（水面を含む）であるものをいう．ちなみに，水蒸気の供給源にかかわらず，②を主因とする霧を蒸発霧と呼ぶことがある．この呼称を用いる場合は，その中に蒸気霧を含むことになる．ただし，蒸気霧と蒸発霧はほとんど区別なく用いられることも多い．
　地表面以外を水蒸気の供給源とする蒸発霧としては，たとえば落下中の雨滴から蒸発した水蒸気が凝結して霧になるような場合が挙げられる．上空に前線面があってそこに発生した雲が降水を伴うとき（温暖前線面の雲から雨が降る状況など），雨滴は前線面の下の冷気層を落下するので霧を生じることがある．前線付近で発生する霧を前線霧というが，その発生要因の1つはこの蒸発霧である．前線霧にはこのほか，前線の両側の湿度の高い寒気と暖気が混じり合うことで飽和に達して発生するものがあり，そのメカニズムを混合霧という．
　蒸気霧である川霧は②が主因であるが，放射冷却の作用などによって気温が川の水温より相対的に低くなることがその引き金になっている．その意味では，川霧は①と②の要因が複合した霧とみることもできる．実際，②の要因だけで川霧が発生することはほとんどない．また，放射冷却による①を主因とする霧は放射霧と呼ばれ，内陸の盆地などで秋に多くみられるが，その発生過程では川や用水路の上に生じた蒸気霧が混合や対流などにより増殖して放射霧に成長していくことも多い．
　こうしてみると，蒸気霧と放射霧の線引きは難しいが，霧の範囲が川や沼など水蒸気の供給源の上に限られるものは蒸気霧，それが増殖して水蒸気の供給源の周囲に大きく広がったものは放射霧と呼ばれているようである．水蒸気の供給源の上を覆う相対的に低温の空気が湿っているときは，発生した蒸気霧が増殖して周囲に広がり，放射霧に成長しやすい．これに対し，相対的に低温の空気が乾いているときは，発生した蒸気霧が増殖することなく水蒸気供給源の上だけにとどまる．放射霧が秋に多く，蒸気霧が冬に多いのはそのためと思われる．
　蒸気霧の発生に重要な相対的に低温の空気は，その場所で生成されたものである必要はない．たとえば，冬季の北海道では，

図1 北海道留萌海岸の「けあらし」(渡辺一夫氏提供)

気圧傾度がゆるやかになると陸上に地形性高気圧が発達し,放射冷却によって著しく低温の空気が涵養される.その空気が沿岸の海上に流れ出すと,気温と海面水温との差は20℃以上にもなり,海面からもうもうと湯気が立つ光景(図1)がみられる.この現象は「けあらし」(気嵐,毛嵐とも書く)と呼ばれ,北海道の冬の風物詩の1つである.これも蒸気霧の一種であるが,この場合の水蒸気供給源は海面であり,相対的に低温の空気は陸上から海上へ移動したものである.海に発生する蒸気霧としては,このほかに,高緯度地方で海氷の割れ目に発生するものがある.

蒸気霧について留意すべきことは,水面(地表面を含む)の温度が気温より高いことである.つまり,蒸気霧の中は成層が極度に不安定になっている.このため,その層内では乱気流が発生する.また,蒸気霧は著しい低温下で発生するものが多いが,氷点下の気温で発生する霧は過冷却水滴でできているものが多く,地物に着氷する性質があることにも注意する必要がある.このような霧を「着氷性の霧」という.冬季の北海道などで川霧が発生する場合は,河畔の樹木などに樹氷がよくみられる.

〔永澤義嗣〕

209　流氷

流氷(海氷)

sea ice

流氷の姿,結氷

オホーツク海における最盛期の流氷域はオホーツク海の3分の2,日本の面積の約3倍に相当する広さに拡大し,その南端は北緯44度付近にあり,北半球における大規模な流氷の南限にあたる.ときには太平洋に流出して北緯42度の襟裳岬周辺まで南下することがある.

海氷は海水が凍ってできた氷であり,陸続きで凍結して広がるものを定着氷と呼び,凍結して密集し風や海流によって移動するものを流氷としている.南極やグリーンランドなどから海に流れ出した氷山は陸水起源の真水でつくられており本質的に異なる.流氷と海氷は一般には区別していない.

流氷ができるメカニズム

オホーツク海は,シベリア大陸,サハリン,北海道,千島列島そしてカムチャツカ半島に囲まれた広さ153万km^2,平均水深が約830mという大きな浅いたらいのような大海である.この海に,シベリア大陸を東に向かってに流れる,極東で最大の流域面積をもつ全長4500kmのアムール河から淡水が流れ込む.その量は年間約34億tにのぼり,オホーツク海を22cmの厚さの真水(淡水)で覆うことができる.その結果,水深は25〜60mまで塩分濃度3.2%より薄い層が広がり,その下の塩分が3.3%の濃い層との間に,顕著な密度,水温が急に変わっている跳躍層があり二重構造となっている.

冬,シベリア大陸からの北西季節風がオホーツク海の表層を冷やして密度が大きく

なった海水が，二重構造の中で閉じ込められた低塩分で浅い層の中のみで対流を起こす．混合が進んで急速に低温となり，結氷温度 −1.8℃ まで冷やされ凍りはじめる．アムール河から流れ込む河口の近いところや，サハリン北部沿岸では塩分濃度 2.6% 以下ともなり，表層で過冷却となり，氷晶が発生し凍結が始まり海氷が誕生する．

氷晶が，次第に小さな氷片となり海面上で衝突しあうと，氷片の端がめくれて次第に蓮の葉状の小さな氷盤に成長・発達する．10月下旬から11月中旬の頃である．

流氷域の拡大・南下・流出・衰退

アムール河河口から海に出たところで，シャンタルスキー諸島西方や北西部沿岸からの結氷が拡大し12月には結氷域が南東に広がり，さらに流氷となって，オホーツク海の海流と季節風によって流され，サハリンの東海上を南下拡大，移動する．オホーツク海表層には反時計回りに循環する海流があり，サハリンの東沿岸を南に向かって流れる東サハリン海流により南下，北海道北岸の北側を東南東〜南東に流れ，根室海峡や千島列島の海峡から太平洋に流出する．

風による定常的な流氷の移動の速さと方向は，流氷の厚さには関係が弱く，摩擦に応じた力と緯度に関係したコリオリ力が釣り合った方向に移動する．したがって北西季節風が吹く等圧線がほぼ南北の走行となっているので南方向に移動する．オホーツク海南部における移動は流氷の大きさ，喫水線などの要素があるが，海流（潮流）より風による寄与が大きい．

流氷帯の南縁辺の南下は1日8〜9km程度で，1月にはオホーツク海南部に南下，北海道オホーツク沿岸付近に接近，接岸する．半年値で網走では流氷初日が1月20日，流氷接岸初日が2月1日となる．ときには強風により1日で30〜100kmも移動することがある．3月中旬に，流氷・海氷域が最大となる．この時期になるとシベリア大陸の高気圧が弱まり，南よりの風系で暖気が入りはじめ6月には消滅する．一年氷の厚さはオホーツク海北部で1〜1.5mであり，オホーツク海南部では0.5〜2.5mがほとんどで1.2m程度の頻度が多い．

オホーツク海における流氷観測

北海道オホーツク海沿岸における流氷観測は1892年から網走地方気象台で観測が開始されて以来120年を超す定常観測が行われ，1968年には北海道大学の流氷観測レーダー網（網走，紋別，枝幸）の観測が開始され1970年以降から気象衛星観測資料が定常的に入手でき，気象庁，海上保安庁の観測船，自衛隊・海上保安庁の航空機による観測，1978年からは静止衛星からの常時観測が始まった．さらに雲がかかっていても観測できるマイクロ波での観測が

表1 流氷の用語

流氷初日	流氷が陸地（観測所）から見えた日
接岸初日	流氷の大半が初めて海岸に接着した日
流氷終日	陸地から流氷が見えた最後の日
流氷期間	流氷初日から終日までの間
海明け	陸から見える流氷が半分以下になり，船舶の航行が可能となった日

図1 流氷の分布拡大期（左）と縮小・消滅期（右）の変化[1]

始まり，合成開口レーダーの分解能が数十mまで改善された．紋別に設置したドップラー流氷レーダーによって，流氷の水平分布とその短時間変動を観測することができる．気象庁，海上保安庁の海氷情報，海上保安庁海洋情報におけるALOSの解析データなどが提供されている．流氷の用語を表1に示す．

流氷災害

流氷による海難災害の中で最も悲惨な例は1970年3月17日，千島列島の択捉島付近で操業していた90t級の底引き網漁船団19隻が，急接近する低気圧のしけを避けて，択捉島の太平洋側に面するヒトカップ湾に緊急避難した事件である．直後に湾に7～8mの氷丘を伴った厚さ2～4mの流氷が押し寄せ，脱出を図ったが8隻の漁船が沈没・座礁するなどし，114名のうち30名が死亡・行方不明となる最大規模の流氷海難となった．

1974年2月21日と3月21日には，太平洋側に大規模流出した流氷によって，大型のカーフェリーが釧路港に接岸不能となった．また，日本の湖沼の中で3番目の広さをもつ平均水深約9mの浅い海である，サロマ湖はオホーツク海と砂洲で隔てられ2か所の開口部で海とつながり，流氷の侵入でホタテの養殖漁場に大被害をこうむることがある．1974年には23億円と史上最大規模の被害が生じ，1988年以降1997年までに被害が7回に増え被害額も増加した．対策として，2000年に30億円かけて流氷の流入口にアイスアームという流氷止めが設置されて以後，流氷の侵入被害はなくなった．

流氷海難防止には海上保安庁が1970年

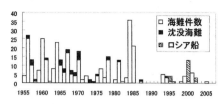

図2　海氷（流氷）海難件数の推移

に海氷情報センターを設置，1988年海氷速報のFAXによる資料提供，1997年インターネットによる情報提供をしている．また，気象庁から海氷情報および日々予測情報が発表されている．

流氷は気候変動のバロメーター

1971年以降の統計資料によると，年間の積算海氷域面積（12月5日～翌年5月31日の5日ごとの海氷面積を合計したものと定義）の経年変化では，1970年末頃と2000年頃に約3500万km^2に最大のピークが現れており，最小が2006年に1600万km^2と半減し，近年減少傾向が顕著となっている．12月中旬から2月にかけての海氷が拡大する時期に増加する量が減った結果である．また1946～2007年の網走の流氷初日が8.7日（7年で1日）遅くなり，流氷終日は14.3日（5年で）早まった[2]．1906年以降，オホーツク海沿岸地方の3点の平均気温は100年前に比べ0.6℃上昇し，それに伴う流氷勢力が40%も減少するなど，年々減少が続いている．

〔村松照男〕

文　献

1) 金子秀毅:気象研究ノート，**214**, 75-92 (2007).
2) 小田巻実：海上保安庁海洋情報におけるALOSデータ利用について (2003).

210 冬の大気汚染

スモッグ

smog

人類が火を使うようになってから,焼畑農業,料理や暖をとるために発生した煤煙,廃棄物が大気を汚してきたが,排出量もそう多くはなく,大気汚染は局所的であった.しかし,14世紀あたりから石炭の使用が盛んになり,18世紀に起こった産業革命以降人口が爆発的に増え,当時世界最大の都市となったロンドンで,初めて深刻な社会問題となる大気汚染が発生した.

この頃,ロンドンの冬は視界が悪くなるほど暗く濃い霧が発生していたが,実はこの霧自体が大気汚染の現象で,石炭を燃やした後の煙や煤(すす)が霧に混じって地表に滞留したために起こったものであり,イギリス・ロンドンの医師デ・ボー(Des Voeux)は,1905年にこの霧をスモッグと名づけている.

スモッグは,大気中に大気汚染物質が浮遊しているために周囲の見通しが悪くなっている状態で,smoke(煙)とfog(霧)を合成した言葉である.1950年代までの100年間に,ロンドンではスモッグによる大規模な被害が10回ほど起きたが,その中で最も健康被害が大きくなったのが1952(昭和27)年である.12月5〜10日の5日間,高気圧がイギリス上空を覆って放射冷却が起き,冷たい大気の上に暖かい空気層が存在するという接地逆転層ができ,空気の対流混合が起きにくくなった.ロンドンは冷たい霧につつまれ,寒さのために通常より多くの石炭を暖房に使うなどしたため,大気汚染物質が冷たい大気の層に閉じ込められ,滞留し,濃縮されて高濃度の硫酸の霧を形成した.

このときのロンドンのスモッグは,前方がみえず車の運転ができないほどのもので,特にロンドン東部の工業地帯・港湾地帯では自分の足元もみえない濃さであった.建物内にも侵入し,コンサート会場や映画館では「舞台やスクリーンがみえない」との理由で上演や上映が中止になっている.また,目の痛みや咳が止まらなくなり,病院には気管支炎や心臓病などの重症患者が次々に運び込まれた.最初の2週間で老人や子ども,慢性疾患の患者などが,4000名亡くなり,その後の数週間でさらに8000名が死亡,合計死者数は12,000名

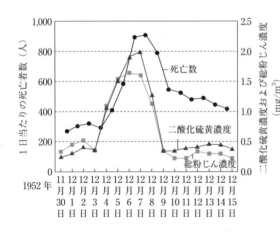

図1 1952年のロンドンスモッグ事件当時の大気汚染物質濃度と死亡者数[2)]

を超える大惨事となっている．図1は，総粉じんとSO$_2$の濃度変化と過剰死亡者数の日ごとの変化を示したものであるが，両者がよく相関しており，これらは，汚染物質濃度が高くなると死者数が増える（健康に大きく影響する）という関係を示している．霧に含まれた二酸化硫黄（亜硫酸ガス）は，大気中で変化を起こして硫酸塩の微粒子となり，凝結核となって硫酸ミストと呼ばれる水滴を形成する．この硫酸塩を含んだ微粒子が，肺の奥にまで到達する小さなサイズだった場合，呼吸障害などを引き起こして，急性の健康被害の原因となるのである．

イギリスではこれを教訓として本格的な規制を開始し，1954年にロンドン市会で初めて煤煙の排出規制を盛り込んだ条例を制定し，1956年にはイギリス国会で大気浄化法が制定された．

なお，アメリカでは自動車の生産台数が飛躍的に増え，その排気ガスの増加に伴って，目・鼻・気道への刺激を特徴とする健康被害が現れたことから，大規模な発生が報告されたアメリカのロサンゼルスの名をとって「ロサンゼルス型スモッグ」，あるいは，「白いスモッグ」と呼ばれた．光化学スモッグのことであるが，これにより，それまでのスモッグは，「ロンドン型スモッグ」，あるいは，「黒いスモッグ」と区別されることがある．

スモッグを引き起こす汚染物質は，都市が発達して車の往来が多く，工場地帯が多い沿岸地域に多いので，昼から夜にかけて海風が内陸に進入していくとき，この汚染された空気の塊も一緒に内陸へ移動する．海風の前面（海風前線面）は，汚染物質が多いことから，スモッグ前線と呼ばれる．関東平野や大阪平野の海風によく見られる現象である．光化学スモッグの場合は，汚染物質から光化学オキシダントが生成されるまで時間がかかるため，原因物質が沿岸部にあっても，高濃度になるのは，発生源の沿岸付近ではなく，スモッグ前線で汚染物質が運ばれた内陸部のほうである．

各都道府県および北九州市が高濃度の大気汚染時に大気汚染注意報を発表するが，光化学スモッグに関しては，気象庁が情報を発表している．具体的には，翌日に発生が予想される場合は全国（日本国内全域）を対象に「全般スモッグ気象情報」を，当日に発生が予想される場合は各地方を対象に「スモッグ気象情報」を，それぞれ発表している．

〔饒村　曜〕

文　献

1) 饒村　曜：PM 2.5と大気汚染がわかる本，オーム社（2013）．
2) E. T. Wilkins：*The Royal Sanitary Institute*, **74**, 1-21 (1954)．

コラム：高層天気図の見方

地図上に気象状態（天気に限りません）を表現したものを天気図といい，通常は地表面（高度が0m）での気象状態を表現した地上天気図が使われます．ほとんどの地上天気図に等圧線が描かれるのは，そのようにして得られる気圧という気象要素が低気圧などのじょう乱を介して天気と非常に密接な関係にあるからです．地上天気図は，気圧を高度0mであったらどのくらいの気圧になるかという海面補正を行ったのちに等圧線を引きますので，高度0mという等高度面天気図といえます．

これに対して，上空の気象を表現した天気図が高層天気図です．高層天気図は，高度が一定な面上の気象を表現する等高度面天気図（たとえば高度5kmにおける気象を表現した5km高層天気図）は，研究など特殊な目的以外では使われません．高層天気図は，気圧が一定な面上の高度における高さの気象を表現した等圧面天気図（たとえば，気圧が500hPaになる高度における気象を表現した500hPa高層天気図）が使われます．各等圧面における高層天気図は，地上天気図とともに大気の構造を立体的に把握することができ，時間変化から大気現象の特徴や変化をみることができます．高層気象観測においては，特定高度面の気圧を求めるよりも特定気圧面の高度を求めるほうが容易であることもありますが，高層天気図で等圧面天気図を使用するのは，大気現象に大きく関係する空気の密度が，温度だけで決まるために解析しやすいからです．これに対し，等高度面天気図では，空気の密度は温度だけでなく圧力によっても変わります．

比較的よく用いられる高層天気図は，850hPa，700hPa，500hPa，300hPaの等圧面天気図で，そこには，気温，風向・風速，湿数などの高層気象観測の結果や，等高度線，等温度線などの解析結果などが描

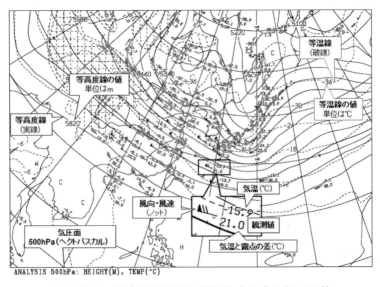

図1　500hPa高層天気図の解説図（気象庁）（2015年5月5日9時）

かれており，目的によって使い分けられています．高層天気図でよく使う「湿数」とは，温度と露点温度の差で，湿度が100%（飽和）のときは0.0，乾燥して湿度が小さくなればなるほど，この値は大きくなります．

850 hPa 高層天気図

対流圏下部（高度約1500 m）を代表する天気図で，地表の熱や摩擦の影響をあまり受けないため，前線の位置や強さを解析するのに使います．湿数が3℃以下の湿った領域は，下層の雲と良い対応をしており，豪雨との関連が深い下層ジェットや湿舌などの解析ができます．

700 hPa 高層天気図

対流圏の中～下部（高度約3000 m）を代表する天気図で，850 hPa よりも流れが単純で，気温分布や水蒸気分布などがわかりやすくなっています．850 hPa と同様に，前線の位置や強さを理解するのに使います．気圧の谷の位置などから対応する地上低気圧の発達状況を見るのにも使います．湿数が3℃以下の湿った領域は，中層や上層の雲と良い対応をしています．

500hPa 高層天気図（図1）

対流圏中部（高度約5500 m）を代表する天気図で，対流圏の波動の動向を知るのに適しています．地上付近の気圧は1000 hPa前後ですので，気圧がほぼ半分になる高さ（大気のほぼ真ん中）の天気図ということもできます．対流圏中層の気圧の谷や尾根，温度場の谷と尾根との対応や，上層のジェット気流に沿う強風軸を把握します．また，寒気の動向を見るのに適していますので，豪雪や大規模な雷雨のときには，500 hPa 高層天気図における寒気の移動に注目します．

300 hPa 高層天気図

対流圏上層（高度約9000 m）を代表する天気図で，強風軸はジェット気流との対応が良く，寒帯前線ジェット気流や亜熱帯ジェット気流を把握するのに適しています（亜熱帯ジェット気流の検出には，200 hPa など，もう少し高いところの天気図がより適しています）．

〔饒村　曜〕

第7章 防災・災害対応

211　恒久対策と応急対策

恒久対策

　自然災害を防ぐためには，建物や堤防などすべてを丈夫につくるという恒久対策と，災害が起きそうなとき特に人命を救うなどの人的被害の軽減を図る応急対策〈→212〉の2種類がある．このうち，恒久対策は有効であるが費用と時間がかかる．また，森林伐採を長期計画で行うために規制するといった災害に強い国土をつくるための根本的な対策には，もっと費用と時間がかかる．そこで，恒久対策を行いつつ応急対策を行うことが重要になってくるのであるが，根本的な解決のためには恒久対策が必要である．しかし，どこまで想定し，費用をかけるかということは非常に難しい問題である．恒久対策であっても，まれに発生する極端な現象に対しては無力であり，そのまれに発生する極端な現象に対応しようとすると，費用の問題に加えて，景観を損ねるとか，暮らしにくくなるなどの別の問題が出てくる．

　たとえば，堤防をつくるというのは恒久対策であるが，その堤防の高さを超えるような大洪水が絶対ないとはいえず，また，地震によって堤防が損なわれ，堤防の高さを超えなくても堤防決壊ということがありうる．このようなことが起き，堤防から水があふれることがあっても，壊滅的な被害を防ぐために究極の恒久対策としてスーパー堤防が考えられている（図1）．スーパー堤防は，土でできた，ゆるやかな勾配をもつ幅の広い堤防で，広くなった堤防の上は，通常の土地利用が可能である．普通の堤防は，丈夫につくってあったとしても，大洪水が起こって越水すると，それが長時間続いた場合には浸透圧によって堤防を壊し，まちに大きな被害をもたらす．しかし，スーパー堤防はまれにある極端な現象が起きても，浸透圧で壊れることがなく，越水が市街をおだやかに流れるだけである．また，地震に対して軟弱な地盤につくられているスーパー堤防は，周辺と一体化して地盤を改良し，液状化やすべりに強い堤防にするので，周辺も含めて地震に強い構造になっている．

〔饒村　曜〕

文　献
1) 饒村　曜：気象災害の予測と対策，オーム社（2002）．
2) 国土交通省関東地方整備局ウェブサイト．

図1　スーパー堤防[2]

212　恒久対策と応急対策

応 急 対 策

　自然災害を防ぐためには，建物や堤防などすべてを丈夫につくるという恒久対策〈→211〉と，災害が起きそうなとき特に人命を救うなどの人的被害の軽減を図る応急対策の2種類がある．このうち，恒久対策には，強い雨や風でも壊れないように建物や堤防などを丈夫につくったり，ダムや防波堤などの防災施設を建設したりするほかに，植林や計画的な森林伐採で山林の防災機能を高めて災害を起きにくくする対策もあるが，災害に強い国土をつくるための根本的な対策には，もっと費用と時間がかかる．そこで，恒久対策を行いつつ，応急対策で人命を救うなどの人的被害を軽減する応急対策を行うことが重要になってくる．

　自然災害の応急対策は，その自然災害の予測がどの程度できるかによって大きく変わる．それには，その現象が「いつ」「どこで」「どのくらいの強さで」起きるかを予測することが重要なポイントとなる．気象庁では，自然現象について観測を行い，予測できるものについては予測を付して情報を発表している．

　地震については，「どこで」「どのくらいの強さの」地震が発生するかはある程度わかるようになってきたが，となり合う地域で同時に地震が発生してよりマグニチュードの大きい地震が発生する場合は予測が難しい．また「いつ」地震が起こるかは，現在のところ予測困難である．そこで，緊急地震速報がある．地震発生後，強い揺れがくるまでに速報し，新幹線やエレベーターなどを減速・停止，テレビなどで自分の身を守ることを呼びかけて減災するものである．火山については，「どこで」「どのくらいの強さの」噴火があるのかは，ある程度予測可能である場合がある．火山活動のレベル化を行い，24時間体制で監視を続け，少しでも異常があれば観測を強化し，「いつ」を予測できるようになってきた．

　大気現象については，いろいろな観測機器によって観測が行われ，「いつ」，「どこで」，「どのくらいの強さで」現象が起きるかを，前もって予測できるものが多い．したがって，気象災害のおそれがある場合は，気象庁が注意報や警報などの情報を発表し，各自治体がその情報に基づいて避難指示や避難勧告を発令するなど，具体的な防災活動が行われている．

　気象災害の地域特性は，大気現象の強さが地域によって異なるだけでなく，それに対する備えが地域によって違うことによって生じている．このため，注意報や警報の発表基準は，気象庁と地方自治体などが協議して決め，防災対策の進み具合などから常に見直しが行われている．

　海洋や海上の観測は陸上に比べて観測密度は少ないが，波浪や高潮などの気象と密接な海洋の現象については，気象の予測をもとに情報がつくられ，海の災害についても気象と同様なことが行われている．

〔饒村　曜〕

文　献

1) 饒村　曜：気象災害の予測と対策，オーム社 (2002).

防災情報

警報・注意報・気象情報

　気象庁は，大雨や強風などによって災害が起こるおそれのあるときに「注意報」を，重大な災害が起こるおそれのあるときに「警報」を発表して，注意や警戒を呼びかけている（以下，「気象警報等」という）．これら気象警報等は，原則として市町村を対象に発表し，災害のおそれがなくなったときには解除する．気象警報等は，大雨などの発現に際して，防災機関が法律に基づいて行う水防活動や，市町村長の避難勧告などの判断，ならびに，社会および住民の防災対策を直接または間接的に支援する重要な情報である．

　気象警報等は，過去の災害資料と当時の気象状況に基づき設定された発表基準に達する気象状況が予想されたときに発表される．気象警報等の種類，対象となる現象，内容，基準気象要素および単位については，表1のとおりである．

　気象庁は，気象警報等の防災効果を高めるため，その運用基準の作成にあたっては，災害をもたらす可能性のある顕著現象についての監視や予測技術と，地域防災行政を具体的に執行する自治体などの防災機関の要望との調和を図って，適切な水準となるよう努めている．

　なお，気象庁は，気象警報等に先立って注意を呼びかけたり，気象警報等の内容（現象の経過や予想，防災上の注意点など）を解説するための「気象情報」を発表している．

警報と注意報の対象となる災害の区分

　発生する災害が重大かどうかを判断する社会一般の認識は，自然的要因や社会環境要因，人為的要因などが複雑に絡み合った結果として生じている．具体的な人的，物的な損失の大きさ，すなわち「被害」の大きさは，地域の社会・経済構造，住民の意識や価値観などに左右される相対的な概念であると考えられる．このため，気象庁は，気象などを原因として発生する災害に注意警戒を呼びかける気象警報等の基本的な考え方を防災機関に説明した上で必要な調整を行い，共通の認識のもと気象警報等の発表を行うよう努めている．

気象警報等の基本的な考え方

(i) 警報の対象とする気象状況

　警報は，その地域において社会通念上「重大」な災害が起こるおそれがあるときの気象状況を対象とする．

(ii) 注意報の対象とする気象状況

　注意報は，警報の対象とする気象状況までには至らないが，災害が起こるおそれのあるときの気象状況であって注意を喚起すべき気象状況を対象とする．

(iii) 気象警報等の基準

　気象庁は，防災機関などが防災活動を効果的に行えるよう，まず，過去の災害とそのときの気象状況との関連を調査・分析して「基準案」を作成し，防災機関の意見・要望などを聴いて必要な調整を行い，その合意のもとに気象警報等を発表する「基準」を作成する．

　各種の災害対策を所管する防災機関（あるいは部局）は，防災対応のシステム化・高度化を図り，防災施設・設備，防災体制の整備を進めてきており，その中には，独自の防災活動の運用基準を設定している機関もある．防災機関がもつ防災活動の運用基準や，災害と気象状況の関係に関する知見を踏まえ，さらに，気象予測技術の限界も踏まえ，総合的に判断して気象警報等の基準を作成している．

　特に，大雨，洪水，高潮に関する基準については，市町村長の避難勧告などの判断

表1　警報・注意報の種類

警報・注意報の種類	対象となる現象	内容	基準気象要素および単位
暴風雪警報	風	平均風速がおおむね20 m/sを超え,雪を伴い,重大な災害が起こるおそれがあると予想される場合に行う.	平均風速（m/s）および雪
風雪注意報		平均風速がおおむね10 m/sを超え,雪を伴い,被害が予想される場合に行う.	
暴風警報		平均風速がおおむね20 m/sを超え,重大な災害が起こるおそれがあると予想される場合に行う.	平均風速（m/s）
強風注意報		平均風速がおおむね10 m/sを超え,主として強風による被害が予想される場合に行う.	
大雨警報	雨	大雨によって重大な災害が起こるおそれがあると予想される場合に行う.	雨量(1, 3時間)(mm)または土壌雨量指数
大雨注意報		かなりの降雨があって被害が予想される場合に行う.	
大雪警報	雪	大雪によって重大な災害が起こるおそれがあると予想される場合に行う.	6, 12または24時間降雪の深さ（cm）
大雪注意報		大雪によって被害が予想される場合に行う.	
濃霧注意報	濃霧	濃霧のため,交通機関などに著しい支障を及ぼすおそれのある場合に行う.	視程（m）
雷注意報	雷	落雷などにより被害が予想される場合に行う.	雷
乾燥注意報	空気乾燥	空気が乾燥し,火災の危険が大きいと予想される場合に行う.	最小湿度と実効湿度またはそのいずれか,および必要に応じ平均風速（m/s）
なだれ注意報	なだれ	なだれが発生して被害があると予想される場合に行う.	積雪の深さまたは降雪の深さ（cm）（融雪期には,気温（℃）,風速（m/s）または雨量（mm）など）
着氷（雪）注意報	着氷（雪）	着氷（雪）が著しく,通信線や送電線などに被害が起こると予想される場合に行う.	雪および気温（℃）,風速（m/s）など
霜注意報	霜	早霜,晩霜などにより農作物に著しい被害が予想される場合に行う.	最低気温（℃）
低温注意報	低温	低温のため農作物などに著しい被害が予想される場合に行う.	気温（℃）
融雪注意報	融雪	融雪により被害が予想される場合に行う.	積雪の深さ（cm）および気温（℃）,風速（m/s）,雨量（mm）または融雪量（相当水量 mm）

表1 つづき

警報・注意報の種類	対象となる現象	内容	基準気象要素及び単位
高潮警報	高潮	台風や低気圧などによる海面の異常な上昇により重大な災害が起こるおそれがあると予想される場合に行う.	潮位 (m)
高潮注意報		台風や低気圧などによる海面の異常な上昇によって被害が予想される場合に行う.	
波浪警報	波浪	波浪によって重大な災害が起こるおそれがあると予想される場合に行う.	有義波高 (m)
波浪注意報		波浪によって被害が予想される場合に行う.	
洪水警報	洪水	大雨, 長雨, 融雪などの現象により河川の水が増し, そのために河川の堤防, ダムに損傷を与えるなどによって重大な災害が起こるおそれがあると予想される場合に行う.	雨量 (1, 3時間) (mm), または流域雨量指数 (融雪期には融雪相当水量 (mm) を含む)
洪水注意報		大雨, 長雨, 融雪などの現象により河川の水が増し, そのために河川の堤防, ダムに損傷を与えるなどによって被害が予想される場合に行う.	
浸水警報	浸水	大雨, 長雨, 融雪などの現象により, 低い土地, 田畑などに浸水し, もしくは冠水し, または下水道が溢(いっ)水し, もしくは氾(はん)濫するなどによって重大な災害が起こるおそれがあると予想される場合に行う.	雨量 (1, 3時間) (mm)
浸水注意報		大雨, 長雨, 融雪などの現象により, 低い土地, 田畑などに浸水し, もしくは冠水し, または下水道が溢水し, もしくははん濫するなどによって被害が予想される場合に行う.	
地面現象警報	地面現象	大雨, 長雨, 融雪などの現象により土砂崩れなどによって重大な災害が起こるおそれがあると予想される場合に行う.	土壌雨量指数
地面現象注意報		大雨, 長雨, 融雪などの現象により土砂崩れなどによって被害が予想される場合に行う.	

地面現象警報は大雨特別警報または大雨警報に, 地面現象注意報は, その原因となる現象によって, 大雨注意報, なだれ注意報または融雪注意報に含めて発表する.
浸水警報は大雨警報に, 浸水注意報は, その原因となる現象によって大雨注意報または融雪注意報に含めて発表する.
この表のほか特別警報の基準が別途定められている〈→229〉.

支援に資する基準として, 2005 (平成17) 年3月に中央防災会議に報告された「避難勧告等の判断・伝達マニュアル作成ガイドライン」(2014 (平成26) 年9月に改訂) などを踏まえたものであることを都道府県および市町村に説明している. 例として新潟市の警報・注意報基準を表2, 表3に示す.

なお, 災害の発生形態や規模は, 防災対策や社会環境とともに変化することから, 気象警報等の基準は常に点検し, 必要に応

表2 新潟市の警報基準表

大雨	(浸水害)	雨量基準	1時間雨量40 mm
	(土砂災害)	土壌雨量指数基準	117
洪水		雨量基準	1時間雨量40 mm
		流域雨量指数基準	大通川流域7，栗ノ木川流域7，能代川流域8
		複合基準	—
		指定河川洪水予報による基準	阿賀野川［馬下・満願寺］，信濃川下流・中ノ口川［尾崎・保明新田・帝石橋・道金・白根橋］
暴風		平均風速	陸上　20 m/s
			海上　25 m/s
暴風雪		平均風速	陸上　20 m/s 雪を伴う
			海上　25 m/s 雪を伴う
大雪		降雪の深さ	6時間降雪の深さ30 cm
波浪		有義波高	5.5 m
高潮		潮位	1.3 m

［新潟市］府県予報区：新潟県，一次細分区域：下越，市町村等をまとめた地域：新潟地域．

じて見直しを行うこととしている．ただし，強い地震が発生した直後など，発生した現象が社会環境などへ与えた影響を調査する時間がない場合には，安全サイドの観点から暫定的に基準を見直して気象警報等を行う場合もある．

災害と対応のよい基準指標の導入

土壌雨量指数とは，降った雨が土壌中にどれだけ貯まっているかを，それまでに降った雨量から「タンクモデル」という手法を用いて指数化したものである．これは，降った雨が土壌中に浸み込む状況をモデル化したものであり，現在は地表面を5 km四方の格子に分けてそれぞれの格子で計算されている．大雨によって発生する土石流・崖崩れなどの土砂災害は土壌中の水分量との関係が深いとの研究成果を踏まえたもので，大雨警報・注意報のほか，後述する土砂災害警戒情報の発表基準にも使用されている．

流域雨量指数とは，河川の流域に降った雨水が，どれだけ下流の地域に影響を与えるかを，それまでに降った雨量から流出過程と流下過程の計算によって指数化したものである．

大雨によって発生する河川の増水，はん濫などの洪水災害は，流下してくる雨水の量だけでなく上流の降雨が下流に集まるまでの時間差も考慮する必要がある．流域雨量指数は，これらを踏まえた指標として，洪水警報・注意報の発表基準に使用している．

気象警報等の発表区域

気象警報等は，気象庁予報警報規程（昭和28年運輸省告示第63号）（以下「規程」という）第12条に基づく細分区域として別表第4に掲げられた区域（二次細分区域）を対象に発表されている．

以前の二次細分区域は，市町村をいくつかまとめた地域を対象としていたが，市町村長の避難勧告などの判断支援に資するよう，2010（平成22）年5月より，原則として災害対策基本法（1961（昭和36）年法律第223号）第5条第1項において「基礎的な地方公共団体」とされている市町村が対象とされた．住所に用いる市町村名を

表3 新潟市の注意報基準表

大雨	雨量基準	1時間雨量25 mm		
	土壌雨量指数基準	93		
洪水	雨量基準	1時間雨量25 mm		
	流域雨量指数基準	大通川流域6，栗ノ木川流域6，能代川流域6		
	複合基準	—		
	指定河川洪水予報による基準	阿賀野川［馬下・満願寺］，信濃川下流・中ノ口川［保明新田・帝石橋・道金・白根橋］		
強風	平均風速	陸上	4〜9月12 m/s，10〜3月15 m/s	
		海上	15 m/s	
風雪	平均風速	陸上	4〜9月12 m/s，10〜3月15 m/s，雪を伴う	
		海上	15 m/s，雪を伴う	
大雪	降雪の深さ	6時間降雪の深さ15 cm		
波浪	有義波高	2.5 m		
高潮	潮位	1.0 m		
雷		落雷などにより被害が予想される場合		
融雪		1. 積雪地域の日平均気温が10℃以上 2. 積雪地域の日平均気温が7℃以上，かつ，日平均風速5 m/s以上か日降水量が20 mm以上		
濃霧	視程	陸上	100 m	
		海上	500 m	
乾燥		最小湿度40％ 実効湿度65％		
なだれ		1. 24時間降雪の深さが50 cm以上で気温の変化が大きい場合 2. 積雪が50 cm以上で最高気温が8℃以上になるか，日降水量20 mm以上の降雨がある場合		
低温		5〜9月：日平均気温が平年より3℃以上低い日が3日以上継続 11〜4月：海岸　最低気温−4℃以下　　　平野　最低気温−7℃以下 山沿い　最低気温−10℃以下		
霜		早霜・晩霜期に最低気温3℃以下		
着氷・着雪		1. 著しい着氷が予想される場合 2. 気温0℃付近で，並以上の雪が数時間以上降りつづくと予想される場合		
記録的短時間大雨情報	1時間雨量	100 mm		

区域（二次細分区域）名称とすることになったため，発表された気象警報等が住民に自分のこととして気づいてもらえる効果が高まった．

「警報・注意報」でいつもと異なる状況であることに気づき，さらに時々刻々変化する状況は，基本的にメッシュ情報（5 km四方といった領域（メッシュ）ごとに階級表示する情報）と組み合わせて利用する情報体系となっている．

なお，テレビやラジオによる放送では伝えることができる情報量に限りがあるた

め，重要な内容を簡潔かつ効果的に伝えられるよう，市町村などをまとめた地域の名称が設けられている．基本的には，2010（平成22）年5月以前まで用いていた二次細分区域が，市町村などをまとめた地域となっている．

警報・注意報の内容

警報や注意報では，注意警戒が必要な事項，注意警戒期間，ピーク時間，雨量や波の高さなどの予想最大値を記載している．気象状況の変化に伴って現象の起こる地域や時刻，激しさの程度などの予測が変わることがあるため，気象庁では最新の警報や注意報を利用するよう呼びかけている．気象警報・注意報の例と内容の解説を図1に示す．

気象情報の役割

気象情報は，気象警報等と一体のものとして発表され，気象警報等の内容を解説するなど防災上重要な情報である．文章のみの形式と図情報を加えた形式がある．

気象情報の役割は，以下のとおりである．

①気象警報等に先立つ注意喚起：1〜数日程度前から災害に結びつくような激しい現象が発生する可能性のあるときに発表され，気象警報等に先立って現象を予告し，注意を呼びかける．

②気象警報等の解説：警報や注意報を発表している間に，現象の推移や観測成果，防災上の注意事項などを具体的に知らせることが必要であるときに発表され，気象警報などの内容を解説して現象の経過や予想，防災上の注意点を解説する．

③記録的な短時間の大雨を観測したときの，よりいっそうの警戒呼びかけ：数年に一度しか起こらないような記録的な短時間の大雨を観測したときに，よりいっそうの警戒を呼びかけるため「記録的短時間大雨情報」が発表される．

④社会的に影響の大きな天候についての

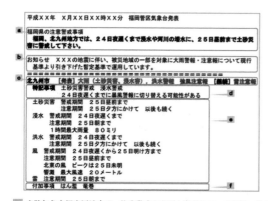

a 当該気象台担当区域内で，注意警戒が必要な事項について表示します．
b 地震等により暫定的に基準を引き下げて運用している場合や，内容を訂正して発表した場合に，その旨をお知らせします．
c 発表中の警報・注意報の種別を，発表状況（発表，継続，警報から注意報，解除）毎にまとめて表示します．また，大雨警報には「大雨警報（○○害）」のように，大雨警報の特に警戒すべき事項を括弧書きで付しています．
d 土砂災害や浸水に関する注意警報や，警報発表の可能性を「特記事項」として表示します．
e 現象毎に，注意警戒期間，ピーク時間，雨量や波の高さなどの予想最大値を表示します．また，気象状況により，警報・注意報を切り替え，注意警戒期間等を変更する場合があります．
f 警報・注意報に関連して災害に結びつくおそれのある現象を表示します．

図1　気象警報・注意報の例（気象庁ウェブサイトでの表示例）と内容の解説

解説:長雨や少雨,低温など,平年から大きくかけ離れた気象状況が数日間以上続き,社会的に大きな影響が予想されるときなどに発表され,社会的に影響の大きな天候について注意を呼びかけたり,解説する.

気象情報の種類

気象情報は,発表する地域によって3種類に分けられる.

全国を対象とする「全般気象情報」,全国を11に分けた地方予報区を対象とする「地方気象情報」,都道府県(北海道や沖縄県ではさらに細かい単位)を対象とする「府県気象情報」がある.

気象情報は,「大雨」「大雪」「暴風」「暴風雪」「高波」「低気圧」「雷」「降ひょう」「少雨」「長雨」「潮位」「強い冬型の気圧配置」「黄砂」など,現象の種類によってさまざまな種類があり,「大雨と暴風」や「暴風と高波」,「雷と降ひょう」のように組み合わせて発表することもある.

府県気象情報の発表例と記録的短時間大雨情報の発表例を図2に示す.

図2 府県気象情報の発表例と記録的短時間大雨情報の発表例

図3 各情報の発表タイミング

気象警報等や気象情報の効果的な利用

気象庁は，気象災害を防止・軽減するために，気象警報等や気象情報などの防災気象情報を発表し，段階的に注意や警戒を呼びかけている．土砂災害の場合の各情報の発表タイミングや内容と市町村などの防災機関の対応例や住民の行動の概要は図3のとおりである．

気象警報等や気象情報の発表

発表中の気象警報等の詳細は，気象庁ウェブサイトのほか国土交通省防災情報提供センターの携帯電話サイトで確認できる．また，市町村や民間気象会社などにおいても，インターネットや携帯電話向けの情報を提供しているところがある．このほか，テレビやラジオなどでは警報などが発表された場合に放送されるほか，ニュースや天気予報番組で気象警報等の発表状況が放送されている． 〔板井秀泰・板東恭子〕

防災情報

土砂災害警戒情報

土砂災害警戒情報の目的

土砂災害警戒情報は，大雨警報（土砂災害）が発表されている状況で，大雨による土砂災害発生の危険度がさらに高まったとき，市町村長の避難勧告などの判断を支援するよう，また，住民の自主避難の参考となるよう，市町村を特定して警戒を呼びかける情報で，都道府県と気象庁が共同で発表している．

土砂災害警戒情報の実施の経緯

多数の人的被害を伴う土砂災害から人命および財産を守るための施策として，従来から，都道府県により砂防関係施設の整備，警戒避難に関する情報の市町村への提供，土砂災害防止法に基づく土砂災害警戒区域などの周知，警戒避難体制の整備などが図られてきた．

一方，気象庁により，大雨に関する気象警報などを都道府県などの防災機関に提供するほか，報道等を通じて広く一般に土砂災害への注意警戒が呼びかけられてきた．

このようななか，平成14年度から国土交通省河川局砂防部（現「水管理・国土保全局砂防部」）と気象庁予報部が連携して，土砂災害の警戒に関する情報の伝達をより迅速・確実化し，各種防災活動や住民の警戒避難行動に役立つ新たな情報として，対象となる市町村を具体的に示して警戒を呼びかける土砂災害警戒情報の提供開始へ向けて検討が進められた．全国に先がけて，2005（平成17）年9月1日より鹿児島県において運用が開始され，2008（平成20）年3月21日までに全都道府県で運用が行われるようになった．

土砂災害警戒情報の法的な位置づけ

土砂災害警戒情報は，土砂災害防止法（土砂災害警戒区域等における土砂災害防止対策の推進に関する法律）第27条及び気象業務法第11条に基づき都道府県と気象庁（気象台）が共同して作成・発表する情報である．

なお，災害対策基本法第40条に基づく都道府県地域防災計画に同法第60条に基づき市町村長の行う避難勧告などの基準として土砂災害警戒情報を定めることで，地域防災行政上の法的な位置づけを明確にしている．

土砂災害警戒情報の内容

土砂災害警戒情報の内容は，タイトル，情報番号，発表時間，発表者名，警戒の必要な市町村などの地域名，情報文（気象概況，とるべき措置）を最小限の文字で，また，防災対応などの繁忙時においても視認しやすいよう警戒の必要な市町村などを簡易な地図で示している．

土砂災害警戒情報の発表と伝達

発表された土砂災害警戒情報は，土砂災害防止法第27条により都道府県知事から市町村長への通知と一般への周知の措置が義務づけられている．大雨警報などの伝達と同様に，都道府県地域防災計画に従って都道府県から市町村へ通知され，避難勧告などの判断に用いられる．また，報道機関やインターネットなどを通じて一般に広く周知される．

土砂災害警戒情報の発表基準

土砂災害警戒情報は，あらかじめ都道府県と気象台が協議し，発表の判断に用いる基準を定めている．

原則として，短時間の降雨指標（60分間積算雨量）と，長時間の降雨指標（降った雨が土壌中に貯まっている状態を指数化した土壌雨量指数）の組み合わせで判断しており，「土砂災害発生危険基準線（CL：critical line）と呼ばれる警戒判断の基準を定め，おおむね2時間以内に基準を超えると予想した場合に発表される（図2）．

CLは，過去の降雨と災害のデータを統計的に処理し，過去の土砂災害の発生状況や避難勧告などの実態などを総合的に勘案して，土砂災害の危険性が低いと想定される降雨の発現する確率の高い領域と，土砂災害の危険性が相対的に高いと想定される降雨の発現する確率の高い領域の境界とし

図1　土砂災害警戒情報の例

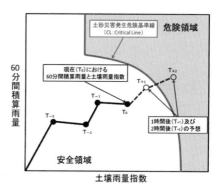

図2　土砂災害警戒情報の発表の判断に用いる指標と基準

て設定されている．すでにCLに到達していることは，過去の土砂災害発生時に匹敵する危険度（いつ土砂災害が発生してもおかしくない状況）になっていることを意味するため，CLに達すると予想された時点で避難勧告などを検討する必要がある．

なお，CLは，5km四方（メッシュ）ごとの土砂災害の危険度を降雨に基づいて評価したものであり，土砂災害危険箇所ごとの地形・地質および植生などの影響は考慮されていない．

土砂災害警戒判定メッシュ情報

土砂災害警戒判定メッシュ情報は，5km四方の領域（メッシュ）ごとに，土砂災害の危険度を5段階に判定した結果である．危険度の各階級は，60分間積算雨量と土壌雨量指数がCL，大雨警報（土砂災害）・大雨注意報の各基準に達するかの判定結果であり，避難に要する時間を考慮して2時間先までの土壌雨量指数などの予想を用いて判定している．「避難勧告等の判断・伝達マニュアル作成ガイドライン」（内閣府）では，土砂災害危険箇所，土砂

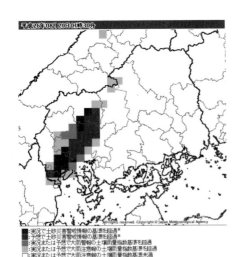

図3 土砂災害警戒判定メッシュ情報の例

災害警戒区域など（土砂災害防止法に基づき都道府県が指定する「土砂災害警戒区域」「土砂災害特別警戒区域」）を避難勧告などの発表単位としてあらかじめ決めておき，メッシュ情報において危険度が高まっている領域と重なった区域（状況に応じてその周辺区域も含めて）に避難勧告などの発令を検討する必要があるとされている．

なお，土砂災害警戒情報，大雨警報（土砂災害），および大雨注意報は，気象状況などを総合的に判断して発表されるため，土砂災害警戒判定メッシュ情報の表示とは必ずしも一致しない．

土砂災害警戒情報の利用上の留意点

土砂災害警戒情報は，降雨から予測可能な土砂災害のうち，避難勧告などの災害応急対応が必要な土石流や集中的に発生する急傾斜地崩壊を対象としている．しかし，土砂災害は，それぞれの斜面における植生・地質・風化の程度，地下水の状況などに大きく影響されるため，個別の災害発生箇所・時間・規模などを詳細に特定するものではない．

このため，市町村長が行う避難勧告などの発令にあたっては，土砂災害警戒情報を参考にしつつ，周辺の渓流・斜面の状況や気象状況なども合わせて判断する必要がある．

また，土砂災害警戒情報に加え，大雨特別警報（土砂災害）が発表された場合，市町村は，土砂災害判定メッシュ情報などにより避難勧告などの対象地区の範囲が十分であるかどうかなど，すでに実施済みの措置の内容を再度確認し，その結果，必要に応じて避難勧告の対象地域の拡大などのさらなる措置を検討する必要がある．

土砂災害から身を守るために

土砂災害は，その前兆現象をとらえることが難しく，その一方で，ひとたび土砂災害が発生すると建物に壊滅的な被害をもたらし，尊い命を一瞬にして奪い去るきわめ

て危険な災害である。

　土砂災害のリスクを低減するためには，行政の行う防災対策に委ねるばかりでなく，住民一人ひとりが，土砂災害の脅威に目を背けることなく，あらかじめ自分自身の所在地が土砂災害の素因となる地形条件から設定された「土砂災害警戒区域」，「土砂災害特別警戒区域」または「土砂災害危険箇所」かどうかを把握しておき，誘因となる雨が降り出したら土砂災害警戒情報などの防災気象情報を判断材料として，家屋の流失や埋没などの最悪の事態を想定して，危機的な状況に陥る前に躊躇なく避難（退避）することが重要である。

　万が一，避難の機を逸した場合は，次善の策として少しでも斜面から離れた部屋や頑丈な建物の二階以上へ移るなど，身の安全を確保すべきである。　　〔吉田　薫〕

215　防災情報

竜巻注意情報

　竜巻などの激しい突風に関する気象情報として，気象庁では2008（平成20）年3月から「竜巻注意情報」の発表を開始し，さらに2010（平成22）年5月から竜巻などの激しい突風が発生しやすい地域の詳細な分布と1時間先までの予報として，「竜巻発生確度ナウキャスト」の提供を開始した。これらの情報は，近年発生した竜巻などの突風災害が契機となっている。

　2005（平成17）年12月に山形県庄内町で発生した突風によるJR羽越本線列車脱線事故を受けて，気象庁は突風などの積乱雲に伴う激しい現象に関する気象情報として，新たにナウキャスト形式の情報を平成22年度を目途に開始する方針を決め，技術開発に着手した。

　ところが，2006（平成18）年9月には宮崎県延岡市で竜巻が発生し，死傷者146名（うち死者3名），さらに同年11月には北海道佐呂間町で竜巻が発生し，工事現場の仮設建築物が吹き飛ばされるなどにより，死傷者40名（うち死者9名）に及ぶ甚大な被害が発生，竜巻などの激しい突風に関する気象情報の改善は喫緊の課題となった〈→073〉。

　当時ドップラー化されていた東京・仙台・新潟・名古屋レーダーに加え，7つの気象レーダー（釧路・函館・松江・室戸・福岡・種子島・沖縄）を新たにドップラー化し，開発中だった竜巻などの突風の監視・予測技術を活用して，少しでも役立つ情報を提供しようと2008（平成20）年3月から開始されたのが「竜巻注意情報」である。

　竜巻注意情報は，竜巻などの激しい突風

図1 激しい突風の概念図[1]

が発生する可能性が高まった時点で，各地の気象台が担当地域（おおむね1つの県）を対象として随時に発表する防災気象情報である．

竜巻などの激しい突風をもたらす大気の状態の予測技術

発達した積乱雲からは，竜巻，ダウンバースト，ガストフロント（図1）といった，激しい突風をもたらす現象が発生する．

竜巻やダウンバーストは，雲の中に低気圧性の回転（メソサイクロンと呼ばれる）をもつ特殊な積乱雲から発生することが多い．このような積乱雲の発達には，大気の状態が不安定であり，鉛直方向の風向・風速の変化が大きいことが必要である．天気予報で利用される数値予報という技術では，数百 km 以上の水平スケールの低気圧や台風の予測は可能だが，百 m 前後と非常に規模の小さな竜巻を直接予測することはできない．しかし，竜巻などの激しい突風を発生させるような積乱雲が発生しやすい大気状態（環境場）となることは予測することが可能である．

気象庁では，数値予報で予測された上空の風や気温，水蒸気の分布から，竜巻などの激しい突風の発生に関連の深い指標（以下「突風関連指数」と呼ぶ）を計算して，環境場の予測に利用している．

気象ドップラーレーダーによるメソサイクロンの検出技術

気象ドップラーレーダーでは，降水の位置や強さの観測のほかに，降水粒子から反射される電波のドップラー効果を用いて，

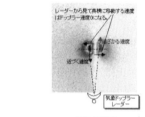

図2 気象ドップラーレーダーによるメソサイクロンの検出

積乱雲中にメソサイクロンが存在する場合，遠ざかる速度と近づく速度が対で観測される．

降水粒子を移動させている風のレーダーから近づく成分と遠ざかる成分（ドップラー速度）を測定することができる．竜巻は直径が数十 m から数百 m しかなく，気象ドップラーレーダーの解像度ではそれ自体をとらえることはできないが，竜巻をもたらす積乱雲中のメソサイクロンは直径数 km の大きさがあるため，ドップラー速度を観測することにより検出することができる（図2）．

竜巻発生確度の予測

竜巻が発生しやすい大気状態（環境場）となっている場所で，積乱雲が非常に発達している場合には，「今まさにその場所で

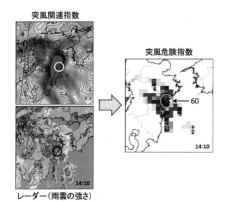

図3 2006年9月17日宮崎県延岡市で発生した竜巻における突風危険指数の例

突風関連指数（左上段），レーダー観測による雨雲の強さ（積乱雲の発達を表す：左下段），およびこれらのデータから算出した突風危険指数（右）．突風危険指数は10 km格子単位．

竜巻などの激しい突風が発生する可能性が高まっている」と考えることができる．このような状況を客観的に把握するため，数値予報による突風関連指数と気象レーダーの観測データから，統計的手法でそのときの突風発生の可能性を推定する「突風危険指数」という指数が計算される．2006（平成18）年9月17日宮崎県延岡市で発生した竜巻の事例（図3）をみると，竜巻の発生した延岡市付近（丸印）で突風危険指数が高いことがわかる．

さらに，突風危険指数と気象ドップラーレーダー観測によるメソサイクロンの検出を組み合わせて「竜巻発生確度」が算出され，今まさに竜巻などの激しい突風の起こりやすい状況であることを示す情報として利用されている．

竜巻注意情報の発表

竜巻発生確度は「1」と「2」の2段階あり，各気象台が担当する地域に「2」が算出された場合に「竜巻注意情報」が発表さ

```
○○県竜巻注意情報　第1号
平成××年9月8日10時27分　△△地
方気象台発表

○○県は，竜巻などの激しい突風が発生
しやすい気象状況になっています．

空の様子に注意してください．雷や急な
風の変化など積乱雲が近づく兆しがある
場合には，頑丈な建物内に移動するなど，
安全確保に努めてください．
落雷，ひょう，急な強い雨にも注意して
ください．

この情報は，8日11時40分まで有効です．
```

図4 竜巻注意情報の発表例

れ，積乱雲の下で発生する竜巻，ダウンバーストなどによる激しい突風に対して注意が呼びかけられる（図4）．

竜巻などの突風については，事前に発表される雷注意報の中でも注意が呼びかけられているが，竜巻注意情報は「今まさに竜巻が発生する，あるいはすでに発生している（可能性がある）」という状況において発表されるもので，空の様子に注意し，積乱雲の近づく兆しがある場合には直ちに頑丈な建物に移動するなど，身を守ることがきわめて重要である．

なお，気象庁では2～3年ごとに突風危険指数や竜巻などの突風の判定手法の見直しを行い，平成26年度には目撃情報を活用するなど，さらなる予測技術の改良や情報改善が計画されている（竜巻等突風対策局長級会議報告（平成25年12月）より）．

〔佐々木洋〕

文　献

1) 気象庁ウェブサイト．

防災情報

異常天候早期警戒情報

early warning information on extreme weather

平年から大きくかけ離れた天候が現れると，農業をはじめとした天候の変動に敏感な社会分野においては，ときとして大きな影響が現れることがある．このような天候が現れる可能性が大きいという情報を事前に入手することができれば，その影響を回避あるいは軽減する方策をとることができる場合がある．たとえば，まもなく水稲の出穂期を迎えようとしている段階において，1週間後から顕著な低温が予想される場合，深水管理などにより顕著な低温の影響を軽減する対策をとることができる．

異常天候早期警戒情報は，このような天候が現れる可能性をできるだけ早い段階で社会に伝えるために気象庁が発表する予測情報である．

異常天候早期警戒情報は，図1に示すように情報発表日の5~14日後を対象として，7日間平均気温が「かなり高い」または「かなり低い」となる確率が30%以上と見込まれる場合，または7日間降雪量が「かなり多い」となる確率が30%以上と見込まれる場合に発表する．ここで用いる「かなり」という表現は気象観測統計指針の定義と同一であり，当該警戒期間における気候的出現率が上位または下位10%を対象としている．また，情報の対象地域は，7日間平均気温の場合は全国11地方であり，必要に応じて地方を細分する場合もあり，7日間降雪量の場合は，山陰以北の日本海側の細分地域を対象とする．これらの定義を文章化すると，「ある地方において，その時期に10年に一度程度現れる平年からかけ離れた天候の出現する可能性が30%以上になっている」ことを知らせる情報となる．

歴史

2008年3月から，「かなり高い」地域平均気温平年差を対象とした「高温に関する異常天候早期警戒情報」および「かなり低い」地域平均気温平年差を対象とした「低温に関する異常天候早期警戒情報」の発表を開始し，2013年11月からは「かなり多い」地域平均降雪量平年比を対象とした「大雪に関する異常天候早期警戒情報」の発表を開始した．また，2011年からは，暖候期に「高温に関する異常天候早期警戒情報」を発表する場合，その地域のおもな地点の7日間平均気温が一定値（関東甲信地方の場合28℃）を超える可能性が30%以上の場合には，情報文内で熱中症に関する注意喚起を行っている．なお，発表検討日は当初毎週火・金曜日であったが，2014年3月より毎週月・木曜日に変更した．

情報の発表形態

異常天候早期警戒情報は，後述の予測資料をもとに他の予測資料も考慮の上検討しており，早期警戒が必要だと判断された場合には，xml電文として発表される．電文に記載する内容は，早期警戒の要否，警戒期間，対象地域，警戒事項，確率の5項目および本文となっている．発表状況などは気象庁ウェブサイトから閲覧可能である．

発表日	リードタイム				異常天候早期警戒情報の対象期間 (5~14日後)									
	3/22	3/23	3/24	3/25	3/26	3/27	3/28	3/29	3/30	3/31	4/1	4/2	4/3	4/4
3/21					警戒期間									
						警戒期間								
							警戒期間							
								警戒期間						

図1 異常天候早期警戒情報が対象とする期間

なお，前回の発表検討日に要早期警戒の異常天候早期警戒情報が発表され，当該発表検討日に警戒事項がなしとなった場合には，その旨を伝える異常天候早期警戒情報を発表する．

情報の活用例

低温（高温）に関する異常天候早期警戒情報は，稲作における水管理（低温時に水田の水の量を増やすことで影響を緩和する深水管理や，高温時に水田に水を流しつづけることで影響を緩和するかけ流しなど）や田植え時期の調整による活着不良対策，果樹の凍霜害対策や家畜の暑さ対策といった農業，畜産業での利用のほか，電力の需給計画や季節商品の販売計画など天候の影響を受ける多くの社会分野で活用することができる．

また，大雪に関する異常天候早期警戒情報は，除排雪の事前準備（スケジュール調整など），屋根雪などの早期の除雪，農業施設の補強や果樹の枝折れ防止などの事前対策などへの利用が可能である．

情報の精度

表1は，2009年から2013年までの5年間の「高温」および「低温」に関する異常天候早期警戒情報の検証結果である（全国の11地方，ただし九州南部・奄美地方については，九州南部と奄美地方に細分して集計）．「高温」は，発表ありの適中率（現象あり/発表数）が63%，現象の見逃し率（発表なし/現象発生数）が54%となっており，「低温」は，発表ありの的中率は49%，現象の見逃し率は63%となっている．

予測資料の作成手法

異常天候早期警戒情報の検討に利用している予測資料は，アンサンブル数値予報の格子点値を統計的ダウンスケーリングした結果を用いた確率密度関数である．統計的ダウンスケーリングには，当該数値予報モデルを用いて平年値期間と同じ期間の過去予報実験（ハインドキャスト）を行った結果をもとに，実際に観測された地域平均平年差（比）と予測格子点値との関係を重回帰式で表現したものを採用している．この重回帰式に，今回の予測格子点値を代入することによって予測中央値を算出し，正規分布を仮定した確率密度関数の標準偏差は重回帰式の残差から推定して求めている．

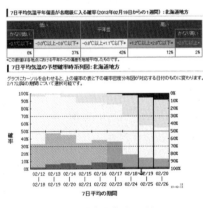

図2　確率時系列図の例

表1　「高温」および「低温」に関する異常天候早期警戒情報の検証結果（2009～2013年）

高温		現象		合計	低温		現象		合計
		有	無				有	無	
発表	有	665	386	1051	発表	有	244	256	500
	無	779	4422	5201		無	413	5339	5752
合計		1444	4808	6252	合計		657	5595	6252

防災情報

降水短時間予報

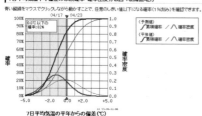

図3 累積確率・確率密度分布図の例

提供されている資料

(i) 確率時系列図

確率時系列図は，確率密度関数を時系列に可視化したものである．図2のように，各地方あるいは主要地点における5つの階級（気象観測統計指針に基づいて気候的出現率が10，23.3，33.3，23.3，10％となるように設定された閾値）の予想出現確率を積み上げ棒グラフの形式で表示し，気象庁ウェブサイトに掲載している．10年に一度程度の現象の現れる可能性がいつ頃どの程度高くなるのかといった定性的な利用を想定したものである．

(ii) 累積確率・確率密度分布図

確率密度分布図は，確率密度関数を対象期間ごとに累積確率・確率密度分布図として表示したものであり，各地方あるいは主要地点における分布を図3のように気象庁ウェブサイトに掲載している．ブラウザ上で閾値（図中の縦の太線）を移動させることによってユーザーが必要とする値を上回るあるいは下回る確率を表示することが可能となっており，多種多様なユーザーが自ら必要とする値を定量的に利用することを想定している．なお，このデータについては，csv形式でのダウンロードが可能となっているほか，気象業務支援センターからの配信も行っている．

〔藤川典久〕

　災害をもたらす局地的豪雨は空間的なスケールが小さく，降りはじめから災害発生までの時間が短いことが多いため，空間的・時間的に詳細で正確な降水量予報が求められてきた．この要求にこたえるべく生まれてきたのが「降水短時間予報」である．

　降水短時間予報は，1km格子ごとに6時間先までの各1時間降水量を予報するもので，30分ごとに更新される．計算には，現在の1時間降水量の分布である「解析雨量」をもとに，その時点までの降水域の変化を補外して予測する「実況補外型予測」，および，数値予報資料を組み合わせた「結合型予測」が用いられる．

解析雨量

　降水を直接測る測器である雨量計は，設置された場所に降った降水量を正確に測ることができるが，設置された場所以外の降水量を知ることはできない．

　一方，気象レーダーは電波により降水の強さを間接的に観測するため，電波が届く範囲内ではきめ細かく隙間のない観測値が得られるが，精度は雨量計に劣る．

　このように雨量計と気象レーダーにはそれぞれに長所があり，両者の長所を生かして正確で隙間のない降水量の分布を得ようというのが解析雨量である．解析雨量の作成手順はおおむね以下のとおりである．

　はじめに，レーダーが受信した電波について，地形からの反射の影響を取り除くなどの品質管理を施した上で電波の強さから降水の強さ（降水強度）に換算し，1時間分を積算する（この積算値をレーダー雨量と呼ぶ）．

次に，雨量計で観測された降水量が，その雨量計の位置において，レーダー雨量の何倍になるかを求める（仮の係数と呼ぶ）．

続いて，雨量計のない位置において，雨量計のある位置の仮の係数を距離などで重みをつけて内挿し，レーダーの観測範囲内にあるすべての1km格子における係数を求める（雨量換算係数と呼ぶ）．

レーダー雨量に雨量換算係数をかけることで1km格子ごとの1時間降水量が得られる．複数のレーダーの観測範囲に含まれる領域では，同じ格子に対してレーダーごとに異なった降水量となる場合がある．その中から原則として最も大きい値を選び出し全レーダーのデータを合成することで解析雨量が完成する．

実況補外型予測

実況補外型予測は，それまでの雨量データから降水域の移動ベクトルを求め，地形の影響や降水の発達・衰弱の状況を考慮して6時間先までの1時間降水量分布を作成する．以下に，実況補外型予測の作成に利用している技術の概要を述べる．

(i) 移動ベクトル

それまでの解析雨量を用いて降水域の移動をとらえ，移動の速さと向きを格子点ごとに決定する．この移動の速さと向きを移動ベクトルと呼ぶ．

移動ベクトルの算出にはパターンマッチングと呼ばれる手法を使う．この手法は，時刻が異なる2つの降水分布の一方を移動させて他方に重ね合わせながら類似度を計算していき，最も類似度が高かった移動量をその時間の移動ベクトルとするものである．

降水短時間予報では，降水域の一般的な移動ベクトルのほかに，強い降水のみに焦点を当てた強雨用の移動ベクトルも計算し，両者を合成することで最終的な移動ベクトルを作成している．

(ii) 地形の影響

現実の降水では，山地の風上側で地形による上昇気流により雨雲が発達して降水量が多くなり，風下側では逆に降水量が少なくなる傾向がある．実況補外型予測では，地形による強制上昇により飽和水蒸気量を超えた水分を風上側の降水量に加え，風下側の降水量からは差し引くことで地形の影響を反映させている．空気中の水蒸気量は，その場所に移動してくる降水の強さから推定する．

(iii) 降水の発達・衰弱の予測

降水域が移動する過程で，それまで強かった降水域が衰弱し，その近傍で別の降水域が発達することがある．この現象は，単に現在の強い降水域を移動ベクトルで移動させるだけでは予測できない．

そこで実況補外型予測では，移動ベクトルによる降水域の移動とは別に，過去から現在までの降水域を比較することにより降水が発達する領域を検出し，その領域の移動先では降水量を強める補正を行っている．降水域の衰弱に対しても同様の手法で補正している．

そのほかにも，数値予報資料による降水域の盛衰傾向も予測に加えている．

結合型予測

実況補外型予測は目先数時間以内の予測には最も有効であるが，その予測精度は時間とともに急激に低下する．一方，数値予報資料は，目先の予報精度は実況補外型予

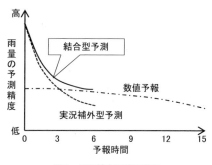

図1　予測精度の時間変化

218 防災情報

ナウキャスト

nowcast

局地的な強雨や雷，竜巻などの激しい現象は発達した積乱雲に伴って発生する．このような局地的に発生する激しい現象は事前に精度よく予測することが難しいため，「ナウキャスト」と呼ばれる実況をもとにした予報が利用される．ナウキャストとは，今（now）と予報（forecast）を組み合わせた言葉である．直前までの観測を使って「現象の解析と予測」を行い，これを短い時間間隔で迅速に提供する．気象状況が急変しても直ちに次の予報に反映できるので，ナウキャストは，局地的な強雨や雷，竜巻など，急に変化する激しい現象の予測に適した予報といえる．

広範囲の天気分布を左右する低気圧や高気圧，前線，台風のように規模の大きな現象は，スーパーコンピュータを使った数値予報で精度よく予測できるが，局地的な強雨や雷，竜巻は現象の規模が非常に小さいため直接予測することができない．このように事前の予測は困難でも，実際に現象が発生あるいは予兆が現れた段階で，現在の解析と目先の予測を速やかに入手できれば，急変する気象による危険から身を守る対策が可能となる．この役割を担うのがナウキャストである．気象庁が発表するナウキャストには降水，雷，竜巻発生確度の3種類がある．

数値予報は，局地的な強雨や雷，竜巻などの発生を直接予測できなくても，このような激しい現象が発生しやすい気象状況（大局的に見た発生の可能性）は予測できるので，その場合には1日程度前から気象情報で注意を呼びかける．局地的な強雨や

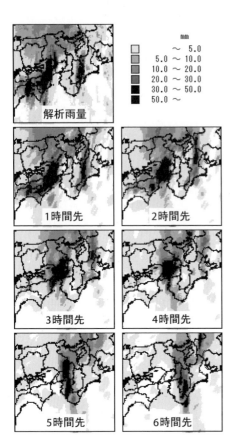

図2 降水短時間予報の事例

測に及ばないものの，時間経過による予測精度の低下が小さい．そこで，目先の時間帯は実況補外型予測を，後半では数値予報資料を重視して両者を結合することで6時間先までの予報精度を上げようとするものが結合型予測である（図1）．

実況補外型予測および数値予報資料それぞれの予測精度は，気象じょう乱の空間的・時間的スケールと現象の激しさによって大きく異なり，降水の状況によって変化するため，結合型予測においてはそれぞれの予測精度を毎回計算し，精度に応じた比率で結合を行っている． 〔宮城仁史〕

雷，竜巻などの激しい現象に対しては，事前の気象情報や天気予報，雷注意報により段階的に心構えをし，現象の発生しやすい時間帯になったらナウキャストを監視して身を守る行動につなげる，という対応が効果的である．なお，雷注意報は落雷だけでなく急な大雨や突風など，積乱雲に伴う激しい現象の発生に注意を呼びかける情報である．

降水ナウキャスト

降水ナウキャストは，「降水強度」を予測する．降水強度とは，そのままの強さで 1 時間降り続けると仮定したときの降水量である．気象レーダーは，雨滴から反射される電波の強さを観測し，それを降水強度に変換する．これをアメダスなどの雨量計観測値で補正してより正確な降水強度を 1 km 格子単位で解析する．気象庁のレーダー観測として表示される降水強度分布はこの解析結果である．前 1 時間内の解析の追跡から雨雲の移動や盛衰を分析し，1 時間先までの移動や変化を予測する．この処理を 5 分ごとに行い，1 時間先まで 5 分刻みの予測を降水ナウキャストとして発表する．現在にいたる解析の経過とナウキャストによる 1 時間先までの予測を連続的にみることにより，強雨域の推移を視覚的にイメージすることができる．気象庁では，30 分ごとに 6 時間先までの降水量分布を予測する「降水短時間予報」も発表しているが，積乱雲に伴う突然の強雨に対応するには，短い時間間隔で発表される降水ナウキャストの利用が効果的である．

なお，気象庁では 2014（平成 26）年 8 月から高解像度降水ナウキャストの発表も開始した．これは，降水ナウキャストの格子単位を 1 km から 250 m と細分化し移動や盛衰の予測も精密化したものであり，より詳細な状況把握に適している．

雷ナウキャスト

雷ナウキャストは，雷の「活動度」を予測する．活動度は次の 3 段階で解析する．基本となるのは雷の観測で，全国 30 か所に検知局を配置した雷監視システムにより，対地放電（落雷）と雲放電（雲の中や離れた雲の間での放電）を観測する．雷ナウキャストでは両者の分布を合成して「放電の密度分布」を求め，これをもとに雷の激しさを活動度 2～4 として 1 km 格子単位で解析する．次に，上空の気温や気象レーダーによる上空の雨粒の観測などから，「今は発雷していなくても直後に発雷する可能性の高い雷雲」を解析し，これを活動度 2 に含める．最後に，同様の手法で「これから発達し 1 時間以内に発雷する可能性のある雨雲」を解析して，その雨雲の周辺を活動度 1 とする．このようにして解析した雷の活動度の分布をもとに，1 時間先までの移動や変化を予測する．この処理を 10 分ごとに行う．雷ナウキャストで活動度 1 が現れたら対策に時間がかかる場合には避難の準備が，活動度 2 以上では今すぐにでも落雷のおそれがあるので活動度の大小にかかわらず速やかに身の安全を守る行動が必要である．

竜巻発生確度ナウキャスト

竜巻発生確度ナウキャストは，竜巻などの激しい突風の「発生確度」を予測する．積乱雲から発生する激しい突風としてダウンバーストやガストフロントも予測対象であるが，情報名には突風の脅威を最もイメージできる「竜巻」を使っている．「解析」の意味は他のナウキャストと異なる．竜巻は直径 100 m 前後と非常に小さいので気象レーダーなどの観測網でとらえられず，「発生している現象の分布」を解析することはできない．また，発生しても数分～十数分で消滅してしまうので，発生してからでは間に合わないという問題もある．このため，竜巻発生確度ナウキャストでは，数値予報で計算された大気の状態や気象レーダーの観測から，「今まさに竜巻が発生す

る可能性が高まっている」場所を解析する．この「可能性の高さ」を発生確度と呼び2階級で表現する．

　竜巻発生確度は次の2つの観測や指数を組み合わせて10 km格子単位で解析する．1つは気象レーダー観測によるメソサイクロンの検出である．竜巻はスーパーセルと呼ばれる特殊な積乱雲の下で発生することが多く，その中にはメソサイクロンと呼ばれる低気圧性の回転が存在する．その直径は数kmと竜巻より1桁大きく，雲の中の風を観測できる気象ドップラーレーダーにより検出できる．メソサイクロンが存在すれば，その雲はスーパーセルであり竜巻が発生する可能性が高いということができる．もう1つは竜巻の発生可能性を表す指数である．数値予報で計算された大気の状態と気象レーダーで観測された積乱雲の発達状況から，(今その時刻における) 竜巻の発生可能性を表す指数を算出する．これらを組み合わせて解析した竜巻発生確度の分布をもとに，1時間先までの移動や変化を予測する．この処理を10分ごとに行う．

　なお，竜巻発生確度ナウキャストで発生確度2となった地域には竜巻注意情報が発表される．竜巻注意情報が発表されたときには，竜巻発生確度ナウキャストを見れば危険な地域の詳細や刻々と変わる状況を把

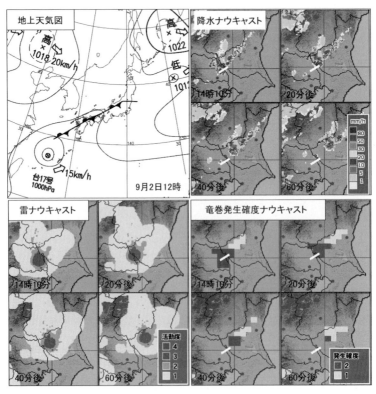

図1　2013年9月2日の事例
(白線は竜巻が通過した経路を示す)

握できる．

ナウキャストの事例

　図1は2013（平成25）年9月2日に埼玉県，千葉県，茨城県にかけて竜巻が発生した事例である．各ナウキャストには，この時刻の解析（左上）と60分後までの予測を示した．解析では埼玉県の東部に強い雨域（降水強度50 mm/h以上）があり，そこで激しい雷となっており（活動度4），竜巻発生の可能性が高い（発生確度2）ことがわかる．各ナウキャストでは，この激しい現象を伴う強雨域が千葉県の北西部を通過して茨城県に進む予測となっている．竜巻は白線で示した範囲を通過しており，ナウキャストの予想と近い経路をとった．

〔海老原智〕

219　黄　砂　情　報

黄砂現象

　大気中に浮遊する微粒子はエーロゾルと呼ばれ，人為起源あるいは自然起源のガス（二酸化硫黄）から粒子への変換で生成される硫酸あるいは硫酸塩，風による巻き上げで発生する海塩やダスト，化石燃料やバイオマスの燃焼によるすす（黒色炭素および有機炭素）などがある．エーロゾルは日射を散乱・吸収し，また雲粒の核となって雲の性質や状態を変えることを通して気候へ影響を与えると考えられている．

　エーロゾルの中で特に，東アジアの砂漠域（ゴビ砂漠，タクラマカン砂漠など）や黄土地帯において強風により大気中に舞い上がったダストは黄砂粒子と呼ばれ，中国から朝鮮半島，日本などに運ばれる．黄砂粒子が浮遊しつつ降下する現象を黄砂現象といい，日本では春に観測されることが多く，時には空が黄褐色に煙ることがある．黄砂現象が起こると，屋外の洗濯物や車などを汚したり，視程を悪化させ交通機関などに影響を与える場合がある．

　黄砂現象の発生の有無や発生時の黄砂の飛来量は，発生域の強風の程度に加えて，地表面の状態（植生，積雪の有無，土壌水分量，地表面の土壌粒径など）や上空の風の状態に大きく左右される．黄砂粒子はいったん大気中に舞い上がると，比較的大きな粒子（粒径が10 μm以上）は重力によって速やかに落下するが，小さな粒子（粒径が数 μm以下）は上空の風によって遠くまで運ばれる．東アジアが起源の黄砂粒子が太平洋を横断し，北米やグリーンランドへ輸送されたという報告もある[1,2]．

黄砂の観測

全国の気象台などでは,空中に浮遊した黄砂で大気が混濁した状態を観測者が目視で確認した時を,黄砂として視程とともに観測している.気象庁ではこのほか,人工衛星の画像を解析することにより,黄砂の分布状況を監視している.

黄砂の年別の観測日数(国内の気象官署のいずれかで黄砂現象を観測した日数)は2000年以降30日を超えることが多くなっているが,年々変動が大きく,長期的な傾向は明瞭ではない(図1).

環境省では,地上ライダーネットワークを使った観測を行っている.ライダーは,レーザー光を地上から送信し,上空の浮遊物質からはね返ってくる光を解析することで,上空のエーロゾルを観測する.はね返ってくる光の強さからエーロゾルの高度ごとの濃度を推定できる.また,球形の物体は反射するレーザー光の偏向成分を変化させないのに対し,非球形の物体は偏向成分を変化させる.黄砂粒子は非球形物質であることから,反射光の偏光成分の変化をみることで,このエーロゾルが黄砂粒子であるかどうかを判断することができる.

黄砂の予測

黄砂の予測には,黄砂粒子の舞い上がり,移動や拡散,降下の過程などを組み込んだ数値予測モデルを用いる(図2).

予測モデルでは,風の強さや土壌水分量などの黄砂が発生する条件がそろったときに,条件に応じた量の黄砂を上空に舞い上げる.気象庁で用いている黄砂予測モデル[3)]では,黄砂粒子を半径$0.1 \sim 10\,\mu m$の粒径で分割し,発生と,それ自身の重みや雨などによる大気からの除去を粒径ごとに計算することで濃度分布を予測している.

気象庁の黄砂情報

気象庁ウェブサイトでは,黄砂に関する観測実況図と予測図を日本とその周辺(北緯20~50度,東経110~150度の範囲)について発表している.

実況図(図3)は,有人の気象台などで黄砂などのちりの浮遊を観測した地点について,その視程を表示したもので,黄砂の観測域の広がりを知ることができる.

予測図は,全球の予測モデルの結果を使い,6時間ごと4日(96時間)先までの黄砂が予測される領域を表示したものである.地表付近の濃度の予測図(図4)は,地表面から高さ約1000mまでの平均の黄砂濃度を示したもので,視程の悪化や洗濯物や車の汚れなど降下する黄砂の影響に備

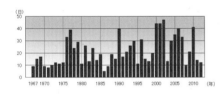

図1 年別黄砂観測日数(国内6地点の統計)

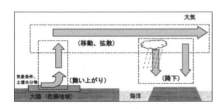

図2 黄砂予測モデルの概念図

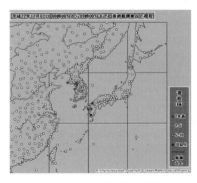

図3 2010年12月3日の実況図

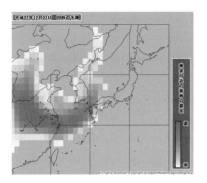

図4 2010年12月3日の予測図（地表付近の濃度）

えるための情報である．また，地表面から高さ約23kmまでの間に含まれる黄砂の総量を示した予測図も発表しており，これは黄砂による空全体のにごり具合を示す情報である．

環境省と気象庁が共同で設置している「黄砂情報提供ホームページ」では，気象庁の黄砂情報のほか，環境省のライダーネットワークや地上における黄砂を含む浮遊粉じんの観測結果のサイトへのリンクが張られている．

小型航空機の運航への影響や日常生活に広い範囲で影響を及ぼす黄砂が観測され，翌日以降も継続する可能性が高い場合には，「黄砂に関する全般気象情報」を発表している．また地方気象台では，担当予報区内への影響を踏まえ，黄砂に関する地方気象情報または府県気象情報を発表している．　　　　　　　　〔佐々木徹〕

文献

1) R.B. Husar et al.：*J. Geophys. Res.*, **106** (D16), 18, 317-318, 330 (2001).
2) A. J.-M. Bory et al.：*Geophys. Res. Lett.*, **30**, 1167 (4) (2003).
3) T.Y. Tanaka and M. Chiba：*J. Met. Soc. Japan*, **83A**, 255-278 (2005).

紫外線情報

オゾン層破壊に伴って太陽紫外線を過度に浴びることによる健康被害への懸念が高まっていることを受けて，世界保健機関（WHO），世界気象機関（WMO）などはUVインデックスと呼ばれる指標を活用した紫外線対策の実施を推奨している[1]．日本においても2003年に環境省が最初の「紫外線保健指導マニュアル」を刊行し，紫外線対策の普及を図っている．こうした動きを背景として気象庁はUVインデックスを公表するための技術開発を行い，2005年に，日本域を対象に予測，解析，観測の3つの情報からなる紫外線情報提供業務を開始した．

UVインデックスの定義

紫外線（UV）は波長により，UV-A（315～400 nm），UV-B（280～315 nm），UV-C（100～280 nm）に分けられる．太陽紫外線は大気圏を進む間にオゾンや空気分子，エーロゾルによる吸収や散乱を強く受けて，UV-Bは短波長側で急峻な減衰を示し，UV-Cは地上にはまったく到達しない（図1a）．

一方，紫外線の人体などへの影響は短波長ほど強くなる傾向がある．そのため，紫外線の人体への影響を評価するには，それぞれの波長での人体への相対的な影響度を勘案した上で紫外線の強さをみることが必要である．

人体への波長別影響度の指標として国際照明委員会（CIE：Commission Internationale de l'Eclairage）が定めたCIE作用スペクトル（図1b）がある．これを地上で観測される波長ごとの紫外線強

度に乗じ（図1c），250〜400 nmで積分した値が紅斑紫外線量（あるいはCIE紫外線量）である．紅斑とは紫外線で皮膚に生じる赤い斑点のことで，人体への影響の尺度で測った紫外線量を意味する．この紅斑紫外線量を25 mW/m^{2}で割ったものがUVインデックスで，0から最大13程度の数値をとるため，一般国民にわかりやすい指標として紫外線対策に利用される．UVインデックスに応じた紫外線対策の具体的な例は「紫外線保健指導マニュアル」[3]に示されている．

UVインデックスの予測

気象庁の紫外線情報では，紫外線に影響を与える各要素について次のように扱い，UVインデックスを予測している．

紫外線量を決める最も基本的な要素であるオゾン量は，全球の化学輸送モデル[4]を使って予測する．これは数十種類の成分の化学的な生成消滅と輸送による変化を計算する化学モジュールと，気象場を計算する気象モジュールから構成される．モデルの値を，衛星によるオゾン量の観測値と気象予報で解析・予測された気象場になじませることで，オゾン量を予測している．

エーロゾルは，散乱，吸収によって，紫外線を国内では平均的に2割程度減衰させる．国内の直達日射，紫外線，大気混濁度の各観測データと放射伝達モデル[5]の結果を組み合わせて月ごとの平均的なエーロゾルの光学的厚さと単一散乱アルベドの日本周辺の分布図を求め，エーロゾルの効果を評価する．

地表面反射は大気との間で多重散乱を起こして紫外線を強める．この効果を考慮するため，国内の月ごとの積雪域の気候値データを使う．

これら日本周辺のオゾン量の予測値，エーロゾル，積雪の有無に関する気候値データに加え，予測しようとする日時，地点に対して太陽天頂角，太陽地球間距離，標高が決まるので，これらを放射伝達モデルに入力することで，地上での紫外線の波長別強度が予測できる．

実際には計算時間節減のため，各変数値に対してあらかじめ放射伝達モデルによる計算を行って参照テーブルをつくっておき，テーブルから参照された値を空間的に内挿することで波長別の紫外線強度を算出している．こうして求められるUVイン

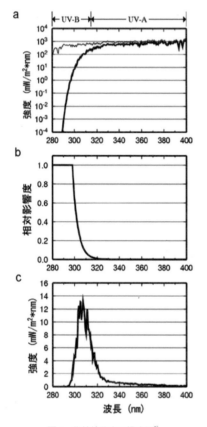

図1　紫外線強度の模式図[2]
a：地上での紫外線強度（太線）と大気外強度（細線）．b：CIE作用スペクトル．c：地上での強度とCIE作用スペクトルの積．波長域にわたる積分値が紅斑紫外線量になる．

デックスはまだ雲の効果を考慮していないので,「晴天時のUVインデックス」と呼ぶ.

実際に地上に到達する紫外線は,雲による減衰を受けているので,天気を考慮したUVインデックスの予測も求められる.気象庁では天気分布予報の晴,曇,雨または雪の天気に応じた係数を晴天時UVインデックスにかけることで天気考慮のUVインデックスを公表している.この係数を決定するために,晴天時紫外線量に対して実際に観測された紫外線量の比を天気(雲量および降水量)ごとに調査し,この結果に基づき,全国一律で季節によらない係数を決めている.

UVインデックスの解析

予測に加えて,UVインデックスが実際にどのような分布,日変化であったかを示す解析値も求められる.そのために,まず紫外線観測地点について,日照時間,降水量と,晴天時に予測されるUVインデックスに対して観測されたUVインデックスの割合の関係を調査した.この関係を全国に適用し,全国に密に分布するアメダス観測点の日照時間と降水量データからUVインデックスの毎時の全国分布図を推定する.

UVインデックスの準即時的観測情報

気象庁の波長別の紫外線観測はオゾン減少の影響を強く受けるUV-B域を中心に札幌,つくば,那覇の3地点で行っている.観測波長域外である325〜400 nm(UV-A域)はオゾンによる吸収をほとんど受けず,エーロゾルや雲によってほぼ一様に変動することから,324 nmの観測値に追随して変動するとみなすことでUVインデックスを算出し,観測値とする.

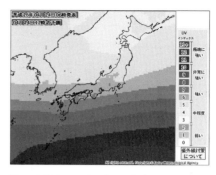

図2 気象庁ウェブサイトで公開されているUVインデックスの晴天時予測情報

紫外線情報の提供

以上説明したUVインデックスの情報は気象庁ウェブサイトを通じて公表している.このうち晴天時予測情報(図2)は毎日6時に当日と翌日の6〜18時の1時間ごとに対して公表し,同じ予測期間に対して6時と18時に天気分布予報の発表を受けて天気考慮の予測情報を公表している.解析情報は当日の8〜16時に対して気象データをもとに推定して毎日18時に公表している.観測情報は6〜18時,毎時観測後30分頃に公表している.〔佐々木徹〕

文 献

1) WHO:Global solar UV index-A practical guide (2002).
2) 気象庁:測候時報, **73**, 155-196 (2006).
3) 環境省:紫外線保健指導マニュアル (2006).
4) K. Shibata et al.:*Pap., Meteor. Geophys.*, **55**, 75-119 (2005).
5) T. Aoki et al.:*J. Meteor. Soc. Japan*, **80**, 161-170 (2002).

221　災害に関する法律

気象業務法

気象業務法は，今日のわが国の気象業務の基本となるものである．この法律について，制定時の背景，法律の内容，改正の履歴などについて述べる．ただし，スペースの制約もあり，網羅的・具体的に取り上げるものではないことにご留意いただきたい．

気象業務法制定時の背景

気象業務法は，1952（昭和27）年6月2日に公布され，12月1日に施行された．まずは，当時の背景を古谷[1]に沿い振り返る．

かつての明治憲法の下において，法的に気象官署の気象業務を定義づけるものとしては，気象事業令（さらに古くは気象台測候所条例及び暴風雨標条例）と気象官署官制があった．しかし，法律の効力をもつ勅令は新憲法下で多くが無効となり，気象事業令はその効力を失った．このため戦後の一時期，わが国の気象業務の基本的制度についての法的な裏づけは空白となり，気象業務は行政組織法に相当する気象官署官制（運輸省設置法施行後は運輸省設置法）をよりどころに運営されていた．

また，終戦後のこの時期，台風などによる大きな災害が多く発生した．気象災害への対応を進めるうえで，気象業務法の法制化を通じて国の気象業務に対する責任を明確化することは当時としても意義あるものであった．

さらに，この時期は，わが国の世界気象機関（WMO）への加盟を控えて，国内の気象業務の基本的制度を定める必要があった．気象業務法制定の前年（1951年），サンフランシスコ平和条約の調印日に，日本が行った宣言のなかでWMOへの加盟申請を行う意思を示していた．なお，気象業務法制定の次の年（1953年）にわが国はWMO加盟を果たしている．

以上などを背景に，第13回国会での審議を通じて気象業務法は成立した．

その後は，いくたびかの改正を経て現在にいたっている．

次に，現在（執筆時点の2014年2月）における条文をもとに，気象業務法の内容を説明する．

気象業務法の目的，気象庁長官の任務

気象業務法の目的は，同法第1条に定められている．

（目的）
> 第一条　この法律は，気象業務に関する基本的制度を定めることによって，気象業務の健全な発達を図り，もって災害の予防，交通の安全の確保，産業の興隆並びに公共の福祉の増進に寄与するとともに，気象業務に関する国際的協力を行うことを目的とする．

この条文からわかるように，防災は気象業務の主要な柱の一つに位置づけられている．

なお，ここでの「気象業務」は，大気の諸現象としての気象のみならず地象や水象など（一部除く）も加えた広い分野についての，観測およびその成果の収集・発表，予報・警報（特別警報含む），情報の収集・発表，調査，研究，付帯業務などをさす．

上記の第1条で掲げられた目的を達成するために，第3条において気象庁長官の任務が定められている．

（気象庁長官の任務）
> 第三条　気象庁長官は，第一条の目的を達成するため，次に掲げる事項を行うように努めなければならない．
> 一　気象，地震及び火山現象に関する観測網を確立し，及び維持すること．
> 二　気象，地震動，火山現象，津波及び高潮の予報及び警報の中枢組織を確立し，及び維

持すること．
　三　気象，地震動及び火山現象の観測，予報及び警報に関する情報を迅速に交換する組織を確立し，及び維持すること．
　四　地震（地震動を除く．）の観測の成果を迅速に交換する組織を確立し，及び維持すること．
　五　気象の観測の方法及びその成果の発表の方法について統一を図ること．
　六　気象の観測の成果，気象の予報及び警報並びに気象に関する調査及び研究の成果の産業，交通その他の社会活動に対する利用を促進すること．

　これらは気象業務の大枠を示しており，具体的な事項は以降の条で規定されている．

防災気象情報の作成・発表など
　気象業務法の各条が定める具体的事項のなかで，気象庁から発表される防災気象情報の作成・発表などにかかるものについて述べる．以下，観測・情報に関するもの，予報・警報に関するもの，気象庁以外の者に関するもの，について取り上げる．
　(i) 観測・情報に関するもの
　第11条（観測成果等の発表）は，防災気象情報の発表などに直接関連するものである．同条は，観測の成果・情報を速報することに関して，気象庁は「直ちに発表することが公衆の利便を増進すると認めるときは，放送機関，新聞社，通信社その他の報道機関（以下「報道機関」という．）の協力を求めて，直ちにこれを発表し，公衆に周知させるように努めなければならない．」と定めている．同条の規定による情報としては，たとえば，記録的短時間大雨情報や，震度に関する情報などがある．
　また，次条（第11条の2）では，大規模地震対策特別措置法（昭和53年法律第73号）に沿って定められる地震防災対策強化地域にかかる地震に関する情報などについて，気象庁長官が内閣総理大臣に報告することなどが規定されている．

　(ii) 予報・警報に関するもの
　この法律において，「予報」は観測の成果に基づく現象の予想の発表，「警報」は重大な災害の起こるおそれのある旨を警告して行う予報，とそれぞれ定義されている（第2条第6項・第7項）．（これに関連して，この法律においては，行為を示す際には「警報をする」などの表現を用いることが多い．）以下，一般の利用に供する予報・警報，特別な利用に供する予報・警報，警報・特別警報の伝達に分けてそれぞれ述べていく．
　○一般の利用に供する予報・警報
　気象庁は，気象，地象（地震は地震動のみ），津波，高潮，波浪，洪水についての一般の利用に適合する予報・警報をする義務を負うほか，上記以外の水象についての一般の利用に適合する予報・警報を行うことができることとされている（第13条）．なお，実際に発表される具体的な予報・警報（特別警報を含む）の種類などは，政令・省令や気象庁からの告示などで規定されている．
　さらに，同条では，気象庁は，予報事項・警報事項について，自ら周知の措置を執るほか，報道機関の協力を求めて公衆に周知させるよう努めなければならない旨が定められている．さらに，第15条で定める警報の情報伝達ルート（後述）とも合わせて，住民への確実な情報伝達が図られている．
　また，2013（平成25）年に導入された特別警報は，新設の第13条の2において「予想される現象が特に異常であるため重大な災害の起こるおそれが著しく大きい場合」に行うべき警報と位置づけられており，警報の発表基準をはるかに超える豪雨や大津波などが予想され重大な災害の危険性が著しく高まっている場合に最大限の警戒を呼びかけるものである．また気象庁には，警報と同様にさまざまな手段による住民への確実な伝達を図ることが課されている．

なお，同条において，特別警報の発表基準の策定に際して気象庁は，各地域の災害対策を担う都道府県知事および市町村長からの意見を聴く旨が定められている．

○特別な利用に供する予報・警報

気象庁が行う特別な用途向けの予報・警報については，第14条・第14条の2に定められており，気象庁に，航空機および船舶の利用に適合する予報・警報の義務，および水防活動の利用に適合する予報・警報の義務が課されている．なお，水防活動用予報・警報には，気象庁が単独で行うもの，およびあらかじめ指定した河川について気象庁が国土交通省または都道府県と共同で行うもの（指定河川洪水予報）がある．また，同条に基づいて，気象庁は，鉄道・電気などの事業に適合する予報・警報をすることができる．

同条には，これら予報・警報についても一般に供するものと同様に，周知に関する規定が設けられている．

○警報・特別警報の伝達

警報や特別警報の警報事項の伝達については，前述のとおり，気象庁自らによる周知や報道機関の協力を求めて行う公衆への周知（第13条・第13条の2）が定められている．さらに，第15条・第15条の2において，警報などの情報伝達ルートが定められている（図1）．これらにより，さまざまな手段を用いた住民に対する確実な警報などの伝達が図られている．

○参考：他の法律における防災気象情報の伝達などに関する規定

防災気象情報の伝達などについては，気象業務法以外の法律においても定められているものがある．それらの法律について，以下に一部紹介する．

・災害対策基本法：法令や防災計画に基づいて行う，災害に関する情報の伝達
・消防法：都道府県知事に対する気象の状況が火災の予防上危険である旨の通報

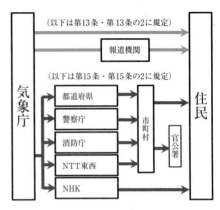

図1　警報（特別警報含む）の伝達の流れ（義務，努力義務の区別なく記載した）

気象庁は自ら周知の措置をとるほか，報道機関の協力を求めて周知に努める．さらに，地方自治体などの防災機関の通信網等も活用することにより，警報などの住民への確実な伝達が図られている（第13条，第13条の2，第15条，第15条の2）．

・水防法：国土交通大臣および都道府県知事に対する，気象等の状況により洪水，津波または高潮のおそれがある旨の通知
・活動火山対策特別措置法：都道府県知事に対する火山現象に関する情報の通報
・大規模地震対策特別措置法：内閣総理大臣に対する地震予知情報の報告
・地震防災対策特別措置法：地震調査研究推進本部長に対する地震に関する観測，測量，調査または研究に基づく総合的な評価に関する報告

(iii) 気象庁以外の者に関するもの

気象に関する情報の作成・発表は気象庁ばかりが行うわけではない．すでに述べたもの以外で，気象庁以外の者に関することがらには以下のようなものがある．

○予報業務の許可基準，予報業務許可事業者による警報事項の伝達

気象庁以外の者が気象，地象，水象，高潮，波浪または洪水の予報の業務（以下「予報業務」という）を行う場合は，気象庁長官

の許可が必要となる（第17条）．この許可の基準は第18条に列挙されているが，このうちの1つに，「当該予報業務の目的及び範囲に係る気象庁の警報事項を迅速に受けることができる施設及び要員を有するものであること」（第18条第2項）と定められている．また，予報業務の許可を受けた者は，業務の目的および範囲にかかる気象庁の警報事項を利用者に迅速に伝達する努力義務を負う（第20条）．

○警報の制限

気象庁以外の者が警報（特別警報を含む）を行うことは，第23条に「気象，地震動，火山現象，津波，高潮，波浪および洪水の警報をしてはならない」と制限されている．ただし，指定河川洪水予報に関して，気象庁と共同で実施する国や都道府県に対しては，この制限は適用されない．また，この制限には政令による除外規定があり，具体的には「津波に関する気象庁の警報事項を適時に受けることができない状況にある地の市町村の長が津波警報をする場合」（気象業務法施行令第10条）と定められている．

なお，気象業務法第46条には，この制限に違反して警報をした場合に対する罰則が設けられている（50万円以下の罰金）．

気象業務法の改正の履歴

気象業務法は，制定時から今日に至るまでに，さまざまな改正が行われてきた．そのうちの一部を，防災気象情報などにかかる改正を中心に列記して紹介する．

- ―昭和30年7月11日法律第61号
- ・「水防法の一部を改正する法律」に伴う改正
- ・気象庁と国土交通省（当時は中央気象台と建設省）が共同で行う指定河川洪水予報の制度の整備
- ―昭和31年6月11日法律第144号
- ・「気象業務法の一部を改正する法律」による改正
- ・中央気象台が運輸省の外局「気象庁」となったことに伴う改正
- ―昭和53年4月26日法律第26号
- ・「活動火山対策特別措置法」（活動火山周辺地域における避難施設等の整備等に関する法律等の一部を改正する法律）による改正
- ・気象庁長官の任務である観測網や情報交換組織の確立・維持の対象に火山現象を追加
- ―昭和53年6月15日法律第73号
- ・「大規模地震対策特別措置法」に伴う改正
- ・警戒宣言発令のための気象庁長官から内閣総理大臣への地震予知情報の報告手続を規定
- ―平成5年5月19日法律第46条
- ・「気象業務法の一部を改正する法律」による改正
- ・気象等の予報業務許可事業者に対して気象予報士の設置を義務付け
- ・気象予報士の試験・登録制度創設など
- ―平成11年12月22日法律第160条
- ・「中央省庁等改革基本法施行法」による改正
- ・省庁再編などに伴う改正
- ―平成13年6月13日法律第46号
- ・「水防法の一部を改正する法律」に伴う改正
- ・都道府県と共同で行う指定河川洪水予報の制度の整備
- ―平成19年11月21日法律第115号
- ・「気象業務法の一部を改正する法律」による改正
- ・気象庁が義務として行う予報および警報に，地震動および火山現象の予報および警報を追加
- ―平成25年5月31日法律第23号
- ・「気象業務法及び国土交通省設置法の一部を改正する法律」による改正
- ・重大な災害の起こるおそれが著しく大きい場合に行う特別警報の創設

このようにみると，気象業務法は，防災気象情報の拡充などを目指した改正を続けてきたことがわかる．今後も，技術の発展や社会の変化を背景として，適宜改正されていくことと思われる．

（最新の条文は，官報や電子政府の総合窓口（e-Gov）などを適宜参照されたい．）

〔後藤　進〕

文　献

1) 古谷源吾：測候時報, **23**, 22-25 (1956).

災害に関する法律

災害対策基本法

1952（昭和27）年3月4日に発生した十勝沖地震を契機に，全国知事会では従来の防災行政を再検討することとし，知事会内部に災害対策調査委員会を設置した．そこでの検討をもとに，1952年11月に非常災害対策法要綱と，災害金融公庫法要綱が決議されている．非常災害対策法要綱では，総理府に内閣総理大臣と関係各省大臣よりなる中央災害対策委員会を設置するとともに，地方にも災害対策協議会を設置するなどとなっており，防災行政の総合調整が考えられていた．また，災害金融公庫法要綱では，国，都道府県，市町村が出資して金融公庫を設置し，災害事業弁済のため地方債を引き受け，被災住民の生業復興資金の融資などを行うものであった．しかし，このときは，これ以上の動きはなかった．

1958（昭和33）年9月の狩野川台風で大きな被害が発生すると，災害防止のためには基本法が必要ということとなり，検討が始まって1年もたたない1959（昭和34）年9月，伊勢湾台風により大きな被害が発生した．

伊勢湾台風までは，災害の都度，必要に応じてつくられた，150を超える災害に関する法律があった．しかし，これらの法律の多くが整合性のないまま運用され，責任の所在が明確でなく，総合的に機能していなかった．伊勢湾台風の大災害の教訓から「いままでの防災行政が総合的に対処できないのではないか」との反省が生まれた．翌年のチリ地震津波（1960年5月25日に日本各地に襲来した，チリ沖で発生した地震による津波で，全国の死者・行方不明者139名などの被害）の教訓なども含めて検討され，1961年11月15日に災害対策基本法（法律第223号）が成立，翌1962年7月10日に施行され，その後の災害対策の基本となっている．

災害対策基本法は，次の6つに分けられる．

防災行政責任の明確化：第1章（第1～10条），第4章（第46～49条），第5章（第50～86条），第6章（第87～90条）

第1章で国，都道府県，市町村，指定公

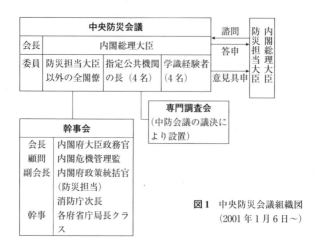

図1　中央防災会議組織図
　　（2001年1月6日～）

共機関,住民などの責務が規定されている.また,防災活動を2つに分け,第4章で災害予防,第5章で災害応急対策,第6章で災害復旧について記述し,国や地方公共団体などの権限と責任を明らかにしている.この中で,防災行政が住民に密着していることから,市町村長は消防機関や警察官などの出勤を要請したり,避難勧告や指示ができるなど,災害応急対策における市町村長の権限が強化されている.

総合的防災行政の推進:第2章(第11〜33条)

総合的防災行政を推進するため,国においては,内閣総理大臣を会長,国務大臣などを委員とした中央防災会議を総理府に設置する(図1).また地方においても,都道府県知事を会長とする都道府県防災会議,市町村長を会長とする市町村防災会議を設置する.また,災害が発生した場合,総合的かつ有効に災害応急対策などを実施するため,国に非常災害対策本部,都道府県および市町村に災害対策本部を設ける(表1).

計画的防災行政の推進:第3章(第34〜45条)

中央防災会議は防災基本計画を作成し,毎年これを検討し,必要があったときには修正する.指定行政機関(表2)や指定公共機関(表3)では,防災基本計画に基づいた防災業務計画を作成する.他の法律に基づいて作成する計画は防災基本計画と防災業務計画と矛盾し,または抵触するものであってはならない.

都道府県防災会議も防災基本計画に基づき,防災業務計画に抵触しない都道府県防災計画を作成する.これを修正するときには,あらかじめ内閣総理大臣と協議する.また,市町村防災会議も防災業務計画および都道府県地域防災計画に抵触しない市町村防災計画を作成する.これを修正するときにはあらかじめ都道府県知事と協議する.このようにして,総合的,有機的な防災行政が計画的に推進できるようになっている.

激甚災害などに対する財政援助:第7章(第90条の2〜第90条の4),第8章(第91〜104条)

防災に関する費用は,原則として実施責任者が負担するとしながらも,別の法令の定めるところにより,国の負担および補助などの例外を定めている.著しく激甚である災害(激甚災害)では,別の法律,「激甚災害に対処するための特別の財政援助

表1 防災に関する組織

	平時	災害時	防災計画
国	中央防災会議	緊急災害対策本部 (本部長:内閣総理大臣)	防災基本計画
		非常災害対策本部 ・自然災害の場合 　(本部長)防災担当大臣 ・事故災害の場合 　(本部長)担当府庁大臣	
地方	都道府県防災会議	災害対策本部	地域防災計画
	市町村防災会議	災害対策本部	地域防災計画
指定行政機関 指定公共機関			防災業務計画

等に関する法律（昭和37年9月6日法律第150号）」によって，応急措置や災害復旧が迅速かつ適切に行えるようになっている．つまり，災害が起きた場合にどのような対策をするかというメニューをあらかじめ法律で決めておき，実際に大災害が起きた場合は，政令で激甚災害の指定と対策のメニュー選択をすれば対策がとれるようになっているのである．それまでは大災害が発生するたびに新たな法律（特例法）を制定していたため，迅速な対応に欠け，そのときの事情により手厚かったり薄かったりしていた．

災害緊急事態に対する措置：第9章（第105〜109条）

災害緊急事態が発生した場合は，内閣総

表2 災害対策基本法に基づく指定行政機関の指定（平成12年12月15日総理府告示第62号）

内閣府	国家公安委員会	警察庁
防衛省	金融庁	総務省
消費者庁	消防庁	法務省
外務省	財務省	文部科学省
文化庁	厚生労働省	農林水産省
経済産業省	資源エネルギー庁	原子力規制委員会
中小企業庁	国土交通省	国土地理院
気象庁	海上保安庁	環境省

表3 災害対策基本法に基づく指定公共機関の指定（昭和37年8月6日総理府告示第26号）

独立行政法人	防災科学技術研究所，放射線医学総合研究所，日本原子力研究開発機構，国立病院機構，農業・食品産業技術総合研究機構，森林総合研究所，水産総合研究センター，土木研究所，建築研究所，海上技術安全研究所，港湾空港技術研究所，水資源機構，日本高速道路保有・債務返済機構，地域医療機能推進機構
特殊法人など	日本銀行，日本赤十字社，日本放送協会，全日本トラック協会，日本医師会
株式会社	東日本高速道路，首都高速道路，中日本高速道路，西日本高速道路，阪神高速道路，本州四国連絡高速道路，成田国際空港，新関西国際空港，中部国際空港，北海道旅客鉄道，東日本旅客鉄道，東海旅客鉄道，西日本旅客鉄道，四国旅客鉄道，九州旅客鉄道，日本貨物鉄道，日本電信電話，東日本電信電話，西日本電信電話，日本郵便，東京瓦斯，大阪瓦斯，東邦瓦斯，西部瓦斯，日本通運，福山通運，佐川急便，ヤマト運輸，西濃運輸，北海道電力，東北電力，東京電力，北陸電力，中部電力，関西電力，中国電力，四国電力，九州電力，沖縄電力，電源開発，日本原子力発電，KDDI，NTTドコモ，エヌ・ティ・ティ・コミュニケーションズ，ソフトバンクテレコム，ソフトバンクモバイル，輸出入・港湾関連情報処理センター

理大臣は災害緊急事態の布告を発し，緊急災害対策本部を設置できる．また，国会が閉会中のときなどに緊急を要するときには，内閣は供給が不足している生活必需物資の配給・譲渡・引渡しの制限などについて政令をもって必要な措置ができる．

雑則と罰則：第10章（第110〜112条），第11章（第113〜117条）

特別区は市とみなす，防災功労者への表彰を行うなどの雑則が第10章で，この法律に基づく命令に従わなかった場合の罰則などが第11章で規定されている．

〔饒村　曜〕

文　献

1) 饒村　曜：気象災害の予測と対策，オーム社 (2002).

災害に関する法律

防災に関する組織

防災に関する国，都道府県，市町村の組織については，災害対策基本法に記されている事項を確実に遂行するような体制となっている．災害対策基本法では，総合的防災行政を推進するために，国においては内閣総理大臣を会長，国務大臣などを委員

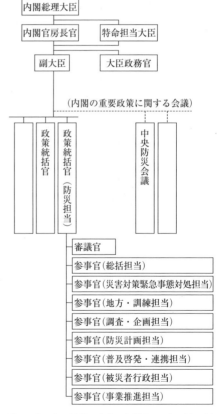

図1　内閣府の防災に関する組織(2014年4月現在)

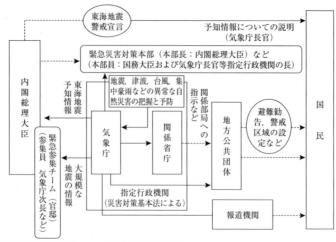

図2 国の防災体制と気象庁の役割

とする中央防災会議を総理府に設置している．中央防災会議は，内閣にいくつか設置されている重要政策に関する会議の1つであり，実務的には，内閣府の特命担当大臣，副大臣，大臣政務官のもとで，防災担当の政策統括官が指揮している．そして，防災担当の政策統括官のもとに審議官（1名）と，参事官（8名）が役割分担をしている（図1）．

気象庁は常に自然現象に対する監視を行っており，日本の防災対応においては，初動対応のきっかけとして役割を果たしている（図2）．

災害対策のための法律はいろいろあるが，災害対策の基本を定めた災害対策基本法など総合的な法律，災害が発生しないように個別災害対策のための法律，災害が発生したときに行う応急対策のための法律，災害復旧のための法律，そして災害復旧を迅速に行うための法律があり，これらの法律を遂行するため，各種の組織ができている．

総合的な法律
○災害対策基本法
○気象業務法
○建築基本法
個別災害対策のための法律
【風水害】
○台風常襲地帯における災害の防除に関する特別措置法
○特定都市河川浸水被害対策法
○河川法
【地　震】
○大規模地震対策特別措置法
○地震防災対策特別措置法
○地震防災対策強化地域における地震対策緊急整備事業に係る国の財政上の特別措置に関する法律
○建築物の耐震改修の促進に関する法律
○東南海・南海地震に係る地震防災対策の推進に関する特別措置法
○日本海溝・千島海溝周辺海溝型地震に係る地震防災の推進に関する特別措置法
【火　山】
○活動火山対策特別措置法

【豪　雪】
○豪雪地帯対策特別措置法
○豪雪に際して地方公共団体が行う公共の施設の除雪事業に要する費用の補助に関する特別措置法
　【地すべり，崖崩れ，土石流】
○砂防法
○地すべり等防止法
○急傾斜地の崩壊による災害の防止に関する法律
○治山治水緊急措置法
○土砂災害警戒区域等における土砂災害防止対策の推進に関する法律
○特殊土じょう地帯災害防除及び振興時措置法
○森林法
　【海洋関係】
○海洋汚染等及び海上災害の防止に関する法律
○海岸法
○石油コンビナート等災害防止法
　応急対策のための法律
○災害救助法
○水防法
○消防法
　災害復旧のための法律
　【激甚災害制度】
○激甚災害に対処するための特別の財政援助等に関する法律（激甚災害法）
　【被災者への救済・援助】
○被災者生活再建支援法
○災害弔慰金の支給等に関する法律
○独立行政法人住宅金融支援機構法
○産業労働者住宅資金融通法
○労働者災害補償保険法
○国家公務員災害補償法
○地方公務員災害補償法
○中小企業信用保険法
○天災による被害農林漁業者等に対する資金の融通に関する暫定措置法
○株式会社日本政策金融公庫法
○株式会社商工組合中央金庫法
○農林漁業金融公庫法
　【災害復旧・復興】
○公共土木施設災害復旧事業費国庫負担法
○農林水産業施設災害復旧事業費国庫補助の暫定措置に関する法律
○公立学校施設災害復旧費国庫負担法
○被災市街地復興特別措置法
○被災区分所有建物の再建等に関する特別措置法
　【保険共済】
○地震保険に関する法律
○森林国営保険法
○農業災害補償法
○漁業災害保償法
　【災害関係税制など】
○災害被害者に対する租税の減免，徴収猶予等に関する法律
○防災のための集団移転促進事業に係る国の財政上の特別措置等に関する法律
○密集市街地における防災街区の整備の促進に関する法律
○特定非常災害の被害者の権利利益の保全等を図るための特別措置に関する法律
○被災者生活再建支援法
　組織関係
○消防組織法
○海上保安庁法
○警察法
○自衛隊法

〔饒村　曜〕

文　献

1) 饒村　曜：気象災害の予測と対策，オーム社（2002）．
2) 自治省：防災に関する組織，自治省ウェブサイト（2014）．

224 災害に関する法律

激甚災害法

激甚災害法と略される法律は，災害対策基本法に書かれている「激甚災害に対処するための特別の財政援助等に関する法律（昭和37年9月6日法律第150号）」のことである．激甚災害法は，国民経済に著しい影響を及ぼす災害に対して，①地方財政の負担の緩和，②被災者に対する特別の助成を行うことが特に必要であると認められる場合にその災害を激甚災害として政令で指定し，あわせてその災害に対して適用すべき特例措置を指定するものである．災害が発生したときから災害のための法律をつくるとなると，時間がかかり対策が遅れてしまうので，あらかじめ対策をいろいろと法律で決めておき，実際に災害が発生したときに被害状況（大きさ）に応じて政令でどの法律を適用するかを決め，速やかに災害復興を実行に移す（図1）．

激甚災害指定には，大きく分けて，全国規模で指定基準を上回る規模となった災害に対して指定される激甚災害（通称「本激」）と，市町村単位で指定基準を上回る規模となった災害に対して指定される局地激甚災害（通称「局激」）があり，この指定は，中央防災会議が定めた「激甚災害指定基準」「局地激甚災害指定基準」に基づいて判断される（表1）．

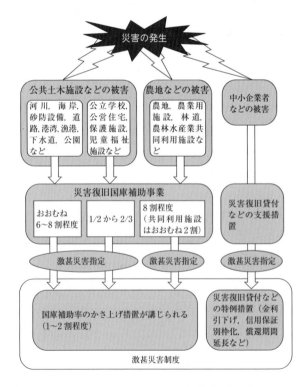

図1　激甚災害制度のしくみ

表1 激甚災害の指定基準

激甚災害指定基準 (左のいずれかにあて はまる場合)	公共土木施設災害復旧事業において，全国の査定見込額が全国の標準税収入の0.5%より大きい
	公共土木施設災害復旧事業において，全国の査定見込額が全国の標準税収入の0.2%より大きく，かつ，都道府県での査定見込額が都道府県の標準税収入の25%より大きい都道府県がある
	公共土木施設災害復旧事業において，全国の査定見込額が，全国の標準税収入の0.2%より大きく，かつ，市町村での査定見込額が都道府県の標準税収入の5%より大きい都道府県がある
	農地災害復旧事業において，全国の査定見込額が，全国農業所得推定額の0.5%より大きい
	農地災害復旧事業の全国の査定見込額が，全国農業所得推定額の0.15%より大きく，かつ，都道府県での査定見込額が10億円または都道府県の農業所得推定額の4%より大きい都道府県がある
局地激甚災害指定基準 (左のいずれかの場合)	公共土木施設災害復旧事業において，市町村の査定見込額が市町村の標準税収入の50%より大きい
	農地災害復旧事業において，市町村の査定見込額が，市町村の農業所得推定額の10%より大きい

　激甚災害指定基準による指定は，全国を単位として積み上げられた被害額を基準とし，地域を特定せず，災害そのものを指定する．ただし，激甚災害に指定されても，被害を受けた地方公共団体などのすべてが特例措置を受けられるわけではなく，被害の大きさが一定基準以上の地方公共団体などに限って特例措置が適用される．

　また，ある特定地域に被害を及ぼした災害であっても，全国レベルでみればさほどの被害とはならず，指定基準を超えられない（激甚災害として指定されない）災害は，市町村単位の被害額を基準とする局地激甚災害指定基準によって市町村単位で災害が指定される．

　激甚災害の指定については，制度発足当初は毎年1～2件指定されていたが，経済発展とともに指定基準が厳しくなって指定が減り（「局激」を除く），何年も指定されない年もあった．しかし，地方公共団体における財政状況が逼迫してきたことから，地方公共団体による財政負担を軽減し，被災地域の円滑かつ早期の復旧を図ることを目的として，公共土木施設などに激甚な被害が発生した災害を激甚災害に指定できるよう，指定基準が2000（平成12）年1月1日以降に発生した災害について，大幅に引き下げられている．たとえば，条件の1つである公共土木施設災害復旧事業の全国の査定見込額が全国の標準税収入の0.5%以上については，引き下げられる前は，全国の標準税収入の4%以上であった．平成11年度の標準税収入（約30兆円）をもとに計算すれば，4%は約1兆2000億円となるが，改正後は約1500億円を超える被害があれば本激の指定が可能になる．このため，現在では，ほぼ毎年のように激甚災害の指定が行われている．

表2 激甚災害指定状況の例(2009～2010年,内閣府による)

政令で定めた期間	災害名	おもな被災地	適用条文(○は本激,●は局激)
2009年6月9日～8月2日	梅雨前線(7月中国・九州北部豪雨)	山口県・福岡県・佐賀県	○5条,○24条
2009年8月8～11日	台風9号	兵庫県	●3・4条,○5条,●6条,●12・13条,○24条
2009年10月6～8日	台風18号	新潟県・三重県・大阪府・奈良県	●3・4条,●5条,●24条
2009年ほか	平成21年等局激	—	●3・4条,●5条,●24条
2010年2月28日	津波	岩手県・宮城県	○7条
2010年6月11日～7月19日	梅雨前線	岐阜県・広島県・佐賀県	○5条,○6条,○24条
2010年9月4～9日	台風9号	神奈川県・静岡県	●5条,●24条
2010年10月18～25日	豪雨	鹿児島県	●3・4条,●5条,●24条
(期間の明示なし)	東日本大震災	青森県・岩手県・宮城県・福島県・茨城県・栃木県・千葉県・新潟県・長野県	○3・4条,○5条,○6条,○7条,○11条2,○12・13条,○16条,○17条,○19条,○22条,○24条,○その他の条項
2010年ほか	平成22年等局激	—	●3・4条,●5条,●24条

局地激甚災害の指定を行う基準となっている市町村の標準税収入についても,2000年1月1日以降に発生した災害については,それまでの100%から50%に引き下げられている.1998年には50市町村が局激指定を受けているが,内閣府が行った改正後の基準をもとにした試算では,106市町村が局激指定と倍増している.〔饒村　曜〕

文　献

1) 饒村　曜:気象災害の予測と対策,オーム社(2002).

225 災害に関する法律

河 川 法

河川法は，河川の管理に関する基本法で，最初につくられたのは，1896（明治29）年である．このときの河川法は，河川管理をもっぱら治水という観点から規律しており，河川法が適用される河川と，一部が適用される重要河川を区別して，区間ごとに異なる河川管理をしていたことや，河川敷地の私権を認めていなかった．戦後の日本経済高度成長期になると，河川法の不経済性などが問題となり，1964（昭和39）年に現在の河川法が制定され，水系を基本単位として一貫して管理するようになり，河川敷地についての私的所有権を承認し，河川管理を利水という視点で規律している．

1964年の河川法（昭和39年7月10日法律第67号）では，河川について，洪水，高潮などによる災害の発生が防止され，河川が適正に利用され，流水の正常な機能が維持され，および河川環境の整備と保全がされるように，これを総合的に管理することにより，国土の保全と開発に寄与するための法律となっている．河川法が適用される河川は一級水系にある一級河川と二級水系にある二級河川であるが，適用されない普通河川の中にも河川法を準用している準用河川がある．水系は一級水系，二級水系，単独水系に区分される．一級水系は，「河川法第四条第一項の水系を指定する政令」(1965年制定）に基づき，全国で109の水系が指定されている（図1）．本流（本川）は一級河川であるが，一級水系には一級河川のほか，準用河川が属する．二級水系は，河川法第5条第1項の「前条第1項の政令で指定された水系（一級水系）以外の水系で公共の利害に重要な関係があるもの」をいう．本流（本川）は二級河川であるが，二級河川のほか準用河川が属する．

一級河川は国土保全上または国民経済上特に重要な水系で政令で指定したものにかかわる河川で，国土交通大臣が指定したものである．

二級河川は，一級河川として指定された水系以外の水系で公共の利害に重要な関係があるものにかかわる河川で，都道府県知事が指定したものである．

準用河川は，一級河川および二級河川以外の河川で市町村長が指定したもので，河川法の二級河川に関する規定の一部を準用

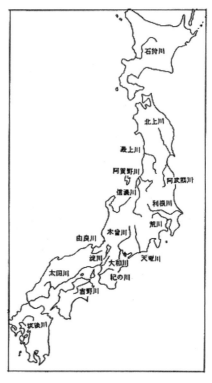

図1 全国の一級河川（1988年までに洪水予報指定河川となった代表的な17水系）

図2 気象庁と国土交通省が共同で行う洪水予報指定河川[2]

し，市町村が管理する．

普通河川は，一級河川，二級河川および準用河川以外の河川で，市町村が必要と考えたとき，条例などで河川範囲を独自に指定し管理するものである．

河川事業を遂行するためにつくられた法律は，河川法のほか，砂防法と森林法があり，これらは治水三法と呼ばれている．砂防法も森林法は河川法の1年後の1896（明治30）年につくられ，ともに時代に合わせて内容が変わりながら，日本の防災に大きな役割をしている．

砂防法は，砂防施設などに関する事項を定めた法律で，山地から運搬された土砂が下流の河道に堆積し，洪水が発生しやすくなる河川の天井川化を抑制することに主眼がおかれていた．このため，禿山に対する積極的な植林や，河川下流の浚渫が実施された．高度成長期には崖下や斜面に宅地開発が進んだことから，従来の工事に加え，地すべり防止や，急傾斜地崩壊防止，海岸の砂防工事にも力が入っている．また，森林法は，森林の保護と森林生産の増進を目的とした森林に関する基本的なことをまとめた法律であるが，当時盛んになってきた民間林業経営者の反対によって森林法の適用範囲に民有林は入らず，公有林，社寺林の監督・規制にとどまっていた．ただ，明治政府は，1869（明治2）年の版籍奉還で諸藩所領の直轄林野を官営林に編入し，1876（明治9）年の地租改正事務局議定によって反証のないかぎり官民有林未定の林野をすべて官有林としたため，かなりの林野が官営となっていた．1951（昭和26）年につくられた新しい森林法では，全森林を対象とする森林計画が策定され，森林所有者がこの計画に従った造林をなす義務や普通林の伐採などが加えられている．

〔饒村　曜〕

文　献

1) 饒村　曜：気象災害の予測と対策，オーム社（2002）．
2) 気象庁．

226 災害に関する法律

消　防　法

　国の消防行政は，太平洋戦争前までは警察の一部に組み込まれていたが，戦後の改革で警察行政から切り離され，原則として市町村が行うとされた．1948年の消防法（昭和23年7月24日法律第186号）は，消防行政の任務と活動を定めたもので，消防行政の組織については，前年に制定された消防組織法による．

　消防法は，火災を予防し，警戒し，鎮圧し，国民の身体，生命および財産を火災から保護するとともに火災や地震などの被害を軽減するための法律である．消防という言葉は，もともとは消火活動のことをさしていたが，現在の消防活動は消火活動にとどまらず，火災予防のための消防行政機関の権限，危険物に対する規制，学校や病院などの施設における消防設備の設置義務，火災の原因調査，救急業務などの広範囲の活動を含んでおり，近年は予防活動が重視されている．

　気象庁およびその地方組織は，気象の状況が火災の予防上危険であると認めるときは，その状況を直ちにその地を管轄する都道府県知事に通報すること，都道府県知事は直ちにこれを市町村長に通報すること，通報を受けた市町村長は，気象の状況が火災の予防上危険であると認めるときに「火災に関する警報」を発することが決められている．

　水防法は，洪水や高潮に際して，水災を警戒・防御し，被害を減らすために水防組織と水防活動の全般を定めた法律で1949（昭和24）年に制定されたが，この法律が制定されるまでの1年間は，消防法に水防活動が記載され，水防活動も消防法で行われていた．現在の消防法の目的は，「火災を予防し，警戒し及び鎮圧し，国民の生命，身体及び財産を火災から保護するとともに，火災又は地震等の災害に因る被害を軽減し，もって安寧秩序を保持し，社会公共の福祉の増進に資すること」となっており，水防は入っていないが，水防組織には消防組織法の体系が維持されるなど水防との関係は深い．

〔饒村　曜〕

文　献
1) 饒村　曜：気象災害の予測と対策，オーム社 (2002).

表1　1949（昭和24）年の消防法の改正

	1948（昭和23）年の消防法	1949年の消防法
第一条	この法律は，火災を予防し，警戒し及び鎮圧し，国民の生命，身体及び財産を火災から保護するとともに，水火災又は地震等の災害に因る被害を軽減し，もって安寧秩序を保持し，社会公共の福祉の増進に資することを目的とする．	この法律は，火災を予防し，警戒し及び鎮圧し，国民の生命，身体及び財産を火災から保護するとともに，火災又は地震等の災害に因る被害を軽減し，もって安寧秩序を保持し，社会公共の福祉の増進に資することを目的とする．
第四十条二	消防団員が，消火活動又は水災その他の災害の警戒防禦及び救護に従事するにあたり，その行為を妨害した者	消防団員が，消火活動又は水災を除く他の災害の警戒防禦及び救護に従事するにあたり，その行為を妨害した者

227 災害に関する法律

災害時の確定申告

地震, 火災, 風水害などによって住宅や家財などに損害を受けたときに, 申告などの期限の延長, 納税の猶予, 納税の減額がある. 災害などの理由により申告, 納付などをその期限までにできないときは, その理由のやんだ日から2か月以内の範囲でその期限が延長されるが, これには, 地域指定による場合と個別指定による場合とがある. 災害による被害が広い地域に及ぶ場合に, 国税庁長官が延長する地域と期日を定めて告示するのが地域指定で, その告示の期日までに申告, 納付などをすればよい. これに対し, 所轄の税務署長に申告, 納付などの期限の延長を申請し, その承認を受けるのが個別指定である.

納税の減額には, 所得税法に定める雑損控除の方法と, 災害減免法で定める税金の軽減免除による方法のどちらか有利な方法を選ぶことができる.

所得税法（雑損控除）で, 対象となる損失は, 災害, 盗難, 横領による損失で, 対象となる資産は, 住宅や家財を含む通常生活に必要な資産である. 別荘や競走馬, 1個または1組の価額が30万円を超える貴金属, 書画, 骨とうなどは, 生活に通常必要でない資産となるので, 対象とはならない. 控除額は次の（イ）と（ロ）のうち多いほうの金額である. ここで, 差引損失額とは, 損害全額から保険金や損害賠償金などで補てんされた金額を引いた額である. また, 災害関連支出とは, 災害に関連したやむを得ない支出で, 災害により滅失した住宅, 家財を除去するための費用や豪雪による家屋の倒壊を防止するための屋根の雪下ろし費用などをいう. また, 災害関連支出のうち, ①災害により生じた土砂などを除去するための支出, ②住宅や家財などの原状回復のための支出（資産が受けた損害部分を除く）, ③住宅や家財などの損壊・価値の減少を防止するための支出については, 災害のやんだ日から1年以内（大規模な災害の場合などには, 災害のやんだ日から3年以内）に支出したものが対象となる.

ただし, 損失額が大きくて, その年の所得全額から控除しきれない金額は, 翌年以後の3年間に繰り越して各年の所得金額から控除できる（東日本大震災により住宅や家財などについて生じた損失について翌年以後の5年間に繰り越して控除できるなど, 特別の場合がある）.

（イ）差引損失額から所得全額の1/10を控除
（ロ）差引損失額のうち災害関連支出の金額から5万円を控除

災害減免法で対象となる損失は, 災害による損失で, 対象となる資産は住宅や家財である. ただし, 損害額が住宅や家財の価格の1/2以上であること, その年の所得金額が1000万円以下であることの条件がつくが, 所得金額によって次のような所得税の軽減がある.

・その年の所得金額が500万円以下の場合は全額免除.
・その年の所得金額が500万円超で750万円以下の場合は1/2が免除.
・その年の所得金額が750万円超で1000万円以下の場合は1/4が免除.

このほか, 相続税・贈与税および酒税なども, 災害により損害を受けた場合, 税額が免除されるなどの取扱いがある.

〔饒村 曜〕

文 献

1) 饒村 曜：気象災害の予測と対策, オーム社 (2002).
2) 国税庁ウェブサイト (2014).

228 これからの防災

ハザードマップ

hazard map

自然災害による被害を予測し，その被害範囲や被害の程度，避難場所などの情報が地図上に記されたものをハザードマップといい，日本では昭和から平成に変わる頃から防災のための手段として使われだした．ハザードマップは，災害発生時に住民などの迅速・的確な避難を行うことができ，二次災害の防止にもつながるという防災効果がある反面，作成費用がかさむとか，危険度が高いと公表されたところに住む住民が不安視したり，不動産価値が下がるのではとの意見があり，実際につくっているのは一部の市町村にとどまっていた．また，ハザードマップは，予測を超える災害発生の際には必ずしも対応できず，何を掲載するか，どうすれば見やすく，誤解がないように表示できるかなど，いろいろな問題点もあった．しかし，平成10年8月末豪雨(1998年)のとき，福島県郡山市では，事前にハザードマップをみていた人は，みていない人より平均で1時間早く避難したという例が出るなど，ハザードマップが役立つとの実例が出てきた〈→059〉．

1999（平成11）年の福岡での集中豪雨による中小河川のはん濫による水害に続いて，2000（平成12）年に東海地方でも豪雨による中小河川のはん濫で大きな災害が発生した〈→060, 138〉．都心郊外の農地が減り，道路がアスファルト化されていることで降った雨がそのまま川に流れ込み，都

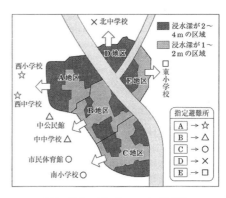

図1　洪水ハザードマップの概念図

市を流れる中小河川の水位が一気に高まってはん濫する「都市型水害」へ対応するため，2001（平成13）年6月に水防法が改正されている．この水防法の改正では，洪水予報指定河川の拡充や浸水想定区域（ハザードマップ）の公表に加えて，円滑かつ迅速な避難の確保を図るための措置，たとえば，地下街などがある場合には利用者に円滑で迅速な避難の確保が図れるよう洪水予報の伝達方法を設定するということも含まれている．

2011（平成23）年3月11日に発生した東日本大震災では，想定以上の大災害により建物などが壊れ，災害を防ぐ機能を発揮しなかったことから，人命を守ることを最優先とする避難対策としてのハザードマップに注目が集まり，従来のハザードマップの大幅な見直しが行われている．

〔饒村　曜〕

文　献

1) 饒村　曜：気象災害の予測と対策，オーム社 (2002)．

229 これからの防災

特別警報

emergency warning system

気象庁は，2013（平成25）年8月30日から，新しく「特別警報」の運用を開始した．特別警報は，警報の基準をはるかに超える大津波，数十年に一度の大雨や高潮などを予想し，重大な災害の起こるおそれが著しく大きい場合に，気象庁が最大限の危機感・切迫感を伝えるため発表するものである（図1）．気象庁は従前，災害の起こるおそれを「注意報」「警報」の2段階の情報体系で発表してきたが，この特別警報の導入により，「注意報」「警報」「特別警報」の3段階となった．

なお，特別警報の運用開始以降も，警報や注意報など従前の情報の発表基準・位置づけは変わらない．このため，これまでどおり，警報や注意報などが発表された時点で，危険な地域においては避難準備あるいは避難などの安全確保行動を早め早めにとることが重要である．

特別警報創設の背景

東日本大震災や，2011（平成23）年9月に紀伊半島に甚大な被害をもたらした台風12号などにおいて，気象庁は，警報やそれを補完するさまざまな情報を発表した．しかし，災害発生の危険性が通常の警報発表時よりも著しく高いことを住民や地方自治体にわかりやすく伝える手段がなかったため，適時的確な防災対応や住民自らの迅速な避難行動に結びつかなかった例があった．

気象庁はこの事実を重く受け止め，重大な災害の起こるおそれが著しく大きい場合に，その危険性をわかりやすく住民や地方自治体などに伝えるために，気象業務法を改正して特別警報を創設することとした．

気象業務法改正の概要

特別警報は，2013（平成25）年5月31

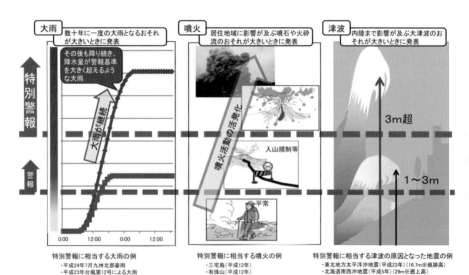

図1　特別警報のイメージ

日に公布された「気象業務法及び国土交通省設置法の一部を改正する法律」において新たに規定され，公布から3か月以内の政令で定める日（2013年8月30日）に施行された．気象業務法の改正のポイントは，特別警報の創設を含め，以下の3点である．

（i）気象庁は，大津波や数十年に一度の大雨が予想されるなど，重大な災害の起こるおそれが著しく大きい場合に，その旨をわかりやすく伝える「特別警報」を実施すること（法第13条の2第1項）

（ii）特別警報の発表基準を定める際には，都道府県および市町村から意見を聴くこと（法第13条の2第2項）

（iii）特別警報の通知を受けた都道府県は市町村に直ちに通知し，通知を受けた市町村は住民等に対する周知の措置を直ちにとること（法第15条の2第2項及び第4項）

特別警報の種類

特別警報は，大雨，暴風，暴風雪，大雪，高潮，波浪，津波，火山噴火，地震動（地震の揺れ）の9つの現象に対して発表する．

このうち，大雨，暴風，高潮などの気象に関連する現象については，「数十年に一度」の現象が特別警報の対象となり，それぞれ大雨特別警報，暴風特別警報，高潮特別警報など「〇〇特別警報」という名称で発表される．ここでの「数十年に一度」は，それぞれの地域において数十年に一度という意味として用いているので，日本全国でみると，特別警報を発表するような現象は，1年で2〜3度発生することもあれば1度も発生しないこともありうることに留意が必要である．

また，津波，火山噴火，地震動については，それぞれ従前の大津波警報，噴火警報（居住地域），緊急地震速報の震度6弱以上を予想したものを特別警報と位置づけるが，それぞれ「大津波警報」，「噴火警報（居住地域）」，「緊急地震速報」の名称を引きつ

表1 特別警報の基準一覧

現象	特別警報の基準	
大雨	台風や集中豪雨により数十年に一度の降雨量となる大雨が予想され，もしくは，数十年に一度の強度の台風や同程度の温帯低気圧により大雨になると予想される場合※	
暴風	数十年に一度の強度の台風や同程度の温帯低気圧により	暴風が吹くと予想される場合※
高潮		高潮になると予想される場合※
波浪		高波になると予想される場合※
暴風雪	数十年に一度の強度の台風と同程度の温帯低気圧により雪を伴う暴風が吹くと予想される場合※	
大雪	数十年に一度の降雪量となる大雪が予想される場合※	
津波	高いところで3mを超える津波が予想される場合	
火山現象	居住地域に重大な被害を及ぼす噴火が予想される場合	
地震動	震度6弱以上の大きさの地震動が予想される場合	

※実施に当たっては，降水量，積雪量，台風の中心気圧，最大風速などについて過去の災害事例に照らして算出した客観的な指標を設け，これらの実況および予想に基づいて発表の判断をする．この「数十年に一度」の現象に相当する指標は気象庁ウェブサイトに掲載．

づき用いて発表する．

特別警報の基準

都道府県および市町村から意見を聴取して策定した特別警報の基準を表1に示す．

津波，火山噴火，地震動については，前述のとおり従前の大津波警報などの基準を用いることとしている．したがって，ここでは，気象に関連する現象の特別警報の基準について，以下のとおり解説する．

大雨に関する特別警報は，数十年に一度の大量の雨を予想した時に発表する．具体的な指標としては，次の (i) または (ii) のいずれかを満たすと予想され，かつ，さらに雨が降りつづくと予想される場合に，大雨特別警報を発表する．

(i) 48時間降水量および土壌雨量指数において，50年に一度の値以上となった5 km格子が，ともに府県程度の広がりの範囲内で50格子以上出現

(ii) 3時間降水量および土壌雨量指数において，50年に一度の値以上となった5 km格子が，ともに府県程度の広がりの範囲内で10格子以上出現（ただし，3時間降水量が150 mm以上となった格子のみをカウント対象とする）

ここで，「50年に一度の値」とは，日本全国を5 km四方で分割した地域（格子）ごとに，過去の観測データを用いて算出した，50年に一回程度の頻度で発生すると推定される降水量および土壌雨量指数の値である．なお，土壌雨量指数とは，降った雨が地下の土壌中に貯まっている状態を表す値のことであり，この値が大きいほど，土砂災害発生の危険性が高いといえる．

暴風，波浪および高潮については，台風などの強さに関する指標に基づき特別警報を発表する．具体的には，伊勢湾台風級（中心気圧930 hPa以下または最大風速50 m/s以上）の台風や温帯低気圧が来襲する地域に対し，特別警報を発表する（ただし，沖縄地方，奄美地方および小笠原諸島については，中心気圧910 hPa以下または最大風

表2　特別警報に相当する過去の事例

現象		災害	被害
気象など	2012年7月	九州北部豪雨（大雨）	死者・行方不明者32名
	2011年	台風第12号（大雨）	死者・行方不明者98名
	1959年	伊勢湾台風（大雨・暴風・波浪・高潮）	死者・行方不明者5,000名以上
	1934年	室戸台風（大雨・暴風・高潮・波浪）	死者・行方不明者3,000名以上
津波	2011年3月	東北地方太平洋沖地震	死者・行方不明者18,000名以上
	1993年7月	北海道南西沖地震	死者・行方不明者230名
	1983年5月	日本海中部地震	死者104名
			（いずれも地震を含む）
火山	2000年	三宅島	全島民避難
	2000年	有珠山	15,000名以上避難
	1991年	雲仙岳	死者・行方不明者43名
地震	2011年3月	東北地方太平洋沖地震	死者・行方不明者18,000名以上
			（津波を含む）
	2008年6月	岩手・宮城内陸地震	死者・行方不明者23名
	2007年7月	新潟県中越沖地震	死者15名
	2004年10月	新潟県中越地震	死者68名
	1995年1月	兵庫県南部地震	死者・行方不明者6,437名

速60 m/s以上）．この台風などの強さに関する指標による特別警報は，個々の現象ごとに特別警報と（特別警報でない）警報とを分けて発表するのではなく，大雨も含めて各現象すべての警報を特別警報として発表することで，さまざまな種類の災害が同時にあちこちで発生しうる危機的な状況であることを伝えるものである．なお，暴風が雪を伴う場合は，暴風雪特別警報になる．また，大雪については，50年に一度の積雪深となり，かつ，その後も警報級の降雪が丸一日程度以上続くと予想した場合に，大雪特別警報を発表する．

特別警報に相当する過去の事例としては，東日本大震災の大津波，伊勢湾台風の高潮，平成24年7月九州北部豪雨（2012年）など，多くの方が犠牲になった現象が挙げられる（表2）．

特別警報発表時に住民の方にとっていただきたい行動

特別警報は，気象庁から都道府県，警察庁，消防庁，NTTなどの機関を通じて市町村に伝達され，市町村により，住民などへの周知の措置がとられる．また，気象庁のウェブサイトに掲載することはもとより，放送事業者などさまざまな機関の協力を得て住民などに伝えられる．住民の方々は，地域によって状況は異なるが，テレビ，ラジオ，防災行政無線，広報車，携帯電話などのメール，気象庁のウェブサイトなどを通じて，特別警報の発表を知ることができる．

したがって，住民の方々には，自分が住んでいる市町村に特別警報が発表されたことを知った場合には，次のような行動をとっていただきたい．

気象に関する特別警報の場合，まず，当該市町村が発令する避難勧告などに従って直ちに避難場所に避難することである．しかし，警報が発表され，すでに大雨が降っているような状況下で特別警報発表となった場合には，道路が冠水しているなどにより，外を歩くことが非常に危険な状態になっている場合もある．そのような場合は，土砂崩れに巻き込まれないよう，崖など急傾斜地から少しでも離れた頑丈な建物に直ちに退避する．もしくは，家の中でも崖から離れたより頑丈な部屋に移動するほうが，命が助かる可能性が高いこともある．浸水害や高潮に対しては，より高いところほど安全であるといえる．

このように，命を守るための最善の行動とは，各人の置かれた周囲の環境や気象状況などにより，変わりうる．日頃から，さまざまな状況に応じた最善の行動について考えておくとともに，実際に特別警報が発表された場合には，周囲の状況に気をつけて，落ち着いて速やかに行動することが重要である．

なお，上述のとおり，特別警報発表時にはすでに避難が困難な状況になっている場合も考えられることから，特別警報の発表を待たず，最新の気象情報に注意し，警報が発表された時点などにおいて早め早めに行動することが，命を守るためには，より確実な方法であることはいうまでもない．

2013（平成25）年8月30日から「重大な災害が起こるおそれが著しく大きい」場合に特別警報が発表されるようになったが，特別警報が発表されるまでは安全，というわけではない．今までどおり「重大な災害が起こるおそれのある」場合には警報が発表される．従前の警報の位置づけが何ら変わるわけではなく，警報が発表された段階ですでに十分な警戒が必要である．たとえば大雨など気象については，気象情報，注意報，警報，そして特別警報などが段階的に発表される．これらを有効に活用して早めに避難行動をとっていくことが重要である．「特別警報」が創設されることによって，警報が軽視されることがあってはならない．

また，いざというときに慌てず，適切に命を守る行動がとれるよう，危険な箇所の把握，避難場所や避難経路の確認，そして水や食料の備蓄やラジオの常備など，日頃からきちんと備えをしておくことなど各人の防災力を向上させていく取り組みも不可欠である．　　　　　　　　〔五十嵐洋輔〕

第8章

世界の気象災害

230 洪水

中国洪水

1959年7月

EM-DATによると，1959年7月から1961年7月にかけて中国北部の黄河で洪水があり，200万人が死亡したとされている．太平洋戦争や，その後の内戦による堤防などの水防施設や，耕地の荒廃が被害を増大させたとされる．

黄河（長江）は，大量の粘土質の黄土を押し流したびたびはん濫し，春先には上流で結氷した氷も流れてくることもある．百年に一度は大災害を引き起こしているといわれ，過去には大規模な洪水で，流路が変わることもあった．現在は，山東半島の北の渤海湾に流れ込んでいるが，11世紀には山東半島の南の黄海に流れ込んでいた．

中国の洪水被害としては1931年7～8月の揚子江洪水が最大とされ，中国全体の1/4の5100万人が影響を受け，370万人が疾病や飢餓，洪水に流されて死亡したとされる．この洪水は，1928年から1930年にかけての干ばつに続いて発生した．

揚子江流域では6～9月のモンスーンシーズンには，毎年のように洪水が発生していた．揚子江流域では中国の食糧の3/4近くが生産されている．20世紀に入っても洪水で30万人以上が死亡，1931，1935，1954，1998年には，大規模な洪水が発生．1931年には14万人が流され，1954年には3万人が流されたのに加えて，20万人以上が飢餓，疾病で死亡したとされる．中流の三峡ダム建設で中流域の洪水の危機は緩和したが，上流や下流では依然として脅威とされている．

表1 中国の気象災害による被害[1]

気象災害	期間	死亡（千名）
洪水	1931年7～8月	3700
干ばつ	1928年	3000
洪水	1959年7月～1961年7月	2000
干ばつ	1920年	500
洪水	1939年7月	500
洪水	1935年	142
洪水	1911年	100
熱帯低気圧	1922年7月27日	100
洪水	1949年7月	57
熱帯低気圧	1912年8月	50

中国の気象災害を被害が大きかった順に表1に示す．集計期間1900年から2015年のうち洪水が6件あり，中国では1960年頃までは被害の大きい洪水が多かったことを示している．この傾向は最近でも大差ないが，被害者数は激減して多くても2000名以下となっている．最近は低気圧や強雨による被害が増えている．また，世界の洪水被害ランキングでも，中国が大半を占めている．

なお，気象災害データベースは急速に整備されてきているが，年代や地域，災害の種類などにより，データに質的な精粗があることに留意しなければならない．気象災害は気象と社会構造が複雑に関連し合っており，特に被害データの収集や整理には社会的な体制や制度が反映されているので慎重な取り扱いが必要である．〔小柴　厚〕

文 献

1) EM-DAT（米国国際開発庁海外災害援助局とベルギー・ルーベンカトリック大学災害疫学研究所の災害データベース）．

231 氷河なだれ

ペルーの氷河なだれ

1962年1月10日

1962年1月10日現地時間18時13分,南米ペルーの最高峰ワスカラン(図1)の太平洋に面した西側山麓で岩石と氷のなだれが発生し,リオサンタ峡谷を流れ下り,下流のランラヒルカなど周辺8地区が土砂に埋まり壊滅した.被害は当時,3000名から4000名にのぼると推定されていたが,EM-DATによると,ランラヒルカ地域の死亡は2000名,被害推定額2億米ドルである.

BBCニュースによると,岩石と氷のなだれの引き金となったのは激しい風雨.後の現地調査によると,高さ12m,幅1kmの岩と氷の壁が大規模に崩壊したとされている.ランラヒルカで生きのびた住人が,「8分間で町が壊滅」と証言するなど,岩石やアイスキャップの氷,土砂などが,一瞬のうちに地区一帯を埋め尽くした.さらに,約100km下流の河口都市チンボテまで遺体が流されるなど,激しい風雨が続き,救援活動も困難と報じられた.

さらに8年後,1970年5月31日には,同じワスカラン北峰の山頂直下の崖とアイスキャップが大規模に崩壊(図2),岩屑なだれが尾根を乗り越えて,ワスカランから15km離れた麓のユンガイまで達し,3000名を超える犠牲者を出し,全体では2万人に達する被害があったとされる.これは,ワスカランから130kmの太平洋上で発生したマグニチュード7.7のペルー地震が引き金となったとされ,ラテンアメリカ最大の地すべりとされている.ペルー政府は,この岩石なだれで壊滅したユンガイ旧市街を国有地とし,国立墓地に指定,掘り返すことを禁止するとともに,南に新しくユンガイを再建した.

ワスカランは,南峰と北峰からなる第三紀の花崗岩からなる火山で,アンデス山脈第2の高峰,ペルーでは最高峰で,ワラス付近にある(図1).ワスカラン国立公園は,1985年に世界遺産に登録.図2にあるように周辺には30の氷河と100を超える氷河湖があり,標高5000m以上の場所にあ

図1 ワスカラン周辺の地図
(出典:国連)

図2 1970年の岩屑なだれ[2]

図3　世界の氷河分布[3]

るパスタルリ氷河やヤンガヌコ湖が有名.

ワスカランで岩石なだれが発生したなどの歴史的な記録は，スペインが占領した後にはないが，ランラヒルカやユンガイ周辺の山岳地帯や堆積層には，何度も大岩なだれが発生した痕跡が残されている．アンデスやヒマラヤのようなプレートテクトニクスによる造山活動がある地震帯の大山脈では，このような岩屑なだれやアイスキャップの崩壊などが発生する可能性があるとされている．

氷河は，降雪が複数年にわたって継続する圧雪氷塊とされている．世界の氷河の分布を見ると，北米のカナダやアラスカ，ヨーロッパのアルプス，ヒマラヤのほかに，南米のアンデス山脈の高地にも氷河が認められている（図3）．日本の剣岳と立山連峰の小規模な氷河である氷体が認定されている．　　　　　　　　　　〔小柴　厚〕

文　献

1) EM-DAT：米国国際開発庁海外災害援助局とベルギー・ルーベンカトリック大学災害疫学研究所の災害データベース．
2) U. S. Geological Survey.
3) WGMS：World Glacier Monitoring Service, スイス・チューリッヒ大学（2008）．

232　干ばつ

インドの干ばつ

1965〜1967年

インドは，南部の熱帯から温帯，北部のヒマラヤ山脈の降雪地帯，北西部のタール砂漠など，さまざま気候条件におかれている．季節も，1, 2月の寒冷な冬季，3〜5月のプレモンスーンから夏の暑く雷雨の季節，6〜9月の南西モンスーンの季節，10〜12月の北東風のポストモンスーンの季節などに分かれている．このモンスーンがインドの気候を支配しているなかで，洪水や干ばつが発生している．

1965年から1967年にかけて，南部を除くインド全域で干ばつが発生し，EM-DATによると150万人が死亡，1億人に影響，推定被害額1億ドルの被害があったとされている．

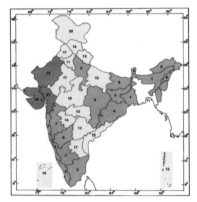

■ 常襲地域（発生率20％以上）
　 しばしば発生する地域（10〜20％）
■ あまり発生しない地域（10％以下）

図1　干ばつの発生頻度（％）と干ばつが発生しやすい地域の区分[2]

インド気象局によると，1986年の干ばつが20世紀最悪の1つで，降水量が通常の19%不足し，耕作地の60%に影響し，2億8000万人に影響したとされている．干ばつは長期間継続する災害なので被害の推定が難しい．インド気象局は，最近のおもな干ばつ災害年として，1887，1899，1972，2002年などをあげている．これらはおもに降水量の不足を指標とすることによるので，1965年の干ばつは，降水量が通常の18%不足なのであげられていない．ちなみに，米国大気海洋庁（NOAA）は，干ばつ災害の評価は長引くことや地域を特定することも難しいとしているが，死者数を指標としてアジアではインドの1900年と1965～1967年，中国の1907年，1928年から1930年，1941～1942年の干ばつは百万人を超えるとして歴史的な干ばつとしている．

インド気象局は，モンスーン期の降水量が通常の75%以下となると気象的な干ばつ，50%となると中程度の干ばつ，50%以下となると厳しい干ばつとしている．

干ばつ災害では，降水量が不足するタイミングも問題となる．インドでは6月から9月がモンスーンの雨季であるが1965年や1979年の干ばつは，9月の少雨がおもな原因なので「モンスーン終期の干ばつ（late season drought）」と呼ばれている．これに対して，1972，1987，2002年では6月の少雨が著しいのでモンスーン初期の干ばつとされている．

インド気象局は，州ごとの降水量の不足

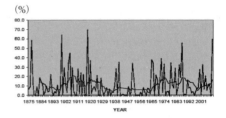

図2　降水量が不足した面積の割合[2]

を指標に干ばつの頻度を区分している．西部の3州は干ばつが発生（20%程度）しやすい地域，北部から中央部，デカン高原にかけた地域はしばしば発生（10～20%程度）する地域，南西部と東部はモンスーンによる降水がありほとんど発生しない（10%以下）と区分されている．これは，インドの年間降水量分布とほぼ一致している．インドの年間降水量分布は，北西部の乾燥地域で300 mm前後，北東部で3000 mm．降水量の不足した面積をみると，1910年代と1965年以降に国土の2割程度に影響が及んでいることがわかる．さらに詳細には，1965年には国土の25%が中程度，15%が厳しい干ばつ，1987年はそれぞれ30%，20%とされている．　　〔小柴　厚〕

文　献

1) NOAA：NOAA'S TOP GLOBAL WEATHER, WATER AND CLIMATE EVENTS OF THE 20TH CENTURY.
2) IMD：India Meteorological Department, Ministry of Earth Science.

233 高潮

東パキスタンのサイクロン

1970年11月12日

1970年11月12日，サイクロン（Bhola）が東パキスタン（現 バングラデシュ）とインド北東部付近に上陸，ガンジス川デルタ地帯一帯に9mを超す高潮や，最大風速45〜50m/sの強風，大雨により死亡者が30万〜50万人の被害があった．一説には100万人を超える被害ともいわれているが，バングラデシュは，当時東パキスタンで，1971年3月から西パキスタンとの分離独立をめぐって内戦があり，確かなことは不明である．NOAA（米国大気海洋庁）の20世紀の気象災害では，熱帯低気圧部門のトップにあげられている．ちなみに，第2位は，同じバングラデシュの1991年4月のサイクロン（Gorky）による被害である．

バングラデシュの被害はEM-DATによると，バングラデシュのクルナや港湾都市であるチッタゴンを中心に，死者30万人で，360万人を超す影響があり，被害額は86万米ドル．

11月7日にベンガル湾に熱帯低気圧として発生し北上，8日にはサイクロン（Bohla）に発達，進路が北西に変わり中心付近の気圧が966 hPaとなり，11日午後にバングラデシュに上陸，上陸後急速に弱まり，13日にはインドのアッサム南部で消滅した．

バングラデシュは，10年に一度程度の頻度で，サイクロンによる1万人を超える被害が発生している．ベンガル湾の地形が，バングラデシュを頂点とする巨大な三角形をしていることから，サイクロンにより発生する高潮が，サイクロンの北上により三角形の頂点，バングラデシュに吹き寄せられ高くなることも被害を大きくする要因の1つとなっている．また，バングラデシュは，ヒマラヤ山脈から流れ出るガンジス川が西から流れ込み，北からはブラマプトラ川やメグナ川が合流し，総面積170万km²の巨大な三角州であり，国土の半分が海抜7m以下で，高潮の被害が大きくなる．また，河川によって運ばれた土砂は陸上だけでなく海にも堆積して，水深10mの等

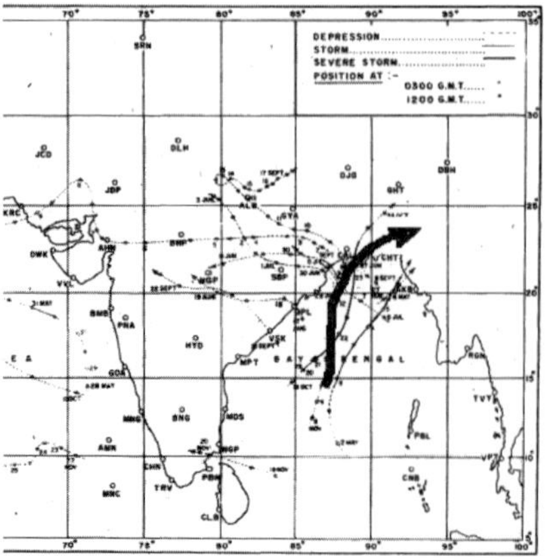

図1 サイクロンの経路[2]

図2 バングラデシュの地図[2]

深線は100km沖合まで広がっていることも高潮被害が大きくなる要因となった．サイクロンなどの低気圧の吹き寄せ効果による高潮は，風速が大きいほど（最大風速の2乗に比例），吹走距離が長いほど，気圧が低いほど（1hPaで1cm）高くなる．このサイクロンの中心付近の最低気圧は960hPa程度と推定されているが，これは日本に上陸する台風と比較して特に低いということではないが，この気圧低下で通常よりも50cm潮位が上昇する．

1991年4月のサイクロンも，勢力，コースとも1970年11月のものとよく似ているが，1991年の被害は，この半分程度であった．これは，サイクロンシェルターがつくられたことによるところが大きいといわれている．バングラデシュのサイクロンシェルターは，ピロティ構造の3階建てが標準とされ，各国からの資金援助によって建設が進められているが，人口に対して充分ではない．

沿岸では，サイクロンなどの熱帯低気圧による災害では，高潮を伴うと被害が拡大する．1950年9月の伊勢湾台風や，米国の2005年のハリケーン・カトリーナ，2012年のハリケーン・サンディでも高潮が被害を拡大させた．気象庁では，高潮の数値予報モデルの解像度を1kmに上げるなど高潮に関する情報を向上させている．

〔小柴　厚〕

文　献
1) EM-DAT：米国国際開発庁海外災害援助局とベルギー・ルーベンカトリック大学災害疫学研究所の災害データベース．
2) インド気象局（IMD）．

234

干ばつ

エチオピアなどのアフリカの干ばつ

1983年4～5月

1983年から1985年にかけて，アフリカのチャド，エチオピア，ジブチ，スーダンでは厳しい干ばつにおそわれ，1983年4～5月にはサヘルだけでなく，東部のエチオピア，ソマリア，南部のモザンビーク，ジンバブエでも被害があった．

WMOがまとめた死亡数による近年の国別災害ランキング（表1）に3件入るように，この被害は厳しいものであった．

アフリカでは災害全体のうち洪水が要因となるものは59%を占め最多であるが，干ばつによる死者数は全体の97%を占め，1975年のエチオピア，1983年から1984年のモザンビーク，スーダンの干ばつが最も厳しい．

FAOは，降水量分布によりアフリカを8区分している．そのうちサヘル・スーダンの降水量シーケンスを図2に示す．エチオピアやソマリアは，この東隣のアフリカの角（horn of Africa）と呼ばれる地域で，1960年代以降1980年代にかけて降水量が減ってきていて1983年が最も少なくなっている．アフリカ大陸では1910年代にひどい干ばつが発生し，その後降水量が増えてきていたが，1950年頃から減少し，1980年代半ばで最も少なくなった．このアフリカの角地域は，世界でも最も乾燥している地域の1つで，FAOによるとアフリカの他の地域との降水量変動の類似性は低い．また，この地域では複数の収穫期があり，その収穫期に干ばつとなると収穫量が激減する[2]．

BBCニュースによると，エチオピアでは1984年春には穀倉地帯で雨がなく，ま

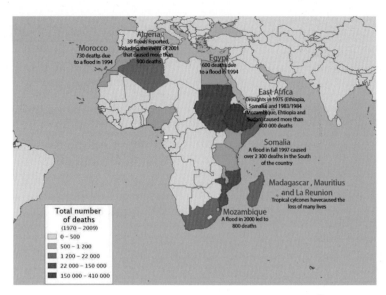

図1 アフリカの主要な人的被害を伴う災害（1970〜2009年）[1]
アフリカ東部は，1975年干ばつ（エチオピア，ソマリア），1983/1984年干ばつ（モザンビーク，エチオピア，スーダン）で60万人以上死亡．

表1 世界の災害（1970〜2009年）[1]

種別	年	国	死者数
低気圧（Bhola）	1970	バングラデシュ	30万人
干ばつ	1983	エチオピア	30万人
干ばつ	1984	スーダン	15万人
低気圧（Gorky）	1991	バングラデシュ	13万8866人
低気圧（Nargis）	2008	ミャンマー	13万8366人
干ばつ	1975	エチオピア	10万人
干ばつ	1983	モザンビーク	10万人
洪水	1999	ベネズエラ	3万人
洪水	1974	バングラデシュ	2万8700人
異常高温	2003	イタリア	2万89人

た穀物の病気も蔓延して収穫がなく，夏には数万人が飢餓や関連する疾病で死亡，援助が要請されたが，内戦状態であったこともあり，ヨーロッパ諸国は干ばつを過小評価していた．

日射量が多い赤道付近には，大規模な上昇気流が形成され，太陽高度の季節的な移動に伴って南北移動する．この上昇流域は対流活動に伴う降水が多い地域で，地表面付近では北側から北東貿易風，南側からは南東貿易風が吹き込むので熱帯収束帯と呼ばれ，また，季節移動することからモンスーントラフと呼ばれることもある．北半球の冬には，上昇流域は南半球に移動し，アフ

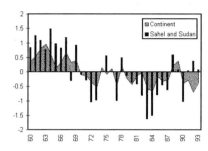

図2 サヘルとスーダンの降水量の傾向（1960〜1993年）[2]
棒グラフはサヘルとスーダン，塗りつぶしはアフリカ大陸全体の雨量．縦軸は降水量指数（平年値を指数化）．

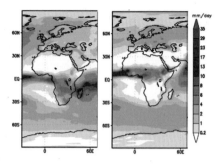

図3 アフリカ大陸の降水量の季節移動（文献[3]）をもとに作成）

リカ大陸では西部のギニア湾からコンゴ，タンザニアを経てマダガスカル北部にいたる．夏には，ギニア湾北部からサヘル，チャド，エジプトを経てアラビア半島にかかる．このITCZ（熱帯収束帯，降水量の目安）の季節的な移動により，乾季と雨季がわかれ，年によって雨季に降水量が少なかったりすると干ばつとなる．

干ばつ災害は，影響する地域が広範囲に及ぶことや，期間も長期的なものが多く，被害を特定することが難しい災害である．干ばつによる災害を把握するには，気象干ばつ，水文干ばつ，農業干ばつ，社会・経済干ばつに分けて評価される．気象干ばつは，降水量が通常より少ない状態が長期間継続することで，降水量の平年比で評価される．水文干ばつは，降水量に加えて，土壌や河川からの蒸発量を加味して評価され，利用できる水の量，水資源で評価される．農業干ばつは，農作物にとって必要な水が確保できないことで，農作物が成長期には多くの水が必要となるなどの作期も考慮される．社会・経済干ばつは，これらの干ばつが生活や生産活動に及ぼす影響が考慮される．

一方，被害を特定することも難しい．大雨や強風などによる物理的な破壊に伴う損害は，眼にもはっきりみえるので特定することが容易であるが，干ばつ災害は一般に物理的な破壊を伴わないので，被害の特定が難しい．人的な被害も，干ばつによる直接の被害というよりは，飢餓による死亡や栄養不良に起因する疾病によって被害が広がる．また，被害を受けていない国々からの食糧支援なども，社会の体制や政治的な情勢に左右されることもあり，BBCの報道に見られるように被害が広がる要因にもなる．

〔小柴 厚〕

文 献
1) WMO：Bulletin 62, special issue (2013).
2) FAO：SD dimension Posted May (1996).
3) 気象庁ウェブサイト：JRA-25アトラス．

235 高潮

バングラデシュのサイクロン

1991年4月29日

1991年4月30日早朝,バングラデシュ南東部に上陸したサイクロンにより,12万5000人から20万人が死亡したと伝えられ,世界的にも被害が大きい熱帯低気圧となった.

このサイクロンは,4月25日にベンガル湾南部で発生,急速に勢力を強めながらベンガル湾を北上,進路をやや東よりに変えて,上陸時には中心付近の平均風速が60 m/sを超えると推定されている.

バングラデシュ沿岸の港湾都市チッタゴン周辺では6 mを超える高潮となり,内陸数kmまで海水が侵入と報じられた.また,強風と大雨により避難や救助が妨げられ被害が拡大した.バングラデシュ当局によると,被害は15億ドルを超えると推定されている.また,隣接したミャンマーやインドでも被害が出ている.バングラデシュ海軍当局は,バングラデシュ南部の海抜数mの沿岸地域で,最大風速が65 m/s,約6 mの高潮,64行政区のうち,16地区で被災としている.バングラデシュ政府は,138,868人死亡,78万戸全壊,1046 km道路損壊,156か所の橋梁,122の防波堤流失,復旧見積もり約15億米ドルと発表.EM-DATによると,このサイクロン(Gorky)による被害は,死者は13万8000人を超え,154万人に被害があったとされ,非公式には死者は20万~50万人ともいわれている.

赤道以北の北インド洋は,インド気象局が熱帯低気圧の地域監視センターをしている.北インド洋の熱帯低気圧は,中心付近の最大風速で,表1のように分類されている.

北インド洋の熱帯低気圧の発生は,ベンガル湾4,アラビア海1の割合.ベンガル湾で多いのは,ベンガル湾南東部やアンダマン海で発生するものと,最も熱帯低気圧の発生が多い太平洋西部で発生したものが南シナ海を通過し弱まりつつもインド洋に達するものがあるからである.一方,アラビア海では,アラビア海で発生するものとインド半島を横切って到達するものがあるがベンガル湾のよりも弱まっていて少ない.また,アラビア海の水温がベンガル湾より低いことも影響している.北インド洋は低緯度のため偏東風の影響を受けて経路は東進することが多い.

北インド洋の熱帯低気圧は,8月にピークがある単峰型で,そのうち16%がサイ

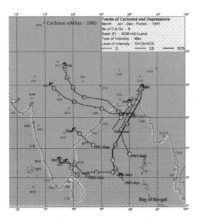

図1 サイクロンの経路[3]

表1 熱帯低気圧の分類[3]

名称	最大風速
Low pressure area	9 m/s 以下
Depression	9 m/s 以上
Deep Depression	14 m/s 以上
Cyclonic Storm	17 m/s 以上
Severe Cyclonic Storm (SCS)	25 m/s 以上
Very Severe Cyclonic Storm	33 m/s 以上
Super Cyclonic Storm	61 m/s 以上

クロンに発達する．サイクロンは，プレモンスーンの5, 6月とポストモンスーンの10, 11月にピークがある双峰型．モンスーンシーズンにはサイクロンや強いサイクロンはあまり発生しない．サイクロンの発生数は年平均5個程度．モンスーンシーズンに少ないことについて，インド気象局は，次のように分析している．モンスーンシーズンには，北インド洋の対流圏の下層5000 mでは偏西風，9000 mより上層の対流圏上層では強い東風が吹き，上層と下層の風向・風速が違い（風の鉛直シア），サイクロンの発生が少ない．熱帯低気圧は，偏西風帯に発生する温帯低気圧と違って，風の鉛直シアがあると発生が阻害される．また，モンスーンシーズンには太陽の季節的な移動に伴って，海面水温のピークが北半球に移動し，低気圧やサイクロンの発生域が北上する．低気圧はモンスーントラフ（モンスーンシーズンには北西インドからベンガル湾北部に存在）に沿って発達するが，発生から1〜2日でインドやバングラデシュなどの陸域に到達するので，サイクロンまで発達するのに充分な時間がない，としている．

2006年までに中心付近の最低気圧が最も低かったのは，1979年10月12日のサイクロンで870 hPa，推定風速95 m/s．上陸時の最大風速が最も強かったのは，1970年11月13日の224 km/h（約62 m/s）〈→233〉と1991年4月29日の235 km/h（約65 m/s），両者ともバングラデシュのチッタゴンに上陸した． 〔小柴　厚〕

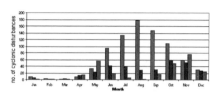

図2　熱帯低気圧の発生数（1891〜2006年）[3]
左から，熱帯低気圧，サイクロン，猛烈なサイクロン．

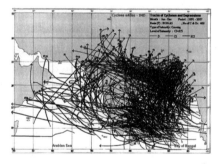

図3　1891年から2009年のサイクロンの経路[3]

文　献

1) WWCB：Weekly Weather and Crop Bulletin, May 7 (1991).
2) EM-DAT：米国国際開発庁海外災害援助局とベルギー・ルーベンカトリック大学災害疫学研究所の災害データベース．
3) インド気象局（IMD）．

236　熱波

英仏伊の熱波被害

2003年8月

　2003年3月以降，ヨーロッパでは広範囲に高温が続き，8月に入ってドイツ，フランス，スペインなどを中心に高温が顕著となった．この高温は過去500年間なかったような記録破りの，汗まみれになるような暑さで，ヨーロッパ各地で最高気温の記録が更新された．この熱波による死者は，フランスで死体安置所が不足するほどの1万5000人，イギリスで2000人，ポルトガルで2100人，イタリアで3100人，オランダで1500人，ドイツで300人の死亡が確認されるなど全体で2万人以上が死亡したと推定されている．WMOでは，イタリアの死者が2万人を超えたとしている．熱波による被害は，国によって集計方法が異なるので，被害者の数が異なることがある．

　人的な被害だけでなく，河川流量が減少して水運や飲料水の取水，水力発電，水遊びなどに影響が出るとともに，森林火災では，ポルトガルでは21万5000 haの森林が失われ，土壌が荒れたため河川の水質が悪化．アルプスでは，雪や氷河が融けて，岩石や氷などの崩落があった．ヨーロッパ連合の小麦の生産量は，前年に比べて約15%減収したといわれる．

　8月の気温の経過をみると，8月1～14日の平均気温の平年差で，ヨーロッパ全体で平年より高く，フランスやドイツを中心に平年よりも8℃以上高い地域が広がった．パリのオルリー空港では，8月に入って日最高気温が35℃を超える日が4日から13日まで続き，12日には40℃以上を記録した．オルリー空港の平年の8月の月最高気温は23.8℃なので，この高温は際だっている．

　このような極端な高温をもたらした要因として，気象庁は以下のように分析している．8月に入り，ヨーロッパ南西部に存在した高温で乾燥した空気の高気圧の勢力がフランスまで広がり，5日頃からは上空の偏西風の蛇行が大きくなったため，高気圧が停滞し，ヨーロッパの広い範囲を覆う状態が続いた．上空1500 m付近では平年より6℃以上高い領域がヨーロッパの広い範囲に拡大している．

　イギリス気象局は，8月5日の地上天気図で，ヨーロッパ西部を高気圧が覆い，高

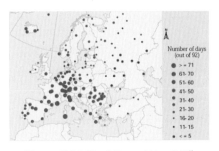

図1　日最高気温の高温10%以上の日数[1]

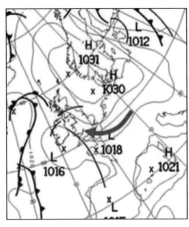

図2　イギリス気象局の地上天気図（2003年8月5日）[2]

498　　　　　8．世界の気象災害

気圧の周辺をまわるように,熱帯の高温・乾燥した大気が流れ込んでいると説明している.この気圧配置は月を通じて継続したとしている.

2007年7月には,ヨーロッパ南東部で高温続きとなり熱波による被害があった.ルーマニアのブカレストでは,18日頃から日最高気温が平年より10℃以上高い日が続いた.この異常高温の要因として,アフリカ大陸方面から南よりの暖かい風がヨーロッパ南部に吹き込んだこと,晴れた日が続いたことがあげられ,イタリアやギリシャでは山地の風下側で特に気温が高くなり,フェーン現象も重なっている.

〔小柴　厚〕

文　献

1) WMO : WMO Statementon the Status of the Global Climate in 2003, WMO, No. 966.
2) Met Office（イギリス気象局）.

237　高潮

アメリカのハリケーン・カトリーナ

2005年8月28日

2005年8月25日,アメリカ合衆国のフロリダ半島を通過し,いったんメキシコ湾に出たハリケーン・カトリーナは,29日ルイジアナ州に再上陸,ルイジアナ州やミシシッピ州などの沿岸地帯に高潮や強風による大きな災害をもたらした.EM-DATによると被害は,死亡1833名,50万人が影響を受け,被害総額は1250億ドルと,これまで最高だった1992年のハリケーン・アンドリューの250億ドルを大きく超え,アメリカ合衆国史上最悪の被害が生じたと推定されている.

ルイジアナ州ニューオリンズでは,市街地の約80％が浸水し,甚大な被害が発生した.潮位はミシシッピ州オーシャンスプリングスで約4mが観測され,後の調査では建物に残った水の痕跡などにより,ミシシッピ州の一部では潮位が約8mまで

図1　ハリケーン・カトリーナの経路[1]
バハマ南東で23日に発生,26日フロリダ半島でハリケーンに,メキシコ湾を横切って北上,29日ニューオリンズに上陸,勢力が弱まりながらも大平原を北上,31日温帯低気圧に.

表1 世界の気象災害被害額ランキング（1970〜2009年）[2]

災害種別	年	国	被害額（10億米ドル）
ハリケーン（Katrina）	2005	アメリカ合衆国	141.56
ハリケーン（Andrew）	1992	アメリカ合衆国	41.80
洪水	1998	中国	40.71
ハリケーン（Ike）	2008	アメリカ合衆国	30.83
洪水	1995	韓国	21.77
異常高温	2008	中国	21.69
ハリケーン（Ivan）	2004	アメリカ合衆国	21.08
干ばつ	1994	中国	20.53
ハリケーン（Charley）	2004	アメリカ合衆国	18.74
洪水	1993	アメリカ合衆国	18.38

達したであろうと考えられている．この非常に大きな高潮の発生には，非常に強いハリケーンによる気圧低下の影響による海面の盛り上がりに加えて，メキシコ湾沿岸はミシシッピ川から運ばれて土砂が堆積した広大な遠浅の海であり，強風による海水の吹き寄せ効果も加わったと考えられている．

ハリケーン・カトリーナにより経済的，社会的な影響もあった．カトリーナが通過した地域は，人口も多く，観光の拠点であり，石油や天然ガスの製造地帯であり，物流の拠点でもある．製油業界は操業短縮を余儀なくされ，原油価格が上昇した．また，ニューオリンズ周辺は米国中央平原の穀物の集散地であり，穀物市場への影響が懸念されたが，復旧などにより市場の影響は少なかったとされている．カトリーナによる穀物被害は，それまでのハリケーン・アンドリューの41億ドルを大きく上回って141億ドルと推定されている．

〔小柴　厚〕

文　献

1) EM-DAT：米国国際開発庁海外災害援助局とベルギー・ルーベンカトリック大学災害疫学研究所の災害データベース．
2) WMO：WMO Bulletin 62, special issue, 2013, 1970-2009年の被害額による災害ランキング．
3) 気象庁：台風情報の改善（気象業務はいま 2006）．
4) NHC：米国ハリケーンセンター．
5) アメリカ気象局．

朝鮮半島中部の洪水

2006年7月15～19日

2006年7月は，日本から朝鮮半島にかけて不順な天候が続き，梅雨前線の大雨により被害が発生，死者・行方不明者が日本で30名，韓国でも60名以上と報ぜられた．また，北朝鮮中部の平安南道では，過去最悪の死者1万人との報道もあったが，EM-DATによると，北朝鮮では7月12～20日の集計で死亡278名，8万人以上が影響を受けたとされる．

日本でもこの期間，梅雨前線の活動が活発で，九州から本州にかけて記録的な大雨となった．この大雨により，長野県，鹿児島県を中心に九州，山陰，近畿，および北陸地方などで土砂災害や洪水，浸水害が発生し，死者が長野県で11名，鹿児島県で5名など26名となり，気象庁は7月15～24日に発生した豪雨を「平成18年7月豪雨」と命名した．

7月は月はじめから，梅雨前線が朝鮮半島から西日本にかけて停滞し，7月10日には，宮古島を通過した台風3号が12時頃朝鮮半島南西部に上陸，韓国を縦断し日本海に抜け温帯低気圧になった．長崎県対馬では，80 mmを超える時間雨量を記録した．その後，7月20日頃まで，朝鮮半島には梅雨前線が停滞した．

15日9時の天気図（図1）には，北朝鮮から日本海を横切って北陸から東北南部に停滞，中国大陸には台風4号が上陸している．

2006年の日本の梅雨は，梅雨入りが各地で2～6日遅く，降水量も平年の1.5倍以上となるところもあり，短時間強雨の発生も多かった．梅雨明けは，九州から本州にかけて10日前後遅い7月30日頃となった．

各地で梅雨明けが遅れた要因として，気象庁は，偏西風の蛇行が強まったこと，暖かく湿った空気が朝鮮半島から日本付近に流れ込みやすかったことを指摘している．

偏西風は，低緯度から高緯度にかけて，気温が低下する温度の南北傾度が急なところに流れる地球を取り巻く風で，この時期には日本付近では北緯40度付近にある．2006年7月には，この偏西風の蛇行が顕著になり，朝鮮半島から日本付近で蛇行が強まった．偏西風の北側からは寒気が流れ込み，南側からは暖かく湿った気流が流れ込み梅雨前線の活動が活発になった．この状態は，7月15日以降，18日頃をピークとして月末頃まで続いた．このような偏西風の蛇行が10日程度持続し，日本付近への寒気の南下が続き，各地で梅雨明けが遅れた．

一方，日本の南海上の太平洋高気圧が強く，暖かく湿った空気が日本付近に流れ込みやすい状態が続き，南海上の太平洋高気圧の周りを回るような形で，暖かく湿った空気が日本付近に流れ込んだ．特に，7月14日に中国南部に上陸した台風4号と，太平洋高気圧の間を北上した下層の暖かく湿った空気が，日本海沿岸をゆっくりと南

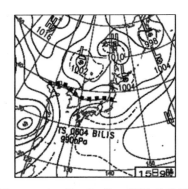

図1 2006年7月15日9時の天気図（気象庁）

下した梅雨前線に向かって継続して流れ込んだことにより，長時間，広い範囲にわたって大雨を降らせた．その後も，太平洋高気圧が南海上で強い状態が維持され，梅雨前線が本州南岸から九州付近に停滞し，日本の南海上から湿った空気が九州付近に流れ込みやすい状態が続いた．このため，期間の後半は，九州を中心に記録的大雨となった．

この偏西風の蛇行は，朝鮮半島や日本に豪雨などの異常気象の要因となっただけでなく，世界各地に高温や低温の異常気象の要因となった．偏西風が蛇行すると，偏西風が南下する地域には北からの寒冷な気流かが流れ込み，北上する地域では，南からより暖かい気流が流れ込む．こうした状態が継続すると，異常気象となる．

梅雨は，晩春から夏にかけて雨や曇りの日が多く現れる現象，またはその期間である（気象庁予報用語）．梅雨前線は，東アジア，中国，朝鮮半島，日本付近の北緯30度，東経110度から150度にかけて，存在する亜熱帯前線帯で，準定常的な降水帯，下層の大きな相当温位の水平勾配，厚い湿潤層などの特徴がある．中国ではメイユー，韓国ではチャンマと呼ばれている．

〔小柴　厚〕

文　献

1) EM-DAT（米国国際開発庁海外災害援助局とベルギー・ルーベンカトリック大学災害疫学研究所の災害データベース）．
2) 気象庁：気候系監視報告（2006）．

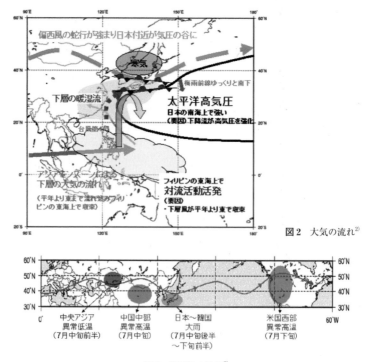

図2　大気の流れ[2]

図3　偏西風の蛇行[2]

ミャンマー南部のサイクロン

2008年5月2日

　4月27日朝，ベンガル湾南東部で発生した熱帯低気圧が西進．海水温が高い，対流圏の上層と下層で風向・風速の差（風の鉛直シア）が小さい，対流圏上層で風が発散しているなど，熱帯低気圧が発達しやすい条件により，28日3時（UTC）熱帯低気圧はサイクロンに発達，ナルギスと名づけられた．29日3時（UTC）には激しいサイクロンに発達．進路を北から東北東に変え，5月2日14時（UTC）に，カテゴリー4（風速40 m/s以上）の強さでミャンマーに上陸，翌3日にミャンマー最大の都市ヤンゴンを通過．上陸時の最大風速は54 m/s，最大瞬間風速66 m/s．被害は死者7万7000人，行方不明5万5000人を超え，240万人が影響を受けた．

　ナルギスは，転向点を通過した後も発達

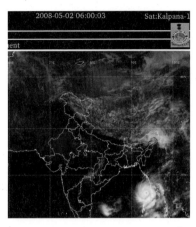

図2　サイクロン・ナルギスの衛星写真[1]

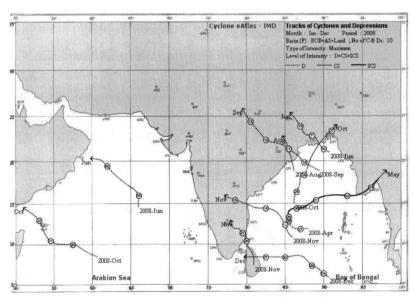

図1　サイクロン・ナルギスの経路[1]
北緯15度線に沿って東進している．

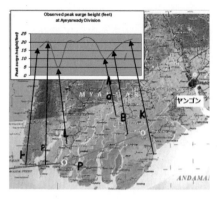

図3 ミャンマー・エーヤワイディ川の水位[1]

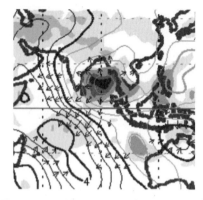

図4 ベンガル湾周辺の対流活動（2008年5月1日）[1]

し，5月1～2日にほとんど東進，上陸後12時間にわたって勢力が衰えなかったという特徴があった．

ミャンマーのエーヤワイディ川からヤンゴンにかけた広範囲の地域に大雨が降り，またエーヤワイディ・デルタ地帯では3～5mの高潮となった．図3はミャンマーの気象・水文局が推定した高潮の高さで，エーヤワイディ川の河口（左端）で4.5m（15feet），川に沿った低地で6m，高台でも1.5m程度の高潮となったことがわかる．図5は高潮によって打ち上げられた船である．

人的被害のほかに，家屋の倒壊74万戸以上，家畜の被害15万頭以上，海水が進入した面積3万ha以上と推定されている．

この年フィリピン周辺からベンガル湾では，4月下旬から5月はじめにかけて対流活動が平年より活発だった．図4は5月1日のベンガル湾周辺の対流活動（OLR）で，強い対流活動域（降雨域，黒塗り）がベンガル湾中央からミャンマーにかけて広がっている．

世界気象機関（WMO）は，被災直後専門家をヤンゴンに派遣し，被害の状況やミャンマー気象水文局の体制などを調査した．その報告を受けて，翌2009年2月

図5 高潮で打ち上げられた船[1]

にESCAP（アジア太平洋経済社会委員会）などと合同で調査団をミャンマーに派遣し，事実経過や対応策，支援策などについてレポートを作成した．

そのレポートによると，ミャンマーには4～5月と10～12月のストームシーズンがあり，2006年4月マルラ，2007年5月アクシュと相次いでサイクロンにより被害が発生した．しかし，それ以前は1994年以来サイクロンクラスの熱帯低気圧の上陸はなかった． 〔小柴 厚〕

文 献

1) IMD（インド気象局）：北インド洋の熱帯低気圧報告（2008）.
2) WMO：WMO FACT-FINDINGS MISSION TO MYANMAR, MISSION REPORT（2009）.

台湾高雄縣の台風8号による大雨

2009年8月9日

土砂災害は,災害の形態によって,山崩れ,崖崩れ,地すべり,土石流などに分けられ,また崩壊の形態によって,表層崩壊と深層崩壊に分けることがある.厚さ0.5〜2.0m程度の表層土が,表層土と基盤層の境界に沿って滑落する比較的規模の小さな崩壊を表層崩壊,表層だけでなく,深層の地盤までもが崩壊土塊となる比較的規模の大きな崩壊が深層崩壊である.一般的には,崖崩れや土石流は表層崩壊によるものが多く,気象庁と都道府県などが共同で発表している土砂災害警戒情報は,強い雨に起因する土石流や集中的に発生する崖崩れを対象としているので,対象のほとんどは表層崩壊である.深層崩壊は,極端な大雨,融雪,地震などを要因として発生するが,まれにしか起きないとされている.しかし,いったん起きると大災害に結びつく可能性がある.

たとえば,台湾の高雄縣小林村では2009年8月5〜10日に台風8号(モーラコット,最低気圧は台湾に上陸する直前の945 hPa,最大風速は45 m/s)によって3000 mmもの大雨が降り,深層崩壊が発生,その土砂が川に流れ込んで河道閉塞が起き天然ダムが形成され,そのダムが崩壊し450名が死亡した.また,2010(平成22)年8月8日に中国甘粛省舟曲(しゅうきょく)縣で起きた土石流(詳細不詳)による死者・行方不明者は1000名以上とされ,深層崩壊といわれている.

台湾の高雄縣小林村甲仙郷の深層崩壊は,EM-DATによると死亡630名,230万人に影響,被害額2億5000万米ドルである.この災害は,台湾では「八八水災」,

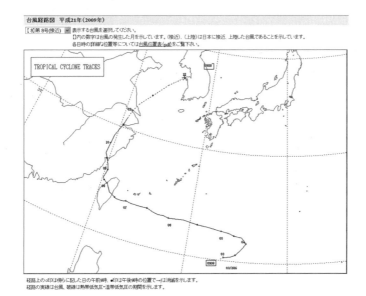

図1 台風0908経路(気象庁ベストトラック)

日本では「八八水害」と称される。

　台風8号は，8月7〜9日に台湾を横切るようにゆっくり進み，8月6日0時〜8月9日19時の積算雨量は，嘉義縣阿里山で2726 mm，屏東縣尾寮山で2551 mmであった。

　国土交通省では，この災害について，以下のようにまとめている。

　「台風に伴う豪雨は8月5日から10日まで続き，この間の総降水量は多いところで3000 mmにも達し，台湾各地の過去最大雨量を記録している．主要な土砂災害箇所は52箇所，深層崩壊によって天然ダムが18箇所形成，モーコラット台風による死者・行方不明者は746名であるが，高雄縣小林村高仙郷で発生した深層崩壊，天然ダム決壊の一事例で400名以上の人命が失われている．」　　　　　　　　〔小柴　厚〕

文　献

1) 國生剛治：台湾小林村の台風 Morakot による斜面災害（2009.8.7〜9）の調査速報，中央大学理工学部．

 深層崩壊

中国チベットの前線による大雨

2010年8月8日

　2010年7月後半から8月にかけて，インド洋やその周辺海域で平年より対流活動が活発で，パキスタンからインド北部，中国チベットにかけて大雨による災害が発生し，数百万人が影響を受けた．対流活動が活発だったことには，インド洋の海面水温が高かったことやラニーニャ現象が関連している可能性がある．

　また，日本付近では亜熱帯ジェットが，平年よりも北に位置し太平洋高気圧が日本付近に張り出したこととあわせて，インド洋の対流活動が活発で上層のチベット高気圧も日本付近に張り出し，本州で背の高い高気圧が形成され，日本付近は記録的な高温となった．

　こうしたなか，8月8日には，中国中部のカンスー（甘粛）省ガンナン（甘南）やチベット族自治州ズッチュ（舟曲）県で，大雨による土砂崩れが発生し，1760名以上が死亡したと伝えられた．EM-DATによると，この大雨による死亡は1765名，被害額は7億5900万ドル．この土砂災害は，

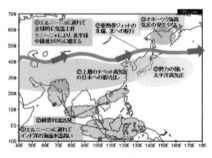

図1　大気の流れ（気象庁）

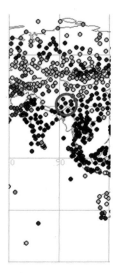

図2 降水量(気象庁)

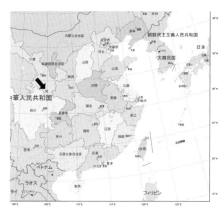

図3 地すべり発生地点(矢印)

舟曲県土石流災害(中国語:甘粛省舟曲県特大泥石流灾害)と呼ばれている.

報道(EURONEWS)によると,舟曲県の大雨災害は,大雨による土砂が白龍川に流れ込みダムを形成,そのダムが決壊し,町の中心部幅500 m,距離5 kmにわたって300戸を埋めつくし大きな被害が出たとされる.

この災害に対し,8月15日までに世界各国の政府から中国政府に対し哀悼や慰問がよせられたほか上海万博のイベントが中止されるなどの影響があった.

また,パキスタンやその周辺では6月から9月にかけて,積乱雲の活動が活発で異常多雨となり,7月下旬から8月上旬の大雨による洪水で1960名以上が死亡したと伝えられた. 〔小柴 厚〕

文 献

1) EM-DAT:米国国際開発庁海外災害援助局とベルギー・ルーベンカトリック大学災害疫学研究所の災害データベース.
2) EURONEWS:2010年8月8日.

タイ洪水

2011年7〜9月

2011年のインドシナ半島は，モンスーンの雨季を通して平年より雨の多い状況が続き，6〜9月の降水量は，インドシナ半島のほとんどの地点で平年の約1.2〜1.8倍の雨となった．7月以降，チャオプラヤ川やメコン川の流域で洪水が発生し，タイでは700名以上，カンボジアでは240名以上，ベトナムでは40名以上が死亡した[3]．EM-DATによると，タイでは2011年8月から翌2012年1月までの被害は，死亡813名，950万人に影響，被害額400億ドルであった．

これが誘因となって，チャオプラヤ川やメコン川の流域で洪水が発生し，各地で被害が発生した．特にチャオプラヤ川がはん濫したタイでは，長期間にわたって洪水が続き，日系企業が多く入居するアユタヤ県を中心とした工業団地が冠水し，工場が操業停止となるなど，日本国内にも大きな影響を与えた．

インドシナ半島では，おおむね5月にモンスーンの雨季に入り，10月に次第に明ける．2011年のインドシナ半島の降雨の特徴として，チャオプラヤ川やメコン川の流域全体に，雨季を通して，降水量が平年

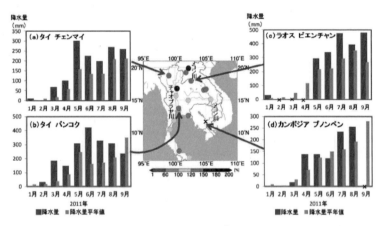

図1　降雨の状況[3]

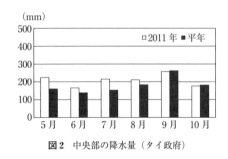

図2　中央部の降水量（タイ政府）　　図3　北部低地帯の降水量（タイ政府）

より多い状態が続いた．これは，アジアモンスーンに伴う積雲対流活動が平年と比べて活発だったことが関連したとみられる．

インドシナ半島付近では，ベンガル湾方面から流入する対流圏下層の水蒸気量が平年より多く，モンスーントラフが明瞭で，対流活動が平年より活発だった．しかし，この期間のインド洋や太平洋の熱帯海面水温分布は，過去のインドシナ半島の雨季における降水量が多い場合に現れやすい分布と異なっている．　　　　　〔小柴　厚〕

文　献
1) 日本貿易振興機構（2011）．
2) 気候系監視年報：特定事例の研究－2011年雨季のインドシナ半島の多雨（2011）．
3) 気候変動監視レポート（2011）．

243 洪水

フィリピン・ミンダナオ島の台風21号による大雨

2011年12月16日

台風21号（Washi, PAGASA[2] 名Sendong, フィリピン熱帯低気圧監視海域では19番目）は，12月16日フィリピンのミンダナオ島に上陸，洪水や強風のため死者1439名，115万人以上が影響を受け3800億ドルの被害が出た（EM-DAT）．

ミンダナオ島のカガヤン・デ・オロでは24時間で180.9 mm（平年の月降水量の60%）を記録し，水位が1.24 m上昇する大洪水となった．

図1　台風21号，Sendongの経路[1]

図2　被害写真[1]

フィリピン政府のとりまとめによると,死者1268名,行方不明181名,負傷6071名,倒壊家屋5万棟以上.木材の違法伐採による山の保水力の低下が遠因となったとの指摘もある.日本政府は,直ちに,国際協力機構(JICA)を通じて緊急援助物資(簡易水槽,発電機など)の供与を行い,日本赤十字社も医療チームを派遣した.

台風21号は,発生後ほぼ西進し,パラオを通過,勢力が強まり台風となった.その後も西進を続け,勢力がさらに強まった.ミンダナオ島を横切る際に勢力は弱まり,南シナ海に抜けて19日に消滅した.

NASA/TRMMが推定した降水量(12月13日から19日の合計)は,台風が上陸したミンダナオ島東部では200 mmから250 mm,同島北部海岸沿いでは300 mmから400 mm. 〔小柴 厚〕

文 献
1) NDRRMC:Republic of The Philippines, National Disaster Risk Reduction and Management Council.
2) PAGASA:Philippines Atmospheric Geophysical & Astronomical Service Administration.

244 アメリカ東海岸の ハリケーン・サンディ

2012年10月29～30日

2012年10月22日にカリブ海で発生した熱帯低気圧は,大西洋を北上し,24日に12番目のハリケーンに発達し「サンディ」と名づけられた.10月22～26日頃にかけて,キューバ島を縦断.キューバ,ジャマイカ,バハマ,ハイチなどで土砂崩れや浸水などにより死者67名という被害を出した.大西洋を北上中,一時的に勢力を弱めたが27日,再びハリケーンとなり大西洋上のアメリカ合衆国東岸沖を北東

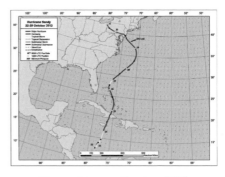

図1 ハリケーン・サンディの経路[1]

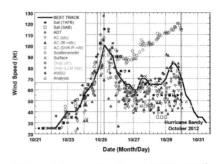

図2 ハリケーン・サンディの中心付近の風速[1]

進，28日頃から進路を北西に変え，29日23時半頃にニュージャージー州アトランティックシティ付近に上陸した．上陸直前でハリケーンから温帯低気圧となったが，上陸時の平均風速はカテゴリー1の70ノット（約36 m/s）であったが，中心気圧は945 hPa，勢力範囲はおおよそ半径1400 kmという巨大な低気圧で，アメリカ合衆国北東部のノースカロライナ州からメイン州までの沿岸地域を中心に31日頃までに多くの被害をもたらした．

アメリカ合衆国東部で広範囲の強風や高潮などにより死者120名，カリブ海諸国で80名など200名以上が死亡した．また，ニューヨークは大規模な高潮により地下街や地下鉄などが浸水し，800万世帯が停電したことにより，交通機関のマヒ，経済活動の停止などにより社会に大きな影響を与えた．

フロリダ州マイアミ以北の東海岸は，ハリケーンにより高潮となり，ニューヨークでは平常より約4.2 m（14 ft）高い潮位を記録し，以前記録（1992年12月）を1.2 m（4 ft）更新した．平均海水面は市内各地で2から2.7 m（9 ft）高くなった．また，ハドソン川の水位上昇は160 km上流にまで及んだ．

国土交通省と防災関連学会は合同調査団を派遣して，先進国の大都市を初めて襲ったニューヨーク都市圏大水害からの教訓をとりまとめ報告書を公開している．その中で，現地調査でわかったこととして，「ハリケーンに対する沿岸防御・浸水対策などのハード対策を重視してこなかった．その結果として，高潮の侵入を防ぐことができ

図3 被害写真：地下鉄駅の浸水[2)]

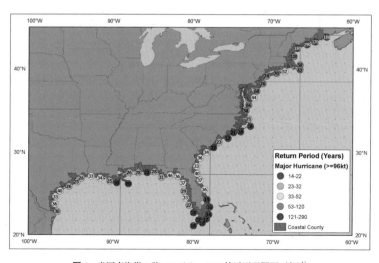

図4 米国東海岸の強いハリケーンの接近再現期間（年）[1)]

表1 米国ハリケーンの風速による区分（1分間風速の最大値）

カテゴリー	風速（マイル/時）	
1	74〜95	かなり危険
2	96〜110	非常に危険
3	111〜129	壊滅的な破壊
4	130〜156	破滅的な破壊
5	157以上	破滅的な破壊

ず，交通マヒなどによって都市機能に甚大な被害を生じさせた．さらにこのことによって，金融などの世界の社会経済中枢に甚大な影響を及ぼした」としている．

米国の強いハリケーン（カテゴリー2以上）接近の再現期間（単位は年）をみると，フロリダ半島やメキシコ湾沿岸のルイジアナ州など，東部の南北カロライナ州では22年よりも短くなっているが，ニューヨーク付近も北緯40度を越えていることもあり50年から70年となっている．このことは，報告書にもあるように，ハード面の対策が重視されてこなかったことを裏づける．

〔小柴 厚〕

文 献

1) NHC : Tropical Cyclone Report, Hurricane Sandy (AL182012).
2) 米国ハリケーン・サンディに関する現地調査報告書（第二版），平成25年7月，国土交通省・防災関連学会合同調査団（2013）．

アメリカ・オクラホマ州の竜巻被害

2013年5月20日

2013年5月，オクラホマ州では激しい気象災害が次々に発生した．5月の前半は，激しい雷雨がたびたび発生．2〜5日に，例年よりも遅くまで寒気の吹き出しがあり，平年よりも10℃以上の低温が継続した．15日頃には，大平原はそれまで続いていた乾燥した寒気にかわって，オクラホマ州ではひょうやトルネードが発生，18日にはスーパーセル（巨大な積乱雲）に伴う激しい雷雨が発生，野球ボール大のひょうも降った．19日からも人的被害を伴う改良藤田スケールEF-4クラス（最大風速約74 m/s以上）のトルネードも発生した．その後も，月末までオクラホマ州やテキサス州北部では激しい天気が続いたが，大きな被害をもたらすトルネードの発生はなかった．

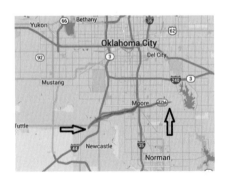

図1 ムーア・トルネードの経路[1]
ニューキャッスルでタッチダウン，ムーア市を横切り，スタンリードライバー湖で消滅．地上の距離13マイル（約22 km），最大幅1.1マイル（約1.8 km），時間14時56分から15時35分（現地時刻）．

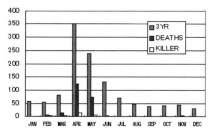

図2 トルネードの月別発生数（文献[1]）をもとに作成）
3年平均のトルネードの発生数，死者を伴う発生数，被害が大きい発生数．

5月20日は前々日から続いた一連の激しい天候の最後の日であり，竜巻による最悪の被害が発生した．20日はオクラホマシティ周辺には昼頃までにスーパーセルが発達し，そのうちの1つが急速に発達，現地時間14時56分にロート雲がニューキャッスル西部の地上に達し，数分のうちに猛威をふるった．竜巻は東から北東方向に進み以内にオクラホマシティの南のムーア市を横切り，死者20名を超す被害が出た．竜巻の強さはEF-5（改良藤田スケールで風速90 m/s以上）と推定され，これは「強固な建造物も基礎からさらわれ，自動車サイズの物体がミサイルのように100 m以上飛ぶなどのありえないほどの激甚な被害」をもたらすとされている．EFスケールが導入された2007年2月1日以来，2013年5月までにこの最高レベルの竜巻は全米で9例確認されていて，最大の被害を出したのは2011年5月24日にミズーリ州ジョプリンで発生した竜巻で，158名の死者があった．この竜巻は，ムーア・トルネードと称されている．

アメリカ合衆国のトルネード発生は，4,5月が最大で，年による違いはあるが，年間ほぼ1000個前後である．被害者はおよそ年間60名とされるが数人から数百人と年による変動が大きい．被害は飛散物の直撃によるものが多い．竜巻の多発地帯は，冬の終わりから盛夏期にかけて中央平原を北上する．

アメリカ合衆国オクラホマ州は，フロリダ半島と並んでトルネード・アレー（竜巻街道）として知られている．オクラホマ州を含むアメリカ大平原南部の竜巻街道は，テキサス州，カンザス州，ネブラスカ州を中心とする地域で，スーパーセルやEF-2以上のトルネードが発生する．アメリカ合衆国では年間約1000個以上トルネードが発生するが，95%は改良（enhanced）藤田スケールでEF-1（中程度の被害，風速50 m/s未満），EF-5は「信じられないほどの激甚な被害」をもたらすもので発生頻度は0.1%未満（NCDC）．

改良藤田スケールは，藤田哲也氏がトルネードの被害に基づく強度スケールをつくったが，その後詳細な被害調査に基づいて定められた新たなトルネード強度のスケールである．　　　　　　〔小柴　厚〕

文　献
1) NWS：アメリカ合衆国気象局．
2) NCDC：アメリカ合衆国気候データセンター．
3) EM-DAT：世界保健機構の災害データベース．

246　洪水

インドの土石流

2013年6月

　2013年6月16日にインド全域が，モンスーンに入った．インド北西部のモンスーンの開始は平年より約1か月という記録的な早さだった．16～18日に，インド北部のウッターラカンド州周辺に，激しいモンスーンの降雨があり，大雨や洪水，土砂崩れにより，600名以上が死亡し，5700名以上が死亡と推定され，また，ネパールでは50名以上が死亡したと伝えられた．

　EM-DATによると2013年6月12日から27日のインド・ウッターラカンドの被害は5000名，被害額は11億ドル，被害の95％はウッターラカンドに集中した．

　ウッターラカンド州はネパールの西隣に位置するインド北部のヒマラヤ山脈地帯にあり，巡礼の聖地として知られ，夏季には日に1万人以上の巡礼と観光客が訪れている．モンスーンの雨季が始まった2013年6月16日から18日にかけて，ウッターラカンド州周辺は200 mmを超える激しい降雨に見舞われた．16～18日にウッターラカンド州西部で200 mmを超える降雨があり，ダーラダンでは17日に370 mmを記録した．降雨域は次第に東部に移り，18日にはナイミタル郡ハルドワニで，280 mmの日降水量があった．巡礼者は施設にとどまったのに対して，被害の多くはマンダキニ川のはん濫と土砂崩れに巻き込まれたものである．ウッターラカンド周辺では，モンスーンに激しい降雨があるのはまれではない．

　6月12日にこの降雨をもたらしたモンスーンの低気圧がベンガル湾に発生し北西に進み，インド西部のラジャスタン州に到達し，18日にかけてインド北部をゆっくり

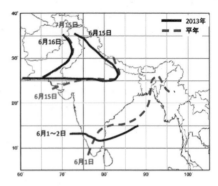

図1　2013年のインドモンスーンの開始[1]

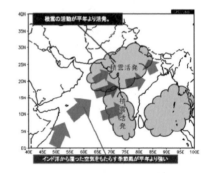

図2　大気の流れの特徴[2]

東進した．モンスーンの風はヒマラヤ周辺では強くないが，この低気圧に伴ってウッターラプラデッシュで20 m/sを超える強い南東の風が吹き，アラビア海やベンガル湾からの水蒸気が大量に運び込まれた．

　インド洋からの南西の下層の季節風が平年より強く，インド西岸や北部で積雲対流活動が活発．インドでは通常6月1日頃に南東部で雨季に入り，インド全体が雨季に入るのは7月15日頃であるが，2013年は平年より1か月早く6月16日にインド全体が雨季に入った．　　　　〔小柴　厚〕

文　献

1) インド気象局（IMD）．
2) 気象庁報道発表資料 2013年6月26日．

247

フィリピンの台風30号による大雨と高潮

2013年11月

2013年11月7～9日に,台風30号が,フィリピンを横断,6000人以上が死亡,1700人以上が行方不明,1200万人以上が影響を受けた.台風の強風や大雨に加えて,高潮により被害が大きくなった.また,高潮についての情報がうまく伝わらず,避難が遅れたことも被害を大きくした要因とされている.

台風30号は,2013年11月3日15時(以下,日本時間)にトラック島近海で,中心気圧1004 hPaの熱帯低気圧として発生,11月4日9時に北緯6.1度,東経152.2度で中心付近の最大風速18 m/s,中心気圧1001 hPaの台風(アジア名:Haiyan,海燕)となった.5日21日には最大風速が33 m/sを超え強い台風に発達した.この間,カロリン諸島をほぼ西進し,6日にはフィリピンに接近,フィリピン気象局(PAGASA)の監視域に入りYolandaと名づけられた.7～8日に中心気圧が895 hPaまで低下,最大風速が54 m/sを超える猛烈な台風に急発達して,現地時間8日4時40分にはサマル島に上陸,セブ島を9時40分に通過,さらに午後にかけてバラワン島やパラワン島を通過し,勢力がやや弱まり西フィリピン海に抜け,9日15時30分に,フィリピン気象局の監視域を抜けた.その後,南シナ海を横断し11日にはベトナムに上陸,11日21時に消滅した.

フィリピン災害対策評議会(2014年3月14日)の被害レポートによると,死者6268人,負傷28,689人,依然として行方不明が1061人.1600万人に影響があり,被災家屋は114万軒,被害総額は,インフラ,農業ともに420億円を超え総額850億円以上と報告されている.

フィリピンには,この後さらに,11月12日に熱帯低気圧がフィリピン南部を通過,被害復旧に影響を与えた.こちらの熱帯低気圧はフィリピン横断後,南シナ海で台風31号に発達,ベトナムに上陸し,30名以上死亡の被害を出した.

日本政府は,素早く3000万ドル(約30億円)の緊急無償資金協力を実施し,国際緊急援助隊として過去最大規模である1000人規模の自衛隊派遣を行った.台風30号のフィリピンに対する一連の国際援

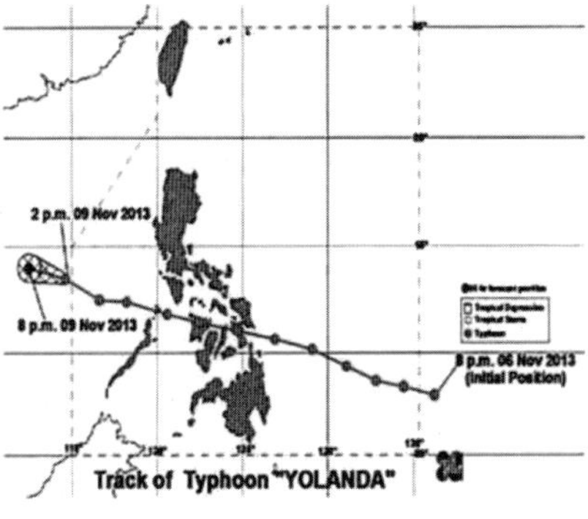

図1 台風30号(Yolanda)の経路[1]

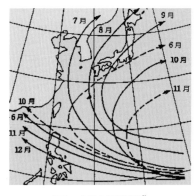

図2 台風の月別経路[2]

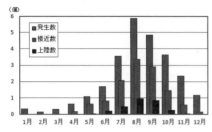

図3 台風の月別発生数[2]

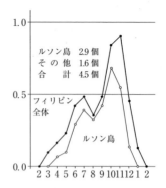

図4 フィリピンへの年平均台風上陸数
(1951〜1981年)(饒村曜氏提供)

助活動は，現地語で友達を意味するサンカイから「サンカイ作戦」と呼ばれている．

台風による被害は，大雨や強風に加えて，沿岸では高潮による被害もある．気圧低下による海面の盛り上がりは1hPaで1cm程度なので，この台風では通常より1m以上も高くなり，また強風の吹き寄せ効果や湾の形などが影響して被害が大きくなった．

低緯度で発生する前線を伴わない熱帯低気圧のうち，北西太平洋または南シナ海にあって，最大風速（10分間平均）がおよそ17m/s（34ノット，風力8）以上に発達したものが台風とされている．台風の年間発生数は約26個，7〜10月に多い．図2に示すように，台風は夏から秋には，発生後北西に進み上空の風に流され北東に進む経路をとることが多いが，11月や12月には発生後東よりに進む経路をとり，インド洋に到達するものもある．台風Yolandaは，この経路をとった．

台風の発生数は8月が最多で，日本への接近も8月が多い．しかし，フィリピンへの上陸数をみると11月が最多となっている．フィリピンのおもな11島に上陸する台風は，年平均4.5個（日本の約1.5倍），このうちの64%がルソン島に上陸している．台風の発生数の多い7〜9月に上陸数が少ないのは，この頃の台風の発生が，おもにフィリピンより高緯度の海域であるためとされている．　　　　　〔小柴　厚〕

文　献
1) フィリピン政府報告書．
2) 気象庁ウェブサイト．

付表1　日本のおもな気象災害（1851～2014年）

年月日	種類	地域	死者・行方不明者（名）	家屋倒壊・流出, 浸水（棟）	備考
1852. 春～夏	干害	近畿以西			嘉永5年
9.4	暴風, 大雨	近畿, 関東諸国			嘉永5年7月21日
10.3	暴風, 大雨, 高潮	沖縄			嘉永5年8月20日
1853. 夏～秋	干害	全国的			嘉永6年
1855. 1.4	大風	越前, 若狭			安政元年11月16日
9.7	風雨, 洪水	紀伊, 讃岐, 尾張, 江戸			安政2年7月26日
9.30	暴風, 大雨	四国, 近畿, 東海道			安政2年8月20日
1856.	凶作	東北			安政3年
9.23	暴風, 大雨	江戸, 下総, 筑後			安政3年8月25日 江戸で高潮, 安政2年の震災の倍の被害
1857.	凶作	東北			安政4年 東北は凶作だが, 西日本は豊作
9.17	暴風, 大雨, 洪水	四国, 近畿			安政4年7月29日
1858.	不作	北海道, 北陸			安政5年
1859. 3.17	暴風	五島列島沖	53		安政6年2月13日 春一番の語源とされる海難〈→004〉
8.23	暴風, 大雨, 洪水	関東, 奥羽			安政6年7月25日 東京湾高潮
1860. 6.29	暴風, 大雨, 洪水	東海, 江戸			万延元年5月11日 この年諸国凶作
1864. 9.8	暴風, 大雨	江戸			元治元年8月8日
1865. 夏	低温, 冷害	各地			慶応元年 各地で農民一揆
8.6	暴風, 高潮				慶応元年6月15日 東京湾高潮
1866.	凶作	諸国			慶応2年 凶作で庶民の外米輸入を許可
9.14	暴風, 大雨, 洪水	四国, 近畿, 中部, 関東, 奥羽			慶応2年8月6日
1868. 5.22～7.19	霖雨, 大雨, 洪水	関西, 近畿, 東海, 関東			明治元年閏4～5月〈→043〉
9.3	風雨, 洪水	大阪府?			明治元年7月17日 淀川堤防決壊
1869. 8.19～20	風水害	近畿, 東海, 関東			明治2年 7月12～13日
1870. 10.1	暴風雨	四国, 近畿, 東京			明治3年9月7日

年月日	種類	地域	死者・行方不明者(名)	家屋倒壊・流出,浸水(棟)	備考
1870.10.12	風水害	四国,近畿,東海,関東,奥羽			明治3年9月18日
1871.7.4〜5	風水害	四国,中国,近畿			明治4年5月17〜18日
9.3	暴風,高潮	東京			明治4年7月19日高潮(東京湾)
1873.5.	大雷雨,降ひょう	三重,岐阜,広島,山口,高知など			明治6年から太陽暦を導入
5.〜7.	干害	西日本,東日本,東北一部			夏干天60日(島根),イネ枯死(福岡),植えつけ不能(東京)
8.30	暴風雨,洪水	鳥取,近畿			
9.30〜10.3	風水害	九州,近畿,北陸			
1874.8.20〜21	風水害	西日本			
8.27	暴風,大雨,高潮	福岡	391		
1875.6.〜7.	干害	中国,四国,近畿			7.10〜30,干.6.1に内務省測量司気象係(東京気象台)設立
7.7〜9	大雨,洪水	東北			
1876.6.〜8.	干害	西日本,東日本,東北			7.8〜8.28,干.雨なし50日(神戸)
8.〜9.	水害	北海道			
9.13〜17	風水害	中国,東海			
1877.7.	干害	関東,東北			栃木,茨城,福島,秋田,大干で救慌金貸与
10.〜11.	風水害	近畿,東海,関東			東北洪水凶作
1878.9.14〜16	風水害	関東			
1879.7.7〜12	洪水	東北			
1880.6.〜7.	干害	西日本			6.空梅雨.7.25から53日雨なし(香川)
8.19〜25	暴風,大雨	九州,四国,近畿,関東			
9.15	風雨,洪水	四国,山陽,近畿			
10.3〜4	風雨,大雨	九州,近畿,東海,関東			
1881.4.29〜5.7	大雨,洪水	中国,北陸			
7.〜9.	干害	広島,兵庫,岐阜			7.20〜9.8,降雨1回(神戸)
9.13〜15	暴風雨,洪水	近畿,東海			

年月日	種類	地域			備考
1882.8.5	風雨, 洪水	四国, 近畿, 北陸			
10.1〜7	暴風雨	中部, 関東, 東北南部			
1883.6.〜8.	干害	全国			7.3〜9.10, 11mm（和歌山）
8.17〜19	風雨	九州			台風に関する初の暴風警報発表（低気圧については5.26）
9.10〜11	風雨	九州, 四国, 近畿			
10.7〜9	台風, 風雨	西日本, 東海, 北陸			紀伊半島に上陸
10.12〜13	暴雨, 大雨	西日本, 東海			
1884.	冷害	北日本, 特に北海道			冷害, 風水害, 虫害, 程度: 北海道A, 東北A
8.25〜26	台風	九州〜東北, 特に瀬戸内海	1992		政府が力を入れた宮城県野蒜港築港計画が挫折
9.15〜17	台風	西日本〜関東	530以上		9.15の東京・神田祭を襲い将門台風と呼ばれる
12.	多雪	福井			
1885.4.7〜9	洪水	山陰, 北陸, 東北			
6.15	大雨, 洪水	福岡, 広島, 大阪			
6.28〜7.1	暴風, 洪水	全国			淀川洪水〈→044〉
10.15〜16	台風	四国〜関東, 特に東海			台風が本州南岸通過
1886.6.〜8.	干害	香川, 鳥取, 岐阜, 和歌山, 千葉			6.18〜8.27, 雨なし70日（香川）
9.10	台風, 洪水	四国, 中国, 九州			
9.24	台風	西日本, 北陸			
1887.1.	大雪	東京			31cm（東京）
10.7〜8	台風	四国, 近畿, 東海			
1888.7.11	洪水 冷害	北陸 北日本, 特に北海道			冷害, 風水害, 程度: 北海道B, 東北C. 9.9に札幌で初霜
7.30〜8.1	台風	中部	岐阜53	1271	
8.29〜31	台風	四国, 近畿	286	14,778	
1889.	冷害	東北, 北海道			冷害・洪水, 程度: 北海道A, 東北B
6.24〜26	水害	北陸, 東北南部			
7.	洪水	筑後川			筑後川三大洪水〈→047〉

年月日	種類	地域	死者・行方不明者(名)	家屋倒壊・流出,浸水(棟)	備考
1889.8.17〜19	台風,大雨	近畿	1400以上		土砂災害(紀伊半島),奈良県十津川郷600世帯が北海道へ移住.熊野本宮大社が流出〈→064,067, 076, 082, 089〉
9.11	台風	東海以北	890		台風本州縦断,高潮(愛知県)
1890.10.5〜6.	大洪水	富山			
1891.	冷害	東北,北海道			冷害,程度:北海道B,東北C
7.19〜23	風水害	九州,山陰,北陸,東北地方			
9.14〜15	台風	九州			
1892.7.22〜25	台風,洪水	中国,四国,近畿,関東	97	9792	〈→045〉
8.	台風	沖縄		1590	
1893.3. 6.〜8.	大雪 干害	新潟 西日本,東日本			大雪7.9m 7月各地少雨,6.25〜8.16で12mm(浜田),0.6mm(和歌山)
	冷害	北海道			冷害,程度:北海道B,東北C
10.13〜16 11.	風水害 暴風雨	西日本 熊本,島根,富山,福島			被害甚大 塩風害(熊本県天草)被害大
1894.7.〜9.	干害	西日本			空梅雨7.27〜8.25(福岡),無降水7.25〜9.2で13mm(熊本)
8.25 9.11	大洪水 暴風雨	秋田 北九州,四国,中国			
1895.7.14〜25 7.28〜31 8.4〜6	暴風雨 洪水 洪水	西日本 近畿,東海,北陸 北陸	44		山陽線軍用列車転覆
1896.1.	大雪	新潟			新潟市大雪1m18cm.この年,全国的に桑の凍害甚大
7.20〜22	大雨,洪水	中部〜東北	51以上	浸水250,000	「横田切れ」と呼ばれる信濃川の堤防決壊,大河津分水路のきっかけ
8.30〜31	台風	近畿,東海,北陸	500以上		紀伊半島に上陸,被害甚大〈→045,120〉

日付	種類	地域	死者等	家屋等	備考
1896.9.6〜12	台風, 前線	四国〜東北	344以上		四国に上陸, 関東で51年ぶりの洪水, 渡良瀬川流域で足尾鉱滓による被害が広がる〈→076, 120〉
1897. 9.8〜10 9.29	冷害 風水害 台風, 暴風雨	北海道, 東北 東海, 関東 西日本			虫害(東北), 冷害4〜9月, 程度：北海道A, 東北A 〈→080〉 九州に上陸〈→045, 080〉
1898.9.6〜8	台風, 洪水	東日本, 北日本, 特に北海道	300	3500, 6347 (北海道)	台風が東海道から北海道縦断, 北海道は耕地5分の1以上引き揚げ〈→083, 121〉
1899.8.13〜16 8.27〜28 10.4〜8	台風 台風 台風	九州南部 西日本, 特に四国 近畿, 東海, 関東	113 1000以上 19	23,000 14,971	〈→083〉 台風が四国に上陸, 別子銅山の山崩れで死者600名〈→083〉 栃木県箒川鉄橋で列車転落
1900.9.26〜28	台風	中国〜関東			〈→080〉
1901.7.11〜14 9. 10.5〜8	低気圧, 大雨 洪水 暴風雨	山口, 熊本, 福岡, 佐賀, 和歌山 北海道 九州, 山口	69 48		北九州炭鉱水没
1902.4.〜8. 8.8〜12 9.27〜29	冷害 台風 台風	北日本, 特に太平洋側 西日本 東北, 関東, 東海	197 470	9000以上	北日本大冷害. 明治凶作の始まり(1902, 1905, 1913年). 程度：北海道A, 東北A 熊本に上陸. 山口県では150年ぶりの洪水 高潮(神奈川県小田原・国府津), 宮城・山形は300年来の暴風雨「壬寅歳暴風雨」
1903.7.9 7.〜9.	梅雨前線, 大雨 干害	近畿, 東北, 北海道 西日本, 東海	48		7.7〜14, 淀川(明治三大洪水の1つ), 大和川がはん濫 7.31〜9.2, 7mm(境)
1904.7.9〜11	台風	近畿, 東海, 関東, 北海道			石狩川はん濫〈→121〉
1905. 7.下旬	冷害 洪水	中部地方以北 北九州, 北陸, 東北南部			霖雨, 冷害4, 7〜9月, 特に8月, 程度：北海道A, 東北A

付表1　日本のおもな気象災害

年月日	種類	地域	死者・行方不明者(名)	家屋倒壊・流出,浸水(棟)	備考
1905. 8. 8～9	台風	九州	527		長崎県高島炭鉱被害甚大, 長崎で珊瑚採取の漁船大量遭難〈→083〉
1906. 1.	大雪 冷害	山形県 東北全般			米沢積雪6m4cm 霖雨, 冷害, 特に6, 8～9月, 程度: 北海道B, 東北B
10. 23～24	台風	九州, 山陰	1300		本州西部台風襲来, 鹿児島・長崎の漁船遭難, 長崎で珊瑚採取の漁船大量遭難〈→083〉
1907. 2. 10	大雪	西日本			
3. 23	暴風	房総沖	数百		千葉県の漁船遭難〈→076〉
8. 24	台風, 前線	全国, 特に山梨	577 (山梨233)	5000	
9. 7～11	台風	西日本, 北海道			
1908. 3. 8～9	暴風雨	北海道南部	156		
3. 10～12	暴風	山陰, 北海道	280		
8. 7	台風	中部～東北南部			
1909. 8. 5～6	台風	九州, 四国	111		
1910. 1. 30	暴風	北海道西岸	180		
3. 11～12	暴風雨	山陰沖, 房総沖	941以上		死者は鳥取沖41, 房総沖900以上
8. 7～14	台風, 前線	中部, 関東	1379	5000, 518,000	利根川, 荒川, 関東では明治期最大で1783年以来の洪水〈→042, 084, 125, 135〉
1911. 6. 7	大ひょう害	関東, 東北			青森で90cmも
6. 18～19	台風	九州～関東			
7. 25～26	台風	東海, 関東, 北海道東部	296		東京湾で高潮被害
9. 21～22	台風, 大雨	九州	172		山崩れ(鹿児島県霧島温泉)
1912. 8. 23	台風	高知県			高知県上陸
9. 23	大暴風雨	近畿以東			列車転覆(富山県伏木付近)
10. 1	台風	九州, 四国	150		
1913. 6.～8.	風水害, 冷害	北海道, 東北			冷害, 5.～9., 程度: 北海道A, 東北A, 北海道の水稲の収穫7%(前後50年平均)
6.～8.	干害	西日本, 東海			西日本無降水30日以上続出, 6. 18～7., 37 mm(福岡), 7. 5～8. 11, 4 mm(彦根)

日付	種類	地域			備考
1914. 8. 12〜13	台風	中部，関東，北陸	115		富山県の被害甚大
9. 11〜16	台風	西日本〜関東			豊後水道で漁船の行方不明127隻
1915. 8. 3〜6	台風	関西			
9. 8〜11	台風	西日本			
9. 18	台風	西日本	100		
10. 6〜8	台風	九州〜関東			
1917. 1. 24〜25	暴風雪，大雪	北海道，北陸			〈→197〉
6.〜7.	干害	西日本			春より少雨，空梅雨，7, 8月少雨（香川），1893年以来
9. 30〜10. 12	台風	東北〜近畿	1324	57,734, 302,917	淀川水害，東京湾に4.21 mの高潮，1911年以来最大の高潮被害〈→080, 122〉
1918. 1. 9〜20	豪雪	東北，北陸	342		大正7年豪雪，表層なだれで新潟県南魚沼郡三俣村158, 山形県東田川郡大泉村154などの死者〈→197〉
7. 10〜13	台風	九州，中国			
8. 29〜30	台風	四国，近畿			
9. 13〜14	台風	西日本	226		山陰洪水
9. 24〜25	台風	関西			
1919. 8. 14〜16	台風	九州，四国			
9. 13〜16	台風	西日本〜関東	41		海軍の給油艦「志自岐」が種子島付近で乗員100余と行方不明
1920. 8. 15	台風	中国，四国			高知で降水量1000 mmを超す
9. 30	台風	関東，東北	156		
1921. 6.	洪水	筑後川			筑後川三大洪水〈→047〉
9. 25	台風	中国〜中部	691	全壊5474	
1922. 2. 3	なだれ(全層)	新潟県の北陸線の親不知と青梅駅間	92		運行中の客車3両が埋没破壊
1924.	融雪洪水	富山県の黒部川流域	31	78, 9958	
6.〜8.	干害	西日本，中部日本			大正年間最大．空梅雨，土用照り込み．月雨量30%（京都，名古屋）
9. 11〜12	風水害	九州			9.10〜17に沖縄本島付近に台風が存在
9. 15〜16	風水害	関東			
1925. 10. 1	大暴風雨	関東		浸水4万余	50年ぶりの豪雨

年月日	種類	地域	死者・行方不明者(名)	家屋倒壊・流出,浸水(棟)	備考
1926. 4.～8.	冷害	北海道, 東北北部			冷害, 程度：北海道A, 東北C
5. 24	泥流	十勝川流域			十勝川噴火融雪災害〈→065〉
7.～8.	干害	西日本, 中部日本			8月48 mm（宮崎）, 16 mm（浜松）
9. 2～5	台風	近畿, 東海, 関東	221	5067, 1602	
1927.	豪雪	北陸			昭和2年豪雪, 2.10に新潟県高田で大雪, 北陸線は25日まで不通, 積雪11 m 85 cm（伊吹山）〈→195, 198〉
9. 11	台風	九州～東北	439	2211, 3493	9.11～14, 高潮
1928. 7.～9.	干害	新潟, 山形			佐波大干, 1846年以来
8. 1	大暴風雨	関東			荒川はん濫
8. 28～30	風水害	九州～近畿	20	158, 3924	高潮（周防灘）
1929. 8. 15～18	水害	近畿, 愛知, 北海道	42以上	100以上, 3000以上	
1930. 7. 17～18	台風	九州, 四国	88	10,310	
8. 10～13	台風	九州, 中国	48以上	2600以上, 59,000以上	
1931. 4.～8.	冷害	東北, 北海道			霖雨, 冷害, 4～7月, 特に7月, 程度：北海道A, 東北A
1932. 6.～9.	冷害	北日本, 特に北海道			7.～9., 東日本は6月, 程度：北海道A, 東北B
7. 1～8	水害	中部以西			
7. 15	台風	東日本	235		
11. 14～15	台風	中部～東北	257	13,672, 65,081	七五三台風, 船舶2230
1933. 7.～8.	干害	西日本			降水平年比6月43%, 8月9%（熊本）, 岡山被害大
1934. 3. 21	大火	北海道函館市	2116	11,105	函館大火〈→021〉
6.～8.	干害	西日本			5月降水38%, 6月50%（松山）, 植付不能面積55%（7月上旬, 福岡）, 8月6 mm, 1894年に次ぐ（熊本）
7.～9.	冷害	北日本			霖雨, 1913年以来の凶作, 程度：北海道A, 東北A
7. 10～11	大雨, 洪水	北陸	145	465, 17,129	記録的豪雨（黒部川流域）

付表1 日本のおもな気象災害

年月日	種類	地域	死者・行方不明	家屋被害	備考
1934. 9. 20～21	台風	九州～北陸, 東北	3036	92,740, 401,157	室戸台風, 高潮被害（特に大阪府）, 船舶 27,594〈→085, 123, 124, 127, 132, 133〉
1935. 5.～9.	冷害	北日本, 東日本			北日本は特に7月, 東日本は5, 7～9月, 程度：北海道A, 東北A
6. 26～30	大雨	西日本, 特に福岡県	156	2041, 232,202	
8. 21～25	大雨, 低気圧	東北, 特に青森県	201	284, 17,799	
8. 27～30	台風	全国	73	1451, 60,550	暴風雨（高知県）
9. 23～26	2つの台風	全国	377	3243, 110,153	四国上陸, 三陸沖北上（特に群馬県）, 利根川水害, 三陸沖の台風で第4艦隊が大量遭難
1936. 1～2.	大雪	北陸, 東北の日本海側			
1937. 7. 13～17	水害	東海, 関東			
9. 10～11	台風, 風水害	全国	84		
1938. 1. 4～14	なだれ	新潟	70		
6. 28～7. 5	前線, 大雨	近畿～東北, 特に兵庫県	925	9123, 501,201	阪神大水害〈→046, 050〉
9. 1	台風	中部～東北	245	13,223, 158,536	
9. 5～7	台風	四国, 近畿, 特に徳島県	104	1130, 31,388	
10. 14	台風, 洪水	九州南部	467	2161, 6897	
12. 27	なだれ（表層）	富山県北アルプス黒部渓谷	84		発電所の作業員宿舎1棟が吹き飛ばされる〈→204〉
1939. 6.～8.	干害	中部, 近畿以西			7月降水平年比21%（西日本）, 42%（北陸）, 8月降水平年比44%（西日本）, 39%（北陸）, 昭和最大の干害
8. 15	台風	関東			
10. 15～17	台風	九州, 四国, 特に宮崎県	99	2580, 13,798	
1940. 4.～9.	冷害	北日本, 東日本, 特に北海道			北日本4, 6, 9月, 東日本は4, 8～9月, 程度：北海道B, 東北C
1941. 4.～9.	冷害	北日本			4～9月, 特に7～9月, 程度：北海道A, 東北A
6. 7	豪雨	北海道雄武町	60	32	幌内川ダム決壊
6. 中～下旬	前線, 大雨	西日本	112	534, 48,556	
7. 11～12	風水害	全国			
7. 22～23	台風	東海～東北	98	1044, 213,767	

付表1 日本のおもな気象災害

年月日	種類	地域	死者・行方不明者（名）	家屋倒壊・流出，浸水（棟）	備考
1941.9.30～10.1	台風	近畿以西	210	5492, 46,525	豊肥線列車河川に転落
1942.8.27～28	台風	九州～近畿，特に山口県	1158	102,374, 132,204	船舶3936，山口県周防灘沿岸で200年来の高潮〈→085〉
9.21～23	台風	近畿，中部	43		
1943.7.22～25	台風，風水害	北九州～近畿，特に島根県	240	4531, 33,440	江川水害
9.18～20	台風	中国，九州，特に島根県	970	21,587, 76,323	
1944.7.19～22	梅雨前線，大雨	東北，北陸	88	575, 35,734	
10.7～8	台風，前線	四国～北海道	103	1995, 29,418	船舶2969，898 hPa（日本の南海上）
1945.3.23	雪泥流	青森県			〈→019〉
7.～8.	冷害	北陸～北海道			多雨，冷害，5～7, 9月，特に7月，程度：北海道A，東北A
9.17～18	台風	西日本	3756	89,839, 273,888	枕崎台風，特に広島県の土砂災害〈→123, 124, 132, 155〉
10.10～13	台風	西日本，特に兵庫県	451	6181, 174,146	阿久根台風〈→046〉
1947.7.～8.	干害	中部以西			収穫皆無 12,014 ha（宮崎），6520 ha（三重），7, 8月降水量平年の60～30%（宮崎県，三重県）
9.14～15	台風	東海以北	1930	9298, 384,743	カスリーン台風，利根川水害，北上川水害〈→042, 086, 125, 126〉
1948.9.11～12	大雨，低気圧	九州北部	247	1263, 2290	
9.15～17	台風	四国～東北，特に岩手県	838	18,017, 120,035	〈→125, 126〉
1949.6.18～23	台風	九州～東北，特に愛媛県	468	5398, 57,553	デラ台風，青葉丸が沈没，船舶4242
6.15～19	台風	九州，四国	179	2561, 101,994	ジュディス台風
8.31～9.1	台風	中部～北海道	160	17,230, 144,060	キティ台風，船舶2907，東京湾高潮被害〈→086〉
1950.1.9～15	強風	九州～関東	120	810	
9.2～4	台風	四国以北	508	56,131, 166,605	ジェーン台風，高潮（大阪府），船舶2752〈→046, 127〉
8.3～6	熱帯低気圧	中部～東北	99	376, 32,293	
9.12～14	台風	九州，中国	43	4836, 121,924	キジア台風〈→128〉

期間	種類	地域	死者	被害	備考
1951.7.7〜17	前線, 大雨	中部以西, 特に京都府	306	1585, 103,298	
7.21〜8.28	干害	全国			0.3 mm（松江）, 5 mm（広島）, 30 mm（新潟, 長崎）, 水稲被害 139,885 ha, 陸稲 91,824 ha
10.13〜15	台風	全国, 特に山口県	943	221,118, 138,273	ルース台風, 船舶 9596, 高潮（山口県）〈→128〉
1952.4.17〜18	大火	鳥取県			鳥取大火〈→098, 165〉
6.22〜25	台風	関東以西	135	425, 39,712	ダイナ台風, 6月に気象業務法制定
7.7〜18	前線, 大雨	中国〜東海	140	664, 161,027	
1953.6.4〜8	台風2号, 前線	九州〜中部	54	1802, 33,640	1953年は戦後水害史の中で特異（頻繁に発生）, 台風には台風番号がつけられる
6.25〜29	梅雨前線, 大雨	九州〜中国, 特に熊本県	1013	34,655, 454,643	筑後川水害, 北九州水害, 昭和の梅雨災害の最大級の1つ〈→047, 048, 129〉
7.16〜24	豪雨	全国, 特に奈良県, 和歌山県	1124	10,889, 86,479	南紀豪雨〈→048, 064, 067, 129〉
8.14〜15	低気圧, 前線, 大雨	京都, 三重	429	1777, 21,517	南山城水害, 用語「集中豪雨」初見〈→048, 129〉
8.〜9.	冷害	東日本			早冷, イモチ病, 特に8月下旬〜9月, 程度：北海道B, 東北A
9.24〜26	台風13号	全国, 特に近畿	478	86,398, 495,875	高潮（近畿, 愛知, 福井）〈→129〉
1954.5.9〜10	強風, 低気圧	東北〜北海道	397	12,359, 23	急速に発達した低気圧で数百隻の漁船遭難, メイストームの起源〈→005, 011〉
6.〜8.	冷害	全国, 特に北海道			8〜9月, 本州は6〜7月, 程度：北海道A, 東北B
7.4〜6	前線, 大雨	中国〜近畿	45	317, 32,645	
8.17〜20	台風5号	九州, 四国	61	5442, 32,265	
9.10〜14	台風12号	関東以西	146	39,855, 181,380	
9.17	台風14号	四国〜東北	54	422, 43,762	
9.25〜27	台風15号	全国	1761	207,542, 103,533	洞爺丸台風, 船舶5581, 岩内大火〈→021, 024, 130, 131, 137, 165〉
1955.2.19〜21	強風, 低気圧	全国	123	573, 296	
4.14〜18	大雨, 前線	九州, 四国	95	110, 18,533	ボタ山崩れ（長崎県佐世保市）

付表1　日本のおもな気象災害

年月日	種類	地域	死者・行方不明者(名)	家屋倒壊・流出,浸水(棟)	備考
1955. 5.11	濃霧	瀬戸内海	168		宇高連絡船「紫雲丸」沈没〈→024〉
7.3～8	前線,大雨	九州,北海道	49	216, 30,218	
9.29～10.1	台風22号,大火	関東を除く全国	68	85,554, 51,294	船舶1483,新潟大火
1956. 2.10	なだれ(表層)	富山県黒部第2発電所	21		建設労働者宿舎を直撃
4.16～18	低気圧,大雨	東北,北海道	93	35, 2407	石狩川融雪洪水
4.29	冷凍害	関東～中国			最大級の1つ
7.～8.	冷害	北海道			程度:北海道A,東北C
7.14～17	前線,大雨	北陸,東北	60	708, 31,066	
8.16～19	台風9号,火災	全国	36	37,341, 10,431	船舶2700,高潮(有明海),大館市大火
9.7～10	台風12号,火災	沖縄～中部	43	32,044, 11,489	富山県魚津市大火〈→098, 165〉
9.25～27	台風15号	沖縄～関東	31	4170, 47,520	
10.28～31	低気圧,大雨,強風	九州～北海道	72	146, 5373	
1957. 6.27～28	台風5号,前線	九州～関東	53	396, 129,673	
7.25～28	水害	九州,特に長崎県	992	6811, 72,565	諫早水害〈→049〉
12.12～13	低気圧,暴風雨	全国	43	15,913, 2076	
1958. 1.26～27	強風,低気圧	本州南岸	201	3, 6	紀阿航路「南海丸」沈没
3.～7.	干害	西日本,中部日本,東日本			関東,東北,3.～7月中旬,西日本5.～7月末,干天7月11mm(大分)
7.22～23	台風11号	近畿以北	40	1089, 46,243	旧中川堤防決壊(東京都)〈→131〉
7.23～29	前線,大雨	四国～東北	30	423, 40,874	
8.24～26	台風17号	近畿～中部	45	1996, 17,641	〈→131〉
9.15～18	台風21号	全国	72	5648, 48,700	〈→131〉
9.26～28	台風22号	近畿以北,特に静岡県	1269	16,743, 521,715	狩野川台風,都市小河川の水害本格化〈→008, 130, 131, 132〉
1959. 7.13～15	台風5号,前線	中部以西	60	603, 77,288	
8.13～14	台風7号,前線	近畿～東北,特に甲信・静岡県	235	76,199, 148,607	
9.15～18	台風14号	関東を除く全国	99	16,632, 14,360	宮古島台風,高潮(有明海,渡島半島),宮古島では全半壊3000棟〈→087〉
9.26～27	台風15号	九州を除く全国	5098	833,965, 363,611	伊勢湾台風,戦後最大の水害,船舶7576〈→008, 086, 119, 123, 124, 129, 131, 132, 148, 222〉

年月日	種類	地域	死者・行方不明	被害(家屋等)	備考
1960. 1. 16～18	暴風雪，低気圧	東北～北海道	84	167, 7	
8. 2～3	前線，大雨	東北，北海道	30	866, 9577	
8. 12～13	台風12号	近畿，中部	47	449, 21,144	
8. 28～30	台風16号	中部以西	61	2265, 45,009	
12. 27～1961. 1. 2	大雪	北陸	39		
1961. 6. 24～7. 10	前線，低気圧	北海道を除く全国	357	8464, 414,362	昭和36年梅雨前線豪雨，天竜川水害，横浜市など宅地造成災害〈→133〉
9. 15～17	台風18号	全国，特に近畿	202	499,444, 385,120	第二室戸台風，高潮（近畿），船舶2540〈→080, 133〉
10. 25～29	低気圧，大雨	九州～中部，特に大分県，宮崎県	114	819, 60,748	〈→133〉
1962. 7. 1～9	前線，大雨	九州，東海	102	395, 91,604	
1963. 1.	豪雪	全国，北陸中心	231	6005, 7028	昭和38年1月豪雪〈→177, 194, 195, 198, 199〉
1. 24	集落なだれ（表層）	福井県勝山市	16		民家5戸が押しつぶされる
6. 29～7. 5	低気圧，大雨	九州北部	37	567, 44,929	〈→033〉
8. 7～11	台風9号	九州～近畿	29	2064, 25,166	四万十川はん濫，別府市高波
8. 14～18	前線，水害	北九州	27		
1964. 6.～9.	冷害	北海道，青森			程度：北海道A，東北C
7. 17～19	豪雨，前線	山陰，北陸，特に島根県	128	2048, 67,517	昭和39年7月山陰北陸豪雨
8. 23～25	台風14号，風水害	西日本，特に九州	20		〈→079〉
9. 24～25	台風20号，風水害	九州～東北	56	71,269, 44,751	
1965. 4.～7.	冷害	北海道			程度：北海道B，東北—
6. 19	台風9号	西日本	22		
6. 26	集中豪雨	神奈川県川崎市	24	15	盛土斜面崩壊
6. 30～7. 3	前線，大雨	九州	36	880, 21,659	
7. 21～23	前線，大雨	中国，中部，特に島根県	33	451, 21,761	
8. 4～6	台風15号	九州～中国，特に熊本県，鹿児島県	28	58,951, 5,716	
9. 9～11	台風23号	全国	73	63,436, 49,626	
9. 13～18	台風24号，前線	全国	107	8105, 251,820	
10. 6	台風29号	マリアナ海域	209		マリアナ海難
1966. 3. 5	乱気流	富士山上空	124		BOAC機墜落
4.～8.	冷害	北日本，特に北海道			程度：北海道A，東北C

付表1　日本のおもな気象災害

年月日	種類	地域	死者・行方不明者(名)	家屋倒壊・流出,浸水(棟)	備考
1966.6.27~29	台風4号,風水害	中部~北海道	83	433, 128,041	
8.14~16	台風13号,前線	九州~近畿の太平洋側	39	74, 19,142	
9.5	台風18号	沖縄	0	7765, 30	第二宮古島台風,強風〈→087〉
9.23~25	台風24, 26号	全国,特に山梨県,静岡県	318	73,166, 53,601	最大瞬間風速91.0 m/s(富士山頂)〈→134〉
10.12~17	低気圧,大雨	東海以北	30	245, 25,420	
1967.7.7~10	梅雨前線,大雨	九州北部~関東	371	3756, 301,445	昭和42年7月豪雨,傾斜地の土砂崩れが多発(神戸市,広島県呉市など)〈→050, 064〉
8.26~29	前線,大雨	新潟,福島,山形	146	2594, 69,424	羽越豪雨
10.27~29	台風34号	北海道を除く全国,特に三重県	47	2959, 26,842	
1968.2.15~16	大雪	北海道,東北を除く	20		
8.15~18	台風7号,前線	岐阜	133	443, 14,662	雷雨,飛騨川に国道からバス転落〈→088〉
8.25~31	台風10号,前線	全国	27	263, 24,386	
9.22	台風16号	近畿以西	11	5715, 15,322	第三宮古島台風〈→087〉
1969.2.4~7	暴風雪	北陸~北海道	31	117, 99	船舶1085
6.24~7.1	前線,大雨	関東以西,特に鹿児島県	89	976, 64,390	
8.~9.	冷害	北日本,特に北海道			程度:北海道B,東北C
8.7~12	前線,大雨	東北,北陸	41	608, 34,360	記録的集中豪雨(新潟など)
1970.1.30~2.2	暴風雨,暴風雪,波浪	中部以北	25	916, 4422	昭和45年1月低気圧〈→006, 176, 181〉
3.17	流氷	択捉島	30		流氷海難〈→209〉
7.1	前線,大雨	関東南部	24	1758, 14,424	中小河川水害の典型
8.20~22	台風10号	中国,四国	27	48,652, 59,961	土佐湾台風,高潮
1971.5.~9.	冷害	北日本			程度:北海道A,東北C
7.18	集中豪雨	兵庫県相生市	112	6, 4602	上空に寒気
8.1~6	台風19号	九州~中国,特に鹿児島県	69	1691, 18,113	
8.28~9.1	台風23号	関東以西	44	1427, 122,290	異常潮位
9.6~7	台風25号	近畿~関東,特に千葉県	84	202, 11,504	
9.9~10	前線,大雨	三重県	43	79, 1200	

付表1 日本のおもな気象災害

年月日	種類	地域	死者	被害	備考
1971.9.26〜27	台風29号	近畿〜関東	20	30, 59,665	
1972.7.3〜13	豪雨	全国	442	4339, 194,691	昭和47年7月豪雨〈→051, 067〉
9.6〜10	熱帯低気圧, 大雨	九州〜中部	16	137, 36,925	
9.13〜20	台風20号, 前線	全国	85	4213, 146,547	
1973.5.7〜9	前線, 大雨	九州〜北陸	24	28, 1809	
6.〜8.	干害	全国			中国・四国は1939年以来, 東北・北陸は1942年以来の干天〈→077〉
7.30〜31	台風6号, 低気圧	九州	29	110, 37,783	
11.17〜24	強風, 大雨	中部〜東北	26	12	
1974.4.20〜22	低気圧, 大雨	九州〜北海道	23	浸水218	
4.26	山崩れ(融雪)	山形県	17	20	
7.3〜11	台風8号, 前線	沖縄〜中部, 特に香川県, 静岡県, 神奈川県	111	1448, 148,934	七夕豪雨, 安倍川はん濫(静岡市)〈→088〉
9.1〜4	台風16号, 大雨	東京都		19	多摩川の堤防決壊(東京都狛江市)〈→135〉
1975.8.5〜8	前線, 大雨	北海道を除く全国, 特に青森県, 山形県	35	536, 12,622	
8.17〜20	台風5号	四国〜北海道, 特に高知県	77	2419, 50,222	
8.21〜24	台風6号	四国〜北海道, 特に北海道, 徳島県	33	711, 48,832	
1976.6.21〜26	前線, 大雨	九州〜中部, 特に鹿児島県	43	164, 3474	
6.〜9.	冷害	中部地方以北と四国・九州			冷害, 北日本7〜9月, 台風による大雨, 西日本9月, 程度: 北海道A, 東北A
9.8〜17	台風17号, 前線	全国	169	11,193, 442,317	長良川水害, 連続6日間降りつづく, 800億t以上という台風の雨量記録〈→064, 118, 136〉
10.28〜30	強風, 大火	北陸〜東北の日本海側	2	3767, 663	酒田大火〈→165〉
12.26〜1977.3.	雪害	全国	84	826, 770	
1977.9.8〜10	台風9号	太平洋沿岸の都県	1	5119, 3207	沖永良部台風, 陸上の最低気圧907.3 hPa(沖永良部島)
1979.3.29〜4.4	暴風雨, 暴風雪	沖縄を除く全国	20	4725, 184	

年月日	種類	地域	死者・行方不明者(名)	家屋倒壊・流出,浸水(棟)	備考
1979. 6.25～7. 4	前線, 大雨	関東を除く全国	29	273, 48,208	
9.24～10. 2	台風16号	全国	12	1503, 68,216	
10.14～20	台風20号	全国	111	7523, 37,450	海難事故(釧路港), 最盛期に最低気圧870 hPa〈→139〉
1980. 7.～9.	冷害	沖縄を除く全国			長雨, 程度: 北海道A, 東北A〈→100, 101〉
8.26～31	低気圧, 大雨	全国, 特に北海道	26	405, 39,141	
12月下旬～1981.2.	大雪	全国	103	5819, 5553	五六豪雪, 船舶1269〈→194, 195, 198, 200, 205〉
1981. 8.～9.	冷害	東北～北海道			程度: 北海道A, 東北A, 石狩川洪水〈→034, 117〉
8.20～27	台風15号	近畿以北	43	4401, 31,082	台風が加速して関東上陸, これにより台風の進路予報が扇形表示から予報円表示に
1982. 6.～9.	冷害	関東甲信～北日本			冷害, 東日本6～9月, 程度: 北海道ー, 東北B
7.10～26	前線, 大雨	関東以西	345	851, 52,165	昭和57年7月豪雨(長崎大水害)〈→052, 056〉
8. 1～3	台風10号, 前線	中国～東北	95	5312, 113,902	大雨, 中央自動車道寸断, 東海道本線富士川鉄橋流出〈→089〉
9. 8～14	台風18号, 前線	中国以北	38	651, 136,308	異常出水(富士五湖)〈→193〉
11.28～30	暴風雨, 低気圧	関東以西	15	76, 8700	
1983. 6.～9.	冷害	関東甲信～北日本			北日本6～7月, 程度: 北海道C, 東北ー
7.20～27	集中豪雨	九州～東北	117	3669, 17,141	昭和58年7月豪雨(山陰豪雨), 災害を受け, 10月1日より記録的短時間大雨情報の発表開始〈→036〉
9.24～30	台風10号, 前線	中部以西, 特に長野県	44	640, 56,267	
12月下旬～1994.4.	大雪	全国	96	939, 515	
1984. 6～9.	干害	全国			干害, 8月8.0 mm(山形), 農業被害289億円, 都市生活用水不足深刻(愛知県, 淀川沿線)
12月下旬～1985.1.	大雪	全国	46	139	〈→184, 195〉

期間	災害	地域		被害	備考
1985.6.18〜7.6	台風6号, 前線	九州〜東北, 特に千葉県	16	811, 12,691	関東各地を直撃, 千葉県の被害大
7.26	地すべり	長野市	26	69	
8.29〜9.2	台風12, 13, 14号	九州〜北海道	31	7805, 2858	船舶1144, 台風13号により有明海で漁船14隻が遭難したことから1986年より進路予報に暴風警戒域を表示
1986.7.4〜17	前線, 大雨	中部以西, 特に鹿児島県, 京都府	23	175, 3638	
8.3〜9	台風10号	東海〜東北, 特に茨城県	21	2683, 105,072	
1987.2.2〜4	大雪, 強風, 低気圧	九州〜東北	22	2	
1988.7.	冷害	東日本			程度：北海道一, 東北A 〈→101〉
7.9〜29	集中豪雨	九州〜東北, 特に広島県	27	613, 10,083	7.15〜21は昭和63年7月豪雨
1989.7.28〜8.4	熱帯低気圧, 台風11, 12号	九州〜関東	11	76, 10,664	大雨, 強風, 洪水（鹿児島県, 関東）
9.1〜15	低気圧, 大雨	九州〜北海道, 特に長崎県	17	50, 21,581	
1990.6.25〜7.4	低気圧, 大雨, 前線	九州, 近畿, 特に熊本県	27	592, 42,141	
9.16〜20	台風19号, 前線	沖縄〜東北	40	16,541, 18,183	強風, 西日本では風倒木と史上最悪の400万戸が停電, 9月中旬〜10月上旬に長雨〈→115〉
12.11〜12	大雨, 竜巻	四国〜関東, 特に千葉県	6	2099, 5	竜巻の進路上空に珍しい超強力積乱雲（茂原市）
1991.2.13〜19	低気圧, 大雨, 強風	近畿〜北海道	26	178, 54	二つ玉低気圧
9.16〜21	台風16号	近畿〜東北	12	225, 52,662	9月上旬〜10月前半に長雨
9.24〜10.1	台風19号	全国	62	170,447, 22,965	リンゴ台風, 青森県では出荷予定の50万tのリンゴのうち35万tが落下, 船舶930〈→078, 080, 137, 158〉
1992.5.〜8.	冷害, 低温, 日照不足	北海道, 東北			冷害, 北日本6〜8月, 程度：北海道A, 東北一
1993.6.〜9.	冷害	沖縄を除く全国			程度：北海道A, 東北A〈→038, 100, 101, 117〉
6.28〜7.8	大雨, 前線	九州〜関東	21	84, 1392	

年月日	種類	地域	死者・行方不明者(名)	家屋倒壊・流出,浸水(棟)	備考
1993.7.31～8.7	集中豪雨	西日本,特に九州南部	79	824, 21,987	平成5年8月豪雨〈→059〉
8.31～9.5	台風13号	沖縄を除く全国	48	1892, 10,447	土石流(鹿児島県薩摩半島)
1994.4.～10.	干害,酷暑	全国	14		6～8月降水量が西日本平年50%以下,広範囲で給水制限〈→061, 077, 094〉
1996.7.～8.	台風14号,前線	九州～近畿の太平洋側	39	74, 19,142	平成8年7月8月豪雨
9.20～24	台風17号	近畿以北	12	898, 12,226	9月の連休期間中交通機関大混乱(首都圏)
12.6	土石流	長野県	14	2	
1997.7.3～19	前線,大雨	沖縄を除く全国	26	89, 7681	
9.12～20	台風19号	沖縄を除く全国	12	216, 16,016	行く手を高気圧に阻まれ,5日間大雨が続く(九州,山口)
1998.8.25～9.1	前線,低気圧	沖縄を除く全国	25	486, 13,927	平成10年8月末豪雨〈→059, 228〉
9.21～24	台風7,8号,前線	四国～北海道	18	21,165, 8692	強風による倒木(奈良県など),高知豪雨〈→057〉
1999.6.22～7.4	梅雨前線,低気圧,大雨,強風	九州～東北	28	63, 7866	福岡水害〈→060, 064, 091, 113, 228〉
8.9～17	熱帯低気圧,大雨	四国～東北	17	63, 7524	水難事故(神奈川県玄黒川の中洲)
9.16～25	台風18号,前線	全国	36	47,150, 23,218	高潮(熊本県)〈→078, 148, 149〉
2000.9.8～17	秋雨前線,台風14号	沖縄～東北	11	609, 70,017	大雨,洪水,9.11～12は東海豪雨〈→113, 118, 138〉
2001.8.18～24	台風11号,前線	四国～関東,鹿児島	8	154, 1052	大雨,洪水,強風
2003.7～8.	低温,日照不足	北海道～九州			全国の作況指数90.7月の平均気温と日照時間が全国150観測点のうち11観測点で最低を記録,米10年ぶりの不作〈→038, 039, 101〉
7.18～20	梅雨前線,大雨	九州～中部	23	265, 7845	大雨,土石流〈→065〉
8.6～10	台風10号,前線	北海道,愛媛県,長野県	20	708, 22,531	大雨,洪水(北海道日高地方)

2004.7.12〜20	梅雨前線	特に新潟県,福島県	16	5,518, 8402		平成16年7月新潟・福島豪雨, 特に13日, 五十嵐川や刈谷田川の堤防決壊（新潟県）〈→053, 054〉
7.17〜21	梅雨前線	特に福井県	5	409, 13,950		平成16年7月福井豪雨, 特に17日, 足羽川の堤防決壊（福井県）〈→053, 054〉
8.26〜9.2	台風16号	全国	18	8627, 46,581		大雨, 強風, 高潮, 土砂崩れ〈→139, 148, 149〉
9.4〜8	台風18号	全国	47	57,466, 10,026		大雨, 暴風, 高潮, 1993年台風13号以来の大きな被害〈→139, 158〉
9.24〜30	台風21号, 秋雨前線	沖縄〜東北	27	3068, 19,153		〈→057〉
10.17〜21	台風23号, 秋雨前線	沖縄〜東北	99	19,235, 84,850		超大型台風による25年ぶりの被害〈→089, 139〉
2005.6.〜	少雨, 高温	西日本, 中部, 関東				西日本では6月に1946年の観測開始以来の暑さと少雨, 渇水は1994年の大渇水を上回る
9.3〜8	台風14号, 前線	全国	29	7452, 21,160		〈→060〉
12.〜2006.3.	冬型の気圧配置, 低気圧	全国	152	4713, 113		平成18年豪雪. 2005.12.25に羽越本線の最上川橋梁で特急列車が突風で脱線転覆, 29名死亡（山形県）〈→177, 179, 180, 183, 195, 201, 215〉
2006.7.	多雨, 日照不足, 酷暑	北海道を除く全国				降水量は108観測点で観測史上最高, 日照時間不足は東日本で顕著
7.15〜24	梅雨前線	西日本, 北陸, 長野, 新潟	30	1708, 6996		平成18年7月豪雨〈→238〉
9.15〜20	台風13号	沖縄, 九州, 中国	10	11,894, 1366		風台風, 竜巻（延岡市）〈→073, 078, 215〉
10.4〜9	大雨, 強風, 波浪, 低気圧, 前線	四国〜北海道	50	1154, 1206		
11.7	竜巻	佐呂間	9	2		〈→073〉
2007.6.〜9.	酷暑	全国	66			〈→094, 099〉
2008.8.26〜31	前線, 上層寒気	東海, 関東, 中国, 東北	3	44, 22,460		平成20年8月末豪雨, 1時間146.5 mm（愛知県岡崎市）

年月日	種類	地域	死者・行方不明者(名)	家屋倒壊・流出, 浸水(棟)	備考
2009.7.19~26	前線	九州~関東	39	378, 11,541	平成21年7月九州北部豪雨. 土石流(山口県防府市)〈→035, 047〉
8.8~11	台風9号	九州~東北	28	1173, 5217	
2010.6.~9.	酷暑, 大雨, 残暑	全国	271		40.8℃(埼玉県熊谷, 岐阜県多治見)〈→094, 097〉
7.10~16	大雨	九州~東北	14	251, 5380	
2011.7.27	前線	新潟, 福島	6	1107, 9025	平成23年7月新潟・福島豪雨〈→053, 055〉
8.30~9.6	台風12号	四国~北海道	98	4008, 22,094	紀伊半島を中心に, 1000 mm以上の雨〈→064, 066, 082, 089, 118, 145, 229〉
9.15~22	台風15号	全国	19	3739, 7840	静岡県に950 hPaで上陸, 関東東海の上陸台風では最強クラス, 首都圏で暴風
2012.7.11~14	前線	九州北部	32	2176, 12,606	平成24年7月九州北部豪雨. 1時間80 mm以上が4時間続く(熊本県阿蘇乙姫)〈→036, 047, 057, 064, 065, 229〉
11.~2013.5.	大雪	北日本, 北陸, 中部	104	206, 25	〈→006, 175, 181, 205〉
2013.6.~8.	猛暑	全国	88		救急搬送5万6000名, 41.0℃(高知県江川崎)〈→094, 096, 099〉
10.15~16	前線, 台風26号	関東~北日本, 特に伊豆大島	43	1017, 5655	土石流(伊豆大島), 4時間に426 mm(伊豆大島)
2014.2.14~19	低気圧(大雪, 暴風雪)	関東甲信, 東北, 北海道	26	548, 33	積雪1 m 14 cm, 過去最高積雪の2倍以上(甲府)〈→181, 196〉
7.6~7.11	台風・梅雨前線	沖縄, 九州南部	3	117, 718	台風8号
7.30~8.11	台風, 前線	四国を中心に全国	6	700, 5964	台風12, 13号, 平成26年8月末豪雨(1)〈→090〉
8.15~20	前線, 暖湿流	東日本, 西日本	7	49, 2216	数字は広島土砂災害を除く. 平成26年8月末豪雨(2)〈→090〉
8.19~20	暖湿流	広島県	75	46, 139	広島土砂災害, 平成26年8月末豪雨(3)〈→090, 091〉

付表2 世界のおもな気象災害（1900〜2013年）

年月日	種類	国および地域	死者・行方不明者（名）	備考
1900.	干ばつ（飢饉・疫病）	インド	1,250,000	被害数諸説あり
9.8	ハリケーン	アメリカ（テキサス）	6000以上	ガルベストンで高潮
1903. 5〜6.	洪水	アメリカ（ミシシッピ川・ミズーリ川流域）	100	
1906. 9. 18	台風, 高潮	香港	50,000	
1909. 9. 14〜21	ハリケーン	アメリカ（ルイジアナ, ミシシッピー）	350	
1911.	洪水	中国（長江）	100,000	
1912. 8.	台風	中国（浙江省, 温州省）	50,000	
1913. 3. 21〜26	洪水	アメリカ（オハイオ）	360	
1915. 8. 5〜25	ハリケーン	アメリカ（テキサス, ルイジアナ）	275	
9. 22〜10. 1	ハリケーン	アメリカ（メキシコ湾沿岸）	275	
1916.	地すべり	イタリア, オーストリア	10,000	
1919. 9. 2〜15	ハリケーン	アメリカ（フロリダ, テキサス）	287以上	
1920.	干ばつ	中国	500,000	
1921.〜1922.	干ばつ	ソ連（ウクライナ, カザフスタン）	1,200,000	被害数諸説あり
1922. 7. 27〜8. 2	台風, 高潮	中国（広東省）	100,000	
1924. 7. 8	台風, 洪水	朝鮮（中・北部）	647	
1925. 3. 18	竜巻	アメリカ（中西部）	695	
1926.	洪水	ルーマニア	1000	
9. 11〜22	ハリケーン	アメリカ（フロリダ, アラバマ）	243	
1927. 4〜6.	大雨, はん濫	アメリカ（ミシシッピ川・ミズーリ川流域）	313	
1928.〜1930.	干ばつ	中国	3,000,000	〈→230, 232〉
1928. 9. 6〜20	ハリケーン	アメリカ（フロリダ）	1863	
1931. 7.	洪水	中国	3,700,000	〈→230〉
1932. 11.	ハリケーン	キューバ	2500	
1934. 1〜7.	干ばつ	アメリカ（中西部）		
1935. 8. 29〜9. 10	ハリケーン	アメリカ（フロリダ）	408	
	洪水	中国（長江）	142,000	〈→230〉
10.	ハリケーン	ハイチ	2000	
1936. 4. 5〜6	竜巻	アメリカ（ミズーリ, ジョージア）	419	
1937. 1〜2.	洪水	アメリカ（オハイオなど）	415	オハイオ川がはん濫
1938. 2〜3.	洪水, 地すべり	アメリカ（カリフォルニア）	200	
9. 10〜22	ハリケーン	アメリカ（ニューヨーク州）	600	
1939. 7.	洪水	中国（天津）	50,000	
1942. 10. 16	サイクロン, 高潮	インド（東部）	40,000	
	干ばつ	中国	1,500,000	〈→232〉
1943. 8. 上旬	洪水	インド（北西部）	5000以上	1万との説も

年月日	種類	国および地域	死者・行方不明者（名）	備考
1944. 9.	ハリケーン	アメリカ（東部）	390	
1948. 6.	洪水	中国（福建省）	3500	
1949. 7. 10.	干ばつ 洪水 洪水	中国（チベット） 中国 グアテマラ	 57,000 40,000	史上最悪
1950. 11.	モンスーン，洪水 寒波	パキスタン アメリカ（東部）	1834 200	
1951. 8. 6～7 11.	洪水 大雨，洪水	中国（東北部） イタリア（北部）	5000 100	
1952. 12. 5～10	スモッグ	イギリス（ロンドン）	12,000	〈→210〉
1953. 1. 31～2. 1	高潮，洪水	オランダ，イギリス	1835	
1954. 1.～7. 8. 1 8.	干ばつ 洪水 洪水	アメリカ（中西部） イラン 中国	 2000 40,000	〈→230〉
1955. 8. 7～21 夏	サイクロン 洪水	アメリカ（東部） インド（北部），東パキスタン	184 2000	
1957. 6. 25～28	ハリケーン	アメリカ（メキシコ湾岸）	390	
1959. 7. 10. 27 12. 2	洪水 ハリケーン ダム決壊，洪水	中国 メキシコ（ハリスコ，コリマ） フランス	2,000,000 960 424	〈→230〉
1961.	洪水	インド（北東部）	1000	
1962. 1. 10 2.	氷河なだれ 洪水，高潮（低気圧）	ペルー ドイツ（ハンブルグ）	2000 315	氷河湖決壊〈→231〉
1963. 1. 11 4. 9 5. 28 6. 25 8. 10 9. 11 9. 30～10. 4 10. 9 11. 19	大雨，洪水 サイクロン サイクロン，高潮 大雨 豪雨，地すべり 台風14号，洪水 ハリケーン 洪水 大雨，洪水，地すべり	モロッコ（ラーブ谷） インド（西ベンガル，アッサム） 東パキスタン 韓国（プサン） ネパール（西部） 台湾（台北） ハイチ，キューバ，グレナダ，ドミニカ イタリア（北部） ハイチ	100以上 110 11,500 200 150 104 7200以上 2200 500	 「フローラ」 地すべりによる
1964. 4. 11 6. 13 6. 16 6. 17 8. 22～24 9. 13 9. 28 11. 4 11. 10 12. 22	サイクロン，高潮 暴風雨 暴風雨 暴風雨 ハリケーン 暴風雨，洪水 大雨 大雨，洪水 台風29号，洪水 サイクロン	東パキスタン 西サモア 西パキスタン ナイジェリア（東部） グアドループ，ハイチ 韓国（ソウル） インド（南部） イタリア ベトナム（中部） セイロン	300 250以上 250 100 135 210 1000以上 113 7000 350以上	 貯水池決壊
1965～1967.	干ばつ	インド	1,500,000	〈→232〉
1965. 4. 11	竜巻	アメリカ（中西部）	270	

年月日	種類	地域	死者数	備考
1965.3.~5.	洪水	アメリカ（ミシシッピ川・ミズーリ川流域）	16	ミシシッピ川史上最大
5.11	サイクロン，高潮	東パキスタン	36,000	
6.1~2	サイクロン，高潮	東パキスタン	30,000	
7.15~21	洪水	韓国	323	
9.2	大雨，洪水	イタリア（南部，シシリア）	101	
10.28~29	低気圧，大雨	ミャンマー（中部）	100以上	
12.14	サイクロン，高潮	東パキスタン	874	
1966.1.11	大雨，洪水，地すべり	ブラジル（リオデジャネイロ）	239	
1.31	冬の暴風	アメリカ（東海岸）	166	
3.29	洪水	インドネシア（ジャワ島）	176	
5.21~6.1	洪水	ブラジル（北東部）	147	
9.24~10.12	ハリケーン	ドミニカ，ハバマ，ハイチ	600以上	
10.1~2	サイクロン，高潮	東パキスタン	850	
10.21	大雨，土砂崩れ	イギリス（ウェールズ）	144	
11.4~6	大雨，洪水	イタリア	113以上	
1967.1.	干ばつ	オーストラリア（南東部）	600	
1.18~24	熱帯雨，洪水，地すべり	ブラジル（リオデジャネイロ，サンパウロ）	785	
2.17~23	大雨，地すべり	ブラジル（リオデジャネイロ）	224	3.19にも436名死亡
10.11	サイクロン，高潮	ベンガル湾沿岸	350	
10.17~18	台風33号，強風，大雨	台湾	101	
11.26	大雨，洪水	ポルトガル（中部）	450以上	
	洪水	インド	1400	
1968.8.7~14	洪水，モンスーン	インド（グジャラト州）	4892	
10.2~5	大雨，洪水	インド（シッキム州）	267	
10.4	洪水	ネパール	276	
10.7	大雨，洪水，地すべり	インド（北部）	560以上	
10.28	洪水，地すべり	イラン（カスピ海沿岸）	113	
11.2	大雨，地すべり	イタリア（北部）	115	
1969.2.9~10	豪雪	アメリカ（北部）	166	
3.17	大雨，洪水	ブラジル（アラグアス）	316	
4.14	サイクロン，高潮	東パキスタン，ベンガル湾沿岸	540	
5.17	モンスーン，洪水，高潮	インド（南部）	618	
8.14~22	ハリケーン	アメリカ（南部）	533	
9.14	洪水	韓国（南岸）	408	
9.28	台風11号	台湾	194	
9.28	大雨，洪水	チュニジア	500	
12.4	長雨（60日）	チュニジア	542	
1970.~1973.	干ばつ	エチオピア，ソマリア	120,000	被害数諸説あり
1970.5.14~31	豪雨，融雪洪水（ドナウ川）	ハンガリー，ルーマニア	500以上	
5.31	岩屑なだれ	ペルー	3000以上	〈→231〉
7.22	洪水	インド（ハドリナット）	500	
7.22	大雨，洪水	ブラジル（ペルナムロ州）	172	
8.11	大雨，洪水	ブラジル（レシフェ）	123以上	
8.15	洪水	ネパール，インド（北部）	350	
9.11	台風16号	フィリピン（ルソン島）	300	
10.12	台風19号	フィリピン	694	

年月日	種類	国および地域	死者・行方不明者（名）	備考
1970. 10. 19	台風20号	フィリピン	813	
10. 26～30	洪水	ベトナム（南部）	237	
11. 12	大雨, 長雨	コロンビア（北部）	307	
11. 12～13	サイクロン, 高潮	東パキスタン	300,000	被害数諸説あり, バングラデシュの独立へ〈→233, 235〉
11. 20	台風24号	フィリピン（ルソン島）	180	
1971. 1. 7	サイクロン	ジンバブエ	100～500	
2. 21	竜巻	アメリカ（南部）	115	
4. 26	台風4号, 大雨, 強風	フィリピン	125 以上	
9. 9	洪水	インド（ウッタルプラデシ）	300	
11.	サイクロン, 高潮	インド（オリッサ）	9658	
11. 6	サイクロン, 高潮	バングラデシュ	10,000	
1972. 1. 4～8	台風1号	フィリピン	60～200	
2. 26	大雨	アメリカ（西バージニア）	118	ダム崩壊
3. 26	洪水	アフガニスタン	150	
4. 上旬, 下旬	竜巻	バングラデシュ	400 以上	
4. 29	大雨, 洪水, 地すべり	ブラジル（サルバドール）	150	
6. 9～10	集中豪雨	アメリカ（サウスダコタ）	235	
6. 15～25	ハリケーン	アメリカ（東部）, キューバ	134	
6. 18	大雨, 土砂崩れ	香港	169 以上	
7. 10～25	台風7号	フィリピン	320 以上	
8. 6	洪水	フィリピン（ルソン島）	427	
8. 19	干ばつ	インド（ビハール州）	250 以上	〈→232〉
8. 19～23	台風, 洪水	韓国（ソウル）	672	
9. 14	大雨, 洪水	韓国（南部）	220	
12. 5	台風30号	フィリピン	169	
1973. 1.	寒波	インド（ビハール州）	115 以上	
4. 7	洪水	チュニジア	119	
4. 12	暴風雨	バングラデシュ	200 以上	
8.	長雨, 洪水	メキシコ	200 以上	
8.	モンスーン	インド, バングラデシュ, パキスタン	数千	
10. 19～20	集中豪雨	スペイン（南部）	500 以上	
12. 9	サイクロン, 高潮	バングラデシュ	1000	
12. 23	寒波	インド（ビハール州）	146 以上	
1974. 3. 下旬	大雨, 洪水	ブラジル（ツバラン）	1000～1500	
4. 3	竜巻	カナダ, アメリカ（南・中中部）	323	
7. 17～21	台風10号	フィリピン（ルソン島）	108	
8. 15	サイクロン, 高潮	バングラデシュ, インド（東部）	800 以上	
9. 30	ハリケーン, 大雨, 強風	ホンジュラス（北部）	5000 以上	
12. 25	サイクロン	オーストラリア（ダーウィン）	250 以上	ダーウィン市史上最大
1975. 1. 11	大雨	タイ（南部）	131	
5. 11	サイクロン, 高潮	ミャンマー（エーヤワイディー川河口）	187	
7. 10頃	洪水	ルーマニア	100 以上	国土50% 被災
7.～9.	洪水	インド（北部）	350	
8.	暴風雨	インド（東部）	450	
	干ばつ	エチオピア	100,000	〈→234〉

年月日	種類	地域	被害	備考
1976. 1. 上旬	大雨, 洪水, 地すべり	フィリピン（ルソン島）	250	
4. 10	竜巻	バングラデシュ	200 以上	
7. 15	大雨	メキシコ（中・東部）	150 以上	
8. 2	洪水	パキスタン（パンジャブ）	338	
9. 30～10. 1	ハリケーン	メキシコ（ラパス）	600	
1977. 1. 4	大雨, 洪水	ボリビア（サンタクルス）	100	
2. 15	洪水	モザンビーク	300 以上	
4. 1	竜巻	バングラデシュ	600 以上	
6. 17	サイクロン	オマーン（マシーラ島）	106	
6.～8.	洪水	パキスタン	848	
7. 8	集中豪雨	韓国（ソウル）	297	
7.～8.	熱波	アメリカ（東部）	200	
11. 中旬	サイクロン, 高潮	インド（南部）	20,000 以上	
1978. 1. 25～26	暴風雪	アメリカ（北東部）	100 以上	
4. 4	暴風雨	バングラデシュ, ベンガル湾沿岸	1000 以上	
4. 16	竜巻	インド（オリッサ州）	500	
7. 10	大雨, 洪水	アフガニスタン	120 以上	
7. 26	モンスーン, 洪水	インド（ウッタルプラデシ）	190	インド各地 7～9 月 3800 以上
8.	大雨, 洪水	パキスタン（ハブ川流域）	100 以上	
10. 26～28	台風 26 号	フィリピン	724	
1979. 2. 上旬	大雨, 洪水	ブラジル（ミナスジイラス州）	1500	
3. 11	なだれ	インド（ヒマチャルプラデシ州）	230	
5. 12～13	サイクロン	インド（タミールナド州）	600 以上	
8. 11	洪水	インド（グジャラト州）	1335 以上	
8. 下旬～9. 上旬	ハリケーン	アメリカ, カリブ諸国	1000 以上	
1980. 6.～8.	高温, 熱波	アメリカ（南部, 中西部）	1500	
7.～9.	モンスーン, 洪水	インド	2100 以上	
8. 上旬	ハリケーン	カリブ諸国, ハイチ	270	
8.	はん濫	中国（洞庭湖周辺）	数千	
9. 11	台風 13 号, 高波, 地すべり	韓国（南部, 東部）	107 以上	
9. 15～16	台風 15 号	ベトナム（中部）	164	
9. 17	大雨	インド（オリッサ州）	200	ダム決壊
9.	洪水	バングラデシュ（北東部）	655	
1981. 1.	豪雨	フィリピン（南部）	200	
1.	寒波, 大雪	インド（北部）	270 以上	
1. 24～25	大雨	南アフリカ	200	
4. 17	竜巻	インド（東部）	120 以上	
7. 1	豪雨, 洪水, 地すべり	フィリピン（中部）	120	
7. 12～14	大雨, 洪水	中国（四川省）	1300 以上	長江はん濫
7. 19	大雨, 洪水	インド（アッサム）	500	
8. 7	洪水	コロンビア（サラベナ）	150	
9. 2～3	台風 18 号	韓国（南部）	113	
9. 29	大雨, 洪水	ネパール	650 以上	
10.	洪水, 地すべり	中国（四川省）	240	
11. 24	台風 26 号	フィリピン	270 以上	
12. 25	寒波	インド（北部, 北東部）	133 以上	
1982. 1. 9～17	寒波	アメリカ（中西部, 東部）	230 以上	ニューヨークで航空機着氷 〈→172, 183〉

付表 2 世界のおもな気象災害

年月日	種類	国および地域	死者・行方不明者（名）	備考
1982. 1. 23～24	大雨, 洪水	ペルー（アマゾン川支流域）	3100 以上	
4. 上旬	大雨, 洪水, 地すべり	ペルー（クスコ州）	220	
5 中旬	大雨, 洪水	中国（広東省）	450 以上	
5. 中旬	洪水	ホンジュラス, ニカラグア	200	50年間で最悪
6. 3	モンスーン, 洪水	インドネシア（スマトラ）	225 以上	
6. 3	暴風	インド（オリッサ州）	200	
9. 1	大雨, 洪水	インド（オリッサ州）	1000 以上	
9. 17～21	大雨, 洪水, 土砂崩れ	エルサルバドル, グアテマラ	1400 以上	
9. 30	ハリケーン	メキシコ（太平洋岸）	225	
11. 8	サイクロン	インド（グジャラト州）	275 以上	
1983～1984.	干ばつ	チャド, エチオピア, ジブチ, スーダン	453,000	被害数諸説あり〈→234〉
1983. 2. 27～3. 5	集中豪雨, 竜巻	アメリカ（カリフォルニア州）	117	
3. 中旬	大雨, 土砂崩れ	ペルー（カスマ州）	550	
3. 20～21	大雨, 土砂崩れ	ペルー, ボリビア	500	
4. 14	洪水, 地すべり	ペルー	237	
4. 27	大雨, 地すべり	エクアドル	100 以上	
4. 下旬～5. 上旬	大雨, 降ひょう, 竜巻	中国（湖南省）	275 以上	
6. 5	大雨, 洪水, 地すべり	台湾（中部）	124	
6.	大雨, 洪水, 地すべり	エクアドル	300 以上	数か月継続
6.～7. 中旬	大雨, 洪水	中国（長江流域7省）	数百	
6. 下旬	大雨	インド（グジャラト州）	935 以上	
7.～8.	熱波	アメリカ（中西・南東・東部）	295	
9.	洪水	インド, ネパール	186	
10. 20	ハリケーン	メキシコ（マザトラン）	135	
12. 中下旬	寒波	アメリカ（43州）	450 以上	
1984. 1.	暴風雪	メキシコ（11州）	140	
1. 30～2. 2	サイクロン, 洪水	スワジランド, 南アフリカ, モザンビーク	137	
5. 13～16	大雨, 洪水	インド, バングラデシュ	136 以上	
5. 27	集中豪雨	中国（雲南省）	136 以上	
6.	サイクロン, 高潮, モンスーン	バングラデシュ, インド	200 以上	
6. 9～10	竜巻	ソ連（中央部）	数百	
8. 31～9. 3	大雨, 洪水	韓国（ソウル）	122 以上	
9. 2～6	台風11号	フィリピン, 中国	130 以上	
9. 中旬	モンスーン, 洪水	ネパール	350 以上	
1985. 1. 上旬	寒波	フランス, スペイン, ポルトガル	200	
1. 末	寒波	アメリカ（フロリダ州）	128	
3. 末	モンスーン, ひょう, 強風	バングラデシュ	750 以上	
5. 23～25	サイクロン, 高潮	バングラデシュ	25,000	
7. 19	大雨, ダム崩壊	イタリア（北部）	268	
7. 30	台風7号	中国（浙江省）	177	
8.	洪水, 土砂崩れ	ネパール（南部）	200	
10. 7	豪雨, 洪水, 地すべり	プエルトリコ	150	
10. 18	暴風雨, 洪水	インド	200	
10. 21	台風21号	ベトナム	937	
10. 25	サイクロン	バングラデシュ	11,000	

年月日	災害	地域	死者	備考
1986. 5. 19	サイクロン	ソロモン諸島	101	全人口の3分の1が住居失う
7. 11	台風7号, 大雨, 洪水	中国（南東部）	170以上	
8. 後半	モンスーン, 大雨, 洪水	インド（アンドルブルデシュ州）	200以上	
9. 4～6	台風14号	ベトナム（北部）	数百	
1987. 1.	寒波, 大雪	ヨーロッパ大陸	347	
2. 上旬	大雨, 洪水	ペルー（アンデス山麓）	100以上	
5. 5	大雨, 土石流	インドネシア（スマトラ）	106	
7. 15	台風5号, 洪水, 土石流	韓国（プサン）	111以上	
7. 20～28	熱波	ギリシャ	1000以上	
9. 下旬	大雨, 洪水	インド（ウッタルプラデシ州, 西ベンガル州）	1200以上	
9. 26～30	大雨, 洪水	南アフリカ（ナタール州）	174	
9. 27	大雨, 泥流	コロンビア（メディン）	500	
11. 25	台風22号, 高潮	フィリピン（ルソン島）	500	
	モンスーン, 洪水	バングラデシュ	1000	
1988. 2. 7	大雨, 土砂崩れ	ブラジル	390	
5. 下旬	大雨, 洪水	中国（南東部）	149以上	
6.～	干害, 熱波	中国(河北省,山東省,江蘇省ほか)	1400	
7. 17	熱波	中国（江南省, 江西省）	290	
7. 29～30	大雨, 洪水	中国（浙江省）	314以上	
8. 下旬	大雨, 洪水	バングラデシュ	3000以上	
9. 上中旬	大雨, 洪水	中国（広西省）	170以上	
9. 12～17	ハリケーン, 洪水	メキシコ, ジャンマイカ	240	
9. 下旬～10. 中旬	大雨, 洪水	インド（カシミール）	1000	
10. 19～27	ハリケーン, 強風, 洪水	コスタリカ, パナマ, コロンビア	111	
10. 下旬	大雨, 洪水	ベトナム（中部）	100以上	
11.	サイクロン	バングラデシュ	2600	
11. 21～25	モンスーン, 大雨	タイ（南部）	1043以上	
11. 上旬	台風29号	フィリピン	600以上	
12. 22	洪水	インドネシア（ジャワ島）	158	
1989. 2. 上旬	モンスーン, 大雨	フィリピン（サマル島）	121以上	
4. 20	ひょう, 暴風雨	中国（四川省）	157以上	
4.	竜巻	バングラデシュ	700以上	
5. 25～26	台風4号	ベトナム	740以上	
5. 27	サイクロン	バングラデシュ, インド	200	
6. 1～7	大雨, 洪水	中国（四川省）	1300以上	
6. 上旬	モンスーン, 大雨, 洪水, 地すべり	スリランカ	300以上	
7. 下旬	モンスーン, 大雨	中国	1500	
7. 22	モンスーン	インド, バングラデシュ	950	
7. 24	台風10号	ベトナム（タンホア）	200以上	
9. 16	台風21号	中国（浙江省）	516	
10. 10～19	台風26号, 27号	フィリピン	170以上	
11. 4	台風29号, 高潮	タイ（シャム湾）	458	
1990. 1. 27～28	集中豪雨	インドネシア（ジャワ島）	130	
2. 26	強風	ヨーロッパ全域	114以上	
3. 下旬～4.	大雨, 洪水	ケニア, タンザニア	140	
3. 31	サイクロン	バングラデシュ	166	
5. 9	サイクロン	インド（南東部）	738	不明者が数千

付表2　世界のおもな気象災害

年月日	種類	国および地域	死者・行方不明者（名）	備考
1990. 5.～6.	熱波	アメリカ（南部），メキシコ（南部）	380 以上	
7. 上旬	洪水	中国（雲南省）	108 以上	
8. 下旬	台風 12 号，15 号	中国，フィリピン	228	
9. 11～12	大雨，洪水，地すべり	韓国（ソウル）	136 以上	
10. 上旬	サイクロン	バングラデシュ	3050 以上	
11. 14	台風 25 号	フィリピン（中南部）	350 以上	
12. 末～1991. 1. 1	寒波	アフガニスタン，インド（北部）	170	
1991. 2. 後半	大雨，地すべり	ニューギニア	200 以上	
3.	大雨，洪水，地すべり	アフリカ中南部	500	
4. 29～30	サイクロン	バングラデシュ	138,868	〈→233, 235〉
5. 上旬	竜巻	バングラデシュ	121	
5. 中旬～6.	洪水	中国（長江流域）	2470	淮江はん濫
6. 2	サイクロン，高潮	バングラデシュ	200	
6. 11	熱波	パキスタン（南部）	200	
7. 12	豪雨	中国（湖北省）	120 以上	
7. 21	大雨，洪水	バングラデシュ	120 以上	
7. 29～30	モンスーン，洪水	インド（北西部・西部）	900	
8.	大雨，洪水	中国（四川省）	2295	
9. 24	大雨，地すべり	中国（雲南省）	270	
11. 5～6	台風 20 号，洪水，高潮	フィリピン	6000	
1992. 1. 3	寒波	バングラデシュ	135	
2.	干ばつ	アフリカ南部		今世紀最悪
5. 下旬～6. 上旬	大雨，洪水	アルゼンチン，ブラジル，パラグアイ（イグアス川，パラグアイ川流域）	330	
7.～8. 中旬	大雨，洪水	中国（浙江省，福建省）	1060 以上	
9. 2～3	大雨，洪水，土石流	アフガニスタン，タジキスタン	3000 以上	
9. 8	大雨，洪水	パキスタン（北・中部）	1600	
9. 23	台風 19 号	中国（浙江省）	115 以上	
11. 中旬	サイクロン，大雨，洪水	インド（タミルナド州）	230 以上	
1993. 2.	大雨，洪水	イラン（南部）	300	
3. 13～14	暴風雪	アメリカ（南部），カナダ	112 以上	
5. 5	降雨，融雪洪水	チリ（サンティアゴ）	109	
5. 25	暴風，ひょう	中国（江蘇省，陽州，徐州）	239 以上	
6.～8.	洪水	中国（広東，湖南，江蘇省）	800 以上	
6. 16	大雨	バングラデシュ（北部）	192 以上	
6. 末～7.	モンスーン，大雨，洪水	インド，ネパール，バングラデシュ	3000	
7. 8	異常高温，熱波	アメリカ（東部）	130	
8. 7～8	ハリケーン，大雨，洪水，土砂崩れ	ベネズエラ，エルサルバドル	400	
11. 2	洪水	ホンジュラス	174	
12. 6	台風 26 号，洪水	フィリピン	260 以上	
1994. 1. 中旬	寒波	アメリカ（東部）	130	
4. 中旬	暴風雨	バングラデシュ	550	
5. 1	暴風雨，洪水	中国（江西，湖南，福建省）	755	
5. 2	サイクロン，高潮	バングラデシュ	200	

付表2　世界のおもな気象災害

年月日	災害	地域	死者数	備考
1994. 6. 8	熱波	インド（ラージャスタン州）	400	
6. 上旬	台風3号, 洪水	中国（南部）	1400	
6. 末	サイクロン, 洪水	インド	208	
7. 下旬	洪水	中国（南部）	250	
7. 3	洪水	パキスタン	386	
8. 22	台風16号, 高潮	中国（浙江省）	11,800以上	
11. 上旬	サイクロン	インド（南部）	192	
11. 11～14	ハリケーン, 洪水	ハイチ, キューバ, ジャマイカ	1122	
1995. 1.	低温, なだれ	インド（北部）, バングラデシュ	250以上	
6.	高温, 熱波	インド, パキスタン, バングラデシュ	800	
6.	大雨, 洪水	中国（長江流域）	1000	
7. 中旬	高温, 熱波	アメリカ（中西部, 東部）	805	
6.～7.	長雨, 大雨, 洪水	北朝鮮	569	
8. 中旬	鉄砲水	モロッコ（マラケシュ）	230	
9. 上旬	洪水	フィリピン	540	
11. 上旬	台風20号	フィリピン	780	
1996. 1.	ブリザード	アメリカ（北東部）	200以上	
6.	大雨, 洪水	中国（長江流域）	1700	
6. 中旬	大雨, 洪水	イエメン	347	
7. 中下旬	モンスーン, 洪水	インド, バングラデシュ, ネパール	800	
7. 下旬	洪水	韓国, 北朝鮮	180以上	
11. 上旬	サイクロン, 高潮	インド	2000以上	
11.～12.	落雷, 洪水	ジンバブエ	141	
12.	大寒波	ヨーロッパ	200以上	
1997. 5. 中旬	サイクロン	バングラデシュ	500	
6.～7.	大雨, 洪水	中国（広東, 江西, 湖北省）	数百	
11. 1～3	台風26号	ベトナム	3700	
12. 下旬	暴風	マレーシア	200	
12.～1998. 4.	洪水	ペルー	300	洪水が相次ぐ
1998. 3. 下旬	竜巻	インド（東部）	200	
4.～5.	洪水	タジキスタン	255	
5. 上旬	洪水, 地すべり	イタリア（カンパニア州）	295	
5. 下旬～6. 上旬	熱波	インド（西部）	3000以上	
6. 中旬	サイクロン	インド（北西部）	1000以上	
7. 下旬～8. 上旬	洪水, 地すべり	韓国	405	
7.～9.	洪水, モンスーン	インド（北東部）, バングラデシュ	1800以上	
8.	洪水, 土砂崩れ	中国（長江流域）	3000以上	
9. 15	ハリケーン	プエルトリコ, ドミニカ, ハイチ	506	「ジョージ」
10. 下旬～11. 上旬	ハリケーン	ホンジュラス, ニカラグア	13,700以上	「ミッチ」
1999. 6.	猛暑	ロシア	110以上	
6.	熱波, 干ばつ	アメリカ（東部, 中部）	275	
9. 5	大雨, 洪水	メキシコ（東南部～中部）	126	
10.	熱帯低気圧	メキシコ	425	
11. 1	サイクロン	インド	3000	
11. 7	大雨, 洪水	ベトナム	400	
11. 12	サイクロン	インド（オリッサ州）	9500	
12. 2	大雨, 洪水	ベトナム（中部）	104	
12. 中旬	大雨, 洪水, 土石流	ベネズエラ	30,000	
12. 25	暴風雨, 洪水, 強風	フランス, スイス, ドイツ, ベルギー	120	

付表2 世界のおもな気象災害

年月日	種類	国および地域	死者・行方不明者(名)	備考
2000.2.10	サイクロン，洪水	南アフリカ，モザンビーク，ジンバブエ	350	モザンビーク50年来最悪
4.~	干ばつ，熱波	インド	140	
7.11	集中豪雨，洪水，土石流	中国（陝西省紫陽県）	171	
2001.7.~	高温	ロシア（モスクワ）	263	
7.7	台風4号，洪水，土砂崩れ	フィリピン（ルソン島），中国（広東省），台湾	376	
7.18	大雨，洪水	インド（ケララ州，オリッサ州）	129	
7.22	集中豪雨，洪水	パキスタン（パンジャブ州）	170	
7.30	台風8号，洪水，土石流	台湾（花蓮県，南投県）	213	
7.31	台風，洪水，地すべり	インドネシア（ニアス島）	163	
8.10	集中豪雨，洪水	イラン（ゴレスタン，ホラサン）	510	
8.11	台風10号，洪水，土砂崩れ	タイ（ペチャブン県）	137	
11.7	台風23号	フィリピン（中部，南部）	290	
11.9~10	洪水	アルジェリア	827	
2002.6.~	大雨，洪水	中国（陝西省，四川省）	770	
6.8	集中豪雨，洪水	中国（陝西省）	152	
7.~2003.	干ばつ	オーストラリア（NSウェールズ・西オーストラリア州）		
7.21	大雨，洪水	インド東部，バングラデシュ，ネパール	900	
8.7	暴風雨，洪水，土石流	ロシア（黒海沿岸）	114	
8.8	暴風雨，洪水	中国（長江流域，特に湖南省）	108	
8.14	大雨，洪水，土砂崩れ	中国（雲南省）	340	
8.31	台風15号，大雨，洪水，地すべり	韓国，朝鮮人民共和国（半島東部）	178	
9.6	大雨，洪水，土石流	メコン川流域（タイ，ベトナム，カンボジア）	128	
11.12	暴風雨	インド，バングラデシュ，ベンガル湾	900	漁船など107隻以上沈没または不明
2003.1.3	サイクロン	ソロモン諸島（アヌク島）	600	
5.14	熱波	インド	1210	
5.18	洪水，土砂崩れ	スリランカ（ラトナプラ）	140	
6.26	モンスーン，大雨，洪水，地すべり	バングラデシュ（チッタゴン，カグラチャリ）	800	
7.1	梅雨前線，洪水	中国（浙江省，広西省）	148	
7.	熱波，高温	フランス，イタリア，スイス，イギリス	35,000	被害数諸説，フランスでは熱波で約3000死亡〈→039, 099〉
7.22	モンスーン，洪水	パキスタン（バルチスタン，シンドヴ州）	230	
7.31~8.16	モンスーン，土砂崩れ	ネパール	415	
8.	熱波	イギリス，フランス，イタリア	20,000以上	〈→236〉
11.3	大雨，洪水	インドネシア（スマトラ島）	170	
12.19	大雨，土砂崩れ	フィリピン（レイテ島）	209	
12.25~	寒波	インド，バングラデシュ	2100	

2003. 2003.末〜 2004.2		洪水,土砂崩れ	ブラジル	161	
2004. 3.10		サイクロン,強風	マダガスカル	243	
5.24		豪雨,洪水	ハイチ,ドミニカ	2665	
5.28		暴風,高波	ミャンマー（南西部）	140	
6.〜7.		モンスーン,洪水	インド,ネパール,バングラデシュほか	2000	
8.13		台風13号,洪水,土石流	中国（東部,特に浙江省）	188	
9.2		大雨,洪水	中国（四川省）	237	2004年の中国は洪水で1029死亡
9.8		ハリケーン,強風,高潮,竜巻,洪水	グレナダ,ジャマイカ,英領マイケン諸島,アメリカ	124	
9.19		ハリケーン,洪水,土砂崩れ	ハイチ,ドミニカ,アメリカ,プエルトリコ	3000	
11.30〜12.4		台風27号,豪雨,強風,洪水	フィリピン（ルソン島）	1619	
2005. 2.8		大雨,はん濫,土砂崩れ	コロンビア,ベネズエラ	136	
2.11		大雨,洪水	パキスタン（バルチスタン州・パスニ）	550	
2.19		暴風雨	バングラデシュ（ダッカ近郊）	140	フェリーボート転覆で不明100以上
2.21		大雨,土砂崩れ	インドネシア（ジャワ島）	116	
3.20		集中豪雨,洪水	アフガニスタン（ウルズカン州,ヘラート州）	223	
4.23		大雨,洪水	エチオピア（東部）	177	
6.2		大雨,洪水,土砂崩れ	中国（湖南省,四川省,貴州省,新疆ウイグル自治区）	1624	
6.10		豪雨,洪水,土石流	中国（黒竜江省・寧安市）	117	
6.19		高温	インド（オリッサ,アンドラ,プラデシュ州）	125	
6.23		大雨,洪水,土砂崩れ	中国（広西チワン族自治区,福建省,広東省）	673	
6.30		モンスーン,大雨,洪水	インド（グジャラット州）	127	
7.27		モンスーン,大雨,洪水,土砂崩れ	インド（マハーラーシュトラ州）	1023	
8.28		ハリケーン,強風,高潮,洪水	アメリカ（フロリダ,ルイジアナ,ミシシッピ,アラバマ）	5336	「カトリーナ」被害数諸説あり,ミシシッピ河口で高潮,被害は米国史上最大〈→237〉
8.31		台風13号,洪水,土砂崩れ	中国,台湾	162	
9.17		サイクロン,高潮,洪水	バングラデシュ,インド	4049	
10.1		ハリケーン,洪水,土砂崩れ	エルサルバドル,グアテマラ,ホンジュラス,ニカラグア,メキシコ	3749	「スタン」
10.2		台風19号,洪水,山崩れ	中国（福建省,福州市）	101	
2006. 1.2		大雨,洪水,土砂崩れ	インドネシア（東ジャワ州）	154	
1.8		寒波,低温	インド（北部）	130	

付表2　世界のおもな気象災害

年月日	種類	国および地域	死者・行方不明者（名）	備考
2006. 1. 20〜25	寒波，低温	ロシア，ウクライナ，ドイツ，ポーランド	500	
2. 17	大雨，鉄砲水，山腹崩壊	フィリピン（レイテ島）	1496	
5.〜	干ばつ，少雨，高温	中国（四川省，重慶市，湖南省，甘粛省，貴州省）		四川省では建国以来最悪
5. 18	台風1号，土砂崩れ，洪水	ベトナム，中国（広東省，福建省）	354以上	漁船転覆
6. 7	大雨，洪水，土砂崩れ	中国（南部）	104	
6. 9	モンスーン，洪水	インド（アッサム州）	130	
6. 20	大雨，洪水，土砂崩れ	インドネシア（スラウエシ島）	320	
7. 15	台風4号，洪水，土砂崩れ	中国（湖南省，広東省，福建省，広西チワン族自治区，浙江省）	820	
7. 15〜19	梅雨前線，土砂崩れ，洪水	朝鮮半島（中部）	338以上	北朝鮮で死者1万との報道〈→238〉
7.	熱波	ヨーロッパ（スペイン，フランス等）	1388	
7. 23	高温，熱波	アメリカ（カリフォルニア）	164	
8. 5	集中豪雨，洪水	エチオピア（ディレダワ）	491	
8. 10	台風8号，洪水，高潮	中国（浙江・福建・江西省）	297	
8. 16	大雨，洪水	エチオピア	926	
8. 27	モンスーン，洪水	インド（北西部）	130	
12. 中下旬	大雨	インドネシア，マレーシア	200以上	
2007. 2. 上旬	洪水	インドネシア（ジャワ）	119	
6. 12	洪水，地すべり	バングラデシュ	1152	
6. 下旬	サイクロン	パキスタン	228	
7.	熱波	ヨーロッパ南東部	52,000	〈→236〉
7. 中旬	大雨，洪水	スーダン，ナイジェリア，ケニアほか	353	
8. 6.	大雨，洪水	インド	1752	
8. 15〜30	洪水	北朝鮮	610	
8. 中旬	洪水	中国（広東省）	1029	北部〜東北部では干ばつ被害
11. 15	サイクロン	バングラデシュ	4234	
2008. 1. 下旬	大雪，寒波	中国西部〜中央アジア	1317以上	
5. 2	サイクロン	ミャンマー（南部）	132,000	〈→148, 239〉
6. 中旬	洪水	中国（華南）		
6〜8.	モンスーン，洪水	インド（マハラシュトラ州，アーンドラ州ほか）	1963	
6. 21	台風6号	フィリピン	644	
9. 1.	ハリケーン	ハイチ	529	
2009. 1. 上旬	寒波	ヨーロッパ	100以上	
1. 下旬〜2. 上旬	少雨，熱波（猛暑・干ばつ・強風）	オーストラリア（南東部）	173	死者は森林火災による〈→020〉
8. 8〜9	台風8号，洪水，土砂崩れ，深層崩壊	台湾（南部）	630	〈→240〉
9.	洪水	インド（南部）	1200	
9. 下旬	台風16号，大雨	フィリピン（ルソン島）	300	
11. 下旬	洪水	サウジアラビア（ジェッダ）	123	
12. 中旬〜2010. 2. 上旬	大雪	アメリカ東部		ワシントンDCで過去最大の降雪量

付表2 世界のおもな気象災害

年月日	種類	地域	死者数	備考
2010. 4〜10.	洪水, 大雨, 土砂災害	コロンビア	301	
4. 上旬	洪水, 土砂崩れ	ブラジル（北部）	246	
6.〜7.	高温, 干ばつ	ヨーロッパ東部〜ロシア西部		
7.	洪水	中国	3200	
7. 下旬	モンスーン, 大雨	パキスタン	1600〜2000	
8. 8	前線, 大雨, 深層崩壊	中国（チベット）	1765	〈→241〉
2011. 1. 中旬	大雨, 洪水, 地すべり	ブラジル	903	
5. 24	竜巻	米ミズーリ州	158	
6.〜9.	多雨, 洪水, モンスーン	インドシナ半島, フィリピン	2828	〈→241〉
7. 30〜 2012. 1. 16	洪水	タイ（チャオプラヤ川・メコン川流域）	813	〈→242〉
12. 16	台風21号	フィリピン（ミンダナオ島）	1439	〈→243〉
2012. 1.〜2.	寒波	ロシア, ウクライナ, ポーランド, ルーマニア	600以上	ロシアでは12月下旬も寒波で45以上
9. 前半	モンスーン, 多雨, 洪水	パキスタン	570以上	
10. 29〜30	ハリケーン	カリブ海諸国, アメリカ東部, カナダ東部	200以上	「サンディ」〈→148, 244〉
12.	台風24号	フィリピン（ミンダナオ島）	1000以上	
2013. 5.〜6. 上旬	大雨, 洪水（ドナウ川）	ヨーロッパ（中部）	18以上	
5. 20	竜巻	アメリカ（オクラホマ州）	20以上	〈→245〉
6. 中旬	大雨, 洪水	インド（北部）	5000	〈→246〉
7.	大雨	中国東部〜朝鮮半島北部	230以上	
11.	台風30号, 高潮	フィリピン（南部）	7700以上	〈→148, 247〉
11. 12	熱帯低気圧（台風31号）	フィリピン, ベトナム	30以上	〈→247〉

付表2　世界のおもな気象災害

索　引

＊太字は項目見出し

欧　文

ACAP　231
CIE 作用スペクトル　461
EANET　230
MO 指数　372
MO 指数　400
PM2.5　53
UV インデックス　461
WBGT　222

ア　行

アイオン台風　267
アイスランド低気圧　368
赤城おろし　**391**, 393
秋雨前線　243, 345
秋の長雨　345
秋晴れ　346
秋ひでり　**345**
阿久根台風　98
朝倉慶吉　170
朝なぎ　148, 150
アジア大気汚染研究センター　231
アジアモンスーン　368
足尾銅山　253
足羽川堤防　111
圧密　414
アトランティックシティ　511
亜熱帯ジェット気流　163, 200, 206, 212
あびき　**314**
雨一番　**28**
雨霧　47, 49
雨台風　164, **248**
アメダス　106
荒川だし　**325**
荒川放水路　178
荒南風　86, 88

あられ　351, 352, 414
アリューシャン低気圧　368, 371
暗黒の土曜日　41
アンドリュー　500

伊加賀切れ　92
諫早豪雨　**103**
石狩川　254
石狩川洪水　74
石狩湾小低気圧　**372**
異常高温　209
異常多雨　245
異常低温　212, **419**
異常天候早期警戒情報　84, **452**
異常波浪　308
伊勢湾台風　182, 248, 251, 258, **282**, 291, 317, 468
一級河川　269, 477
厳島神社　294, 333
一発大波　308
一発雷　364
一般　146, 149
移動性高気圧　330
イベント・アトリビューション　210
移流霧　44, 217
岩木川　105
岩内大火　43, 277
陰性型梅雨　73

渦雷　194
渦状じょう乱　373
ウッターラカンド州　512
うねり　303, **305**
卯の花腐し　**30**
雨氷　360
午年の流れ　39
海霧　44, 217

海鳴り　328
浦上川　106
雲粒付雪結晶　352

蝦夷梅雨　**74**
越境煙害　58
越境汚染　229
江戸の三大洪水　90
エルニーニョ現象　199, 422
エーロゾル　**232**, 459, 462
塩害　169
塩風　**169**
塩風害　169
煙霧　**57**, 232

応急対策　**437**
雄武大火　21
大雨　**114**, 506, 515
　──の極値　116
大雨警報　106, 126, 439, 446
大雨注意報　439
大雨特別警報　133, 139
大塚切れ　257
大津波　46
大津波警報　483
大西風　**394**
大野陸軍病院　262
大南風　**144**
大谷東平　102, 286
大雪　397, **425**
　里雪型の──　399
　太平洋側の──　401
　山雪型の──　397
大雪警報　439
大雪注意報　439
岡崎文吉　255
岡田武松　170
オキシダント　227
オクラホマ州　513
送り梅雨　78

遅い梅雨明け 77
遅霜 **62**, 344
オゾン層 461
帯状高気圧 346
オホーツク海気団 217
オホーツク海高気圧 73, 74, 85, 213, 214, 217, 244
おぼねだし **323**
親潮 44
おろし 20, 323, 325, 335, **395**
オングストローム指数 233

カ 行

海王丸 299
開花前線 40
海岸法 275
海上強風警報 7
海上警報 7
海上竜巻 152
海上暴風警報 4
外水はん濫 122, 296
解析雨量 197, 454
解析雨量・降水短時間予報 197
海氷 **427**
海風 145, 148, 150
海風循環 146
海風前線 147, **148**, 151
海洋性寒帯気団 217
界雷 194
海陸風 47, **145**, 150, 326, 335
海陸風循環 48
外輪山 329
化学輸送モデル 462
確定申告 **480**
確率降水量 116
崖崩れ 281
火災旋風 42
風祭川 390
火山活動 58
ガス 218
ガストフロント 152, **159**, 450, 457
カスリーン台風 90, 178, 248, **264**, 267, 291
風台風 **164**
風波 **303**
風の強さと吹き方 6
風の宮 243

風枕 242
河川法 **477**
滑昇霧 216
褐色雲 41, **55**
　　アジアの── 41
渇水 345, 423
活動火山対策特別措置法 466
カトリーナ **499**
狩野川台風 20, 278, **279**, 282, 468
花粉症 68
過飽和 216
釜無川 161, 390
雷 194
　　夏の── **194**
　　冬の── **363**
雷注意報 439, 457
雷ナウキャスト 457
雷三日 142
空っ風 336, 366, 387
空梅雨 **128**, 162
カリマンタン大規模森林火災 41
カルデラ型気温変化 150
カルマン渦 366
川霧 426
寒春 **35**
環状七号線 232
環状八号線 231
乾燥注意報 439
寒冬 **424**
寒士用波 **312**
寒の戻り **33**, 131
環八雲 **231**
干ばつ **162**, 221, 271, 490, 493
　　アフリカの── **493**
　　インドの── **490**
乾風 **171**
鹹風 170
寛保2年の洪水 89
寒流域 44
寒冷渦 142, 194
寒冷前線 207
寒冷低気圧 **142**
気化熱 209
危険半円 299

キジア台風 272
気象業務法 **464**, 482
気象情報 **438**
気象庁風力階級表 2, 8
気象津波 316
気象特報 260
気象ドップラーレーダー 458
北上川 267
北九州大水害 99
北冷西暑型冷夏 83
北山おろし **392**
北山しぐれ **392**
キティ台風 **181**
木の芽時 **65**
逆転層 21, 23, 25, 47, 217, 322, 324
ギャロッピング現象 384, 411
救助活動 273
給水制限 128
急速に発達する低気圧 **15**
凝結熱 207
強風 **5**
強風域 5, 14, 166
強風注意報 5, 439
清川だし **322**
局激 474
局地激甚災害指定基準 474
局地的大雨 114, **120**
局地風 **335**
　　北海道の── 20
霧 45, 57, **216**, 232, 338
　　着氷性の── 427
記録的短時間大雨情報 108, 116, 443
緊急地震速報 483

クィーンエリザベスII号 15
空気振動 334
『空白の天気図』 263
雲放電 196
グライド 412
クラウドクラスター 118
クラスト 355
クリープ 413
グリーンタフ地域 137
黒潮 15, 44

黒南風　86, 88
黒部峡谷ホウなだれ　417

けあらし　427
慶応4戊辰年大洪水　91
警察予備隊　272
警報　438
激甚災害指定基準　474
激甚災害法　474
桁雲　327
けむり　57
煙型なだれ　416, 418
ゲリラ豪雨　105, 120

豪雨　114
高解像度降水ナウキャスト　457
光化学スモッグ　55, 227, 431
弘化3年大洪水　89
向岸風　145, 149, 150
恒久対策　436
航空機　157
黄砂　53, 59, 62
黄砂情報　459
洪水　122
洪水(豪雨・水害含む，発生順)
　　天正11年8月大風雨　169
　　寛保2年の洪水　89
　　天明6年の洪水　89
　　弘化3年大洪水　89
　　慶応4戊辰年大洪水　91
　　淀川大洪水　92
　　明治25年水害　94
　　明治29年9月洪水　161, 253
　　明治31年洪水　254
　　明治36年7月洪水　161
　　明治40年8月洪水　161
　　明治22年大水害　172
　　明治43年洪水　177
　　阪神大水害　97, 104
　　北九州大水害　99
　　西日本大水害(白川大水害)　99
　　南紀豪雨　101
　　諫早豪雨　103
　　山の手水害　280
　　昭和36年梅雨前線豪雨　286

　　昭和42年7月豪雨　104
　　飛騨川豪雨　184
　　昭和47年7月豪雨　105
　　昭和49年多摩川水害　289
　　石狩川洪水　74
　　長崎大水害　106
　　山陰豪雨　79
　　昭和58年7月豪雨　79
　　平成5年8月豪雨　124
　　平成10年8月末豪雨　124, 481
　　東海豪雨　238, 295
　　平成16年新潟・福島豪雨　108
　　平成16年福井豪雨　109, 110
　　平成18年7月豪雨　501
　　平成21年7月中国・九州北部豪雨　101
　　平成23年新潟・福島豪雨　112
　　平成24年7月九州北部豪雨　79, 101, 134
　　平成26年8月豪雨　188
　　広島豪雨　194
洪水警報　123
洪水警報　440
高水工事　95
降水短時間予報　290, 454
洪水注意報　123, 440
天明6年の洪水　89
降水ナウキャスト　457
洪水予報指定河川　290
洪水予報連絡会　268
豪雪
　　大正7年豪雪　403
　　昭和2年豪雪　405
　　三八豪雪　407, 411
　　昭和38年1月豪雪　407
　　五六豪雪　409
　　平成18年豪雪　410
高層天気図　432
高速地すべり　136
紅斑紫外線量　462
木枯らし　365
黒体放射　49
こしまり雪　355
こしもざらめ雪　355
5.10突風　25

こち(東風)　26
小春日和　346
狛江市　289
五六豪雪　409
混合型冷害　84
混合霧　339, 426
コンマ型低気圧　377

サ　行

災害科学研究所　260
災害救助法　281
災害緊急事態　470
災害減免法　480
災害弱者　110
災害出動　272
災害時要援護者　110
災害対策基本法　284, 466, 468, 472
サイクロン　492
　　バングラデシュの――　496
　　東パキスタンの――　492
　　ミャンマー南部の――　503
酒田大火　346
作況指数　85
山茶花梅雨　31, 337
砂じんあらし　60
誘い風　328
里雪型の大雪　399
サヘル　493
砂防ダム　134
砂防法　478
五月雨　129
ざらめ雪　355
申年がしん　221
山陰豪雨　79
三角波　308, 370
残暑　204, 345
酸性雨　229
サンタ・アナ　207
サンディ　510
三八豪雪　407, 411
サンフォトメータ　233
山脈の肩効果　20

シアライン　153, 157, 373
紫電丸　50
ジェット気流　163

ジェーン台風　99, **269**, 285, 317	消防法　267, 466, **479**	スーパーセル　154, 458
潮霧　48	昭和2年豪雪　**405**	スーパー堤防　436
塩水害　169	昭和28年台風13号　**274**	すべり面　412
紫外線　**218**	昭和33年台風21号　279	睡眠障害　236
紫外線情報　**461**	昭和33年台風22号　279	スモッグ　57, 227, 232, **430**
しぐれ（時雨）　346, 347, 366	昭和34年台風14号　182	ロサンゼルス型──，ロンドン型──　227, 431
志合谷　416	昭和36年梅雨前線豪雨　286	スモッグ気象情報　228, 431
指向流　167	昭和38年1月豪雪　407	スモッグ注意報　228
地震防災対策特別措置法　466	昭和41年台風18号　183	
	昭和41年台風24号　287	青函トンネル建設　278
地すべり　133, **136**	昭和41年台風26号　**287**	青函連絡船　276
地すべり性崩壊　136	昭和42年7月豪雨　**104**	正極性落雷　364
地すべり等防止法　136	昭和43年台風16号　183	精密日射放射観測装置　233
地すべり防止区域　137	昭和45年1月低気圧　16, 380	赤外差分画像　53
湿舌　78	昭和47年7月豪雨　105	関ヶ原の雪　402
湿度　40	昭和49年台風14号　302	積雪　**353**, 357
指定河川洪水予報　266, 268	昭和49年台風16号　289	積雪深　359
信濃川　108	昭和49年多摩川水害　**289**	積乱雲　194
地ふぶき　350, **386**	昭和51年台風17号　**291**	冬の──　363
シベリア高気圧　370	昭和54年台風20号　299	雪圧　**357**
シーボルト台風　**251**	昭和58年7月豪雨　79	雪泥流　37
しまり雪　355	昭和三大台風　258, 263	青森県の──　39
地面現象警報　135, 440	白川大水害　99	雪片　351
地面現象注意報　440	白南風　86	切離低気圧　85, 142
霜　343	白穂　171, 322, 324	扇形表示　266, 274
しもざらめ雪　355, 414	じり　218	前線霧　426
霜注意報　63, 345, 439	シロッコ　388	全層なだれ　412
霜取り列車　345	浸水　**125**, 126	船体着氷　**361**
斜面風　335	深水管理　84, 452	全般気象情報　444, 461
斜面崩壊　132	浸水警報　440	全般スモッグ気象情報　431
ジャンプ現象　272	浸水注意報　440	
終霜　343	新雪　355	霜害　64
集中豪雨　76, 78, 102, 104, 114, **117**, 120	塵旋風　152	増水　121
重力流　148, 159, 329	深層崩壊　132, **138**, 172, 187	操船パニック　52
秋りん　345	神通おろし　**326**	霜道　64
修善寺町　280	新十津川村　161, 172	遭難　12
樹霜　360	森林法　478	側撃雷　197
樹氷　360, 427		
準用河川　477	吹送距離　303	**タ 行**
障害型冷害　84	吹続時間　303	
蒸気霧　217, 330, **426**	水防法　268, 466, 473, 481	大気汚染　147, 149, 236
焼結　357, 414	数値予報　278	大規模地震対策特別措置法　466
上州空っ風　391	周防灘台風　**179**	大興安嶺大規模森林火災　41
上昇霧　216	杉並豪雨　127	大洪水細見図　91, 92
上層寒冷低気圧　143	筋状雲　331, 397	第三宇高丸　50
蒸発霧　426	寿都だし　**23**, 335	第三宮古島台風　183
消防組織法　479	砂嵐　60	大正6年10月台風　170
	スパイラルバンド　249	大正7年豪雪　**403**

対地放電　196
第二宮古島台風　183
第二室戸台風　170, **285**, 291, 317
タイの洪水　**508**
台風（発生順）
　シーボルト台風　251
　十津川台風　187
　明治25年7月台風　95
　明治29年8月台風　96, 253
　明治30年9月台風　96
　明治31年9月台風　176
　明治31年10月台風　176
　別子銅山台風　**175**
　明治32年8月台風　175
　明治33年9月台風　170
　明治38年8月台風　176
　大正6年10月台風　170
　室戸台風　258, 269, 285, 317
　周防灘台風　**179**
　枕崎台風　258, **261**, 272, 317
　阿久根台風　98
　カスリーン台風　90, 178, 248, **264**, 267, 291
　アイオン台風　**267**
　キティ台風　**181**
　ジェーン台風　99, **269**, 285, 317
　キジア台風　272
　ルース台風　**271**
　昭和28年台風13号　**274**
　洞爺丸台風　43, 52, **276**, 292, 346
　狩野川台風　20, 278, **279**, 282, 468
　昭和33年台風21号　279
　昭和33年台風22号　279
　宮古島台風　**182**
　伊勢湾台風　182, 248, 251, 258, **282**, 291, 317, 468
　第二室戸台風　170, **285**, 291, 317
　第二宮古島台風　183
　昭和41年台風18号　183
　昭和41年台風24号　**287**
　昭和41年台風26号　**287**

　第三宮古島台風　183
　昭和43年台風16号　183
　昭和49年台風14号　302
　昭和49年台風16号　289
　昭和51年台風17号　**291**
　昭和54年台風20号　299
　平成3年台風19号　170, **292**
　平成11年台風18号　320
　平成12年台風14号　295
　平成16年台風22号　298
　平成16年台風23号　**298**
　平成23年台風12号　**186**
　平成26年台風11号　189
　平成26年台風12号　189
台風の温低化　**300**
台風の眼　249, 258
台風番号　274
太平洋側の大雪　**401**
太平洋高気圧　73, 74, 76, 78, 144, 162, 198, 199, 205, 212
滞留冷気層　51
ダインス型風圧計　24
ダインス自記風圧型風速計　8
ダウンバースト　152, **157**, 159, 450, 457
高潮　179, 181, 259, 275, 283, 285, **317**, 515
　東京湾の——　**256**
高潮監視　318
高潮警報　283, 440
高潮注意報　440
高梁川　96
宝風　323
滝霧　46
武田信玄　161
だし　335, 395
辰の満水　91
竜巻　11, **152**, 166, 190, 197, 450, 513
　佐呂間町の——　154
　つくば市の——　155
　延岡市の——　155
竜巻注意情報　197, **449**, 458
竜巻等突風　152
竜巻発生確度ナウキャスト　449, 457

谷崎潤一郎　98
玉風　334
多摩川　289
暖冬　**422**
断熱昇温　208, 210, 331
断熱膨張　216, 339
断熱冷却　47, 207, 340
短波放射　341
遅延型冷害　83
地球温暖化　199, 202, 203, 206, 210, 222, 319, 362, 421, 423, 425
地球の熱収支　341
地峡風　322, 325
筑後川　100
地形性降水　117
チヌーク　207
チベット大雨　**506**
チベット高気圧　76, 199, 206
地方気象情報　444, 461
チャオプラヤ川　508
着雪　**383**, 409
着霜　345
着氷　**360**
着氷性の霧　427
着氷（雪）注意報　345, 439
注意報　**438**
中央防災会議　472
中国洪水　**488**
長期緩慢災害　245
跳水現象　21
朝鮮半島中部の洪水　**501**
超熱帯夜　203
長波放射　341
チリ煙霧　57

筑波おろし　391
筒雪　383
梅雨　72
露　339
梅雨明け　**76**, 162, 211
梅雨入り　**72**, 212
梅雨寒　**131**

低温注意報　131, 439
定常ロスビー波　200
低水工事　95

索引　　555

低層ウインドシアー 148
低体温症 380
停滞前線 31
停電 293, 411
デス・バレー 201, 204, 209
手塚治虫 98
デブリ 416
転向 167
天候に関する気象情報 131
電光放電 194
天正11年8月大風雨 169
電線着雪災害 383
天然ダム 133, 134, 139, 173, 187
点発生なだれ 412
天保の改革 222
天保の大飢饉 **221**
天文潮 318

東海豪雨 238, **295**
冬季東アジアモンスーン指数 372
凍結害 424
凍死 421
凍上害 424
凍霜害 34, 35
東北地方太平洋沖地震 320
倒木被害 277
洞爺丸台風 43, 52, **276**, 292, 346
凍露 343
特別警報 113, 188, 189, **482**, 485
　——の基準 483, 484
都市型水害 126, **238**, 481
都市豪雪 374
土砂災害 **132**
　呉市の—— 262
　広島の—— **191**
土砂災害危険箇所 449
土砂災害警戒区域 133, 449
土砂災害警戒情報 133, 135, 139, **446**
土砂災害特別警戒区域 133, 449
土砂災害発生危険基準線 447
土砂災害防止法 132, 134
土砂ダム 133

土壌雨量指数 188, 441, 447
土石流 103, **134**
　インドの—— **512**
土石流センサー 135
十津川台風 187
突風関連指数 450
突風危険指数 450
利根川堤防の決壊 265
飛び火 42
どまい 327
土用波 **310**
豊岡豪雨災害 298
ドロップゾンデ 270

ナ 行

内水はん濫 122, 296
ナイトスモッグ 147
ナウキャスト 456
長雨 243
長崎大水害 106
中島川 106
なぎ **150**
那須おろし 393
菜種梅雨 **31**, 66, 244
　——の走り 31
なだれ 404, 408, 409, **412**
なだれ注意報 439
なだれ風 416
夏日 200
南岸低気圧 16, 18, 375, 401
　暴風雪型の—— 402
南紀豪雨 **101**
男体おろし 393

二級河川 269, 477
二次災害 139
西日本大水害 **99**
日照不足 243, 246
日本海寒帯気団収束帯 399
日本海低気圧 16, 18, 374
ニューヨーク大水害 511
にんじん状雲 119

ぬれざらめ雪 414

熱界雷 194
熱射病 223
熱帯夜 **202**
熱中症 199, 200, 204, **210**, **222**, 236, 452
　——の予防 223
熱波 200, 210, 498
熱雷 194
根元曲がり 358
根雪 **359**
年末低気圧 374

濃霧 44
濃霧注意報 50, 340, 439

ハ 行

梅雨前線 163, 211, 212
ハイドロリックジャンプ 21, 23, 25, 243, 331, 334
爆弾低気圧 15
函館大火 42
ハザードマップ 297, **481**
走り梅雨 73
八十八夜の別れ霜 62
発雷日数 363
バックビルディング 110, 117, 193
八甲田山 421
初氷 339
初霜 339, **343**
花冷え 131
早霜 344
ハリケーン 499
　アンドリュー 500
　カトリーナ **499**
　サンディ **510**
春一番 **11**
春の嵐 14
晴霧 47
波浪警報 440
波浪注意報 440
阪神大水害 **97**, 104
晩霜 33, 344
はん濫警戒情報 239
反流 146

比叡おろし 392
日傘効果 55
東アジア酸性雨モニタリングネットワーク 230
東シナ海低気圧 18
ひかた風 21
飛行場強風警報 5

飛行場警報　7
飛行場暴風警報　4
肱川あらし　330
日高しも風　20, 335
飛騨川豪雨　184
ヒートアイランド　201, 203, 232, **234**, 239, 421
避難勧告　438
ひまわり　271
ビューフォート風力階級表　8
ひょう　**196**, 353
氷河　490
ひょう害　197
氷河なだれ　489
表層なだれ　412, 413
表層崩壊　132, 138, 505
氷板　355
表面雨　355, 414
比良八荒　388
ビル風　237
広島豪雨　194
広島土砂災害　191
広戸風　207, **242**

風圧　8
風圧板型風速計　8
風じん　57, 58
風雪　382
風雪注意報　382, 439
風速　303
風力発電　322
風浪　303
フェーン　22, 150, 171, 203, **207**, 293, 323, 326, 346, 387, 395
　——のメカニズム　207
不快指数　**222**
付加体　132, 138
吹きだまり　386
福井豪雨　110
府県気象情報　444, 461
富士川　161
富士川おろし　**390**
富士山気象レーダー　281, 288
藤田スケール　152, 159
藤原咲平　257, 301
藤原の効果　168, **301**

二つ玉低気圧　**18**, 376
ふぶき　350, **385**
浮遊粉じん　461
冬型の気圧配置　422
ブライトバンド　352
プラウドマン共鳴　315
ブラックブリザード　61
ブリザード　382
ブロッキング高気圧　72, 82, **84**, 131, 142, 214, 399
噴火警報　483
平成3年台風19号　170, **292**
平成5年8月豪雨　124
平成10年8月末豪雨　124, 481
平成11年台風18号　320
平成12年台風14号　295
平成16年台風22号　298
平成16年台風23号　**298**
平成16年新潟・福井豪雨　**108**
平成16年福井豪雨　109
平成18年豪雪　**410**
平成18年7月豪雨　501
平成21年7月中国・九州北部豪雨　101
平成23年台風12号　**186**
平成23年新潟・福島豪雨　112
平成24年7月九州北部豪雨　79, 101, 134
平成26年台風11号　189
平成26年台風12号　189
平成26年8月豪雨　**188**
平成の大凶作　212
閉塞前線　327
壁雲　249
別子銅山台風　**175**
偏西風　205, 206, 215
　——の蛇行　84
偏西風波動　142

崩壊　133
　急傾斜地の——　132
防災行政責任　468
防災に関する組織　**471**
防災の日　182
放射　341

放射霧　216, **338**, 426
放射冷却　34, 145, 148, 216, 338, **341**, 343, 371, 420, 426
ホウなだれ　416, 418
暴風　**2**
暴風域　4, 166
暴風警戒域　4
暴風警報　3, 260, 439
暴風雪　**379**, 421
暴風雪警報　4, 381, 439
暴風雪特別警報　381
暴風特別警報　3
北東気流　244
北陸豪雪災害　400
北海道治水調査会　255
北極振動　422
ボラ　**387**, 395
ポーラーロウ　**377**
ボランティア活動　112
ホワイトアウト　**350**, 380
本激　474
盆地霧　338
本明川　103

マ行

マイクロバースト　157
枕崎台風　258, **261**, 272, 317
マクロバースト　157
摩周湖　45
まつぼり風　**329**
真夏日　200, 346
真冬日　420
円山川　298

幹折れ　358
ミストラル　388
みぞれ　**351**
三つ子台風　287
三俣村　404
宮古島台風　**182**
宮島弥山おろし　**333**
ミンダナオ島　509

無霜期間　344
霧笛　45
室戸台風　258, 269, 285, 317

明治22年大水害　**172**

明治25年7月台風　95
明治25年水害　**94**
明治29年9月洪水　161, **253**
明治29年8月台風　96, 253
明治30年9月台風　96
明治31年9月台風　176
明治31年洪水　**254**
明治31年10月台風　176
明治32年8月台風　175
明治33年9月台風　170
明治36年7月洪水　161
明治38年8月台風　176
明治40年8月洪水　161
明治43年洪水　**177**
明治三大洪水　161
メイストーム　**13**, 25
迷走台風　**167**
メコン川　508
メソサイクロン　154, 374, 450, 458
面発生なだれ　412

猛暑　**198**, 210
猛暑日　**200**
　　——の長期変動　201
もや　57, 232, 338
モーラコット　505

ヤ 行

安田だし　324
屋根なだれ　358
屋根雪　358
山火事　207
山火事前線　40
山霧　216
山越え気流　20

やまじ風　207, **327**
やませ　**82**, 131, 213, **214**
やませ型冷夏　83
山谷風　47, **335**
山鳴り　328
山の手水害　280
山雪型の大雪　**397**

有義波　303
融雪　36
融雪注意報　36, 439
夕なぎ　148, 150
　　瀬戸の——　151
雪起こし　366
雪煙　416
雪しぐれ　347
雪代　37
由良川　298

揚子江洪水　488
陽性型梅雨　73, **81**
横浜港　181
淀川改修　93
淀川大洪水　**92**
米代川　105
予報円表示　266
予報業務体系化　273
ヨランダ（Yolanda）　515
寄り回り波　306

ラ 行

雷雲　194
雷鳴　194
羅臼風　**24**
落雷　196, 197
落下暴風　333

ラニーニャ現象　199, 424
乱反射　350

離岸風　145, 149, 151
陸風　145, 148, 150, 332
陸風収束雲　331
陸風循環　151
陸風前線　148, 151
流域雨量指数　123, 441
流水の碑　97
流氷　**427**
流氷災害　429
リングワンデルング　350
リンゴ台風　164, 295
林野火災　**40**

ルース台風　**271**

冷夏　**211**
冷害　83, 215, 221
冷気湖　64
冷水塊域　44
冷房病　**225**
レーダー・ナウキャスト　197

六甲おろし　336, 396
六甲山地　94, 97
ロビンソン風速計　24

ワ 行

わざと切れ　92
輪中　292
ワスカラン　489

memo

memo

memo

memo

監修者略歴

新田 尚（にった たかし）
1932年　大阪府に生まれる
1955年　東京大学理学部地球物理学科卒業，中央気象台（現 気象庁）入台
　　　　気象庁長官，東海大学教授，（株）ハレックス顧問などを歴任，理学博士

編集者略歴

酒井重典（さかい しげのり）
1943年　長崎県に生まれる
1964年　気象大学校卒業
　　　　気象庁，鳥取地方気象台長，
　　　　新潟地方気象台長を経て
現　在　（一社）日本気象予報士会会長

鈴木和史（すずき かずふみ）
1950年　青森県に生まれる
1973年　気象大学校卒業
　　　　気象庁予報課予報官，
　　　　鹿児島地方気象台長を経て
現　在　（一財）日本気象協会

饒村 曜（にょうむら よう）
1951年　新潟県に生まれる
1973年　新潟大学理学部物理学科卒業
　　　　気象庁海洋気象情報室長，
　　　　東京航空地方気象台長を経て
現　在　青山学院大学／静岡大学非常勤講師

気象災害の事典
―日本の四季と猛威・防災―

定価はカバーに表示

2015年8月20日　初版第1刷
2016年4月10日　　　第2刷

監修者　新　田　　　尚
編集者　酒　井　重　典
　　　　鈴　木　和　史
　　　　饒　村　　　曜
発行者　朝　倉　誠　造
発行所　株式会社　朝倉書店
　　　　東京都新宿区新小川町6-29
　　　　郵便番号　162-8707
　　　　電話　03（3260）0141
　　　　FAX　03（3260）0180
　　　　http://www.asakura.co.jp

〈検印省略〉

© 2015〈無断複写・転載を禁ず〉　　　印刷・製本　東国文化

ISBN 978-4-254-16127-4　C3544　　Printed in Korea

JCOPY　＜（社）出版者著作権管理機構 委託出版物＞
本書の無断複写は著作権法上での例外を除き禁じられています．複写される場合は，そのつど事前に，（社）出版者著作権管理機構（電話 03-3513-6969，FAX 03-3513-6979，e-mail: info@jcopy.or.jp）の許諾を得てください．

環境影響研 牧野国義・
前昭和女大 佐野武仁・清泉女大 篠原厚子・
横浜国大 中井里史・環境研 原沢英夫著

環境と健康の事典

18030-5 C3540　　　A 5 判 576頁 本体14000円

環境悪化が人類の健康に及ぼす影響は世界的規模なものから，日常生活に密着したものまで多岐にわたっており，本書は原因等の背景から健康影響，対策まで平易に解説〔内容〕〔地球環境〕地球温暖化／オゾン層破壊／酸性雨／気象，異常気象〔国内環境〕大気環境／水環境，水資源／音と振動／廃棄物／ダイオキシン，内分泌撹乱化学物質／環境アセスメント／リスクコミュニケーション〔室内環境〕化学物質／アスベスト／微生物／電磁波／住まいの暖かさ，涼しさ／住まいと採光，照明，色彩

立正大 吉﨑正憲・海洋研究開発機構 野田 彰他編

図説 地球環境の事典
〔DVD-ROM付〕

16059-8 C3544　　　B 5 判 392頁 本体14000円

変動する地球環境の理解に必要な基礎知識(144項目)を各項目見開き2頁のオールカラーで解説。巻末には数式を含む教科書的解説の「基礎論」を設け，また付録DVDには本文に含みきれない詳細な内容(写真・図，シミュレーション，動画など)を収録し，自習から教育現場までの幅広い活用に配慮したユニークなレファレンス。第一線で活躍する多数の研究者が参画して実現。〔内容〕古気候／グローバルな大気／ローカルな大気／大気化学／水循環／生態系／海洋／雪氷圏／地球温暖化

日本ヒートアイランド学会編

ヒートアイランドの事典
—仕組みを知り，対策を図る—

18050-3 C3540　　　A 5 判 352頁 本体7400円

近年のヒートアイランド(HI)現象の影響が大きな社会問題となっている。本書はHI現象の仕組みだけでなく，その対策手法・施工法などについて詳述し，実務者だけでなく多くの市民にもわかりやすく2〜6頁の各項目に分けて解説。〔内容〕HI現象の基礎(生活にもたらす影響，なぜ起こるのか，計測方法，数値解析による予測，自治体による対策指針)／HI対策(緑化による緩和，都市計画・機器，排熱・蒸発・反射による緩和)／HI関連情報(まちづくりの事例，街区・建物の事例など)

お茶の水大 河村哲也編著

環境流体シミュレーション
〔CD-ROM付〕

18009-1 C3040　　　A 5 判 212頁 本体4700円

地球温暖化，砂漠化等の環境問題に対し，空間・時間へスケールの制約を受けることなく，結果を予測し対策を講じる手法を詳述。〔内容〕流体力学／数値計算法／環境流体シミュレーションの例／火災旋風／風による砂の移動／計算結果の可視化

気象大 水野 量著
応用気象学シリーズ3

雲と雨の気象学

16703-0 C3344　　　A 5 判 208頁 本体4600円

降雪を含む，地球上の降水現象を熱力学・微物理という理論から災害・気象調節という応用面まで全領域にわたり解説。〔内容〕水蒸気の性質／氷晶と降雪粒子の成長／観測手段／雲の事例／メソスケール雨帯とハリケーンの雲と降水／他

前東北大 浅野正二著

大気放射学の基礎

16122-9 C3044　　　A 5 判 280頁 本体4900円

大気科学，気候変動・地球環境問題，リモートセンシングに関心を持つ読者向けの入門書。〔内容〕放射の基本則と放射伝達方程式／太陽と地球の放射パラメータ／気体吸収帯／赤外放射伝達／大気粒子による散乱／散乱大気中の太陽放射伝達／他

統数研 吉本 敦・札幌医大 加茂憲一・広大 柳原宏和編
シリーズ〈統計科学のプラクティス〉7

Rによる 環境データの統計分析
—森林分野での応用—

12817-8 C3341　　　A 5 判 216頁 本体3500円

地球温暖化問題の森林資源をベースに，収集したデータを用いた統計分析，統計モデルの構築，応用までを詳説〔内容〕成長現象と成長モデル／一般化非線形混合効果モデル／ベイズ統計を用いた成長モデル推定／リスク評価のための統計分析／他

日本雪氷学会監修

雪 と 氷 の 事 典

16117-5 C3544　　　A5判 784頁 本体25000円

日本人の日常生活になじみ深い「雪」「氷」を科学・技術・生活・文化の多方面から解明し、あらゆる知見を集大成した本邦初の事典。身近な疑問に答え、ためになるコラムも多数掲載。〔内容〕雪氷圏／降雪／積雪／融雪／吹雪／雪崩／氷／氷河／極地氷床／海氷／雪上・凍土／雪氷と地球環境変動／宇宙雪氷／雪氷災害と対策／雪氷と生活／雪氷リモートセンシング／雪氷観測／付録（雪氷研究年表／関連機関リスト／関連データ）／コラム（雪はなぜ白いか？／シャボン玉も凍る？他）

日本雪氷学会編

積雪観測ガイドブック

16123-6 C3044　　　B6判 148頁 本体2200円

気象観測・予報，雪氷研究，防災計画，各種コンサルティング等に必須の観測手法の数々を簡便に解説〔内容〕地上気象観測／降積雪の観測／融雪量の観測／断面観測／試料採取／観察と撮影／スノーサーベイ／弱層テスト／付録（結晶分類他）／他

日大 森 和紀・上越教育大 佐藤芳徳著

図説 日 本 の 湖

16066-6 C3044　　　B5判 176頁 本体4300円

日本の湖沼を科学的視点からわかりやすく紹介。〔内容〕I. 湖の科学（流域水循環，水収支など）／II. 日本の湖沼環境（サロマ湖から上甑島湖沼群まで，全国40の湖・湖沼群を湖盆図や地勢図，写真，水温水質図と共に紹介）／付表

早大 柴山知也・東大 茅根 創編

図説 日 本 の 海 岸

16065-9 C3044　　　B5判 160頁 本体4000円

日本全国の海岸50あまりを厳選しオールカラーで解説。〔内容〕日高・胆振海岸／三陸海岸／高田海岸／新潟海岸／夏井・四倉／三番瀬／東京湾／三保ノ松原／気比の松原／大阪府／天橋立／森海岸／鳥取海岸／有明海／指宿海岸／サンゴ礁，他

前学芸大 小泉武栄編

図説 日 本 の 山
―自然が素晴らしい山50選―

16349-0 C3025　　　B5判 176頁 本体4000円

日本全国の53山を厳選しオールカラー解説〔内容〕総説／利尻岳／トムラウシ／暑寒別岳／早池峰山／鳥海山／磐梯山／巻機山／妙高山／金北山／瑞牆山／縞枯山／天上山／日本アルプス／大峰山／三瓶山／大満寺山／阿蘇山／大崩山／宮之浦岳他

前農工大 小倉紀雄・九大 島谷幸宏・
前大阪府大 谷田一三編

図説 日 本 の 河 川

18033-6 C3040　　　B5判 176頁 本体4300円

日本全国の52河川を厳選しオールカラーで解説〔内容〕総説／標津川／釧路川／岩木川／奥入瀬川／利根川／多摩川／信濃川／黒部川／柿田川／木曽川／鴨川／紀ノ川／淀川／斐伊川／太田川／吉野川／四万十川／筑後川／屋久島／沖縄／他

石川県大 岡崎正規・農工大 木村園子ドロテア・
農工大 豊田剛己・北大 波多野隆介・農環研 林健太郎著

図説 日 本 の 土 壌

40017-5 C3061　　　B5判 184頁 本体5200円

日本の土壌の姿を豊富なカラー写真と図版で解説。〔内容〕わが国の土壌の特徴と分布／物質は巡る／生物を育む土壌／土壌と大気の間に／土壌から水・植物・動物・ヒトへ／ヒトから土壌へ／土壌資源／土壌と地域・地球／かけがえのない土壌

森林総研 鈴木和夫・東大 福田健二編著

図説 日 本 の 樹 木

17149-5 C3045　　　B5判 208頁 本体4800円

カラー写真を豊富に用い，日本に自生する樹木を平易に解説。〔内容〕概論（日本の林相・植物の分類）／各論（10科—マツ科・ブナ科ほか，55属—ヒノキ属・サクラ属ほか，100種—イチョウ・マンサク・モウソウチクほか，きのこ類）

前東大 大澤雅彦・屋久島環境文化財団 田川日出夫・
京大 山極寿一編

世界遺産 屋 久 島
―亜熱帯の自然と生態系―

18025-1 C3040　　　B5判 288頁 本体9500円

わが国有数の世界自然遺産として貴重かつ優美な自然を有する屋久島の現状と魅力をヴィジュアルに活写。〔内容〕気象／地質・地形／植物相と植生／動物相と生態／暮らしと植生のかかわり／屋久島の利用と保全／屋久島の人，歴史，未来／他

防災科学研 岡田義光編

自 然 災 害 の 事 典

16044-4 C3544　　　　A 5 判　708頁　本体22000円

〔内容〕地震災害-観測体制の視点から（基礎知識・地震調査観測体制）/地震災害-地震防災の視点から/火山災害（火山と噴火・災害・観測・噴火予知と実例）/気象災害（構造と防災・地形・大気現象・構造物による防災・避難による防災）/雪氷環境防災（雪氷環境防災・雪氷災害）/土砂災害（顕著な土砂災害・地滑り分類・斜面変動の分布と地帯区分・斜面変動の発生原因と機構・地滑り構造・予測・対策）/リモートセンシングによる災害の調査/地球環境変化と災害/自然災害年表

前気象庁 新田　尚・環境研 住　明正・前気象庁 伊藤朋之・前気象庁 野瀬純一編

気 象 ハ ン ド ブ ッ ク （第 3 版）

16116-8 C3044　　　　B 5 判　1032頁　本体38000円

現代気象問題を取り入れ、環境問題と絡めたよりモダンな気象関係の総合情報源・データブック。［気象学］地球/大気構造/大気放射過程/大気熱力学/大気大循環［気象現象］地球規模/総観規模/局地気象［気象技術］地表からの観測/宇宙からの気象観測［応用気象］農業生産/林業/水産/大気汚染/防災/病気［気象・気候情報］観測値情報/予測情報［現代気象問題］地球温暖化/オゾン層破壊/汚染物質長距離輸送/炭素循環/防災/宇宙からの地球観測/気候変動/経済［気象資料］

首都大 藤部文昭著
気象学の新潮流 1

都市の気候変動と異常気象
――猛暑と大雨をめぐって――
16771-9 C3344　　　　A 5 判　176頁　本体2900円

本書は、日本の猛暑や大雨に関連する気候学的な話題を、地球温暖化や都市気候あるいは局地気象などの関連テーマを含めて、一通りまとめたものである。一般読者をも対象とし、啓蒙的に平易に述べ、異常気象と言えるものなのかまで言及する。

横国大 筆保弘徳・琉球大 伊藤耕介・気象研 山口宗彦著
気象学の新潮流 2

台　風　の　正　体

16772-6 C3344　　　　A 5 判　184頁　本体2900円

わかっているようでわかっていない台風研究の今と、最先端の成果を研究者目線で一般読者向けに平易に解説〔内容〕凶暴性/数字でみる台風/気象学/構造/メカニズム/母なる海/コンピュータの中の台風/予報の現場から/台風を追う強者達

前防災科学研 水谷武司著

自然災害の予測と対策
――地形・地盤条件を基軸として――
16061-1 C3044　　　　A 5 判　320頁　本体5800円

地震・火山噴火・気象・土砂災害など自然災害の全体を対象とし、地域土地環境に主として基づいた災害危険予測の方法ならびに対応の基本を、災害発生の機構に基づき、災害種類ごとに整理して詳説し、モデル地域を取り上げ防災具体例も明示

前気象庁 古川武彦・気象庁 室井ちあし著

現 代 天 気 予 報 学
――現象から観測・予報・法制度まで――
16124-3 C3044　　　　A 5 判　232頁　本体3900円

予報の総体を自然科学と社会科学とが一体となったシステムとして捉え体系化を図った、気象予報士をはじめ予報に興味を抱く方々向けの一般書。〔内容〕気象観測/気象現象/重要な法則・原理/天気予報技術/予報の種類と内容/数値予報/他

日本気象学会地球環境問題委員会編

地　球　温　暖　化
――そのメカニズムと不確実性――
16126-7 C3044　　　　B 5 判　168頁　本体3000円

原理から影響まで体系的に解説。〔内容〕観測事実/温室効果と放射強制力/変動の検出と要因分析/予測とその不確実性/気温、降水、大気大循環の変化/日本周辺の気候の変化/地球表層の変化/海面水位上昇/長い時間スケールの気候変化

立正大 吉崎正憲・気象庁 加藤輝之著
応用気象学シリーズ 4

豪 雨・豪 雪 の 気 象 学

16704-7 C3344　　　　A 5 判　196頁　本体4200円

日本に多くの被害をもたらす豪雨・豪雪は積乱雲によりもたらされる。本書は最新の数値モデルを駆使して、それらの複雑なメカニズムを解明する。〔内容〕乾燥・湿潤大気/降水過程/積乱雲/豪雨のメカニズム/豪雪のメカニズム/数値モデル

上記価格（税別）は 2016 年 3 月現在